“十三五”国家重点出版物出版规划项目
海 洋 生 态 科 学 与 资 源 管 理 译 丛

海洋保护生态学

Marine Conservation Ecology

John Roff and Mark Zacharias
(with early contributions from Jon Day)
赵淑江　沈　斌　张建设　陈永久　刘　强　译

海洋出版社
2020年·北京

图书在版编目（CIP）数据

海洋保护生态学／（加）约翰·洛夫（John Roff），（加）马克·扎卡里亚斯（Mark Zacharias）著；赵淑江等译. —北京：海洋出版社，2020. 8
书名原文：Marine Conservation Ecology
ISBN 978-7-5210-0642-1

Ⅰ. ①海… Ⅱ. ①约… ②马… ③赵… Ⅲ. ①海洋生态学 Ⅳ. ①Q178. 53

中国版本图书馆 CIP 数据核字（2020）第 166957 号

图字：01-2018-2726 号

海洋保护生态学
HAIYANG BAOHU SHENGTAIXUE

策划编辑：方　菁
责任编辑：鹿　源
责任印制：赵麟苏
海洋出版社　出版发行
http://www. oceanpress. com. cn
北京市海淀区大慧寺路 8 号　邮编：100081
北京朝阳印刷厂有限责任公司印刷　新华书店北京发行所经销
2020 年 8 月第 1 版　2020 年 10 月第 1 次印刷
开本：787mm×1092mm　1/16　印张：30. 25
字数：690 千字　定价：198. 00 元
发行部：010-62132549　邮购部：010-68038093
海洋版图书印、装错误可随时退换

序

海洋是我们既熟悉又陌生、既遥远又在眼前的地方。海洋是生命的摇篮，是海洋生物多样性的宝库。海洋生态系统为人类提供了各种渔业资源和医药资源。海洋约占地球表面积的70.8%，拥有巨大的体积，是地表最大的活跃碳库，对调节气候变化发挥着重要作用，对地球生态系统可持续发展至关重要。

自20世纪工业化革命以来，海洋生态系统正在发生一系列变化。珊瑚礁面积不断减少，海草床和海藻场快速退化，海洋生物多样性降低，海洋渔业资源严重衰退……尽管国际社会已经意识到问题的严重性并做出了一定的努力，但海洋生态系统退化的状态依然严重。在这种形势下，本书的出版可谓恰逢其时。

本书作者加拿大阿卡迪亚大学（Acadia University）的约翰·罗夫（John Roff）博士是国际海洋保护生态学领域的著名学者，加拿大阿卡迪亚大学海洋环境保护首席科学家，研究著述颇丰。本书涵盖了海洋保护的生态学原理与保护方法，兼具基础性和实用性。

本书译者浙江海洋大学教授赵淑江博士，多年从事海洋生态与海洋生物多样性保护工作，对于海洋生态系统保护有着较深的理解。他们在繁忙的科研工作和教学任务之余，针对国内学科空白，引入并翻译了约翰·罗夫博士的这本《海洋保护生态学》。译本对科学问题表述准确、文字通俗易懂。面对海洋生态系统普遍出现退化的现状，本书的出版十分必要和及时，相信将对我国海洋生态保护工作起到推动作用。

厦门大学教授　中国科学院院士

2020年4月17日

译者序

曾经有人认为，海洋具有无穷无尽的资源，海洋也不受人类活动的影响。但是，自20世纪工业化革命以来，海洋生态系统出现严重退化，海洋渔业资源发生严重甚至不可逆的衰退。显然，这种海洋生态系统的退化状态不是一朝一夕形成的。长期以来，我们对海洋渔业资源的过度捕捞、生活污水和工业废水的无序排放、各种污染物和垃圾的任意倾倒、对海洋滩涂和海湾的肆意围垦、外来物种的大量引入、温室气体排放导致的海水温度上升和海水酸化……

因此，正如本书作者所言，海洋保护不再是一种选择，而是一个迫切需要。尽管国际社会已经意识到海洋衰退问题的严重性并做出了一定努力，但海洋生态系统退化的状态依然严重。我们进行的海洋保护工作最初大多是基于单一物种的保护管理，进而发展至海洋渔业资源保护和海洋生物多样性保护。但所有这些海洋保护方法都没有强调海洋保护的整体性原则。海洋渔业资源和海洋生物多样性都是以海洋生态系统为基础，它们保护的根本在于保护海洋生态系统。

本书作者加拿大 Acadia University 的 John Roff 博士研究领域广泛，从淡水环境到海水环境，从热带海域到加拿大北极圈海域等，研究兴趣涉及从细菌到鱼类的各种水生生物生态。至2019年已经发表论文118篇，专著3部，著述被引用4 310次。John Roff 博士是海洋保护领域国际公认的专家，被许多国际组织、研究机构和政府聘为科学顾问。曾担任《Canadian Journal of Fisheries and Aquatic Sciences》编辑，《Marine Ecology Progress Series》副编辑。John Roff 博士在本书中对海洋环境的特征、海洋生物多样性、代表性海域与特色性海域、海洋保护区的选划与评价等方面都进行了全面而深入的论述。探讨了海洋保护体系的发展过程和海洋保护工作中保护单元的识别方法，描述了在生态系统水平上进行海洋保护的策略，也提出了沿岸带海洋保护方法和海洋保护创新性的评价手段。

《海洋保护生态学》是一门年轻而充满挑战的学科，该学科内容丰富，多学科交叉，涉及的学科主要有海洋生物学、海洋生态学、数学生态学、信息学、海洋法学、海洋经济学以及管理学等。因此，《海洋保护生态学》是一门多学科交叉渗透、高度综合又极富时代感的一门学科。本书翻译工作从2016年10月开始，至

2020年5月结束。本书由于涉及学科众多，对译者是一个巨大的挑战。本书的出版得到了国家海洋局海洋公益性行业项目“岛群海域重要生物资源及环境智能监测及装备技术”（201505025）和国家重点研发计划课题“海岸带和沿海地区全球变化综合风险评估研究”（2017YFA0604904）的资助，本书还被列入“十三五”国家重点出版物出版规划项目。本书翻译过程中得到了众多同行专家的帮助指导，在此一并感谢！

由于译者水平所限，译文中难免存在错谬之处，恳请同行专家和广大读者批评指正。希望本书的出版能为我国海洋保护事业起到绵薄之力。

译者谨启

2020年6月18日

前　言

海洋保护生态学：概念和框架

海洋通常被认为是无限的，不会受到人类活动的影响；世界渔业也曾一度被认为基本上是无限的。直到1883年，尽管已经感受到了对渔业的经济压力，赫胥黎仍然大胆地宣布："任何过度捕捞的倾向都会受到自然的制约"。我们现在知道这些认知是错误的。在全球范围内，渔业正处在衰退的过程中，在某些情况下这个过程也许是不可逆转的，海洋生境也已发生广泛退化。海洋保护不再是一种选择，而是一种迫切的需要。然而，尽管有许多良好的意愿，但付出的努力往往脱节，海洋保护尚未牢固根基于生态学基础。不过，我们可以认识一些基本原则、概念甚至范例，将其作为规划框架和决策实验的基础。这反过来又要求生态分类过程。科学史（不管是什么学科）显示了"……综合理论体系的发展似乎只有在初步分类达成之后才有可能实现"（Nagel，1961）。这就是本书所要讨论的内容，但这里几乎没有什么是标准性的。人们常说，生态学只有一种理论——自然选择进化论。如果是这样的话，那么保护工作根本就没有真正的理论，它只是一门实用主义的科学。我们只是希望提出一套实用的海洋保护方法，作为规划框架的基础。

我们不能保护整个海洋环境，它的某些部分总是会由于人类的资源需求被加以开发和干扰。因此，就像保护陆地一样，需要对海洋中要保护的对象做出选择。但是，在什么基础上，根据什么标准，我们如何选择应该保护的那部分海洋，以便最大限度地保护（或至少有效保护）海洋生物多样性的各个组成部分？这些便是本书最主要的目标和兴趣。

我们认为，需要保护的地点（海洋保护区）应根据我们的海洋生态学知识来系统地选择。"生态学"，这里我们指的是"生物与其环境之间的关系的科学"。这样的生态信息必然是不完整的。因此，本书仅涉及选择海洋保护区的原则和标准，而不是对需要保护的区域进行具体限定，但我们会列出选择保护区过程的具体例子。在本书中，我们不指望解决海洋保护的所有问题。而是通过讨论生态原理，研究海洋环境性质，提出一些需要系统论述的问题。我们想尝试总结整理海洋保护工作，以审查在试图系统讨论海洋保护工作中出现的各种问题，并根据可用数据去解决这些问题。因此，本书的主要目的是介绍海洋保护的主要生态概念和方法，重点是海洋保护区。

关于"海洋保护"的书籍目前通常有几个类别。有一些书籍强调保护单个物种，特别是珍稀和濒危物种，典型的保护对象是海洋哺乳类；有一些强调资源保护，通常是那些经济物种，尤其是渔业；有一些则呼吁关注海洋生物多样性和海洋保护工作的必要性；还有的书籍基于社会经济原则讨论海洋保护区的地位和运作的问题。我们高度评价所有这些努力和提出的海洋保护方法，这看起来似乎没有明显的必要再来写一本关于海洋保护的书籍。然而，目前关于海洋保护的书籍中没有一本着重讨论该学科的整体生态学基础。有几本关于海洋保护的书籍在科学上也不是严格缜密，并且包含的自然科学信息很少。一般来说，他们没有考虑或没有集成基于科学的海洋保护方法，或者在规划和建立海洋保护区的过程中没有考虑生态的逻辑性。

本书的目的是提出海洋生物多样性和海洋保护的科学性。具体来说，我们将讨论海洋生物多样性和建立海洋保护区的重要性以抵消海洋生物多样性所受到的威胁。这反过来需要我们去了解海洋环境的结构和功能以及海洋保护方法及其选择的生态基础。我们将讨论如何将保护方案（主要是那些建立海洋保护区的方案）坚定地建立在广泛接受的生态学原理的基础之上，并进一步整合成为区域性和国际性的综合框架。这种系统的方法，从梳理海洋生物多样性的组成部分开始，既可以确保我们能理顺现有海洋保护区的作用，又可以进一步识别对更高级海洋保护方法的需求。只有这种协调的区域、国家和国际规划才能确保全球海洋生物多样性得到充分评估和保护。

本书根据生态学原理探讨了海洋保护的理论和实践，着重探讨了建立海洋保护区的过程。我们认为，非常需要一本源于生态学方法强调海洋保护的基础书籍。保护规划也必然涉及社会、政治、经济、法律和生态问题。然而，在所有这些问题中，生态学问题在保护海洋工作中没有得到充分讨论。而这正是需要我们在海洋保护知识和实践中努力填补的重要空白。在一个从单学科、多学科到学科交叉和跨学科研究以及与海洋保护越来越复杂的不断变革时代，一本书仅仅基于生态学科上是不合时宜的。在制定保护计划时，经常申明不能孤立地看待生态系统，人类社会经济活动也必须加以考虑。我们完全同意这种观点。然而，如果要系统地讨论保护生物多样性组成部分的需求，所有保护规划必须坚定地基于生态学原理。没有人类存在的保护是不完全的；没有依据生态学原理的保护是不现实的！我们应该记得“生态学”这个词的词源（Gk. Oikos—Home）。如果我们不能理解我们自己的家园，那么除了在空间、时间和自制力之外，我们在其他地方不能得到太多的帮助。

因为本书中的重点是讨论海洋保护的生态学基础和原理，我们将很少关注海洋保护的其他方面，例如：国际公约、海洋管理、政策、立法、执法、社会经济学和一般人类活动。这些主题将不可避免地影响我们的讨论，但最近出版的其他书籍对它们有更深的论述。因此，本书没有太多地论述人类的管理工作或人类对海洋的影响（虽然会涉及），而是讨论可以采取哪些步骤才能系统地保护海域来保护海洋生物多样性的组成部分，以及如何在生态原理基础上建立这样的行动。我们充分认识到其他学科的重要性，以及将它们纳入整个海洋保护规划过程的必要性，但我们论述的重点是海洋生物多样性的生态学原理及其保护。我们也没有强调在标准教科书中详细讨论的各学科，例如种群生物学和生态学以及渔业生物学。我们的主要兴趣在于海洋保护区，不是因为建立海洋保护区是我们应该做的唯一的事情，而是因为我们已经多次指出海洋保护区能有效保护海洋环境“碎片”及其物种。海洋保护区可以被认为是对海洋综合保护的必要但不充分的条件。

我们重点论述了海洋生物多样性的特性和组成部分，保护海洋生物多样性的潜在方法，海洋生物多样性与环境结构和异质性的关系以及在区域和国家层面上海洋保护实用战略规划。其主要理由是：虽然海洋生物多样性保护受到全球关注，但是大多数保护海洋生物多样性的规划和实际保护方案是在国家和区域层面上开展的。其目的不是有意忽略或掩饰海洋保护的其他方面或其他学科；相反，它是强调生态学知识和生态规划的重要性。

对海洋实行生态保护需要了解环境生活在这些环境和栖息地中的生物，以及它们之间的生物学和物理学的相互关系。总之，我们需要了解海洋环境在物理和生物方面的结构以及功能（过程）。正是这些环境基础和生态基础以及我们可以从中得出的原理，对于制定我们的海洋保护战略至关重要。但不幸的是，这恰恰是大多数海洋保护教科书所缺少的。即使在基础研究文献中，这些问题也是零散的和不系统的。

系统和全面地涵盖海洋环境、栖息地和群落的范围及多样性、生物学和物理学相互关系、结构和功能、保护战略和保护区规划，这样的一本论著将是一本备受欢迎的教科书。但在本书中，读者必须参考其他学科中更全面和更系统的论述，必须参考海洋保护规划所需要的技术手段。本书试图系统地组织一种方法和总体框架，至少在基础层面，提出并指明各种学科在海洋保护中的地位和作用。

因为要考虑的主题之间存在很多交叉，使得本书中不可避免地会有一些重复，本书的结构如下。

首先，我们讨论了海洋生物多样性是什么这个基本问题，以及为什么我们应该关心海洋生物多样性（由于它的重要性和它受到的各种威胁）。其次，我们描述了海洋环境的基本结构（其主要组成部分、物理化学性质、生态学和生物群落）。接下来我们继续论述了各种海洋保护方法以解决海洋生物多样性受到的各种威胁，包括设立海洋保护区的战略。在这里，我们也讨论了进行海洋保护的好处以及在决策过程中对海洋采取系统研究和科学认识的必要性。我们在遗传、种群、群落与生态系统水平上基于层次结构和功能属性论证了进行系统研究的必要性。因为大多数保护举措都是在陆地环境中进行的，并且是基于陆地生态学原理，所以，我们研究了海洋系统与陆地生态系统究竟有怎样的区别和产生这些区别以及它们必须得到不同对待的原因。

我们从全球到局部海域以及从“生态系统”到基因不同生态等级的每个“层次”上分别讨论了可以采取的海洋保护方法。我们还论述了全球生物地理分类方案以及在生态系统层面开展海洋保护的方法。然后，讨论了栖息地或生态系统水平上的区域“代表性”和作为海洋群落类型替代者的海洋环境地球物理学属性的重要性，包括对栖息地和群落特性之间关系的讨论。接下来，跨越生态层次结构的边界，我们分析了特色海域单个物种和生态系统过程之间的关系，包括季节性迁移过来的物种，并讨论对它们如何识别和定义。在物种层面还讨论了物种多样性在全球和“热点”区域的分布，以及潜在的引发因素。在物种层面，我们还讨论了“焦点物种”的问题，为什么一些物种可能比其他物种值得更多的关注。最后，讨论了遗传水平在所有其他水平的生态层次结构过程研究中的重要性。由于各种各样的原因，对海岸带、深海和公海都进行了单独讨论。作为一个整体，也讨论了渔业管理及其对海洋生物多样性的意义和影响，探讨了渔业与生物多样性综合保护的提出及其关键过程。

下一个任务是将基于不同生态层级结构的所有方法整合到海洋保护中，以便定义候选保护区的潜在“组”。这样的海洋保护区组理论上应该有效全面地保护海洋生物多样性的所有构成要素。在这里，我们讨论了如何定义海洋保护区的数量、大小和边界，以及如何确定一个待保护区域的比例。接下来，讨论了“价值”本身的概念和意义以及如何进行评估保护工作。基于对海洋学资料和遗传数据分析得出的连通性模式，讨论了选择候选海洋保护区“组”以及建立海洋保护区“网络”的标准。接下来我们介绍了保护效果监测这一重要但经常被忽视的过程。最后，我们指出了海洋保护中的一些遗留问题。

全球海洋保护区组清单现已汇编；然而，我们仍然不清楚这些保护海域对这里的栖息生物或迁居生物实际提供何种程度的保护。最重要的是，我们仍然不知道这些保护海域对世界海洋生物多样性保护的单独效应和综合效应。接下来我们计划著述论证世界海洋保护区组在生物多样性保护中的贡献以及他们作为区域、国家和国际海洋保护区网络的成员在生物多样性保护中的作用。之后，我们还将设计一个全球差距分析计划（GAP），以指出我们还缺少什么以及在哪里缺少。但是，如果没有本书中提出的总体框架，那么如何完成这项任务还远远不够清楚。

乐观地讲，我们人口数量将最终稳定，人类对地球的环境影响将是可持续的。这种情况是否会发生尚不确定，问题是实现人口稳定和环境可持续性的过渡是渐变还是突变。本书关注的是从现在到未来可持续发展的过渡时期，关心如何进行规划以保护我们这个星球全部海洋生物多样性的基本生态原理和环境原理。我们如何构建一个新时代诺亚方舟网络为未来承载我们所有的生物多样性资产？一旦人类学会了与他们的环境和谐相处并尊重环境，那么海洋保护区最终将变得没有必要存在。

本书可供海洋生物多样性和保护的高年级本科生和研究生、政府和非政府机构中负责实施国家、地区或地方战略的规划者、管理者和保护工作者阅读。然而，我们希望本书也将吸引更多对海洋生态和海洋保护感兴趣的读者，帮助他们用正确的方法和行动来践行海洋生态保护。

参考文献

Nagel, E. (1961) The Structure of Science, Hackett, Cambridge

致　谢

这样一本著作不是由作者单独写作完成，而是个人经验、同行交流以及在科学会议上的发言所形成的思想和概念的汇总。若要感谢所有那些影响和指导我们思考、研究和规划的朋友、同事和学生（以及我们自己的学生们），这将会是一个很长的清单。然而，无论如何，我们要对他们表示感谢！

John Roff (john. roff@ acadiau. ca) 要感谢以下朋友：Andrew Lewin, Michelle Greenlaw, Susan Evans, Shannon O'Connor, Tanya Bryan, Joerg Tews, Jennifer Smith, Hussein Alidina, Sabine Jessen, Susan Evans, Colleen Mercer-Clarke, Hans Hermann, Bob Rangely, John Baxter, Magda Vincx, Karim Erzini, Cheri Reccia, Josh Laughren, Mark Taylor, Gordon Fader, Jon Day 和 Vincent Lyne。特别要感谢比利时根特大学和葡萄牙阿尔加维大学的 2009 年级和 2010 年级参加 Erasmus Mundus 计划的研究生们。这里还要感谢对部分章节给予帮助的朋友们，第 6 章：Tanya Bryan 和 David Connor；第 8 章：Maria Buzeta Innes 和 Michelle Greenlaw；第 11 章：Michelle Greenlaw 和 Shannon O'Connor；第 12 章：Vera Agostini, Salvatore Arico, Elva Escobar Briones, Malcolm Clark, Ian Cresswell, Kristina Gjerde, Susie Grant, Deborah Niewijk, Arianna Polacheck, Jake Rice, Kathryn Scanlon, Craig Smith, Mark Spalding, Ellyn Tong, Marjo Vierros 和 Les Watling；第 14 章：Susan Evans, John Baxter, Michelle Greenlaw, Shannon O'Connor 和 Andrew Lewin；第 15 章：Sofie Derous, Tundi Agardy, Hans Hillewaert, Kris Hostens, Glen Jamieson, Louise Lieberknecht, Jan Mees, Ine Moulaert, Sergej Olenin, Desire Paelinckx, Marijn Rabaut, Eike Rachor, Eric Willem, Maria Stienen, Jan Tjalling van der Wal, Vera van Lancker, Els Verfaillie, Magda Vincx, Jan Marcin Węsławski 和 Steven Degraer；第 16 章：John Crawford, Robert Rangeley, Jennifer Smith, Sarah Clark Stuart, Ken Larade, Hussein Alidina, Martin King, Rosamonde Cook, Priscilla Brooks 和 Josh Laughren；第 17 章：Tanya Bryan 和 Joerg Tews。

Mark Zacharias (Mark. Zacharias@ gov. bc. ca) 要感谢以下朋友：Hussein Alidina, Jeff Ardron, Rosaline Canessa, Chris Cogan, Phil Dearden, Jon Day, Dave Duffus, Zach Ferdana, Leah Gerber, Ed Gregr, Ellen Hines, Don Howes, David Hyrenbach, Sabine Jessen, David Kushner, Nancy Liesch, Olaf Niemann, Carol Ogborne, Mary Morris, Charlie Short, Mark Taylor 和 Nancy Wright。在此也向没有在感谢名单中列出的朋友们致歉。

在开始组织本书的主题时，我们受到 Jon Day 及其早期工作成果的显著影响。鉴于 Jon 的前期工作对本书做出的突出贡献以及他在大堡礁海洋公园管理局进行的持续的海洋保护活动，我们在本书扉页上指明了他的贡献。

多年来，作者广泛地与几个国家和国际保护组织合作，特别关注海洋保护。这些组织中，首先是世界自然基金会加拿大分会，他们是应用海洋生态学和海洋保护的坚定捍卫者。我们很荣幸能与这个组织中的许多同事合作（见致谢名单）。鉴于世界自然基金会（WWF）在世界海洋保护方面做出的努力，作者已将本书稿酬捐赠给世界自然基金会以促进海洋生态保护。

首字母缩写词和缩略语

适应性进化保护系统——AEC　adaptive evolutionary conservation
扩增片段长度多态性——AFLP　amplified fragment length polymorphism
大西洋大陆边缘——ACM　Atlantic continental margin
生物评价图——BVM　biological valuation map
对应分析——CA　correspondence analysis
基于群落的海岸带资源管理——CBCRM　community-based coastal resource management
《生物多样性公约》——CBD　Convention on Biological Diversity
《南极海洋生物资源保护公约》——CCAMLR　Convention for the Conservation of Antarctic Marine Living Resources
鲸龟评估计划——CETAP　Cetacean and Turtle Assessment Programme
海洋生物普查划——CoML　Census of Marine Life
单位捕捞努力渔获量——CPUE　catch per unit effort
海岸资源管理——CRM　coastal resource management
海岸带管理——CZM　coastal zone management
分贝——dB　decibel
降趋对应分析——DCA　detrended correspondence analysis
降趋标准对应分析——DCCA　detrended canonical correspondence analysis
环境、食品和农村事务部——DEFRA　Department for Environment, Food and Rural Affairs
数字高程模型——DEM　digital elevation model
加拿大渔业海洋部——DFO　Department of Fisheries and Oceans Canada
清晰种群分布区——DPS　distinct population segment
渔业生态系统方法——EAF　ecosystem approach to fisheries
生态系统管理方法——EAM　ecosystem approaches to management
基于生态系统的管理——EBM　ecosystem based management
生态学和生物学重要海域——EBSA　ecologically and biologically significant area
生态质量目标——EcoQO　ecological quality objectives
专属经济区——EEZ　exclusive economic zone
厄尔尼诺南方涛动——ENSO　El Niño Southern Oscillation
美国濒危物种法案——ESA　US Endangered Species Act
重要进化单元——ESU　evolutionary significant unit
联合国粮食与农业组织——FAO　Food and Agriculture Organization
差距分析计划——GAP　gap analysis programme

大堡礁海洋公园——GBRMP　Great Barrier Reef Marine Park
瓜依哈纳斯国家海洋保护区——GHNMCA　Gwaii Haanas National Marine Conservation Area
地理信息系统——GIS　geographic information system
全球海洋观测系统——GOOS　global ocean observing system
栖息地适宜性指数——HSI　habitat suitability indices
海岸综合管理——ICM　integrated coastal management
海岸带综合管理——ICZM　integrated coastal zone management
中度干扰假说——IDH　intermediate disturbance hypothesis
个体捕捞配额——IFQ　individual fishing quota
全球综合观测战略——IGOS　Integrated Global Observing Strategy
政府间海洋学委员会——IOC　Intergovernmental Oceanographic Commission
国际自然保护联盟——IUCN　International Union for the Conservation of Nature
单船捕捞配额——IVQ　individual vessel quota
联合自然保护委员会——JNCC　Joint Nature Conservation Committee
大海洋生态系统——LME　large marine ecosystem
海洋污染公约（《防止船舶污染国际公约》的简称）——MARPOL　marine pollution (short form of International Convention for the Prevention of Pollution from Ships)
修正有效风浪区——MEF　modified effective fetch
世界海洋生态区——MEoW　marine ecoregions of the world
英里——mi　mile
分子印迹（技术）——MIP　molecular imprinting
海洋自然保护述评——MNCR　Marine Nature Conservation Review
海洋保护区——MPA　marine protected area
海洋代表单元——MRU　marine representative unit
死亡率和产卵潜力比——MSPR　mortality and spawning potential ratio
最大可持续产量——MSY　maximum sustained yield
线粒体细胞色素氧化酶 I——mtCOI　mitochondrial cytochrome oxidase I
线粒体 DNA——mtDNA　mitochondrial DNA
管理单元——MU　management unit
最小可持续种群——MVP　minimum viable population
北大西洋涛动——NAO　North Atlantic Oscillation
北大西洋露脊鲸联盟——NARWC　North Atlantic Right Whale Consortium
种群大小普查数——Nc　census population size
有效种群大小——Ne　effective population size
无开发利用保留区——NER　non-extractive reserve
国家海洋渔业处——NMFS　National Marine Fisheries Service
非本土物种——NIS　non-indigenous species

海里——nmi　nautical mile
非度量多维测度——NMS　non-metric multidimensional scaling
美国海洋与大气管理局——NOAA　National Oceanic and Atmospheric Administration
美国国家海洋数据中心——NODC　US National Oceanographic Data Center
美国国家科学研究委员会——NRC　National Research Council
海洋生物地理信息系统——OBIS　ocean biogeographic information system
有机氯杀虫剂——OCP　organochlorine pesticide
海洋观测计划——OOI　Ocean Observatories Initiative
《奥斯陆和巴黎公约》——OSPAR　Oslo and Paris Convention
最佳可持续产量——OSY　optimum sustained yield
海洋追踪网络——OTN　Ocean Tracking Network
多环芳烃——PAH　polycyclic aromatic hydrocarbon
优先保护区——PCA/PAC　priority conservation area
多氯联苯——PCB　polychlorinated biphenyl
多氯代二噁英——PCDD　polychlorinated dibenzodioxin
多氯二苯并呋喃——PCDF　polychlorinated dibenzofuran
太平洋大陆边缘——PCM　Pacific continental margin
主成分分析——PcoA　principal components analysis
可能性 C 均值聚类——PCM　possibilistic C-means
聚合酶链反应——PCR　polymerase chain reaction
百万分之一——ppm　parts per million
千分之一——ppt　parts per thousand
普吉特海湾环境监测计划——PSAMP　Puget Sound Ambient Monitoring Programme
压力状态响应——PSR　pressure-state-response
实用盐度单位——psu　practical salinity unit
种群生存力分析——PVA　population viability analysis
代表性海域计划——RAP　Representative Areas Programme
随机扩增多态性 DNA——RAPD　random amplified polymorphic DNA
修订管理程序——RMP　Revised Management Procedure
投资回报——ROI　return on investment
限制性［内切酶］片段长度多态性——RFLP　restriction fragment length polymorphism
生态科学知识——SEK　scientific ecological knowledge
生长净能——SFG　scope for growth
海山地域特异性假说——SMEH　seamount endemicity hypothesis
观测单元观测值——SPUE　sightings per unit of effort
产卵群体生物量——SSB　spawning stock biomass
每次补充产卵群体生物量——SSBR　spawning stock biomass per recruit
短串联重复序列——STR　short tandem repeat

总允许渔获量——TAC　total allowable catch
传统生态知识——TEK　traditional ecological knowledge
毒性鉴定与评价——TIE　toxicity identification and evaluation
英国海洋监测和评估战略——UKMMAS　UK Marine Monitoring and Assessment Strategy
《联合国生物多样性公约》——UNCBD　United Nations Convention on Biodiversity
联合国环境与发展大会——UNCED　United Nations Conference on Environment and Development
《联合国海洋法公约》——UNCLOS　United Nations Convention on the Law of the Sea
联合国环境规划署——UNEP　United Nations Environment Programme
联合国海洋和海洋法非正式协商程序——UNICPOLOS　United Nations Informal Consultative Process on Oceans and the Law of the Sea
生物多样性和生物地理学统一中性理论——UNTBB　unified neutral theory of biodiversity and biogeography
矢量强度测量——VRM　vector ruggedness measure
世界气象组织——WMO　World Meteorological Organization
世界自然基金会——WWF　World Wide Fund for Nature

目 次

第 1 章　引言：为什么海洋保护是必要的

海洋及其生物多样性的重要性、所受威胁和管理

我们在这片新的海洋上航行，是因为在这里可以获得知识。

John F. Kennedy（1917—1963）[①]

1.1　海洋的重要性

人类对地球的认识非常偏颇，其专有名称应为海洋之神（Oceanus）或水球（Water）。海洋是我们星球的主要特征，覆盖了地球表面积的近 71%。确实，从太空看我们“地球”上的太平洋几乎没有任何陆地（图版 1a）。虽然我们大多数人现在都生活在城市中，避免了与自然环境的直接相互作用，然而作为陆地物种的人类仍然熟悉陆地结构，包括山峦和峡谷的地形地貌。陆地上的植物和动物构成了我们的食物和自然环境，我们每天也会遇到地球上的“各种过程”，例如太阳辐射、降雨和风吹。

我们对海洋没有固有的观念。它们的结构和自然地理——峡谷、海山、深谷和海底平原尚未被充分认识。对海水和海洋“气候”的性质以及各种海洋过程，包括各种各样的水体运动，我们都不十分了解。我们在海上航行时，看到的风浪基本上与它的生物群无关。除了偶尔吃鱼外，海洋的植物和动物对我们来说是陌生的，事实上，我们需要一台显微镜才能看到它们中最常见的种类。这种对海洋的遥远感觉，造成我们偏重于对陆地的保护，从而忽视了对海洋的保护（Irish and Norse，1996）。

海洋中含有一种独特的分子物质——水，不能通过与其他相关化合物对比预测其反常的性质（Franks，1972）。地球上的生命起源于海洋，很可能就是得益于水的独特的物理化学性质。同时，水的热学性质、依数性（colligative）和非导电性限制了地球上生命的特性及其物理极限和分布。地球上的生命分布可以从山顶到海洋的深处。除了少数例外（包括汞和油），水是地球上唯一自然产生的液体，是我们已知的一切生命的基本结构成分和必需成分。在海洋中，水不仅为各种生物提供了栖息地，而且还为世界上已知最大的生物体——鲸提供了浮力。虽然它们像人类一样是呼吸空气的动物，但在陆地不能支撑它们巨大的身躯。

---

① 约翰·肯尼迪（John F. Kennedy），美国第 35 任总统。美国民主党政治家。他主导制定的政策方向，帮助美国建立了科技经济优势。——编者注

专栏 1.1　海洋的大部分性质取决于水本身的性质

特性	水与其他液体对比	重要性
热容量	除了 NH_3 外最高	地球恒温和热传递
熔解潜热	除了 NH_3 外最高	恒温效应
蒸发潜热	在所有液体中最高	恒温效应和热传递
热膨胀	具有最大密度温度	控制海洋的循环
表面张力	在所有液体中最高	细胞生理学和生态学
溶解能力	在所有液体中最高	物理和生物过程中产生重大影响
介电常数	在所有液体中最高	实现高化学分离
透明度	比较高	有利于光合作用和捕食
热传导	在所有液体中最高	弱于涡流过程

资料来源：改编自 Sverdrup 等（1942）

海洋对地球上的条件进行管理控制，包括海洋气候和陆地气候，调节和节制地球气候。毫不夸张地说，在地球上没有任何陆地的情况下，海洋中的生命可以完美地继续生存下去。然而，没有海洋的气候控制和水源保持，陆地上的生命是无法生存的。在南太平洋，厄尔尼诺-南方涛动（ENSO）驱动全球气候，其他海洋变化如北大西洋涛动（NAO）进行区域性调控。海洋温度在一定程度上决定了具有破坏力的台风或飓风的产生和强度。

专栏 1.2　海洋的重要性

从全球来看，海洋是：

- 水的主要储存库：地球表面近 71%被海洋覆盖；淡水少于 0.5%。
- 生物的主要栖息地；它们占“地球”可居住范围的 99%以上。
- 地球主要氧气储存库。
- 地球主要氧气生产场所，通过浮游植物产生。
- 地球蓄热库和调节器。
- 纵向传热和循环介质。
- 主要的二氧化碳储存库，特别是以 HCO_3^- 和 CO_3 的形式存在。
- 各种生物的栖息地，从细菌到鲸。
- 巨大的潜在资源库，包括可再生和不可再生资源，石油、矿物等。也有约 50%的全球碳固定发生在海洋中。

马歇尔·麦克卢汉（Marshall McLuhan，1962）在他的开创性著作中，首先定义了“地球村”的概念。随着环境保护运动的日益崛起和全球贸易、通信的范围扩大，海洋对我们陆地生活的人类的重要性终于显现出来。人类文明现在已经达到了一个节点，人类行动可以在地球层面引起变化。全球问题，包括气候变化、二氧化碳含量上升和全球变暖，是我们现在主要的环境问题。然而正是由于海洋的内稳态效应（它们富有成效的控制能力）在很大程度上减轻了不利的环境影响，避免了进一步恶化。

海洋中的初级生产者提供给我们约一半的氧气，而深海为大气二氧化碳的封存提供了一个重要的汇集地。也许最可怕的潜在环境灾难是深海海水循环可能再次停止（在过去的地质时期曾经发生过），但这次是“失控”的全球变暖。用更直接的人类术语来讲，海洋渔业是主要的蛋白质来源，海洋也是各国主要的贸易路线。沿岸浅海地区为我们提供了丰富的自然资源，也是海洋渔业生物孵育和生长的场所。海洋的重要性还有很多!

1.2 海洋系统现状

目前，海洋处于一个非常危险的状态。几个世纪以来，海洋被认为是不可变的，不受人类活动的影响。鱼类资源丰富，海洋吸收人类废物的能力也被认为是无限的。在 1605 年，荷兰法学家雨果·格劳修斯（Hugo Grotius）通过制定新的原则“海洋自由论”为国际海洋法奠定了基础，即海洋是国际领域，所有国家都可以自由使用它进行贸易。除了狭窄的海岸边缘，可以用陆上大炮保护，海洋已经成为一个“人类共同”的资源，开放给所有人使用甚至滥用。可以预见且在历史上也发生了两件事：“公地悲剧”（Hardin，1968）沿海和逐步保护（作为专属经济区）（EEZs）。公地被逐渐“圈占”，但悲剧仍在继续。

人类对海洋环境中具有大规模干扰的能力，但直到 1868 年大海牛灭绝，海洋保护并没有成为一个国际问题。从 20 世纪 50 年代和 60 年代以来，Rachel Carson（1962）和 Jacques Cousteau 等撰写了大量的书籍，制作了众多电影和电视剧，会同一些国际组织，例如绿色和平组织进行了呼吁。由于这些呼吁以及公众日益增长的认识和关注，海洋环境中的保护工作才开始认真地制订国际公约和方案，如《伦敦倾倒公约》（1973），《防止船舶污染国际公约》（1973），《联合国海洋法公约》（1982）和《国际捕鲸公约》（1946）。

然而，尽管有这些早期的公约，海洋环境状况仍然持续恶化。一些曾经全球分布丰富的鱼类如鳕、鲱和金枪鱼，在许多情况下已经生态灭绝和商业灭绝。在 100 年的时间里，超过 100 万头鲸遭到捕获，只有东太平洋的灰鲸恢复到开发前的水平。大多数海洋物种，甚至生活在北极和南极地区的物种体内，均发现污染物升高。加利福尼亚法律规定，提供金枪鱼和其他鱼类服务的餐馆，需向游客发出有关鱼类重金属含量高的警告。

由于海洋温度升高，近年来数万千米的珊瑚礁出现白化现象，化石燃料燃烧产生的温室气体的增加可能加剧这种白化现象。一些迁徙物种的繁殖、觅食、交配活动的重要海域受到了人类活动的影响。这些只是对海洋系统持续退化的简要总结。那些对人类活动影响海洋环境的详细情况感兴趣的读者可以阅读诺雷斯（Norse）（1993）、索恩-米勒（Thorne-Miller）和（Catena）（1991）以及国家研究委员会（1995）的综合论著。

不幸的是，随着时间的推移和新一代人与海洋的互动，我们人类对“海洋的自然状态”的记忆和期望也经历了持续不断的变化。这种对海洋状态感知的世代变化已经体现在丹尼尔·波利（Daniel Pauly）的两个难忘的警句中：“基线漂变综合征”（在 1995 年创造的术语）和“捕捞渔业击溃海洋食物网”（Pauly et al.，1998）。第一个说法表明，虽然海洋正在持续退化中，但每一代人都接受这种退化状态作为正常现象。然而，我们目前所拥有的仍然是海洋所拥有（或可能曾经有过——见下文）的大部分，值得我们进行坚定的保护努力。第二句话反映了现实，海洋的渔业资源正在趋向越来越小的生物；较小的物种个体其种群曾经很大，但较小的物种曾被渔民忽视或认为没有价值。罗伯茨（Roberts）（2007）已经记录了我们对海洋，特别是对捕捞船队看法的历史变化。通过减少物种数量，对栖息地及其群落产生影响，最终破坏了整个生态系统，我们无疑正在更加快速地减少海洋生物多样性。

1.2.1 已经做了什么来解决这些问题？

可以预见，人类对其日益恶化的海洋环境的反应是迟钝的、被动的和零碎的。由于大多数海洋环境仍然被视为一种全球公共资源，世界上任何一个国家几乎都没有动力去处理这些议题，因为许多问题必须在国际水平上进行解决，因此，对这些环境危机的处理非常缓慢。早期对海洋保护的努力是基于对单一过度开发物种的管理（广义上称为单一物种管理）或针对特定环境威胁（例如一种污染物）。

“渔业管理”学科的发展，目的就是解决过度开发单种鱼类群体的问题。渔业管理最初是基于从森林管理借用的最大可持续产量（MSY）的原理，但是由于对鱼类群体的生活史和对其种群数量变动原因的理解不足，导致捕捞率一直为不可持续的状态。最近，传统强调单一种类鱼类群体的管理已经改变为“基于生态系统的管理”。我们已经认识到，单一物种的开发对生态和环境产生影响，此类影响远远超出被开发物种本身的那些种群，并且开始重视海洋自身的结构和过程。

在近岸海域，启动了一种类似的整体管理方法，称为“海岸带管理”，尝试将人类活动与生态系统管理和保护的目标结合起来。海岸带管理认识到海洋系统的非生物和生物组成部分在空间和时间尺度上相互联系，任何环境变化都可能对整个食物网产生影响。

最近，基于对限定空间的保护——海洋保护区（MPAs）这样一种综合方法已被提倡作为一种保护特定区域内的群落生态功能的方式，使保护海域的保护效果可以“溢出”到邻近区域。本书将尝试讨论这 3 种海洋保护方法，并对最后一种方法着重讨论。

1.2.2 本书将如何讨论这些问题？

本书不打算罗列海洋中的一系列环境问题，也不详细讨论管理选择和管理技术。本书将详细讨论海洋生物多样性、海洋保护以及如何基于对海洋自然生态层级结构的理解寻找解决方案。本书的目的不是审查每一个具体的管理概念（有其他几本书讨论这些主题），而是根据海洋环境的生态结构和功能（过程），研究保护海洋生物多样性的各种方法。本书将为读者提供一套全面的保护框架，可应用于所有海洋系统。

我们认为，负责管理和保护海洋环境的人往往忽视了保护和管理海洋环境的方法，因为它们并不总是符合他们熟悉的传统管理系统。本书重点讨论保护海洋生物多样性及其组成部分这两个方面，跨越生态层级结构，而不是关注任何特定的种群、群落、栖息地或生态系统。因为我们认为，基于生态原理的海洋保护实践应该适用于从全球到局部海域，从生态系统、栖息地和群落到单独物种的个体及其种群。

因此，本书的基础本质上是生态学科，考虑了我们地球环境和生物群的自然组织结构。正如 Dobzhansky（1973）提到 Charles Darwin 所说的：“生物学中没有什么是有意义的，除了进化”。借用这种表达方式，我们可以说：“生物多样性保护中没有什么是有意义的，除了生态和环境视角”。

1.3　什么是生物多样性?

简单地说，生物多样性（E. O. Wilson 于 1988 年创造了生物多样性概念）是自然界生命的丰富性和多样性。《生物多样性公约》（联合国环境规划署，1992）将生物多样性定义为“所有来源于包括……陆地、海洋和其他水生生态系统及其构成的生态复合体的生物体的变异性，包括物种内、物种间和生态系统之间的多样性。因此，“生物多样性”（biodiversity）一词包括跨越基因、物种和生态系统水平各组织层次结构的生物学多样性和生态学多样性（Gray，1997）。

生物多样性的概念被广泛误读并得到了各种解释，甚至发生在科学界内。狭义上，生物多样性一词通常与物种多样性（species diversity）同义，但对它层级结构的认识远远不止这一点。如上所述，“生物多样性”一词包括基因、物种及其种群、群落和生态系统的多样性以及改变它们及其环境的动态过程。这种广泛定义的理由是建立在对自然界基本层级结构的认识之上，如果没有所有层级结构中的其他层次的支持和互动，任何层级结构都不可能单独存在。例如，在生态和环境相互作用的整个层次上，如果没有合适的栖息地，物种就不能繁衍生息，如果没有维持生态系统的生态过程，栖息地不能表现出任何恒定的状态，等等。广义上，或许我们会谈及生态多样性/或环境多样性。

有人提出，生物多样性的概念太“包罗万象”，因为它代表了所有生物和地球生命支持系统的总和。换句话说，这个词变得如此一般且包罗万象（因为它包括一切），它已变得毫无意义。我们不这样认为，我们将使用最广义的术语。也许生物多样性概念最重要的方面是它允许从空间、时间和生态角度来识别和分析其组成部分。它适应于一个层级结构的环境，能够解决其他方法不能解决的问题。它的重要性将在随后的章节中充分论述。

1.4　为什么要保护海洋生物多样性?

生物多样性确实是我们生物圈及其环境的价值所在，但由于生物多样性包括“一切”，其价值和效益不容易界定或分类。然而，现在既然马歇尔·麦克卢汉（Marshall McLuhan）的“地球村”概念已经成为现实，我们需要对生物多样性的组成部分进行分类，并以系统和负责任的方式对它们进行保护。我们可以确认“谁去保护？保护什么？为什么保护?”。

保护生物多样性的理由是复杂的，包括环境、经济和社会效益等多方面（Beaumont et al.，2007），所以可以公平地说，无论是从科学、社会经济还是道德层面，都应该提出更强有力的理由（Duarte，2000）。保护生物多样性的理由分为几个主要类别，可归纳为：内在价值、人类中心价值（人类的生态产品和服务）和伦理价值。这里总结如下。

专栏 1.3 海洋生物多样性保护简史

许多土著文化，特别是太平洋岛屿文化，利用许多与现代相同的办法有效地管理着海洋生物资源（如禁渔区、捕捞量和体形大小限制），而现代海洋保护技术相对较新，但却几乎在每一个方面都落后于陆地保护。这主要是由于相对于陆地，更难以理解和测度人类对海洋系统产生的影响，并且人类通常与海洋环境的联系较少，因此更难以参与海洋保护问题。这种情况导致了过去几个世纪形成以下观点/发展历程：

- 19 世纪：海洋资源被认为是取之不尽的。
- 20 世纪：主要渔业被认为是取之不尽的。
- 20 世纪 60 年代：主要鱼类种群衰退；传统捕捞群落崩溃；生态系统恶化。
- 当前：海洋治理分散；各种影响不是以协调的方式管理；人类活动引起生态系统转变；海洋独立于陆地环境管理之外。

然而，海洋生物多样性保护正在努力追赶陆地保护工作。虽然许多海洋保护工作已经由个别国家（例如澳大利亚和大堡礁）牵头实施，但一些重要的国际法和公约已开始承认海洋保护和管理的重要性，其中包括：

- 1972 年：《斯德哥尔摩宣言》签署国承诺保护生物多样性，可持续利用海洋环境和使用最大持续产量概念。
- 1982 年：《联合国海洋法公约》签署国承诺保护鱼类种群，防止外来物种引入，并考虑物种在管理中的相互作用。
- 1992 年：《里约宣言》签署国承诺应用预防措施，建立海洋保护区和在决策中使用传统知识。
- 1992 年：《21 世纪议程》签署国承诺保护鱼类种群，实施海岸带综合管理，考虑气候变化和采取财政激励措施加以保护。
- 1995 年：《联合国跨界种群协定》签署国承诺对洄游性鱼类种群和活动范围大的鱼类种群开展更广泛的合作管理。
- 1995 年：《粮农组织行为守则》签署国承诺结束破坏性捕鱼方式，采用选择性渔具，考虑让当地海洋从业人员/社区参与决策，支持渔业研究。
- 2001 年：《粮农组织雷克雅未克宣言》签署国承诺将生态系统方法应用于渔业管理。
- 2002 年：《可持续发展问题世界首脑会议》签署国承诺遵守以前的协定，并协调进行更好地合作。

目前，在保护海洋环境方面取得了重大进展。几乎每种具有重要意义的商业物种都有某种跨管辖区的科学管理计划，这些计划通常基于渔业生态系统管理方法（第 13 章）。另一个问题是渔民和政治机构是否遵守这些计划以及是否能有效防止鱼类种群过度开发。此外，近 1%的海洋表面被某种类型的保护区所覆盖；然而，许多保护区仍然允许开发活动。许多国家和国际立法工具现已到位，以协助海洋保护和管理；然而，如果没有政治意愿和公众压力以实施这些工具，许多海洋生境及其群落的条件将继续衰退。

（Christensen et al. , 2007；Guerry, 2005）

固有价值　这是一个相当有争议的问题，即生物多样性、物种和自然系统的组成部分具有独立于人类需要或考量之外的自身价值。对于大多数生态学家和环境学家来说，除非与生态功能的概念和生态系统的工作模式相关，很大程度上这个理由已经成为一个哲学问题。

固有价值的重新审视　我们将明确讨论海洋生物多样性的“价值”概念以及按照该理由在海洋保护中如何对海洋环境进行归类（见第 15 章）。

人本价值——脆弱性　多样性的丧失通常削弱整个自然系统；每个物种都可以被认为在维持人类最终依赖的健康生态系统中发挥作用。当生态系统由于多样性的丧失而简化，生态系统就变得更容易受到自然和人为扰动的影响，或者可能完全改变状态，例如在加拿大的斯科舍大陆架上，移除关键捕食者以及底拖网作业已经完全改变了整个生态系统的特征（Frank et al.，2005）。被列为濒危和受威胁物种中包括了几种海洋哺乳动物（Hoyt，2005），它们中有许多是生态系统功能的关键组成部分，并且在经济、伦理或美学方面也是有价值的。

人本价值——可再生资源　生物多样性是我们最大的未开发的自然资源，具有重要的潜在价值。我们的海域中包含无数的原材料，可以提供新的食物、纤维和药物来源，新的发现不断地为科学和工业创新做出贡献。海洋中有许多潜在资源可以持续开发利用，例如，数以千计尚待开发的海洋产品所具有的药学潜力可为人类提供救命药和常用药。已经反复证明大自然是一个比人类好得多的化学家——在过去 15 年中，在全世界引入的所有抗肿瘤药物和抗感染药物中超过 60%具有天然产物结构（Newman and Cragg，2007）。在过去的几十年里，海洋环境作为未发现的化学结构来源的巨大潜力开始出现。例如，最近的研究表明，由贻贝产生的蛋白质（有助于贻贝粘在岩石上）的合成可用于封闭本来需要缝合的伤口。由于我们对海洋资源知之甚少，拯救生命或有益药物的潜力应该是巨大的，并且该潜力每年都在扩大。

人本价值——不可再生资源　历史上对不可再生资源的社会经济价值的关注超越了对自然环境的关注。希望随着环境价值的改变和基于生态系统管理概念的应用，我们将逐步认识到生物多样性和资源价值同样重要。

人本价值——生态系统提供的产品和服务　人类从自然界获取利益，这依赖于健康的生态系统。自然界为我们提供空气、水和食物，并支持人类经济活动。世界上许多蛋白质来自海洋，海洋保护区是增加商业性渔业物种产量的重要机制。世界上的海洋渔业显然严重过度开发且不可持续。建立保护区是扭转这一不利趋势的少数几个积极步骤之一。“自然资本估值”学科的不断发展开始记录由自然界生物多样性的组成部分提供给人类的“产品和服务”，包括那些产生美学和娱乐价值的属性。

人本价值——“保险”　从生态学角度来看，这也许是最根本和最重要的概念。海洋需要我们去探索的事情还有很多。海洋的深度从字面上对我们来说就像月亮的背面充满了未知。最终，我们不知道海洋生物多样性各组成部分完全的环境和生态意义，也不知道它们如何协同发挥作用。因此，保护海洋可以被视为一种保险政策；因为我们破坏其组成部分，我们都无法预测其后果。预防原则（见第 13 章）主张在自然科学证据之前愿意接受可信的威胁。虽然这一原则已经得到广泛采纳（首先是欧盟），但即使面对确凿的自然科学证据，它在海洋中并没有得到普遍或认真地执行。

下列3个基本事情是明确的。①地球只有海洋而没有陆地完全是可以正常发展的，但地球只有陆地而没有海洋则是完全不行的，海洋具有调节我们地球自我平衡的机制。②随着我们持续影响自然群落和生态系统致其不断退化，世界正在向其更原始的微生物主导的系统转变；人类虽然不可能将世界肆意破坏到它不支持生命存活的程度，但我们可能会看到一个不支持丰富物种的世界——包括我们自己。③我们根本不知道这些破坏性影响在不可逆转之前，我们还能够在多大程度上破坏自然栖息地和它们的生物群落；在某些情况下，部分海洋似乎已经达到了“替代性稳定但却是不良状态”。保护生态学家经常使用“生态完整性”概念，尽管在海洋中它的真正意义并不清晰且难以清楚地理解（见第16章和第17章）。

伦理价值——自然与责任　有人认为人类只是自然的一部分，我们不应该危害我们自己的环境。我们人类是地球上唯一有能力驱使其他种类灭绝的物种。环境伦理学家还强调，我们有道义上的责任保护我们星球上的环境和其他物种。例如，环境管理概念是犹太基督教的一个基本组成部分。

1.5　生物多样性在地质和历史时代上的变化

我们地球上的物种多样性在过去已经发生了很大变化（Signor，1994；Sepkoski，1997），目前可能处在历史最高点（图1.1），其部分原因可能是土地的空间分离程度更大、浅海海域丰富以及由此导致栖息地多样性水平提高（作为空间异质性的函数——见第8章）。然而，由于人类环境的干扰，物种灭绝的速率可能也是历史最高的（除了大规模的灭绝事件之外）。因此，我们似乎生活在一个自相矛盾的时代，目前正拥有着空前的物种丰富度，但也正以最快的速度毁灭它们!

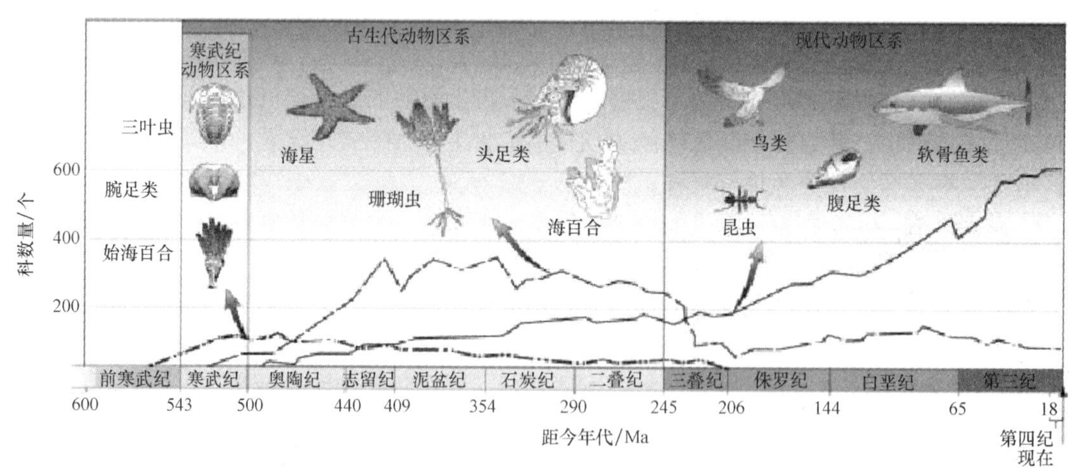

图1.1　地球物种多样性的地质年代变化

资料来源：根据Sadava等（2006）改绘

进化的过程发生在生物界和无机界，发生在陆地环境和水生环境中。进化的过程是，地球上的所有形式的生命随着环境本身的变化而改变。任何一个物种（包括人类）都必须适应这些变化，否则就会灭绝。据我们所知，人类是造成许多其他物种灭绝的唯一物种。

作为陆地物种，人类的主要史前环境影响和历史环境影响发生在陆地和淡水。然而，人类现在对海洋的影响是巨大的且不断增长；影响规模从局部海域到全球海域。目前海洋的任何部分都不能摆脱人类的影响。现在努力保护我们的海洋至关重要，这不仅是为了局部人类环境和社会经济健康，更是因为全球的普遍关注。

1.6　海洋生物多样性的组成

人类通常明确地或隐含地对事物进行分类。对事物进行分类似乎是人类一种固有的特征，对我们周围的世界（它的特征、变化、危险和资源）进行归类是必要的。人类的这种分类习惯渗透到了社会和科学领域。在科学领域中，导致了亚原子粒子的分类和元素周期表的建立。在生物科学中，它导致了对植物和动物进行命名和分类的林奈分类系统（Systema Naturae，1758）和达尔文的自然选择的进化理论。如果没有这些基本组织方法和对地球上所有生命形式的相关性分类，就不可能形成现代生物学。

对于内容丰富的生物多样性概念，也需要类似的组织框架。我们应该根据人类对分类的要求，去了解生物多样性的性质。Zacharias 和 Roff（2000）提出了海洋生物多样性组成的框架（表 1.1），其中给出了层级结构的组成层次以及相应的结构和功能成分。该框架改编于 Noss（1990）的生态层级结构并适应于海洋生物多样性分类，它在基因、种群、群落和生态系统组织层次上将生物多样性分为组成、结构和功能属性。生物多样性组成成分的分类事实上可以在生态层级结构中的任何层次上以各种方式进行。这样的分类有助于我们形成观点。例如，哪些成分存在，哪些成分已经退化或丢失（以及在什么程度上或以什么比例），哪些成分应优先被保护，哪些成分更敏感，哪些成分更脆弱等。

表 1.1　与 Noss 地球框架（1990）相比，Zacharias 和 Roff（2000）为海洋环境提出的生物多样性的组成、结构和功能属性

组成属性		结构属性		功能属性	
Noss	Zacharias 和 Roff	Noss	Zacharias 和 Roff	Noss	Zacharias 和 Roff
基因	基因	遗传结构	遗传结构	遗传过程	遗传过程
物种，种群	物种，种群	种群结构	种群结构	人口变动过程，生活史	人口变动过程，生活史
生物群落，生态系统	生物群落	地貌，栖息地结构	群落组成	种间相互作用生态系统过程	生物/栖息地相关关系
景观类型	生态系统	景观结构	生态系统结构	景观过程和干扰，陆地利用趋势	物理和化学过程

在表 1.2 中，我们扩展了表 1.1 的结构，以显示海洋生物多样性的一些更具体的组成成分。这里重要的是要认识到，结构成分与时间是无关的，也就是说，它们仅具有形式物理“维度”L^3或 M（质量）。生物多样性的功能或过程组成成分随时间变化，因此具有 $M \cdot T^{-1}$或仅 T^{-1}的维度。这种表格并不意味着它详尽地或全面地罗列了所有成分，而是表明在生态层级结构的每一层次上海洋生物多样性组成成分的实际构成。它是一份生物多样性清单，我们在进行保护研究和保护规划时可以参考。在后面的章节中，我们将详述本表

的内容，并分别讨论海洋生物多样性层级结构中的每一层次与其组成部分的相关性。

表 1.2 来自 Zacharias 和 Roff（2000）的海洋生物多样性框架的扩展，显示在种群、群落和生态系统组织层次上结构（静态）和过程（功能或动态）的各种属性

基因		物种/种群		生物群落		生态系统	
结构	过程	结构	过程	结构	过程	结构	过程
1. 遗传结构	1. 突变	1. 种群结构	1. 迁徙	1. 群落结构	1. 演替	1. 水团	1. 海流
2. 基因型	2. 基因型分化	2. 种群丰富度	2. 扩散	2. 物种多样性	2. 捕食	2. 温度	2. 潮流
3. 适合度	3. 基因漂变	3. 分布	3. 驻留	3. 物种丰度	3. 竞争	3. 盐度	3. 物理扰动
4. 遗传多样性	4. 基因流	4. 焦点物种	4. 迁徙/回迁	4. 物种均匀度	4. 寄生	4. 水特性	4. 环流
5. 群体识别	5. 自然选择	5. 关键种	5. 生长/生产	5. 物种丰富度	5. 互利	5. 边界	5. 驻留机制
	6. 杂交	6A. 指示物种-条件 6B. 指示物种-组成	6. 繁殖	6A. 代表性群落 6B. 特色性群落	6. 病害	6. 深度/压力	6. 水-底耦合
	7. 非随机性配对/性选择	7. 伞护种	7. 补充	7. 生物相型	7. 生产	7. 光照强度	7. 周期转换
	8. 定向选择	8. 魅力物种		8. 生物集群	8. 分解	8. 分层	8. 生物地化循环（包括营养盐动力学/能流）
	9. 稳定型选择	9. 脆弱种		9. 物种-面积关系		9. 海底地形	9. 季节循环（物理的/生物的）
	10. 歧化选择	10. 经济物种		10. 过渡区		10. 基底类型	10. 生产力
	11. 微进化	11. 表型		11. 功能组		11. 地球物理异常（包括锋面系统）	11. 水圈-大气圈平衡
	12. 遗传侵蚀	12. 种群碎片化		12. 异质性		12. 波浪暴露	12. 水圈-岩石圈平衡
	13. 物种形成	13. 复合种群		13. 地域性		13. 斑块	13. 涡流扩散/干扰/内波
	14. 宏观进化			14. 交替稳定状态		14. 营养盐	14. 混合过程/稳定
				15. 共生		15. 溶解气体	15. 上升流/会聚
				16. 生物量		16. 缺氧区	16. 发散
							17. 生态完整性
							18. 腐蚀/沉积
							19. 干燥

这里我们给出一些初步的定义和评述。在生态层级结构中，我们从基因、物种及其种群，到群落水平依次阐述（表1.1），严格描述所有这些层级结构中的生物学组成。群落代表特定种类的栖息地（根据其非生物环境特征定义），一系列栖息地及其生物群落构成生态系统。因此，栖息地是非生物成分，而生态系统本质上是生物和非生物的复合体。值得注意的是，栖息地和生态系统这两个术语有时可互换使用。我们倾向于按照它们本来含义和“经典”含义使用它们。总之，通过在生态层级结构中使用生物特征和非生物（地理）特征，我们已经建立了一个混合分类系统。还需注意，我们也可以插入层级结构的其他层次，例如栖息地或景观。

生态学的景观层级（通常插到栖息地和生态系统之间）也可以用非生物或生物术语描述，或以两者的某种组合来描述。海洋保护中与“景观”等同的术语“海景”（seascape）正在慢慢地被广泛使用，有时作为“海洋景观”的同义词（marine landscape）用于描述海岸带特征。陆地景观通常在一个可识别的地貌（山谷、山丘等）内包括一组多样化的栖息地。虽然术语“海景”与之类似，但实际上我们通常将其用于更具限制性的含义，以表示一些特定类型的栖息地（见第5章）。

海洋景观初看似乎是一个奇怪或折中的术语，但在主要由局部或区域地形（地貌）定义的地方它是非常适当的。当主要通过水柱的特征描述时，海景这一术语更是合适的。海洋保护界尚未解决这一层次的术语问题，我们将同时使用两个术语。

海洋环境也可以在空间上进行定义和描述。其范围可以从全球生物地理学到基因水平，使用诸如海洋分区、生态区、地貌单元、代表性区域等术语，并且在后面的章节中我们将讨论它们的含义和用法。为了定义生物圈的这些单元，我们利用生物和非生物数据的一些组合，包括关于海洋环境的自然地理学和海洋学数据。关于海洋生物区系分布的直接信息通常很少，因此，我们必须借助于其他非生物数据作为生物群本身预期或预测分布的替代指标。这些特征可以被描述为“持久的”（主要是自然地理学）或者是“重复出现的”（主要是海洋学）特征。

专栏1.4 本书中使用的一些术语的定义

结构（structure）：结构是任何可测算的量度，不管是生物的还是非生物的。结构不具有时间的维度，但物理过程和生物过程可导致它们随时间和空间改变而改变。

过程（process）：过程是随时间变化的任何物理量或生物量，结果可导致结构的变化。所有过程都有时间维度。

环境（environment）：环境是指定所有对活生物体外部影响（物理的、化学的和其他生物的影响）的总和。

生态学（ecology）：是指有机体与其环境相互关系的科学。

我们将使用术语“生态层级结构”来表示所有生物实体，包括结构（瞬时可观测量）和过程（或功能，指可观测量的变化速率）。这种层次结构跨越了从基因到生态系统水平的所有。生物的和物理化学的环境结构和过程。

基因、物种和种群（genetic，species and population）：术语基因、物种和种群概念是清楚的，我们将以常规方式使用它们。

生物群落（community）：生物群落在许多意义上使用。大多数生物学家认为它是一个模糊的术语，并希望保持这种方式。最初它表示以某种方式相互作用的一些物种（实际上或潜在地）。现在它仍然是这个意思，虽然在实践中，除了在最简单的群落之外，群落成员在任何给定时间实际相互作用的具体方式都是未知的。更中性的术语是物种的“集合”，这里我们用以简单地表示一组通常共存的物种。

栖息地（habitat）：栖息地是物理上限定的环境区域，通常被认为是为限定的群落类型提供的场所。通常是直接地识别和映射栖息地类型，而不是定义与它们相关联的生物群落。

景观（landscapes）：景观是一种用于陆地生态学的术语，用于定义地球上包含一系列不同类型栖息地的地区。因此，景观类似于地貌特征（见第5章）。

海景（seascapes）：海洋生态学中对应的术语是海景。这是一个相对较新的术语，迄今尚未广泛使用。它在这里用于定义一组相似类型的栖息地。因此，海景完全不等同于地貌特征。

生态系统（ecosystem）：生态系统这个术语是很常用的，但很难定义。在其本来意义上，例如应用于一个湖泊，该术语的含义是清楚的。它用于描述包含几个自然生物群落并且其边界能够清楚限定的一大片环境区域。在海洋环境中，虽然经常使用“生态系统”这一术语，但由于介质的连续性质（与湖泊的不连续性相反），生态系统不容易定义（除了一些随意定义）。然而，我们将使用术语“生态系统结构”或“生态系统层次过程”粗略地作为栖息地结构和过程的同义词。

1.6.1 基因水平

个体和种群成员之间发生的遗传变异确保了其种群中至少部分成员可以适应环境的变化。它确保自然选择可以对物种内和物种之间的遗传变异发生作用；如果一个群体完全由没有遗传变异的单个克隆组成，那么当面临一些它们不适应的环境变化时，整个群体就面临着大规模灭绝的危险。组织的遗传水平实际上包含了大量尚未开发的信息，这些信息对海洋保护工作越来越重要，这些内容我们将在第10章中进行讨论。

1.6.2 物种水平

在科学界已知的所有物种中，约80%是陆生物种，但海洋中分布有更多的目和门。事实上，所有门类的动物在海中都有发现，其中大部分生活在海底环境中，并且所有门的1/3只生活在海洋中。如果再考虑植物和原生生物，那么至少80%的门是海洋物种。此外，海洋物种的相对丰度可能比目前认定的要多，因为还有很多的海洋物种是未知的（Thorne-Miller and Catena，1991）。物种多样性在分类群之间的分布是非常不均匀的，一些分类群，如节肢动物的物种非常丰富，而其他分类群则含有很少的物种。依据生物基本体制结构在进化中的“适应与成功”理论，生物应该在不同环境中都会有适应发展，生物学家搞不清为什么会发生上述情况。

在物种层面，我们似乎经常假定一些物种及其栖息地比其他物种更有价值。这也许是直到现在我们针对个别物种开展保护工作的理由。但是，我们如何或是否该做出怎样的决定？我们应该记得著名的奥威尔格言："所有动物生来都是平等的——但有些动物比其他动物更平等"？事实上（在第9章），我们将给出几种方法，我们可以合理地重点关注一些选定的物种。

1.6.3　群落和栖息地水平

由于没有明确的答案说明物种在较高阶的分类群之间的分布情况，那么我们应该期望从物种多样性在群落及其栖息地之间的分布状态获得什么信息？为什么一些栖息地及其生物群落比其他栖息地的物种数更多？我们将在第 3 章中对这些问题进行初步探讨，例如，对浮游生物和底栖生物的分布状况进行比较。尽管存在许多理论和解释，但是事实上，群落中物种多样性高低不同的原因尚不清楚。群落物种多样性与多种因素有关，这些情况将在第 6 章和第 8 章进行初步讨论。

1.6.4　生态系统水平

在栖息地或生态系统及以上水平，在保护工作中我们要面临一系列问题需要去考虑和解决。应用于生态系统水平以上（或包括生态系统）的学科是全球生物地理学。这是一个历史上比生物保护更古老的学科，其兴趣通常集中在描述特定个体分类群如棘皮动物、软体动物或鱼类的分布情况。在本书中，我们的兴趣不在特定的分类群本身，更多是在其他方面。具体来说，我们将讨论生态边界以及它们如何与群落物种组成的变化相关，而不管分类群体——即我们讨论如何分类和定义整个生物群的分布。其次，从全球到区域再到地方水平上，我们将介绍影响物种丰富度分布的模式和因素。因此，本书的总体目标是将海洋环境从全球到地方各个水平进行分类，以便识别和界定其分布和模式，帮助分析其生物多样性组成成分，以便能根据生态原理以协调的方式进行海洋保护行动。

一些海洋生态系统类型，特别是在沿海地区，由于受人类活动影响已经严重衰退。其他生态系统水平上的生态过程（特别是在全球范围内，例如海洋环流）传统上被认为不受人类活动的影响。我们终于意识到，我们感受到的全球变暖对海洋环流的影响已经发生！

1.7　海洋生物多样性受到的威胁

可能有很多方法可以讨论海洋生物多样性所受到的威胁，这些威胁可以大致归类为过度捕捞、污染、栖息地丧失、引入外来物种和全球气候变化（参见 NRC，1995；Gray，1997）。以下部分简要讨论了这些因素对海洋环境的影响，并指出本书打算如何讨论这些威胁因素。许多海区的生物区系相当丰富，可比或超过热带森林。然而，我们海洋中的生物多样性由于快速增长和不可逆转的人类活动而显著改变。人类对沿海和海洋生物多样性当前受到的威胁和潜在的威胁有不同的看法，表 1.3 列出了其中一些最重要的威胁因素。

表 1.3 海洋生物多样性受威胁实例

生物多样性 退化的风险或速度	威胁过程
高	物理栖息地破坏（如填海、疏浚）
↑	炸鱼，底拖网采收贝类（meting）[①]（二者都可将珊瑚礁毁灭）
	有毒污染（如化学品泄漏）
	化学捕鱼（如使用氰化物）
	引入外来物种
	遗传变异损失
	生物入侵
	过度开发/过度捕捞
	有害物质（如重金属）的富集
	间接污染（径流中的农药、除草剂）
	疾病/寄生虫感染
	产卵场破坏
	疏浚物倾废
	偶然捕获/副渔获物
	相邻流域破坏
	邻近土地利用的影响（如水产养殖）
	废水排放（城市污水，造纸厂污水）
	自然事件（飓风，海啸）
	直接的海洋污染，垃圾倾倒
	筑坝对下游的影响
	废弃网具/杂物缠绕
	淤积
	噪声污染
	赤潮
	热污染
	气候变化——海水升温
	海平面上升
↓	盐度变化
低[②]	生物捕食

注：①meting 是一种新出现的威胁，它使用金属撬棒从珊瑚礁中不加区分地清除所有生物体，从而将珊瑚礁覆盖物全面去除，以收获鲍和蛤蜊等物种。

②此表左侧的“高—低”数轴仅为近似值；它只表明一些威胁过程对海洋多样性的影响比其他过程具有更高的风险和/或速度。此外，该数轴上各种威胁过程的相对顺序有些是通过推测得出的。

1.7.1 过度捕捞

对海洋生物种群的不可持续的收获可能是对全世界海洋环境的最严重威胁。过度捕捞不是海洋中的一种新现象。许多传统的做法是或者从其当地海洋环境中移除可利用物种的全部个体，然后去其他海域捕捞，或者开发一些方法来调节某海域捕捞的时间和数量，以避免人类对海洋生物种群的过度开发。工业革命的出现导致鱼类收获的机械化程度不断提高，使得以前难以捕捞的大型鲸类和远洋鱼类等种类现在都可以在公海中获得。迄今已经捕获了超过100万头鲸，大多数物种都已经减少到濒危或受威胁的水平。大多数可食鱼类种群已经严重枯竭，目前有证据表明人类已经破坏了食物网并且这种趋势正在继续（Pauly et al.，1998）。本书不仅仅只是讨论渔业，还讨论如何通过基于生态系统的方法（Gislason et al.，2000；Hughes et al.，2005）将渔业管理与更广泛的海洋养护目标结合起来，这一重要问题将在第13章中讨论。

1.7.2　污染

毫无疑问，各种来源的污染已经影响了地球上每一个海洋系统。生活在北极地区的土著人口，由于他们所吃的海洋鱼类和海洋哺乳类处于高营养级别，容易富集有毒物质，因此他们是地球上受污染最严重的人群。通常认为污染物主要通过河流径流到达海洋。在一些沿海地区，情况确实如此，但是污染物通过大气输送到海洋的整体运输更为重要。污染物类型几乎数不尽，包括人工放射性核素、石油烃、氯化烃、重金属、致癌物、致突变剂、杀虫剂、造成有毒藻类暴发的过量营养盐、内分泌干扰物、物理碎片等。海洋环境中污染物的持久性及其对海洋生物群和人类生态系统水平影响日益受到关注。然而，本书不是主要来讨论污染物；它是讨论可能受各种污染物影响的生物多样性的组成部分，而这是判断它们影响的背景。

1.7.3　栖息地丧失

栖息地丧失可能是对陆地环境中生物多样性最严重的威胁，是因为大型维管植物的去除使多数物种失去了食物来源和庇护场所。海洋栖息地丧失是发生在沿海近岸和潮间带海洋环境的一个主要问题。沿岸带海域生态系统日益增加的压力来自于以下几个方面：航运（客运和货运）、工程建设和修改自然海岸线、渔业捕捞、娱乐活动和增加的大陆径流（包括营养物质和悬浮固体）。这些海域可能“丢失”的栖息地类型包括海洋大型植物（海带）、红树林、海草、珊瑚礁和其他生物群落（如海绵、海鳃、柳珊瑚、深水珊瑚礁）以及非生物栖息地，例如，潮间带和河口泥滩以及其他疏浚区或倾废区。在更深的海洋环境和中上层海洋水体环境中的栖息地损失是一个更加模糊的概念，因为这些栖息地主要由对人类活动更有缓冲能力的海洋学（如海流、涡流、锋面）或自然地理学（例如海底组成）结构功能过程组成——或不会立即受到人类活动的影响。海洋栖息地的丧失不仅从生态的角度看是非常重要的，而且从社会经济的角度也是越来越重要。人类影响和自然海洋过程的相互作用在沿海水域最为明显，在沿海地区（综合）管理方案中包括防止栖息地丧失或减轻影响和恢复栖息地这些战略（见第11章）。

1.7.4　物种引进

只要人类使用海洋进行勘探和贸易，就会有物种引入（也称为入侵物种，外来物种和非本土物种）。有证据表明，许多我们以前认为的本地物种，现在被认为是在工业化时代之前通过海运引入的。船舶压载水的携带似乎是生物主要的传播方式，并且通常主要在沿岸海域和河口中观察到其影响。虽然较大物种的引进，如绿蟹（*Carcinus maenas*）、海藻（*Calaupera taxifolia*）和栉水母（*Mnemiopsis leidyi*）已被公众所知，但大多数物种的引进都不太明显，如浮游植物和浮游动物。在美国华盛顿州进行的一次持续的调查中发现了超过

110 种非本地物种。一部分入侵物种可能对当地社会经济具有非常重要的影响，其中不同种类的水母对渔业甚至沿海人类娱乐产生重大影响。现在世界各地都有水母暴发的报告，这可能是由物种入侵、过度捕捞导致的食物网崩溃和当地水温升高等因素共同引发的。

1.7.5 全球气候变化

毫无疑问，地球的气候随时间而变化，这些周期性变化远在人类成为地球上的优势物种之前就在发生。全球气候变化已经造成了过去的大规模生物灭绝，而地球的气候将继续变化，这将导致未来的大规模生物灭绝。已知海平面在第四纪期间升高达 85 m，这抑制了海岸带和大陆架环境中已建立的海洋群落的演变。人类活动也被证明对全球气温有影响，自 20 世纪 80 年代以来，对气候变化中的自然因素和人为因素的区分问题存在着大量的争论。影响气候变化的人类活动包括人类通过燃烧化石燃料释放二氧化碳以及大规模毁林活动——这减少了从大气中移除二氧化碳的总量。日照、蒸发和降雨以及陆地径流模式的变化引起的水温变化和沿海盐度的变化将导致生物地理边界的重新形成。一些物种将扩大其范围；而另一些物种却相反——通常对区域群落组成造成不可预测的后果。因此，区域保护战略和实践可能需要纳入气候变化框架。以清楚地了解生态系统之间不断变化的生态联系。

1.8 讨论海洋生物多样性免受威胁的方法：海洋保护

“海洋保护”一词至少意味着两种截然不同的意义。本书中该术语的主要意义是指在自然状态下海洋生物多样性组成部分的保存，包括其结构和过程。这里的关键词是“保存”和“自然状态”。保存海洋生物多样性需要建立和管理海洋保护区，并消除（或严格限制）人类对它们的影响。这将是本书的主题。有些人会认为，自然状态或原始环境已不复存在，或者这种保护在面对人类对地球资源的操纵时已不可能实现。我们将这个论点搁置，因为陆地和海洋上的物种灭绝率很高，我们必须努力系统地保护我们所拥有的。

“海洋保护”一词的第二个意义是生物资源和生态系统的可持续利用。然而，正如我们将要指出的，很明显，建立自然保护区会非常有助于它们在持续开发利用过程中得到保护。海洋保护在许多国家有悠久的历史，但许多保护工作未被记录成功与否。直到科学控制的海洋保护区的出现，关闭了一些人类活动海域，海洋保护的效果才变得明显。海洋分区的概念（Agardy，2010）意味着海洋不再被认为是一个“公共”或“自由的”空间，海洋中的人类活动现在必须受到管制，这个概念现在已被公众接受。由于新技术的出现，部分分区工作已经可行，在过去的 20 年里，我们才有可能知道海洋中的每个人在哪里，而且在相当程度上知道了他们在做什么。

通过管理渔民和消费者（在产品选择方面）的行为，渔业管理现在已成为有效的选择。即使在沿海地区，人类个体行动的影响和后果是清晰可见的，但只有强制改变公众教育和公众意识，管理工作才能非常有效。

海洋保护区（MPAs）

海洋保护可以被视为一个多面性的学科，它寻求解决海洋生物多样性的保存和资源开发利用的监管问题。本节重点分析了海洋生物多样性的组成部分、海洋保护区及其在海洋生物多样性保护中的作用。海洋保护区在文献中有几个名字，我们将使用海洋保护区（MPAs）这一通用术语来指代所有海洋保护区。

有人曾多次争论过，认为我们只要限制捕鱼活动（如底拖网）的空间范围和强度，加上控制污染物向海洋的流动，我们就不需采取任何其他形式的海洋保护了。理论上，这可能是一个合理的论点，但是在达成海洋管理的全球共识之前，同时保护生物多样性和加强渔业的最有效手段似乎就是在当地建立海洋保护区，在保护区内人类活动将受到监管。

建立海洋保护区并不是我们实现海洋可持续管理的不二法宝。然而，已经多次证明，海洋保护区不仅有效保护海洋环境的各种栖息地，即它们在海洋保护中具有主导作用，而且它们还可以对单个物种的保护做出重大贡献（主要是针对鱼类保护）。也就是说，它们在生物资源的可持续利用方面具有重要作用。

海洋中生物资源的可持续利用（主要是通过渔业），目前普遍认为需要建立受控渔业捕捞区域，并通过实施捕捞配额制度对鱼类群体进行管理。海洋保护还需要保护海岸带免受陆地径流的影响，例如土壤侵蚀和富营养化。因此，有效的海洋保护至少需要 3 个方面：海洋保护区、污染控制和渔业管理（在捕捞配额和渔具活动区方面）。因此，海洋保护区可被认为是对海洋综合保护的必要但不充分的条件（Allison et al.，1998）。海洋保护区只是众多潜在海洋保护方法中的一个工具，但它是一个重要工具。我们可以认为海洋保护区是一系列现代的“诺亚方舟”，至少对所选海域的临时保护是这样。

我们如何客观地选择海洋保护区作为保护海洋生物多样性组成部分的规划工具是本书的主题之一。特别是如果使用基于科学的代表性框架来选择它们，海洋保护区在保护某些类型的栖息地和某些类型的生物群落方面非常有效，例如，珊瑚礁特别适合建立保护区，因为这里是能够庇护各种各样有特色的物种且边界清晰的海域（Thorn-Miller and Catena，1991）。建立海洋保护区也可以为其他底栖生物群落提供足够的保护，但是中上层水体生物群落不太适合这种方法。类似地，如果海洋保护区可能受到源自其边界以外（如来自大陆径流的污染）的显著影响，则单个海洋保护区带来的保护效果十分有限。

单个海洋保护区或一组海洋保护区对其中存在的海洋动物和植物提供保护的有效性是评价保护举措是否可信的一个关键概念（Leslie，2005）。海洋保护区的有效性将取决于若干考虑因素，包括：

- 海洋保护区的功能，例如代表性区域（见第 5 章）或所选的保护物种，例如特色性区域（见第 7 章）。
- 被保护区域的大小（第 14 章）。
- 在海洋保护区范围内限制和允许的活动——这是最近 Agardy（2010）讨论的分区概念。
- 海洋保护区的设立以及它是否限制海洋保护区之外发生的但威胁海洋保护区内生物的污染活动。
- 其生态完整性，尤其在源-汇动力学，以及对海洋保护区网络内的其他海洋保护区的补充过程方面。

在保护海洋生物多样性方面，重要的是认识到生物多样性可以在一系列空间和时间尺度上被理解、保存和管理。生物多样性可以在大型海洋生态系统尺度下存在，例如主要大洋生态系统，也可以由大规模海洋学过程（即潮流和上升流）和营养动力学以及沿海和大洋自然地理学和地形学来定义。生物多样性也存在于其他尺度，可以是在群落（见第6章）、栖息地或者特定地点。在这些更精细的尺度上，生物多样性的模式可能受到小规模物理过程的支配，例如基底类型、热带气旋、风暴事件、潮汐范围和波浪暴露的变化，或者受诸如竞争和捕食等生物过程的支配。所有这些方面将在后续章节中更全面地展开讨论。

1.9 海洋科学知识的重要性

面对人类对海洋的影响，科学知识的根本重要性应该是显而易见的。保护海洋环境、保护海洋环境的结构和过程的必要性从未如此紧迫。然而令人悲观的现实是，我们对海洋环境、对海洋环境的全球意义和人类活动对它的影响仍然缺乏系统的了解。

> 尽管它们对我们人类非常重要，但人类却正在摧毁海洋种群、物种和生态系统。资深海洋科学家已经得出结论，从河口和沿海再到公海和深海的整个海洋世界都处于风险之中（Norse，1993）。

幸运的是，最近的一些倡议，包括国际海洋生物普查计划（CoML）现在正在寻求增进我们对海洋生物多样性的了解，从而为理解海洋生物多样性变化的原因和后果奠定基础。NRC（1995）总结的一些重要的最新进展包括：

- 物种数量

——据估计，已被发现的海洋物种不到总数的10%。因此，海域的物种丰富度和多样性，只反映这个海域的抽样工作水平，而不是反映了真正的生物多样性。

——之前人们对深海群落生态学和进化的理解，由于发现深海群落的多样性远远高于以前的估计而被彻底改变。

——许多未描述的物种存在于“熟悉的”环境中，例如在夏威夷的珊瑚礁沉积物中发现158种多毛类蠕虫，其中112种可能是新种。

——在一些新的栖息地如热液口、鲸尸体和碳氢化合物渗漏处已经发现了一些新的物种和物种组合。

- 种内的遗传多样性

——无性（繁殖）系的海草被认为具有高遗传多样性，对群落稳定性和管理工作具有至关重要的意义。

——由于显著的遗传“瓶颈”效应和很低的遗传变异性，其丰度已降低到危险的低水平。受威胁物种或濒危物种的恢复可能处于风险之中，例如，如果国际上不停止捕捞，则座头鲸就可能主要靠近亲繁殖来维持种群。

- 多物种复合群体

——最近在重要的商业捕捞物种中发现了隐形兄弟物种，包括牡蛎属、对虾属和石蟹，对保护和管理有重要意义。同样，最近发现，美国和巴西的马鲛鱼种群实际上是两个不同的物种，它们在不同的年龄和大小成熟，这对渔业管理有重大影响。

- 新的组群

——在引入新的分子技术后，在海中立刻发现了大量以前未知的重要细菌群。同时，丰富的海洋病毒也广泛存在于海洋中，这些事实从根本上改变了海洋微生物多样性的概念，奠定了微生物在全球生物地球化学循环中的中心作用。

1.10　需要一个系统和综合的海洋保护方法：物种、空间、系统

各种现有的海洋保护方法——例如基于单个物种、栖息地、渔业或基于生态系统管理的保护方法——彼此并不矛盾或相互竞争。我们应该寻求的是将所有保护方法和方案纳入整个生态逻辑框架内。这是这本书的基本尝试。

我们的基本问题是：我们应该保护什么？我们的答案是：海洋保护区网络中尽可能多的可识别的海洋生物多样性组成部分。我们的问题就变成：如何决定我们应该保护或保存什么以及保护它们多少比例（Roff，2009）。显然，面对人类对海洋环境日益增长的使用和开发，我们不可能保存一切；实际上我们已经失去了很多。然而，我们可以遵循某些原理，根据生态概念在全球、国家、区域和局部水平上制定相关的海洋保护规划。以此为基础，各个群体、组织和政府将能够在跨越从全球到局部尺度空间层次的规划框架内判断其保护工作和保护方案的重要性、价值和贡献。

我们认为，在规划中需要考虑的重要因素包括：

生物多样性组成成分的空间分布

全球生物地理学

栖息地和群落之间的关系

代表性区域保护

特色区域保护

拟议海洋保护区的适宜大小

基于生态原理的候选海洋保护区提案

包含上述因素的相关保护区组的定义

海洋保护区网络建立

关注海岸带

渔业管理

污染管理

这个清单基本上涵盖了本书所有的讨论主题。我们的假设是，必须尽可能多地保护海洋的自然生物多样性。为了做到这一点，我们需要认识海洋生物多样性的组成部分以及如何系统地处理海洋保护的棘手问题。

1.11　本书一些重复性的主题

某些主题将在本书中重复讨论。第一个主题是从基因到生态系统的基本生态层级结构——但是事实上，我们可以把基因到生物圈看做一个整体。对于生态保护专家来说，这种层次结构是再熟悉不过的了，就像生物系统学家熟悉物种分类一样。即使生态系统水平

上许多组成部分仍然超出目前人类的干扰范围，但试图尽可能多地保护生物多样性的组成部分仍是海洋保护的一个基本目标。表 1.2 中列出的项目并不意味着是详尽的或排他的；但该表给出了一个有用的清单，以便在任何空间或时间尺度上识别生物多样性中那些重要或不相关的组成部分。因此，这样的列表可以有助于说明生物多样性的组成部分如何在保护规划中“得到体现”。它也可以用于表示在层次结构或空间水平上如何从局部海域到全球海域尺度上实施保护方案。

在生态层级结构中，我们可以确定每个层级的结构和过程（表 1.2）。结构可以被立即识别和测度（生物体数量、水温等），但是过程中却存在较多的问题。我们通常按照一定的时间间隔进行的顺序测量结果，或可能更简单地仅根据每个独立观测之间的变化来推断过程。然而，重要的是要认识到结构和过程之间的区别，因为几个不同的过程实际上可能导致相同的观察结构。因此，我们对于重要结构的解释可能是错误的（导致科学分歧的一般原因!），那么随之而来的管理决策就有可能被误导。

尺度概念对于所有环境和生态保护工作者已经变得重要，因为在一个尺度上非常重要的结构或过程在另一个尺度上可能很少或没有意义。例如，扩散过程在毫米尺度上几乎对于所有生物体（包括人体中的呼吸）都是至关重要的，但是在更大的尺度上，这个过程就会被水运动的其他过程所淹没。捕食这一重要生物过程在局部尺度可能对于影响数量及其分布是重要的，但在更大的生物地理尺度上其重要性通常被非生物过程或单个物种对其环境的适应这一生物过程所取代。因此，尺度概念以及对过程何时何地可能具有重要意义的判断，在保护规划中始终是非常重要的。正如我们将看到的，时间和空间尺度在海洋中往往共同变化，但是其相关关系常常被自然系统中的异质性、变异性和各种干扰打乱。

我们用来定义“自然区域”及其生物群的数据通常是有限的，在相应尺度上的生物数据非常稀少，且时间变异性大，生物数据的收集和解释也很昂贵。因此，要根据地球物理替代指标来从空间上定义普通（代表性）生物群落和独特（特色性）生物群落，必须要有追索机制。通过各种手段（包括遥感）收集的自然地理学和海洋学变量实际上可以很好地定义生物学自然区域及其边界。人们越来越认识到可以在海洋上画出这个边界，这将是一个日益重要的海洋保护研究领域。

本书的首要主题是基于正确的生态原理选择和建立海洋保护区，然后讨论如何将这些海洋保护区整合成相互支持的保护区组。最终讨论如何从全球尺度到局部海域建立世界上许多国家承诺的海洋保护区网络这一目标。

1.12 结论与管理启示

海洋对我们星球的生物学功能过程具有十分重要的意义。没有海洋的“生态产品和生态服务”，地球上的生命是不可想象的。海洋中的生物多样性包括了从基因水平到生态系统水平的各个层面。这种生态层级结构使我们能够评估生物多样性每个水平对海洋生物及其栖息地的结构和过程的贡献。

海洋正在承受人类活动的威胁继续降解，造成物种和栖息地的丧失。应对这些威胁所采取（立法、教育和宣传、国际公约、管理工具等）的措施在不同方面都取得了成功。

《生物多样性公约》的具体保护对象是指濒危物种、受威胁的生境和生态系统管理，包括：

- 通过建立保护区来保护生物多样性（第8条）。
- 恢复濒危物种和退化生态系统（第8条）。
- 保护传统土著知识（第8条）。
- 将可持续利用原则纳入决策（第10条）。
- 将经济激励和社会激励应用于保护工作（第11条）。

海洋保护可以以多种方式进行，但从根本上关注海洋生物多样性的保存和海洋资源的可持续利用。生物多样性保护和资源利用之间的平衡是海洋保护工作面临的主要挑战。

本书主要是了解海洋环境的结构和功能，以便妥善保护和管理世界海洋。海洋保护还包括：法律和政策、经济激励、消费者教育和意识、产权等方面，这些是海洋保护工作的基础，但本书没有讨论。

本书基本上没有讨论海洋管理——只讨论了可以进行海洋管理的生态基础。然而，在以下各章中，有一小节我们讨论了所描述的生态学和环境学原理的结论和管理启示。在这些部分中指出了如何进行管理以及在那种空间水平上或应用什么技术进行管理。

参考文献

Agardy, T. (2010) *Ocean Zoning: Making Marine Management More Effective*, Earthscan, London

Allison, G. W., Lubchenco, J. and Carr, M. H. (1998) 'Marine reserves are necessary but not sufficient for marine conservation', Ecological Applications, vol 8, supplement, pp S79–S92

Beaumont, N. J., Austen, M. C., Atkins, J. P., Burdon, D., Degraer, S., Dentinho, T. P., Derous, S., Holm, P., Horton, T., van Ierland, E., Marboe, A. H., Starkeyi, D. J., Townsend, M. and Zarzycki, T. (2007) 'Identification, definition and quantification of goods and services provided by marine biodiversity: Implications for the ecosystem approach', Marine Pollution Bulletin, vol 54, pp253–265

Carson, R. (1962) Silent Spring, Houghton Mifflin, NY

Census of Marine Life, www.coml.org/, accessed 30 August 2010

Christensen, V., Aiken, K. A. and Villanueva, M. C. (2007) 'Threats to the ocean: On the role of ecosystem approaches to fisheries', Social Science Information sur les Sciences Sociales, vol 46, no 1, pp67–86

Dobzhansky, T. (1973) 'Nothing in biology makes sense except in the light of evolution', American Biology Teacher, vol 35, pp125–129

Duarte, C. M. (2000) 'Marine biodiversity and ecosystem services: an elusive link', Journal of Experimental Marine Biology and Ecology, vol 250, pp117–131

Frank, K. T., Petrie, B., Choi, J. S. and Leggett, W. C. (2005) 'Trophic cascades in a formerly cod-dominated ecosystem', Science, vol 308, no 5728, pp1621–1623

Franks, F. (ed) (1972) Water: A Comprehensive Treatise, Plenum Press, New York

Gislason, H., Sinclair, M., Sainsbury, K. and O'Boyle, R. (2000) 'Symposium overview: Incorporating ecosystem objectives within fisheries management', ICES Journal of Marine Science, vol 57, pp468–475

Gray, J. S. (1997) 'Marine biodiversity: Patterns, threats and conservation needs', Biodiversity and Conservation, vol 6, pp153–175

Guerry, A. D. (2005) 'Icarus and Daedalus: Conceptual and tactical lessons for marine ecosystem-based management', Frontiers in Ecology and the Environment, vol 3, pp202-211

Hardin, G. (1968) 'The tragedy of the commons', Science, vol 162, pp1243-1248

Hoyt, E. (2005) Marine Protected Areas for Whales, Dolphins and Porpoises, Earthscan, London

Hughes, T. P., Bellwood, D. R., Folke, C., Steneck, R. S. and Wilson J. (2005) 'New paradigms for supporting the resilience of marine ecosystems', TRENDS in Ecology and Evolution, vol 20, pp380-386

Irish, K. E. and Norse, E. A. (1996) 'Scant emphasis on marine biodiversity', Conservation Biology, vol 10, p680

Leslie, H. M. (2005) 'A synthesis of marine conservation planning approaches', Conservation Biology, vol 19, pp1701-1713

Mc Luhan, M. (1962) War and Peace in the Global Village, Bantam, New York

NRC (National Research Council) (1995) Understanding Marine Biodiversity, National Academy Press, Washington, DC

Newman, D. J. and Cragg, G. M. (2007) 'Natural products as sources of new drugs over the last 25 years', Journal of Natural Products, vol 70, no 3, pp461-477

Norse, E. A. (ed) (1993) Global Marine Biodiversity: A Strategy for Building Conservation into Decision Making, Island Press, Washington, DC

Noss, R. F. (1990) 'Indicators for monitoring biodiversity: A hierarchical approach', Conservation Biology, vol 4, pp355-364

Pauly, D., Christensen, V., Dalsgaard, J., Froese, R. and Torres F. (1998) 'Fishing down marine food webs', Science, vol 279, no 5352, pp860-863

Roberts, C. (2007) The Unnatural History of the Sea, Island Press, Washington, DC

Roff, J. C. (2009) 'Conservation of marine biodiversity: How much is enough?', Aquatic Conservation: Marine and Freshwater Ecosystems, vol 19, pp249-251

Sadava, D., Heller, H. C., Orians, G. H., Purves, W. K. and Hillis, D. M. (2006, 8th edition) Life: The Science of Biology, Sinauer Associates Inc. and W. H. Freeman and Company

Sepkoski, J. J. (1997) 'Biodiversity: Past, present, and future', Journal of Paleontology, vol 71, pp533-539

Signor, P. W. (1994) 'Biodiversity in geological time', American Zoologist, vol 34, pp23-32

Sverdrup, H. U., Johnson, M. W. and Fleming, R. H. (1942) The Oceans: Their Physics, Chemistry and General Biology, Prentice-Hall, NY

Thorne-Miller, B. and Catena, J. (1991) The Living Ocean: Understanding and Protecting Marine Biodiversity, Island Press, Washington, DC

UNEP (United National Environment Programme) (1992) Convention on Biological Diversity, available at www.cbd.int/doc/legal/cbd-en.pdf, accessed 20 December 2010

Wilson, E. O. (ed) (1988) Biodiversity, National Academic Press, Washington, DC

Zacharias, M. A. and Roff, J. C. (2000) 'A hierarchical ecological approach to conserving marine biodiversity', Conservation Biology, vol 14, pp1327-1334

第2章　海洋环境：物理-化学特性

结构和过程——持久性和多发性因素

比老人和书籍的知识更奇妙的只有海洋的秘密。

——H. P. 洛夫克拉夫特（H. P. Lovecraft，1890—1937）①

2.1　引言

海洋保护是一个相对较新的学科，落后于陆地保护（Irish and Norse，1996），但近年来，人们对海洋保护的兴趣大大增加。然而，许多海洋保护的从业者主要是从陆地环境保护工作转换过来，可能不知道适用于陆地生境和保护的原理是否可以直接应用到海洋环境保护工作中。为了制定适当的海洋保护战略和框架，我们必须承认海洋环境具有的固有结构和过程。我们应该清楚地认识到它们与陆地环境的不同之处，并且确定陆地范式和保护方法在哪些方面不适用于海洋系统。

基于这些原因，本章简要介绍了海洋环境的主要物理化学特性，这些特性是海洋生物多样性在生境/生态系统层次上结构和过程的组成部分。第3章简要回顾了海洋环境的一些生物学/生态学特征——这些特征是海洋生物多样性在物种/种群和群落组织层次上结构和过程的组成部分。对基因层次上的特征介绍推迟到第10章。为了给后面章节中的相关概念“设定场景”，必须先明晰海洋生态系统与陆地生态系统和其他水域生态系统的异同之处。在第3章中总结了海洋生态系统与陆地生态系统、海洋生态系统与其他水域生态系统以及北极、亚北极、温带亚热带和热带各海洋生态系统在非生物特征和生物学/生态学特征各方面的异同之处。

本书不对海洋环境及其海洋学规律进行全面讨论，而是重点介绍了一些概念和环境因子（可以直接测定的那些变量及其组合而成的那些参数）。这些环境因子一般是持久性因子和周期性因子，在海洋生物群落的特征形成过程中发挥作用，与海洋生物多样性各组成成分的分布相关，它们将为海洋保护规划提供决策依据。持久性因子是指在给定的位置上（如基质类型）持续存在的因素，而周期性因子是指以可预测的方式（如潮汐和海流）周期性变化的因素。我们将把这些因子分为结构和过程两种主要类型，也把它们归为与海洋盆地本身有关的自然地理学因素和与水柱有关的海洋学因素两大类，以

---

① H. P. 洛夫克拉夫特（H. P. Lovecraft），美国恐怖、科幻与奇幻小说作家，尤以怪奇小说著称。最著名的作品是后来被称为“克苏鲁神话”（Cthulhu Mythos）的一系列小说。

此为基础进行讨论。

我们将海洋划分为两个重要的空间环境：水体空间环境和海底空间环境（图 2.1），这种划分将影响下面的所有讨论。水体空间环境包括水柱本身和所有居住其中的生物体。海底空间环境包括海床及生活在海床内部和海床表面的所有生物。水体空间环境完全是一个三维的世界，而相比之下底栖空间环境可以近似地看做是二维世界。这两个空间环境通过各种物理化学过程和生物学过程密切连续地相互联系。但是，如果我们分别分析这两个空间环境（因为这往往可以方便而简单地做到），那么我们要进行有效讨论的海洋不低于 5 个维度！海洋学因子主要适用于水体空间环境，其中自然地理结构仅在海底地形影响海洋学过程时才变得重要。自然地理学因子主要适用于海底空间环境，但海洋学结构和过程在这里也很重要。即使我们更自然地倾向于熟悉的海岸线，这种分类对于进行保护规划也是非常重要的。

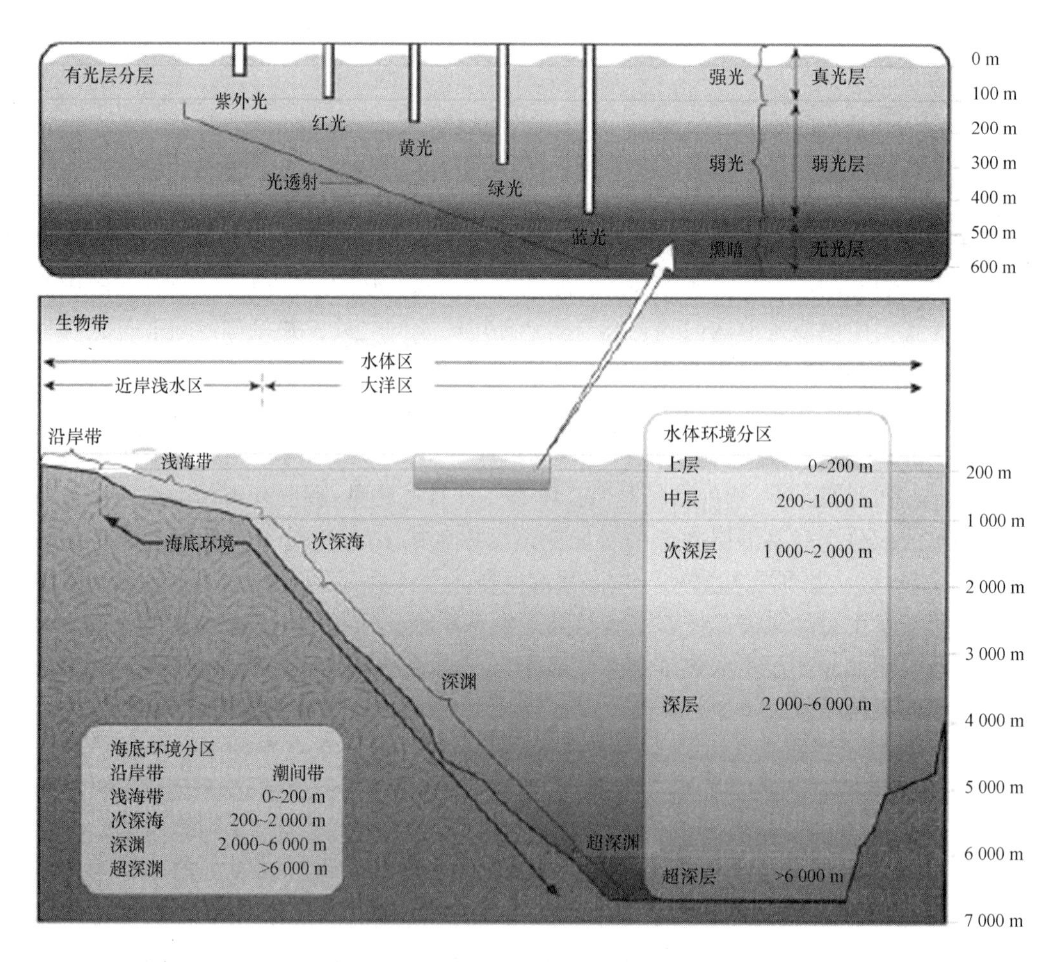

图 2.1 海洋环境的水体环境和海底环境分区区域，显示了公认的垂直深度分层和光照强度分层

资料来源：据各种来源绘制

要更全面地了解海洋学和海洋生物学/生态学的基本原理，读者可参考专栏 2.1 中列出的文献。

专栏 2.1　推荐了解海洋的物理、化学和生物学背景的阅读文献

Barnes, R. S. K. and Hughes, R. N. (1988) An Introduction to Marine Ecology, Blackwell Scientific Publications, Oxford

Bertnes, M. D. (1999) The Ecology of Atlantic Shorelines, Sinauer Associates, Sunderland, MA

Bertnes, M. D., Gaines, S. D. and Hay, M. E. (2001) Marine Community Ecology, Sinauer Associates, Sunderland, MA

Knox, G. A. (2001) The Ecology of Seashores, CRC Press, London

Mann, K. H. and Lazier, J. R. N. (1996) Dynamics of Marine Ecosystems: Biological-physical interactions in the oceans, Blackwell Science, Cambridge, MA

Mann, K. H. (2000) Ecology of Coastal Waters with Implications for Management, Blackwell Scientific Publications, Oxford

Open University Course Team (1989) Waves, Tides and Shallow-Water Processes, Pergamon Press, Oxford

Open University Course Team (1989) The Ocean Basins: Their Structure and Evolution, Pergamon Press, Oxford

Open University Course Team (1989) Seawater: Its Composition, Properties and Behaviour, Pergamon Press, Oxford

Open University Course Team (1989) Ocean Chemistry and Deep-Sea Sediments, Pergamon Press, Oxford

Open University Course Team (1989) Ocean Circulation, Pergamon Press, Oxford Ray, G. C. and Mc Cormick-Ray, J. (2004) Coastal Marine Conservation: Science and Policy, Blackwell, Malden, MA

Sherman, K., Alexander, L. M. and Gold, B. D. (1992) Large Marine Ecosystems: Patterns, Processes and Yields, AAAS Press, Washington, DC

Sverdrup, H. U., Johnson, M. W. and Fleming, R. H. (1942) The Oceans: Their Physics, Chemistry and General Biology, Prentice-Hall, NY

Sverdrup, K. A., Duxbury, A. C. and Duxbury, A. B. (2003) An Introduction to the World's Oceans, Mc Graw-Hill, NY

Valiela, I. (1995) Marine Ecological Processes, Springer, NY

2.2 海洋的主要特征——自然地理结构

海洋自然地理学特征普遍被认为是“海洋地貌”的那些特征——本质上它们与海底的地形和基底有关。尽管叠加了地质学、生物地理学和海洋学效应，海岸线和海底的自然地理学还是决定了底栖生物群落的多样化性质，当然那些叠加效应也造成了生物群落的大规模差异。海岸线和海底的自然地理学技术是最简单的图示化技术之一，而且利用卫星、航空和原位传感技术，可获得相当高的精度。

2.2.1 面积、深度和体积

总体来说，世界上的海洋覆盖了全球地表的 70.6%（应为 70.8%——编者注）。海洋的平均深度约为 3.8 km，最大深度超过 10 km。所有海洋的总体积约为 1 370×10^6 km^3。土地和海洋的等高线曲线（图 2.2）清楚地显示了海洋中生命空间优于陆地生命空间。陆地（全球面积的 29.3%）上的生命分布仅仅延伸到地下数米（在洞穴、植物根部和地质裂缝），地面之上数米处（在树顶）（即使飞行的鸟类，仍然是依赖土地的）。相比之下，海洋中的生物从表层水延伸到超过 10 000 m。因此，我们地球生物可居住空间的 99%以上在海洋中。

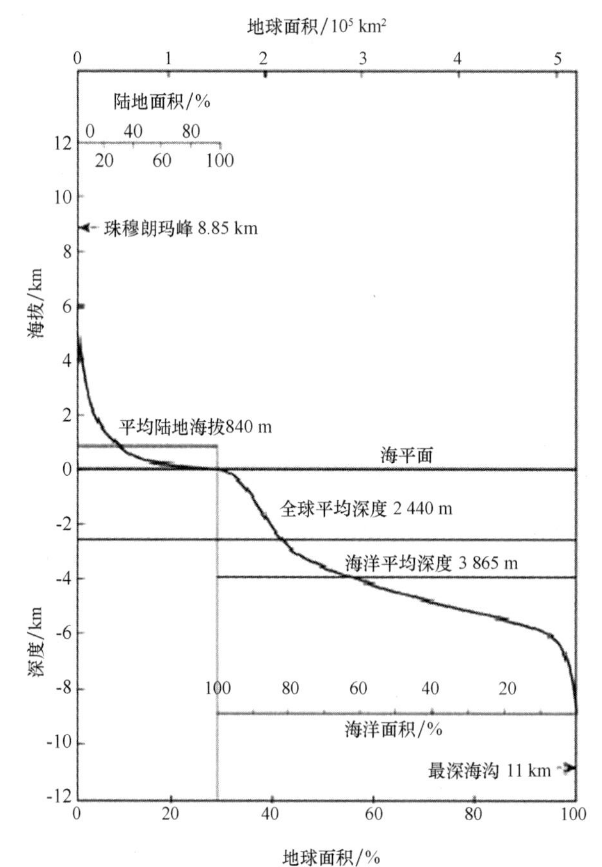

图 2.2 陆地和海洋环境的等高曲线，显示了地球上的海拔和深度分布

资料来源：据各资料重绘

2.2.2　水平划分和深度划分

在水平方向，海洋环境通常被划分为几个主要分区（图 2.1）。包含沿岸带（定义各异，见第 11 章，但这里指深度小于 30 m 的海域）的近岸水域从高潮位向海延伸，并包括滨海地带。近岸是各种内湾，包括河口、港湾、海湾和相关的湿地。河口是淡水与海洋的汇合处，这里海水盐度被淡水径流稀释（见下文）。港湾和海湾是海洋的海岸线凹陷，海水盐度可能不被稀释（除非是河口内的海湾）。沿岸区域延伸到大陆架之上的次大陆架浅海分区，大陆架外缘水深 200 m。虽然大陆架的外缘在某些地方对应于国家的专属经济区（EEZ），但在世界上大多数地方，两者之间没有关系。这种划分将使得在第 12 章中对于深海和公海的介绍变得清晰。然后，浅海分区在大陆架边缘或大陆架间断处并入大洋分区。大洋分区包括广阔的海洋区域，它们地理上位于大陆架的边缘之外，并且其水的深度超过 200 m。

2.2.3　深度、光照和压力

对海洋进行的另一个重要划分是根据深度做出的，其中运用了多种术语来描述栖息地及其生物群落。根据深度对海洋进行传统描述性划分长期以来被运用，在图 2.1 中表示了海水空间环境和海底空间环境。深度是海水空间和海底空间二者中的重要因素。结合温度、盐度、光照和压力（它们协同变化），深度定义了主要群落类型的分布（Glenmarec，1973）。

海洋被人为地垂直细分为上层（0~200 m）、中层（200~1 000 m）、次深海（1 000~2 000 m）和深渊/超深渊（> 2 000 m）①。类似的术语被运用到海底空间环境（图 2.1）。

光照强度随着海洋的深度增加呈指数衰减。在垂直维度上，针对光合生物而言，海洋可以细分如下：真光层（euphotic zone）（明亮或光照良好）区域是其中有足够的光线穿透以允许净光合作用存在的区域，植物能够生长；低于该层但仍然存在光线的是弱光层（dysphotic zone）（或光照不良）区，这里光照强度太低而不支持植物生长；在弱光层之下，大多数海洋深度属于没有光线穿透的无光带（aphotic zone）区域（图 2.1）。

光为大多数海洋生态系统中的光合作用和初级生产提供能量。光在水柱内的穿透力随着深度和浊度的增加而衰减，这两个参数是水体植物和底栖植物垂直分布的重要决定因素。真光层、弱光层和无光层是实在的功能区，限制了生物群落的发展和类型。真光层和无光层之间的区分比其内部的进一步划分（弱光层和无光层）更有意义。真光层之下是弱光层和无光层，这里的生物群落无法进行光合作用。在这些深度上，生物群落需要的能量是从其他层次输入，主要是上层海水中的有机碎屑垂直沉降。因此，真光层之下的生物群落的营养结构与真光层内完全不同，它们依赖于碎屑碳。随着深度的增加，可利用食物数量作为表层生产力的函数呈现指数式减少（Suess，1980）。

光补偿点存在于真光层的底部，低于该层海水中生物的呼吸率就会超过光合成率。从沿岸带至大陆架边缘再深入到大洋水体，真光层的实际深度会随着水深增加而增加。同时，真光层在一年中的不同时间也会发生变化。例如，在河口区域，真光层深度可能小于 2 m，在一般沿岸带水域真光层为 30~50 m，而在大洋区真光层可能超过 200 m。类似地，

---

① 此处应为深层（2 000~6 000 m）和超深层（>6 000 m）。

在南极海域真光层在春季可能超过 100 m，而在夏季浮游植物暴发时真光层可能突然降到只有数米。浮游植物的生物量和初级生产力可以根据水色和透明度来估计（Bukata et al.，1995）。透光率和浊度对于水下植被也是重要的决定因素。

深度也可以用作压力的替代变量。随着深度的增加压力也会增加，并对水中的生物产生重要影响。水深每增加 10 m，水压大约增大一个大气压（从水面到 10 m 水层，大气压发生从 0~1 的最大变化）。其他物理、化学和生物学变化也会导致溶解氧减少和二氧化碳含量增加（见下文）。生活在大洋深处的生物适应了该水层高压、低温、少食物这些物理条件，因而很少会到海洋上层水域。

水温也会随着深度的增加而降低，从与大气环境相近的表面温度到在最深海域几乎恒定的 0~4℃。相反，盐度会随着深度增加而增加。随着深度增加，颗粒有机碳（来自真光层的碎屑通量）会呈指数式减少，溶解氧会逐渐下降，而二氧化碳则会逐渐增加。因此，深度是各种物理、化学条件同时变化的指数，这些同时变化的条件共同影响着生物群落的属性。

2.2.4 盆地的形态和地形

沿岸区域（例如河口、内湾、盆地）的一般地形或形态可以对该区域的特征产生显著影响。例如，在大尺度上整个盆地可能具有加强局部潮汐频率的自然振荡周期。在这种情况下，就会发生谐振，并且会观察到非常高的潮位和潮汐流。一个典型案例发生在加拿大新斯科舍省的 Fundy 湾。在这种条件下，高潮范围和潮流速度可以决定该局部海域基底在大范围内是由粗颗粒还是由裸露岩石组成。相反，沉积型区域通常会在海盆中占主导地位。然而，因为潮汐幅度和基底的性质可以独立获得，并且由于基底类型也是地质和波浪作用的函数，因此可以直接评估这些因素，而不是通过地形学特征解释。

在小尺度上，地形对海洋动物和植物区系具有深远的影响。海洋洞穴的存在是一个特殊的海洋景象，它在任何海洋地球物理特征分布区域研究中都不太可能得到研究。在其他地方没有发现或只在其他地方零星存在的生物体可能在海洋洞穴中广泛存在。这些地方是潜水员才能到达的栖息地，其他方式基本上无法接近。常规海上采样通常不能揭示它们的存在。这里形成了特色性动物区系，在最小尺度上展示了“内部性”（Morton et al.，1991）和空间异质性（Bergeron and Bourget，1986）现象。

2.2.5 海底起伏与坡度

海底起伏（relief）用来描述高度相对于水平距离的垂直变化，并指示坡度。结合当地潮汐幅度，海岸线附近区域坡度可以确定潮间带的范围。坡度和开放程度也影响潮间带区域的底质类型。陡坡和开放程度大的海区常会形成裸岩底质，而缓坡和开放程度小的海区则会形成泥滩潮间带。

在海岸线附近区域、海岸带和近岸水域，海底起伏（也被描述为斜坡、斜坡变化率、粗糙度或海底复杂度等）变化非常大。虽然有时会使用斜坡距离，但坡度通常是根据垂直高度变化与水平距离的关系来推断的（斜坡越陡等深线越密）。因此，深度和坡度在航道水域一般描述得更详细。可是，重要的是要记住坡度的精准度依赖于测点的疏密程度。

突起地形（high relief）的海底通常地形不规则，高程变化大；而平缓地形（low relief）的海底坡度一致，高程变化小。突起地形海底为众多的物种集合提供相应的栖息地，意味着高的物种丰富度、物种多样性和生物量（Lamb and Edgell，1986）。海底起伏情况可能也是混合过程的间接指标。沉积物稳定性部分依赖于海底坡度，而海洋沉积物的堆角依赖于颗粒大小和水体运动强度。有利于沉积物积累的稳定海底坡度通常比等粒度的陆地坡度更小。

与基底类型、海流速度、开放程度等直接信息相比，海底起伏和坡度一般被认为是次级诊断指标。然而，在某些情况下，基底类型有关直接指标数据难以获得时，海底起伏和坡度这些因子作为局部基底类型的预测因子是非常有用的（例如，北极海域）。但是在大多数情况下，基底类型和海流速度是已知的，起伏和坡度因子能够提供有关生物群落的额外信息就不会太多。唯一的例外是在大陆架边缘，基底倾斜配合海流影响可能会通过未知的过程提高底栖生物的生产。

2.2.6　基底类型和颗粒的大小

基底颗粒的大小对海洋生物群落具有突出性的影响。基底颗粒通常按照 Wenworth 等级或颗粒平均大小分类，经常简化成各种描述性类别，例如石块、巨砾、砂砾、粗砂、细砂或泥/泥砂。在浅海水域有关沉积物颗粒组成的信息经常可以直接得到，或者可以通过深度、坡度、海底地形特征和海流速度等因子的组合作为替代因子进行推算。

在确定局部海域海底的基底类型及相应的生物群落类型时，海底地质特征、海流速度、深度和坡度等因子之间经常存在相当大的相互作用。在那些高能量（侵蚀性）海域，由于坡度大、流速快，裸露的基底或粗糙性沉积物（石块、砾石）通常占优势，而在低能量（沉积性）海域，由于坡度小、流速低，淤泥和泥砂底质通常被发现。因此，颗粒大小主要取决于深度和主要由潮流控制的海流速度（Pingree，1978；Eisma，1988）。我们可以粗略地将海底底栖生物群落类型划分为与侵蚀性海域的粗沉积物颗粒和高海流速度相关的滤食性动物、与沉积性海域的细颗粒沉积物和低流速相关的沉积物摄食者（Wildish，1977），但这些类型之间存在一些重叠现象。

基底类型会随着深度的增加发生变化，一般在沿岸海域特别是潮间带和潮下带的上部（从岩石海底到淤泥海底）基底类型变化大，而在大陆架之外较深的海域基底类型则变化较小，呈现相对均一的泥砂或淤泥底质。在沿岸或河口，泥、沙或沙砾沉降之前可以输送相当远的距离。沉积物输送率取决于输送方向、海流速度以及颗粒大小。沉积物稳定性取决于坡度和其他变量，而海洋沉积物的静止角（repose angle）取决于颗粒大小和水体运动程度。沿岸水域虽然由于暴风雨活动导致年份之间沉积物淤积或侵蚀量可能存在非常显著的变化，但在侵蚀性/沉积性的极端状态下基底类型倾向于保持相对稳定。因此，砂和砂砾环境沉积物数量和迁移率会表现出典型的最大年际变化。基于这个原因，动物和植物的物种多样性在岩石海岸表现最高，而在具有活动性大的砂质/砂砾基地的泥砂海岸，物种多样性要低得多（图2.3）。在真光层海底，岩石海底的大型藻类植物初级生产力非常高，在砂和砂砾海底其初级生产力则很低，而在泥滩海底小型藻类和被子植物的初级生产力又很高（Levinton，1982）。

在深海海域，没有了表面流、波浪运动和潮汐影响，海流速度很低，沉积物通常是细质颗粒物。在这些地方，几乎所有的海底都是由这种沉积物覆盖。裸露的岩石海底主要分布在玄武岩洋脊，这里分布有非常特殊的火山口生物群落（Ballard，1977）。

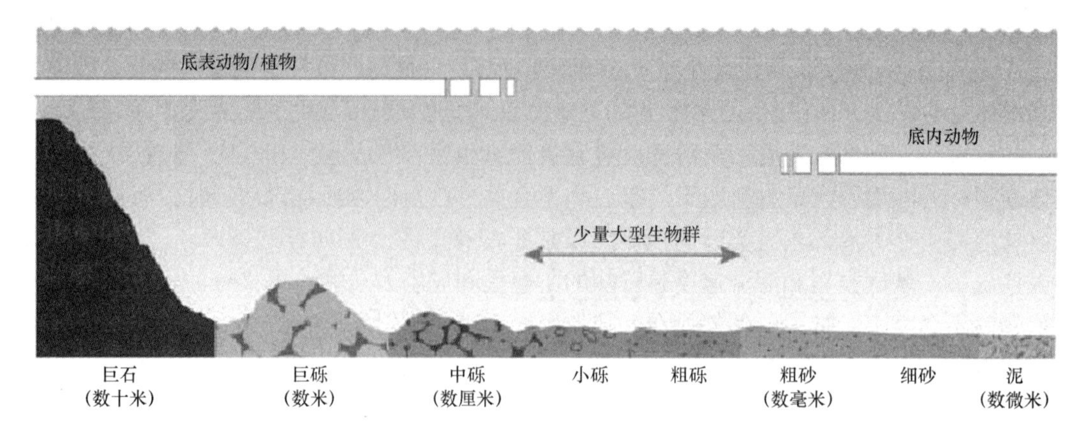

图 2.3 显示大型海底海洋群落类型如何沿着基质颗粒大小的梯度变化，
从高光谱和固体基质区域的 epiflora 和 epifauna 到微粒子基质的底层
资料来源：改编自 Raffaelli 和 Hawkins（1996）

2.2.7 基底异质性和粗糙度

基底（或更广泛的环境）异质性是一个高度复杂的主题，对它的理解完全依赖于所考虑的过程或现象的尺度。例如，在小尺度（毫米级别到厘米级别，相当于动植物个体的栖息地）情况下，岩石上的各种裂缝对于个体补充和存活可能是至关重要的。在稍大尺度（厘米级别到数十米级别）基底的不规则性可能与个体和其种群无关。可是，恰恰在该尺度上粗糙度和基底变异就会产生新的栖息地和栖息地组合，由此可能导致非常高的物种多样性。该现象将在第 6 章和第 11 章中进一步讨论。

在较大规模尺度上（数十米到数千米级别），洞穴（凹陷处）和海山（凸起处）可以作为逃脱捕食者的避难地、资源的地形汇聚器（topographic lenses）或累积器，对某些物种的生存可能是至关重要的。

洞穴（凹陷）和海山（凸起）可能对某些物种的生存至关重要，这些地形可以作为它们躲避捕食者的避难所，或者给它们创造资源聚积的有利地形。

在更大的空间尺度上（数千米到数万米级别），积累水中资源的局部或区域结构（例如泥滩、上升流区域和环流等）所提供的环境异质性对于进行长距离迁徙的海洋哺乳类和鸟类可能非常重要。

在描述区域内的生态性质和选择海洋保护区的过程中，理解和记录这些影响都是极其重要的。对于区分发生在一系列空间尺度范围内，在某种程度上可能是唯一的或有特色的而不是代表性的海域就显得尤其重要（见第 5 章和第 7 章）。

2.2.8 地质状况和岩石类型

在潮间带和潮下带，底质岩石可能是沉积岩、变质岩或火成岩。由于不同岩石种类受侵蚀的难易程度不同，岩石种类对海岸线附近区域的基底颗粒大小就会产生影响，由此对这里相应的底栖生物类型也会产生影响。沉积型基岩最可能受侵蚀过程影响，而晶状火成岩和变质岩更耐侵蚀。在岩石海岸发育的潮间带生物群落类型可能存在显著差异，这与岩石相对于海岸断裂的程度和方向有关。这种情况可能导致Morton（1991）所称的内在性（interiority）发生。因此，一个断层更大、局部更复杂的岩石海岸，会比一个平滑的岩石海岸产生更丰富、更多样化的生物群落。Bergeron和Bourget（1986）在比上面讨论的更小尺度上研究了环境的物理异质性和生物多样性之间的这种相关关系。

2.3　海洋的主要特征——自然地理学过程

一般来说，海洋学过程对生物群的影响超过了自然地理学过程，因为海洋学过程的许多时间跨度与一些生物学过程时间跨度的量级相同，而地质学过程和自然地理学过程发生的时间跨度则长得多。

在地质时期，地壳构造运动和其他地壳运动极大地影响了世界海洋的大小和形状。一般来说，陆地周围的海洋比陆地本身和陆地上的湖泊要古老得多。例如，在最后一次冰河时代（1万~100万年前）北温带大陆范围内的生态系统和它们的栖息地基本上已经被改良形成，而海洋数十亿年来一直在演化调整。海洋及其相关的生态系统不仅发展时间长，而且在世界三大海洋之间也存在显著的年龄差异。与大西洋相比，太平洋的地质年龄更大，这被认为是其海洋生物群落中生物多样性较高的主要原因（见Levinton，1982和第8章）。

现代地质活动自然地对海洋生物群落产生周期性影响，但其影响方式没有任何规律且不可预测，因此不能相应地用来区分海洋生物群落类型。这其中的例外就是能够支持特殊火山口生物群落的深海火山口海域发生的地球化学过程。引起沉积物输送和底栖生物群落覆盖的其他地壳构造活动属于周期性扰动范畴（见第19章）。

2.4　海洋的主要特征——海洋学结构

海洋学因素具有高度的动态性，而水的特性对水体环境和海底环境中具有代表性和特色性生物群落的确定和发展具有重大意义（Tremblay and Roff，1983；Emerson et al.，1986；McLusky and McIntyre，1988）。在任何地点，海洋学因素通常全年都是可变的。

2.4.1　温度

海洋中的温度相对稳定，与陆地系统相比，海水温度的季节性波动要小得多。海水温度的季节性变化在高纬度和低纬度海域都普遍偏低，但在中纬度海域温度的季节性变化可能偏高（0~20℃）。海洋的温度变化范围从极地海洋近-2℃到热带水域32℃。海水的低温是由海水的冰点决定的。海水因为含有盐类其冰点低于淡水的冰点（淡水冰点定义为0℃），且海水的冰点是可变的，其变化与盐度的变化成比例关系。所有盐度大于24.7（即所有公海水域）的海水的最高密度温度均低于冰点，而不是淡水的4℃。这意味着，一定盐度的海水在冷却时，会继续沉入相同盐度的温暖海水之下。

海洋是由一个“永久”温跃层垂直分层的。海水大体上可分为上风力混合层（从表面到600~1 000 m深度），这里的温度为8~32℃。下面一层（从600 m深度到海洋底部）的温度通常远低于表面温度，平均在0~4℃。因此，海洋大部分水体的温度在0~4℃。与表层海水相比，深层海水的温度也更稳定，且受洋流的影响更显著。海底地形对海水温度也有影响，少量较温暖（但盐度较高）的水体往往会在大型海盆中保留一段时间。深海冷水也可以通过上升流被输送到海水表层。

温度是海洋生物群落的一个主要决定因素，因为它与生物生长有着确定的关系，与生物多样性各组成成分和营养供应有着复杂的关系（见下文）。由于海洋大部分季节平均温度和温度范围大致相同，因此在最大尺度上温度本身往往是群落类型的判别因子。在更小的尺度上，温度可能也是一个判别因子，例如在浅海遮蔽海域和河口，那里的温度可能在局部海域超过了周围海域的温度（见下面的温度梯度和温度异常）。在温带沿岸和浅海水域，水柱可能具有强烈的季节性分层。

2.4.2 冰盖和冰冲刷

冰盖可能是永久性的、季节性的或不存在的，冰盖的范围和发展对广大地理区域的生物群落类型有很大的影响。永久冰盖的存在极大地限制了海洋生产力，季节性的冰盖通过各种机制对于季节性清除或提高产量有重大影响。冰冲刷和冰川的物理影响对浅海生物群落的影响最大，尤其是在潮间带地区，主要是通过减少群落多样性或将某些生物局限于裂缝区域。在近岸海域或极地海域浮冰的影响可以到达相当大的深度，而在其他海域海冰对潮下带底栖生物不会产生影响。

2.4.3 温度梯度和温度异常

迁徙物种分布海域的一个共同特征是初级生产力或资源积累都非常高，这些内容将在第 7 章中进行更详细的讨论。这些地区的一个共同的物理特征是某种温度异常或剧变的温度梯度。温度异常被认为与几种类型的区域有关。上升流区域将营养盐丰富的底层水体带到表层，同时也导致该处海水温度低于其周围水体温度。尽管上升流海域的地理位置是可以预测的，但其发生的时间可能难以判断，其发生时间可能取决于不可预测的气象过程。上升流的形成过程可能存在季节性变化或年际性变化；上升流区域的水柱是典型的垂直混合，分层现象较弱或不存在分层。在夏季，温带潮间带泥滩的温度高于周围海域和上覆水体，硅藻在这里具有很高的生产力。在分层的温暖水体和不分层的低温水体之间的锋面系统也表现出强烈的水平温度梯度（见下文）。

2.4.4 盐度

几乎所有海洋的盐度都在 32~39（实际盐度单位或千分之几，也写成了‰或 ppt），海水主要离子的化学组成几乎保持不变。这是因为，与全球混合速率相比，海洋中盐的输入率和输出率非常低。全球地表水的盐度与降水和蒸发的纬向变化之间的差异、与地下水混合的速度密切相关。盐度随深度增加发生的变化也有助于垂直分层和水柱的稳定性（见下文）。

在盐度 32~39 范围内，盐含量的变化对海洋生物几乎没有明显的影响。大部分海洋生物是狭盐性的（适应恒定的盐度），不能耐受盐度的较大变化。在过去，虽然人们对生物分布与盐度之间的相关关系进行了大量的研究，但事实上，诸如温度和水团运动等其他因素在控制海洋生物分布方面占主导地位。

只有在河口、河口湾或受遮蔽的多山沿海地区降雨量较高，盐度从接近于零到 33 以上，在这些地方盐度对水生物种的分布有重大影响，因为盐度在渗透压和离子调节过程中具有重要意义。大多数水生物种要么适应于盐度低但盐含量相对恒定的淡水中生活，要么适应于盐度更高、盐度几乎恒定、海水组成几乎恒定的海洋中生活。相对来说，能够很好地适应于中等盐含量和盐含量不断波动条件下河口区域生活的生物种类（广盐性）很少。在河口，盐度的物理变化规律以及其对生物分布及丰度的影响都非常复杂（见下文）。

2.4.5　海水组成的恒定性

海水是一种复杂的溶液，几乎包含元素周期表中所有的元素，这是水具有高溶解能力的证明。尽管总含盐量（盐度）有所不同，但海水的组成成分（即主要元素相互之间的比例）几乎保持不变。这是因为大部分元素的浓度相对于它们被生物群利用的速率很高，其例外情况是被称为营养盐的那些元素（或离子化合物）。

海洋环境中的营养素是指水生植物生长所必需，并能控制其生长速度的那些无机物质，这些营养素主要有：PO_4^{3-}、NO_3^-、NH_4^+、Fe 和 Si。只有在真光层内或被输送至真光层内的营养盐对我们在保护工作中理解海洋过程具有重要意义。真光层之下水体的营养盐浓度远高于真光层内水体，但由于光照的限制，真光层之下水体的这些营养盐不能被植物有效地利用。因此，我们在讨论生物学功能过程和生物保护时不考虑真光层之下水体中的营养盐，除非它们能够通过上升流到达表层水体。有机营养素、维生素、抗生素和微量元素的利用状况更为复杂，它们在植物物种季节性演替过程中可能发挥作用，但在这里不做进一步考虑。

水体环境中的营养盐有几个来源：大气输送、陆地径流、地下深层水体循环和地下水内部再生。尽管这些过程对海洋保护具有重要意义，但要对它们进行全面论述远远超出了本书范围。但是，由于海洋环境各部分通过不同的过程和不同的来源获得营养盐，因此需要有一个简略介绍。

在大洋水体环境中，营养盐输入是食物网的混合机制和/或内部再生的函数。营养盐的大气输入在宏观气候区域被认为是均匀的。除了河口和近岸海岸带外，陆地营养盐输入要低于海洋内部营养盐循环，大洋营养物质的内部再生和再循环的重要性远远超过了外部输入（沿海海域例外）。

沿海海域营养盐的主要来源是上升流或下层水的夹带输送。虽然这些过程的地理位置在很大程度上是可以预测的，但其发生时间可能取决于不可预测的气象事件。这种水体混合机制可以从当地的低温异常中看出。

在水体内部，营养盐结构是水柱是否分层或混合的函数，可以通过分层参数描述（见下文）。

2.4.6　氧气和其他溶解气体

在海洋和较大湖泊的浅海和水体环境，表层水体中的溶解气体通常达到或接近饱和。这是因为存在导致水和大气之间进行气体交换的物理过程通常大大超过了光合作用和呼吸作用的生物学过程。特别是在小型水体中，通常观察不到表层水体溶解气体含量的昼夜变化。即使在温跃层之下，除了在有大量有机物质输入且水体分层的内湾和河口外（Nixon，1993），水体中的氧气很少会周期性地自然消失。在热带和亚热带海域中，大西洋和太平洋的最低含氧层在水深 600~1 000 m 的深处（太平洋此深度氧含量更低）。

由于人类的影响，大量的营养盐和悬浮固体颗粒物通过陆地径流进入海洋，造成海水溶解氧浓度过低，目前，世界上几个区域的海洋已经引起了广泛的关注（Diaz and Rosenberg, 2008)，几年来范围一直在扩大的低氧区中规模最大的海域可能位于墨西哥湾。这里沿岸海域海水养殖造成沿岸海水的富营养化引发赤潮暴发，导致密西西比河南部和西部的大片海域变成缺氧区。然而，重要的是要认识到这样的缺氧海域也可以自然产生。例如，Benguela 洋流下的缺氧区域（位于非洲西南部海域）是由该海域非周期性上升流所引起(Chapman and Shannon, 1987)，那里很高的浮游生物产量不能被更高营养级的动物有效地利用（因为它不可预测的周期性），许多光合作用固定下来的能量下沉到海底腐烂，导致氧气枯竭。

在海底沉积物中，氧含量可能非常低，常接近于零甚至变成缺氧状态，造成还原性物质出现。因此，沉积物中的氧浓度以及沉积物颗粒大小可能是海底群落类型的重要决定因素。

2.4.7 水团和密度

温度和盐度的组合决定了海水的密度。温度越高密度越低，盐度越高密度越高。在河口环境之外，因为密度变化范围很小，它对海洋生物的直接影响很小。然而，密度作为温盐循环的重要影响因子，对于全球物理海洋学具有重要意义（见下文）。温度和盐度之间没有函数关系。例如，温度不会像有时所说的那样改变水体的盐度，这是因为盐度是单位质量的质量而不是单位体积的质量。

然而，温度和盐度的组合（二者每一个都作为一个保留的单独变量）对海洋保护至关重要。海洋的每一个水团都可以被识别出来，水团的分布也可以根据其各自的盐度和温度特征得到确定。温度和盐度值的组合作为单个水团的特征，代表着它们的地理起源。而密度（由这两个变量派生而来）则不用于此目的，因为各种不同的温度和盐度组合可以产生完全相同的密度值（图 2.4）。

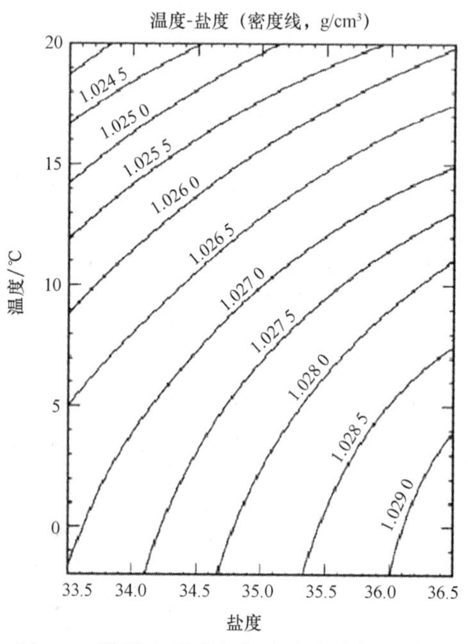

图 2.4 温度和盐度与海水密度之间的关系

资料来源：改编自 Sverdrup 等（1942）

某些常见的温度和盐度（定义水团）组合经常存在，这种关联分布可出现于海洋的广阔区域并绵延达数千千米。在某些方面，水团可以被认为与陆地环境的主要气候区类似，确定了主要洋流的范围和影响。要确定水团分布的来源、运动过程和范围，需要首先确定温度和盐度。由于与大气的相互作用，水团的温度会发生季节性改变（盐度的季节变化小得多）。因此，温度并不是衡量或描述水团或水团起源的理想指标。

在最广泛的地理尺度上，水团与水体环境和海底环境生物群落类型之间的主要差异有着良好的相关性。然而，重要的是要理解发生这种现象的原因。水团确实与物种分布的地理范围有关，但很大程度上是由于单个水团的地理来源及其温度效应的综合作用。海洋生物地理分布中的主要效应变量包括各水团及其温度的综合效应，水团指示了海洋生物的起源和输送，水温指示了当地生理耐受性。因此，水团运动可以高度提示有关群落类型的当前分布及其由于繁殖体输送和外来物种定居（例如在未来全球气候变化中）引起的未来区域改变。

2.4.8　地理位置和纬度

海洋中任何纬度和经度上的地理位置，都是结构和过程相互作用的场所。一个海域的地理环境和范围受盛行流、盛行风和与其他海域生物群的联系所影响，这导致了海洋生物群落类型在整个海洋存在尺度上的差异。一个地区的纬度是季节温度和初级生产可用光照量的指标。然而，在海洋环境的任何给定纬度上，水团的实际温度可能与当地太阳辐射通量的预测值有显著差异。拉布拉多洋流和墨西哥湾暖流是水团跨纬度运输的良好案例，它们分别显示了各自海域的实际温度低于和高于预期值。因此，用水团来定义大尺度海洋生物群落特征比用纬度来定义更客观。在更小尺度上，水团的“分层”也比纬度更能预测海洋生物群落类型和海洋过程发生的时间（见下文）。因此，无论是在大西洋、太平洋还是印度洋，一个海域的位置都会影响盛行流、盛行风以及影响与其他地方生物区系的联系。经度主要影响海洋环流模式和西向强化流（见下文）。

2.5　海洋的主要特征——海洋学过程

2.5.1　水体运动

在所有的空间尺度和时间尺度上，自然水体显示了多种类型的运动（图 2.5）。水体运动是海洋的一个基本特征，对所有生命都非常重要，对水体运动有一个正确的看法是理解水生生态系统功能过程的关键。基本上 3 种类型的“力”导致了地球上所有水体的运动：太阳辐射（导致升温和蒸发/降水）、地球绕地轴的自转（不是真正的力，而是一种修正的作用）、太阳和月亮的引力作用。第四个因素是地质因素，它会引发海啸。水体运动基本上可能是由风、潮汐或密度差异引起的。可观察和可区分的现象非常多，这里只讨论与群落类型差异相关并作为结果的那些主要现象（resulting phenomenon）（而不是因果机制）。

理解海洋学过程发生的规模是至关重要的，这样可以领会这些过程的生态学和生物学意义以及它们之间的相互作用（图 2.6）。从简单的分子扩散到整个海洋盆地的大范围环流，水体运动的规模各不相同。在最小尺度上（微米到厘米级别），分子扩散对于从细菌

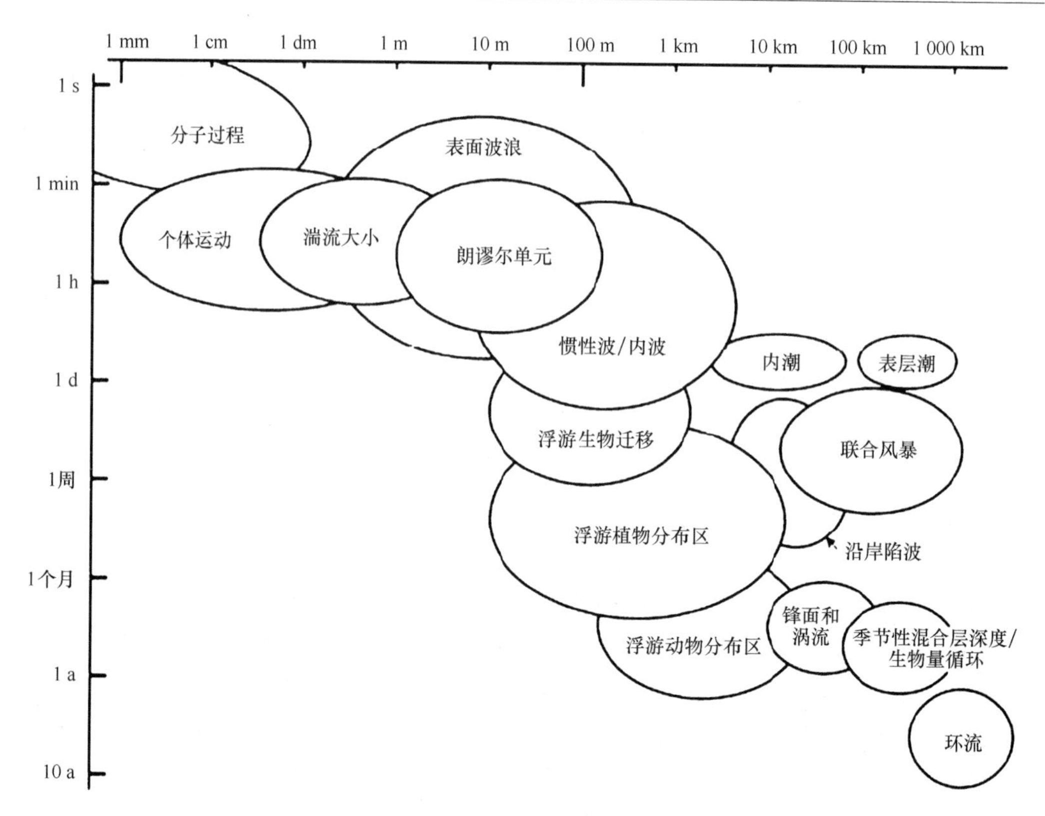

图 2.5　物理和生物过程不同时间和空间尺度上的协变性

资料来源：After Dickey (1991)

到哺乳动物所有生命形式都是必需的。即使在最复杂的哺乳动物中，肺中气体交换的最后阶段也是通过液体屏障的简单扩散来完成的。然而，尽管这些过程是基本的，但它们通常不属于保护问题。

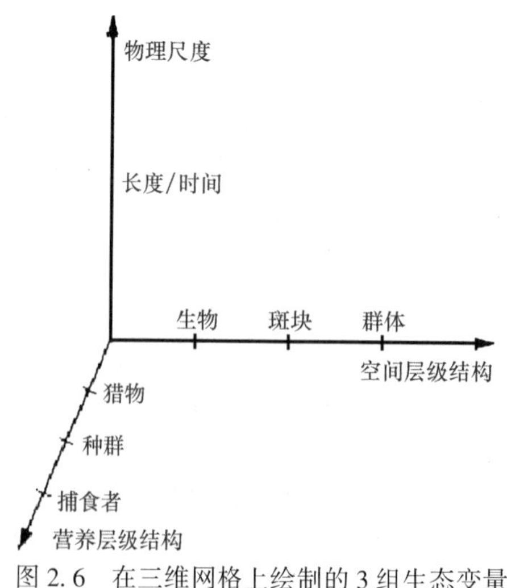

图 2.6　在三维网格上绘制的 3 组生态变量

资料来源：Steele (1988)

水体运动的净效应有好几个。通过补充和刺激每一营养级生物体的资源生产，水体运动可以维持生命。水体运动为海洋被动运输提供了“高速公路”，在更大范围或极具地方性特色的海洋连通性模式中实现生物体或其幼虫的扩散（见第17章）。环流系统和主要洋流之间的交汇形成了分隔物种和更高分类群的屏障，这种情形定义了海洋的主要生物地理分区和区域（见第5章和第12章）。

2.5.2 表层海洋环流

海洋表层水体（深度约600 m）的水运动主要是由风和潮汐驱动的。而在600 m以下，水体运动和横向海流速度要慢得多，主要是由于温度和盐度不平衡造成的密度差异驱动。水体运动的频率和强度对海洋生物群落有着深远的影响。

在全球范围内，太平洋和大西洋的表层海洋环流的基本模式是相同的，它们都是由几组形成次极地环流和亚热带环流的海流组成（图2.7）。北大西洋和北太平洋、南大西洋和南太平洋的每一种洋流的对应关系是非常清楚的。例如，北大西洋的亚极地拉布拉多洋流和亚热带墨西哥湾流对应的是北太平洋的千岛洋流和黑潮暖流。在所有的大洋中，环流都是离心的西向强化流。正是由于地球自转的这种影响（用科里奥利力或科里奥利参数来描述）使得各种大洋环流呈现离心的西向强化流。

每个环流都围绕着一个偏离中心的中环旋转，简单地称为“中心漩涡”。唯一一个被特别命名的环流是北大西洋的马尾藻海。每一个亚热带环流都包围着一个相对温暖、高盐、清澈的蓝色海洋，那里营养贫乏，生产力低下。其生产主要依赖于内部循环产生的NH_4^+。这些基本上是海洋深处的沙漠地带。虽说最著名的例子是偏离中心的北大西洋环流模式马尾藻海，但在北太平洋和南太平洋也有类似的中央环流区。

在热带海域，北赤道流和南赤道流都是从东向西流动。在大西洋和太平洋，在南赤道流和北赤道流之间存在赤道逆流，自西向东流动。太平洋赤道逆流长为8 000 n mile（12 000 km），宽约250 n mile（约400 km）。这是全球令人印象深刻、稳定的海流之一。大西洋赤道逆流更加多变，它在夏天变得更强大，向西延伸到南美洲。

最明显、最持久的洋流是南极环流（西风漂流），它包含了南大洋的次极地环流，并从西到东围绕着整个地球流动。

最多变的表层洋流出现在印度洋。这里即使是主要的洋流，在速度、方向、纬度和经度位置上都显示出很大的变异性。例如，索马里洋流在冬季向南流动，而在夏季以高速向北流动。北赤道洋流在季风影响下逆转方向，夏季向东流动（现在被称为季风流）。赤道逆流只在冬季出现，在夏季季风流发生时则消失。造成这些变化的主要力量是季风季节多变的风，这清楚地显示了海洋表面环流对大气风的依赖。

2.5.3 海洋的会聚和扩散

在不同的海洋环流系统交汇的地方，对应于主要大气风系的转向区域，水团要么会聚，要么扩散。也就是说，在表层水体，水循环模式导致了一系列会聚和扩散，在这些会聚和扩散处，水要么下沉到表层水之下，要么从下层上升到表层。海洋水团汇合并发生下沉（会聚）或水团上升到表层然后发生发散（扩散）的位置在整个海洋中都存在，但在南部海洋中更为明显，对总生产率具有重要意义。这些地区从浮游植物到鱼类各个营养级

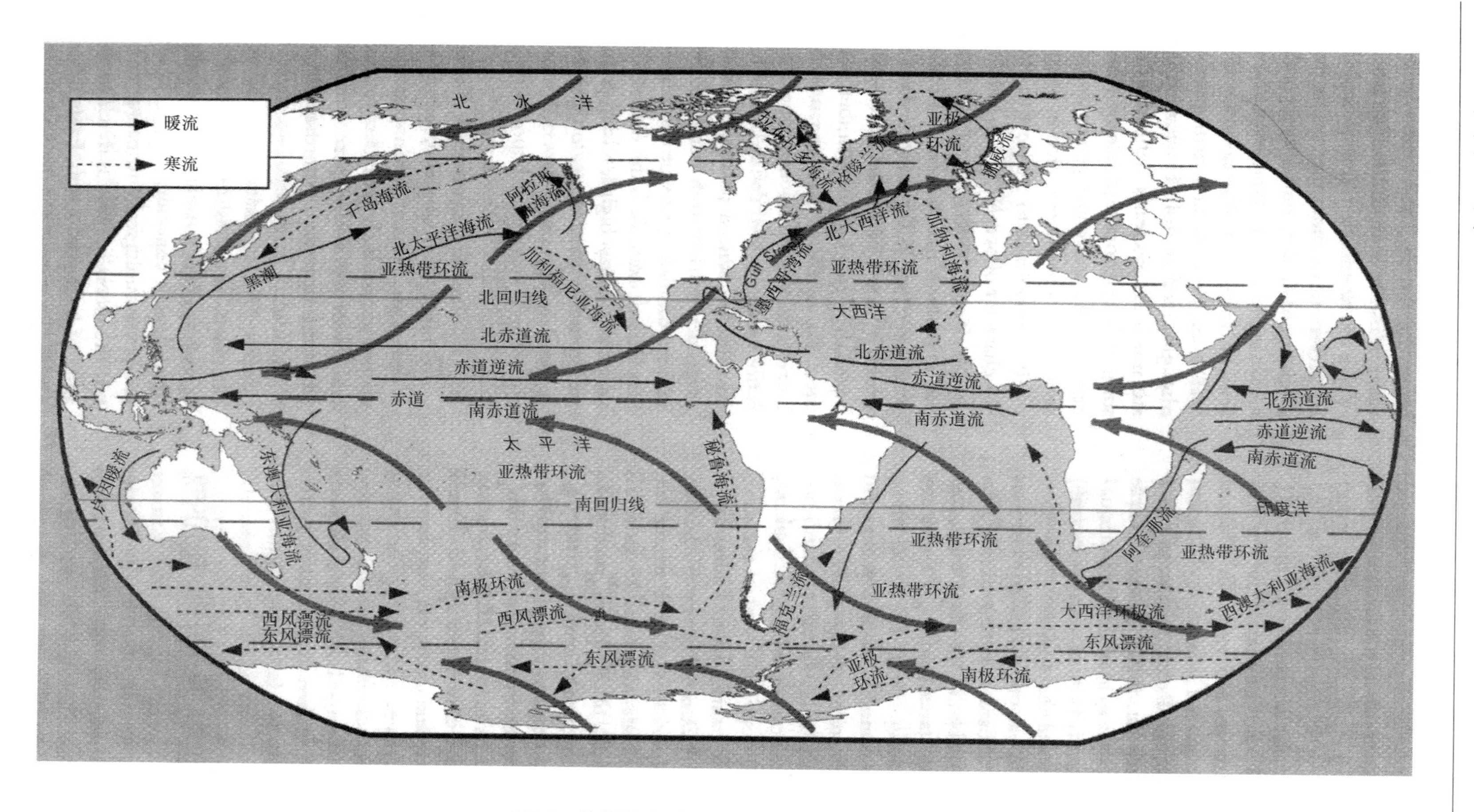

图2.7 海洋的表面循环模式和主要表面洋流

资料来源：根据各种来源绘制

上的产量通常比平均生产量要高得多。然而，对热带、亚热带和南半球等各海域的了解要比对北半球海域清楚得多，而会聚和扩散通常仅限于大洋水体。

认识到海洋会聚和扩散性质上的差异非常重要。会聚是指表层水交汇的地方，生物群可能也会聚集在这里，因此生物量会增加。这里可能是各种生物大量积聚的地方，也就是说，各种生物是通过海流输送到这个地方的，但不是在这里产生的。因此，海流会聚海域可能就是高质量的鱼类索饵场所。对扩散通常没有很好的解释，尽管扩散发生海域具有表面温度降低的特征。在扩散发生海域，营养盐丰富的海水被带到表层，从而刺激了该表层水中新的生产。其最著名的例子是南极发生的扩散，那里浮游生物的初级生产量极高。

2.5.4　沿岸上升流

在沿岸上升流和其扩散海域，初级生产量也很高，这些海域的初级生产主要依赖于来自深水的 NO_3^- 输入。在北半球，如果海岸位于风向的左侧，那么由于科里奥利力引起的偏转，表层水会被风输送到风向的右侧，这就迫使底层海水向岸方向上升流动来弥补被风带走的表层海水，也就是产生了上升流。这种上升流带来的海水富含在深水中由生物作用再生的高浓度营养盐。因此，科里奥利力直接与高生产量海域相联系。例如纽芬兰大浅滩，这里墨西哥湾流离岸流动导致上升流产生。

在南半球，情况完全相反。这里最著名的例子是向北流动的秘鲁-智利洋流，它导致了 Humbolt 海流沿着南美洲西海岸向北流动，并导致深层低温高营养盐海水上涌形成上升流，进而刺激浮游生物的生产。沿岸的上升流可能是相对稳定的，会周期性地中断（例如在秘鲁和智利近海的厄尔尼诺南方涛动系统），或者像非洲西南部的 Benguela 海流那样偶然发生。

2.5.5　深海环流

深海洋流的流动速度通常比表层海流要慢，它受温度和盐度变化（热盐环流）造成的密度差异驱动。深层和底层海水的形成只有两种方式，高盐海水被输送到高纬度地区，随后在没有明显稀释的情况下冷却并下沉；冰冷的表层水会冻结并形成冰（在共晶点之上，只有溶剂会冻结，溶质则被去除），这样剩余水的盐度就会增加，进而下沉。第一个过程在北大西洋（冰岛和挪威之间）是最重要的；第二个过程主要发生在南极洲附近的威德尔海地区，这两个海域是世界上仅有的可以大量形成深层水和底层水的海域。

北大西洋的海水下沉并向南流向南极。在这里，它遇到了从威德尔海（Weddell Sea）下沉的水体并被再次冷却，然后离开南极流向印度洋和北太平洋、然后是南太平洋。据 ^{14}C 年代测定技术推断，整个过程大约需要 1 500 年。尽管这些水体已经很长一段时间与大气失去了接触，但它们仍然含有大量氧气，这表明海洋深处的生命是稀疏的，而且在低温下新陈代谢率很低。我们对深海和底层水体运动的了解还不多，因此对这些水域的保护策略还存在许多不确定性（见第 12 章）。

2.5.6　潮汐振幅和潮流

潮汐是由月球和太阳的引力作用引起的。如果没有陆地存在，世界海洋将经历 12.25 h 和 24.50 h 周期的半日潮，同时根据月亮和太阳的相对位置存在潮汐振幅发生变化的大潮-小潮周期性变化。从区域位置上来看，潮汐的周期性和潮汐振幅都取决于海洋盆地的形状和大小。世界上一些地方每天只经历 1 次潮汐（diurnal），而其他地方每天最多经历 4 次涨潮（quadridiurnal）。每日潮汐次数取决于潮流环绕的那个无潮点的位置以及太阳和月亮的引力哪一个更能增强该区域海洋盆地振荡的自然周期。

潮汐振幅是区域海洋盆地、海洋或海湾自然振荡周期的结果。芬迪湾及其延伸部分 Minas 海盆具有世界上最高的潮汐，因为芬迪湾的自然振荡周期约为 13 h。这大致符合月球的 M_2 引力周期（12.25 h），因此与芬迪湾的海水产生了自然共振，导致大潮振幅高达 16 m。而地中海盆地的自然振荡周期约为 9.30 h，引力周期和自然振荡周期之间存在干涉，潮汐振幅只有几厘米。

海洋中的海流源于几个过程，包括一般的海洋环流、水团密度差驱动的密度流、潮流和风海流。在沿海水域，由潮汐引起的潮流通常最容易预测，其观测记录记载得也最好。潮汐振幅和海底坡度共同决定了潮间带的垂直和水平范围。潮流和海底坡度在一定程度上决定了海区的基底特征，基底特征进而决定了底栖生物群落的范围和类型。根据基底类型和相应的底栖生物群落，海底可以划分为以下两种类型：侵蚀性区域（这里的海水流速很大，基底上的物质都被带走，仅剩裸露的岩石、巨砾和砾石等硬质海底）和沉积性区域（这里的海水流速非常缓慢，水体中的颗粒容易沉积下来，形成柔软的淤泥海底）。

2.5.7 海水分层和混合

所有温带海洋和淡水水体通常在春天和秋天垂直混合，它们在夏天也可能分层或不分层。分层的季节周期和分层时间对一个地区的生产力状况有重大影响。近表层水的混合由两种力量引起：潮汐和风。风力的混合作用影响很难确定，但风力的空间影响比潮汐更均匀。在海洋中，当水深超过 50 m 时，在年际温度周期变化中风不能阻止水柱分层，而潮汐能够阻止水柱分层。在淡水中，潮汐是不明显的，水深超过 50 m 的温带湖泊水体总是分层的。因此，在对海洋水体进行初始简化中，只考虑潮汐引起的混合是适当的。

北极海域通常在初夏发生混合，之后由于垂直盐度差异而分层。在亚北极海域，分层可能是由于盐度效应和温度效应的综合影响。在温带和亚热带海域，水体分层主要是由于温度效应，然而分层也可能是源于盐度的变化。在沿海海域，分层可能与来自陆地的季节性淡水径流有关，也可能与初级生产周期有关。就像高径流的沿海海域一样（Hallfors et al.，1981；Kullenberg，1981），北冰洋的无冰区域也会季节性地表现出这种变化（Roff and Legendre，1986）。此外，太平洋沿岸的一些海域也可能会由于存在径流而表现出分层现象，尽管发生分层的时间和地点每年都可能或不可预测。径流影响的大小和位置可以根据陆地地形（山脉）、降雨分布和流域面积的综合作用进行预测。

在温带海域，水体的混合和稳定机制主要由两个参数决定：分层参数和水深。在有潮汐搅动混合存在，并存在表面热通量的影响情况下，分层参数用来测量水体趋于稳定的趋势。它的定义是太阳潜能与潮汐能量耗散率之比，太阳的势能倾向于使水体分层，潮汐能量耗散率维持水体内良好的混合状态。通过分层参数 S 可以有效地描述季节性升温周期中混合作用期的长度以及分层的时间和强度，这里 $S=\log_{10}[H/C_D \cdot |U|^3]$，其中 H=水深，U=潮流速度，C_D=摩擦/阻力系数（Pingree，1978）。

一个海域的潮流速度是盆地自然振荡周期以及无潮点位置的函数。潮流速度（至少是 M_2 或半日潮分量）通常是已知的，或者可以在一个区域内模拟。Simpson 和 Hunter（1974）认为，对于一个恒定的表层水热通量 Q_0，分层参数的临界值 $S=1.5$，这将决定夏季边界锋面的位置，这个锋面将充分混合的水体和分层明显的水体分开。在 $S>1.5$ 时，风产生的波永远不足以阻止分层（Pingree，1978）。除了在海上进行测量外，海洋表面温度的红外卫星图像也证实了潮汐分层参数作为大陆架水体混合指数的重要性。因此，分层参数值高的海域可能代表水体在夏季月份充分分层，而分层参数值低的海域则代表了全年水体充分混合。实际上，分层尺度涵盖了从天气主导的混合和稳定到潮汐主导的混合和稳定。

分层参数 S 的值在地理上几乎是固定的，并且每年都是可重复的，这就形成了一个确定的季节性温跃层发展的空间格局。对于开放水域，虽然密度随深度的变化率可以通过直接测量水体的分层强度获得，但这种测量工作必须在现场进行。锋面系统（$S=1.5$）可以通过卫星图像中的温度梯度识别（参见上述温度异常和温度梯度）。锋面系统将分层和非分层的水体分开，标志着在潮汐足以引起整个水柱混合的海域与潮汐不够强从而出现季节性分层的海域之间的边界。混合水体意味着高营养盐含量，但光照条件差；分层水体意味着光照条件好，但营养盐含量有限。锋面系统存在海域通常表现出最高和季节性最持久的初级生产量，因为这里代表了为海洋水体环境生活的植物既能提供足够光照又能提供足够营养之间的“妥协”海域。虽然它们每年都不同，强度也会发生变化，但是锋面系统仍然可以被认为是周期性的海洋学特征。这些物理特征可以用来确定对于洄游物种具有潜在重要性的海域。

分层参数 S 似乎是唯一一个在水团尺度之下水平描述海洋水体环境生物栖息地的海洋特征，并且它可以根据遥感数据或模拟数据复制成图进行图示。分层、水深和透光率是可用于垂直描述海洋水体环境生物栖息地的海洋特征。S 可能还定义了某些海洋水体环境生活物种和底栖物种幼虫的种群界限、补充单元、驻留和旋转流系统以及迁徙范围（Iles and Sinclair，1982；Bradford and Iles，1992）。然而，通过物理环流对种群进行边界划分可能还存在几种方法。这应该是海洋环境保护者感兴趣的一个活跃研究领域，因为这些海域对迁徙生物和/或居留生物物种非常重要，对连通性概念同样具有重要意义（见第17章）。

2.5.8　局部环流和涡流

海岸地形、深度和洋流之间的各种相互作用可以形成局部环流和涡流，可以存留和聚集海洋生物体，因此这些相互作用是在沿岸连通性方面必须考虑的重要因素（见第17章）。这些环流和涡流也为包括鱼类和海洋哺乳类等高营养级动物增加了局部海域的食物资源（Archambault et al.，1998）。引起各种生物在这里驻留的现象包括朗缪尔会聚单元、潮汐锋面和海岬环流。洄游动物和海鸟特别会利用这些海域的丰富资源（见第7章）。

2.5.9　暴露：大气和波浪

潮汐、海流和风浪引起的水体运动也与滨海海洋环境的暴露程度有关，这种暴露状况对潮间带和潮下带区域各种生物群落类型的发展都具有重要意义。高能海域会将沉积物从沿岸带冲刷并带到能量较低的深水区或受遮蔽程度高的海域，如海湾或海沟。即使在滨海潮间带之下，基底仍然受到高能海流的影响，而高能海流可以决定沉积物不同颗粒大小的分布。

暴露包括两种方式：暴露于波浪作用和暴露于干燥。但这两种类型的暴露与水体环境中的生物群落都没有直接联系。虽然风浪可能对水体生活的生物有一定的影响，但这些影响在空间和时间上是不可预测而且是随机发生的。对底栖生物来说，暴露只对潮间带和其邻近的潮下带具有重要意义。波动发展的强度与风区长度有关，主要是波动传播距离、海岸线角度和海岸线开放度的函数（见第 11 章）。它可以根据地图和气象记录中确定。

另一种暴露形式是在潮汐周期中沿岸生物群落反复暴露于大气造成的干燥。暴露与潮汐振幅、基底坡度和基底颗粒大小密切相关，形成从基岩底质到淤泥底质的连续底质类型（Levinton，1982）。这两种类型的暴露对沿岸地区的植物和动物群落都有相当大的影响。

2.5.10 海啸、风暴潮、飓风和龙卷风

这些大规模破坏性大气事件在影响位置和影响范围上，现在或多或少是可以预测的，至少在一天的时间尺度上。虽然这些现象可能会对沿岸海洋生物群落局部造成相当大的破坏，但经过数年（大多数潮间带生物群落）到数十年（珊瑚礁、红树林），这些生物群落通常会大致以原来的结构重新建立起来。这些现象虽然在塑造局部海洋群落方面具有深刻影响，但应该被认为是生态演替时序的重置。它们不应像其他海洋因素那样归为相同群落类型确定因素的范畴，除非它们在时间尺度内是“周期性发生的”，并可能决定某些生物群落结构是否存在。

2.6 河口的主要特征

沿岸海域特别是河口区域，相比其更外面的海域，在形态学、地形学、海洋学和生物学上都更为复杂，它们也更容易受到人类的直接影响，这些情况将在第 11 章讨论。河口是陆地淡水和海洋咸水交汇之处，河口及其相关的湿地是沿海地区生态最复杂的区域之一。河口有很多定义，但最简单的定义可能是：“河口是海洋中的一个小水湾，这里海水的盐度被淡水进行了一定程度的稀释”（Officer，1976）。它们的特性介于海洋和淡水之间，但也有许多独特的性质和过程。

河口环流有两种主要的驱动力。淡水入海推动表层水体流向海洋，并携带了表层之下的多盐海水。这一运动导致多盐海水回流到河口的上游。在淡水入海流上叠加的是潮汐驱动的海流，该海流驱使海水循环流入和流出河口。淡水入海导致水团分布改变，进而导致热盐循环流。在大多数河口尽管温度和盐度变化很复杂，但与盐度的变化相比，温度变化的影响很小，而且在粗略情况下温度变化常常被忽略。

来自海水和淡水中的溶解状态和颗粒状态的营养盐添加到河口水体中，因此河口的生物生产力很高。此外，大多数河口都显示出各种各样的机制，这些机制有助于颗粒滞留和（或）沉淀，有助于营养盐再生。河口湾的生物学特征受盐度和环流机制的影响较大。盐度变化导致外部环境渗透压改变，从而对生物施加影响，这样降低了河口的物种多样性。河口生物种类是典型的广盐广热性，能承受温度和盐度的大范围变化。因此，河口区域的典型特征是环流强、营养盐输入量多、生物生产力高，但物种多样性相对较低，尤其是在

盐度变化最大的河口区域中部。河口的盐度、温度和环流模式产生了复杂的栖息地类型，需要对它们的海洋学特征、自然地理学特征和过程进行单独的分析（见第11章）。

可能由于河口区生产力高，这里往往是经济鱼类和无脊椎动物种群的重要孵育区。河口在历史发展过程中也一直是人类居住、商业贸易、港口发展、渔业组织和主要城镇的重要区域。因此，人类对河口的影响往往最大，特别是通过营养盐输入和生物多样性减少造成的影响。因此，河口区域的生物特征和生物群落往往严重退化。

河口分类

各个河口的特征和环流模式变化较大。河口类型是由地貌、地形、潮差和淡水径流量等因素共同作用的结果。河口的基本物理特征实际上可以通过淡水径流量与潮汐活动的相互作用来描述（Hansen and Rattray，1966）。目前还没有统一的河口分类方法，但以下河口类型已被普遍认可（图2.8）。

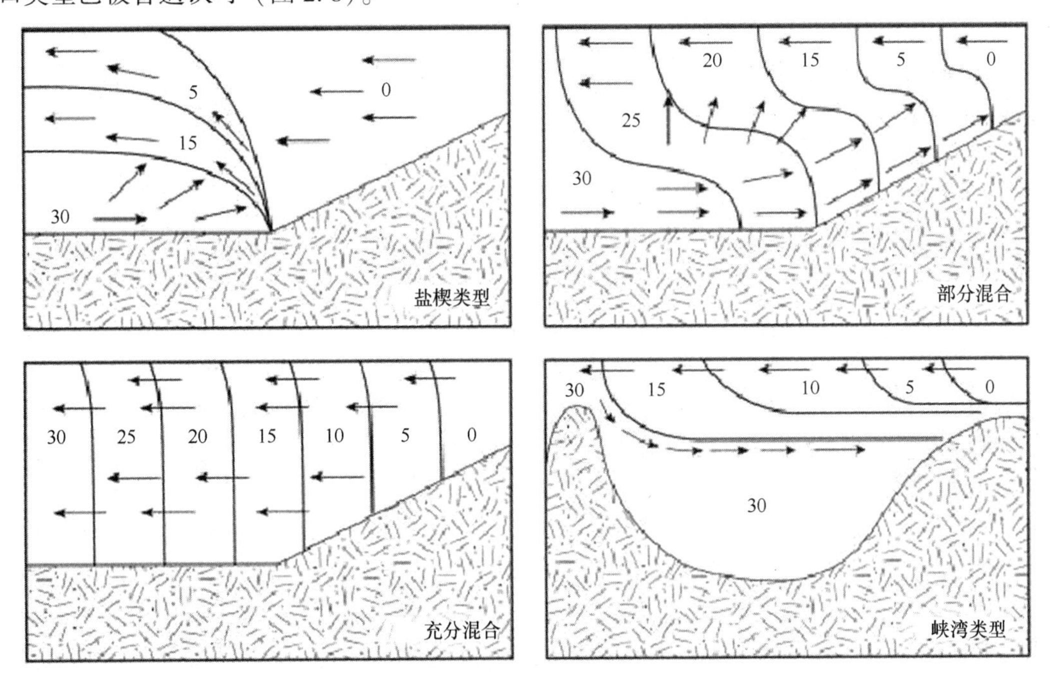

图2.8　主要类型的河口及其盐度分布

资料来源：根据各种来源重绘

- 充分混合：很少或没有垂直盐度梯度，仅存在水平盐度梯度。
- 部分混合：存在很小的垂直盐度梯度变化。
- 盐楔类型：盐度垂直梯度变化较大，楔形淡水水体覆盖在高密度海水之上。
- 峡湾类型：通常强烈分层，在向海侧有限制环流的海底山脊。
- 反转类型：无淡水注入，浅层蒸发强烈，正常河口环流反转。
- 羽状类型：河口外传向外延伸至海洋，在大河口和北极区域冰下河口常见。

其他基于淡水径流量和潮流流量（根据河口的潮汐振幅和横截面面积计算）的河口分

类方案的类别与上述类似。

可以用于对河口进行分类并确定其类型的另外两个参数都与水体驻留时间有关（即与水体扩散时间成反比）。这两个参数是：

理查森河口指数：描述了分层与循环的比率。

纵向扩散系数：用于测度扩散或冲刷率（Roff et al.，1980）。流入海洋并形成反转型河口的江河羽流可以在受大量陆地径流影响的温带地区以及北极地区的冰层下季节性地形成。这些羽流对于生物散布、沿岸水域营养盐补充以及沿岸环流模式形成都具有重要意义。

2.7 结论和管理启示

将海洋环境识别划分为水体环境和海底环境，这对于海洋保护规划是必不可少的。这种划分的一个主要理由是我们必须使用不同的环境因子组合来描述这两个不同的空间环境。如果不这样划分，我们将不得不根据生态系统对水生环境进行分类。但除非武断地判定海洋环境中那些成分构成了生态系统，否则根本不可能按照生态系统对水生环境进行分类。

从全球到局部尺度上了解海洋结构和过程对于理解物理环境和生物群落之间的关系至关重要。尽管与陆地环境相比，海洋似乎显得毫无特色，但自然地理学因子和海洋学因子的结合可以用来描述和定义各种海洋栖息地。这样描述海洋环境对于制定全面的海洋保护规划至关重要。

海洋自然地理学特征和海洋学特征可以独自在大（区域）尺度上对栖息地进行分类。在某些环境/生态层级结构水平上（参见第1章），这些特征反过来应该可以作为生物群落或生物群类型的替代指标。在第5章中，我们将在代表性区域部分更充分地探讨这一观点。

虽然本书中提出的概念可以应用于所有海洋环境，但我们认为，在保护工作中，包括河口在内的沿海地带应该与其他纯粹的海洋水域分开考虑。

参考文献

Archambault, P., Roff, J. C. and Bourget, E. (1998) 'Nearshore abundance of zooplankton in relation to coastal topographic heterogeneity, and the mechanisms involved', Journal of Plankton Research, vol 20, pp671-690

Ballard, R. D. (1977) 'Notes on a major oceano-graphic find', Oceanus, vol 20, pp35-44

Barnes, R. S. K. and Hughes, R. N. (1988) An Introduction to Marine Ecology, Blackwell Scientific Publications, Oxford

Bergeron, P. and Bourget, E. (1986) 'Shore topography and spatial partitioning of crevice refuges by sessile epibenthos in an ice disturbed environment', Marine Ecology Progress Series, vol 28, pp129-145

Bertnes, M. D. (1999) The Ecology of Atlantic Shorelines, Sinauer Associates, Sunderland, MA

Bertnes, M. D., Gaines, S. D. and Hay, M. E. (2001) Marine Community Ecology, Sinauer Associates, Sunderland, MA

Bradford, R. G. and Iles, T. D. (1992) 'Retention of herring Clupea harengus larvae inside Minas Basin, inner

Bay of Fundy', Canadian Journal of Zoology, vol 71, pp56-63

Bukata, R. P., Jerome, J. H., Kondratyev, K. Y. and Pzdnyakov, D. V. (1995) Optical Properties and Remote Sensing of Inland and Coastal Waters, CRC Press, Boca Raton, FL

Chapman P. and Shannon L. V. (1987) 'Seasonality in the oxygen minimum layers at the extremities of the Benguela system', in A. I. L. Payne, J. A. Gul-land and K. H. Brink (eds) 'The Benguela and Comparable Ecosystems', South African Journal of Marine Science, vol 5, pp85-94

Diaz, R. J. and Rosenberg, R. (2008) 'Spreading dead zones and consequences for marine ecosystems', Science, vol 321, no 5891, pp926-929

Dickey, T. (1991) 'The emergence of concurrent high resolution physical and bio-optical measurements in the upper ocean and their applications', Reviews of Geophysics, vol 29, pp383-413

Eisma, D. (1988) 'An Introduction to the Geology of Continental Shelves', in H. Postma and J. J. Zijlstra (eds) Ecosystems of the World: Continental Shelves, vol 27, Elsevier, New York

Emerson, C. W., Roff, J. C. and Wildish, D. J. (1986) 'Pelagic-benthic coupling at the mouth of the Bay of Fundy', Ophelia, vol 26, pp165-180

Glenmarec, M. (1973) 'The benthic communities of the European North Atlantic continental shelf', Oceanography and Marine Biology: An Annual Review, vol 11, pp263-289

Hallfors, G., Niemi, A., Ackefors, H., Lassig, J. and Leppakoski, E. (1981) 'Biological Oceanography', in A. Voipio (ed) The Baltic Sea, Elsevier Oceanography Series, vol 30, Amsterdam, The Netherlands

Hansen, D. V. and Rattray, M. (1966) 'New dimensions in estuary classification', Limnology and Oceanography, vol 11, pp319-326

Iles, T. D. and Sinclair, M. (1982) 'Atlantic herring: Stock discreteness and abundance', Science, vol 215, no 4533, pp627-633

Irish, K. E. and Norse, E. A. (1996) 'Scant emphasis on marine biodiversity', Conservation Biology, vol 10, pp680

Knox, G. A. (2001) The Ecology of Seashores, CRC Press, London

Kullenberg, G. (1981) 'Physical Oceanography', in A. Voipio (ed) The Baltic Sea, Elsevier Oceanography Series, vol 30, Amsterdam, The Netherlands

Lamb, A. and Edgell, P. (1986) Coastal Fishes of the Pacific Northwest, Harbour Publishing, Madeira Park, British Columbia

Levinton, J. S. (1982) Marine Ecology, Prentice-Hall, Englewood Cliffs, NJ

Mann, K. H. (2000) Ecology of Coastal Waters with Implications for Management, Blackwell Scientific Publications, Oxford

Mann, K. H. and Lazier, J. R. N. (1996) Dynamics of Marine Ecosystems: Biologicalphysical interactions in the oceans, Blackwell Science, Cambridge, MA

Mc Luskey, D. S. and Mc Intyre, A. D. (1988) 'Characteristics of the benthic fauna', in H. Postma and J. J. Zijlstra (eds) Ecosystems of the World: Continental Shelves, vol 27, Elsevier, New York

Morton, J., Roff, J. C. and Burton, B. M. (1991) Shorelife between Fundy Tides, Canadian Scholars Press, Toronto

Nixon, S. W. (1993) 'Nutrients and coastal waters', Oceanus, vol 36, pp38-47

Officer, C. B. (1976) Physical Oceanography of Estuaries, and Associated Coastal Waters, John Wiley, New York

Open University Course Team (1989) Waves, Tides and Shallow Water Processes, Pergamon Press, Oxford

Open University Course Team (1989) The Ocean Basins: Their Structure and Evolution, Pergamon Press, Oxford

Open University Course Team (1989) Seawater: Its Composition, Properties and Behaviour, Pergamon Press, Oxford

Open University Course Team (1989) Ocean Chemistry and Deep Sea Sediments, Pergamon Press, Oxford

Open University Course Team (1989) Ocean Circulation, Pergamon Press, Oxford Pingree, R. D. (1978) 'Mixing and Stabilization of Phytoplankton Distributions on the Northwest European Continental Shelf', in J. H. Steele (ed) Spatial Patterns in Plankton Communities, Plenum Press, New York

Raffaelli, D. and Hawkins, S. J. (1996) Intertidal Ecology, Chapman and Hall, London

Ray, G. C. and Mc Cormick-Ray, J. (2004) Coastal Marine Conservation: Science and Policy, Blackwell, Malden, MA

Roff, J. C. and Legendre, L. (1986) 'Physico-chemical and Biological Oceanography of Hudson Bay', in I. P. Martini (ed) Canadian Inland Seas, Elsevier, New York

Sherman, K., Alexander, L. M. and Gold, B. D. (1992) Large Marine Ecosystems: Patterns, Processes and Yields, AAAS Press, Washington, DC

Steele, J. H. (1988) 'Scale Selection for Biodynamic Theories', in B. J. Rothschild (ed) Towards a Theory on Biological—Physical Interactions in the World Ocean, Kluwer, Amsterdam

Simpson J. H. and Hunter J. R. (1974) 'Fronts in the Irish Sea', Nature, vol 1250, pp404-406

Suess, E. (1980) 'Particulate organic carbon flux in the oceans: Surface productivity and oxygen utilization', Nature, vol 288, pp260-263

Sverdrup, H. U., Johnson, M. W. and Fleming, R. H. (1942) The Oceans: Their Physics, Chemistry and General Biology, Prentice-Hall, New York

Sverdrup, K. A., Duxbury, A. C. and Duxbury, A. B. (2003) An Introduction to the World's Oceans, Mc-Graw-Hill, New York

Tremblay, M. J. and Roff, J. C. (1983) 'Community gradients in the Scotian Shelf zooplankton', Canadian Journal of Fisheries and Aquatic Sciences, vol 40, pp598-611

Valiela, I. (1995) Marine Ecological Processes, Springer, New York

Wildish, D. J. (1977) 'Factors controlling marine and estuarine sublittoral macrofauna', Helgoland Wissenschaft Meeresuntersuchungen, vol 30, pp445-454

第3章 海洋环境：生态学与生物学

水体环境、海底环境以及沿岸边缘生物群落

我不知道我在世人面前可以是什么样子。但对我自己来说，似乎我只是一个在海滨玩耍的孩子，不时地去寻找一颗比平常更光滑的石子或一颗更漂亮的贝壳，而我面前躺着的这浩瀚海洋，却没有被发现。

Isaac Newton (1642—1727)①

3.1 引言

本章简要介绍了一些海洋环境的生物学和生态学特征，这些特征是海洋生物多样性在物种/种群和群落等组织层次上结构和过程的组成部分。组织的遗传层次推迟到第10章进行讨论。在这些层次上，对生态过程的讨论要少于对结构的讨论，因为我们对过程的了解主要来自实验过程或从结构进行推断。

为了强调海洋环境的独特性，对海洋生态系统和陆地生态系统之间、各种水生生态系统之间进行了比较。还强调了从热带到两极不同纬度海洋生态系统之间的差异性；并对海洋水体空间环境和海底空间环境之间差异进行了对比。重点强调了主要海洋空间和生物群落中生物区系的一般分类和生态分类。在后面的章节中，我们将继续讨论群落的生态分类以及它们与栖息地特征之间的关系，以建立保护规划框架。

3.2 海洋环境中的主要类群

海洋动物区系和植物区系包括了从海洋病毒、微生物到海洋哺乳动物，通常认为它们组织成一系列可定义的群落。表3.1总结了海洋、淡水和陆地上的主要动物门类和植物分类（这种划分经常由于有新发现而进行修订）。编制一份物种名录（即使我们对"物种"有一个很好的定义）都是一项艰巨的任务，更不用说为保护物种制定计划了。这就是为什么现在的保护重点从保护单个物种倾向于转向重点保护栖息地的一个主要原因，我们可以从本质上把栖息地保护看做是生物群落的"保护伞行动"（见第9章）。

① 牛顿（Isaac Newton），英国大科学家，发现万有引力定律。

表 3.1 海洋、淡水和陆地动植物区系的主要高阶类群

主要单细胞生物

界或门	海洋	淡水	陆地
古菌 两个主要的“细菌”门	Y	Y	Y
真细菌 几个真细菌门	Y	Y	Y
真菌 主要有 4~6 个门	Y	Y	Y
“黏菌类” 多源类群	Y	Y	
原生动物 单细胞（有些是多细胞）真核生物 30~40 个门	Y	Y	

主要藻类 *

类群	海洋	淡水	陆地
硅藻门 Bacilliarophyta	Y	Y	
轮藻门 Charophyta	Y	Y	
绿变形藻门 Chloroarachniophyta	Y	Y	
绿藻门 Chlorophyta	Y	Y	
金藻门 Chrysophyta	Y	Y	
隐滴虫门 Cryptomonads	Y	Y	
隐藻门 Cryptophyta	Y	Y	
蓝藻门 Cyanophyta	Y	Y	
甲藻门 Dinophyta	Y	Y	
裸藻门 Euglenophyta	Y	Y	
真眼点藻门 Eustigmatophyta	Y	Y	
灰藻门 Glaucophyta	Y	Y	
定鞭藻门 Haptophyta	Y	Y	
褐藻门 Phaeophyta	Y	Y	
绿枝藻门 Prasinophyta	Y	Y	
红藻门 Rhodophyta	Y	Y	
针胞藻门 Rhaphidophyta	Y	Y	
黄藻门 Xanthophyta	Y	Y	

主要高等植物**

类群	海洋	淡水	陆地
角苔植物门 Anthocerotophyta	Y	Y	
苔藓植物门 Bryophyta	Y	Y	
地钱门 Marchantiophyta		Y	
石松门 Lycopodiophyta		Y	
蕨类植物门 Pteridophyta		Y	
种子蕨门 Pteridospermatophyta		Y	
松柏植物门 Coniferophyta		Y	
苏铁植物门 Cycadophyta		Y	
银杏植物门 Ginkgophyta		Y	
买麻藤门 Gnetophyta		Y	
有花植物门或被子植物门 Anthophyta or Magnoliophyta		Y	

主要多细胞动物门类

门	海洋	淡水	陆地
棘头动物门 Acanthocephala	Y	Y	
无腔动物门 Acoelomorpha	Y		
环节动物门 Annelida	Y	Y	Y
节肢动物门 Arthropoda	Y	Y	Y
腕足动物门 Brachiopoda	Y	Y	
苔藓虫门 Bryozoa	Y	Y	
毛颚动物门 Chaetognatha	Y		
脊索动物门 Chordata	Y	Y	Y
刺胞动物门 Cnidaria	Y	Y	
栉水母门 Ctenophora	Y		
环口动物门 Cycliophora	Y		
棘皮动物门 Echinodermata	Y		
螠虫动物门 Echiura	Y		
内肛动物门 Entoprocta	Y		
腹毛动物门 Gastrotricha	Y	Y	
颚口动物门 Gnathostomulida	Y		
半索动物门 Hemichordata	Y		

续表

门	海洋	淡水	陆地
动吻动物门 Kinorhyncha	Y		
铠甲动物门 Loricifera	Y		
微颚动物门 Micrognathozoa		Y	
软体动物门 Mollusca	Y	Y	Y
线虫动物门 Nematoda	Y	Y	Y
线形动物门 Nematomorpha		Y	
纽形动物门 Nemertea	Y	Y	Y
有爪动物门 Onychophora			Y
直泳虫门 Orthonectida	Y		
帚虫动物门 Phoronida	Y		
扁盘动物门 Placozoa	Y		
扁形动物门 Platyhelminthes	Y	Y	
多孔动物门 Porifera	Y	Y	
鳃曳动物门 Priapulida	Y		
菱形虫门 Rhombozoa	Y		
轮虫动物门 Rotifera	Y	Y	
星虫动物门 Sipuncula	Y		
缓步动物门 Tardigrada	Y		Y
异涡动物门 Xenoturbellida	Y		

注：术语“门”和“类群”（分别用于动物和植物）意义相同，所有这些群体的分类情况处于不断变化中。

*绿藻门、褐藻门和红藻门是大型藻类的主要类群。表中该部分中的大多数其他类群是单细胞形式或未分化的多细胞形式。

**这些是常见类群，几乎完全是陆生的大型植物、苔藓、地衣、蕨类植物、裸子植物和开花植物。

这里对生物分类进行一些一般性介绍。首先，细菌、真菌和原生生物等低等类群广泛分布在所有环境中。低等植物藻类既有微小的单细胞形态，也有多细胞的巨藻形态，它们在海洋和淡水中都能找到，但不能在陆地上生存。除了少数例外，多细胞的高等植物仅限于陆地环境。绝大多数多细胞的动物门类只在海洋环境中发现，较少的门类分布于淡水中，陆地上分布的门类更少。

我们对物种多样性的认识严重偏向于较大的植物和动物物种，严重偏向于陆地上的动物和植物群，但是很明显，在海洋中生物的门类多样性最大。尽管如此，人们仍然普遍认为，陆地上的物种多样性总体上要显著高于海洋（Gray，1997），陆地上物种数量最多的主要是昆虫和维管植物（May，1994）。然而，随着基因技术手段的持续应用，包括细菌在内的单细胞生命形式多样性得到更好的记录，这一状况可能会被改变。

大多数人最熟悉的海洋动物类群包括都属于脊索动物门的鱼类和海洋哺乳动物。但从表 3.1 中可以看出，虽然鱼类的物种多样性很高，但脊索动物门仅构成海洋生物门类多样性的一部分。目前已知的鱼类约有 2 万种，每周还会有更多鱼类种类被发现。

3.3　海洋环境与陆地环境的异同

为了成功地保护海洋，需要了解海洋生态系统和陆地生态系统之间的差别。海洋生态系统与陆地系统有很大不同，从陆地生态系统中获得的知识不能直接应用于海洋环境中。海洋生态系统和陆地生态系统之间存在的主要差异是栖息地及其生物群落之间的差异。试图仅仅使用陆地生态保护的方法来保护海洋生物多样性都会走入歧路。然而不幸的是，海洋生态学家和陆地生态学家的研究在很大程度上是相互隔离的（Steele，1995；Stergiou and Browman，2005）；因此，两类生态系统的理论、范例、概念甚至观测工作等方面的差异和共性都没有得到探讨。

与陆地生态系统相比，海洋生态系统更复杂，内在联系更紧密，在各个时空尺度上都受物理影响。在海洋中，物理影响倾向于传播到更广阔的区域，并且持续时间更久。与陆地生态系统不同的是，海洋的基本属性、生物学特性以及它们的物种并不是直接可见的。下面是改编自 Day 和 Roff（2000）的陆地生态系统和海洋生态系统异同的总结。

3.3.1　陆地生态系统和海洋生态系统之间的相似性

在一个非常广泛的概念层面上，海洋和陆地系统确实有一些相似之处。

- 两者都由相互作用的物理和生物成分与来自太阳的能量驱动大多数生态系统组成。
- 两者都是不同环境和栖息地的不同群落和物种占据的复杂拼贴。
- 海洋和陆地物种在纬度上显示多样性的梯度——物种多样性通常随着纬度降低而增加（Thorne-Miller and Catena，1991）。
- 在这两种类型的生态系统中，生物活动的主要区域往往集中在更接近表层的部分（即海-空或陆-空界面）。

3.3.2　陆地与海洋生态系统的差异

海洋生态系统和陆地生态系统之间的差异要比相似之处多得多。这些差异可以发生在各物理过程的空间和时间尺度、自由生活方式与固着生活方式、个体大小、生长速度以及与营养级相关的各因素中（Steele et al.，1993；Steele，1995）。它们之间的差异也与水体本身的基本物理特性有关（Sverdrup et al.，1942）。

3.3.2.1　大小的差异

海洋面积比所有陆地面积加起来还要大得多，覆盖了地球整个表面的 70.6%。仅仅一个太平洋就可以轻易地覆盖所有大陆，因此我们的星球应该被称为“水球”而不是“地球”。海洋栖息地和陆地栖息地更显著的差异是在垂直范围和体积上的差异。陆地上的生命分布空间通常仅从地下几米延伸到树梢，垂直范围可能不超过 30~40 m。虽然鸟类、蝙蝠、昆虫和细菌可能会周期性地上升到这些高度以上，但在树顶以上只是暂时扩散的空间而不是栖息地，因为生物必须返回到陆地环境中以获得资源、进行繁殖和得到庇护。而海洋的平均深度是3 800 m，海洋每个空间都有海洋生物分布。因此，海洋的可居住空间是陆地可居住空间的数百倍。

3.3.2.2 物理性质差异

陆地生态系统和海洋生态系统的物理特性有显著差异。例如，海床之上海水的黏度是空气的60倍，海水的表面张力更大。海水密度大约是空气密度的850倍，高密度海水形成的浮力允许生物体在不需要强大支撑结构的情况下生存。海水的浮力也使得海洋中的生物在形态学和解剖学上与陆地生物非常不同。海水的浮力和黏度使食物颗粒悬浮在水体中，形成了一种在陆地环境中不存在的水体空间环境。在海-气界面上或其下方这个特殊的水体空间环境中分布着漂浮植物和漂浮动物；淡水水体的这个空间环境中分布有涉水昆虫，在海水的该环境中分布有僧帽水母和许多海底生物和水柱生物的幼虫。

3.3.2.3 温度差异

陆地气候的季节波动和年际波动非常强烈，而海洋环境的这种波动则非常缓和。海水的热容量比空气的热容量要大得多，因此，海水的温度变化比陆地上温度的变化要慢得多。因为海水黏度比空气黏度要高，所以海水循环速度比空气循环速度也就更慢。

3.3.2.4 光照及其垂直梯度

与陆地环境相比，海洋中受光照限制的空间环境比例要高得多。由于光照和营养盐可获得性的变化，海洋只有距表面50～200 m深的真光层海水能够支持初级生产者的生长。光照是通过光合作用进行初级生产过程所必需的，无论是在水柱内还是在海底，除了像热液口这样一些独特的生物群落依赖于它们自己的化能合成生产者。因此，从本质上说，在巨大的无光照深水海洋空间中（弱光区和无光区）不会产生有机物质；在这些黑暗的区域，这里的海洋生物完全依赖于生产性表面真光层内生产的有机碎屑的下沉。

3.3.2.5 空间环境不同

海洋包含两个截然不同的空间环境，每个空间环境都有自己的生物群落。海洋水体空间环境是指从表层到海底之上的水体，而海底空间环境是指海床及其之上的一层水体。水体空间环境支持多种生物体和生命形式，包括浮游生物和游泳生物，陆地上没有相应的维度或群落与之对应。水体中的生物完全生活在一个三维的空间环境中，其中大部分物种都是永久居住在这里（全浮游生物）或者在幼虫阶段暂时居住在这里（半浮游生物）。水体空间环境中的生态条件随深度的增加变化很大，造成不同水层的生物种类和群落结构不断改变。水体空间环境中生活的物种在不同的发育阶段也可能占据不同的营养级。海底空间环境的"边缘群落"是指真光层内的潮间带生物群落和潮下带生物群落，这些生物群落含有各种光合作用植物，可以看做是陆地生物群落的功能等价群落；在这里，生物或者生活在地面上，或者依赖地面作为栖息地并获取资源。然而，海底空间环境和陆地环境的一个显著区别是，大多数海底空间环境位于透光层之下，这里没有其初级生产者，它必须依赖于透光层沉降下来的碎屑资源，因此在陆地上没有与之相对应的生物群落。最相类似的是，陆地生态系统和海底生态系统都可以看做是二维的。在更大的空间尺度上，出于保护的目的，通常也确实是这样看待它们。因此，海洋生态系统可以被认为是由5个维度组成，即两个海底空间维度和3个水体空间维度。

海底空间环境有时被认为是陆地环境在海底的延伸。事实上，从进化的角度和从全球的视角来看，相反的观点更合适，即陆地环境实际上是海底空间环境在水体之上的延伸。在水体空间环境中，从病毒到鲸各种海洋生物都永久地居住在流体环境中。在流体力学和循环过程方面，陆地大气和海洋有很多共同之处；气象学家和物理海洋学家也分别研究了大气中和海洋中对应发生的各种现象。然而，从生物学的角度来看，陆地上并没有类似于海洋水体空间环境中存在的对应生物。虽然一些陆生生物（例如昆虫和鸟类）可能暂时居住在大气中或利用大气散布其繁殖体，但大气层并没有永久居住者或初级生产者为它们可持续地提供食物资源。

3.3.2.6　水的流动性和流体性质

海洋环境的流体性质意味着大多数海洋物种分布广泛，个体可以扩散到很远的地方。水体运动除了提高生物幼体和其他繁殖体的异体受精和扩散之外，也增加了海洋生物物种（特别是水体空间环境系统中的海洋生物）的迁移和聚集。水体能够溶解营养盐，并使它们得到循环（Denman and Powell, 1984; Thorne-Miller and Catena, 1991）。即使被认为是静态的成体海洋底栖生物种类（例如许多软体动物和海草），通常在水体空间环境中也具有移动性强的幼体阶段或易扩散的繁殖阶段，并且其种群数量可能受游动捕食者控制。因此要对它们的种群数量进行空间管理非常困难。类似地，基底沉积物往往具有一定程度的流动性，这使得海底侵蚀周期显得缓慢而温和（Ballantine, 1991）。

3.3.2.7　环流差异

虽然陆地环境和水生环境都表现出环流模式（即海洋中的水体环流及陆地和水面之上的大气环流），但这两种环境并没有严格的可比性。在海洋中，水这种介质本身含有生物体，水生生物就生活在介质中，随介质流动，并受介质物理过程和化学过程的影响。而生物在大气中出现完全是短暂的。因此，在海洋中，一个海域中生物群体的补充失败可以通过来自另一个海域的被动补充来弥补。在陆地上，类似的过程可能需要主动迁移和被动扩散来完成（National Research Council, 1994）。即使对底栖生物群落来说，上覆水体的运动对于食物资源的输送也是必不可少的；而在陆地生物群落中，大气通常不具有这种作用。

3.3.2.8　初级生产差异

陆地生态系统和海洋生态系统之间最明显的生物学差异可能是初级生产的类型和来源不同（Steele, 1991b）。在陆地生态系统中，主要生产者（主要是维管植物，如树木和草）构成了陆地生物量的绝大部分，而且个体往往很大。相比之下，海洋生态系统中的主要初级生产者是浮游植物，它们通常非常微小，且可以快速繁殖。因此，与陆地生态系统的森林或草原相比，它们的周转率要高得多。在陆地生态系统中，初级生产者的生物量往往高度保守（例如木本植物）。而在海洋生态系统中，初级生产者的生物量被消费者或还原者迅速利用。因此，海洋沉积物中有机碳含量通常比陆地土壤中有机碳含量低得多，并且随着深度的增加而逐渐降低。即使是海洋大型植物（例如藻类和海草类被子植物），虽然通常是多年生植物，但与陆生植物相比，它们的世代时间也很短。没有一种海洋植物能像陆生裸子植物和被子植物那样长寿。在低纬度地区，部分适应海水的红树林（自然适应）是最近侵入海水的物种。

3.3.2.9 分类学差异

在海洋中，“藻类”高度分化，包括许多微小的单细胞形式或多细胞形式的“门”（表3.1）。这实际上代表了海洋环境中比陆地环境在门类水平上更加多样化，因此遗传多样性也更加多样化。由于我们对陆地上大量开花植物多样性的偏爱，这一点常常得不到承认，然而，陆地上所有这些开花植物全都属于一个单独的类群被子植物（或有花植物门）。在海水中，苔藓植物、蕨类植物和裸子植物都不存在，被子植物的代表性明显不足，主要是少数海草和红树林。

在海洋中，所有的动物门都以这样或那样的方式出现；而在陆地上，几个主要的动物门因为它们无法适应更为苛刻的气候条件完全不存在（表3.1）。尽管最大的物种多样性无疑存在于陆生昆虫中，但最大的系统发育多样性（以及由此产生的遗传多样性）显然存在于海洋动植物类群中。

3.3.2.10 时空尺度差异

陆地生态系统和海洋生态系统之间的其他重要差异是源于对物理环境变化做出生态反应的时间和空间尺度不同，或差异与这些时空尺度相关（Steele，1974，1985，1991a，1991b；Longhurst，1981；Cole et al.，1989；Parsons，1991），也与初级生产者群落的基本差异和水体特性有关。生物量在陆生生物和有机碎屑中的大量储存，在一定程度上使生物过程和物理过程分离。在海洋中，物理过程和生物过程的时空尺度几乎是重合的（至少在水体空间环境是重合的），因此生物群落能够迅速对物理过程做出反应。陆地初级生产者的空间变化和分布主要与地形、土壤有关，与同等尺度上的海洋初级生产者相比变化缓慢。在陆地上，很大程度上由于生物体较大、世代时间更长，种群和群落周期可能更多地依赖于生物过程而不是直接依赖于物理过程（Steele et al.，1993）。然而，在所有的空间尺度上，大气中的物理变化都比海洋中的物理变化快。大气中的气旋系统典型的空间尺度约为1 000 km，持续时间约为1周。海洋中与之等同的涡流直径约为100 km，可以持续数月或数年（Steele，1995）。因此，我们有一个明显的悖论，即“反应缓慢”的陆地生物群落受到快速移动的大气冲击，而反应缓慢的海洋中却生活着“快速反应”的生物群落。

3.3.2.11 基岩类型在海洋生态系统中作用最小

与陆地生态系统不同的是，基岩类型和地质组成对海底空间环境中生物区系的影响却很小。这在一定程度上至少是全球海水组成恒定性所导致。在潮间带和潮下带的真光层内，大型藻类附着在各种类型的岩石上。在这同一空间环境中的软基底区域内，潮流速度和波浪运动确定了基底颗粒的大小，进而成为群落组成的主要确定因素。

3.3.2.12 对环境扰动的响应时间相对较短

由于海洋水体的流动性、流体性质以及其内部的相互关联性，任何环境扰动（例如石油泄漏、有毒物质、有毒藻华）都可以迅速在整个海洋环境中扩散。特别是污染物很容易在二维或三维尺度上扩散，扩散速度取决于污染物的性质。

3.3.2.13　边界差异

陆地环境生态系统之间有更明显的物理边界。而在海洋空间环境中，特别是在较小的尺度上，可能很难在海洋生态系统中识别出明显的界限，因为海洋生态系统过程完全是动态发生，而且水体空间环境和海底空间环境需要分开单独考虑。这并不意味着没有明显的海洋生态系统划分，只是通常它们的边界是“模糊的”或它们的边界是渐变的，因此边界概念在海洋环境中不如在淡水环境或陆地环境中有用。尽管如此，仍有必要讨论各种海洋生态系统特征，并根据其持久的地球物理特征或周期性过程来确定代表性和特色性栖息地类型。

3.3.2.14　经向多样性梯度

除了在陆地和海洋生物群落中观察到的纬向梯度外，海洋环境中也存在着经向的多样性梯度，大西洋和太平洋的物种多样性从西向东依次递减。另外，太平洋的动物群系（例如珊瑚礁）总体上比大西洋的动物群系更加多样化（Thorne-Miller and Catena，1991）。在这两个大洋海盆的西部生物多样性较高，这可能与两个大洋环流的偏心模式相关，即海盆西部接收来自低纬度海域高速流动过来的水体（具有较高的物种多样性）（如墨西哥湾流和黑潮），而海盆东部接受来自较高纬度以较低速度流动来的水体（物种多样性较低）。太平洋海域总体上物种多样性较高，这主要是由于其地质年代更久远。

3.3.2.15　高阶分类层次多样性

在较高的分类阶元水平上，海洋动物群系的多样性远远大于陆地动物群系的多样性（Ray and McCormick-Ray，1992），所有动物的门类在海洋中都有存在。有些类群，例如鱼类，具有格外高度的多样性；其他类群多样性较低，然而在一些“较低等”的门中，许多物种仍有待描述。大多数海洋生物群落的物种组成呈现高度的斑块性，斑块之间变化较大。

3.3.2.16　寿命与身体大小的关系

在开放的海洋中，随着营养级的增加，生物的寿命和身体大小会有规律地增加（Sheldon et al.，1972），而在陆地生态系统中，这些模式并不明显（Steele，1991b）。

3.3.3　从人类的视角审视海洋

3.3.3.1　海洋系统隐藏在人类的视线之外

海洋生态系统和陆地生态系统之间的一个非常基本的区别是，人类对大多数海洋环境都看不到，导致我们对这些生态系统的了解和理解存在重大差异。我们“眼不见，心不烦”的心态和海洋的浩瀚都形成了一种错误的信念，即海洋可以吸收我们输入其中的任何东西而不受伤害。同样，由于海洋距离我们非常遥远，而且对我们来说是一个相异的环境，因此，很难证明保护海洋的必要性。世界许多海区商业捕捞渔业的崩溃已开始唤起了公众对海洋保护必要性的认识。

3.3.3.2　海洋研究非常困难

海水中和水下的研究和监测比陆地上的工作要困难得多。随着水深的不断增加获取海洋数据的成本呈指数级增长，这在一定程度上解释了为什么人们对海洋尤其是深海的了解如此之少。在海上维持基本稳定的工作条件的难度和费用都非常大，以至于大多数海洋研究和管理工作实际上都是一次性行动，完成后研究人员和管理人员就会回到陆地上。此外，进行海洋调查或海洋生态系统管理的人员比陆地相应人员要少得多，但需要调查和管理的区域要比陆地却大得多。

3.3.3.3　已知的物种灭绝速度

虽然目前对陆地生态系统物种丧失的估计令人震惊，但由于缺乏研究，人们对海洋生态系统物种灭绝的情况知之甚少，甚至进行的预测都很少。最近的证据表明，全球范围内许多海洋物种正处于非常危险的境地，尤其是那些具有商业捕捞价值的物种（如鲸、海龟、儒艮和一些鱼类）。

3.3.3.4　海洋所有权

直到最近，人们还普遍认为所有海域或任何海洋资源都是属于全人类。当然，在比较发达的国家，人们自过去长期以来且直到现在都认为，海洋资源是提供给任何有能力和首创精神的人去获取和利用的（Ballantine，1991）。今天，各国政府正在对一些海域承担明确的责任，但不幸的是，大多数海洋环境仍然正在遭受类似于“公地悲剧”的生态悲剧。国际水域的责任受到水体流动性以及海洋与陆缘海连通性的限制。

3.3.3.5　资源开发利用

在陆地资源开采过程中，自然景观往往发生引人瞩目的显著变化。最近人们认识到，海洋资源的获取也能在很大尺度上改变海底状况。例如，由于拖网作业，北海大部分海床就像一块翻耕过的土地。海洋保护需要对所有类型的资源开发进行管理，包括那些直接破坏自然海景的资源开采（例如石油钻探和采矿）、商业开发（例如海底疏浚、海底拖网作业等）和水产养殖等，这些活动虽然对海床的扰乱尺度较小，但干扰总面积巨大。

3.3.3.6　保护区边界选划

在陆地上，用标志或自然特征来标记海洋公园边界要容易得多。但是在海上由于缺乏明显的地理特征，海洋使用者很难确定他们的活动是否在保护区内以及何时减少他们的开发捕捞活动。然而，GPS 和海图测绘系统的日益普及逐渐减少了人们对这一问题的关注。

3.3.4　陆地、海洋及大气之间的联系

3.3.4.1　生物地球化学联系

从生物地球化学角度来看，海洋是处在陆地的“下游”，因此几乎所有“释放”到生物圈的物质最终都被带入海洋中。因为许多进入海洋生态系统的输入物都是源于陆地，结果对海洋造成了明显的污染影响。

自然界水循环从陆地流向海洋，水又通过蒸发进入大气，然后沉降在陆地上。因此，地壳侵蚀是一个从陆地到水域的单向过程。通常的假设是，在地质时期内输入到湖泊和海洋的水体总量与以降雨形式降落到陆地的水量相平衡。海洋沉积物随着海底的扩张依次横向移动，最终在构造板块边缘俯冲形成新的地壳岩石。

由于这些自然循环和自然过程的存在，人们通常认为，湖泊和海洋实际上依赖于陆地的这些输入，特别是依赖于植物营养盐的输入来驱动生物生产。然而，即使对湖泊来说，

这种看法也只是部分正确，而对海洋来说则完全不是这么回事。湖泊和海洋的输入来自流域径流、大气输送、海洋内部循环和动物迁徙。

除了一些小型湖泊接受了大量的溯河鱼类群体（如鲑科鱼类），动物迁徙在生物地球化学上并不重要。一般来说，只有较小的湖泊，或受到人类活动直接影响的较大型湖泊（例如伊利湖），来自流域盆地的输入才是其营养盐的主要来源。然而，对于受人类影响较小的大型湖泊（如苏必利尔湖）来说，营养盐的主要外部来源是大气输送。河口的分布范围从那些受其流域盆地及其营养盐输入（如旧金山湾）强烈影响的海域，到那些营养盐主要来自海洋本身反向输送（如切斯特菲尔德内湾）的海域。

据计算，在整个海洋水域中，每年生物生产所需的养分不足 2%是来自陆地淡水输入和大气输送。实际比例可能更低（Harrison，1980）。生物生产所需的大部分营养盐来自于海洋内部循环，其中氮以 NH_4^+ 和 NO_3^- 的形式存在（氮通常限制海洋系统中的初级生产）。在沿岸水域，生产的季节周期是由混合水和分层水之间这两种主要存在形式氮的供应量变化所调节的。在大洋水域，90%以上的营养盐需求来自于 NH_4^+ 的就地循环。

因此，虽然许多河口受到来自人类活动产生的营养盐输入的强烈影响，但一般认为的沿岸海域是由陆地径流驱动的假设是不正确的。不幸的是，在河口海域，我们对来自流域盆地的自然营养盐、来自海洋的营养盐和来自人类活动影响产生的营养盐之间的相对重要性了解甚少。

陆地环境和海洋水体环境之间的其他生物地球化学联系当然也存在（例如，包括污染物在内的碳氢化合物交换、气体以及包括铁在内的金属离子的流失和吸收），但这些物质一般主要是通过大气输送而不是通过陆地径流输送到海洋环境中（Schlesinger，1997）。

3.3.4.2　生物群落之间的联系

海洋中的主要生物群落包括水体环境生物群落和海底环境生物群落。除了潮间带之外，水体空间环境和海底空间环境与陆地环境没有任何明显的联系。它们本质上是独立的客观存在，由它们自己的生产、消费、分解和再生周期所驱动，这些周期与行星的季节性海洋学周期有关，包括加热、冷却和循环周期。

在潮间带区域，它们与大气的联系如同与陆地的联系一样紧密，因为这里生物必须忍受周期性的暴露干燥。然而，无论是在淡水还是在海洋生态系统中，都有一些物种生活在陆地和水域之间的过渡地带。这些生物包括从地衣到植物世界中的耐盐被子植物，从昆虫幼虫和软体动物到动物世界的候鸟。边缘生物群落（包括潮间带）通常是生产率高的地带，尽管物种多样性有所不同，但这里通常支持高度分化或迁徙性动物种群。

沿岸带或浅海生态系统位于陆地和海洋系统之间。它有一个由潮汐以各种方式定义的陆地边界，还有一个由大陆架边缘定义的海向边界（Ray，1991）（见第 11 章）。它受附近陆地系统的影响，与大洋系统有巨大区别。近岸生态系统生产率、复杂程度大，主要是因为陆地、海洋和大气各个生态过程之间存在着相互作用（Leigh et al.，1987；Ray and Hayden，1992）。

3.4 海洋、河口和淡水生态系统之间的异同

自然水体可以划分为下列环境类别:

- 淡水激流水体(溪流和江河)。
- 淡水静水水体(湖泊)。
- 河口(淡水和海水的交汇处)。
- 海洋(海和洋)。

由于淡水在地球表层水体中所占比例很小(小于0.5%),"海洋的"一词有时或多或少与"水体的"同义。虽然水体环境有许多共同的特征,然而每一个水体类型都有自己独特的属性以及拥有环境(地球物理)特征与生物群落之间的一系列相关关系。尽管有些关系可能跨越环境类型的界限,但不加鉴别地从一个关系推断到另一个关系是错误的。每一组水体环境都需要有自己的栖息地分类和群落类型,也需要自己的保护方法。

作为一个一般性原则,我们应该记住,较小的水体在地质学上是"年轻的",它们的植物区系和动物区系可能更加个性化或更有特殊性。这种现象服从于岛屿生物地理学理论(MacArthur and Wilson, 1963),因为在孤立的地理区域中存在随机的定居和灭绝效应。

海洋和淡水生物群落的一些特性都要归功于水的基本性质和地球物理性质。然而人们普遍认为,总的来说,淡水生物群落比海洋群落更受生物相互作用的影响(包括这些随机定居和灭绝过程)。这可能是由于淡水中食物网更简单以及"下行"(top-down)的捕食者效应(McQueen et al., 1989)造成的更大影响。此外,湖泊和河口的水生群落受人类活动的影响比海洋更强烈(尽管对海洋渔业、珊瑚礁等有重要影响)。

本部分内容根据文献资料对海洋、河口和淡水生态系统之间的异同点进行了总结(Day and Roff, 2000)。

3.4.1 海洋、河口和淡水生态系统的相似性

所有水体环境都具有与水相同的基本物理性质。高比热和高潜热导致水体环境的热稳定性,并提供对极端温度的保护。高密度的水创造了一种浮力介质环境,在这种介质中,生物无须消耗或消耗很少的能量就可以保持悬浮状态。生物可以利用溶解状态(因为水的溶解力很高)和悬浮状态的各种资源。

3.4.1.1 水的透光性

水是高度透明的,允许光穿透水体给光合作用植物使用。在所有水生环境中,光衰减的过程基本相同,但光的衰减速率取决于水的透明度。这在3种环境之间非常不同。所有的水体环境都可以类似地划分为透光层(多光区)、弱光层(少光区)和无光层(无光区),但它们的范围有所不同。

3.4.1.2 水体运动

水的运动可以表现为扩散(无方向、局部混合)或平流(大尺度、定向混合)。扩散运动在所有水体环境中本质上是相似的。在分子水平上,气体扩散和溶质扩散的基本过程在尺度上是类似的,不同水体环境之间的运动效应也具有可比性。涡流扩散过程(整体性

转移，如对流和朗缪尔环流）在水体环境之间也基本具有可比性。

3.4.1.3　水体分层与混合

水柱分层和垂直混合的季节循环在所有水体中也具有基本可比性。类似的分层和混合循环往往在相同纬度和相似的水柱深度下发生。温带湖泊是典型的两季混合湖泊，这意味着它们在早春和秋季其水体发生垂直混合，在整个夏季水体产生分层（产生温度垂直快速变化的温跃层），在冬季则被冰层覆盖。在温带海洋，由于每年天气加热周期的存在，也会发生类似的夏季分层；但由于存在潮汐、盐度影响和深度更大，使其水体复杂程度更高。

内波可以在温跃层所有层次的水体中发生。在湖泊中，这些被称为内部假潮，在海洋中它们被称为内波。在每一种情况下，这种现象都是一样的。但是海洋内波有几种不同的类型，具有不同的周期性，一般都比较复杂。在所有水体环境，大气环流会产生风浪。这在海洋中最明显，因为这里具有更大的风场（与海岸线距离成正比）。所有的海岸线都受到风浪的影响，而在大洋周围的海岸线所受影响最为明显。

3.4.2　海洋、河口和淡水生态系统的差异

3.4.2.1　地质年代

水体环境的许多基本差异可能与它们的地质年龄有关。湖泊通常很年轻，$10^3 \sim 10^5$ 年；北美五大湖只有 10 000 年的历史。从地质学角度来看，湖泊的出现和消失速度相当快。相比之下，海洋有 $10^8 \sim 10^9$ 年的历史，自从地球第一次分化为陆地、大气和水以来，海洋就以某种形式存在。河口的年龄居中，在 10 000 年以上，但由于河口与海洋相连，它们的植物群系和动物群系在地质学上比湖泊的植物群系和动物群系更古老。湖泊的地质起源多种多样，而河口的起源方式较少。

3.4.2.2　大小、深度和体积

在大小、深度、表面积和体积上也存在根本的差异。海洋的最大深度超过 10 000 m，深度每增加 10 m 压力就增加 1 个大气压。由于海洋深度比其他水体环境深度大得多，海洋中的压力也大大超过了其他水体环境，由此在海洋环境中就导致了特殊的动物群系。

由于水体大小不同，不同水体的更新时间差别很大（体积交换、周转时间或驻留时间）。河口由于潮汐的存在，其水体通常会在几天、几周或几个月的时间里完全更新。湖泊水体的更新时间一般是数年到数十年。海洋水体的驻留时间则要长得多，深海和海底的海水需要数千年才能环绕地球。大气和海洋之间的交换时间在表层海水为数天，而在底层海水则为数千年不等。

3.4.2.3　光衰减速度

尽管根据同样的物理原理，光在所有水体环境中都是衰减的，但不同的水体环境其光的穿透距离有很大的不同。在最清澈的海水中，在 200 m 深处仍然可以进行光合作用。湖泊和河口的透光层通常要小得多，一般只有 20 m 或更少。

3.4.2.4 水体运动

不同水体环境之间的平流过程差异较大，这些平流过程对海洋生物群落具有重要意义。整个地球表面的海洋环流（至水下 600 m 左右）主要受大气环流所驱动，并受到地球自转的影响（科里奥利效应）。除了少数几个非常大的湖泊外，其他湖泊中都没有这种环流现象存在，而河口环流主要是由潮汐驱动的。深海和底层海水的环流是由温盐机制（温度和盐度的结合）和地转效应所驱动。同样，在湖泊中也没有这种等效现象，但河口环流是由盐密度差异和科氏效应这些等效现象驱动的。海洋会呈现表面辐合区和辐散区，这对生物生产具有重要意义；在湖泊中没有这种等效的环流，而在河口的环流机制更加复杂。大型湖泊可能存在遍及湖盆的环流，但这种环流通常是由大气力量或流入的河流所驱动。较大的湖泊也可能会出现内部假潮，导致局部出现海岸线上升流带和表层水低温异常。五大湖的这种运动尽管在空间上可以预测，但在时间节律上往往不可预测。因此，海洋和淡水系统之间的大尺度循环过程本质上是不同的。溪流和河流是独特的，因为水流单向流入湖泊或海洋，具有独特的生物群系。

3.4.2.5 分层和潮汐

虽然大多数自然水体可以出现分层现象，但在海洋中必须考虑潮汐对分层的影响。甚至在五大湖，淡水中的潮汐效应都是微不足道的。在温带地区，深度大于 20 m 的湖泊通常会出现季节性分层现象。在海洋中，潮汐的强烈活动可能完全阻止某些海域海水的分层，但在其他海域如果潮差较小则会形成分层。热带和亚热带海洋是永久分层的。湖泊水体和海洋水体分层的空间范围和季节时间可以非常准确地预测，但它们分层的原因不同。

3.4.2.6 化学组成

淡水和海水的化学成分有很大差别。湖泊水体中总溶解固体（总盐度）的浓度一般较低且变化不定，从小于 5×10^{-6} 至大于 400×10^{-6}。相比之下，海洋中海水的总盐度非常稳定，为 33~39，平均约 35。河口水体的盐度范围介于湖泊和海洋之间。

湖水的组成成分变化也很大，与海水的成分根本不同。Ca^{2+}、Mg^{2+}、HCO_3^- 在淡水中占主导地位，但相对含量差异很大；而在海洋中，各成分相对含量极为均匀稳定，Na^+ 和 Cl^- 占主导地位。河口湾水体在化学成分和变异方面居二者之间。在所有水体环境中，初级生产者需要的主要营养盐都是 PO_4^{3-}、NO_3^-、NH_4^+ 和 SiO_4^{2-}，但它们对初级生产的相对重要性和影响因环境而异，这些影响在海水和淡水中可预测，但其效应机制各不相同。

淡水总含盐量和化学组成的这些变化是每个湖泊对周围流域地质学和土壤地貌学影响的响应。相比之下，海洋则在全球范围内整合了所有这些影响。由于海洋的循环和混合时间比物质的输入速度快（尽管可能需要几百年以上），它们的组成几乎始终是均匀的。在海洋中，营养盐的内源循环作用远远大于外源输入；与之相反，较大湖泊中的营养盐主要来自大气输送和地表径流。其中，湖泊表面积与流域面积之比是一个重要的函数。例如，在北美的五大湖中，从苏必利尔湖到伊利湖，营养盐的输入从大气输入较大逐渐过渡到地表径流输入较大，呈现出一个梯度变化。

总含盐量变化和盐类组成的变化使水生生物面临着渗透压和离子浓度调节的压力。身体内部和外部渗透压差别最大的是淡水生物；但含盐量变化最大的情况发生在河口，每天随着潮汐的涨落这里总含盐量也发生相应变化。

3.4.2.7　冰期后历史

北美北部的湖泊最基本的特征是由它们的冰期后历史和土壤地貌特征指数决定的（尽管这一直存在争议，见 Ryder，1982）。根据这两个标准，五大湖组成了一个独特的群体，与北美其他湖泊分开。

湖泊中的沉积物类型差异很大，从裸露的岩石（主要在年轻的湖泊中）到有机淤泥。河口和河流基底变化也非常大，大体上是水流速度的函数。已经确认，海洋沉积类型梯度可能与物理循环和生物产量速率都有关系（它们又依次遵循物理效应）。

3.4.2.8　生物群落类型

所有水体环境都有相同的基本生物群落类型，即水体空间环境生物群落和水底空间环境生物群落（包括边缘生物群落）。例外的是溪流和河流，它们并没有形成真正的水体空间环境。

水体空间环境生物群落和水底空间环境生物群落在淡水水体和海洋水体中的发展差别非常大。在海岸线上海洋的潮汐范围或大或小，湖泊则缺乏这样的潮汐，而河口的潮汐效应可能会非常大。湖泊不存在这个丰富的潮间带区域，由于缺少潮汐，湖泊的边缘群落并没有像海洋那样显示出非常高的生物多样性。在淡水水体中，边缘群落往往由水面下的大型植物群、新兴湿地或半陆地沼泽组成。河口往往会出现盐沼、泥滩或红树林群落。海洋的边缘群落种类繁多，包括湖泊和河口的所有种类，另外还有海草、珊瑚礁和大型藻类。

3.4.2.9　物种多样性

在所有的水生环境中，海洋里面动物物种多样性最丰富，所有主要的动物门在海洋里都有发现。湖泊在较高的分类阶元上动物多样性显著减少，许多在海洋中存在的主要门类在淡水中完全没有出现（表 3.1）。在较低分类学水平上，淡水生境中众多昆虫幼虫和寡毛纲环节动物的存在显示出了高度的生物多样性，而这些类群在海洋中基本上是不存在的。由于河口是淡水和海水的交汇处，因此，可能预期河口会有很高的生物多样性。但事实上，中等而可变盐度为生物带来了持续的渗透压调节的压力，因此，随着盐度的梯度变化，河口区域的物种组成和群落组成表现出显著的变化，其物种多样性变化很大。盐度在 5 左右其物种多样性最低。许多海洋物种（狭盐性物种）不能忍受盐度低于 17 的海水环境（如大多数棘皮动物）。其他广盐生物在河口中等盐度和可变盐度的环境中可以顺利成长，它们的种群可能变得非常密集而多产。在淡水和海水之间的界面上，河口可能是所有水生生态系统中物理特性最复杂和生物生产力最高的区域。

3.5　北极、南极、亚极区、温带、亚热带和热带海域环境之间的异同

温度通常被认为是控制地球生物分布和行为的最重要的单一因素（Gunther，1957）。有大量的科学文献广泛讨论了温度对水生生物的分布、生理和行为等各方面的影响。所有海洋生物的分布都表现出一定的温度限制模式。已经非常清楚，温度是代表性生物群落

（在大的空间尺度上）和特色性生物群落（在局部空间尺度上）的重要决定因素。物种的地理分布范围很少能够覆盖所有观察到的水体环境温度。那些所谓的世界性物种被发现很可能是由复合物种组成的（见第10章）。在海洋内部（淡水中没有这种情况出现），温度和盐度的分布在一定程度上被混淆，并且经常被结合起来用以描述水团的起源和运动以及描述与之相关的动物和植物群系。

海洋的各部分其生态系统水平上的生态过程基本相同，例如混合体系、营养盐循环、营养动力学、沉积过程、水-大气-陆地相互交换过程等。不管是根据生物分类学（如鱼类、海洋哺乳动物等）还是根据海洋学和自然地理学因素（如水体空间环境、水底空间环境等）进行分类，海洋各部分都有相似的群落类型。此外，海洋各部分在属分类水平上或更高阶的生物分类水平上，其分类学组成都有显著的相似性。

数十亿年来，作为一个整体，海洋一直在塑造和重新调整它们各部分的形状和相互之间的联系。海洋区域及其相关生态系统比陆地环境发展的时间更长，而且三大洋之间也存在明显的年龄差异。与大西洋相比，太平洋的地质年龄要大得多，这被认为是太平洋海洋群落生物多样性普遍较高的主要原因（Levinton，1982），通常作为"稳定时间假说"（stability-time hypothesis）（Sanders，1968）的一部分被引用。然而，不同海洋之间的差异很大程度上是在属和物种水平上，而不是在更高的分类学阶元上。这种差异可以在大西洋和太平洋沿岸的主要渔业中看到，这种差异主要表现在物种组成上以及表现在溯河产卵与洄游性或定居型渔业的相对重要性方面。总体来说，就物种多样性而言，太平洋是最高的，其次是大西洋，然后是北冰洋，至少对于大多数较高分类序列的类群来说是这样。

从物理意义上讲，北冰洋主要是因为周围有陆地包围，大量季节性淡水径流无法及时扩散，导致这里的盐度是最低的。因此，盐度在北冰洋分层过程的作用至少与垂直温度梯度同等重要。北极地区的巨大冰盖至少会将海洋与大气的季节性相互作用隔离开来；人们已经清楚地认识到，大气输送是北极污染物的一个主要来源，这或许非常令人惊讶。

由于北冰洋海域具有强烈的垂直分层和冰盖，而这两种因素都阻碍营养盐在水体中的垂直输送，因此，北冰洋海域的生产量在各大洋中是最低的（Dunbar，1968）。与此形成强烈对比的是，南极海域的季节性产量很高，特别是在辐散区周围。在这里，上升流使表层水体的营养盐浓度升高，促进了浮游植物生长，导致这里的初级生产率在世界海洋中是最高的，从而也导致这里高营养级动物有较高的生产。

在生态学文献中，人们常说极地海域的生物群落主要是物理适应，而热带海域的生物群落主要是生物学适应。这种认识一般是基于与温带和热带海域相比，北极海域的生物生产和丰度的季节性周期波动更大，而这又通常被视为"营养级"之间缺乏强力生物控制的证据。然而，应该认识到，极地水域的温度波动本身并不比热带水域大。表3.2进一步总结比较了热带海洋生态系统和温带海洋生态系统的一些情况。

表3.2 热带海洋生态系统和温带海洋生态系统比较

因子	热带海域与温带海域对比
理化因子	
温度	均值高，年变化小，最高温度接近周围环境
光照	每年总光照高，日变化小
溶解氧	低
总溶解二氧化碳	低
溶解态氮、磷	低
海水透明度	高（局部除外）
降水与径流	季节差异大
潮汐	平均潮差小
沉积物	钙沉积物为热带海域特征
季节	典型的双（而不是四）季风或信风季，取决于风、降水和海流而不是温度
暴雨、飓风、台风发生率	高
群落结构	
物种多样性	主要类群高
属多样性	高
平均生物个体大小	主要类群小
生物量	主要类群低
单物种种群密度	主要类群低
种群大小	小
捕食者	已记录类群中高
群体生命形式	高发生率
草食性鱼类丰富度	大
卵	记录类群中小且卵黄小
幼体	无脊椎动物和鱼类浮游幼虫比例高
脂含量	一般较低
外骨骼	更适应于防卫捕食者
体色多态性	更丰富
遗传变异	高
生物学功能	
代谢率	所有类群都高
	珊瑚礁、红树林和海草床高
初级生产力	上升流区之外的浮游植物较少

续表

因子	热带海域与温带海域对比
生长率	高
耐热性	范围窄
繁殖频率	高
繁殖潜力	大
繁殖季节	长
无性繁殖	无脊椎动物中多
幼体发育	快
摄食习性	更专业化
自然死亡率	鱼类高
生态位宽度	窄
耐低氧下限	接近于周围环境
带毒情况	带毒率高
共生与寄生	发生率高
寿命	短
骨骼钙化度	高
特有分布	无脊椎动物中多
雌雄同体	鱼类中多
碳酸钙生物混降	非常高
进化率	高

资料来源：改编自 Hatcher 等（1989）。

3.6 水体空间环境和海底空间环境：栖息地及其生物群落

3.6.1 栖息地的层级结构

对海洋环境中的栖息地和生物群落进行层级结构分类是对海洋进行有效保护的绝对必要条件。如果没有这样的分类，就不可能制订一个海洋生物多样性保护的系统计划，特别是要确保所有种类的生境、生物群落和物种都在保护区内。然而，层级结构分类可以通过多种方式设计出来，任何一种应用于自然界的分类都会被不断地修正，就像植物和动物的系统分类会不断地修正一样。例如，物种可以根据其生态类型进行分类（表 3.3，有时被称为“生态种”或“营养种”）（ecospecies or trophospecies），群落可以根据其生态类型进行分类，所有海洋生态教科书都认同这种划分（表 3.4）。动物的活动多种多样。海洋保护需要考虑所有这些类群的物种和群落。

表3.3 生态分型或“生态种”

病毒		
古菌		
真细菌		
真菌		
植物		
生态型	**栖息地**	**生活史/繁殖**
浮游微藻	水柱	无性分裂；有些有性繁殖
底栖微藻	硬质基底	无性分裂；有些有性繁殖
底栖微藻	软质基底	无性分裂；有些有性繁殖
共生微藻	例如珊瑚	与珊瑚共生
底栖大型藻类	附于硬质基底	无性繁殖；有性运动型孢子
被子植物红树林	河口、海湾	有性繁殖；扩散性繁殖体
被子植物海草	沙底	无性繁殖；有性种子扩散
被子植物盐沼	盐沼	无性繁殖；有性种子扩散
原生生物		
浮游原生生物	水柱	无性繁殖；有些有性繁殖
底栖原生生物	附着或穴居	无性繁殖；有些有性繁殖
动物		
海洋哺乳类	大洋迁徙	有性繁殖；胎生
海洋哺乳类	沿岸	有性繁殖；胎生
海鸟	大洋	有性繁殖
海鸟	岸边	卵生
海洋爬行类	大洋迁徙和岸边	卵生
鱼类	大洋迁徙	有性繁殖；自由生活幼体
鱼类	溯河洄游	有性繁殖；幼体底栖生活
鱼类	降河洄游	有性繁殖；自由生活幼体
鱼类	水体区域定居	有性繁殖；幼体
鱼类	水底区域定居	有性繁殖；幼体
鱼类	领域性	有性繁殖；幼体保护
游泳生物	水体区域定居	有性繁殖；自由生活幼体
浮游动物	水体区域定居	有性繁殖；自由生活幼体
底栖动物	区域迁徙/活动性	有性繁殖；自由生活幼体
底栖珊瑚	底上生活	无性分裂；有性繁殖浮浪幼虫
底栖动物	底上生活	有性繁殖；自由生活幼体或直接发育
底栖动物	穴居生活	有性繁殖；自由生活幼体或直接发育

表 3.4 主要海洋生物群落

生物空间环境	群落“单元”	群落类型
边缘生物群落	河口 非生源性生物群落	岩石海滨
		潮滩
		潮下带软底
		滨海鸟类
	生源性生物群落	生物礁
		珊瑚礁
		海藻床
		红树林
		海草
		盐沼
水体空间	水体生物群落	浮游植物
		全浮游动物
		半浮游动物
		鱼类
		洄游鱼类
		海鸟/水禽
		海洋爬行类
		海洋哺乳类
海底空间	海底生物群落	底层鱼类
		领域性鱼类
		底表底栖动物
		穴居动物
		冷渗口
深海	海山 热液口 深海平原 海沟	深海珊瑚
		海绵床
		软珊瑚（柳珊瑚）

注意：本表不包括以下：大多数地形单元；焦点物种；特色海域的水体生态过程；生源性生物群落是指生物本身形成了基底的主要组成部分。

有一种比较合理的观点认为，水域环境的层级结构分类，必须在进行生物地理学划分和水体温度结构状况划分之前进行，首先区分为水体空间环境和水底空间环境，然后再进一步划分为海洋、淡水和河口。水体空间环境和水底空间环境的物理差异非常大。对于某些动植物类群，在某些方面淡水底栖生物与陆生生物类群之间的关系比水体空间环境和水底空间环境中的生物类群之间的关系更密切。例如，淡水中的大型水生植物和水生昆虫与陆生类群密切相关（事实上，许多水生昆虫是陆地昆虫生命史中的一个阶段）。然而，海洋和河口底栖动植物通常与陆生类群没有密切的关系。与之相反的观点是，在海洋水域中，许多生物在水体空间环境和海底空间环境之间移动；事实上，水体空间环境中的幼虫其成体就是生活在海底空间环境中。

划分为水体空间环境和海底空间环境是识别生活在海洋环境和其中的两个主要空间环境中的生物群落类型层次结构的第一步。对大多数人来说，将海洋环境划分为水体空间环境和海底空间环境并不是那么容易理解。当构建一个生态环境类型的层次结构时，如果首先将陆地与水域区分，然后划分成主要的环境类型（淡水、河口、海洋），然后按照大致的纬度范围划分（北极、亚北极、温带、亚热带等），这样划分可能会被认为更“自然”，比划分为水体空间环境和海底空间环境层次更高。

在一个区域发展的某种生物群落是一系列生物学因素和地球物理因素相互作用的结果（表 3.5）。这些相互作用过程在水体空间环境和海底空间环境中差别很大。在水体空间环境，生物和环境之间的联系主要与上层水团、水深、近岸/离岸梯度和盐度/温度梯度等有关。在海底空间环境中，生物和环境之间的联系是与底部水团、水深、基底类型、温度和海流有关。水体空间环境和海底空间环境生物群落类型的一个主要决定因素是水体运动范围；在确定水体分层和混合作用时这涉及风和潮汐活动的相互作用。对于底栖生物，在确定潮间带生物群落特征时，它还涉及对波浪作用的暴露程度和潮汐的垂直范围。因为我们必须依靠地球物理因素来区分不同的群落类型，所以我们需要对这两个空间环境中的生物群落分别进行分类。我们将在后面的章节中对这些联系进行更全面地讨论。

表 3.5　控制或与海洋生物区系性质与分布相关的因素

生物学因素	海洋学因素	自然地理学因素
捕食	海啸、风暴潮、飓风	板块、地震、火山等活动
资源（营养盐/食物）	龙卷风	地理位置/纬度
资源选择性	盐度	海盆地质年代
竞争（密度制约/非密度制约）	水团	深度
生活史模式	温度	坡度
互利	冰盖/冰刮擦	基底/沉积物颗粒大小
机会种/平衡种	温度梯度/温度异常	海盆形态/地形
补充机制	水体运动（多类型）	地质学/岩石类型
迁徙种	会聚/发散	基底异质性
散布性/幼虫扩散	上升流	
漂浮性/沉降	分层/混合模式	
耐干性	营养盐	
抗渗性	透光性/浊度	
空间利用	水深/压力	
斑块分布	潮汐振幅/海流	

续表

生物学因素	海洋学因素	自然地理学因素
季节循环	暴露（空气/波浪）	
生物演替	溶解氧和其他气体	
人类活动		
生产力		
植物种类（相关）		
动物种类（相关）		

注：某些因素可能出现在多个类别或多个标题之下。

3.6.2 水体空间环境和海底空间环境

海洋生态系统有一个在陆地生态系统中没有对应存在的三维立体结构，这与陆地生态系统存在很大的不同。海洋生态系统大致可分为两个空间环境，即两套空间上不同的栖息地和生物群落。

（1）水体生物群落包含了所有生活在水柱中的生物，它们生活在一个三维世界中。

（2）海底生物群落包含了生活在海盆基底的所有生物，这里实际上是一个二维世界（请注意术语“底层的”（demersal），从功能性角度来看，它的意思是“底部相关”）。

上面这是生境和生物群落类型的基本划分，所有海洋生物学和海洋生态学文献（专栏2.1）也都认可这种划分，它认识到了生活在水柱中的生物与生活在基质内或基质表面上的生物之间的基本区别。

从生态代表性角度来看，水体空间环境和海底空间环境在物理海洋学和生物海洋学之间的差异是非常显著的。有一些物种，甚至整个群落，它们只占据着水体空间环境，在它们的整个生命周期中完全没有涉及下面的海底空间环境。反过来我们也知道，许多底栖生物在它们的扩散阶段利用了水体空间环境，一些水体生活的物种在繁殖时期可能利用了某一底栖环境。

底栖生物群落有时进一步细分为（Hedgpeth，1957）：①边缘生物群落（由透光带的初级生产者和消费者组成）。②底栖生物群落（在透光带以下，依赖碎屑为食）。

要从正反两面来看待这种划分。在这里，边缘生物群落和底栖生物群落被放在一起考虑，以避免对生产者和伴随的消费者造成人为分离。

3.6.3 水体空间环境的定义与描述

水体空间环境完全是一个三维的世界。在从数米到数百千米的尺度上，在更细致地观察之前，它似乎大体上是均匀的。海洋水体空间环境一个主要特征实际上是它的空间异质性，通常被称为“斑块性”（patchiness）。然而，通常需要专门的采样设备来揭示这些数量不均匀性。水体空间环境中的物种在身体大小、形态、分类类型等方面表现出很大的多样性，动物门和植物门的分类多样性也很高（表3.1）。事实上，一次采集的浮游生物样品中所包含的植物类群（部）或动物门的多样性都很高（取决于采样装置），比地球上任何其他地方一次采集的浮游生物样品中所包含的多样性都要高。然而，在物种水平上，水体空间环境中的物种多样性往往低于海底空间环境中的物种多样性（Gray，1997），这可能是由于海底空间环境中有更高的环境异质性。

为了描述方便，海洋水体空间环境可以更细分为由较小生物组成的浮游生物（plankton）群落和由较大、活动性更强的物种组成的自游生物（nekton）群落。浮游生物包括所有在水体中自由悬浮的水生生物。它们被动地在水流中漂来漂去，它们的运动能力不足以使它们对抗水体的水平运动。然而，许多浮游生物可能进行广泛的垂直移动。浮游生物的一个特殊类群是漂浮生物（neuston），它由居住在水面的多种生物组成。

海洋自游生物是构成海洋生态系统中、上营养级的所有活跃的游泳消费者，其中，占主导地位的生物是多种鱼类（如鲱和金枪鱼）。海洋自游生物的体型都比较大，包括了海洋爬行动物和哺乳动物。某些鱼类、爬行动物和海洋哺乳动物会进行大范围的季节性迁徙，而其他鱼类可进行区域性活动。自游生物中较小的那些类群也可能进行季节性迁徙，包括一些无脊椎动物，如磷虾。将浮游生物与自游生物区分开来的主要特征是它们的相对运动能力以及它们逆洋流游动或迁徙的能力。但浮游生物和自浮游生物之间的区别不是绝对的。例如，成体鱼类是自游生物，而鱼类幼体则是浮游生物的组成成分。

由于浮游生物无处不在，它们通常被认为不值得保护。尽管如此，我们仍有理由对其全球意义进行评估。与其他生物群落一样，浮游生物包括初级生产者、初级消费者、次级消费者以及分解者。初级生产者浮游植物（phytoplankton）（图版1B）是单细胞或链状微型藻类，直径从小于1 μm至大于1 mm。它们通常功能性地被划分为超微型浮游生物（picoplankton）（<2 μm）、微型浮游生物（nanoplankton）（2~20 μm）和网采浮游生物（netplankton）（>20 μm）。在分类学上，浮游植物包括12~18个以上的植物类群（部）（表3.1），这比陆地物种多样性大得多。这些浮游植物是地球上最主要的光合作用生物，但它们实际上仍然不为公众所知。

在海洋中，浮游植物贡献了海洋年初级生产力中的95%。在温带水域，浮游生物初级生产力的季节周期通常波动很大，初级生产力通常在春季伴随着硅藻生长的暴发达到顶峰，因为这时水柱开始分层。在高纬度海域（如北极海域）和沿海水域，初级生产力的季节性周期变化通常更大，而在热带海域和远岸大洋海域初级生产力则季节变化较小。在水体空间环境中，初级生产力主要受可获得的光照和营养盐（通常是氮、磷、铁、硅）的控制。

净碳固定只能发生在真光层，这里光合作用速率超过呼吸速率。即使在自然水生环境中，真光层的深度也有很大的差异。在受人类活动影响的地区，由于水体富营养化导致水生植物生产量提高，真光层深度通常会降低。真光层深度在较小的湖泊为5~10 m，在较大湖泊为10~30 m，河口为5~15 m，沿岸和浅海水域为10~60 m，大洋水域高达200 m。浮游植物的生物量和生产力可以从放射性同位素（如^{14}C）的吸收率或从遥感海洋水色和水体透明度进行估算（Bukata et al.，1995）。

在高纬度海域，浮冰的存在也为微型藻类提供了新的栖息地。冰藻群落（epontic or ice-algae community）作为初级生产者的一个主要新群体，会季节性地在冰表面和冰内几厘米处发展。我们可以把在冰上生活的生物看做是“倒立底栖生物”（upside-down benthos），这里分布有植物、动物，甚至还包括北极熊。

浮游动物（zooplankton）包括各种不同门类、不同身体形态和生活方式的浮游生物。真浮游生物（holoplankton）是它们中的主要成员，真浮游生物的整个生命周期都在水柱内度过。它们不同于半浮游生物（meroplankton），半浮游生物是底栖生物的幼虫形态，它们在浮游生活一段时间后会重新栖居在底栖环境中。一类由许多鱼类的幼体组成的鱼类浮游生物（ichthyoplankton）也经常被发现，它们可能是草食性动物（herbivore）、杂食性动物（omnivore）或严格的肉食性动物（carnivore），或者说它们功能上处于不同的“营养级”（trophic level）。海洋动物世界的每一个门中都有营浮游生活的种类；然而，与底栖生物或陆地生物群落相比，它们的物种多样性水平并不高。浮游动物是世界上数量最多的后生动物（metazoa），但它们在很大程度上还是不为公众所知。最丰富的浮游动物是桡足类（图版1C）。它们的无节幼体是地球上最常见和数量最多的动物发育体制（body plan）。

浮游动物的体长范围从小于50 μm（无节幼虫）到超过2 m（狮鬃水母，即霞水母 *Cyanea* spp.）。尽管浮游动物受水体水平运动的支配，但许多浮游动物可以进行广泛的垂直迁移，迁移的范围通常随身体大小和深度的增加而增加。在浅海水域和大洋水域，这种迁移通常导致较大的物种生活在较深的水层，它们的迁移使得它们也可以与近水面的较小物种重叠分布。

浮游植物被两个主要食物网中的生物捕食。经典食物网由较大的浮游植物（微型浮游植物和网采浮游植物）组成，浮游动物捕食这些浮游植物，而这些浮游生物又被自游生物（磷虾、鱼类、海洋哺乳动物等）摄食。由于世界上主要的商业渔业都依赖于该食物网，其重要性多年来已经得到认可。经典食物网主要由季节性混合或上升流水体提供营养盐，在沿海（浅海）海域高度发展，而进入大洋水体后则逐渐减弱。另一个水体环境的食物网则是微食物网，它最近才被认识（Azam，1998），尽管从进化的角度来看微食物网古老的多。在空间上从浅海水域到大洋水域微食物网变化较小，在大洋水体微食物网占生态主导地位。微食物网由较小的初级生产者（超微型浮游生物和微型浮游生物）、细菌、鞭毛虫和纤毛虫组成。无处不在的无节幼虫可能是这两个食物网之间的一个重要结合点（Turner and Roff，1993）。

浮游生物群落是一个特别重要的区域，在这里有机初级生产产品可以直接提供给牧食消费者利用。这里没有陆生植物那种难以利用的木本组织，因此，大量的浮游植物产量即时就被消费。未被摄食的有机物质和粪便颗粒沉入海底。根据水深、循环周期的季节性时间节律等因素，这些未被摄食的有机物质和粪便颗粒在到达海底被底栖动物摄食之前可能在水柱内有效地循环多次。

水体生物群落和底栖生物群落由于受光照和压力的影响，它们都与水柱的深度密切相关（图2.1）。上层浮游生物位于水柱的最上层，这里分布有典型特征的浮游生物和鱼类群落。生活在中层水体和深层水体的生物适应了这里的物理条件和较少的资源数量，并忍受着压力因素进化。然而，有些深海的鱼类和无脊椎动物（例如樱虾类和灯笼鱼类）在夜间可迁移到上面两层水域。在深海区被具特别适应性的鱼类或无脊椎动物占据的地方，实际种群数量可能很低，除非是在一些食物丰富的海底，例如在海山周围。生物群落随着深度的增加而发生垂直变化是真实存在的；但特别是在水体空间环境中，生物形成一系列重叠分布和垂直迁移范围，类型划分通常应该被认为是渐进式的而不是界限清晰的。

3.6.4　海底空间环境的定义与描述

为了方便描述，海底空间环境可以被看做是二维的。虽然也可以认为底栖生物是利用它们的三维空间（例如植物可以伸展到水柱中，动物钻穴到基质中生活等），但它们的生活方式和物理适应性与水体空间环境中生活的生物截然不同。底栖动植物是底部参照的，但它们的分布与水深也密切相关。

3.6.4.1　边缘生物群落

在水生生境最浅的真光层区域，碳的光合固碳是通过几种不同类型的边缘植物区系（fringing flora）进行的。尽管它们有着较高的多样性和高生物量，但除了在沿岸浅海水域，它们对海洋生态系统初级生产的总体贡献要比浮游植物低。Mann（2000）讨论了所有海洋生物群落类型的初级生产力。

下面的几种生物群落类型为我们所熟悉，因为它们当中许多群落与陆地生物群落表面上非常相似。

- 茂密伫立的潮下带大型被子植物植被（基本上是源于陆地）。在海洋生境中，其主要代表物种为泰来藻属（*Thalassia*）海草。
- 海洋边缘盐沼。分布在海洋边缘（很少延伸到平均潮线之下），本质上它们属于半陆生，例如大米草（图版2A）。
- 湖泊湿地、沼泽和沿岸区域的大型沉水植物与挺水植物群落。其物种多样性比同类的海洋生物群落高。这些生物群落是纯水生植物和半陆生物种的混合群落。
- 海藻生物群落。这是岩石海岸的一个主要特征（图版2B）。这些大型藻类生物量较高，它们既可以在落潮期间暂时暴露在空气中，也可以在潮下带真光层内生长。这种群落类型在淡水中很少，通常被大型被子植物所取代。
- 潮间带和潮下带微型藻类。它们与海岸带更醒目的大型藻类相比往往被遗忘。这些微藻生物群落（单细胞、链状或片状）中通常底栖硅藻数量最多，它们会覆盖在海底沉积物表面或岩石表面，或附在大型藻类上形成附生生长。
- 形成珊瑚礁的造礁珊瑚。虽然珊瑚本身无疑是动物，但与珊瑚共生的微藻（虫黄藻）光合作用速率非常高。通过光合作用形成的珊瑚礁在温带水域中并不存在，但在较深的水域中也发现了非光合作用的“石珊瑚”（hard coral），其分布范围能一直延伸至北极海域。
- 红树林沼泽。通常发育在热带海洋边缘的湿地区域，那里的潮汐振幅很小（图版2C）。

这些边缘生物群落的初级生产率可能极高。单位面积和单位时间的初级生产力通常远高于浮游藻类。然而，浮游植物的垂直分布范围和水平覆盖范围更大，其总体产量还是远大于边缘生物群落。浮游植物和底栖植物的主要区别在于，大型植物更易于保持它们的生物量，它们固定的碳倾向于进入碎屑食物链（类似于陆地生态系统），而不是像浮游植物那样被直接摄食掉（Mann，2000）。

与边缘生物群落中的植物相关联的是多种多样的底栖无脊椎动物。它们将在下面底栖动物群落部分进行讨论。

3.6.4.2 底栖动物群落

与水体空间环境不同，从根本上说海底空间环境可以被认为是非常近似于二维世界。动物从高潮线一直到海洋的深海部分都有分布。动物或者附着在基底上，或者在基底上活动，也可以埋在基底内几厘米之下生活（图版3）。

在真光层的浅水区，底栖动物和植食性自游动物可以直接摄食海底众多的大型藻类或微藻。在潮间带区域，动物分布的上限是由其对大气干燥的耐受性决定的，而其分布的下限范围通常是由对物理因素变化承受能力较差的捕食者决定的。岩石海岸生物群落与淤泥和泥沙生物群落之间有很大的区别。

在潮下带靠近低潮线附近，植物仍然会在真光层内有分布。然而，在较深的水域中，在真光层之下便没有生活的植物了，动物群落也发生了重大变化。在真光层以下，海洋基底组成一般已变为相对均匀的砂/泥砂/泥。这些生活的底栖生物只能依赖于来自上面其他能够进行光合作用的水生生物群落的碎屑雨来支持。在弱光层和无光层的海底空间环境中，食物网基本上是一个以碎屑为基础的食物网，异养细菌也在这里活动；这里也是营养盐再生的主要场所。在海洋中，整体来说以碎屑为基础的食物链是极其重要的；事实上，碎屑食物网是海洋中的主要食物网。

鱼类群落的一些特殊成员也存在于不同深度的海底空间环境中。例如，比目鱼、鳐、角鲨和许多其他一些鱼类本质上都依赖于海底，或者至少涉及海底，可能它们运动能力相对较弱，或高度地域化和具有领域性。其他生活在海底的物种会定期移动或迁徙，例如蟹类和龙虾，而其他一些物种或者是永久附着在基底上，或者是在基底内生活。

3.6.4.3 底栖生物群落类型

底栖生物群落的总体趋势是，在透光层之下，虽然深度不断增加，但基底类型和生物群落类型变化不大。在海洋深处，底栖动物群落往往只集中于少数群落类型，其中许多物种可能是世界性分布。造成这种现象的原因是由于海底本身主要由淤泥组成，流速较低，群落动物以沉积食性为主。

基底颗粒大小对底栖生物群落具有决定性影响。海洋底栖生物群落类型和生活在基底内部及基底表面的生物类型本质上都受从硬质岩石到淤泥这些基底的颗粒大小控制（Barnes and Hughes，1988）。多年来，人们已经认识到了生活于硬质海底和软质海底生物群落之间的这些差别；事实上，每种基底类型一般只会发展一种生物群落，例如，Stephenson 和 Stephenson（1972）对岩石海岸的研究，Eltringham（1971）对软底生物群落的研究。在潮间带和潮下带低潮线附近的硬底生物群落中，主要分布着大型藻类、底表生活的各种软体动物和甲壳类，而很少有物种能够成功地钻到基底中生活。与之形成鲜明对比的是，软底生物群落主要是埋栖的蠕虫和软体动物，而植物可能仅有生活在沉积物表面的微藻。尽管在这些极端的群落类型之间存在着过渡类型，但由于一个区域的基底本身也有硬底和软底混合并存，因此，上述硬底生物群落和软底生物群落也会出现混合存在，但这些主要的群落生境类型都很容易识别（表3.4）。

不同软底生物群落各类型之间的重要差别是与沉积状况和水体运动密切相关。以悬浮物摄食者（suspension feeder）（直接从水体中摄取食物颗粒）为特征的生物群落主要出现于沉积物颗粒相对较大、海流速度较高的海域（较高速度的海流将食物带入）。而以沉积物摄食者（deposit feeder）为特征的生物群落主要出现在沉积物颗粒较细、海流速度较低的海域，这里海水中细小的颗粒物可以直接沉积到海底。因此，生物群落可以非常近似地划分为“悬浮物摄食者”（与颗粒较粗糙的沉积物和较高的海流速度相关）和“沉积物摄食者”（与颗粒较细的沉积物和较低的流速相关）（Wildish，1977），当然这些群落类型之间有一些过渡类型存在。潮流速度似乎是决定群落类型的支配因素（Warwick and Uncles，1980）。

在一个海域发展的底栖生物群落类型也与海域的暴露程度密切相关。可以认为暴露有两种方式：① 波浪暴露；② 干燥暴露。

对于底栖生物，只在潮间带和潮下带近低潮线附近区域有明显的暴露作用。由于波浪对于海岸和浅海海床的机械波动作用，高暴露海岸与受遮蔽的海岸相比具有不同的潮间带和近岸生物群系。波浪运动的作用强度与风场有关，主要是波浪传播距离、岸线的角度和“发育程度”的函数。这些情况可以通过地图和气象记录来确定。同时还要注意，不同因素的作用状况可能受到地点的强烈影响。例如，在潮间带区域，在潮间带上部物理因素为决定因素；而在潮间带下部生物因素为决定因素。

对于滨海生物群落来说，另一种形式的暴露是在潮汐周期中不断暴露于大气干燥。暴露程度与潮汐振幅、基底坡度和基底颗粒大小（从基岩到淤泥）密切相关。这两种类型的暴露对于海洋底栖植物群落和底栖动物群落类型都有相当大的影响。

在坚硬的基底上，岩石类型与群落组成基本没有相关性。因为主要的海洋被子植物都扎根于软质沉积物中。这里海水组成的缓冲作用掩盖了基底颗粒类型的各种影响。大型藻类具有固着在坚硬基底上的固着器（holdfast），但无论这里属于何种地质类型，大型藻类所需的资源全部来源于水体本身。

然而，在不同类型的岩石基底上发展形成的生物群落也可能存在着细微的差异。这些差异可能最好被归类为生物群落“物种丰富度”的差异，而不是群落类型的差异（即群落生境特征相同，但物种组成有所不同），但是这一观点需要定量观测的支持。例如，在较软的硬质基底（如石灰石）上，钻孔的无脊椎动物可能更丰富，而藤壶可能不太常见。在退潮时能够保持水分的较软硬质基底能够庇护那些不能在硬质基底承受相同干燥暴露的物种（Stephenson and Stephenson，1972）。在岩岸潮间带发育的不同群落之间可能也存在着重要差别，这种差别与岩石断裂的程度和方向（相对于海岸）有关，也与发育的裂缝和缝隙有关。这种情况就产生了 Morton（1991）所说的“内在性”。因此，一个断层更明显、局部弯曲的岩石海岸比一个平缓的海岸会产生更丰富、更多样化的生物群落（Bergeron and Bourget，1986）。

在沉积物内部，氧含量会变得非常低，接近于零，甚至会变得缺氧，出现还原条件。在海水中，最低的氧含量通常出现在潮间带泥滩，特别是在河口区域。在这里，产自上层水体的有机物被困在泥沙/淤泥缝隙中，致使淤泥和上覆水体之间的交换率很低，而细菌的分解作用降低了淤泥中的氧气水平。在沉积物中氧气含量如此低的区域，通常会出现大量具有生理耐受能力的穴居无脊椎动物。

3.6.5 水体空间环境与海底空间环境之间的相互作用

水体生物群落和底栖生物群落常被认为相互“耦合”。然而，因为耦合的程度在空间和时间上是不同的，把它们称之为“相互依赖”也许更好。物种的成体并不同时出现在典型的水体生物群落和底栖生物群落中（暂时情况除外）；然而，这两类生物群落之间有显著的双向交互作用。在真光层之下，底栖生物群落完全依赖于来自水体空间环境生物群落的碎屑雨生存。唯一的例外是在洋脊周围存在的奇特热液口生物群落，这里的生物群落基本上不依赖于上覆水柱中的资源，而依赖于以硫为资源的化学合成。

这两个主要空间环境可能通过以下 3 种方式进行交互作用：①通过能量交换；②通过幼体补充；③通过成体暂时性交换。

初级生产能量产品（未被摄食的藻类细胞）和可循环有机物（粪便颗粒和其他有机碎屑）沉积到海底的沉降率随着深度的增加而降低（Suess，1980）。因为有机物质的通量减少，底栖生物一定会受到食物限制，因此水体空间环境与海底空间环境之间的相互作用会随着深度的增加而“减弱”。然而，在浅水区，底栖生物可以直接捕食未分层水柱中的浮游植物。

沉降到海底空间环境中的有机物质通量也具有很强的季节性，在春季硅藻数量增加期间和紧接其后的一段时间有机物质通量最大，而在夏季水体分层期最低。从浮游生物到底栖生物的能量损失可能在北极比例最高，在热带比例最低（Roff and Legendre，1986）。这是因为季节周期的调节程度越高，水柱内的能量使用效率越低，于是有更大比例的能量沉降到海底。在较低的纬度和较高的温度条件下，海底空间环境中的这种能量的大部分必然会因细菌分解作用而丧失。这些生态差异以及在生态过程中季节性变化和纬度变化产生的净效应就是，在低纬度海域生产没有被高度调节的生态系统中，水体空间环境比海底空间环境相对来说其生产效率更高；相反地，在高纬度或波动剧烈的生态系统中，海底空间环境往往具有更高的生产率（Longhurst，1995）。

水体空间环境与海底空间环境之间相互作用的复杂性比上述介绍的要复杂得多。在潮流很强的海域，能量的横向运输也可以占主导地位。例如，在芬迪湾外部，因为底栖动物群落的生产严重依赖于有机碎屑的潮汐横向运输，水体系统和海底系统被认为是“非耦合”的（Emerson et al.，1986）。

底栖动物的幼体也会在一定时间段大量出现在水体空间环境中。龙虾、蟹类、软体动物等在浮游幼虫阶段都是半浮游生物的成员。以这种浮游的形式它们可以直接获得水体空间环境中丰富的食物资源，并可以利用这一空间环境作为扩散的途径。具有半浮游生物幼虫阶段底栖动物的数量会随着深度（因为群体补充距离过大）和纬度的增加（因为较高纬度海域生产周期更短波动更大）而减少。

最后，水体空间环境和海底空间环境可以暂时交换成员。例如，一些物种可能在夜间栖息水柱中，但在白天回到海底；或者主要栖息在水柱中，但可以利用海底资源，或者相反。糠虾、磷虾和一些鱼类会出现上述情况，这些无脊椎动物是底表生活的，而这些鱼类属于海底生活鱼类。

3.7　结论与管理启示

尽管我们对海洋动植物的了解和知识还很不全面，但我们仍然可以在全球、区域和局部的尺度上，从生物地理学和物种多样性的角度来继续研究它们的分布模式。这些是进行保护规划所必需的先决条件。生物地理学、生态地理学和物种多样性分布等主题将在后面各章节进行讨论。

水体空间环境和海底空间环境差异的主要意义是显而易见的。在陆地环境中没有水体空间环境相对应的部分，而且为了保护目的（特别是为了图示和分析），必须对水体空间环境和海底空间环境分开考虑。最终关于海洋保护区选择的决定将不可避免地涉及同时评估水体空间环境和海底空间环境。

管理海洋区域或海洋物种是一项复杂的工作，可能对陆地环境和海洋环境都需要了解。例如，一些海洋物种在某段时间也会在陆地环境中生活；并且，许多海洋物种的大部分生命周期都会在保护区以外度过。以绿海龟为例，在澳大利亚大堡礁海域，绿海龟在大陆或岛屿产卵（即海洋生态系统之外）；一旦它们孵化并存活下来，它们就会进入近岸海域，以海藻和海草为食。然后，它们会跨越数千千米公海迁徙到其他国家，在那里它们经常被猎杀和捕获；那些存活下来的雌龟每2~8年就会回到澳大利亚的同一海滩筑巢。这意味着仅仅有效地保护这一物种就需要考虑州管辖权（陆地和海洋）、联邦管辖权以及许多国际管辖权（包括公海和其他国家海域）。即使是像大堡礁海洋公园这么大的海洋生物保护区，也不足以涵盖绿海龟的整个生命周期。

参考文献

Azam, F. (1998) 'Microbial control of oceanic carbon flux: The plot thickens', *Science*, vol 280, no 5364, pp694-696

Ballantine, W. J. (1991) 'Marine reserves for New Zealand', *Leigh Laboratory Bulletin*, no 25, University of Auckland, New Zealand

Barnes, R. S. K. and Hughes, R. N. (1988) *An Introduction to Marine Ecology*, Blackwell Scientific Publications, Oxford

Bergeron, P. and Bourget, E. (1986) 'Shore topography and spatial partitioning of crevice refuges by sessile epibenthos in an ice disturbed environment', *Marine Ecology Progress Series*, vol 28, pp129-145

Bukata, R. P., Jerome, J. H., Kondratyev, K. Y. and Pozdnyakov, D. V. (1995) *Optical Properties and Remote Sensing of Inland and Coastal Waters*, CRC Press, Boca Raton, FL

Cole, J., Lovett G. and Findlay S. (1989) *Comparative Analyses of Ecosystems: Patterns Mechanisms and Theories*, Springer-Verlag, New York

Day, J. C. and Roff, J. C. (2000) *Planning for Representative Marine Protected Areas: A Framework for Canada' s Oceans*, World Wildlife Fund Canada, Toronto

Denman, K. L. and Powell, T. M. (1984) 'Effects of physical processes on planktonic ecosystems in the coastal ocean', *Oceanography and Marine Biology Annual Review*, vol 22, pp125-168

Dunbar, M. J. (1968) *Ecological Development in Polar Regions: A Study in Evolution*, PrenticeHall, Upper Saddle River, NJ

Eltringham, S. K. (1971) *Life in Mud and Sand*, English Universities Press, London

Emerson, C. W., Roff, J. C. and Wildish, D. J. (1986) 'Pelagic benthic coupling at the mouth of the Bay of Fundy, Atlantic Canada', *Ophelia*, vol 26, pp165-180

Gray, J. S. (1997) 'Marine biodiversity: Patterns, threats and conservation needs', *Biodiversity and Conservation*, vol 6, pp153-175

Gunther, G. (1957) 'Temperature', *Memorandum of the Geological Society of America*, no 67, vol 1, pp159-184

Harrison, W. G. (1980) 'Nutrient Regeneration and Primary Production in the Sea', in P. G. Falkowski (ed) *Primary Productivity in the Sea*, Plenum Press, New York

Hatcher, B. G., Johanned, R. E. and Robertson, A. I. (1989) 'Review of research relevant to the conservation of shallow trophic marine ecosystems', *Oceanography and Marine Biology Annual Review*, vol 27, pp337-414

Hedgpeth, J. W. (1957) 'Marine biogeography', in J. W. Hedgpeth (ed) *Treatise on Marine Ecology and Paleoecology. I. Ecology.*, Geological Society of America, no 67, New York

Leigh, E. G. Jr., Paine, R. T., Quinn, J. F. and Suchanek, T. H. (1987) 'Wave energy and intertidal productivity', *Proceedings of the National Academy of Sciences*, vol 84, pp1314-1318

Levinton, J. S. (1982) *Marine Ecology*, Prentice-Hall, Upper Saddle River, NJ

Longhurst, A. R. (1981) *Analysis of Marine Ecosystems*, Academic Press, New York

Longhurst, A. R. (1995) 'Seasonal cycles of pelagic production and consumption', *Progress in Oceanography*, vol 22, pp47-123

MacArthur, R. H. and Wilson, E. O. (1963) 'The theory of island biogeography', *Monographs in Population Biology*, Princeton University Press, Princeton, NJ

Mann, K. H. (2000) *Ecology of Coastal Waters*, Blackwell Science, Oxford

May, R. M. (1994) 'Biological diversity: Differences between land and sea', *Philosophical Transactions of the Royal Society of London B*, vol 343, pp105-111

McQueen, D. J., Johannes, M. R. S., Post, J. R., Stewart, T. J. and Lean, D. R. S. (1989) 'Bottom-up and top-down impacts on freshwater pelagic community structure', *Ecological Monographs*, vol 59, pp289-309

Morton, J., Roff, J. C. and Burton, B. M. (1991) *Shorelife between Fundy Tides*, Canadian Scholars Press, Toronto

National Research Council (1994) *Priorities for Coastal Ecosystem Science*, National Academy Press, Washington, DC

Parsons, T. R. (1991) 'Trophic Relationships in Marine Pelagic Ecosystems', in J. Mauchline and T. Nemoto (eds) *Marine Biology: Its Accomplishment and Future Prospect*, Elsevier, Amsterdam, The Netherlands

Ray, G. C. (1991) 'Coastal-zone biodiversity patterns', *BioScience*, vol 41, pp490-498

Ray, G. C. and Hayden, B. P. (1992) 'Coastal Zone Ecotones', in A. Hansen and F. di Castilla (eds) *Landscape Boundaries*, Springer Verlag, New York

Ray, G. C. and McCormick-Ray, M. G. (1992) *Marine and Estuarine Protected Areas: A Strategy for a National Representative System within Australian Coastal and Marine Environments*, Australian National Parks and Wildlife Service, Canberra, Australia

Roff, J. C. and Legendre, L. (1986) 'Physico-chemical and Biological Oceanography of Hudson Bay', in I. P. Martini (ed) *Canadian Inland Arctic Seas*, Elsevier Oceanography Series, vol 44, pp265-291

Ryder, R. A. (1982) 'The morphoedaphic index: Use, abuse, and fundamental concepts', *Transactions of the*

American Fisheries Society, vol 111, pp154-164

Sanders, H. L. (1968) 'Marine benthic diversity: A comparative study', *American Naturalist*, vol 102, pp243-282

Schlesinger, W. H. (1997) *Biogeochemistry*, Academic Press, San Diego, CA

Sheldon, R. W., Prakash, A. and Sutcliffe, W. (1972) 'The size distribution of particles in the ocean', *Limnology and Oceanography*, vol 17, pp327-340

Steele, J. H. (1991a) 'Marine functional diversity', *BioScience*, vol 41, pp470-474

Steele, J. H. (1991b) 'Ecological Explanations in Marine and Terrestrial Systems', in T. Machline and T. Nemoto (eds) *Marine Biology: Its Accomplishment and Future Prospect*, Elsevier, Amsterdam, The Netherlands

Steele, J. H. (1974) *The Structure of Marine Ecosystems*, Harvard University Press, Cambridge, MA.

Steele, J. H. (1985) 'A comparison of terrestrial and marine ecological systems', *Nature*, vol 313, pp355-358

Steele, J. H. (1995) 'Can Ecological Concepts Span the Land and Ocean Domains?', in T. M. Powell and J. H. Steele (eds) *Ecological Time Series*, Chapman & Hall, New York

Steele, J. H., Carpenter, S. R., Cohen, J. E., Dayton, P. K. and Ricklefs, R. E. (1993) 'Comparing Terrestrial and Marine Ecological Systems', in S. A. Levin, T. M. Powell and J. H. Steele (eds) *Patch Dynamics*, Springer-Verlag, New York

Stephenson, T. A. and Stephenson, A. (1972) *Life between Tidemarks on Rocky Shores*', W. H. Freeman and Co., San Francisco, CA

Stergiou, K. I. and Browman, H. I. (2005) 'Bridging the gap between aquatic and terrestrial ecology', *Marine Ecology Progress Series*, vol 304, pp271-272

Suess, E. (1980) 'Particulate organic carbon flux in the oceans: Surface productivity and oxygen utilization', *Nature*, vol 288, pp260-263

Sverdrup, H. U., Johnson, M. W. and Fleming, R. H. (1942) *The Oceans: Their Physics, Chemistry and General Biology*, Prentice-Hall, Upper Saddle River, NJ

Thorne-Miller, B. and Catena, J. (1991) *The Living Ocean: Understanding and Protecting Marine Biodiversity*, Island Press, Washington, DC

Turner, J. T. and Roff, J. C. (1993) 'Trophic levels and trophospecies in marine plankton: Lessons from the microbial food web', *Marine Microbial Food Webs*, vol 7, no 2, pp225-248

Warwick, R. M. and Uncles, R. J. (1980) 'Distribution of benthic macrofauna associations in the Bristol Channel in relation to tidal stress', *Marine Ecology Progress Series*, vol 3, pp97-103

Wildish, D. J. (1977) 'Factors controlling marine and estuarine sublittoral macrofauna', *Helgoland Marine Research*, vol 30, pp445-454

第4章　海洋保护方法

传统策略和生态框架

宇宙有一个连贯的计划，尽管我不知道它的目的是什么。

——Fred Hoyle（1915—2001）①

4.1　“物种”和“空间”

由于我们对海洋生物多样性及其各组成层次都有定义，因此，我们可以从生态学角度对海洋生物多样性进行多种方式的研究和保护规划。近年来，从局部海域到国际海域的海洋保护倡议不断增加，提出了许多管理和保护海洋环境的新方法。然而，许多倡议提出者可能并不清楚他们该选择哪些方法，他们可能只从某个学科的角度简单地来看待海洋保护的各种方法，这些学科仅是为应对海洋环境的各种威胁而建立的。

众所周知，海洋保护和管理的方法包括渔业管理、海岸带管理、生态系统管理和海洋保护区（MPAs）等。这些方法可大致分为“物种”方法和“空间”方法，“物种”方法侧重于单一物种及其对管理和养护的需求，而“空间”方法则侧重于在确定的地理区域内对生态结构和过程的管理和保护。在过去的20年中，海洋保护经历了从强调物种保护到空间保护的转变（National Research Council，1995）。早期的海洋保护工作针对的是那些特定的物种（主要是渔业捕捞物种，如各种鱼类和海洋哺乳动物），通过配额管理、禁止捕捞、限制污染或保护栖息地，以确保它们的生存。渔业管理、污染相关法律和公约均未能保护海洋资源，这推动了以海洋自然保护区或海洋保护区的形式进行空间保护工作的开展。然而，目前仅专注于建立海洋保护区的工作也常常使科学家和管理人员无法研究保护海洋环境的其他方法。

有非常多的文献讨论如何使用各种保护方法来达到保护目标，但最近有人认为，物种方法和空间方法都没有成功地应用于海洋环境中生物多样性的保护（National Research Council，1995；Allison et al.，1998；Simberloff，1998）。每一种方法通常都以特定的方式来应用，而不是基于任何生态学或环境学原理。渔业管理决策往往由政治议程和预设成果所驱动。海岸带管理是一个经常用于管辖权的流行词，指的是他们正在以一种更“可持续”的方式管理海岸环境。保护区域的建立更多的是出于机遇而不是设计，是出于景观设计而不是科学论证（Hackman，1995）。

有迹象表明，海洋保护有了改进，出现了更系统的保护办法。在全球和国际水平上，

---

① 弗雷德·霍伊尔（1915—2001），英国天文学家，对天体物理学和宇宙学做出巨大贡献。

生物地理学概念和地球物理学概念已体现在全球水体生物群系（Longhurst, 1998）、世界海洋生态区（MEoW, Spalding et al., 2007）以及大海洋生态系统（Sherman et al., 1980）等研究中。所有这些倡议对评价和管理全球海洋资源和生物多样性都有很好的前景。然而，在国家水平上，很少有人试图系统地探讨海洋养护、海洋和沿海水域的环境健康问题（Laffoley et al,. 2000）。

总的来说，海洋保护在很大程度上是一个无章可循的领域，在理解海洋生态系统的结构和功能以及理解实施海洋保护的各种选择方面，落后于陆地保护整整一代人（National Research Council, 1995）。

为了推动海洋保护学科向前发展，必须确定各种可能的海洋保护方法之间的关系。这个领域目前之所以处于混乱状态，其中一个原因恰恰是不同的团队采用了不同的保护策略（保护单一物种或建立基于美丽海岸风景的海洋保护区等）。我们需要界定不同海洋保护方法之间的关系，并清楚它们如何相互加强和相互补充，并找出保护工作中的无效投入。

海洋保护的一个近期目标应该是按照生态学、环境学和社会经济学原理"编集"这门学科。既要使各组成部分井然有序，促使形成学科和保护行动，又要揭示基本生态知识及其应用，达到对海洋进行有效的保护。要做到这些，就需要一些应用于海洋和沿岸栖息地及其生物群落保护与管理的框架。要在全球、国际、区域和局部水域各水平上制订这种框架。包括以下一些具体目标：①确定对海洋生物群落造成环境影响的尺度和来源，以便减少、去除或控制不利影响。②确定从基因到生态系统所有层次上海洋实体的生态结构和功能之间的关系。③通过对按照确定的生态标准选出的代表性海域和特色性海域的管理和保护（分别见第 5 章和第 7 章），确保对相关的保护区组或保护区网络中的海洋生物多样性进行保护。④从理论和实际管理的角度（Müller et al., 2000）定义海洋生物群落的"生态完整性"概念，以便评估设定的海洋保护区内及其周围的人类利用和允许的活动，并保持设定的保护区之间的"连通性"。

本章我们回顾了现有的海洋保护方法，简要介绍了渔业管理、海岸带管理、生态系统管理和海洋保护区的概念和应用。进而讨论了区分代表性和特色性栖息地和生物群落的方法，这些方法在管理和保护海洋环境生物多样性工作中正在逐渐得到认可。其后，我们介绍了保护生物多样性所需要的各种生物和非生物组成部分的生态层次结构框架（见第 1 章），并讨论了前面提出的目标。该框架可用于确定在各种海洋环境中如何根据保护目标和可用资料来执行保护战略。最后，在此框架下讨论了传统的海洋保护方法，以及如何以一种反映海洋环境结构和功能的方式来应用这些方法。我们还依据它们与海洋保护传统方法的关系讨论了代表性和特色性的概念，以及如何将这些概念与上面所讨论的生态框架相关联。生态层次结构框架的每一个层次都将在第 5 章进行讨论。

4.2　海洋保护的"传统策略"

以下各小节简要介绍了各种海洋保护的"传统"方法。而包括渔业管理（物种管理方法）、海岸带管理（物种管理方法和空间管理方法）、生态系统管理方法（物种管理方法和空间管理方法）和海洋保护区管理（空间管理方法）等比较常见的方法，按照代表性栖息地、特色性栖息地以及它们的生物群落来讨论海洋环境的一些新方法也将逐一介绍。在每一小节中，将运用一些基本方法和基本技术来讨论每种保护方法的主要目标，以及这些方法在解决海洋保护问题方面的成败。对这些问题的更详细的情况感兴趣的读者可以参阅本章末尾的参考资料以及后面的章节。

4.2.1　渔业管理概述

除了运用传统方式对潮间带和近岸无脊椎动物物种进行开发之外，在1900年之前，人们对渔业管理的需求并不大。海洋渔业资源（包括海洋哺乳动物）曾经被认为是取之不尽用之不竭的，因此没有明显的动力进行渔业资源调配管理。大多数渔业资源（包括近岸渔业资源）都是“公共”资源，对任何有开发能力的人都是开放的。随着内燃机的出现和人口的增加，近海渔业资源迅速枯竭，各个国家都意识到需要对渔业资源进行管理。于是制定了一系列国家和国际法律和公约以实施渔业管理，其中包括《国际捕鲸管制公约》（1946）和《联合国海洋法公约》（1958）。此外还制定了其他一些公约，以保护海洋环境，从而保护海洋渔业，免受陆地和海洋污染物的污染，例如《防止船舶污染国际公约》（1973）、《伦敦倾废公约》（1972）和《防止倾倒废物和其他物质造成海洋污染公约》（1993）。本节的目的不是罗列某种渔业的困境或详述渔业管理的失败，而是介绍一些渔业管理的原理，以及渔业管理自20世纪初创立以来如何演变为一门学科的。

虽然人类利用了几乎所有的海洋分类群系作为食物、燃料和药物，但传统上主要是捕捞有鳍鱼类（如无颚类、软骨鱼类、硬骨鱼类）、甲壳类（如端足类、十足类、磷虾类、糠虾类）、软体动物（如双壳类、头足类、腹足类）和海洋哺乳动物（如齿鲸类、须鲸类、鳍足类、海牛类）。海洋藻类渔业在许多地区都很重要，来自其他海洋类群的许多种类（如棘皮类）也被大量捕捞。

渔业可以以多种方式加以分类，并采用了各种各样的技术（专栏4.1）。然而，人们普遍将渔业归为4类，即“生计渔业”“产业渔业”“贝类渔业”和“休闲渔业”。

专栏4.1　基于渔具分类的海洋渔业

拖钓作业：使用一根或多根带饵的钓鱼线，通常在船后的水柱中缓慢地拉着。拖钓作业目标是中上层水体生活的鱼类，例如长鳍金枪鱼（*Albacore tuna*）。

漂流刺网：刺网是一组网片组合，垂直地悬浮在水中，底部装有重物。鱼会被网缠住。漂流刺网渔具固定在一艘船上，随水流漂流。通常用于捕捞箭鱼和普通长尾鲨。

鱼叉：向单个动物投掷或发射的可能含有炸药的较大的矛。鱼叉作业的主要目标是剑鱼和海洋哺乳动物。

延绳钓：中上层水体延绳钓由一条主要的水平线组成，其上系有较短、带有饵钩的短线。这种渔具可应用于不同的深度和一天中不同的时间，取决于作业目标种类。

钢缆延绳钓：这种渔具是用粗缆绳代替单线。作业目标是灰鲭鲨和大青鲨。

沿岸围网：围网是一种圈围的网具，它通过一条穿过网底环的网绳来闭合。这种渔具能有效地捕捉集群金枪鱼。沿岸围网渔船是一种靠近海岸海域捕鱼的小型渔船，主要捕捞在沿岸水体中生活的鱼类（沙丁鱼、凤尾鱼、鲭鱼），但它们也捕捞蓝鳍金枪鱼和其他金枪鱼。

大围网：该渔具主要用于公海渔业作业。

休闲渔业：私人船只和租用船只用手钓鱼具钓捕定居鱼类和迁徙鱼类的作业方式。

底拖网：渔网被拖过海底（海底拖网）或拖过紧接在海底之上的水体（水底拖网）。底拖网作业目标是虾、鱿鱼和各种底栖鱼类。

中层水体拖网：一个悬挂在中上层水体中的网具，作业目标是金枪鱼和小型集群鱼类。

炸鱼：用炸药来震晕鱼类然后收获。常应用于热带珊瑚礁环境。

毒鱼：通常是用氰化钠或漂白剂来杀死或使鱼昏迷。常应用于热带珊瑚礁环境。

生计渔业一般由当地居民实施并为当地居民服务，虽然生计渔业在过去30年里不断衰退，但它们在发达国家和发展中国家仍然都很重要。生计渔业一般是在近海捕捞有鳍鱼类和贝类，而北极地区的土著居民则仍以生计捕鲸为主。近几十年来，由于船舶和渔具技术的发展以及相关技术的改进（如卫星图像、全球定位系统），增加了发现鱼群的可能性，因此产业渔业一直是增长最快的。工业渔业捕捞是公海渔业资源的主要开发者，现在越来越多地捕捞中上层水体中的无脊椎动物（例如乌贼、磷虾）。贝类渔业的目标是捕捞底表或底内的无脊椎动物。最后，休闲渔业在世界各地都有开展活动，然而有关休闲渔业产量的统计信息非常有限。

迄今为止，渔业管理基本上只局限于评估个别物种的种群或群体。渔业管理的基本目标是估计可捕捞的鱼类数量（总允许渔获量，TAC），以便规定捕捞限额（专栏4.2），同时维持鱼类可持续种群数量。这些估计捕捞量可能因政治、经济和社会考量而有所改变。过度保守的渔业管理可能导致因捕捞量不足而未充分利用渔业生产，而过于自由或没有管理的渔业生产可能导致过度捕捞，严重降低鱼类种群数量。

专栏4.2　捕捞限制

总允许渔获量（total allowable catch，TAC）是一种管理措施，通过设定一段时间内可捕捞的最大重量或数量来限制渔业的总产量。基于TAC的管理要求，对到岸渔业产量进行监测，在达到渔业TAC时应停止捕捞作业。TAC是基于群体评估（见下述）和其他生物学生产力指标制定，生物学生产力指标通常来自渔业依赖数据（渔获量）和非依赖渔业数据（生物调查）。从渔民、码头取样和加工商收集的数据可以与海上观察和独立渔业调查数据相结合，以提供有关总生物量、年龄分布和捕捞鱼类数量的信息。通常情况下，TAC是基于每年的资料进行确定，但随后会分配到每个季节。如果TAC能够准确估计和执行，它就可以控制鱼类群体（例如太平洋大比目鱼）的总捕捞死亡率。

航程限额和捕捞量限额是通过限制一次出航期间捕捞一个物种的数量来控制到岸渔捞产量的措施。在商业渔业中，当人们希望在一段时间内到岸产量分期分批到达，或希望设定最大到岸产量规模时，就会实行航程限额，而且通常还会限制到岸频率。

个体捕捞配额（individual fishing quotas，IFQs）是一个海洋渔业管理工具，应用于美国阿拉斯加大比目鱼、银鳕、隆头鱼、北极贝和圆蛤类等渔业以及世界上的一些其他渔业，该管理工具基于设定的资格标准，将 TAC 分配给单艘船只、某些渔民或其他合格的接受者。

单船捕捞配额（individual vessel quotas，IVQs）在世界许多渔业中使用，包括加拿大和挪威的一些渔业。单船配额类似于个体捕捞配额，但单艘渔船配额将 TAC 只分配给在当地渔业注册的船只，而不分配给个人。

渔业管理一般由 4 部分组成：待捕鱼类、非捕捞鱼类、鱼类生活环境或栖息地、人类对鱼类的利用与相互作用（Lackey and Nielsen，1980）。渔业管理的每一个方面都有自己的一套理论、概念和方法来解决这些问题。虽然渔业管理的理想生态单位是种群，但由于操作性原因，渔业管理是以群体为基础的。有时一个群体中包含多个物种，因为它们好像是一个物种那样一起被捕捞。在其他情况下，为了方便，不同的物种可以一起管理。更详细的渔业管理内容参见第 13 章。

自 20 世纪初以来，渔业一般采用最大可持续产量（maximum sustained yield，MSY）概念进行管理，这一概念随着时间的推移不断发展。Baranov（1918）的早期研究利用鱼类的生长率和自然死亡率来确定一个同生种群的生物量峰值。Russell（1931）将群体补充和由于捕捞及自然原因造成的死亡结合在一起进行研究。Graham（1939）开发了研究模型，该模型表明，低捕捞率会导致捕获量较低但鱼类个体较大，而高捕捞率会导致相近的捕获量但鱼类个体会较小。因此，捕捞量低于最大捕鱼量是鱼类资源的低效利用，而捕捞量超过最大捕鱼量是捕捞努力的低效使用。从 20 世纪 40—70 年代，最大可持续产量被作为主要的渔业管理工具。除了最大可持续产量外，许多渔业管理人员相信，鱼类群体不会灭绝，因为捕捞所剩下那几条鱼的成本太高，渔业就会转向捕捞其他更容易捕捞的鱼类。然而，经济理论并没有反映现实，因为无论出于何种原因，渔业继续追捕这些鱼群直至它们生态灭绝和经济灭绝（Taylor，1951）。

由于最大可持续产量作为渔业管理工具的失败，于是提出了最佳可持续产量（optimum sustained yield，OSY）概念。最佳持续产量本质上是最大可持续产量的修改，以反映相关的经济、生态或社会考量，它更像是一种管理结构，而非经验派生的数字。然而，由于最佳持续产量概念模糊不清，这导致了围绕如何应用这一概念产生了许多困难和辩论。

渔业管理人员有许多管理鱼类群体的工具和技术。这些管理技术可以大致分为输入控制和输出控制，输入控制是一种间接的控制形式，因为它们不限制捕捞量，而输出控制直接限制捕捞量。

输入控制的设计目的是限制捕鱼人数或捕鱼效率，在首次对一个渔业进行管理时采用。输入控制包括限制网具类型、船只数量和大小、捕鱼区域、捕鱼时间或渔民数量。它们可适用于商业渔业和体育渔业，也可适用于整个渔业或其某些部分。通行的输入控制包括许可证和许可证签注，可用于证明渔民或捕捞船只，或作为一种管理措施限制参与渔业的船只或渔民的数量和种类。许可证制度旨在限制捕捞能力和努力量，但它们对捕捞能力和努力量的影响都是间接的。然而，如果许可证没有规定最大渔船级别或其他捕捞能力限制，渔船船队的捕捞能力可能会随着小型渔船被大型渔船取代而增大。这样问题出现了，因为渔船级别只是捕捞能力的一个方面。并且，试图控制渔船级别可能导致捕捞效率低下或渔船不抗风浪。

输出控制直接限制捕捞量，因此也限制了捕捞死亡率的一个重要组成部分（包括副渔获量、废弃渔具和由于捕捞而造成的生境退化造成的死亡率）。输出控制可用于为整个捕捞船队或渔业设定捕捞限额，例如总允许渔获量（见专栏 4.2）和其他类型的限额。输出控制还可用于为特定船只（航程限额、单船配额）、船东或运营者（个体捕捞配额）设定捕捞限制，以便个体或单船只的捕捞限制之和等于整个渔业的总允许渔获总量。输出控制依赖于监控总捕捞量的能力。这可以通过以下两种方法之一来实现：①利用可靠的到岸记录、港口抽样数据和对丢弃或未报告捕获物的一些估计数据来测算总到岸捕捞量；②用海上观察者观察记录或可核实的航行日志数据来测算实际总捕捞量。

渔业管理最重要的方面之一是描述鱼类群体状况或状态的能力，也称为群体评估。群体评估提供关于群体大小、年龄结构和健康状况的信息，以及提供一些关于群体管理的建议。群体评估有两个组成部分，第一是研究该物种的生物学和生活史，第二是了解渔业捕捞对该物种的效应和影响。对于全球许多鱼类群体来说，关于该物种的生活史信息很少，因此渔业管理决策往往是根据从该鱼类的到岸（捕获）量中获得的信息做出的。这是渔业管理中的一个典型难题；渔业往往在不了解目标物种的生活史就开始了，或者也不了解开发之前的种群数量和年龄结构就开始了。如果在捕捞开发之前没有关于鱼类群体自然状态和变异性的任何本底资料，渔业管理决策必须基于到岸鱼类的结构，或者必须在捕捞之前试图建立鱼类群体的“画面”，以此作为管理决策的依据。

在一个拥有充分信息的完美世界中，将利用下列资料进行全面和准确的群体评估：

- 渔业中的渔民数量和渔具种类（延绳钓、拖网、围网等）。
- 每种渔具每年捕捞量。
- 每种渔具每年的努力量。
- 每种渔具渔获物的年龄结构。
- 渔获物中雌雄比例。
- 鱼类销售情况（市场喜好，例如大小等）。
- 不同渔民群体的产值。
- 渔场位置与捕捞时间。

生物学信息包括：

- 鱼类群体的年龄结构。
- 第一次产卵的年龄。
- 繁殖力（每个年龄的鱼类能产卵的平均数量）。
- 群体中雄性与雌性的比率。
- 自然死亡率（鱼类因自然原因死亡的比率）。
- 捕鱼死亡率（鱼类因捕捞而死亡的比率）。
- 鱼的生长速度。

- 产卵行为（时间和地点）。
- 最近孵化的幼体、幼鱼和成鱼的栖息地。
- 洄游习惯。
- 鱼群各年龄组个体的摄食习性。

当上述信息是通过调查渔民渔获物到岸情况收集到的，这被称为渔业依赖数据。当生物学家通过他们自己的抽样计划收集上述信息时，这被称为渔业独立数据。这两种方法都为群体评估提供了有价值的信息。

然而，在现实世界中，上述信息很少能得到，特别是对于那些以不太了解的新物种（通常是公海物种）为捕捞目标的渔业。根据鱼类群体有用信息的多少，有很多种方法来管理渔业，包括停止捕捞后对鱼类群体的种群数量进行估计、在鱼类产卵前对它们进行保护、保护鱼类群体具有适当的年龄结构、建立种群存活率模型等。下面简要讨论其中的一些方法。

最简单的群体评估方法是通过计算单位捕捞努力渔获量（catch per unit effort，CPUE）来进行的，该方法结合了群体到岸渔获量的历史数据和群体捕捞中投入的努力量。因此，单位努力渔获量本质上是群体丰度的一个指标。在新渔场开发之初，单位努力渔获量往往很高，因为渔获量很高，而捕鱼的努力量却很低。随着越来越多的渔民参与到该渔业中来，或者技术的改进使他们有能力捕捞更多的鱼，单位努力渔获量通常要么在管理良好的渔业中趋于稳定，要么在管理不善的渔业中继续下降。单位努力渔获量是一种相对简单直观的渔业管理方式。然而，单位努力渔获量有一些严重的限制，因此不再作为唯一的管理工具使用。单位努力渔获量方法存在的问题包括到岸渔获物信息不足、捕捞努力信息不足以及技术进步等，这些都使得与过去的捕捞行动难以比较。主要的问题是，已经对单位努力渔获量进行了可靠估计，但渔业往往却在衰退。

一种更可靠的鱼类群体评估方法是，先确定鱼类产卵年龄，然后以这样一种方式来规划管理渔业，确保鱼类在完成群体补充之前不会被捕捞。这样做的目标是对鱼类进行保护，直到它们长大可以完成产卵活动。在鱼类能够完成群体补充和替代自己之前对其进行捕捞被称为“补充鱼群过度捕捞”（recruitment overfishing），这对许多群体生活史未知的渔业造成严重后果。一旦确定了鱼类的产卵年龄，就可以通过对渔具的技术参数（例如网目尺寸）或鱼体大小进行限制来对渔业进行管理。对鱼类补充群体进行保护并不能防止鱼群被过度捕捞，因为捕捞量仍然可能多于补充量。最近的数据表明，体型较大的成鱼与体型较小的鱼相比，体型较大成鱼的繁殖能力要高得多。

估计种群的另一种方法是死亡率和产卵潜力比（spawning potential ratio，SPR）。产卵潜力比是鱼类群体被捕捞前一个补充个体生命周期中平均产卵量，除以未被捕捞的鱼类群体中一个补充个体生命周期中平均产卵量。换句话说，产卵潜力比将鱼类在捕捞条件下的产卵能力与未捕捞条件下的产卵能力进行比较。产卵潜力比也可以用整个成年群体的生物量（重量），群体中成熟雌体的生物量，或者它们产生卵子的生物量来计算。这些测度被称为产卵群体生物量（spawning stock biomass，SSB），当它们以每个新补充个体为基础时，它们被称为每次补充产卵群体生物量（spawning stock biomass per recruit，SSBR）。产卵潜力比是基于对群体年龄结构的了解，年龄结构信息或者来自于根据鱼类体长和体重进行的年龄估计信息，或者来自于检查鱼类耳石年轮进行的年龄估计信息（鱼类耳石就像大树年轮一样可以计数每年度的生长环）。

总之，渔业管理是一个复杂的领域，具有相当大的不确定性。渔业管理最困难的方面也许就是鱼类群体评估中的不确定性，从而导致了在确定群体捕捞率方面的不确定性。虽然某些鱼类群体的调查和评估相对容易，但其他一些物种的生活史要么是还没有搞清楚，要么是鱼类群体的活动性非常大。鱼类种群数量受到许多非生物变量的影响，包括它们栖息地的海洋学或自然地理学方面的各种变化；鱼类种群数量受各种生物变量的影响，包括食物资源、竞争、捕食、病原体和寄生等。渔业管理也受到技术变革的牵制，技术变革影响着单位努力渔获量，从而使单位努力渔获量难以阐明。传统的渔业管理并不考虑海洋环境中这些生物因素或非生物因素的可变性。第13章将讨论最近在多物种渔业和以生态系统为基础的渔业管理尝试。

4.2.2 海岸带管理概述

海岸带管理（coastal zone management，CZM）的出现是由于多个管理和保护战略（包括渔业管理和海洋保护区）未能实现其目标。人们认识到，需要采取综合管理方法来恢复海岸带的各种生态过程（专栏4.3），以防止沿岸资源进一步退化，并处理那些直接或间接影响沿岸带的各种经常相互联系的问题。据估计，到2020年，世界上高达75%的人口可能生活在距沿岸地区60 km以内的地方，这一估计突出了沿海资源管理新方法的必要性。随着各国开始对其沿海资源行使管辖权，海岸带管理也变得非常必要。这一趋势始于1945年《杜鲁门宣言》，该宣言宣布美国对其大陆架拥有主权。于是众多国家也纷纷效仿，1958年，第一部《联合国海洋法公约》（UNCLOS）（以下简称《公约》）就领海、毗连区、大陆架、公海和公海渔业制定了条约。

专栏4.3 海岸带定义

海岸带的定义为：

海岸带包括陆地及其毗连的海洋（水和淹没的陆地）组成的狭长地带，其中陆地生态和土地利用影响海洋空间生态，反之亦然。从功能上说，海岸带是陆地和水域之间的一个宽阔的交界处，在这里生产、消费和交换过程以高强度进行。从生态学角度看，海岸带是一个活跃的生物化学活动区域，但是支持各种人类利用形式的能力有限。从地理学角度来看，海岸带最外边界是基于陆地的活动对水域化学或对生态或生物群系的可测量影响所能达到的范围；向陆地最里面的边界是距离海岸线1 km的范围，除了有些地方存在对海洋影响的可识别指标，就像红树林、尼巴沼泽、海滩植被、沙丘、盐床、泥沼、海湾、新近海洋沉积物、海滩和沙洲、三角洲沉积，在这些情况下，1 km的距离应当认为从这些特征区域的边缘算起（National Environmental Protection Council，1980）。

海岸带包含陆地和海洋部分；有由陆地对海洋的影响程度和海洋对陆地的影响程度决定的陆地和海洋边界；宽度、深度或高度都不一致的（Kay and Alder，1992）。

沿岸水域向陆地一侧的所有区域，其中有影响或潜在影响海岸或海岸资源的物理特征、生态或自然过程或人类活动（Queensland Coastal Protection and Management Act）。

虽然在20世纪60年代围绕海洋法应用的辩论中，人们明显认识到对沿岸区域的综合管理办法是非常必需的，但海岸带管理作为一门学科是在1972年美国《海岸带管理法》颁布之后正式开始的。该法案定义了美国海岸带管理的目标、原则、概念和指导方针。1982年的第二次《联合国海洋法公约》会议为规范海洋利用创造了正式的法律架构，并规定海岸带应作为管理沿海地区的工具。根据1982年《联合国海洋法公约》协定，每个国家的基本义务都是“保护和保持海洋环境”。该协定遵循国际环境法的基本原则，并声明在一国管辖范围内的活动应以不损害其他国家的方式进行。《联合国海洋法公约》还将这些原则扩大到保护国家管辖范围以外的海域（即公海和深海海床）。

《联合国海洋法公约》澄清了几个重要的管辖权问题，进一步推动了各国实施海岸带管理。《联合国海洋法公约》将沿海国家的领海主权扩大到12海里。别国使用这一海域仍须遵守沿海国家的法律法规，除无害通过的权利之外，国际法很少侵犯这一海域。《联合国海洋法公约》还赋予沿海国家200海里的主权和管辖权（即专属经济区，EEZ）。作为回报，沿海国家必须履行各项义务，包括对该区域内生物资源的保护和管理，其中又包括确定在其专属经济区内生物资源的允许捕捞量，保证其专属经济区内的生物资源不被过度开发而濒危。因此，《联合国海洋法公约》取代了以前的捕鱼自由原则，而捕鱼自由原则现在只适用于公海。最后，《联合国海洋法公约》赋予沿海国家对大陆架自然资源的主权，并给予沿海国家对海底定居物种的专属权益。

《联合国海洋法公约》为沿海国家确认了新主权后，许多国家在20世纪80年代制定了海岸带管理纲要。海岸带管理纲要的兴起，推动了世界环境与发展委员会于1987年出版了《我们共同的未来》，其中概述了一些“可持续发展原则”，这些原则包括：

- 保护与发展相结合。
- 维护生态完整性。
- 经济效率。
- 满足人类基本需求。
- 满足人类其他非物质需求的机会。
- 在公平（当前/未来、文化/经济）和社会正义方面取得进展。
- 尊重和支持文化多样性。
- 社会自决。

联合国环境与发展大会（UNCED），也被称为“地球高峰会议”或《里约热内卢宣言》，是为海岸带管理奠定基础的一项决定性国际协议。联合国环境与发展会议载有《21世纪议程》，这是沿海国家对在其管辖下的海岸带和海洋环境进行综合管理和遵守可持续发展原则的全球承诺。自联合国环境与发展大会以来，“小岛屿发展中国家可持续发展全球会议”（1994）和“国际珊瑚礁倡议”（1994）也强化了海岸带管理的必要性（Cicin-Sain et al., 1995）。

广义地说，海岸带管理试图整合通常各不相同的生态、政治和社会经济的方法以摆脱行业管理模式（如渔业管理和滨海发展分头管理），形成一个集成模型，以反映复杂和综合的海岸环境的生态自然属性，同时也减少传统管理方法的重复和重叠。

海岸带管理更类似于如何进行海岸带环境管理的哲学，而不是要求应用在所有情况下的一组特定指令（专栏4.4）。实行海岸带管理取决于要解决的问题的类型（例如污染、过度捕捞等）、正在考虑的环境的特点（例如热带、温带等）以及解决这些问题的社会和政治意愿和现有资源。所有海岸带管理倡议有一些共同目标。

专栏4.4　海岸带管理方法定义

海岸资源管理（CRM）是通过集体行动和合理决策来规划、执行和监测海岸资源可持续利用的参与性过程。

海岸综合管理（ICM）包括可持续使用和管理沿海地区具有经济和生态价值的资源的活动，并考虑到资源系统之间和资源系统内部以及人类与其环境之间的相互作用（White and Lopez，1991）。综合海岸管理包括了海岸资源管理，但这是一套更广泛的活动，它强调对政府、非政府和环境的整合。

协作管理或联合管理是基于所有与资源管理利益相关各方（包括个人和团体）参与的管理。其要点包括（White et al，1994）：

所有利益相关者在他们所依赖资源的管理中都有发言权。

管理责任的分担根据地方社区组织和政府之间的职权状况而有所不同。然而，事实上几乎在所有情况下，一级政府继续承担整体政策和协调职能的责任。

社会、文化和经济目标是管理框架不可分割的组成部分。特别注意依赖资源的那些人的需要，还要特别注意公平与参与。

基于群落的海岸带资源管理（CBCRM）意味着个人、团体和组织在资源管理和决策过程中具有重要作用、责任和分担。基于社区的管理与协作管理的原则是一致的，因为政府总是管理过程的一部分。

海岸带管理（CZM）包括在通过海岸资源管理或综合海岸管理所定义的沿海地区对有价值资源和土地实现可持续利用的那些活动，但重点是特定的沿海地理区域或海岸带。

自然资源管理是一套规则、劳动、财政和技术，它们决定了人类对这些资源利用的地点、范围和条件；因此，管理决定了资源枯竭和更新的速度（Renard et al.，1991）。

资源利益相关者包括所有定义和应用一些规则、劳动、财政或技术并承担部分管理责任的那些人。资源的使用者以及相关的所有者或其代理人，也是资源的管理者和利益相关者。

资料来源：改编自 Department of Environment and Natural Resources，et al.（2001）

- 实现沿海和海域的可持续发展。
- 降低沿海地区及其居民对自然灾害的脆弱性。
- 维持海岸带和海域的基本生态过程、生命支持系统和生物多样性。

无论海岸带管理的定义是什么，为了使海岸带管理有效，必须坚持下列这些被广泛接受的原则。

- 采取全面、综合和多部门参与的方法。
- 与发展计划保持一致，并融入其中。
- 符合国家环境和渔业政策。
- 以现有的制度化方案为基础，并融入其中。
- 具有公众参与性。
- 建立地方/社区可持续实施的能力。
- 建立自力更生的融资机制以保证持续执行。
- 解决当地社区的生活质量问题和保护问题。

4.2.3 生态系统管理方法概述

一个海域的各组成部分可以以协调一致的方式同时进行管理，这种观点已经持续了一个多世纪（Baird，1873；Link，2005）。然而，直到 Tansley（1935）提出“生态系统”的概念并得到广泛支持，科学家与决策者才开始思考，生态系统是否要进行管理、应该如何管理，如何定义一个生态系统，为使传统管理模式和政策以生态系统为基础，它们的哪些方面需要改变（Leopold，1949；Larkin，1996）。

全球要从整体上对海洋进行管理，在一个地理区域（例如保护区）或生态系统（不管如何对其定义）的管理中同时考虑多个生态学和社会经济学目标，这种认识是建立各种生态系统管理方法的核心前提。目前在使用的十几个术语从根本上表示了一种自然资源管理方法，这种方法的重点是维持生态系统，以满足未来的生态需求和人类需求。为了达到本书的目的，我们将使用术语“生态系统管理方法”（ecosystem approaches to management，EAM），因为它被广泛地应用于陆地环境和海洋环境，并且在海洋环境中与在用的其他类似术语（例如基于生态系统的管理）（ecosystem-based management）相比，它的应用范围更广泛。

然而，生态系统管理方法这一术语尽管在各行政管辖区域使用，但却并没有统一的、一致认同的定义；因此，往往产生了困惑，生态系统管理方法究竟是什么？它对海洋环境蕴含着什么？这一概念有许多定义，包括：基于生态系统的管理、综合管理、海洋综合管理、海岸带管理、海岸带综合管理以及可持续发展。

我们理解和使用海洋生态系统管理方法一词，试图广泛地寻求将社会经济、文化和生态投入纳入海洋管理、保护和决策过程。为了达到本书的目的，这里我们使用美国非政府环境组织（COMPASS，2005）提出的生态系统管理方法定义，这可能是迄今为止最完整的生态系统管理方法定义。

> 生态系统管理方法是一种综合的管理方法，它考虑了包括人类在内的整个生态系统，其目标是保持一个生态系统始终处于一个健康、高产和有恢复力的状况，以便它能够为我们提供需要的服务。

几十年来，国际软法中存在着许多生态系统管理方法原则，然而直到 1995 年联合国粮食与农业组织（FAO）《负责任的渔业行为守则》和《联合国鱼类资源协定》颁布，软法或自愿协定才开始概述那些日后成为海洋生态系统管理方法的原则和操作规程。《联合国鱼类资源协定》特别明确地指出，“需要自觉地避免对海洋环境的不利影响，保持生物多样性，维持海洋生态系统的完整性”（FAO，2005）。

海洋生态系统管理方法这一概念越来越多地出现在同行评议的科学研究文献中，在应用保护和管理学科的灰色文献中也越来越多。海洋生态系统管理方法学术和应用相关的论文和报告广泛分布于生物学、经济学、社会科学和本土文化等各个学科。一些论文是描述性的，一些是基于模型的研究，但很少进行传统的实验研究和假设检验。生态系统方法也是一种全球现象，超过100个国家或参与生态系统管理工作或在其境内主持生态系统管理项目。在大多数互联网搜索引擎上用“海洋生态系统管理”关键词进行简单搜索，就会发现存在大量的海洋生态系统管理方法文献或类似术语的科目；某些司法管辖区，最著名的是澳大利亚、加拿大和美国，在某些海洋法规中明文规定了生态系统管理方法原则；在国际法中，海洋生态系统管理方法的历史很长，甚至有些模糊；生态系统管理方法已被用来作为一种方式，来重塑或略微改善渔业管理实践的状态，因此被不适当地使用；生态系统管理方法没有单一的、权威的指南；最后，海洋生态系统管理方法正在全世界范围内被“应用”。

第13章将进一步探讨生态系统方法的定义、目的和应用，以保护海洋生物多样性，同时维持对人类的生态产品供应和服务功能。特别是，将讨论“渔业生态系统管理方法”，因为渔业是在海洋环境中实施“生态系统方法”最具挑战性的方面。

4.2.4　海洋保护区概述

与利用保护区对陆地环境进行保护和管理相比，通过保护区对海域进行保护和管理直到最近才得以实现。表4.1概括了海洋保护区的综合效益。

表4.1　一个“非开发”海洋保护区系统的合理预期效益

1. 生态系统结构、功能及其完整性的保护	
保护物理栖息地结构免受：	维持鱼类和野生动物高品质的索饵场
—渔具影响	恢复种群大小和年龄结构
—其他人为和偶然影响	尽量避免不负责任的开发活动
保护所有层次上的生物多样性	提升生态系统管理
恢复群落组成（种类和丰度）	鼓励整体管理方法
消除直接和间接渔业选择保护遗传多样性	区分自然变化与人为因素的变化
保护生态过程：	
—关键种	
—级联效应	
—阈值效应	
—次级效应	
—食物网和营养结构	
—系统恢复力	

续表

2. 深入了解海洋生态系统	
提供长期监测站点	提供研究重点
对未受干扰海域进行持续研究	降低长期实验的风险
提供机会以恢复或维持自然行为	提供天然实验场所
提供认识和累积理解的协同作用	提供未受干扰的自然场所
为评估人为影响（包括渔业）提供自然海域参考	
3. 改善非消费性机会	
提升和提高多样性:	提供荒野机会
—经济机会	提高审美体验
—社会活动	提高精神联系
改善内心宁静	提升生态旅游
提高非消费性娱乐	改善保育欣赏
提高教育机会	创造公众环境意识
增加持续就业机会	
4. 非开发海洋保护区潜在的渔业收益	
濒危物种保护	保护和恢复栖息地
增加物种丰富度	增加物种个体大小和年龄
增加繁殖输出	提高补充群体数量
维持和增加遗传多样性	提高渔业产量
增加物种多样性	增加栖息地复杂性和质量
增加群落稳定性	为科研提供基线海域

注：对于某些收益而言，各物种的收益程度是可变的，这取决于它们的生活史和保护区设计。

资料来源：改编自 1995 年海洋保护中心清单（Sobel，1996）。

有些国家在 1962 年第一次“国家公园世界会议”之前就设立了海洋保护区，但“国家公园世界会议”可能是国际上第一次认识到保护沿岸地区和海域的必要性。然而，只有在 1975 年由国际自然保护联盟（IUCN）在东京召开的“海洋公园和海洋保护区国际会议”上，明确阐明了在海洋环境中建立保护区的系统性和代表性方法的必要性（Kenchington，1996）。海洋保护区目前已被国际公认为海洋保护的至关重要和基本组成部分，并被纳入许多国际协定中，包括：《联合国海洋法公约》《生物多样性公约》及其附属的雅加达指令、《国际防止船舶污染公约 73/78》全球行动纲领，还有最近的《国际海事组织准则》和《世界遗产公约》。

尽管目前在全球80多个国家有超过1 800个海洋保护区，但围绕海洋保护区的定义和建立海洋保护区的目的仍有一些争论。世界各地普遍使用的海洋保护区的定义是国际自然保护联盟（IUCN）提出的定义：

海洋保护区是潮间带或潮下带地域以及其上覆水域、相关的植物群系、动物群系、历史和文化特征存在的任何区域，这些区域已被法律或其他有效手段保留，以保护其部分或全部有界环境（Kelleher and Kenchington, 1992）。

一些用户在应用这个定义时发现了一些困难。例如，Nijkamp 和 Peet（1994）认为，该定义主要指的是地形，而不是海洋水域，这似乎过于强调海底的价值，而不是上覆水或相关的植物群系和动物群系的价值。他们还发现，所提到的动物群系和植物群系过于严格，可能会排除掉海洋热液口和上升流区等海洋特征。最后，他们也注意到，通过法律保留的海域未必受法律保护。因此，Nijkamp 和 Peet（1994）建议将海洋保护区的定义修改为：

海洋保护区是位于海洋的任何区域，可以包括与之相接的潮间带地区，并包含其水柱中、海底内部和海底表面的相关自然特征和文化特征，已经采取必要措施以保护其部分或全部有界环境。

无论使用哪一种定义，世界上都有很多地区可以被称为海洋保护区。Ballantine（1991）列出了全球普遍使用的大约40个名称，这些名称可用于目前为保护部分海域而划出的区域（表4.2）。大量的“标签”、定义和术语有可能引起误解和不确定性，给相关问题的讨论造成混淆。保护区的大小变化很大，从小型的、高度保护的“非开发”保护区（维持物种生存和维护自然资源），到非常大的多用途保护区（允许可控地开发利用资源以确保实现保护目标）。因此，有必要确保澄清使用特定术语的意图。

表4.2 目前全球为保护部分海域而划出区域普遍使用的各种名称以及它们可能保护的“价值”

名称		
海洋公园 Marine Park	海洋保护区 Marine Protected Area	海上公园 Maritime Park
海洋保留区 Marine Reserve	国家海滨公园 National Seashore	海洋禁捕区 Marine Sanctuary
海洋自然保护区 Marine Nature Reserve	海洋野生动物保护区 Marine Wildlife Reserve	海洋生物庇护所 Marine Life Refuge
海洋栖息地保护区 Marine Habitat Reserve	海洋原野保护区 Marine Wilderness Area	海洋保存区 Marine Conservation Area

续表

价值	
保护价值	娱乐价值
商品价值	自然风光/美学价值
特殊物种提升	独有特色
科研价值	文化价值
整体特征	传统用途

资料来源：名称来自 Ballantine（1991）。

为了达到本书的目标，我们采用下面这个海洋保护区的基本和通用定义：

海洋保护区是根据法律规定为保护海洋价值而划出的任何海域。

有各种各样的海洋保护区，旨在实现各种目标（表 4.3）。正如下面部分和后续各章所述，海洋保护区的创建可以实现各种不同的保护价值；海洋保护区的目标或目的影响其“类型”，从而影响其设计和选择，并最终影响其名称。这些不同的海洋保护区“类型”不一定是独立的；例如，在大堡礁海洋公园（其本身就被认为是一个巨大的“多用途”海洋保护区），不同的区域相当于“非开发”区域和世界自然基金会的最低保护标准区域（即“非开发”区域基本上与国家海洋公园的“B”区相同，而世界自然基金会的标准则等同于国家海洋公园的“A”区以及其他更严格的区域）。

表 4.3 海洋保护区保护目标和类型实例

一般而言，海洋保护区（MPA）是根据法律规定为保护海洋价值而划出的任何海域

代表性海洋保护区是一种特殊的海洋保护区，其设计目的是基于生态学或生物地理学框架使其代表性最大化

“非开发”海洋保护区（或捕捞庇护所）是一种特殊类型的海洋保护区（或多用途海洋保护区中的一个区域），这里：

禁止移走任何海洋物种，禁止修改或开采海洋资源（以捕捞、拖网、疏浚、采矿、钻探等方式）；

限制其他人为干扰

“多用途”海洋保护区是一种特殊类型的海洋保护区，在这里允许资源的利用和移除，但这种利用受到控制，以确保长期的保护目标不会受到影响。多用途海洋保护区内通常有一系列的“区域”，允许其中的一些区域比其他区域更多地利用和移除资源（例如，其中通常设置非开发区域）

“生物圈保护区”是一种特殊类型的保护区，通常面积很大，完全保护了核心区，被部分保护的缓冲区和外部区域/过渡区所包围。缓冲区和外层区域都允许一些生态上可持续的资源利用（例如非关键区的传统利用），并且应该有研究和监测的设施；但是在这些区域内的活动不应因此而损害核心区的完整性，这个概念是为陆地保护区提出的，但有些人认为在海洋环境和海洋保护区中也有用途（Price and Humphrey，1993）

注：多位作者（Batisse，1990；Kenchington and Agardy，1990；Brunckhorst et al.，1997）认为，如果联合国教科文组织生物圈保护区计划被重新设计、适当规划和实施，它将为海洋保护的更广泛领域提供一个非常有用的工具。参见 Agardy（2010）关于海洋分区论述。

4.2.5　代表性栖息地和特色性栖息地概述

我们可以把海洋环境从根本上想象成是由各种类型的栖息地组成，每个栖息地类型都包含一个特定类型的生物群落。栖息地及其生物群落可以被视为具有代表性或特色性的。这里“生物群落”一词指的是任何尺度上中性意义的物种集合（专栏1.4），近似于“生物群系”或层级结构高层次的“层”（étage）。在这里，我们用“代表性”（representative）一词来表示在某种尺度上，这种栖息地类型是其周围环境的典型特征（Roff and Taylor，2000；见第5章）。由于海洋环境在所有尺度上的异质性，这个术语刻意在尺度上含糊不清。与之相对应的是，“特色性”（distinctive）栖息地是指在特定尺度上与其周围环境相比不典型的栖息地；这种特色性栖息地的重要性将在第7章详细阐述。请注意，在规划海洋保护区系统时，很显然我们不仅希望在受保护的空间中体现主要代表性生物群落类型，而且还希望体现特色性（本地独特）生物群落。

传统上的保护工作是针对那些稀有、濒危、大型动物及其相关栖息地。尤其是在海洋环境中，“焦点物种”（出于某种原因任何我们关注的物种）都特别吸引公众关注，例如“超有魅力的巨型动物群”（鲸、海豹、候鸟等），它们可能被用作“旗舰物种”以争取公众支持（Zacharias and Roff，2001）。通常这些旗舰物种季节性地占据不同的栖息地，它们的生物群落与周围有代表性栖息地中的生物群落有很大的不同。然而，只针对个别物种或只针对特色性栖息地的保护战略将使大多数物种及其栖息地处于危险之中，因为这种保护战略没有考虑生物圈代表性或“普通”部分的需求。

因此，现在保护工作的重点是保护“物种”和特色性栖息地，以及“空间”和代表性栖息地。在陆地环境中，这种保护重点的转变已经成为“持久特征”方法；而在海洋环境中，这种保护重点的转变已经成为基于持久特征和周期性过程的“地球物理学”方法（Roff and Taylor，2000）。这种策略上的转变可能主要有两个原因：①如果没有栖息地的存在，没有一个物种可以生存；②认识到不仅要努力保护稀有和濒危物种，还要努力保护那些普通和代表性的绝大多数物种。

在陆地环境中，基于物种保护和景观生态学的保护方法现在正在融入实际的分析框架，但在海洋环境中还不是这样。在这方面，还没有人定义这两种保护策略之间的关系。这两种方法是相互兼容的，还是相互排斥的？海洋保护的一种实用方法是在每个具有代表性的栖息地类型中确定一定的比例，并包括所有已知的特色性栖息地。这将需要调查焦点物种的作用（公众主要通过焦点物种识别），调查不同栖息地的过程以及海洋生物多样性的分布。

对具有代表性海洋栖息地进行分析是至关重要的，原因有很多（Roff et al.，2003）。如果要系统地保护海洋环境，使其不受人类活动的各种不利影响，就必须确定海洋栖息地的种类和它们所包含的生物群落，并使用一致的分类方法划定它们的边界。然后可以评估人类对特定生物群落的影响，可以选定候选海洋保护区，并监测这些生物群落的“健康状况”。

在任何区域内都会有特色性栖息地，其定义的特征无法通过对代表性栖息地进行分析而揭示。我们需要对这些栖息地进行识别和记录，确定它们的边界，并检查它们的地球物理学和生物学特性（结构和可观测实体，以及过程与功能速率），从而区分它们。特色性栖息地往往以与众不同的状况存在，因为这些特色性栖息地中会在区域尺度或局部尺度上发生一些特殊的海洋学过程，而代表性栖息地则不会这样。

4.3 一个应用于海洋生物多样性保护的生态学和环境学通用框架

前一节讨论的物种方法和空间方法的一个主要限制是由于对海洋环境的各种结构和过程了解不足。与陆地生态系统相比，海洋环境表现出相当大的可变性和连通性，在这种情况下，栖息地丧失、气候变化、污染和外来物种等威胁就会像 Ricklefs（1987）描述的那样发生作用：……不能使用传统的海洋保护措施减轻并“超出正常考虑范围的那些过程”就发生了。许多保护措施，包括海洋保护区和渔业管理，都是在海洋环境中执行的，但却没有仔细考虑其总体目标或在其时间和空间上的时间尺度和变异性（专栏 4.5）。

专栏 4.5 为海洋生物多样性保护建立一个层次结构生态框架的目标

目标	描述
术语标准化	识别通用术语，澄清含糊不清的语言，并尝试将陆地术语用作海洋术语。
目标清晰	识别需要保护的海洋环境的组成部分（例如栖息地与生物群落）。提出种群、生物群落、生态系统和景观等组织层次在海洋中使用的术语。
尺度关联	将生物群落和生态系统的空间和时间尺度与保护工作中相应的尺度进行关联。
知识资料的不足识别	确定正确实施保护战略所需的信息和知识。
研究工作的组织	确定研究是否基于生物或非生物方法，以及研究的应用尺度。
保护方法识别	确定保护海洋环境可能需要的技术或方法。
新资料收集管理	指导收集有利于促进保护工作的新信息。

虽然越来越多的人认识到，我们保护海洋生物多样性的努力往往是不够的，但很少有研究来讨论该采取什么措施来正确地解决这些重要保护问题。无法超越物种方法或空间方法来推进海洋保护，其部分原因是缺乏对海洋生物多样性结构化机制的理解。有关这些基本知识空白的案例在一个辩论中得以证明，即生物学或物理过程在多大程度上会影响各种海洋群落的形成（May，1992；National Research Council，1995）。这场辩论对保护工作的影响是明确的：当支持环境的组成成分没有定义时，如何进行环境保护？

这种困难并非海洋环境独有。通过发展生物多样性生态模型，在一定程度上解决了陆地保护工作中的这种问题。建立这些模型的目的是了解保护生物多样性所需的各种组成成分，并协调那些对物种保护感兴趣的人和那些主张空间保护的人之间的目标和方法。这些模型还被用来勾勒出各种栖息地和生物群落的结构和功能，以及它们运行的尺度。针对美国西北太平洋海域开发的一个比较知名的模型就是这样一个框架（在第 1 章中已经介绍），该框架将生物多样性概念化为遗传、种群、生物群落/生态系统和景观等层次上的组成、结构和功能（过程）属性（Franklin et al.，1981；Norse et al.，1986；OTA，1987；Noss，

1990）。组成成分包括种群的遗传组成、群落或生态系统的组成以及这些群落在整个景观中的时空分布。结构属性由生物和非生物特征组成，它们通过在不同层次的组织水平上提供各种栖息地和斑块来促进生物多样性。过程属性包括维持生物多样性所必需的那些属性，包括气候、地质、水文、生态和进化等过程（Huston，1994；Noss，1990；Table 1.2）。

虽然该框架是为陆地环境设计的，但由 Noss（1990）和其他人设计的该框架可以应用于海洋环境（Franklin et al.，1981；Norse et al.，1986；OTA，1987）。将结构属性和过程属性分离，并将生物学组织结构划分为 4 个层次，这些都与海洋环境的功能一致（Mann and Lazier，1996；Nybakken，1997）。这项工作需要加以调整，将陆地生物群落、生态系统和景观类型转化到海洋环境中来，以应用于海洋生物多样性保护。

在海洋环境中，组织结构的遗传层次和物种/种群层次可以以与陆地环境相同的方式加以利用，但生物群落和生态系统具有不同的内涵。在海洋环境中，生物群落一般被视为是生物学实体，是物理学和化学那样定义的生态系统（May，1992）。考虑到非生物（生态系统）组分对海洋生物多样性的重要性，以及生态系统这个术语已经被用来表示非生物过程，我们的框架很大程度上将生物群落（生物组分）从生态系统（非生物组成）层次上区分开来。

我们为海洋环境所改编的框架（表 1.2）与 Noss（1990）设计的陆地框架基本相似，但有以下例外：对生物群落和生态系统之下层次的划分；对结构属性和过程属性进行了修改以反映这两个相应层次的生物和非生物性质；删去了景观层次。这个推荐的生态分类应该可以与由 Butler 等（2001）和 Beaman（2005）所提出的、在表 5.1 进行了修正的空间分类同时使用，其意义将在后面章节中详细讨论。

景观层次在海洋环境中没有公认的对等层次（被纳入海洋中的生态系统层次），但一个与之类似的术语“海景”（seascape）在使用中越来越流行。海景的意思是：一组几种类型的栖息地，或同一种栖息地类型的多个单元。由于海景是由一系列的栖息地组成（无论其组成上是同质还是异质），因此它们的结构和过程可以在群落层次上考虑，也可在生态系统层次上考虑。

根据传统的定义，生态系统本身是非层次性结构的，应该用清晰的地理（但不一定是用生物地理）边界来划分（Tansley，1935）。在海洋环境中，生态系统的定义很不合理（如果有的话），但生态系统层次的结构和过程仍然非常需要明确地去认识。相比之下，栖息地层次是层级结构（表 5.1），从生物群落层次到生态系统层次，因此，讨论“栖息地类型”是最容易的事情。栖息地类型和生物群落类型之间的关系将在第 6 章中进一步讨论。由于在海洋保护中有关术语还没有完全标准化，所以使用术语时最好谨慎地指定该术语的含义。

虽然看起来似乎如此，但海洋生态层级结构也不仅仅是一个空间层次结构。空间和时间尺度并不像陆地框架那样决定组织的级别。实际上，在水体空间环境和海底空间环境中，生态层级结构在时间和空间尺度上都令人困惑混淆（图 2.5 和图 2.6）。从遗传层次到生态系统层次，我们可以处理从全球到局部的任何空间尺度。例如，遗传学研究正在修正我们关于全球生物地理学的概念，大型哺乳动物利用整个海洋，生态系统层次的结构和过程可以决定当地物种的多样性。然而，通过对生物群落研究确定的生物学过程运行的空间和时间尺度通常比生态系统过程运行的空间和时间尺度更小。但也有一些例外存在，包括演替（时间尺度）和迁徙（空间尺度）。

在海洋环境中的种群、生物群落和生态系统层次上将各种属性进行分离是很重要的，因为在层级结构的各个层次上都有保护的内涵。种群和生态系统层次上的属性（如迁移或水体运动）往往比生物群落层次上的属性（如竞争）更容易观察。在所有的层次中，生态系统属性（例如深度）往往是最容易观察到的。除了种群属性和生态系统属性相对容易监测之外，非生物属性（例如水体运动和温度）往往比生物属性（例如疾病）更容易观察和预测。

然而，生态系统过程（例如生产力）涉及生物和非生物组分，因此，与严格意义上的非生物属性相比，在保护方面有不同的含义。例如，水体运动是一种生态系统过程，其驱动力（全球气候变化可能是个例外）通常是人类活动无法改变的。其他生态系统过程（例如生物地球化学循环、事件和生产力）可能比许多生物群落过程（例如捕食和竞争）对人类活动更为敏感。

表 4.4 根据框架评估了海洋保护研究的一个代表性案例，以识别进行这些研究的组成层次。那些利用生物群落和生态系统两个层次结合的研究工作已被确定为组织结构的第 4 级。这 4 种方法在过去 50 年里都在不同的尺度和使用不同的术语进行实施，这表明对于不同类型的环境没有标准的保护方法。

表 4.4 海洋保护代表性文献（评估它是否归于我们定义的种群、群落或生态系统方法）

方法	研究	环境/物种	关键术语	尺度
种群（生物属性）	Paine（1969）	岩石潮间带海岸线（*Pisaster* sp.）	关键种 keystone species	m
	Estes and Palmisano（1974）	岩岸潮下带水体（*Enhydrus lutris*）	伞护种 umbrella species	m
生物群落（生物属性）	Augier（1982）	地中海的底栖生物群落	生物群落 biocoenoses	大陆
	Thorsen（1957）	全球底栖生物群落名录	相似生物群落 isoparallel communities	大洋
	Peres and Picard（1964）	地中海	演替系列混优种群落 facies	10^2 km
生物群落（生物属性）	Ekman（1953）	全球动物区系分布	动物区系 Faunistic regions	大洋
	Glemarec（1973）	欧洲北大西洋	层 étage	大陆

续表

方法	研究	环境/物种	关键术语	尺度
生物群落/生态系统（生物属性和非生物属性）	Connor (1997)	潮间带环境	群落生境 biotopes	10^2 km
	Dauvin et al. (1994)	法国海岸线	生物群落 biocoenoses	10^2 km
	Pielou (1979)	动物地理群落	生物分区 biotic provinces	大洋
	Menge (1992)	岩石潮间带海岸线	上行影响 bottom-up influences	m
	Cowardin et al. (1979) and Dethier (1992)	潮间带和潮下带浅海环境	栖息地类型 habitat types	m
	Metaxas and Scheibling (1996)	岩石海岸潮间带水坑		m
	Briggs (1974)	全球动物群	界 realms	大洋
生态系统（非生物属性）	Hayden et al. (1984)	非生物层级结构分类	分区 provinces	大洋
	Dolan et al. (1972)	沿岸分类		大陆
	Hesse et al. (1951)	水体	域 domains	大洋
	Sherman et al. (1980)	全球海岸	大海洋生态系统 large marine ecosystems	大洋
	Caddy and Bakun (1994)	富营养化区域研究	海洋流域盆地 marine catchment basins	大洋

4.3.1　海洋保护框架的层次

Zacharias 和 Roff（2000）的层次结构框架可以用来展示在空间、时间、分类和功能等组织结构的遗传、种群、生物群落和生态系统各层次下，如何将不同的保护方法应用于海洋环境保护。在这些层次上的研究和规划都可以并且已经被应用于制定保护措施。然而，这需要高度集成。从表 4.5 和表 4.6 的比较可以看出，保护海洋生物多样性各组成部分的一个综合方法。它只是初步说明了海洋保护的各种方法如何定义各自的作用，并综合了各种保护工作和责任。在这里我们简要提供如何应用这个框架的示例，在后面的章节中将详细介绍。

表 4.5 Zacharias 和 Roff（2000）海洋环境生物多样性分类框架扩展，表示在种群、群落和生态系统组织层次上结构（静态）属性、过程（功能或动力学）属性的排列

遗传		物种/种群		生物群落		生态系统	
结构	过程	结构	过程	结构	过程	结构	过程
1. 遗传结构	1. 突变	1. 种群结构	1. 迁徙	1. 群落结构	1. 演替	1. 水团	1. 海流
2. 基因型	2. 基因型分化	2. 种群丰富度	2. 扩散	2. 物种多样性	2. 捕食	2. 温度	2. 潮流
3. 适合度	3. 基因漂变	3. 分布	3. 驻留	3. 物种丰度	3. 竞争	3. 盐度	3. 物理扰动
4. 遗传多样性	4. 基因流	4. 焦点物种	4. 迁徙/回迁	4. 物种均匀度	4. 寄生	4. 水特性	4. 环流
5. 群体识别	5. 自然选择	5. 关键种	5. 生长/生产	5. 物种丰富度	5. 互利	5. 边界	5. 驻留机制
	6. 杂交	6A. 指示物种-条件 6B. 指示物种-组成	6. 繁殖	6A. 代表性群落 6B. 特色性群落	6. 病害	6. 深度/压力	6. 水-底耦合
	7. 非随机性配对/选择	7. 伞护种	7. 补充	7. 生物相型	7. 生产	7. 光照强度	7. 周期转换
	8. 定向选择	8. 魅力物种		8. 生物集群	8. 分解	8. 分层	8. 生物地化循环（包括营养盐动力学/能流）
	9. 稳定型选择	9. 脆弱种		9. 物种-面积关系		9. 海底地形	9. 季节循环（物理的/生物的）
	10. 歧化选择	10. 经济物种		10. 过渡区		10. 基底类型	10. 生产力
	11. 微进化	11. 表型		11. 功能组		11. 地球物理异常（包括锋面系统）	11. 水圈-大气圈平衡
	12. 遗传侵蚀	12. 种群碎片化		12. 异质性		12. 波浪暴露	12. 水圈-岩石圈平衡
	13. 物种形成	13. 复合种群		13. 地域性		13. 斑块	13. 涡流扩散/干扰/内波
	14. 宏观进化			14. 交替稳定状态		14. 营养盐	14. 混合过程/稳定
				15. 共生		15. 溶解气体	15. 上升流/会聚
				16. 生物量		16. 缺氧区	16. 发散
							17. 生态完整性
							18. 腐蚀/沉积
							19. 干燥

表 4.6 生态层级的结构要素和过程要素在不同的保护方法中得到体现或考虑的方式

生态层次 保护方法	遗传层次		物种/种群层次		群落层次		生态系统层次	
	结构	过程	结构	过程	结构	过程	结构	过程
特色性栖息地	1 2 3 4	所有与遗传结构相关的过程	4 5 6A 6B 7 8 9 10 11	1 3 4 5 6 7	1 2 3 5 6B 特色性群落（源于异常现象）12 13 16	大多数为假设状况，并未在规划尺度上测量	5 11 13 16	1 2 3 4 5 6 7 8 9 10 15 16 18
代表性栖息地	1 2 3 4 5	所有与遗传结构相关的过程	1 2 3 5 6A 6B 9 10	5 6 7	1 2 3 4 5 6A 代表性群落（源于栖息地－群落关系）7 8 9 10 11 13 14（假设）15（假设）16	大多数为假设状况，并未在规划尺度上测量 7 8	1 2 3 4 5 6 7 8 9 10 12 13 14 15 17	10 11 12 13 14 18 19
渔业管理	1 2 3 4 5 仅用于鱼类群落	所有与遗传结构相关的过程	1 2 3 6B 10	1 2 3 4 5 6 7 仅用于鱼类群落	6A 6B 9 16 仅用于鱼类群落	大多数为假设状况，并未在规划尺度上测量 仅用于鱼类群落	无适用过程	无适用结构
海岸带管理	无适用结构	无适用过程	无适用结构	无适用过程	无适用结构	无适用结构	2 3 4 5 6 9 10 12 14	2 3 4 5 7 8 9 10 18

注：

1. 生物多样性特征可以通过多种方式体现；
2. 表中各栏内的数字是指表 4.5 中结构和过程相应栏中生物多样性组成成分的编号。

4.3.1.1 全球层次

在全球层次上，对地球上动植物区系的生物地理学的研究有着悠久的历史，取得了许多研究成果，并尝试了对地球的“自然区域”及其生物区系进行界定和描绘。在海洋研究方面，20世纪早期随着诸如“流星”号和“发现”号等探险活动的进行，海洋研究取得了重要进展（Hedgpeth，1957；Sverdrup et al.，1942）。较早的海洋研究通常集中于单个的生物分类群，结果往往不尽相同（Pierrot-Bults et al.，1986）。但我们不打算在此评述这些材料。最近，又提出了3种全球生物地理分类体系，每种分类体系都各有其优缺点。

Longhurst（1998）撰写的《海洋生态地理学》分析了具有相同或相似基本生态系统层次过程的海洋生物群落。该书是基于遥感设备对海水温度和水色（叶绿素 *a* 浓度的替代指标）季节变化的解释。但该书的分析结果仅适用于上层海水空间环境的区域海洋学，对海底空间环境则完全没有论述。虽然从海洋营养动力学的角度来看，这种分析是有价值的；但是鉴于该书基本上没有引入生物分类学内容，它对海洋保护的直接适用性就很有限。然而，它在可比较的生物群落中对海洋保护区管理策略的比较方面具有参考价值。

我们可能会争论生态系统的概念对海洋环境是否有价值，但是Sherman等（1980）提出的大海洋生态系统（large marine ecosystems，LMEs）的概念显然是从渔业管理的角度出发的。对大海洋生态系统的兴趣主要来自渔业方面（包括鱼类种类组成、渔获量和渔业养护），但有关大海洋生态系统的各种出版物也载有丰富的区域海洋学信息。然而，大海洋生态系统规模太大，在生物地理学上的定义也太宽泛，这无助于对海洋生物多样性进行全面保护，当然这也不是作者提出该概念的主要目的。

与上述两个全球尺度上的分类（它们都不是层级结构）相反，最近由Spalding等（2007）提出的“世界海洋生态区”（marine ecoregions of the world，MEoW），它作为海洋生物多样性保护规划的基础，尽管它仍然还没有扩展到深海或公海（见第12章），但它可能是目前最好的分类方法。世界海洋生态区系统结合了地球物理学和生物学数据（有效数据参差不齐的情况可能在全球范围内无法避免），以定义生态区（ecoprovince and ecoregion）层次上生物群系的“自然区域”。事实上，它可以作为国家和区域保护规划的起点，而大多数倡议都是在这些海域进行的。它的价值在于它具有包容性和层次性，尽管随着更多实用数据的获取，在未来几年它无疑会不断进行修订完善。

4.3.1.2 生态系统层次

在全球空间层次上定义的生态区（ecoprovince or ecoregion）内，生态框架的最高层次由生态系统的结构和过程来表示。这种方法的优点是，生态系统结构和过程比较容易观察和监测，往往可以指示大面积的生产力或多样性的存在（例如上升流或异常现象），而且往往可以与生物群落相关联。Hayden等（1984）倡导用这种方法对沿岸环境进行分类，Caddy和Bakun（1994）以及其他作者则倡导用其对海洋集水盆地进行分类。第5章和第7章详细介绍了将生态系统信息纳入具有代表性和特色性栖息地的海洋保护战略。

4.3.1.3 生物群落层次

虽然在群落层次的保护可能比在种群层次需要更多地了解其结构和过程，但群落层次的保护方法被认为是更为有效，因为环境的保护并不依赖于少数关键物种（Simberloff，

1998)。群落层次的保护方法已经在所有海洋环境中得到应用，但主要应用于海底环境，海底环境的生物群落是固着生活或是缓慢移动生活，比水体空间环境中的生物群落更容易进行调查（Thorsen, 1957; Augier, 1982）。

一些研究将生态系统结构和过程与生物群落和/或种群方法结合起来，构建了一个生物群落及其非生物环境的生物物理框架。生态系统结构和过程是这类分析的主体组成部分，以确定哪些生物或非生物变量或变量组合可以作为生物多样性保护规划的基础。在这个生物群落/生态系统方法中包括了关于群落组成与栖息地关系的研究。为了达成本框架的目标，栖息地整合了表 4.5 中列出的支持可识别生物群落的那些生态系统结构和过程。这种整合的方法被广泛使用在潮间带保护，潮间带生物群落和生态系统数据被用来描述“群落生境”（biotope）或“生境类型”（habitat type）（Menge, 1992; Connor, 1997)。第 6 章综述了海洋保护策略中群落类型与生境类型之间的关系。

4.3.1.4　物种/种群层次

物种分布模式一直是生物多样性科学的历史基础，物种层次在第 8 章和第 9 章中有更详细的讨论。种群层次的保护技术主要为了单一物种渔业管理或海洋哺乳动物保护而广泛应用于海洋环境中。已经进行了大量的保护研究来了解种群层次上的各种过程（洄游、扩散、驻留、生长/生产、繁殖和补充），特别是对于商业和生态上重要的物种以及濒危或受威胁的物种。种群层次上的组成结构最近关注哪些焦点物种，包括指示种、关键种、伞护种、旗舰种，以及它们在海洋保护方面的潜在应用（Paine, 1966; Estes and Palmisano, 1974)。它们对海洋保护的潜在贡献将在第 9 章进行讨论。

4.3.1.5　遗传层次

框架的最后一个层次是针对遗传变异，即从遗传漂变到进化的全过程。关于种群和保护遗传学的详细讨论不在本书讨论范围之内，但是恰当地说，遗传学学科还没有对海洋保护做出任何贡献。遗传学影响着生态层级结构的所有其他层次；从空间层次结构看，全球层次到局部层次都受到它的影响。

遗传学应用可用于解决从重新评估全球生物地理学到评估种群的连通性（或者种群隔离）的局部模式等一系列问题。这些遗传学知识被用于各种各样的目标，包括海洋保护区及其边界的选址和设计；包括渔业资源的分配，以便维护有遗传学特色的种群（Utter and Ryman, 1993)；也包括识别补充群体的来源，以便管理和/或保护这些海域（Cowen et al., 2000)。

我们通常不研究发生的遗传过程，而是从遗传结构中（在不同的时间尺度上）推断这些过程。结构层次上的重要遗传因素包括遗传结构、基因型、适应性、遗传多样性和群体辨别。第 10 章将介绍将遗传信息纳入海洋保护战略的情况。

4.4　结论和管理启示

每一种传统的海洋保护方法都有其优点。单独讨论每一种方法的相对优劣没有任何意义，因为每一种方法都是实现海洋生物多样性保护的总体目标所必需的（只用一种方法并不足以实现总体目标）。例如，Longhurst（1998）撰写的《海洋生态地理学》（Ecological

Geography of the Sea）就很有价值，因为该书能够识别还有空间环境的自然边界。这样定义的生物群落将具有类似生态系统层次上的结构和过程，可以按照此方式处理这些生物群落。然而，它们的物种补充是不同的。在海洋保护区各种管理策略的比较方面，生物群落在其中显然具有重要地位，但它不适合作为生物多样性保护的基础。大海洋生态系统概念（Sherman et al.，1980）也明显符合人们对“基于生态系统”管理日益增长的兴趣，尽管在大多数情况下其管理单元的规模就意味着要有国际视野。但是，世界海洋生态区（MEoW）（Spalding et al.，2007）在每个定义的生态区域内作为一个整体，为海洋生物多样性保护提供了一个明确的全球生物地理学基础。

仅以单个物种管理为目标的渔业保护工作完全没有解决海洋环境质量和生物多样性保护问题。渔业捕捞活动本身可能就是环境退化的重要因素（见第13章）。海岸带管理传统上是在局部范围内进行的，目的是为了进行海岸工程建设、控制侵蚀、减缓污染等。虽然这些管理工作在当地可能与渔业管理工作结合在一起，但它们一般不与区域性生物多样性保护工作协调结合。识别和规划代表性和特色性海域，很容易成为包括了保护和管理渔业以及海岸带管理的综合海洋规划的基础。

我们所需要的无疑是所有这些方法的一个集成方法，让我们知道如何将它们结合起来以相互加强和彼此补充。显然这需要进一步应用生态框架。表4.5和表4.6给出了本章所讨论的各种保护方法中，在生态层级结构的所有层次上，生物多样性的结构和过程成分是如何被体现出来，即那些组成成分应该被考虑，或者那些成分不应被考虑。因此，这两个表格提供了一份（非常初步的形式）清单，根据这些清单，按照各种海洋保护的方法和倡议对生物多样性组成成分保护的贡献或责任，来对这些方法或倡议进行判断。因此，这一框架可用于评估海洋环境的各种保护选择，并根据所研究的海洋环境的类型来判断如何制订保护方案。该框架还可用于选择哪些海洋生物多样性成分可以观察、测量或应用于海洋环境建模、清查或监测。因此，它也是真正的“基于生态系统”管理的基础。

下面几章将更详细地讨论各种保护方法的贡献以及框架对生态系统、生物群落、种群和遗传各个层次的应用。还将讨论为尽可能多地保护海洋生物多样性的组成成分，在以下海洋保护区的区域和国家综合网络中，编制综合框架所必需的那些基本原理，即：

- 生物地理区域（全球、区域、省级和生态区域）定义
- 代表性海域定义（如生境类型或海景）
- 特色性海域和物种多样性热点海域定义
- 分别考虑海岸带
- 分别考虑深海和公海
- 渔业保护和生物多样性保护整合
- 确定海洋保护区规模的标准
- 将代表性海域和特色性海域整合为一组连贯的候选海洋保护区
- 在候选海洋保护区之间定义连通性
- 建立监测及环境评估计划
- 评估、评价和优先事项
- 剩余问题定义。

参考文献

Agardy, T. (2010) *Ocean Zoning*: Making Marine Management More Effective, Earthscan, London

Allison, G. W., Lubchenco, J. and Carr, M. H. (1998) 'Marine reserves are necessary but not sufficient for marine conservation', *Ecological Applications*, vol 8, no 1, pp79-92

Augier, H. (1982) 'Inventory and classification of marine benthic biocoenoses of the Mediterranean', *Nature and Environment Series*, vol 25, Council of Europe, Strasbourg

Baird, S. F. (1873) 'Report on the condition of the sea fisheries of the south coast of New England in 1871 and 1872', *Report of the United States Fish Commission*, vol 1, GPO, Washington, DC

Ballantine, W. J. (1991) 'Marine reserves for New Zealand', *Leigh Laboratory Bulletin*, no 25, University of Auckland, New Zealand

Baranov, F. I. (1918) 'On the question of the biological basis of fisheries', *Nauch Issled Ikhtiol Inst Izu*, vol 1, no 1, pp81-128

Batisse, M. (1990) 'Development and implementation of the biosphere reserve concept and its applicability to coastal regions', *Environmental Conservation*, vol 17, pp111-116

Beaman, R. J. (2005) *A GIS Study of Australia' s Marine Benthic Habitats*, University of Tasmania, Australia

Briggs, J. C. (1974) *Marine Zoogeography*, McGraw-Hill Books, New York

Brunckhorst, D. J., Bridgewater, P. and Parker, P. (1997) 'The UNESCO Biosphere Reserve Program Comes of Age: Learning by doing, landscape models for a sustainable conservation and resource', in P. Hale and D. Lamb (eds) *Conservation Outside Reserves*, University of Queensland Press, Brisbane

Butler, A., Harris, P. T., Lyne, V., Heap, A., Passlow, V. and Smith, R. (2001) 'An interim, draft of bioregionalisation for the continental slope and deeper waters of the south-east marine region of Australia', Report to the National Oceans Office, CSIRO Marine Research, Geoscience Australia, Hobart, Australia

Caddy, J. F. and Bakun, A. (1994) 'A tentative classification of coastal marine ecosystems based on dominant processes in nutrient supply', *Ocean and Coastal Management*, vol 23, pp201-211

Cicin- Sain, B., Knecht, R. W. and Fisk, G. W. (1995) 'Growth in capacity for integrated coastal management since UNCED: An international perspective', *Ocean and Coastal Management*, vol 29, nos 1—3, pp93-123

Communication Partnership for Science and the Sea (COMPASS) (2005) 'EBM consensus statement', www.compassonline.org/sites/all/files/document_ files/EBM_ Consensus_ Statement_ v12.pdf, accessed December 23

Connor, D. W. (1997) 'Marine biotope classification for Britain and Ireland', *Joint Nature Conservation Committee Report Series*, Peterborough

Cowardin, L. M., Carter, V., Golet, F. C. and LaRoe, E. T. (1979) 'Classification of wetlands and deep-water habitats of the United States', FWS/OBS-79/31, Fish and Wildlife Service, Washington, DC

Cowen, R. K., Lwiza, K. M. M., Sponaugle, S., Paris, C. B. and Olsen, D. B. (2000) 'Connectivity of marine populations: Open or closed?', *Science*, vol 287, no 5454, pp857-859

Dauvin, J. C., Bellan, G., Bellan-Santini, D., Castric, A., Comolet-Tirman, J., Francour, P., Gentil, F., Girard, A., Gofas, S., Mahe, C., Noel, P. and de Reviers, B. (1994) 'Typologie des ZNIEFF-Mer: Liste des parameters et des biocoenoses des cotes francaises metroplitaines', *Collection Patrimoines Naturels*, vol 12, Secretariat Faune-Flore Museum National d' Histoire Naturelle, Paris

Department of Environment and Natural Resources, Bureau of Fisheries and Aquatic Resources of the Department of Agriculture, and Department of the Interior and Local Government (2001) *Philippine Coastal Management Guidebook No. 1: Coastal Management Orientation and Overview*, Department of Environment and Natural Resources, Cebu City, Philippines

Dethier, M. N. (1992) 'Classifying marine and estuarine natural communities: An alternative to the Cowardin system', *Natural Areas Journal*, vol 12, no 2, pp90–99

Dolan, R., Hayden, B. P., Hornberger, G., Zieman, J. and Vincent, M. (1972) 'Classification of the coastal environments of the world, Part I: The Americas', *Technical Report* 1, Office of Naval Research, University of Virginia, Charlottesville

Ekman, S. (1953) *Zoogeography of the Sea*, Sidgwick & Jackson, London

Estes, J. A., and Palmisano, J. F. (1974) 'Sea otters: Their role in structuring nearshore communities', *Science*, vol 185, pp1058–1060

FAO (2005) *Progress in the Implementation of the Code of Conduct for Responsible Fisheries and Related Plans of Action*, UN Food and Agriculture Organisation, Rome

Franklin, J. F., Cromack, K., Denison, W., McKee, A., Maser, C., Sedell, J., Swanson, F. and Juday, G. (1981) 'Ecological characteristics of old-growth Douglas fir forests', *General Technical Report PNW*-118, US Forest Service, Portland, OR

Glemarec, M. (1973) 'The benthic communities of the European north Atlantic continental shelf', *Oceanography and Marine Biology Annual Review*, vol 11, pp263–289

Graham, M. M. (1939) 'The sigmoid curve and the over-fishing problem', *Rapp. P.-v. Réun. Cons. perm. int. Explor. Mer*, vol 110, no 2, pp15–20

Hackman, A. (1995) 'Preface', in K. Kavanagh and T. Iacobelli (eds) *A Protected Areas Gap Analysis Methodology: Planning for the Conservation of Bio-diversity*, World Wildlife Fund Canada, Toronto, Canada

Hayden, B. P., Ray, G. C. and Dolan, R. (1984) 'Classification of coastal and marine environments', *Environmental Conservation*, vol 11, no 3, pp199–207

Hedgpeth, J. W. (1957) 'Marine biogeography', in J. W. Hedgpeth (ed) *Treatise of Marine Ecology and Paleoecology. Vol. 1: Ecology*, Geological Society of America, Washington, DC

Hesse, R., Allee, W. C. and Schmidt, K. P. (1951) *Ecological Animal Geography*, John Wiley & Sons, New York

Huston, M. A. (1994) *Biological Diversity: The Coexistence of Species on Changing Landscapes*, Cambridge University Press, New York

Kay, R. and Alder, J. (1999) *Coastal Planning and Management*, EF&N Spoon, London

Kenchington, R. A. and Agardy, M. T. (1990) 'Applying the biosphere reserve concept in marine conservation', *Environmental Conservation*, vol 17, no 1, pp39–44

Kenchington, R. A. (1996) 'A global representative system of marine protected areas', in R. Thackway (ed) *Developing Australia's Representative System of Marine Protected Areas*, Department of the Environment, Sport and Territories, Canberra, Australia

Kelleher, G. and Kenchington, R. A. (1992) *Guidelines for Establishing Marine Protected Areas*, IUCN, Gland, Switzerland

Laffoley D., Connor, D. W., Tasker, M. L. and Bines T. (2000) 'Nationally important seascapes, habitats and species: A recommended approach to their identification, conservation and protection', *English Nature Research Report*, no 392

Lackey, R. T. and Nielsen, L. A. (1980) *Fisheries Management*, John Wiley and Sons, New York

Larkin, P. A. (1996) 'Concepts and issues in marine ecosystem management', *Reviews in Fish Biology and Fisheries*, vol 6, pp139-164

Leopold, A. (1949) *A Sand County Almanac and Sketches Here and There*, Oxford University Press, Oxford

Link, J. S. (2005) 'Translating ecosystem indicators into decision criteria', *Journal du Conseil*, vol 62, no 3, pp569-576

Longhurst, A. (1998) *Ecological Geography of the Sea*, Academic Press, San Diego, CA

Lourie, S. A. and Vincent, A. C. J. (2004) 'Using bio-geography to help set priorities in marine conservation', *Conservation Biology*, vol 18, pp1004-1020

Mann, K. H., and Lazier, J. R. N. (1996) *Dynamics of Marine Ecosystems: Biological-Physical Interactions in the Oceans*, Blackwell Science, London

May, R. M. (1992) 'Biodiversity: Bottoms up for the oceans', *Nature*, vol 357, pp278-279

Menge, B. A. (1992) 'Community regulation: Under what conditions are bottom up factors important on rocky shores', *Ecology*, vol 73, pp755-765

Metaxas, A. and Scheibling, R. E. (1996) 'Top down and bottom up regulations of phytoplankton assemblages in tidepools', *Marine Ecology Progress Series*, vol 145, pp161-177

Müller, F., Hoffmann-Kroll, R. and Wiggering, H. (2000) 'Indicating ecosystem integrity: Theoretical concepts and environmental requirements', *Ecological Modelling*, vol 130, pp13-23

National Research Council (1995) *Understanding Marine Biodiversity*, National Academy Press, Washington, DC

Nijkamp, H. and Peet, G. (1994) *Marine Protected Areas in Europe*, Commission of European Communities, Amsterdam

Norse, E. A., Rosenbaum, K. L., Wilcove, D. S., Wilcox, B. A., Romme, W. H., Johnston, D. W. and Stout, M. L. (1986) *Conserving Biological Diversity in Our National Forests*, The Wilderness Society, Washington, DC

Noss, R. (1990) 'Indicators for monitoring biodiversity: A hierarchical approach', *Conservation Biology*, vol 4, pp355-364

Nybakken, J. (1997) *Marine Biology: An Ecological Approach*, Addison Wesley Longman, New York

Olson, D. M. and Dinerstein, E. (2002) 'The global 200: Priority ecoregions for conservation', *Annals of the Missouri Botanical Garden*, vol 89, pp199-224

One Ocean (2000) *Legal and Jurisdictional Guidebook for Coastal Resource Management in the Philippines*, www.oneocean.org/download/20000215/ annex_ a.pdf, accessed December 23 2010

OTA (Office of Technology Assessment) (1987) *Technologies to Maintain Biodiversity*, US Government Printing Office, Washington DC

Paine, R. T. (1966) 'Food web complexity and species diversity', *American Naturalist*, vol 100, pp65-75

Paine, R. T. (1969) 'A note on trophic complexity and community stability', *American Naturalist*, vol 103, pp91-93

Peres, J. M. and Picard, J. (1964) 'Nouveau manel de bionomie de la mer', *Mediterranee. Recl. Trav. Stn mar. Endoume*, *Bull*, vol 31, no 47, pp1-147

Pielou, E. C. (1979) *Biogeography*, Wiley-Interscience, New York

Pierrot-Bults, A. C., van der Spoel, S., Zahuranec, B. J. and Johnson, R. K. (1986) 'Pelagic biogeography', proceedings of international conference, 'UNESCO Technical Papers in Marine Science', Paris

Price, A. R. G. and Humphrey, S. L. (1993) *Application of the Biosphere Reserve Concept to Coastal Marine Ar-*

eas, IUCN, Gland, Switzerland

Renard, Y., Walters, B. B. and Smith, A. H. (1991) 'Community-based approaches to conservation and resource management in the Caribbean', International Congress for the

Conservation of Caribbean Biodiversity, Santo Domingo, Dominican Republic, January 14-17

Ricklefs, R. E. (1987) 'Community diversity: Relative roles of local and regional processes', *Science*, vol 235, pp167-171

Roff, J. C. and Taylor, M. E. (2000) 'National frameworks for marine conservation: A hierarchical geophysical approach', *Aquatic Conservation: Marine and Freshwater Ecosystems*, vol 10, pp209-223

Roff, J. C. and Evans, S. (2002) 'Frameworks for marine conservation; Non-hierarchical approaches and distinctive habitats', *Aquatic Conservation: Marine and Freshwater Ecosystems*, vol 12, pp635-648

Roff, J. C., Taylor, M. E. and Laughren, J. (2003) 'Geophysical approaches to the classification, delineation and monitoring of marine habitats and their communities', *Aquatic Conservation, Marine and Freshwater Ecosystems*, vol 13, pp77-90

Russell, E. S. (1931) "Some theoretical considerations on the 'overfishing' problem", *Journal de Conseil International pour l' Explaration de la Mer*, vol 6, pp3-20

Sherman, K. L., Alexander, M. and Gold, B. D. (1980) *Large Marine Ecosystems: Patterns, Processes, and Yields*', American Association for the Advancement of Science, Washington DC

Sherman, K., Sissenwine, M., Christensen, V., Duda, A., Hempel, G., Ibe, C., Levin, S., LluchBelda, D., Matishov, V., McGlade, G., O' Toole, M., Seitzinger, S., Serra, R., Skjoldal, H. R.

Tang, Q., Thulin, J., Vanderweerd, V. and Zwanenburg, K. (2005) 'A global movement toward an ecosystem approach to management of marine resources', *Marine Ecology Progress Series*, vol 300, pp275-279

Simberloff, D. (1998) 'Flagships, umbrellas, and key-stones: Is single-species management passe in the landscape era?', *Biological Conservation*, vol 83, pp247-257

Sobel, J. (1996) 'Marine reserves: Necessary tools for biodiversity conservation?', *Global Biodiversity*, vol 6, no 1, Canadian Museum of Nature, Ottawa, Canada

Spalding, M. D., Fox, H. E., Allen, G. R., Davidson, N., Ferdana, Z. A., Finlayson, M., Halpern, B. S., Jorge, M. A., Lombana, A. and Lourie, S. A. (2007) 'Marine ecoregions of the world: A bioregionalization of coastal and shelf areas', *Bioscience*, vol 57, no 7, pp573-584

Sverdrup, H. U., Johnson, M. W. and Fleming, R. H. (1942) *The Oceans: Their Physics, Chemistry and General Biology*, Prentice-Hall, Upper Saddle River, NJ

Tansley, A. G. (1935) 'The use and abuse of vegetational terms and concepts', *Ecology*, vol 16, pp284-307

Taylor, H. F. (1951) *Survey of Marine Fisheries of North Carolina*, North Carolina University Press, Chapel Hill, NC

Thorsen, G. (1957) 'Bottom communities (sublittoral or shallow shelf) ', *Memorandum of the Geographical Society of America*, vol 67, pp461-534

Urban, D. L., O' Neill, R. V. and Shugart, H. H. (1987) 'Landscape ecology', *BioScience*, vol 37, pp119-127

Utter, F. and Ryman, N. (1993) 'Genetic markers and mixed stock fisheries', *Fisheries*, vol 18, pp11-21

White, A. T. and Lopez, N. (1991) 'Coastal resources management planning and implementation for the Fishery Sector Program of the Philippines', *Proceedings of the 7th Symposium on Coastal and Ocean Management*, pp762-775

White, A. T., Hale, L. Z., Renard, Y. and Cortesi, L. (1994) *Collaborative and Community Based Manage-*

ment of Coral Reefs, Kumarian Press, Hastford, CT

Zacharias, M. A. and Roff, J. C. (2000) 'A hierarchical ecological approach to conserving marine biodiversity', *Conservation Biology*, vol 13, no 5, pp1327-1334

Zacharias, M. A. and Roff, J. C. (2001) 'Use of focal species in marine conservation and management: A review and critique', *Aquatic Conservation: Marine and Freshwater Ecosystems*, vol 11, pp59-76

第5章　代表性海域：从全球到生态区域

生态系统/栖息地层次上的海洋保护

从来没有脱离代表性的保护。

John Roff, 2010

5.1　引言：海洋保护的层级分类方法

前几章概述了海洋环境的主要地球物理学特征和生物学特征以及各种海洋保护方法。但无论采用何种方法，基本要求是图示化并在空间上确定海洋分布的自然生物地理学格局。虽然单位面积物种多样性最高的地方是在“热点地区”（见第8章），但地球上物种数量最多的地方是全球广泛分布的“普通”或代表性栖息地。对这些代表性海域的充分保护需要对其分布进行分析。实际上，按照Butler等（2001）提出的分类方法，代表性概念可以应用于从全球到微观生物群落整个空间的各个层次（表5.1）。

表5.1　海洋环境空间层次结构分类方案

层次	单位名称	尺度	描述
1	域（Realm）	海洋域（Ocean realm）（数千千米）	是非常大的沿海、海底或海洋水体区域，由于具有共同的独特进化史，因而在较高的分类学阶元上其内部各处生物区系一致。域具有高度地域性，在属和科分类阶元具有独特的分类群。明显的因子包括水温和大尺度隔离。“域”既用于描述最大的海洋区域空间，也用于区分水体和海底环境
2	分区（Province）	分区（Province）（数千千米）	由特色生物区系所定义的大面积海域，这些生物至少在进化时间的框架内具有一定的密切联系。分区在某些层次上（特别是在物种层次上）拥有地域性。虽然历史上的隔离会起到一定的作用，但这些特色生物区系之所以会出现，是由于它们所在海域内具有的特色非生物特征。这些特征可能包括：地貌特征（如大陆块体、盆地和深海平原、孤岛和陆架系统以及半封闭海）、水文特征（如海流、上升流和冰动力学）或地球化学影响（如最大尺度上的营养供应和盐度因素）

续表

层次	单位名称	尺度	描述
3	生态区（Ecoregion）	区域性（Regional）（数百到数千千米）	物种组成相对均匀的区域，与相邻系统明显不同。物种的组成可能是由一组具有显著特色的海洋学或地形学特征所决定。定义生态区的优势生物地理因子各个地点都不相同，但可能包括隔离、上升流、营养盐输入、淡水流入、温度变化、冰况、暴露、沉积物、海流、水深或海岸复杂性
4	区域（Region）	区域性（Regional）（数百到数千千米）	嵌套在分区内的大尺度地貌学，例如大陆架、斜坡、深海平原和近海大陆板块
5	地形单元（Geomorphic units）	区域性（Regional）（数十到数百千米）	海底地貌相似，通常有有特色性生物区系的海域，例如海山、峡谷、岩石浅滩、内湾、海底峡谷和沙质海底
6	初级栖息地（海景）（Primary habitats or seascapes）	局部（Local）（数千米到数十千米）	嵌套在地貌单元中的那些软基、硬基或混合基底单元，以及依赖基底的相关单元和相关生物群落
7	次级栖息地（海景）（Secondary habitats or seascapes）	场所（Site）（数十米到数千米）	在软、硬或混合基底内的一般生物和物理基底类型，如石灰石、花岗岩、贝壳砂和泥砂
8	群落生境（Biotope）	场所（Site）（米到数十米）	与确定栖息地类型相关联的特定物种集合体（生物群落）组合
9	生物演替系列群丛（Biological facies）	场所（Site）（数厘米到米）	作为代表生物群落的生物指示物或物种组，例如海草、硬珊瑚组或海绵
10	微群落（寄居动物、共生体、附生体）（Microcommunities）	场所（Site）（毫米到数厘米）	依赖于生物演替系列群丛成员物种的物种集合体，例如巨型海带的固着器生物群落

注：本表是地理学、地球物理学、生态学和生物学各组成部分的简单组合，但它在指导海洋保护工作方面仍然非常有用。

资料来源：改编自 Butler 等（2001）、Beaman（2005），并纳入了 Spalding 等（2007）的定义。

在流动的海水介质中绘制海洋环境图（在海洋上画线）乍一看似乎是一种不可能的事情。然而，由于许多原因的存在（表5.2）（Roff et al.，2003），特别是对于海洋保护而言，进行环境地图测绘又是必不可少的。除了一些海洋哺乳动物、爬行动物和鱼类，很少有海洋物种在分布上不受限制；绝大多数物种的分布都受到环境参数/变量某种组合的限制，例如温度、盐度、深度以及基底类型（对于底栖生物产生影响）（表3.5）。这意味着要保护尽可能多的物种，应该从全球到局部层次上尽可能多地保护可识别的不同类型的栖息地。代表性栖息地类型的层次结构分类显然是必要的，也有许多可能的分类方法（表5.3）。这里，重点关注自然地理学特征和海洋学特征。

表 5.2 可利用的栖息地分类方案

栖息地定义-群落类型关联分析

确定用途的生境适宜性评估，例如渔业提升/水产养殖

评估实际或预期资源使用之间的冲突

研究生物多样性分布模式

判断入侵物种的潜在影响

评价候选代表性海洋保护区

评估焦点物种（例如伞护种和旗舰种）在海洋保护中的潜在角色

环境监测规划指导

栖息地管理和管理实践指导

为环境监测选择未受影响的参考海域指导

评估和评价生态系统层次过程框架

评估全球变暖效应框架

创立基于生态系统的管理

评估每种栖息地类型的稀有性和普遍性

评估每个代表性栖息地类型的数量和大小

评估亚区的栖息地异质性

资料来源：Roff 等（2003）。

表 5.3 海洋环境、生境和群落的生物地理学和结构化的一些可能方法（分类方法归类）

方法	分类基础	亚类基础	因素
分类学（“传统”生物地理学）	遗传学差异		重要进化单元
	物种—分布范围		分类群
	属—分布范围		分类群
	科—分布范围		分类群
	迁徙生物/旗舰物种—分布		摄食、繁殖海域
	群落分布与范围		生物群落、群落生境
	特色生物群落		热液口、海绵
地貌学	地球物理学	海洋学特征	温度、盐度、水团、营养盐结构、溶解氧最小层、温跃层
		自然地理学特征	深度与其类别、基底类型、沉积物
	地形学	地形学特征	山脊、海山、深海平原、大陆斜坡
生态地理学	生物物理复合因素	生物群系	海洋盆地、海洋环流、水团、水色（叶绿素）生产力结构、纬度、经度、温度结构、群落类型
		生态系统	海洋学特征、环流、边界流、会聚区、辐散、海流
	地质学史和古生物学	生态边界进化	板块运动、海洋山脊
社会经济学	基于生态系统的管理	渔业经济学	历史性渔场、每年捕捞配额、生产力结构
		大海洋管理海域	
		渔场	
	资源开发	非再生性资源	

本章中我们将讨论在全球尺度到局部海域尺度上如何将海洋环境、生境和生物群系结构化（表5.1）。保护方案可能在层级结构的几个层次上实施，同时应该考虑生物多样性和环境的结构属性和功能属性（见第3章）。在这一章中，我们将专门讨论识别代表性栖息地，特别是当这些栖息地可以通过海洋学和自然地理学特征定义，或者当它们处于Zacharias和Roff（2000）所称的"生态系统"（非生物）层次时。第11章将这些原则应用于海岸带，第12章将详述全球生物地理学分类的概念和原则（特别是用于公海和深海）。

栖息地分类现在已被广泛采用，Urban等（1987）对海洋层次结构方法相对于陆地生态学方法的优势进行了研究。层次结构分类系统中，缺失的组成成分可以被识别，分类方法可以根据需要进行修改，从而显示出其具有强大的分类能力和充分吸引力。为了达到保护环境的目的，层级结构分类方法的目标是建立一个系统，在这个系统中，所有的自然群落和栖息地都可以被识别。这种层次结构中，较低层次的"单元"应该与基本的群落生境、生物群落或演替系列群丛本身相对应。层次结构本身应该首先区分明显不同的空间单元和生态单元，而在层次结构较低的层次上，栖息地类型和生物群落类型则逐渐变得更密切相关。在这方面，层次结构分类方法就类似于分类学上的"自然分类系统"。

5.2　从全球到生态区的代表性海域

描述和理解地球上生命的地理分布的愿望可以追溯到古代。由于海洋难以近距离观察，海洋研究发展比在陆地要慢得多，我们对海洋的了解还远远不够。在海洋环境中，由于空间分辨率在定性及空间覆盖范围或方法上的问题，全球图示化和分类系统的发展受到限制。直到最近，以分层抽样理论和生物地理学为基础的最全面的保护办法为国际自然保护联盟所采用，以此作为建立全球海洋保护区代表性系统的基础（Kelleher and Kenchington，1992）。

"代表性"一词背后的基本概念是旨在保护全球范围内的全部生物多样性组成成分——基因、物种和更高的分类单元，以及维持这种多样性的群落、进化模式和生态过程（Spalding et al.，2007）。因此，生物地理学分类为代表性评估提供了一个关键基础（Olson and Dinerstein，2002；Lourie and Vincent，2004）。因为以前使用生物地理区划来规划全球海洋保护的尝试已经定性，社会普遍担忧缺乏适当的全球分类，Spalding等（2007）承担了一个为沿岸海域和大陆架海域的生物区划研发一个全新综合系统的任务。但这个系统并不涵盖深海或公海海域（深海和公害将在第12章中讨论），也不包括将在第7章中进行讨论的特色性海域。

为定义全球生物地理区域，学者们采用了各种判断标准，包括地域性程度（Briggs，1995）、温度或生产力界限（Longhurst，1998）、水深、水文、海洋学特征和过程，以及世界上主要的渔场（Sherman et al.，2005；见第4章）；然而，为了达到保护目标，显然需要一种新的综合。理想情况下，这种综合将识别和定义海洋中的"自然屏障"（尽管存在漏洞），而正是这种自然屏障促进了异源物种形成，并导致在海洋不同区域的地域性和不同生物区系（植物区系和动物区系）的发展。一个理想的系统也将是分层次的和嵌套的，并允许从全球到局部海域各个层次的保护规划和管理。

在制定分类方法时，Spalding等（2007）进行了广泛的讨论和磋商，审查了基础数据以及生物地理单元的识别和定义过程，并要求其分类方法应该具有强大的生物地理基础，能够实用且具备简约性特征。特别是这一分类方法受到综合研究的启发，综合多个分类单元和海洋学因素来定义边界，因为它们被认为在总体生物多样性中更有可能体现强大或重复出现的模式。由此产生的三级分类是一个嵌套系统，由 12 个域、62 个分区和 232 个生态区组成。与以前的系统相比，该系统提供了更好的空间分辨率，它作为全球到生态区的海洋保护规划基础，可能是我们现有的最佳生物地理分类方法。表 5.1 以及图版 4A 和图版 4B 总结了域、分区和生态区的定义和描述。

在定义任何层次的生物地理层级结构分类方法/生态学分类方法时，总会有某种程度的主观性。但这是不可避免的，就像在生物的“自然分类系统”中指定分类级别（从门到物种）一样。然而，这种分类的实用性优势远远大于主观性的劣势，随着全球生物多样性知识的积累，就像我们的系统分类学那样，现有的生物地理分类方法也将会不断完善。

5.3 区域层次和地质形态单元

区域本身可以主要根据从沿岸系统到深海的大尺度粗轮廓地貌学特征和水深来定义。正如第 2 章和第 3 章所述，人们早就认识到，无论是水体生活还是海底生活的海洋动物群，都会随着深度和其他因素的变化而发生显著变化。

在区域和生态区范围内，至少有两种公认的方式来继续定义层次结构的较低层次，即通过图示地貌特征和使用系统叠加来图示地球物理特征以呈现各种海景（图 5.1）。这两种方式都得到提倡和使用，重要的是要认识到它们之间的关系。表 5.1 表明海景位于地貌单元内，但实际上它们可以分别图示。这两种方法可以部分重叠，并不相互排斥；相反，它们可以互相补充。

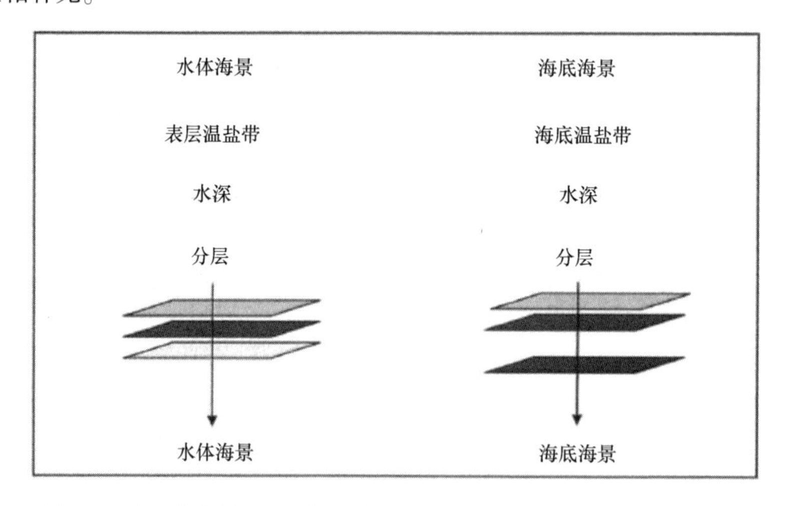

图 5.1　产生海景的 GIS 叠加系统，海景可以通过添加更多的因素和变量来逐步更详细地描述，为在水体和海底环境中定义海景，它们的图示化分别进行

将代表性海域图示化为地貌单元可以产生包含几种类型栖息地的地图，也就是说，每个地貌单元将在一定程度上可显示初级栖息地的 β 多样性（见第 8 章）。在一个区域（如沙洲）内，这种地貌单元可能会有重复案例，某些类型的栖息地也可能是唯一的。随着现场监测装置如回声探测仪、多波束和侧向声波探测仪等的出现，地貌单元已逐渐为人所熟知（其技术摘要见专栏 5.1）。对诸如浅滩、海盆、海山和峡谷等的识别和地貌特征图示化是非常有意义的工作，特别是在那些已知或疑似与特色性海域生态系统层次上的生态过程特征相联系的海域（见第 7 章）。这些生态过程可能包括一些能够积累生物量或刺激生产的重要物理水体运动，例如浅滩上的浮游生物（包括鱼类幼体）的旋转驻留、海洋峡谷内局部地形形成的上升流等（见第 7 章和第 8 章）。

专栏 5.1　遥感技术在测绘海洋环境和可以通过遥感方法识别/量化的变量方面的应用

遥感是指从飞机、卫星或船舶上探测电磁能量。遥感技术探测到的典型电磁波谱是光学区域和微波区域。

船载遥感

单波束：利用声能收集海底深度测量数据

多波束：利用声能测量海底深度和特征的主动传感器

航空遥感

激光雷达：一种主动的传感器，它将激光脉冲发送到目标，并记录下脉冲返回传感接收器所需的时间

热红外辐射计：收集热成像

多光谱遥感：收集立体黑白、彩色红外和真彩色图像

超光谱遥感：超光谱传感器是一种通过电磁光谱中的紫外线、可见光和红外部分（如 CASI、AVIRIS、AISA 和 Probe-1），在许多相对狭窄的连续和/或非连续光谱波段可以获取即时图像的被动传感器

卫星遥感

全色遥感（PAN）：对可见光谱敏感，通常以显示黑白图像

多光谱遥感（MS）：在电磁光谱的两个或多个光谱波段收集数据，这些波段可能位于光谱的可见光和红外光部分

中分辨率卫星遥感（MS）：1 km ~ 30 m，例如：Landsat TM/ETM，SeaWifs，AVHRR，MODIS，CERES，AVISO，ENVISAT \ MERIS

高分辨率卫星遥感（HR）：60 cm ~ 15 m，例如：SPOT，Quickbird，IKONOS，ASTER，LANDSAT 全色遥感

雷达测高法：测量海洋高度，用于了解海洋环流模式，例如：TOPEX

微波传感器：测量降水、海洋蒸发、云含水量、近地表风速、海面温度、土壤湿度、积雪覆盖和海冰参数，例如：AMSR-E（被动式），RADARSAT（主动式）

（Turner et al.，2003；NOAA 海岸服务中心，2009）

变量	遥感测量方法
沉积物组成	船载：多波束反向散射（Sutherland et al.，2007）
深度	船载：多波束（Smith and Sandwell，1997） 单波束声呐（Smith and Sandwell，1997） 航空：LiDAR（潮间带）（Parrott et al.，2008）
温度	卫星：AVHRR（Fiedler et al.，1984；Hendiarti et al.，2002）
浊度	卫星：SeaWifs attenuation at k490（近岸效果差） 航空：CASI（Herut et al.，1999）
叶绿素/ 净初级生产力/ 颗粒有机碳	卫星：SeaWIFS（Hendiarti et al.，2002；Biggs et al.，2008） AVHRR（Fiedler et al.，1984） Terra/MODIS（Mauri et al.，2007） Terra/ASTER（Sakuno et al.，2002；Nas et al.，2009） IKONOS（Ormeci et al.，2008） SPOT（Yang et al.，2000） MERIS（Fournier-Sicre et al.，2002；Lunetta et al.，2009） 航空：AVIRIS（Lunetta et al.，2009） CASI（Herut et al.，1999）
大洋环流	卫星：TOPEX（Wunsch and Stammer，1998） AVHRR（Strub and James，1995） MODIS（Yuan et al.，2008） SeaWiFS（Singhruk，2001） ENVISAT/MERIS（Zainuddin et al.，2006）
天气/降水	卫星：Terra/CERES（Kato et al.，2006） AMSR-E（Kelly et al.，2003）
营养盐	航空：荧光 LiDAR
污染物	航空：荧光 LiDAR（Babichenki et al.，2006）
应用生物学	航空：航空摄影 CASI（Mumby et al.，1997） 航空多光谱系统 热红外辐射仪（海洋哺乳类调查） 卫星：Landsat TM（Zainal et al.，1993；Mumby et al.，1997） Terra/ASTER（Capolsini et al.，2003） SPOT XS 高分辨率 2.5~10 m（Cuq，1993；Mumby et al.，1997） IKONOS 高分辨率 1~4 m（Mumby and Edwards，2002） Quickbird 60 cm~2.8 m，全色和多光谱系统（在白令海和楚克奇海监测海象种群）

在用叠加系统将代表性海域图示化为海景的过程中，我们试图定义特定种类的初级栖息地或次级栖息地，或者至少是特定种类栖息地占主导地位的区域。在这个级别的定义中，每个海景不可避免地还是异质性的，并将显示不同次级栖息地和群落生境（biotope）的 β 多样性。在一个区域内，通常会有许多不同类型海景的重复单元。因此，这两种方法都很巧妙，但是明显不同，也不存在彼此矛盾之处。同海景方法一样，地质形态学单元方法也没有明确考虑到生物群系作为温度、盐度、深度、水团等的函数所发生的自然变化。具体要选择使用其中的哪一种方法可能取决于数据的可用性（见下文和第 6 章）。事实上，对于这两种方法来说，在层次结构设计过程中，后面步骤都是相同的，即使用直接采样技术或使用诸如多波束调查技术等获得的原位数据，来进一步完善区域内栖息地类型和群落生境的定义。因此，在次生生境和群落生境层次上，这两种方法趋于一致。

将生态学图示化工作仅仅局限于地貌特征图示化，这种操作还存在有其他潜在的问题。例如，在这种大尺度的方法中，不具备哪些识别特征的海域可能被忽略或不被赋值（见图版 5），例如浅滩末端和盆地开始处可能存在这种情况。在分类中忽略了某些海域，将意味着在忽略海域分布的生物群系没有被包括在内，而这些生物群系在特征上和物种组成上可能不同，这些被忽略的生物群系将得不到解释。而海洋中的所有区域都属于某种海景类型。

在地貌特征、海景和栖息地之间还存在另一个复杂因素。由于“栖息地（生境）”（habitat）一词本身就是分层次使用的（而且常常是不加区分地使用），栖息地分类可能将跨空间尺度的那些分类单元进行了混合。例如，海洋“栖息地”类型的 Natura 2000 分类实际上是两种分类单元和多达 5 个空间层次系统水平的综合（比较表 5.1 和表 5.4）。为了确保对所有海洋生境的适当分类并具有充分的代表性，必须小心地将所有生境类型都纳入空间定义的层级结构分类体系中。

表 5.4　NATURA 2000 系统中的部分“栖息地”类型

（显示在 Butler 等（2001）空间分类系统中栖息地所处的层次）

NATURA“栖息地”编号	NATURA“栖息地”类型	Butler 等（2001）空间结构层次
1110	沙洲	次级栖息地（海景）
1120	贝床	生物学演替系列变群丛
1130	河口	地形单元
1140	低潮没被海水浸没的泥滩和沙滩	次级栖息地（海景）
1150	沿岸潟湖	初级栖息地
1160	大型浅水海湾	地形单元
1170	群礁	次级栖息地（海景）
1180	海底气体外泄造就的水下结构	生物学演替系列变群丛
8330	淹没或部分淹没的洞穴	初级栖息地

5.4 生态区内的地球物理因素与海景

每个生态区都包含许多不同类型的海域和生境，既包含有特色性海域（或生境），又有代表性海域（或生境）。“特色性”是指某一海域、生境或群落类型在某一确定的参考尺度上是非典型的，而“代表性”是指某一海域、生境或群落类型在某一尺度上是具有其周围环境的典型特征（Roff and Taylor，2000；Roff and Evans，2002）。特色性海域是孤立的，而不是连续的；第7章将更详细地讨论这类海域。相反，代表性海域是连续的所有海洋环境都属于某种类型的代表性海域。

代表性海洋生境及其相关生物群落的分类体系应具有逻辑性、易用性和稳定性（或自然适应性）。我们可以设想3种宽泛的分类类型：①只使用生物学特征和物种；②仅使用物理学特性或过程；③兼用生物学特征和物理学特征的混合体系。生物学系统的优点是不需要寻找生物和物理参数之间的关系。然而，大多数海洋生物既不能直接看到，也不能通过遥感看到，通过直接取样图示化海洋生物群落是一项艰巨的任务。

从域（realm）层次到生态区（ecoregion）层次，代表性海域的分类实际上是一种混合的分类方法，使用了全球范围稀疏取样获得的生物学和物理学数据。但是，从生态区域一级到次级生境一级（3~7级），现有的生物学数据往往非常稀少。一般来说，只有在近岸的浅水海域，生物群落才能得到直接观测。因此，诸如珊瑚、红树林和海草等生物群落的分布可以直接图示化，例如通过空中观测或通过船只和摄像机记录。除了这些明显和容易取样的生物群落以外，世界上其他较深水域中的代表性生境和生物群落都隐藏在人们的视线之外，在适当规模上对它们的生物区系进行取样这项工作非常艰巨，因此该工作迄今都没有进行。

由于有关海洋生物资源的数据普遍缺乏，利用地球物理特征来描述海洋生境并作为海洋生物群落的替代特征已被广泛应用。在大尺度（例如区域尺度和国家尺度）上，有关种群和生物群落的资料一般非常稀少，因此，生物多样性框架的生境/生态系统层级最适合建立层次结构框架。事实上，在许多情况下，这也是在这种尺度上进行海洋保护的唯一可行办法。现在有相当多的研究表明，在一系列空间尺度上，种群和群落与生境类型有着高度相关性（Connor，1997），这一重要问题将在下一章中详细讨论。

在空间层次结构的最低层次（表5.1），又可以在厘米至米的尺度上对生物区系进行直接取样。但是，考虑到时间、费用和专业分类技术，这种直接取样只能在有限的海域进行。我们应该认识到这样一种有趣的情况，即从全球到局部层次，空间分类必须依靠生物学和地球物理学数据的各种组合。从域到生态区层级，也要将地球物理学资料和生物学资料结合使用；然后，从生态区到栖息地层级，通常只有地球物理学数据可以使用，而生物学数据在这些地方变得过于稀少（除了在沿海海域的一些生物群落，例如珊瑚和红树林，可以直接图示化）。最后，空间层次结构的最低层次回归到使用生物学资料进行局部描述，或对地球物理数据进行交叉校准，以验证生境/生物群落的联系（Maxwell et al.，1995）。

5.5　地球物理学分类系统的基本原理与生态法则

一个区域内的生物群落是许多物理因素、化学因素和生物因素相互作用的结果（表 3.5）；而我们却几乎不知道每个参数的相对重要性。然而，在海洋环境中，生境非生物性的地球物理属性（自然地理学属性和海洋学属性）至少会部分决定当地的生物群落，特别是在中纬度海域。

“持久性特征”（enduring feature）一词被用于陆地生态系统，以描述那些从不改变的景观要素（至少在人类寿命时间尺度上不变），这些景观要素被认为控制和影响生物系统的多样性。在识别陆地保护空间时，“持久性特征”是与陆地非生物性特征密切相关的（Kavanagh and Iacobelli，1995）。持久性特征包括了诸如地形、自然地理特征和土壤等这些稳定特征，在小尺度到中尺度上，它们已被证明在动植物区系的分布和多样性方面发挥着重要作用。这些特性可以很容易地以二维格式图示化。

从根本来说，海洋系统与陆地系统完全不同，但海洋系统也是由相互作用的物理要素和生物要素组成，它们可以作为区分海洋代表单元（marine representative units，MRUs）或生境的指标。海洋系统比陆地系统更具有动态性，具有更复杂的时空关系，这使得开发与之相适应的海洋系统技术更加困难。与陆地特征不同，海洋生态系统对应的生态属性可能以可预测或不可预测的方式发生时空变化，特别是在水体海洋环境中。

海洋系统的“持久性特征”这个词已经被修改为“海洋持久性特征和周期性过程”（marine enduring features and recurrent processes）（Roff and Taylor，2000），以指定那些可以观测的非生物性（地球物理学）海洋生态系统要素，正是这些要素控制着海洋物种和生物群落的分布和多样性（尽管有时以动态的方式），它们可以作为替代指标用以识别主要海洋代表性单元和其生物群落类型。周期性的过程，如每天的潮汐、季节性分层、锋面系统和洋流的发展，尽管它们是多变的，但在很大程度上是可预测的。这些周期性的海洋学过程是陆地生态系统持久性特征所不具备的。海洋生物群落的边界可能比陆地生态系统生物群落的边界更加多变（Tremblay and Roff，1983），但就相关的持久性特征或周期性过程来说，这可能体现了代表性的海洋生境及其生物群落。如果分类系统是建立在预测生物群落的持久性和周期性地球物理特征的基础上，并且这些因素能够图示化，那么就可以为所有区域建立一个完整的分类系统。

应用地球物理特征的优点是，在大尺度上这些特征控制着生物的分布。在局部海域，虽然单个物种易于发生种群变化、入侵或灭绝，但生物群落会持续存在（尽管是不同的生物群落，见第 6 章），并且可以通过其持久性或周期性的物理关联因素来表现。单独使用物理特征的偏好也是因为存在几个现实原因。①在广阔的地理区域，地球物理数据总是比生物调查数据更容易获得；遥感技术可以随时获得有关地理、地质、海岸线地形、表层植物生物量（例如通过叶绿素 a 含量/水色）、温度和其他特征的详细资料（专栏 5.1）。②栖息地比它们所支持的群落在时间上更稳定，在生态上更处于基础地位，这一点将在第 6 章中讨论。③即使环境发生了变化，例如由于温度变化或由于降雨量和径流的陆地变化而导致的沿海盐度变化，重新图示化地球物理数据也比重新调查一个海区的生物区系要容易得多。④虽然没有任何分类方法可以解释像飓风这样的大尺度或不可预测的扰动，但群落通常会经过适当的过程，根据当地持久性自然地理因素和周期性海洋因素，在物种组成方面进行重建。

专栏5.2列出了一套海洋生境（亦称海洋代表性单元）分类的指导原则。

专栏5.2 海洋栖息地（或海洋代表单元，MRUs）分类的指导原则

所谓指导原则，我们指的是一系列的声明，它们旨在：

指导制订和实施海洋环境保护代表性方法和框架；

指导海洋濒危物种和空间对“生态完整性”的需求，发展真正的海洋保护区网络（见第16章和第17章）；

采用“空白分析”（gap analysis）方法，找出应列为海洋保护区的海域。

（1）系统应该具有全局视角，其较高级别的分类应由全球过程来定义。

（2）鉴于海洋水体环境和海底环境中的生物群落之间存在明显和深刻的差别，因此有必要在保护规划中分别考虑这些不同空间环境。

（3）应采用一种基于“海洋持久性和周期性特征”（即结构和过程）的方法对具有代表性的海洋环境进行分类和评价。

（4）选择作为分类基础的那些因素应该是最适合于层次结构中每个层次的因素。每个变量在分类过程中只使用一次。这意味着该变量是该尺度下最重要的物理化学“控制性”参数。

（5）任何分类方法都应明确识别和区分具有代表性和特色性海域。

（6）对生物群系和生态系统的认识可能有助于实现管理目标，但这些单元并不能构成保护生物多样性组成部分或海洋代表性单元的全面框架基础。

（7）这些海洋代表性单元应直接或间接地代表海洋生物多样性的重要组成部分。

（8）在生态区尺度上，物理/生物混合分类方法结果不甚理想，但如果必须使用这种混合方法，则对其应加以合理化。生物学参数本身可以在更小的尺度上用于验证局部海域物理参数的相关性。预计物理环境参数和生物群落类型将在最小尺度上汇合，用于定义为可识别群落生境代表性空间的联合描述性指标。

（9）海洋代表性区域的分类应该是层次化的，以便在不同的空间尺度上进行描述，从而对系统中较低层次的分类单元进行识别和最终保护。

（10）应建立层次结构，以便最明显的各种生物群落类型首先在较高层级上得到区分；越是较低层级的生物群落类型，其相关性应是越来越大。诸如Butler等（2001）（表5.1）的分类系统是目前的首选系统。

（11）分类系统应根据可测度和不可测度的海洋持久性特征，与自然地理学因子和海洋学因子中数量最少的一组关键因子结合，清楚地描述重复出现的生物群落或生境类型。

（12）应该具备描述海洋代表性单元的海洋持久性特征数据，或对于所有待评价海域在可比较尺度上具有适当的替代指标，以确保解释和比较的一致性。

（13）该系统应该具有预测能力，来描述物理环境和生物群落之间的关系（见第6章）。

（14）系统应该具有逻辑性、易用性和稳定性（或自然适应性）。

（15）选择海洋保护区要求进一步分析生态信息（例如单个物种信息和生态过程信息，见第16章）。

（16）需要进一步分析海洋学数据和遗传学数据，以便规划海洋保护区网络。

（17）需要采取后续的规划步骤，以评估对社会经济的影响，并要求评估其他海洋代表性单元作为海洋保护区的备选区域。

备注：另请参阅 Watson（1997）。

5.6　定义栖息地（海洋代表性单元）的地球物理学因素

第2章和文献（Roff et al.，2003）已经对主要海洋学和自然地理因素、它们对海洋生物区系的影响以及在塑造海洋群落形成过程中发挥的各种不同作用进行了讨论。最终被选作海洋代表性栖息地及其群落指标的地球物理因素在很大程度上将取决于每个因素的详细程度和可用数据的范围。

我们在应用过程中直接面临的一个问题是，控制水体环境生物群落的那些特征与控制海底环境生物群落的那些特征是不同的（实际上它们分别是三维的空间和二维的空间）。这也是将海洋学特征与自然地理特征进行分离的原因之一。海洋学特征对水体环境和海底环境的生物群落都有重要意义，而自然地理学特征主要对海底环境的生物群落具有重要意义。由于许多海洋生物的生命周期包括底栖生活阶段水体生活阶段，因此，两个空间环境之间存在相互联系和数量关系，而这些联系可能难以量化和图示化。然而，大多数海洋保护倡议，特别是旨在保护海洋生物多样性的倡议，主要与海底空间环境相关。迁移性物种（主要在水体空间环境内）存在多标量问题，需要分别讨论各种标量（见第7章）。

要根据海洋栖息地类型的地球物理性质对其进行图示化的任务，从全球角度来看，大多数海洋生态学家可能都会识别出与表5.5中列出的因素相似（或至少包括表中）的一组因素（Roff and Taylor，2000）。然而，在局部（数十至数百千米）或区域（数百至数千千米）尺度上，栖息地进行分类方案可能会查明不同组的多种实际因素并以此作为决定因素，在层级结构分类中按不同的顺序使用（Dethier，1992；Connor，1997；Zacharias et al.，1998；Roff and Taylor，2000）。重要的是要确定在局部或区域应用整体概念时出现各种差异的原因，并讨论是否可以在地理区域之间制订一个共同的栖息地分类方案。如果可能，那么这种一般性的分类方案将大大促进区域和国际层次上的生态环境保护工作。在制订一般性栖息地分类方案时，有许多重要的因素值得考虑。

表 5.5 可用于栖息地分类的地球物理因素

总目录	用于该分类的因素	因子主效应尺度
海洋学	**海洋学**	
冰盖	冰盖	全球性/区域性
温度	温度	全球性/区域性/局部性
盐度		
水团（温盐特征）		
温度异常		
温度梯度（例如锋面）		
光照深度		
水柱分层	水柱分层	区域性
营养盐浓度		
潮汐振幅		
潮流		
（波浪和干燥）暴露	（波浪和干燥）暴露	区域性/局部性
流速		
溶解氧浓度		
自然地理学	**自然地理学**	
板块运动		
纬度		
深度	深度	区域性
地形/海底坡度	地形/海底坡度	区域性
斜坡变化率/异质性		
基地颗粒大小	基地颗粒大小	区域性/局部性
岩石类型		

注：“区域性”是指地方到国家尺度或 100~1 000 km 范围；“局部”是指地方尺度或 10~100 km 范围。进一步的解释请参阅 Roff 和 Taylor（2000）。

（1）全球范围内可以用来区分不同生境类型的可能因子必须由可图示化的现有地球物理数据和易于通过遥感或现场遥感获得的数据来确定。幸运的是，随着传感器技术的不断发展，我们图示化地球物理因素的能力正在持续提高（专栏 5.1）。

（2）因素之间可能存在一些冗余，或者需要以不同的方式计算它们。因此，某些因素的组合可以作为其他因素的替代；例如，坡度和流速可以作为基底类型的替代因子。同时，可以根据 Simpson-Hunter 分层参数（h/U^3，其中 h=水深，U=潮流速度）预测和模拟水柱分层（Pingree，1978），但这只用于月球潮汐成分占主导地位的海域。在其他海域，可能需要有关水体分层的实际数据（例如，$\Delta\sigma t/\Delta z$；$\Delta\sigma t$ 表示密度变化，Δz 表示深度变化）。这两个参数可以交叉校准以显示相同的情况。

（3）为任何区域内的层次结构分类选择的实际因素集将取决于每个区域内的自然变化范围。在某一特定区域，有些因素变化不大，它们可能就不适用。例如，在加拿大不列颠哥伦比亚省乔治亚海峡河口外面（Roff et al.，未发表）和波罗的海（Hallfors et al.，1981）（如果河口形成的栖息地与其他海洋栖息地分隔，河口栖息地应该单独分类，见第 11 章），盐度是生物群落类型的重要决定因素；但在加拿大东海岸（Day and Roff，2000）和地中海（Connor et al.，1995）却不是这样的情况。这是因为前两个地区部分为陆地所包围，受到大量陆地径流的影响，盐度变化范围大。因此，它们具有河口的特征。而在后面的两个案例中，盐度变化小，不足以作为生物群落类型的主要决定因素。因此，虽然一组普通因子集（至少在全世界的温带地区）可以用于任何特定区域的层级结构，但由于其中某些因素可能是同质的（即某些因素变化不大），它可能无助于区别生境类型。并且，在热带和亚热带地区与之类似，有几个地球物理因素（例如温度、盐度、分层）变化都不大，我们可能需要更多地依赖于生物群落本身的直接图示化，实际上这是在这些地区进行栖息地分类的典型做法。

（4）各因子输入层次结构的顺序最好由与“自然生物分类系统”相同的原则来确定，即输入顺序应该取决于因子区分栖息地类型的能力（也暗示因子与群落类型和生物分类序列的关系），区分能力最强者先输入。这意味着层次结构较高层级的生境类型应该彼此差别更大，而层次结构较低层级的生境类型应该更加相似。通过暗示和关联，这也意味着生物群落类型在层级结构较低的类别中应该变得更加相似，就像分类系统中的分类单元一样。在实践中，还需要专家判断、分类知识、生物地理学知识和全部海洋生物类群的生理学知识。在这里，我们将不讨论层级结构分类的顺序，人们可能期望它像自然生物分类系统那样发展。然而，分类顺序也将部分取决于每个因子发挥其主导作用的规模。表 5.5 给出了一系列因子空间排序的方式和它们输入层次结构的顺序（Allen and Starr，1982；Roff and Taylor，2000；Roff et al.，2003）。根据这一推理，应该清楚的是在大陆或国际层次上，可以以确定和可信的顺序应用一组普通因子，产生一个通用的生境类型层次结构。然而，可以预期某些因子将不适用于某些区域，也就是说它们无助于区分生境类型。在这种情况下，层次结构的这些部分将会是空缺，我们将使用下一个因素和下一个层次。

（5）层次结构分类中的层次数量取决于数据的可用性、空间分辨率和空间覆盖率以及统计学要求。因此，在栖息地层次上，为改进区分度，可能需要比表 5.1 列出的级别更多。

5.7 国家和区域层次代表性海域层级结构保护规划案例

大多数海洋保护规划将在国家层次上进行，在国家层次上保护区边界可能跨越全球指定生态区域。以下两个例子说明了从区域到大陆层次上为确定代表性海域所进行的保护规划工作。

5.7.1 北美的海洋生态区

环境合作中心设立北美海洋生态区域的目的是对北美的海洋和河口专属经济区进行分

类（Wilkinson et al.，2009）。该项目成果将为养护和管理工作提供资料，并使公众了解和认识北美海洋生态系统的多样性。北美海洋生态区域的关键设计要点包括：分类方法必须是可扩展的（具有层级结构），以便较小的单元嵌套在较大的单元中，便于进行管理和环境报告；分类单元必须以生物学、自然地理学和海洋学标准为基础，反映生态群落的“真实”分布状况；该分类系统必须与现有的地图和分类方法相联系。

构筑该分类方法的“规则”是由一个三国委员会制定的，该委员会规定这一分类方法必须：

- 适应于北美地区。
- 包括3个嵌套的层次结构级别，以“硬线”为边界，并假定这些“硬线”是近似的，并不考虑政治边界。
- 以现有最好的生物学、海洋学和自然地理学数据和专家知识为基础，同时延续应用已有成果和命名法。
- 能够通过描述生态区域特征进行生态解释。
- 尽可能在二维地图上反映海洋系统的三维性质。
- 采用基于位置/地点的术语，以反映该层次和用于定义该层次的主要变量。

第Ⅰ级分类（图版6）主要根据水团特征（例如海面温度、冰盖）和主要自然地理学特征（例如封闭海、主要海流、环流、上升流）界定24个大致与“海洋生态系统”类似的区域。第Ⅰ级从海岸一直延伸到深海，尽管对深海区域的生物地理模式和过程仍然知之甚少。

第Ⅱ级分类（图版7）的主要变量基本上是自然地理学特征。用于确定第Ⅱ级单元的海洋特征包括大陆架、斜坡和深海平原、海底山、陆缘、海沟和山脊。这些特征被用作包括洋流和上升流在内的海洋学特征的替代因子和预测因子。第Ⅱ级分类的主要目的是体现浅海海域和大洋海域之间的空白，以及体现海底环境中的多样性（Wilkinson et al.，2009）。

第Ⅲ级分类中的变量结合了海洋学、自然地理学和生物学因素，来表示从海岸线到大陆架边缘的沿岸带和浅海海洋环境。这一层次的具体变量包括盐度（河口影响海域）、基底类型、群落类型或群落子类型。

5.7.2 缅因湾和斯科舍大陆架的地球物理学地图

斯科舍大陆架和缅因湾包括大西洋沿岸和加拿大新斯科舍省和美国北部邻接的海洋水域，一直向外延伸200 n mile，总面积约277 388 km^2。在第16章，CLF/WWF（2006）在为海洋保护区网络选择地点时，将再次详细讨论研究区域及其生物地理边界。研究区域的北部边界位于加拿大东南部的布雷顿角岛（即劳伦特海峡）以西，而南部和西部边界则延伸至乔治浅滩以外；芬迪湾也包括在研究区域之内。

由于拉布拉多寒流和墨西哥湾暖流对近岸的影响，该海域的水温差异很大。在河口之外，大陆架海水的盐度变化只在芬迪湾的最上层和圣劳伦斯湾的内湾有较大变化（Petrie et al.，1996）。上层水体的主要温度和盐度带如图版8A所示。海水是连续的，因此由温度设定的任何范围都必须具有一定的随意性。然而，在大陆架图示温度变化时，在5℃冬季等温线和18℃夏季等温线之间很明显有显著的一致性，在温带大陆坡水体和墨西哥湾流亚热带水体之间形成了一个一般性边界，且这个边界与季节无关。冬季海冰的存在与否对许多海洋生物都是非常重要的，并依次将寒冷（北方）海域与温带海域区分开来。季节性结冰的大概位置可由一直延伸至布雷顿角北部的冬季 0℃ 表面等温线充分描述。该海域的海水深度等级显示在图版 8B 中。

在夏季，斯科舍大陆架的大部分海域都受到低振幅混合潮的影响，从而形成了水体分层（J. Loder, Bedford Institute of Oceanography，私人通信）。从新斯科舍省西南部到缅因湾，该海域逐渐被 M_2 分潮主导，芬迪湾的共振产生了异常高的潮汐。因此，这些海域或者是未分层的，或者包括了锋面区域（图版 8C）。水柱的垂直分层在时间和空间上都将其生物群落分开，分层水体和非分层水体的每年生产力状态和群落结构都不相同（Pingree, 1978）。因此，高潮汐振幅的浅滩和沿岸带海域将保持不分层，并可能有外部大洋水体重要物种的种群（例如幼鱼）（Jeffrey and Taggart, 1999）在此驻留或积累。过渡性（锋面）海域可以代表种群或群落之间的边界，并可能在整个夏季作为高产区域持续存在（Pingree, 1978; Iles and Sinclair, 1982）。温度和盐度带、水深级别以及分层状态的结合形成了如图版 8D 所示的水体环境的海景状况。

在夏季的几个月份中，斯科舍大陆架和缅因湾海域的海水一般呈分层状况，并经受南向的拉布拉多寒流的影响，因此大部分大陆架的底部水体保持低温状态。而在沿大陆架的海盆中，较高温度和较高盐度的水体（图版 9A）可能会取代这种较冷但盐度较低的水体。

基底类型（图版 9B）是由包括对流速、水深、暴露程度和坡度等因素综合推论得出，它对一个海域发展的底栖生物群落类型有重大影响（Barnes and Hughes, 1988）。由温度及盐度带、水深（图版 9C）及基底类别组合推论得出的海底海景状况见图版 9D。

5.8 结论与管理启示

许多国家，包括英国和其他欧盟国家、澳大利亚、北美以及其他地方，目前主要依据持久性和周期性地球物理因素，正在进行图示化海洋环境的工作。通过进行国际合作，这种海洋环境图示化工作可以为全球代表性网络全面研究奠定基础。

理想的情况是，这种最初仅是基于地球物理因素的地图将在合适地点进行适当规模的生物取样来加以校准，以核实或调整生态界限。如此制作的这些地图有多种用途，其中最重要的用途也许是它们为海洋保护和以生态系统为基础的海洋管理奠定了不可或缺的基础。也许对保护规划来说最重要的是，可以了解代表性区域的数量和类型，可以看到每个区域所占的比例（其稀有性或普遍性），以及可以衡量环境的异质性。

本章选择的因素通常适合使用现有数据进行图示化。它们在每一层次上确定栖息地类型，并应支持具有代表性的生物群落。在分类层次结构中，从较高层次到较低层次栖息地类型的定义越来越简单，在最低层次上群落生境的识别应该为地球物理学分类提供生态验证（见第 6 章）。某个因子能够发生控制性效应的尺度应该被用于层次结构分类系统。在这里所考虑的生态区域尺度，使用自然地理学特征和海洋学特征进行的下行方法（top-down）是唯一可行的方法，因为很难取得足够的生物学数据来直接图示化群落类型。

在陆地保护生物学中，景观的概念得到了很好的理解，并认识到某些类型的群落发生在景观中。以类似的方式我们提出了“海景”一词（或海底-海洋景观）。海景与其典型的植物群落和动物群落有关，是海洋保护的单元。但是，还有待于确定在层次结构的哪个层次上使用这个术语；例如，它可以用作栖息地一词的多层级对等词。目前尚不清楚在第四层次之外如何对海洋水体环境进行划分，这可能是进行海洋保护而定义“海景”的最合适的层次。然而，就海底环境而言，生境类型和海景在较小尺度上仍有显著差异。这远没有像在陆地系统中那么契合，并且由于数量上的差异，为了进行保护可能需要建立两种地图，一种是较大尺度的水体环境海景图；另一种是较小尺度的海底环境海景图。

有了这种图示化方法，就可以根据可能体现的代表性栖息地（或海洋代表单元）和生态系统层次的过程以及它们对保护生物多样性、渔业和移徙物种的贡献来评价现有和拟设海洋保护区的相对优点。因此，应该有可能制定一项国家保护战略，确定一组生态合理的海洋保护区，在这些保护区内和保护区之间可以实现保护目标。理想情况下，由单个国家制定的海洋保护计划（主要是在生态区域层次及以下层次）将与全球海洋代表性计划（例如 Spalding 等 2007 年制定的计划）相协调和整合。

然而，我们应该清楚地注意到，我们在此描述的程序只包括一种可能的海洋保护生态方法，以及实际海洋保护区选择过程中的一个步骤。然而，栖息地分类和图示化是必不可少的步骤。在海洋保护规划进程中还必须采取若干其他步骤。我们也还没有考虑到特色性海域，也没有考虑如何选择海洋保护区地点，也没有评估任何一组候选海洋保护区成员之间的关系，更没有考虑到海洋保护区网络组成的概念。我们在以下各章的目标是设法确定程序，包括尽可能少的随意性决定，以对区域、国家和国际海洋保护区网络做出最佳选择。

参考文献

Allen, T. F. H. and Starr, T. B. (1982) *Hierarchy: Perspectives for Ecological Complexity*, University of Chicago Press, Chicago, IL

Babichenki, S., Dudelzak, A., Lapimaa, J., Lisin, A., Poryvkina, L. and Vorobiev, A. (2006) Locating water pollution and shore discharges in coastal zone and inland waters with FLS LiDAR', *EARSeL EProceedings*, vol 5, pp32-42

Barnes, R. S. K. and Hughes, R. N. (1988) *An Introduction to Marine Ecology*, Blackwell Scientific Publications, Oxford

Beaman, R. (2005) *A GIS Study of Australia's Marine Benthic Habitats*, eprints. utas. edu. au/419/, accessed 23 December 2010

Biggs, D. C., Hu, C. and Miuller-Karger, F. E. (2008) 'Remotely sensed sea-surface chlorophyll and POC flux at deep Gulf of Mexico benthos sampling stations', *Deep Sea Research Part II: Topical Studies in Oceanography*, vol 55, nos 24-26, pp2555-2562

Briggs, J. C. (1995) *Global Biogeography*, Elsevier, Amsterdam

Butler, A., Harris, P. ~~T., Lyne, V., Heap, A., Passlow, V. and Smith, R.~~ (2001) 'An interim, draft bioregionalisation for the continental slope and deeper waters of the South-East Marine Region of Australia', Report to the National Oceans Office, CSIRO Marine Research, Geoscience Australia, Hobart, Australia

Capolsini, P., Andrefouet, S., Rion, C. and Payri, C. (2003) 'A comparison of Landsat ETM+, SPOT HRV, Ikonos, ASTER, and airborne MASTER data for coral reef habitat mapping in South Pacific Islands', *Canadian*

Journal of Remote Sensing, vol 29, vol 2, pp187-200

Connor, D. W. (1997) *Marine Biotope Classification for Britain and Ireland*, Joint Nature Conservation Review, Peterborough

Connor, D. W., Hiscock, K., Foster-Smith, R. L. and Covey, R. (1995) 'A Classification System for Benthic Marine Biotopes', in A. Eleftheriou, A. D. Ansell and C. J. Smith (eds) *Biology and Ecology of Shallow Coastal Waters*, Olsen and Olsen, Fredensborg, Denmark Cuq, F. (1993) 'Remote sensing of sea and surface features in the area of Golfe d' Arguin, Mauritania', *Hydrobiologia*, vol 258, pp33-40

Day, J. and Roff, J. C. (2000) *Planning for Representative Marine Protected Areas: A Framework for Canada's Oceans*, World Wildlife Fund Canada, Toronto

Dethier, M. N. (1992) 'Classifying marine and estuarine natural communities: An alternative to the Cowardin system', *Natural Areas Journal*, vol 12, pp90-99

Fiedler, P. C., Smith, G. B. and Laurs, R. M. (1984) 'Fisheries applications of satellite data in the eastern north Pacific', *Marine Fisheries Review*, vol 46, pp1-12

Fournier-Sicre, V. and Belanger, S. (2002) 'Intercom-parison of SeaWiFS and MERIS marine products on case 1 waters', http://envisat.esa.int/workshops/validation_12_02/proceedings/meris/30_fournier.pdf, accessed 8 November 2009

Hallfors, G., Niemi, A., Ackefors, H., Lassig, J. and Leppakoski, E. (1981) 'Biological Oceanography', in A. Voipio (ed) *The Baltic Sea*, Elsevier Oceanography Series 30, Elsevier, Amsterdam

Hendiarti, N., Siegel, H. and Ohde, T. (2002) 'Investigation of different coastal processes in Indonesian waters using SeaWiFS data', *Deep Sea Research Part II: Topical Studies in Oceanography*, vol 51, nos 1-3, pp85-97

Herut, B., Tibor, G., Yacobi, Y. Z. and Kress, N. (1999) 'Synoptic measurements of chlorophylla and suspended particulate matter in a transitional zone from polluted to clean seawater utilizing airborne remote sensing and ground measurements, Haifa Bay (SE Mediterranean)', *Marine Pollution Bulletin*, vol 38, no 9, pp762-772

Iles, T. D. and Sinclair, M. (1982) 'Atlantic herring: Stock discreteness and abundance', *Science*, vol 215, pp627-633

Jeffrey, J. S. and Taggart, C. T. (1999) 'Growth variation and water mass associations of larval silver hake (*Merluccius bilinearis*) on the Scotian Shelf', *Canadian Journal of Fisheries and Aquatic Sciences*, vol 57, pp1728-1738

Kato, S., Loeb, N., Minnis, P., Francis, J. A., Charlock, T. P. and Rutan, D. A. (2006) 'Seasonal and interannual variations of top-of-atmosphere irradiance and cloud cover over polar regions derived from the CERES data set', *Geophysical Research Letters*, vol 33, L19804

Kavanagh, K. and Iacobelli, T. (1995) *Protected Areas Gap Analysis Methodology*, World Wildlife Fund Canada, Toronto

Kelleher, G. and Kenchington, R. (1992) *Guidelines for Establishing Marine Protected Areas. A Marine Conservation and Development Report*, IUCN, Gland, Switzerland

Kelly, R. E., Chang, A. T., Tsang, L. and Foster, J. L. (2003) 'A prototype AMSR-E global snow areas and snow depth algorithm', *IEEE Transactions on Geoscience and Remote Sensing*, vol 41, no 2, pp230-242

Longhurst, A. (1998) *Ecological Geography of the Sea*, Academic Press, San Diego, CA

Lourie, S. A. and Vincent, A. C. J. (2004) 'Using bio-geography to help set priorities in marine conservation', *Conservation Biology*, vol 18, pp1004-1020

Lunetta, R., Knight, J., Paerl, H., Streichner, J., Peierls, B. and Gallo, T. (2009) 'Measurement of water colour using AVIRIS imagery to assess the potential for an operational monitoring capability in the Pamlico Sound Estuary, USA', *International Journal of Remote Sensing*, vol 30, no 13, pp3291–3314

Mauri, E., Poulain, P. M. and Juznic–Zonta, Z. (2007) 'MODIS chlorophyll variability in the northern Adriatic Sea and relationship with forcing parameters', *Journal of Geophysical Research*, vol 112

Maxwell, J. R., Edwards, C. J., Jensen, M. E., Paustian, S. J., Parrott, H. and Hill, D. M. (1995) 'A hierarchical framework of aquatic ecological units in North America (nearctic zone) ', US Department of Agriculture, Forest Service, North Central Forest Experiment Station General Technical Report NC–176, St. Paul, MN

Mumby, P. J. and Edwards, A. J. (2002) 'Mapping marine environments with IKONOS imagery: Enhanced spatial resolution can deliver greater thematic accuracy', *Remote Sensing of the Environment*, vol 82, nos 2–3, pp248–257

Mumby, P. J., Green, E. P., Edwards, A. J. and Clark, C. D. (1997) 'Measurement of seagrass standing crop using satellite and airborne digital remote sensing', *Marine Ecology Progress Series*, vol 159, pp51–60

Nas, B., Karabork, H., Ekercin, S. and Berktay, A. (2009) 'Mapping chlorophyll–a through in–situ measurements and terra ASTER satellite data', *Environmental Monitoring and Assessment*, vol 157, nos 1–4, pp375–382

NOAA Coastal Services Centre (2009) 'Remote sensing for coastal management', www. csc. noaa. gov/crs/rs_apps/, accessed 8 November 2009

Olson, D. M. and Dinerstein, E. (2002) 'The global 200: Priority ecoregions for conservation', *Annals of the Missouri Botanical Garden*, vol 89, pp199–224

Ormeci, C., Sertel, E. and Sarikaya, O. (2008) 'Determination of chlorophyll–a amount in Golden Horn, Istanbul, Turkey using IKONOS and in situ data', *Environmental Monitoring and Assessment*, vol 155, nos 1–4, pp83–90

Parrott, D. R., Todd, B. J., Shaw, J., Hughes Clarke, J. E., Griffin, J. and MacGowan, B. (2008) 'Integration of multibeam bathymetry and LiDAR surveys of the Bay of Fundy, Canada', *Proceedings of the Canadian Hydrographic Conferencean* d *National Surveys Conference* , Victoria, British Columbia, Canada

Petrie, B., Drinkwater, K., Gregory, D., Pettipas, R. and Sandstrom, A. (1996) 'Temperature and salinity atlas for the Scotian Shelf and Gulf of Maine', *Canadian Technical Report of Hydrography and Ocean Sciences*, vol 171

Pingree, R. D. (1978) 'Mixing and Stabilisation of Phytoplankton Distributions on the Northwest European Shelf', in J. H. Steele (ed) *Spatial Patterns in Plankton Communities*, Plenum Press, New York

Roff, J. C. and Evans, S. (2002) 'Frameworks for marine conservation; Non–hierarchical approaches and distinctive habitats', *Aquatic Conservation: Marine and Freshwater Ecosystems*, vol 12, pp635–648

Roff, J. C. and Taylor, M. (2000) 'A geophysical classification system for marine conservation', *Journal of Aquatic Conservation: Marine and Freshwater Ecosystems*, vol 10, pp209–223

Roff, J. C., Taylor, M. E. and Laughren, J. (2003) 'Geophysical approaches to the classification, delineation and monitoring of marine habitats and their communities', *Aquatic Conservation*, *Marine and Freshwater Ecosystems*, vol 13, pp77–90

Sakuno, Y., Matsunga, T., Kozu, T. and Takayasu, K. (2002) 'Preliminary study of the monitoring for turbid coastal waters using a new satellite sensor, "ASTER" ', Twelfth International Offshore and Polar Engineering Conference, Kyushu, Japan

Sherman, K., Sissenwine, M., Christensen, V., Duda, A., Hempel, G., Ibe, C., Levin, S., LluchBelda,

D. , Matishov, V. , McGlade, G. , O' Toole, M. , Seitzinger, S. , Serra, R. , Skjoldal, H. R. , Tang, Q. , Thulin, J. , Vanderweerd, V. and Zwanenburg, K. (2005) 'A global movement toward an ecosystem approach to management of marine resources', *Marine Ecology Progress Series*, vol 300, pp275-279

Singhruk, P. (2001) 'Circulation features in the Gulf of Thailand inferred from SeaWIFS data', www. aars-acrs. org/acrs/proceeding/ACRS2001/Papers/OCW-05. pdf, accessed 8 November 2009

Smith, W. and Sandwell, D. (1997) 'Global sea floor topography from satellite altimetry and ship depth soundings', *Science*, vol 26, no 5334, pp1956-1962

Spalding, M. D. , Fox, H. E. , Allen, G. R. , Davidson, N. , Ferdana, Z. A. , Finlayson, M. , Halpern, B. S. , Jorge, M. A. , Lombana, A. and Lourie, S. A. (2007) 'Marine ecoregions of the world: A bioregionalization of coastal and shelf areas', *Bioscience*, vol 57, no 7, pp573-584

Strub, P. T. and James, C. (1995) 'The large-scale summer circulation of the California current', *Geophysical Research Letters*, vol 22, no 3, pp207-210

Sutherland, T. F., Galloway, J. , Loschiavo, R. , Levings, C. D. and Hare, R. (2007) 'Calibration techniques and sampling resolution requirements for groundtruthing multibeam acoustic backscatter (EM3000) and QTC VIEW classification technology', *Estuarine, Coastal and Shelf Science*, vol 75, no 4, pp447-458

Tremblay, M. J. and Roff, J. C. (1983) 'Community gradients in the Scotian Shelf zooplankton', *Canadian Journal of Fisheries and Aquatic Sciences*, vol 40, pp598-611

Turner, W. , Spector, S. , Gardiner, N. , Fladeland, M. , Sterling, E. and Steininger, M. (2003) 'Remote sensing for biodiversity science and conservation', *Trends in Ecology and Evolution*, vol 18, no 6, pp306-314

Urban, D. L. , O' Neill, R. V. and Shugart, H. H. (1987) 'Landscape ecology', *BioScience*, vol 37, pp119-127

Watson, J. (1997) 'A review of ecosystem classification: Delineating the Strait of Georgia', Department of Fisheries and Oceans, North Vancouver, British Columbia, Canada

Wilkinson, T. , Wiken, E. , Bezaury-Creel, J. , Hourigan, T. , Agardi, T. , Herrmann, H. , Janishevski, L. , Madden, C. , Morgan, L. and Padilla, M. (2009) *Marine Ecoregions of North America*, Commission for Environmental Cooperation, Montreal, Canada

Wunsch, C. and Stammer, D. (1998) 'Satellite altimetry, the marine geoid, and the oceanic general circulation', *Annual Review of Earth and Planetary Sciences*, vol 26, pp219-253

Yang, M. D. , Sykes, R. M. and Merry, C. J. (2000) 'Estimation of algal biological parameters using water quality modeling and SPOT satellite data', *Ecological Modelling*, vol 125, no 1, pp1-13

Yuan, D. , Zhu, J. , Li, C. and Hu, D. (2008) 'Cross-shelf circulation in the Yellow and East China seas indicated by MODIS satellite observations', *Journal of Marine Systems*, vol 70, nos 1-2, pp134-149

Zacharias, M. A. , Howes, D. E. , Harper, J. R. and Wainwright, P. (1998) 'The British Columbia marine ecosystem classification: Rationale, development, and verification', *Coastal Management*, vol 26, pp105-124

Zacharias, M. A. and Roff, J. C. (2000) 'A hierarchical ecological approach to conserving marine biodiversity', *Conservation Biology*, vol 13, no 5, pp1327-1334

Zainal, A. J. M. , Dalby, D. H. and Robinson, I. S. (1993) 'Monitoring marine ecological changes on the East Coast of Bahrain with Landsat TM', *Photogrammetric Engineering & Remote Sensing*, vol 59, pp415-421

Zainuddin, M. , Kiyofuji, H. , Saitoh, K. and Saitoh, S. (2006) 'Using multi-sensor satellite remote sensing and catch data to detect ocean hot spots for albacore (Thussus alulunga) in the northwestern north Pacific', *Deep Sea Research Part II: Topical Studies in Oceanography*, vol 53, nos 3-4, pp419-431

第6章　栖息地和生物群落：从生态区至当地

现实性、变异性与关系尺度

我们试图建立一个小型无政府主义社区，但人们却不遵守规则。

Alan Bennett (1934—)[①]

6.1　引言

海洋保护的一个主要目标是保护海洋生物多样性的所有要素，包括代表性海域和特色性海域（见第7章）。然而，在海洋的任何一个地方，我们几乎都缺乏足够的直接信息来对这些保护目标做出正确的决策。因此，利用多波束和侧扫声呐技术，根据大尺度地球物理资料，或者根据区域地貌特征，或者在更具体的局部海域，研究开发出了一系列方法，使用一些替代指标对海洋环境特征或生物多样性的某些方面进行测量。然而，在海洋保护规划中，如何使用这些数据，如何在适当的空间尺度上“校准”这些数据，以及如何利用替代关系制定海洋保护的全面策略，这些经验仍然有限。

正如我们前面所述，对栖息地和群落类型进行描述是所有海洋环境规划都必不可少的基础工作；事实上，这种描述是基于海洋生态系统管理的工作基础。然而，要对海洋保护进行全面规划，我们需要从全球到局部海域对其生物群落和栖息地进行充分描述。因此这可能会带来几个问题。

在全球尺度上，对群落及其栖息地之间关系的研究发展成为全球生物地理学（在前一章中被称为分区和生态区域）。在本章中，对于较低层次和尺度，我们继续遵循空间层次分类原则（表5.1），以寻找与生境对应的生物关系。这样我们就从生态区域层次到微观群落层次来讨论所面对的问题。

时空尺度与生态物种类型之间的相互作用强烈（图2.5和图2.6，表3.3和表3.4）。将表3.3和表3.4与表5.1进行比较，可以立即看出，物种类型与空间层级分类体系的不同层次相关。海洋大型洄游鲸类和鱼类的生态边界都不明显，它们的洄游可能是受季节性繁殖和食物资源的需求驱动。第7章和第9章对这些生物进行了更全面的讨论。浮游生物本质上是由大尺度生态区界定（Longhurst, 1998），其他物种类型则是由易于识别的群落类型定义，例如珊瑚礁和盐沼。本章的重点将主要集中于底栖鱼类和底栖无脊椎动物，其层级级别为表5.1中的第3级及以下层级。

在前一章中，我们展示了如何使用遥感和现场数据，利用地球物理学因子来描述栖息

---

① 阿兰·贝内特（Alan Bennett），英国作家，演员、幽默作家与剧作家。

地类型。因为在所需的观察尺度上关于生物本身分布的数据普遍缺乏，我们通常不得不依靠生态系统层级结构来指导我们区分生境类型及其可能的群落类型。

利用地球物理因子来描述生境，由此作为海洋群落的替代指标，其可靠性取决于物理系统和生物系统之间的相关性。最重要的是它取决于：

- 我们用于描述群落的术语的确切含义。
- 栖息地和群落关系在空间生态层级结构中的那个较低层次还是可靠的（表5.1）。
- 进行观测和取样的尺度。
- 环境的异质性。
- 海洋生物群落在时间和空间上的自然变化。
- 物理和生物观测的混淆。
- 观察本质上是定量的还是定性的。

在有关海洋生态文献中，生境特征与生物群落之间的生态关系往往被认为是基本关系，对海洋栖息地及其生物群落的描述传统上并没有充分认识到其复杂性和不确定性。但是，这些问题对于确定海洋生物多样性保护规划目标非常重要。本章中，我们需要更加深入地审查栖息地与生物群落之间的关系，以确保我们在严格的生态基础上进行规划工作。生物群落层级非常重要，因为这是生态层次结构的一级，在这一层级已进行了大量的保护工作。这一层级也描述了海洋生物多样性的一个主要组成部分，即物种多样性，这将在第8章中讨论。

在生物学"热点海域"（见第8章）的区域或局部海域表现出很高的物种多样性，目前人们对这些"热点海域"表现出了很大的兴趣；但我们应该认识到，总体而言，普通海域或代表性海域的物种多样性远高于热点海域。在描述海洋生物群落时最难以计算的海域是远离大陆架、不适于直接观测的区域。我们将在第12章中讨论这些公海/深海区域。

6.2　海洋生物群落是什么?

生态系统与物种之间的生态组织层次是群落。"群落"一词有多种用法：从分类角度，例如可以分为鸟类群落、海洋哺乳动物群落或鱼类群落；从营养关系角度，例如可以分为植物群落，或捕食某些物种或物种集合的捕食者群落；从空间角度，例如可以作为局部区域的一组物种；从生态学角度，例如可以分为底栖生物群落等；从生态层级结构角度，例如可以依次分为水体群落、浮游生物群落、浮游动物群落、甲壳动物群落、桡足类群落等。这些类别也可以组合使用，因此，我们可以说"海洋浮游生物群落"，或岩石海岸的墨角藻（*Fucus vesiculosus*）生物群落，或区域鸟类或海洋哺乳动物群落。Humpty Dumpty（他曾经说过："词语的意思就是我想让它们表达的那个意思。"）会为这个词感到自豪，它几乎可以代表我们想要它代表的任何东西。

在陆地生态学研究文献中，关于群落是否是"真实的"存在很多讨论（Krebs，1972；Austin，1985）。海洋底栖生物群落究竟是什么的问题，至少可以追溯到Petersen（1913）和MacGinitie（1939）。自那时以来，在某些海岸和大陆架水域的研究中，底栖生物的物种组成通常以群落类型来描述，即与特定栖息地特征（尤其是基底类型）相关的首选物种集合，并以"指示物种"为特征。当时的群落概念相互矛盾，例如Petersen（1913）认为群落是相同环境因素需求所确定的统计单位；MacGinitie（1939）认为群落是具有生物学相互作用的物种组合；Thorsen（1957）重新研究了这些群落概念，检验了生物群落作为“生态单位”的一致性。

一个群落的最大要求是其组成物种应该按照某些生态过程（竞争、捕食等）进行相互作用，尽管这种相互作用通常只能在实验条件下得到证明（Lalli，1990）。一个群落的最低要求仅仅是一个区域内存在一组物种（也就是说，它相当于一个物种集合），或者仅由其物种（结构）定义的统计学上的“重复群体”（recurrent group）。

一些生态学家声称，在空间和时间上，几乎相同物种的集合会在同种栖息地反复出现。另一些生态学家则认为，群落会表现出稳态，即群落在受到干扰后趋于稳定状态。其他生态学家认为群落组成更加灵活。这就是群落组成的“依赖于生态位的集合”（niche-assembled）和“扩散集合”（dispersal-assembled）概念之间的本质区别（Hubbell，2001）。

关键生态问题在于，生物群落仅仅是生态学家从连续变化的生物区系分布中抽象出来的吗？换句话说，核心问题在于（现在仍然存在），海洋底栖生物群落仅仅只是一个物种分布相互独立而仅取决于其环境适应性的统计实体，还是重要的生物相互作用塑造了这种分布状态，并导致群落组成的偏好关联和指示物种。一些这样的问题总结在专栏 6.1 中。

正如在科学争论中经常出现的情况一样，在某些情况下，所有倡导者都可能是正确的（Roff，2004）；原因很简单，这往往是“环境”没有很好地定义。这里，我们将尽量地避免这种争论，尽管在本章后半部分内容中，我们建议解决这一争论，并使用物种集合（其组成并不一定是恒定的）中性意义上的“群落”这一术语，来代表一种（几乎）可定义的栖息地（Pimm，1991）。

因为群落这个术语经常使用，故而存在一些问题。我们从不了解任何群落中的所有物种，也很少或根本不知道它们的大多数相互作用和依赖关系；通常我们只对其生态过程和相互作用做出假设或推断。

正如我们通常认识到的，群落未必是持续或连续的，甚至不像栖息地那样占据所有空间。尽管存在这些（和其他）问题，“群落”一词还是很有用的，因为人们本能地会辨析群落类型，特别是生源性生物群落（也被称为基础性或工程性物种，图版 10A 和 10B）。事实上，栖息地和生物群落可以彼此相互识别，例如，珊瑚礁和红树林。

与生物群落相比，栖息地的定义似乎简单得多。通过其地球物理学结构特征，我们简单地将其定义为一种海洋环境。然而，在第 8 章中，我们会更加清晰地看到，这个定义也不是很明确。最后，值得注意的是，与生态系统不同，群落和生境都是具有层级结构的。因此，我们可以在群落中定义群落，在栖息地中定义栖息地。例如，水体生物群落包含浮游生物群落，浮游生物群落又包含有不同细胞大小的浮游植物群落。此外，岩石海岸栖息地可能是开放的或遮蔽的，具有或大或小的坡度等。由于群落生境是群落及其栖息地的组合，这就意味着群落生境也是具有层级结构的，如表 5.1 所示。

6.3 有关海洋生物群落的传统观点

将不同海洋群落视作包含不同物种集合的实体，这种认识有着悠久的历史。Möbius 在 1877 年对北海牡蛎礁的研究中，可能首先将海洋生物的离散集合识别为群落（community）

(或生物群落 biocoenoses)。随后，根据所描述的物种集合，对许多群落类型进行了一般性识别（Hedgpeth, 1957）。但是，仅仅根据海洋生物群落的描述与分布来确定具有代表性海域，这样的一个保护框架需要对生物分布进行广泛的研究，而且其研究费用将高得令人望而却步。并且这种分析所必需的生物学数据在某些尺度上根本不存在。

专栏6.1　有关群落结构对海洋保护规划很重要的一些（临时）结论

(1) 群落可能看起来好像是“真实的”，也可能不是。原因有以下几点。

- 不同的生物群落在不同的尺度上其分布受到不同因素的限制。由于单个组成物种具有不同的地理范围和扩散（或迁移）能力，这自然意味着任何给定的群落类型在不同的范围内其物种组成也将不同。
- 群落类型在分布上相互重叠，产生生物地理分布区和生态交错群落。因此，对群落分布最有用的描述是在任何地点对群落优势进行某种测度。优势度可以从生物量、数量丰度、覆盖度等方面来描述。
- 群落“结构”由基于生态位集合或扩散集合（或两者的某种可变组合）决定。第二种解释更好地说明了自然群落物种组成的变异性（Hubbell, 2001）。
- 一个基底类型受到限制的生物群落的物种组成可能是相对恒定的，能够定居下来的物种数量也受到限制（例如温带潮间带）。一个基底类型受限的生物群落也可能由非常多变的物种组成，能够定居下来的物种数量很大（例如深海软底基底）。
- 由于包括生物干扰和物理干扰等多种因素的影响，群落组成可能发生变化。在一次扰动之后，一个群落或多或少会恢复到原来的组成，或以其他方式恢复。经过一段时间的演替后，群落可以恢复原状。
- 群落组成可以随着空间、时间和季节而改变。
- 观察的尺度可以扩展到几个相互融合的群落。

(2) 生源性群落（表3.4）是物种组成最容易识别和最稳定的群落。

(3) 指示物种（物种组成指示种）可能是不可靠的，这取决于：

- 取样方法以及数据是定量的还是定性的（例如存在-缺失数据）；
- 单个物种的运动或扩散能力；
- 某一物种的地理范围，以及该范围是否局限于某一特定的群落生境或已实现更广泛的生境（图6.1）；
- 可以融合群落生境的观测尺度。

然而，群落层次的生物组织模式在生态研究文献中已经根深蒂固。对海洋生物群落及其相关栖息地的传统描述充满于所有海洋生态学教科书（Barnes and Hughes, 1988；Kingsford and Battershill, 2000；Bertnes et al., 2001；以及本书第3章）中。这些教科书和其他类似教科书所传达的印象是，海洋生物群落具有明确而清晰的分类，具有清楚而纯粹的物种组成，这种物种组成与地球物理学上特定的栖息地类型密切相关，也就是说，它们是依赖于生态位的组合（Hubbell, 2001）；而实际情况可能是混乱异常的。

在热带和亚热带海域，许多类型的海洋生物群落可以在沿海水域中清楚地识别出来。在这里，直接可见的生源生物群落（biogenic community）可能主导一个特定的区域。这在浅水区（通常可以通过直接观察）可能是最容易定义和描述的。尤其是在热带和亚热带海域，其地球物理变量如温度和盐度在更广阔的海域是相对恒定，通过在浅水海域进行直接观察、潜水调查或现场布放调查仪器对群落类型进行描述，这可能是建立代表性保护区的唯一选择（Roff et al.，2003）。这些生源性生物群落包括红树林、珊瑚礁、海草场、盐沼和大型海藻床。不同种类的珊瑚礁的分布也可将诸如暴露程度、海水深度或透明度作为决定变量来进行描述。事实上，所有这些生源性生物群落都可以按照它们实际或潜在分布进行相对容易的解释。

相比之下，在温带海域和更深的海域，在那里不可能直接鉴别生物群落类型；在更大尺度上进行地球物理学识别和栖息地分类，从区域尺度到局部尺度，最终都应与生物群落类型（空间层级结构上的某个层次，表5.1）的识别相一致。

6.4 生物群落的结构和过程

6.4.1 对生物群落的生物学影响和物理影响

物理效应和生物效应都会塑造自然生物群落（表3.5）。讨论每一组生态因素的相对重要性没有什么意义，因为任何生物群落在某种程度上都是由物理因子和生物因子的组合决定的。一般来说，在空间层次结构较高的层次上（表5.1），物理效应占主导地位，物理因子在很大程度上控制生物群落的类型和组成。在空间层次结构较低的层次上，以及在物理状态较好的环境中，通常认为生物因素在群落形成过程中占主导地位。

尽管生物因素在决定局部物种组成方面显然很重要，但这些因素在更大的生态尺度上如何发挥作用，我们对此仍然知之甚少。关键的问题是，这些因素在形成海洋生物群落时如何发挥作用，我们如何在空间和时间上对它们进行测量和描述？虽然在生物群落水平上可以对若干生物因素的影响进行实验研究，海洋生态学家也很了解这些过程在局部形成海洋生物群落时如何发生，但这些可能对海洋保护决策没有多少帮助。

6.4.2 海洋生物群落组成的变异性

生物群落分析的最简单形式包括分析海洋系统的静力学，例如物种的存在/缺失、物种相对丰度和分布模式。当然生物群落组成本身不是静态的。任何类型的群落其物种组成都取决于若干物理因素和生物因素的相关综合干扰及影响（专栏6.1）。

所有海洋生物群落都受到不同时空尺度的干扰（Mann and Lazier，1996；Sousa，2001）。这些干扰可能由风暴、潮汐、上升流事件、分层和其他季节性周期变化、大气-海洋状况体制更迭（Steele，1988）等物理因素引起；也可能由竞争、捕食、关键种效应、物种入侵等生物因素引起；并受渔业捕捞、倾废、污染等人类行为的影响。干扰结果是干扰大小、干扰类型、干扰周期和受影响生物体大小的函数。干扰可能是许多物种集合总死亡率的主要影响因素（Woodin，1978），固着生活的生物群落比活动性生物群落更容易受到干扰的影响。建模研究（Caswell and Cohen，1991）清楚地表明，复合种群（metapopulation）的多样性反映了生物体之间在干扰和扩散尺度上的相互作用。

中度干扰假说（Connell，1978）很好地解释了海洋群落的多样性（Zacharias and Roff，2001），干扰频率和干扰程度过高、过低都会导致物种多样性的降低。因此，某种特定栖息地所受的干扰状况（不论是物理干扰、生物干扰或人类干扰）和效应尺度对一个区域内海洋保护区数量、位置和大小的设计都有重要影响。

6.4.2.1　物理效应

风暴和飓风造成的物理影响可严重影响潮间带以及潮下带数十或数百千米的范围。物理扰动发生的频率非常高，扰动后生物群落形成非常缓慢，故而在潮间带和潮下带二次干扰事件之间的生物群落可能不会达到一个顶极群落。对于结构复杂、组成物种生长缓慢的生物群落，如大堡礁珊瑚礁群落（Tanner et al.，1994），情况尤其具有代表性。其他海岸物理海洋学过程，如上升流现象，也可以显著影响区域群落的结构组成（Menge et al.，2003）。

6.4.2.2　生物效应

生物干扰效应主要是由捕食者引起的，其影响范围通常小于物理干扰的影响范围（Thrush，1999）；然而，这种干扰情况发生的可能要频繁得多。群落可能会在几天到几个月内迅速再次形成。影响范围从潮间带无脊椎食肉动物的小范围影响，到潮下带海域脊椎食肉动物而造成的数米至数十米的影响。这里，海獭（Kvitek et al.，1988）、海象（Oliver et al.，1985）和灰鲸（Oliver and Slattery，1985）等海洋哺乳动物在挖掘觅食过程中会扰乱海底基质。

关键物种的存在或缺失（见第9章）可能对群落中物种的相对丰度产生特别显著的影响。例如，温带岩石海岸的生物群落物种组成变异很大，从以大型藻类（海带类）为主，到以海胆为主，再到几乎光裸的岩石海底，取决于局部捕食者-捕食对象动力学和疾病发生情况（Scheibling et al.，1999，见图版11A，11B和11C）。然而，这样明显不同的生物群落，实际上是在一个特定的生境类型中群落结构进化（演替）的不同阶段。这是一个沿着物种组成高度可变轴进行的生物群落改变。这种组成物种相对丰度的变化不应妨碍我们对生物群落和栖息地的认识。

物种的分布可能经常受到捕食过程和资源的某种组合的限制，或者受到与其他分类上相关或不相关物种的竞争限制，可以预期，限制物种分布的生物因素将在空间和时间上发生波动。例如，决定群落物种组成的主要生物学因素到底是竞争还是捕食，这一问题仍存在相当大的争议。在海洋生物群落，这两个主要因素如何相互作用，或者它们如何在空间和时间上成为主导或次要因素，在这方面我们没有全面的理论。因此，我们不能指望在这些因素中找到任何普遍的关系来作为海洋保护战略的基础。

竞争本身显然是构建生物群落结构的重要力量（Valiela，1995）。然而，总的来说，我们所看到的不是其中的竞争效应，而是其竞争的最终结果，即“昔日竞争的幽灵”（Sale，2004）。因此，在我们的海洋保护战略中，我们不清楚如何能够有效地考虑竞争的效应。

6.4.2.3　人类活动影响

人类对沿海海洋环境的影响至少有两个与竞争相关的重要影响。第一个是引进外来物种，这些外来物种往往比本地物种具有竞争优势（有时由于缺乏竞争对手或捕食者）。第二个是对环境的物理改变，使其更有利于一个物种，使其具有竞争优势。因此，竞争可能是一种继发效应，可能是受间接控制，而不是直接管理。

现在很明显，捕食者效应可能在至少两个不同的方面也很重要，或者作为自然演替效应，或者作为人类行为的结果（主要是渔业）。人类对自然海洋群落的影响日益严重，可广泛改变海洋生物群落的局部物种组成。例如，Auster 和 Langton（1999）综述报告指出，在北海和中大西洋湾的大量捕捞海域可能会受到拖网捕鱼活动的干扰，每年 1~50 次不等。也有一些间接的证据表明，移除顶级海洋捕食者正在对海洋生物群落的结构产生实质性的影响（Frank et al.，2005）。

第 13 章将进一步讨论渔业捕捞活动的其他方面。这里将不充分讨论这种人为活动影响，因为本章我们的目标是尽可能认识和区分基本的海洋生物群落类型。

6.5 生物群落与栖息地的相互关系：一般性介绍

海洋生物群落类型（相对于已定义特定物种的群落）可以在显著分离的地理区域中识别出来。因此，我们可以在大西洋、太平洋和北冰洋中识别出以大型藻类为优势种的潮下带生物群落。在每一个地理区域，存在的物种和物种集合是不同的，但是由具有等价生态功能的不同物种构成的同类生物群落（生物群系）是可以识别的，而不受特定地理位置的影响。

海洋底栖生物群落作为周期性发生的物种集合，可以与环境特征相关联，Carl Petersen（1860—1928）是最早认识到这种规律的科学家之一。对这些相关关系的认识导致了群落生境（biotope）概念的产生，它将群落物种组成和栖息地类型联系起来。群落类型与环境特征之间这种联系的意义是进行海洋空间规划、环境分类和规划体系的基础。海洋保护工作力求分辨可区分的海洋生境、它们的环境特征及其所包含的群落（即海洋生物群落）。在最小尺度上的群落分析中，这些群落应该最终代表海洋生物物种的循环群（重复共存的物种群），它们与一种特定类型的物理环境（栖息地）密切相关。

我们对海洋生物群落的大多数认识是通过对潮间带及邻近潮下带的观测和实验操作形成的。这里的群落类型相对来说定义得很清楚，在受到干扰之后，它们通常会与以前几乎相同的物种组成来重新形成群落（至少在优势物种方面是这样），因为能够生活在这里的物种相对有限。物理因素（如干露）和生物因素（如捕食和竞争）相互作用，决定群落的组成和结构。

在潮下带海域，主要是在软质海底，一系列的群落类型和指示物种已经得到了描述，主要来自（半）定量样品，这些样品是用各种采泥器或挖泥机采集的。基底类型与群落类型之间存在普遍公认的对应关系，在基底颗粒较粗、海流较强的海域是以悬浮食物摄食者为主，而在基底颗粒较小、海流较弱的海域则是以沉积食物摄食者（它们会影响沉积物使其不适应于悬浮食物摄食者）为主，两种类型界限明显（Wildish，1977）。

然而，文献中却描述了生境变量和群落类型之间一系列令人困惑的关系；一个区域或某个研究中的存在的关系可能与其他区域、水深等或其他尺度上存在的关系并不一致。毫无疑问，某些明显的差异可以用任何特定研究中单个物理变量实际变化的程度来解释。自然海域的海洋生物群落不是连续的，而是碎片状分布，群落类型在层次结构上往往不遵循一个方便观察且连续递减的空间尺度。例如，沿着海岸线，我们会发现许多小片的岩石潮间带群落，其间一些泥底海湾中存在着泥滩生物群落。每一种生境都可能发生在非常局部的范围内，往往只有几百米或更少。在一些较早的调查中，往往缺乏生物资料和其环境资料的精确位置信息，这可能导致物理数据和生物数据的“混乱”。这种混乱的程度也取决于该地区环境本身的异质性。

由于这种明显的可变性，我们目前在群落和生境类型之间没有为保护目标建立起它们相互关系的一般范例，只有一些广泛的描述和相关关系。事实上，我们目前的认识普遍混乱，对海洋空间层次结构各单元的描述（表5.1）无法理清地球物理因素、生物因素及其它们的相互组合产生的作用。虽然我们可以描述与生境变量相关的群落分布，但我们通常不清楚影响群落分布的真正限制因素是什么，甚至不知道这些限制因素是物理因素还是生物因素。理想情况下，我们应该在地球物理变量和生物群落之间建立预测关系。

特别是由 Zajac（2008）、Gray（1994）和 Snelgrove（1999）等总结的论据似乎暗示，底栖生物物种在“选择”基底特征时非常“挑剔”，包括斑块大小、特征和邻近栖息的物种；也就是说，组成群落的物种是依赖于生态位的组合。然而，这会导致我们以一种类似于将生态位描述为“抽象居住的超体积”（Hutchinson，1957）这样无法实现的方式无休止地寻求描述物种栖息地需求的细节。惠特克等（1973）讨论了“生态位”（niche）和“栖息地”（habitat）之间的区别。

生物群落是依赖于生态位的组合，这个概念本质上是不可验证的（Hubbell，2001），因为我们无法知道在一个栖息地中有多少生态位可用。根据定义，每个生态位都被一个物种占据，对于一个特定的栖息地，我们只能说目前有多少生态位被占据（因为生态位数量等于物种的数量）。因此，对生态位的描述只是对一个物种的描述（Krebs，1972）。很可能许多底栖生物种类在栖息地需求方面是不挑剔的或属于机会主义者，而其他底栖生物的栖息地需求则是严格和挑剔的。目前我们不知道的是这两种类型的相对比例。我们长期持有的物种之间 R 选择和 K 选择的生态差异理论可能与这些观点类似。

海洋中有多少种栖息地？

关于栖息地的争论几乎（但不）像关于生态位的争论那么困难。对栖息地好在我们可以用地球物理学的方法来描述它们，尽管它们在实践中往往没有得到充分的描述，而我们却无法这样描述生态位。栖息地可能被过度占据（over-described），也就是说，一个生物群落（biocoenosis）占据一个以上的栖息地；栖息地也可以占据不足（under-described），也就是说，一个以上的生物群落只占据一个栖息地。实际上，这两种情况都会发生，这取决于分类层次、描述的尺度和栖息地的详细状况。

在大多数海域，栖息地类型的分布状况未知（Halpern et al.，2008），大多数海洋保护区是在没有对栖息地多样性的分布模式进行适当了解的情况下建立的。事实上，“海洋中有多少栖息地？”这一根本问题一直存在（Fraschetti et al.，2008）。对于这个重要问题已经提出了各种各样的解决方法（Orpin and Kostylev，2006；Post，2008；Verfaillie et al.，2009）。Diaz 等（2004）认为，物理因素和生物因素之间信息的不一致阻碍了对底栖生物栖息地调查结果的适用性和接受度。除了缺乏关于底栖生物种类的生物学耐受性和环境耐受性等基础资料外，物理方法和生物方法之间的数据不匹配的问题也阻碍了对栖息地中那些模糊组成部分的确定，而正是由于这些不能确定的组成部分使得海洋物理基底成为一个确定的栖息地。因此，选择地球物理替代指标来表示群落类型和栖息地仍然是一件需要技巧的事情，因为不同区域和不同尺度之间，它们之间的关系似乎都有所不同。

通过对基础生态位和实际生态位概念的类比，可以将类似的概念应用于物种栖息地，它可能有 3 个组成部分（图 6.1），即优势栖息地（predominant habitat）（一个物种达到其最大数量或最大生物量丰度的地方）、实际栖息地（realized habitat）（物种仍然存在，但数量减少）、基本栖息地或潜在栖息地（fundamental or potential habitat）（一个物种可以居住，但有一些限制。这种限制通常是生物性限制，如捕食）。这种划分的意义将在本章的后面部分详细阐述。这样，一个群落生境就简单地变成了环境的一个区域，几个物种（共同组成生物群落）的优势栖息地在空间上重合。这样的"生物群落"主要是扩散性组合，并且受到可用栖息地数量的限制。

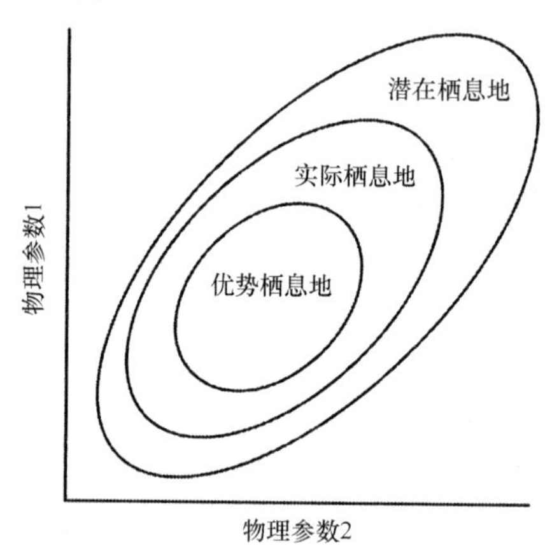

图 6.1　通过与生态位概念类比，单个物种或物种集合在生境空间中的分布情况（参见正文）

注：这表明任何物种或物种集合要么占据一个它在数量上占优势的区域，要么占据一个它可能以较低密度出现的更远的区域（实际栖息地）。生物群落或物种集合，可能以指示种为特征，发生在一组物种的每一种达到其种群最大值的地方

通过一些干扰创造了可定居的空间之后，栖息地环境得到改善，才可以为生物所利用。基于中性理论（Hubbell, 2001），这些干扰必须在一定尺度上重置环境状态并使环境条件均质化；考虑到底栖生物只在发生一些干扰之后才能重新定居，一个更为简洁和可检验的零假设理论被提出。对于某种栖息地类型，扰动之后海底局部区域被可生活在该栖息地的那些物种的任意组合随机重新定居，而这些物种恰好在该扰动时间点或扰动之后繁殖（Munguia et al., 2010）。这种再定居基本上是幼虫随机发生的（2004），也符合我们对"海洋记录器"（Marine Recorder）数据的分析（见下文）。这种观点偏向于生物群落是"扩散组合"的概念，而异于"生态位组合"的主流观点。越来越清楚，扰动机制和生物扩散能力之间的相互作用是决定底栖生物群落特征的重要因素（Lundquist et al., 2010）。

在潮间带生物群落中，依赖于生态位的组合群落和扩散组合群落之间可能没有什么实际差异。然而，在较深的水域，随着物种多样性的增加，空间利用的随机性增加，幼虫随机定居产生的群落组成多变而零散（见第 8 章）。

在海洋水体环境中，物理条件在广阔的海域是相对一致的，温度、盐度甚至深度可能是相对恒定的。因此，例如利用卫星数据来监测水柱状况，可能足以了解整个区域的水体环境状况。然而，在海底环境中显然不具有这种环境的均匀性。因此，下一章的大部分内容将讨论底层鱼类和底栖生物、海底环境及栖息地的地球物理特征之间的关系。

这些关于生态位、生物群落和栖息地的讨论可能看起来不容易理解，但它们具有非常重要的实际意义。尽管有这些复杂的情况，我们坚持实用主义的论点，即栖息地比生物群落是更基本的保护规划单元。这确实是基于生态系统进行决策和保护行动的现实依据。栖息地具有可测量和可定义的特征，即使在某种尺度或某个定义层次上，栖息地中的生物区系在群落组成上可能也是可变的。

本章我们试图提出一些适用于保护行动的群落-栖息地关系的一般原则，强调观察尺度的重要性和数据混叠的可能性，强调不同的群落类型需要不同的方法和技术。下面我们讨论生态区以下层次的空间层次分类的级别（表5.1）。

6.6 生物群落与栖息地的相互关系：生态区和区域

在生态区（ecoregion）层次上的大部分空间处于真光带或温跃层之下，在世界海洋中，该处鱼类群落的定量数据最多。社会公众也愿意了解这里的生物群落，这里的鱼类群落往往具有最大的商业意义。幸运的是，世界上许多研究已经描述分析了底层鱼类的物种集合，并试图了解这些集合与地球物理环境因素的联系，以建立生物地理学边界。

Mahon等（1998）的研究最具代表性，他们研究分析了加拿大大西洋海域（到1994年）长达20年的底层鱼类拖网调查数据，研究海域包括整个39号生态区（Spalding et al.，2007）和37号生态区、38号生态区、40号生态区的局部海域。依据其地理分布和深度分布，将108种丰度最高的底层鱼类分为9个物种类群。利用多变量统计技术，确定了18个集合群，从而解释了56.3%的物种分布差异。这些生物集合的物种组成并不随时间而改变，但其分布位置似乎会发生变化。然而，由于这些物种集合的分布范围有相当大的重叠（即存在着群落交错区或生态组合带），我们无法判断生物地理界线在何处，或在某一位置上哪种物种集合占主导地位。因此，从这一分析来看，任何物种集合的优势生境（群落生境）都不明显。

为了说明优势转换发生的区域生物地理分类边界，Zwanenburg和Jaureguizar对一个与Mahon等研究数据类似的数据集（该数据集涵盖了1970—2001年期间的4个时间段，主要是2007年Spalding使用的39号生态区）进行了更为深入的研究（未出版）。他们的主要研究过程如下：每一调查站位的物种组成情况（以每次拖网所获生物量中每一物种的平均重量表示）构成基本分析研究资料。对于每个调查站位，同时收集环境因子数据信息（深度、底层海水温度和盐度），以确定哪些因素对物种组成和分布影响最大。采用去趋势典型对应分析（de-trended canonical correspondence analysis，DCCA）确定各采样点（数量或生物量）占主导地位的鱼类集合及其相关环境变量。为了描述不同时间段物种集合区域内物种组成的差异，Zwanenburg和Jaureguizar进一步将常驻物种（resident species）定义为在所有4个时间段内都为代表性物种，而将机会种（opportunistic species）定义为在一个区域内并非一贯常见的、可能是周期性迁移的物种。

DCCA的两个轴代表深度、盐度和温度的线性组合，共同解释了各时间段内物种组成总变异的61.3%~69.5%。第一个轴与水深、盐度相关性最强，第二个轴与海底温度相关性最强。通过运用DCCA分析，先确定每个时间段内依据环境变量轴聚类的站位分组情况，然后Zwanenburg和Jaureguizar确定了这些鱼类集合。通过识别站位聚类群之间的不连续点，将站位聚类群彼此进行分离（Jaureguizar et al.，2003）。当描述了斯科舍大陆架和芬迪湾的地理空间环境后，依次就可以确定周围的和邻近的站位组。

在每个时间段中对这些站位分组所占据的地理区域就可以进行比较，选择其中4个最一致的分组以给出最合理的集合区域（图版12A）。这些非重叠物种集合的分布现在基本上解释了每个集合的鱼类生物群落生境或优势栖息地（见图6.1中的概念）。

常驻物种丰度的变化通常对不同时间段总体变异的贡献不到50%（29%~50%），而机会物种贡献了总体变异的其余部分。然而，由于这些物种集合分布区域的环境条件和生活在其中鱼类种类各不相同，这些物种集合的分布区域始终都非常容易区分。尽管它们的确切位置会随着时间的推移而变化，但它们的边界在时间上表现出了显著的一致性。因此，在所有的时间段中，集合分布区域彼此之间的区别是相当明显的，并且在每个时间段里占据了相对相同的地理位置。Roff和Alidina各自独立的研究都分别揭示，物种集合分布区域还显示出与斯科舍大陆架底部水体存在密切关联（未发表资料，参见图版12B）。

将Zwanenburg和Jaureguizar的研究结果与Mahon等（1998）的研究相比较，会发现他们在定义区域的群落生境（作为物种集合或群落的主要栖息地）和定义物种集合的实际栖息地（物种集合实际占有而非主要栖息地，图6.1）方面存在本质上的不同。因此，通过对非重叠性优势栖息地的分析，可以非常清楚地了解海洋环境的划分以及物种集合与环境因素之间的关系。

请注意，这些由地球物理因素和鱼类物种集合确定的区域与基底特征无关，也就是说，与表5.1中定义的空间层次结构中较低的层次无关（表5.1仅强调海底环境）。然而，它们至少可以被看做是根据空间层次结构划分的“区域”，或者是被看做是海洋水体环境海景（相对于海底环境），或者是鱼类的主要栖息地。这些鱼类集合（生物群落）显然也符合生物群落（biotope）的定义（与可定义栖息地相关联物种的特定集合或群落）。这应该表明，“栖息地”和“群落”的概念实际上跨越了表5.1所列出的空间结构层次，它们是用于定义这些术语的生物体的大小和活动性的函数。

6.7 生物群落与栖息地的相互关系：地形单元和栖息地

在沿岸浅海水域，主要的栖息地及其群落，特别是那些主要的生态系统工程生物（engineering organism）及其伴生群落，例如红树林、珊瑚礁和海草床等，可通过航空摄影调查、水深测量、水下相机观测等方法直接进行研究。在世界许多地区，这类数据已得到积累和研究。

除了那些非常明晰的生境、群落以及鱼类群落外，大多数在较深的沿海和大陆架水域进行海洋保护规划将识别地貌单元和/或海景，并可能强调海底环境及其主要和次要栖息地。最终为了在一个区域内实现基于生态系统的管理，我们需要尽可能精确地描述那些生物群落（物种集合）的分布。过去是通过各种不同技术直接对海洋生物（鱼类和底栖生物）取样来实现的。

在较低的空间结构层次上描述栖息地或其群落分布，通常包括实地收集相关数据和直接研究生物群系与环境特征之间的关系。这里存在的主要问题是，这种调查工作是费时费力的。现在需要的是一种更快的方法来通过地球物理数据预测底栖生物群落。

目前普遍使用的一种技术是进行多波束观测，其操作方法是对海底的一条窄带发射声波，检测海底产生的回波，然后依次测量邻近的另一条窄带，然后整合获得的数据。这些多波束观测结果常常结合后向散射强度、地震波反射、侧扫声呐声波图和海底沉积物取样以及摄影图像进行解释。多波束和侧扫声呐技术的出现彻底改变了地质学研究方法（Courtney and Shaw，2000）。多波束数据和其衍生图像可以揭示以前未识别的海底形态和沉积物结构属性，并可以说明某个区域的镶嵌性和生境复杂性（Auster et al.，1998）。

综合这些有效的测量技术，获得的信息量大，覆盖的海底环境面积广阔，并可以提供一系列有关海底地形、基底类型和颗粒大小的信息。对研究数据的分析可以大大改善对海底环境中栖息地-群落关系的描述和理解。这种结合了物理取样和生物取样技术的调查方法目前在世界各地普遍使用。Kostylev 等（2001）的一个研究将说明取样过程和对数据的解释。这里对这种方法进行了详细的介绍，因为它代表了一种生物学技术和地球物理技术新颖的结合。

乔治浅滩：地形单元

Kostylev 等（2001）依据海底大型底栖生物（体长大于 1 cm）摄影图像并结合多波束测深数据解释和地理科学信息等资料，对栖息地进行了一次跨学科的研究。其目的是区分不同的大型底栖动物种类集合，了解海底表层沉积物与生物区系之间的相关关系，并对所界定的海底环境栖息地进行分类描述。研究区域布朗斯浅滩是一个完整的地貌单元，位于斯科舍大陆架的西南端（图 16.1B）。该大陆架曾经是一个被冰盖覆盖的大陆架，其特征是在外大陆架分布有一系列大而浅的浅滩，布朗斯浅滩就是其中的浅滩之一。该海域的海洋学特征、环流模式和流速等资料已经得到研究。

6.7.1　调查方法

多波束测深数据由加拿大布朗斯浅滩水文局在 1996 年和 1997 年使用一艘配备 Simrad EM1000 多波束测深系统的船收集。每条测深线上的海底成像宽度是水深的 5～6 倍。航线间距为水深的 3～4 倍，以提供相邻航线之间的声波搭接。导航采用差分全球定位系统，定位精度±3 m。调查航速平均为 14 kn，在水深 35～70 m 的海域平均每小时可以测量约 5.0 km^2。

利用加拿大地质调查局（大西洋）海洋测绘部开发的软件，从数据池中提取多波束测深数据，在 10 m（水平）箱中栅格化，并在人工照明下进行阴影处理。此外还按水深和水色编码绘制了地形图。除了测深数据外，Simrad EM1000 系统还记录了 0～128 dB 的反向散射强度（Urick，1983；Mitchell and Somers，1989）。

为了对多波束测量结果进行补充，1998 年还在布朗斯浅滩上空部署了一个深拖式地震臂架和一个 Simrad MS992 侧扫声呐（120 kHz 和 330 kHz），收集了高分辨率的地球物理剖面资料。地球物理调查研究了根据多波束测深和后向散射数据确定的不同海底类型及特征。使用一个 IKU 抓斗式沉积物采样器，采集了 24 个上述不同的海底类型的海底沉积物样品。抓斗式采样器可深入海底 0.5 m，可以保持表层沉积物分层结构的完整性。为采集海底沉积物样本而选择的站位具有广泛的地貌学和声学后向散射响应区域代表性。

利用多波束测深资料和地球物理剖面资料，1998 年在 26 个选择的海底地点进行了影像观测。加拿大渔业和海洋部（DFO）还用 1984 年和 1985 年在布朗斯浅滩设置的 90 个站位上收集的 515 张单幅立体照片对 1998 年获得的海底照片集进行了补充。总共研究了 24 个抓斗式沉积物采样站点和 115 个影像站点。对每张照片都估计了卵石（>256 mm）、砾石（2~256 mm）、砂（0.062 5~2 mm）和贝壳碎片在海底的相对覆盖度，并按 0（无）至 100%（非常丰富）的比例对细粒沉积物的存在进行了排序。

对影像采集站位和沉积物样品中的底栖生物尽可能鉴定到最低分类水平，并对局部海底地质状况进行了描述。抓斗采泥器沉积物样品通过 1 mm 筛网进行筛选，分析是否存在生物物种，以便对海底照片中的动物进行清楚识别。根据底栖生物的生境相似性和生活史特征，将其分为 22 个主要类群。

6.7.2 沉积物和底栖生物的相互关系

布朗斯浅滩底栖大型动物分布的总体趋势为在浅滩西部、浅海部分以悬浮性饵料（如 *Placopecten* 属扇贝、缨鳃虫科多毛类）为主，而越往浅滩东部，随着深度的增加，沉积物饵料摄食者的丰度逐渐增加。在大型砂底海域底部未发现大型动物存在。在浅滩的中部和东部海域，结构复杂的砾石生境（颗粒大小变异性大）多样化程度最高，固着生活的动物群丰度最高。有些沉积物含有细粒粉砂和黏土，这些细粒粉砂和黏土沉积在岩石和其他砾石之间的裂隙和洼地中，造成了海域基底整体的异质性。

差异性分析表明，沉积物类型和深度的组合与群落结构的相关性最高，说明这两者是栖息地定义的最重要因素。主成分分析（PCA）表明，因子 1 与泥沙类型相关，与砾石底质的相关性高，与砂质底质负相关。因子 2 与水深及水动力强度任一指标呈显著相关。图 6.2 显示这两个因素对各种分类群和群落结构产生影响的机制。

根据海底沉积物分布图和对底栖动物的统计分析，绘制了 6 种栖息地上对应的底栖动物类群分布图。根据基底、栖息地复杂程度、相对海流速度和水深对不同生境进行了划分。布朗斯浅滩栖息地综合概念图（图版 13A）首次尝试综合该区域的地质、生物和水动力条件，描述了区域的栖息地类型及其生物区系。

图版 13A 中已识别的生境类型及生物区系概述如下。

（1）浅水区基底为砂质，大型底栖动物的丰度和多样性都非常低，为沉积物具有流动性的高能量环境，底表动物难以建立群落并进行增殖。

（2）大型底栖动物群的多样性和丰度较低是布朗斯浅滩周围砂质基底的深水区具有的特征。据研究这些形成历史较长的砂质比现代形成的砂底构成了更为稳定的海底环境，沉积作用较弱，大型底栖动物发展良好（Rhoads, 1976）。

（3）软珊瑚和海参栖息地分布在布朗斯浅滩西部浅海砂砾质基底上，该海域海流较强。这些大型悬浮物捕食者的存在表明这个栖息地富含浮游生物和悬浮有机物。

（4）扇贝在布朗浅滩西部砂砾基底上密度最高。这里的海流也为扇贝提供了丰富的浮游植物，而浮游植物是扇贝营养的主要来源（Cranford and Grant, 1990）。扇贝栖息地中普遍缺乏其他大型底栖动物。

（5）拟钻孔贝属 *Terebratulina* 群落栖息地。Noble 等（1976）的研究曾经描述了芬迪湾一个独特的潮下生物群落，这个群落以广泛分布的腕足类动物为代表。布朗斯浅滩上以腕足类为主的生物群落主要分布在约 90 m 水深的砾石基底，主要分布在浅滩的中部和东部。生物群落里的大多数动物都是悬浮物摄食者。

（6）沉积性碎屑摄食动物的栖息地。布朗斯浅滩的几个站显示出明显的物种间的关联关系，包括大量的管栖沉积物摄食的多毛类。图像和粒度分析表明，这些海域的表层沉积物由砾石上的泥沙累积而成。

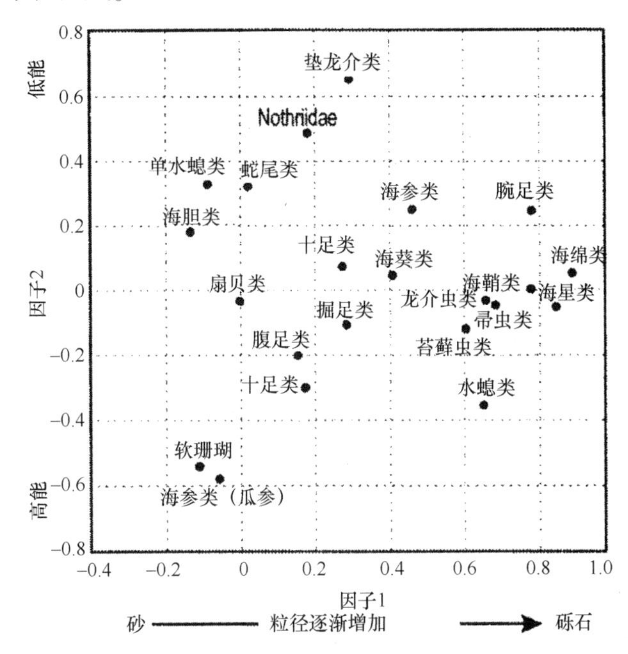

图 6.2　布朗斯浅滩表上动物分类群分布的主成分分析（据海底照片识别结果）

x 轴（因子 1）解释了沉积物类型的变异性，从砂（负值）到砾石（正值）的变化；*y* 轴与水深和流体力学有关。资料来源：据 Kostylev 等（2001）重绘

6.7.3　重要意义

在这项研究中，Kostylev 等（2001）根据沉积物特征、水深和主要的底栖生物群落确定了底栖生物栖息地。这些资料是根据多波束、地球物理、地质和影像资料等解释获得。

使用底部影像资料而不是抓取沉积物样品显著提高了数据分析的速度，并允许以更少的成本收集更多的信息。这种方法的主要缺点是缺乏有关底内动物和相关详细沉积物地层学信息；只有在海底多次出现管栖、穴居和其他生物扰动特征等情况，才能评估底内动物的存在。

从海底所拍摄的照片中共鉴别出 80 个大型底栖动物类群，并将鉴别结果与 Thouzeau 等（1991）的研究进行了比较。Thouzeau 等那时对乔治浅滩拖网样品总共鉴别出 106 个底表大型底栖生物物种，但他们鉴定出的物种数量只是 Wildish 等（1989，1990）从抓斗式采泥器采集样本中鉴定的大型底栖动物物种总数的 15%。缺少了底内底栖生物样品可能导致双壳类和多毛类物种数量过少，而双壳类和多毛类是乔治浅滩多样化最高的类群(Theroux and Wigley，1998)。然而，即使使用的照片对生物的分辨率较低，Kostylev 等(2001)仍能区分出一些关联物种，并概述出生物区系和沉积物之间的一般趋势和关系。

沉积物和生物群之间的相关关系一直是海洋底栖生物生态学家反复描述的主题，但沉积物颗粒大小的本身可能不是物种分布的主要决定因素（Snelgrove and Butman，1994)。局部海流的大小似乎在确定沉积物颗粒大小和群落结构方面起着重要作用（Jumars，1993；Wildish and Kristmanson，1997；Newell et al.，1998)，这意味着在沉积物与海水界面上由于沉积颗粒的活动性和海流速度的影响，群落组成也与与粒度相关，如 Hjulstrom（1935）在70 多年前的研究中所示（图 6.3)。随着对海底生物栖息地结构和过程的进一步统计分析，对沉积物和生物区系关系的研究将继续进行（Orpin and Kostylev，2006)。

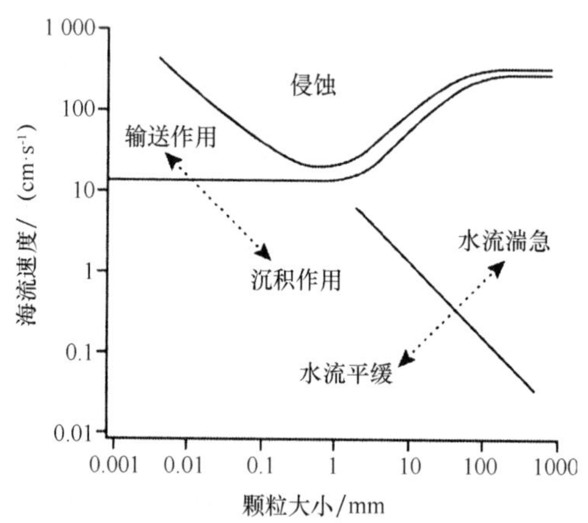

图 6.3　基底颗粒粒径与海流速度关系（显示了不同沉积动力条件下的分区）

资料来源：根据 Hjulsrom（1935）进行了修改简化

6.8　生物群落与栖息地的相互关系：基本栖息地与海景

第 5 章讨论了根据地球物理数据描述和图示化初级栖息地或海景的过程。与地理形态单元一样，海景（seascape）也是由初级栖息地和次级栖息地组成。然而，进行海洋保护规划达到这一空间结构层级已经足够（见结论部分)。

6.9　生物群落与栖息地的相互关系：次级栖息地与生物区系

有关空间结构的这些层次，有大量历史和现代进行的观察和实验研究文献，描述和记录了各种海洋生物群落。“群落类型”的概念在生物学文献中已经根深蒂固，但在实践和理论上我们都无法准确地定义它（Pimm，1991)。在这里我们没有试图回顾所有这些传统的文献，而是通过研究“海洋记录器”（Marine Recorder）资料（这些资料可能是世界上最全面的海洋底栖生物物种记录）所受启发，采取了一种特别的方法。

我们（Roff，Bryan，Connor，未出版）对海洋记录器数据集中选定的部分进行了初步分析，在此简要介绍，以讨论一些对海洋底栖生物生态和保护都非常重要的基本问题。具体研究内容如下：

- 海洋底栖生物群落类型与栖息地特征特别是基底类型的相关程度。
- 单个物种作为群落类型指示物种作用的证据。
- 底栖生物物种之间相互作用的证据。
- 环境复杂性（如基质类型的变异性）与物种丰富度之间的关系。
- 一个保护区需要多大才能代表一个区域“所有”海洋底栖生物物种。

6.9.1 “海洋记录器”（Mrine Recordaer）资料

“海洋记录器”最初由《海洋自然保护述评》（MNCR）开发，并于1997年发行（Connor et al.，1997a，b；Connor et al.，2003）。研究数据就取自海洋记录器（v3.05）数据库，该数据库包含英国周围海洋栖息地的各种信息，包括各种栖息地类型、生物群落、底表动物和底内动物物种存在与否的一般信息。“海洋记录器”是通过编纂经验数据集、审查其他分类体系和科学文献，并广泛与海洋科学家和保护管理人员合作而研制的。在“海洋记录器”调查的影像记录中，不同的生物群落被详细地列出和描述（www.jncc.gov.uk）。

数据库选择的区域包括苏格兰西部、苏格兰西南部、苏格兰西北部、北海北部、苏格兰北部、利物浦湾、苏格兰东部、英吉利海峡东部、英格兰东部和克莱德。调查数据进一步筛选到只包括盐度不小于35的海域和特定的基底类型，这些基底类型可以被分为单一的基质（基岩、大鹅卵石、鹅卵石、砾石、小卵石、砂和泥）并且分类目标基质含量不小于90%，而“混合”基底类别包含最少20%，最多40%的至少3种不同类型的基质。由于某些基底类别缺乏样本，基底分类结果更为一般化为：岩石（基岩和大鹅卵石类别的结合）、砂（鹅卵石、砾石、小卵石和砂类别的结合）、淤泥和混合基底。研究结果也根据深度类别（0~10 m，10~30 m，30~50 m）归类。

6.9.2 所选择的结果

所研究的各种数据集包含从潮间带至约30 m水深多达450种的底表动物和底内动物。

多维标度（MDS）图（基于Primer v6中的Bray-Curtis相似性矩阵）清楚地将散布在这些分组中的混合基底样本集合划分为各种主要的生境-群落类型（或海景类型，表5.1）（图6.4）。“海洋记录器”的基底类型划分包含了不列颠群岛和北海周围的各种海底栖息地类型。正如生态学文献长期以来所认识到的那样，这种群落类型的划分在广阔的地理海域内非常有效。

可是每个基底类别（初级栖息地）的多维标度图并没有进一步显示出清晰的群落类型（即物种集合的次级栖息地），只是显示数据非常分散。这种现象可能主要是数据性质的作用。我们认为，每个这种聚类可能是由不同类型的生物按照不同的机制聚集形成，而且实际上许多聚类中也含有不同性质的基底，因此这些聚类实际上是不同物种集合的混合体。由于所有聚类都是各种基底类型的混合，数据只记录了物种的存在与否，因此我们无法进一步可靠地分析物种集合与基底类型之间的关系或者是“指示种”与基底类型之间的关系。

然而，指示种可以相互比较。北海海域的指示种群主要是根据Thorson（1957）和Zijlstra（1988）的文献选取。从海洋记录器数据中选取数对指示种样本，以确定它们同时出现和单独出现的频率。在所有研究的成对组合物种中，每个指标组的物种单独出现的

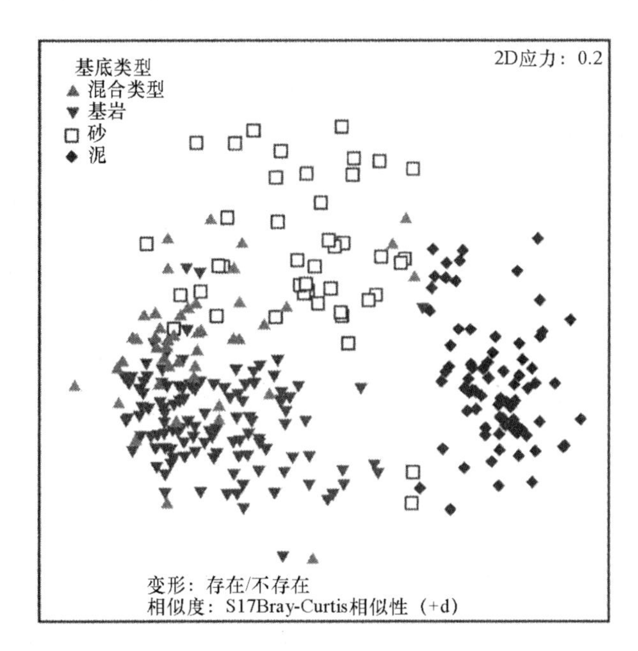

图 6.4 “海洋记录器”10 m 水深海底测量数据包括所有基底类别的多维尺度分析结果，显示根据基底颗粒大小划分的群落类型（详情见正文）

频率比两个指示种同时出现的频率更高。换句话说，指示种之间没有显示出明显的依存关系。

很明显，一个指示种的简单存在，就其本身而言，对于它周围的“群落”来说没有任何意义。海洋记录器数据仅仅记录了物种的存在/不存在，这意味着不能区分某个物种占优势的地点和该物种罕见但仍然存在的地点（图 6.1）。大概只有当一个指示物种超过相对丰富度的某个阈值时，我们才能推断出物种集合中其他成员的存在，乃至推断出相应栖息地本身的一些特征。

我们对所有这些研究结果的解释是，许多海洋底栖生物物种可能对环境变量具有相当宽的忍耐性。然而，在某些海域，环境条件的精巧（但未知）结合可能会非常有利于某个物种。在这种条件下，该物种数量可能多，以至于我们将其描述为“群落指示物种”，尽管它在其他群落中仍然只是一个普通（次要）成员。此外，这种环境条件的有利组合可能同时适用于几个物种，从而构成一个生物群落。不过该生物群落中单个成员的分布远远超出了它们“典型”栖息地的范围。然而，这并不意味着完全缺乏物种间相互作用的证据。

虽然我们没有在“单一”基底类别中发现群落结构的明显证据，但当我们将单一基底类型中存在的物种与混合基底类型中的物种进行比较时，发现了一个非常明显的模式。在单一基底中存在的一些物种在混合基底中完全缺失，其他一些物种只在混合基底中存在，而在单一基底中并没有出现。我们将这些物种的存在或不存在分别称之为“排除种”（excluded）和“边缘种”（edgist），见表 6.1。从这些观察中，我们不能知道出现这些差别的原因，这可能是源于物理的或生物的相互作用。总的来说，我们认为排除种更可能是受生物相互作用（竞争或捕食）调节，而边缘种的存在更有可能是由于某些独特的环境物理特征的组合。

表 6.1　海洋记录器数据 3 个深度（0~10 m、10~20 m、20~30 m）共有的底栖生物种类部分名录，这些底栖生物只存在于单一基底类型（排除种），或只存在于混合基底类型（边缘种）（详见下文）

边缘种 混合基底类型	排除种 单一基底类型
Aglaophenia pluma	*Alaria esculenta*
Amphipholis squamata	*Amphiura chiajei/filiformis*
Axinella dissimilis	*Angulus tenuis*
Axinellidae	*Audouinella* spp.
Bispira volutacornis	*Corystes cassivelaunus*
Botrylloides leachi	*Diatoms-film*
Bugula plumose	*Edwardsia claparedii*
Cellepora pumicosa	*Hormathia coronata*
Ciocalypta penicillus	*Lesueurigobius friesii*
Diazona violacea	*Porphyra* spp.
Dysidea fragilis	*Tellimya ferruginosa*
Epizoanthus couchii	*Thracia phaseolina*
Eunicella verrucosa	
Leucosolenia spp.	
Limaria hians	
Luidia spp.	
Macandrewia azorica	
Pentapora foliacea	
Pleurobranchus membranaceus	
Polyplacophora	
Polyplumaria frutescens	
Pomatoceros spp.	
Raspailia spp.	
Raspailia ramose	
Stelligera spp.	
Terebratulina retusa	
Thyonidium drummondii	
Tonicella marmoreal	
Tubulanus annulatus	

海洋记录器数据的异质性让我们必须提出另外一个问题：作为一个单一基底类型中不同基底类型所占比例的函数，一个基底类型中的物种多样性与其基底异质性之间是否存在相关关系？暂时看来答案似乎是否定的。当研究一个单一基底类型中不同基底组成的比例时，物种多样性是高度异质变异性的（heteroscedastic）。要进一步了解物种多样性和地形学环境异质性请参阅第 8 章。

对于每种基底类型和混合基底类型都分别建立了物种累积曲线。但尽管包含了数百个物种和类群，但这些物种累积曲线都没有达到渐近线。为了在渐近线上给出类群的期望值和物种的预测值，计算出了修正因子（Colwell and Coddington，1994）。根据平均样本面积为 10 m^2（虽然海洋记录器所提供的数据各不相同），还计算出了在每一种初级栖息地内应包含所有底栖生物物种数的镶嵌面积的估计值（表 6.2）。估计面积大小非常适中，范围为 0.015~0.6 km^2，但请注意，这些面积估计值是基于物种累积曲线，而不是基于物种面积关系曲线。要了解保护工作中使用和解释物种积累和物种面积曲线时应注意的事项，请参阅 Ugland 等（2003）和 Neigel（2003）的研究。第 14 章将进一步讨论估算海洋保护区适宜大小的过程。

表 6.2 保护英国各地所有底栖生物估计种类数量的大概面积（水深为 0~30 m）

深度/m	基底类型	估计种类数/种	估计面积/m^2
10~20	混合	772	17 573.6
0~10	泥	827	14 991.1
10~20	岩石	811	577 500.9
0~10	砂	1 210	18 472.6

注：估计值是基于物种累积曲线中 10 m^2 平均样本大小得出的物种数量和面积的最大估计值，并通过 Chao 2 估计函数计算了其渐近线（Colwell and Coddington，1994）。基底类别包括岩石（包括基岩和大鹅卵石）、砂（包括鹅卵石、砾石、小卵石和砂等）、泥和混合基底。

总之，如果一个栖息地的环境条件有利于栖息地内数量占优势（定量取样获得样本中某个体长的比例或分类群数量）的一个或多个物种种群的差异性发展，在该栖息地中就会发展出一个群落。我们把这样的生物体称为群落指示种，栖息地中的全部生物就称为生物群落（biocoenosis）。当通过取样旨在测量生物的丰度时，我们期望了解群落与栖息地的这种关联关系（尽管一个给定的生境类型可能与一个以上的群落类型相关联）。如果取样不能来测量生物丰度（换句话说，像在海洋记录器调查中那样只能记录存在/缺失数据），那么我们就不能期望能够从数据中分析出清晰的群落与栖息地的关联关系。这是因为包括指示物种在内的所有物种的分布都远远超出了它们的种群占优势的“关键”栖息地或核心栖息地。海洋记录器数据集值得更仔细地分析。

6.10 生物群落与栖息地的相互关系：生物演替系列变群丛与小群落

6.10.1 生物演替系列变群丛

即使在空间层次结构的倒数第 2 个层次（表 5.1），物种或生物演替系列变群丛组合统计学上是与海洋环境的地球物理特征相关联并可预测，至少底表动物具有这样的特点。通过两个例子足以说明。

Kostylev 等（2001）对乔治浅滩的地球物理数据、生物数据、影像资料和抓斗式采泥器样本的持续研究发现，底表动物的主要分类群（从纲到属）与主成分分析（PCA）的两个统计轴之间存在很强的相关关系（图 6.2）。在这里，几个主要分类群按照与基底颗粒大小和水运动能量（水深和水动力）相关的一系列因素的组合，分类成统计学相空间。

由于缺乏对深海珊瑚分布和这些生物集合相关生态过程的了解，Bryan 和 Metaxas (2006) 对八放珊瑚中的 Primnoidae 科和 Paragorgiidae 科进行了研究。他们对北美太平洋和大西洋大陆边缘（分别为 PCM 和 ACM 研究区域）与6个海洋学因子（深度、坡度、温度、海流、叶绿素 *a* 浓度和基底）相关的这两个科的深水珊瑚栖息地进行了定性和定量的描述。在这两个大陆边缘，珊瑚的位置并不是随机分布的，而是在大多数环境因素的特定范围内。在 PCM 研究区域，在坡度0°~10.0°、温度-2.0~11.0℃、海流0~143 cm/s 的海域，均有这两个科的珊瑚分布。在 ACM 研究区域，在坡度0°~1.4°、温度0~11.0℃、海流0~207 cm/s 的海域，均有这两个科的珊瑚分布。在这两个研究区内，珊瑚分布海域的大部分环境参数与这些参数的平均值有显著差异。

应当认清的一个重要问题是，尽管可以预测生物演替系列变群丛（facies）或物种集合的潜在分布（换句话说，某个特定分类群或群落存在位置），但由于自然干扰或人为干扰，其实际分布可能与预测分布区并不一致。因此，我们预期会出现一系列漏报（在这里预期会出现的群落类型实际并没有被发现）。然而，如果我们发现一系列误报（在这里预测没有群落分布但实际有此群落分布），那么我们的预测模型一定是错误的，需要对其进行修改。在最近几十年里尽管深海珊瑚普遍遭到了破坏，但这些群落与栖息地的关系预测对于寻找遗迹种群的线索非常重要。

6.10.2 小群落

目前看来，小群落（microcommunity）只能通过直接取样方法（例如附生植物和附生动物）或现场部署影像记录设备来描述研究。

6.11 结论和管理启示

“群落”概念作为层次结构中的一个组成部分已在生态学/保护学术语中牢固建立起来：基因、物种/种群、群落、生态系统。尽管在物种与物种之间的相互作用是未知的情况下经常使用更中性的“集合”这个术语，“群落”通常仍被定义为“共享一个环境并实际进行或潜在进行相互作用的一组物种”，这几乎是普遍现象。

海底环境中存在可识别的“群落类型”早有报道（Hedgpeth，1957）。传统知识仍然支持这样一种观点，即可清晰定义的群落，当由几组具有某种相似物种组成（即生物群落）（biocoenose）所描述，并与（栖息地的）环境变量可恰当定义的组合具有明显关联时，明确界定的群落构成可识别的生物群落（biotope）。此外，人们普遍认为，这些“群落类型”的存在和地理分布是由指示种的存在来证明的（作为群落组成的指示种，见第9章）。

由于生物、物理和人类活动的影响，群落的物种组成在空间和时间上都是可变的（见专栏6.1）。似乎也有可能（就像在陆地环境中），一些物种有非常具体的栖息地要求，而另一些物种则没有特殊需求。我们需要了解这些各种各样的关系，更概括地说，是什么驱动了在确定的栖息地类型内群落组成发生的这些变化，也必须了解对于保护规划的影响。尽管经过几十年的研究，生物群系的分布与地球物理数据之间的关系研究仍然是一个活跃的研究领域，而且仍然是海洋保护规划的一个重要研究领域。

群落和生境之间的关系实际上是保护空间规划的核心，但在界定这种关系方面仍然存在若干问题。然而，通过清晰地关注群落类型和尺度问题，就有可能“绕过”其中的许多问题。

在国家、生态区和区域各个层次上，存在信息最多的群落可能是底栖鱼类群落。在许多研究中，鱼类集合的物种组成与水深、水团等地球物理学因素之间建立了良好的相关关系。在地貌单元的层次，每一个单元都包含一系列明显不同的栖息地，这些栖息地可以采用实地物理调查技术进行很好地描述。水体海洋环境和海底环境的海景通常可以根据现有的数据表现出来。在越来越多的情况下，甚至某些生物群系的生物演替系列变群丛的分布都可以可靠地进行预测。大多数问题都是在单个群落和生境“类型”层次遇到的。

6.11.1 对海洋保护策略的启示

底栖生物物种分布于其优势栖息地（群落生境）之外，形成更为广阔的实际栖息地，这种情况对海洋保护具有重要意义。再考虑到栖息地异质性这一现实情况，这意味着在相对较低层次的海景（初级栖息地，表 5.1）进行的保护规划，即使一个特定物种的任何特定位置不包括在其基本分布范围内，在一些代表性层次上也非常可能对所有底栖生物种类进行成功描述。这意味着对图示化和保护规划的要求大大放宽，否则，要在一个生态区域内确保所有可能的生物群落的代表性将是一项繁重的（目前也许是不可能的）任务。

在实践中，除非在非常具体的层次上进行直接调查，否则我们可能永远无法完整地将一个区域的生物群落结构描述到层次结构的最底层，例如小群落层次。然而，如果我们保护了足够大的次生生物群落甚至原生生物群落（见第 14 章），我们就应该自动地保护了层次结构中的大多数较低层次。因此，养护规划可以遵循一系列步骤进行，这些步骤将在第 16 章讨论（见专栏 16.5）。

另一个尚未解决的重要问题是群落是由“生态位集合”规则还是由“扩散集合”规则决定的，或者（很可能）是由在不同条件下两者的某种可变组合决定的（Hubbell, 2001）。

如果群落实际上是基于生态位需求而聚集而成的，那么我们就必须持续努力以对海洋栖息地的地球物理特征和单个物种水平上物种与栖息地的细微关系做出越来越精确的描述。在多样性的环境中（不管如何进行定义和测量），这也意味着在 α 多样性和 β 多样性对策之间不可避免地产生混淆（见第 8 章）。

然而，如果某个栖息地类型内的物种组成发生变化（根据扩散-集合概念），这就意味着栖息地是比群落更重要的保护单位。因此，在物种多样性保护工作中，建立具有代表性栖息地类型的平行保护区（其中可能有物种组成各异的“群落”）应该更加有效。而 α 多样性和 β 多样性对策的混淆产生的潜在后果就不是那么重要了。

在单个栖息地类型中，由于物种组成的变异性和几个生物群落实际（或潜在）的存在，我们可能需要接受以下几个观点：

- 我们可能永远不会看到对栖息地变量和生物群落之间相关关系的完整或确定的分析。
- 群落是否“真实”，这个问题是一个生态问题，为了保护目标，可以对它进行回避。

- 我们需要接受栖息地作为代表性海洋保护更重要的单元，其定义必须尽可能明确。
- 根据地球物理特征额外指定的栖息地（而不是根据物种指定的群落）的更多优势在于：如果区域条件随时间变化（例如由于气候变化、水团侵入等），不通过广泛的生物调查，其生态边界、环境边界和保护边界都很容易复原。

6.11.2　特别兴趣

各种生物学家、自然学家、自然资源保护者或环境管理者的团体对选定的植物或动物分类群都有着特别的兴趣或负有特殊的责任。在海洋环境中，具有重要经济或保护价值的分类群通常是鸟类、海洋哺乳类和鱼类。由于几个原因，至少前两类不太可能是海洋代表性海域的有效指示生物。它们通常表现出迁徙习性或季节性，因此它们对海洋环境的利用在空间上和年际之间都有所不同。它们很可能在生产力高的地区（例如潮间带泥滩、沼泽、上升流海域、环流区域、锋面系统等）聚集或更常见，而这些地区本身其物种多样性通常低于平均水平。

因此，这两类动物（鸟类和海洋哺乳类）的存在和丰富程度能够很好地描述特色局部区域，这些区域肯定会成为海洋保护区地位的候选区域，但仅凭着两类动物的分布不能构成海洋代表性区域系统的基础。海洋保护方案的发展趋势往往是选择像海洋保护区这样独特的地区，而不需要对其代表性进行先行分析（这种分析为候选海洋保护区评价提供所必需的生态观点）。特色海域保护问题将在下一章进行讨论。

关于鱼类的情况更为复杂，将在第13章进行更详细的讨论。对于鱼类，保护工作一般对保护物种多样性不太感兴趣，而对通过保护特定鱼类的群体来维持其社会经济地位更感兴趣。因此，可以对鱼类种群和群落进行分析以确定有代表性或有特色的区域，后者可能包括丰富的（即高产的）商业渔场。因此，鱼类物种的总体分布状况，或它们与海洋学因子和自然地理学因子的关系，可能成为海洋代表性地区定义的重要组成部分（见第16章）。

分析鱼类群落结构的变化也可以明确环境和栖息地是如何退化的。因为在保护工作中存在着“基线转移”的问题，所以这是一个非常重要的研究领域。尽管Pauly（1995）为渔业科学家和管理工作者明确了这种复杂情况，但它也适用于保护工作。这种复杂情况是基于以下前提。

……每一代人都接受他们最初观察到的物种组成和群体大小作为评估未来变化的自然基线。当然，这种做法忽略了这样一个事实，即这个自然基线可能已经代表了一个受干扰的状态。然后资源量继续下降，但是下一代人又将这个新的衰退状态重新设置为他们的基线。其结果是逐渐适应资源物种的逐渐消失，形成评价过度捕捞导致经济损失或确定恢复措施目标的不恰当参照点（Pauly，1995）。

生物调查研究可以确定某一特定海域历史上是否已经从其自然或“基线”群落状态受到干扰或已经退化。考虑到这一观点，今后的管理工作可适当地集中于原始海域保护、退化海域恢复和选定物种种群提升或重新引进。

参考文献

Auster, P. J. , Michalopoulos, C. , Robertson, P. C. , Valentine, K. J. and Cross, V. A. (1998) 'Use of Acoustic Methods for Classification and Monitoring of Seafloor Habitat Complexity: Description of approaches', in N. W. P. Munro and J. H. M. Willison (eds) *Linking Protected Areas with Working Landscapes, Conserving Biodiversity*, Proceedings of the Third International Conference on Science and Management of Protected Areas, Wolfville, Nova Scotia, Canada

Auster, P. J. and Langton, R. W. (1999) 'The Effects of Fishing on Fish Habitat', in L. Benaka (ed) *Fish Habitat: Essential Fish Habitat and Rehabilitation*, American Fisheries Society, Bethesda, MD

Austin, M. P. (1985) 'Continuum concept, ordination methods, and niche theory', Annual Review in Ecology and Systematics, vol 16, pp39-61

Barnes, R. S. K. and Hughes, R. N. (1988) *An Introduction to Marine Ecology*, Blackwell Scientific Publications, Oxford

Bertnes, M. D. , Gaines, S. D. and Hay, M. E. (2001) *Marine Community Ecology* , Sinauer Associates, Sunderland, MA

Bryan, T. L. and Metaxas, A. (2006) 'Distribution of deep-water corals along the North American continental margins: Relationships with environmental factors', *Deep-Sea Research*, vol 53, pp1865-1879

Caswell, H. and Cohen, J. E. (1991) 'Disturbance, interspecific interaction and diversity in metapopulations', *Biological Journal of the Linnean Society*, vol 42, pp193-218

Colwell, R. K. and Coddington, J. A. (1994) 'Estimating terrestrial biodiversity through extrapolation', *Philosophical Transactions of the Royal Society (Series B)*, vol 345, pp101-118

Connell, J. H. (1978) 'Diversity in tropical rainforests and coral reefs', *Science*, vol 199, pp1302-1310

Connor, D. W. , Brazier, D. P. , Hill, T. O. and North-en, K. O. (1997a) 'Marine biotope classification for Britain and Ireland. Vol 1: Littoral biotopes', *JNCC Report* no 229, Joint Nature Conservation Committee, Peterborough

Connor, D. W. , Allen, J. H. , Golding, N. , Lieberknecht, L. M. , Northen, K. O. and Reker, J. B. (2003) *The National Marine Habitat Classification for Britain and Ireland. Version* 03. 02 , Joint Nature Conservation Committee, Peterborough

Courtney, R. C. and Shaw J. (2000) 'Multibeam bathymetry and backscatter imaging of the Canadian continental shelf', *Geoscience Canada*, vol 27, pp31-42

Cranford, P. J. and Grant, J. (1990) 'Particle clearance and absorption of phytoplankton and detritus by the sea scallop *Placopecten magellanicus* (Gemelin) ', *Journal of Experimental Marine Biology and Ecology*, vol 137, pp105-121

Diaz, R. J. , Solan, M. and Valente, R. M. (2004) 'A review of approaches for classifying benthic habitats and evaluating habitat quality', *Journal of Environmental Management*, vol 73, pp165-181

Frank, K. T. , Petrie, B. , Choi, J. S. and Leggett, W. C. (2005) 'Trophic cascades in a formerly cod-dominated ecosystem', *Science*, vol 308, no 5728, pp1621-1623

Fraschetti, S. , Terlizzi, A. and Boero, F. (2008) 'How many habitats are there in the sea (and where)?', *Journal of Experimental Marine Biology and Ecology*, vol 366, pp109-115

Gray, J. S. (1994) 'Is deep-sea species diversity really so high? Species diversity of the Norwegian continental shelf', *Marine Ecology Progress Series*, vol 112, pp205-209

Halpern, B. S. , Walbridge, S. , Selkoe, K. A. , Kappel, C. V. , Micheli, F. , D' Agrosa, C. , Bruno, J. F. ,

Casey, K. S., Ebert, C., Fox, H. E., Fujita, R., Heinemann, D., Lenihan, H. S., Madin, E. M., Perry, M. T., Selig, E. R., Spalding, M., Steneck, R. and Watson, R. (2008) 'A global map of human impact on marine ecosystems', *Science*, vol 319, pp948-952

Hedgpeth, J. W. (1957) 'Treatise on marine ecology and palaeoecology', *Memorandum of the Geological Society of America*, vol 67

Hjulstrom, F. (1935) 'Studies of the morphological activity of rivers as illustrated by the River Fyris', *Bulletin, Geological Institute of Upsala*, XXV, Upsala, Sweden

Hubbell, S. P. (2001) *The Unified Neutral Theory of Biodiversity and Biogeography*, Princeton University Press, Princeton, NJ

Hutchinson, G. E. (1957) 'Concluding remarks', *Cold Spring Harbor Symposia on Quantitative Biology*, vol 22, no 2, pp415-427

Jaureguizar, A. J. J., Bava, J., Carossa, C. R. and Lasta, C. A. (2003) 'Distribution of whitemouth croaker Micropogonias furnieri in relation to environmental factors at the Rio de la Plata estuary, South America', *Marine Ecology Progress Series*, vol 255, pp271-282

Jumars, P. (1993) *Concepts in Biological Oceanography: An Interdisciplinary Approach*, Oxford University Press, New York

Kingsford, M. and Battershill, C. (1998) *Studying Temperate Marine Environments*, CRC Press, Boca Raton, FL

Krebs, C. J. (1972) *Ecology*, Harper and Row, New York

Kostylev, V. E., Todd, B. J., Fader, G. B. J., Courtney, R. C., Cameron, G. D. M. and Pickrill, R. A. (2001) 'Benthic habitat mapping on the Scotian Shelf based on multibeam bathymetry, surficial geology and sea floor photographs', *Marine Ecology Progress Series*, vol 219, pp121-137

Kvitek, R. G., Fukayama, A. K., Anderson, B. S. and Grimm, B. K. (1988) 'Sea otter foraging on deep-burrowing bivalves in a California coastal lagoon', *Marine Biology*, vol 98, pp157-167

Lalli, C. M. (1990) *Enclosed Experimental Marine Ecosystems: A Review and Recommendations*, Coastal and Estuarine Studies 37, Springer-Verlag, New York

Longhurst, A. (1998) *Ecological Geography of the Sea*, Academic Press, San Diego, CA

Lundquist, C. J., Thrush, S. F., Coco, G. and Hewitt, J. E. (2010) 'Interactions between disturbance and dispersal reduce persistence thresholds in a benthic community', *Marine Ecology Progress Series*, vol 413, pp217-228

MacGinitie, G. E. (1939) 'Littoral marine communities', *American Midland Naturalist*, vol 21, pp28-55

Mahon, R., Brown, S. K., Zwanenburg, K. C. T., Atkinson, D. B., Burj, K. R., Caflin, L., Howell, G. D., Monaco, M. E., O' Boyle, R. N. and Sinclair, M. (1998) 'Assemblages and biogeography of demersal fishes of the east coast of North America', *Canadian Journal of Fisheries and Aquatic Sciences*, vol 55, pp1704-1738

Mann, K. H. and Lazier, J. R. N. (1996) *Dynamics of Marine Ecosystems: Biological—Physical Interactions in the Oceans*, Blackwell Science, London

Menge, B. A., Lubchenco, J., Bracken, M. E. S., Chan, F., Foley, M. M., Freidenburg, T. L., Gaines, S. D. and Hudson, G. (2003) 'Coastal oceanography sets the pace of rocky intertidal community dynamics', *Proceedings of the National Academy of Sciences*, vol 100, no 21, pp12229-12234

Mitchell, N. C. and Somers, M. L. (1989) 'Quantitative backscatter measurements with a longrange side-scan sonar', *IEEE Journal of Ocean Engineering*, vol 14, pp368-374

Munguia, P., Osman, R. W., Hamilton, J., Whitlatch, R. B. and Zajac, R. N. (2010) 'Modeling of priority effects and species dominance in Long Island Sound benthic communities', *Marine Ecology Progress Series*, vol 413, pp229-240

Neigel, J. E. (2003) 'Species-area relationships and marine conservation', *Ecological Applications*, vol 13, pp137-145

Newell, R. C., Seiderer, L. J., Hitchcock, D. R. (1998) 'The impact of dredging works in coastal waters: A review of the sensitivity to disturbance and subsequent recovery of biological resources on the sea bed', *Oceanography and Marine Biology Annual Review*, vol 36, pp127-178

Noble, J. P. A., Logan, A. and Webb, G. R. (1976) 'The recent Terebratulina community in the rocky subtidal zone of the Bay of Fundy Canada', *Lethaia*, vol 9, no 1, pp1-17

Oliver, J. S. and Slattery, P. N. (1985) 'Destruction and opportunity on the sea floor: Effects of gray whale feeding', *Ecology*, vol 66, no 6, pp1965-1975

Oliver, J. S., Kvitek, R. C. and Slattery, P. N. (1985) 'Walrus feeding disturbance: Scavenging habits and recolonization of the Bering sea benthos', *Journal of Experimental Marine Biology and Ecology*, vol 91, pp233-246

Orpin, A. R. and Kostylev, V. E. (2006) 'Towards a statistically valid method of textural sea floor characterization of benthic habitats', *Marine Geology*, vol 225, pp209-222

Pauly, D. (1995) 'Anecdotes and the shifting baseline syndrome of fisheries', *Trends in Ecology and Evolution*, vol 10, no 10, p430

Petersen, C. G. J. (1913) 'Valuation of the sea. Ⅱ. The animal communities of the sea bottom and their importance for marine zoogeography', *Report on Danish Biology*, vol 21, pp1-44

Pimm, S. (1991) *The Balance of Nature. Ecological Issues in the Conservation of Species and Communities*, University of Chicago Press, Chicago, IL

Post, A. L. (2008) 'The application of physical surrogates to predict the distribution of marine benthic organisms', *Ocean & Coastal Management*, vol 51, pp161-179

Rhoads, D. C. (1976) 'Organism-sediment Relationships', in I. N. McCave (ed) *The Benthic Boundary Layer*, Plenum Press, New York

Roff, J. C., Taylor, M. E. and Laughren, J. (2003) 'Geophysical approaches to the classification, delineation and monitoring of marine habitats and their communities', *Aquatic Conservation: Marine and Freshwater Ecosystems*, vol 13, pp77-90

Roff, J. C. (2004) 'Maintaining quality is primarily the role of the editor', *Marine Ecology Progress Series*, vol 270, pp281-283

Sale, P. F. (2004) 'Connectivity, recruitment variation, and the structure of reef fish communities', *Integrative and Comparative Biology*, vol 44, pp390-399

Scheibling, R. E., Hennigar, A. W. and Balch, T. (1999) 'Destructive grazing, epiphytism, and disease: The dynamics of sea urchin-kelp interactions in Nova Scotia', *Canadian Journal of Fisheries and Aquatic Sciences*, vol 56, pp2300-2314

Snelgrove, P. V. R. (1999) 'Getting to the bottom of marine biodiversity: Sedimentary habitats', *Bioscience*, vol 49, pp129-138

Snelgrove, P. V. R. and Butman, C. A. (1994) 'Animal-sediment relationships revisited: Cause versus effect', *Oceanography and Marine Biology Annual Review*, vol 32, pp111-177

Sousa, W. P. (2001) Natural Disturbance and the Dynamics of Marine Benthic Communities', in M. D. Bertness, S. D. Gaines and M. E. Hay (eds) *Marine Community Ecology*, Sinauer Associates, Sunderland, MA

Spalding, M. D., Fox, H. E., Allen, G. R., Davidson, N., Ferdana, Z. A., Finlayson, M., Halpern, B. S., Jorge, M. A., Lombana, A. and Lourie, S. A. (2007) 'Marine ecoregions of the world: A bioregionalization of coastal and shelf areas', *Bioscience*, vol 57, no 7, pp573-584

Steele, J. H. (1988) 'Scale Selection for Biodynamic Theories', in B. J. Rothschild (ed) *Towards a Theory on Biological-Physical Interactions in the World Ocean*, Kluwer, Amsterdam

Tanner, J. E., Hughes, T. P. and Connell, J. H. (1994) 'Species coexistence, keystone species, and succession: A sensitivity analysis', *Ecology*, vol 75, no 8, pp2204-2219

Theroux, R. B. and Wigley, R. L. (1998) 'Quantitative composition and distribution of the macrobenthic invertebrate fauna of the continental shelf ecosystems of the northeastern United States', *NOAA Tech Rep NMFS* 140, National Oceanic and Atmospheric Administration, Silver Springs, MD

Thorsen, G. (1957) 'Bottom communities (sublittoral or shallow shelf)', *Memorandum of the Geographical Society of America*, vol 67, pp461-534

Thouzeau, G. R., Robert, G. and Ugarte, R. (1991) 'Faunal assemblages of benthic megainvertebrates inhabiting sea scallop grounds from eastern Georges Bank, in relation to environmental factors', *Marine Ecology Progress Series*, vol 74, pp61-82

Thrush, S. F. (1999) 'Complex role of predators in structuring soft-sediment macrobenthic communities: Implications of changes in spatial scale for experimental studies', *Australian Journal of Ecology*, vol 24, pp344-354

Ugland, K. I., Gray, J. S. and Ellingsen, K. E. (2003) 'The species-accumulation curve and estimation of species richness', *Journal of Animal Ecology*, vol 72, pp888-897

Urick, R. J. (1983) *Principles of Underwater Sound*, McGraw-Hill, New York

Valiela, I. (1995) *Marine Ecological Processes*, Springer, New York

Verfaillie, E., Degraer, S., Schelfaut, K., Willems, W. and Van Lancker, V. R. M. (2009) 'A protocol for classifying ecologically relevant marine zones, a statistical approach', *Estuarine, Coastal and Shelf Science*, vol 83, pp175-185

Whittaker, R. H., Levin, S. A. and Root, R. B. (1973) 'Niche, habitat, and ecotope', *The American Naturalist*, vol 107, no 955, pp321-338

Wildish, D. J. (1977) 'Factors controlling marine and estuarine sublittoral macrofauna', *Helgoland Wissenschaft Meeresuntersuchungen*, vol 30, pp445-454

Wildish, D. and Kristmanson, D. (1997) *Benthic Suspension Feeders and Flow*, Cambridge University Press, Cambridge

Wildish, D. J., Wilson, A. J. and Frost, B. (1989) 'Benthic macrofaunal production of Browns Bank, Northwest Atlantic', *Canadian Journal of Fisheries and Aquatic Sciences*, vol 46, pp584-590

Wildish, D. J., Frost, B. and Wilson, A. J. (1990) 'Stereographic analysis of the marine, sublittoral sediment-water interface', *Canadian Technical Report on Fisheries and Aquatic Sciences*, vol 1726

Woodin, S. A. (1978) 'Refuges, disturbance and community structure: A marine soft-bottom example', *Ecology*, vol 59, pp274-284

Zacharias, M. A. and Roff, J. C. (2001) 'Explanations of patterns of intertidal diversity at regional scales', *Journal of Biogeography*, vol 28, pp471-483

Zajac, R. N. (2008) 'Macrobenthic biodiversity and sea floor landscape structure', *Journal of Experimental Marine Biology and Ecology*, vol 366, nos 1-2, pp198-203

Zijlstra, J. J. (1988) 'The North Sea Ecosystem', in H. Postma and J. J. Zijlstra (eds) *Ecosystems of the World. 27*: Continental Shelves, Elsevier, Oxford

第7章 特色海域：物种和生态系统过程

生态系统过程：能量梯度区与热点海域

所有物种（和空间）生来都是平等的，但有些物种的平等是表面上的平等。

George Orwell（1903—1950）[①]

7.1 引言

正如我们在第4章中所看到的，“生态系统”一词不太适用于海洋环境。因此，为方便表述，基于生物地理区域分析的方法必须以生物学、生态学和地球物理数据的结合为基础。然而，尽管海洋生态系统的定义本身就不很完美或有些武断，但与此相反，生态系统层次的生态过程（特别是涉及水体运动的相关过程）定义明确并得到很好的认识。事实上，许多个体较大的海洋物种可以利用这些可能产生或积累它们所需要的各种资源的过程。对这些海域进行更深入的生态研究，可能有助于我们了解和预测某些物种在何时何地可能进行迁徙活动。

特色性海域的重要性怎么强调都不过分。在各种各样和各种尺度上的水体运动积累或刺激所有营养级的各种资源的生产，对所有水生生物都非常重要。事实上，有人已经多次提出，如果没有水的流动，水生生物就无法在均匀或资源平均分布的环境中生存。“平均分布的海洋是没有生命的海洋”。水体运动从微观（扩散过程）到海洋盆地尺度（上升流和辐散流）都具有重要意义。因此，特色性海域是对海洋生物至关重要的一类异质性海洋环境。

自然资源保护主义者经常呼吁根据其“独特”的特征保护一个海域。特色性海域确实是稀少的和“特殊的”，因为它们在区域上没有同类海域存在（不像代表性海域），对特定的海洋物种来说是必不可少的。了解这些海域及其物种的生态结构和生态过程显然是最重要的。

7.2 不同类型的特色性海域

人类的本性总是对某些不同的事物给予格外的关注。在前几章中，我们试图说明在生态原则的基础上如何建立海洋保护的各种方法，我们集中分析了从全球到局部海域层次的代表性栖息地。所有代表性海域在它们的“类型”中都是相似的，但是也存在许多不同种类的（非代表性）特色性海域。因为它们既不同于代表性海域，也不同于其他海域，所以

① 乔治·奥威尔（George Orwell），英国伟大的英国主义作家，《一九八四》是其传世之作。

它们不适合于层次结构分类方法。

我们会使用不同的术语来描述各种特色性海域。常用的术语包括：特色性海域（主要是能量梯度区 ergocline）、生态学和生物学重要海域（EBSAs，主要关注渔业）、热点地区（主要关注物种多样性高的海域）。虽然可以将特色性海域归入这些类型，但它们以各种方式存在相互关联和重叠（专栏 7.1）。事实上，这些术语中的每一个都可以被认为包含了其他两个术语，但是它们的使用方式不同。

《生物多样性公约》（The Convention on Biological Diversity，CBD）提出了识别生态学和生物学重要海域（EBSAs）的 7 个标准（专栏 7.1）。其中第一项和最后一项（独特性或稀有性和自然性）将在第 15 章进一步讨论，那里将讨论海洋环境中的“价值”概念。《生物多样性公约》7 个标准中的其他几项可以用来描述特色性海域，这些特色性海域可以很实用地分为两个非排他性类别，但是这些类别在物理学特征和生物学特征之间确实存在不同的相关关系。像能量梯度区（ergocline）这样的特色性栖息地通常显示出一些清晰的地球物理学特性，并可从中识别出来。热点海域和生态学和生物学重要海域，尽管它们可能也具有不同的地球物理特性，但它们的生态意义可能并不那么明显，根据传统生态知识（TEK）或科学生态知识（SEK）可能就可以很好地识别它们。

专栏 7.1　不同类型的特色性海域

特色性海域：能量梯度区（本章）

这些海域由于某种类型的海水运动会造成生物量增加或产量提高。生物量的积累常常与产量的增加相混淆（见正文）。某种地球物理异常、焦点物种存在（见第 9 章）或物种多样性增加通常会显示特色性海域的存在。其存在范围可以是从区域尺度（数百千米）到局部尺度（数十千米），甚至是微观尺度（cm）。

特色性海域特征

- 在某种尺度上（从全球尺度到区域尺度）独特或稀少；
- 对于珍稀物种或濒危物种特别重要；
- 具有高的初级生产力；
- 在某个营养级生物量很高：成为食物资源聚集区；
- 对于某些种类具有很好的适合度，该海域对这些种类非常重要；
- 存在一些焦点物种；
- 存在一些濒危物种；
- 某些物种（通常是经济物种）繁殖和觅食的聚集区；
- 物种多样性高。

热点（第 8 章）

“热点”这个词可以用来表示很多事情。它经常被用来指物种多样性高于平均水平的区域，但物种多样性高也可能是影响的结果。发生的范围可以从域（realm）到分区、区域或局部。

生态学和生物学重要海域（本章）

这些海域一般对商业捕捞渔业具有重要意义，特别是对季节性觅食、产卵和幼体补充等具有重要意义。特色性海域这一术语还包括对受到特别关注的特定物种（例如稀有或濒危物种）具有重要意义的海域，如深海珊瑚和海绵；特色性海域还包括物种多样性高的那些海域。特色性海域存在范围一般是区域尺度到局部尺度。

根据《生物多样性公约》（CBD）识别生态学和生物学重要海域（EBSAs）的标准：

- 独特性或稀有性；
- 对于某物种生活史的特别重要性；
- 对于受威胁物种、濒危物种或衰退物种和/或其栖息地具有重要性；
- 具有易损性、脆弱性、敏感性和低恢复力；
- 生物生产力；
- 生物多样性；
- 自然性。

7.3　特色性栖息地：能量梯度区

Roff 和 Evans（2002）总结了一些类型的特色性海域，并给出了它们与环境结构和过程的关系。特色性栖息地的一个基本特征，似乎是它们存在于各种结构异常的海域，这些结构异常可以确定那些反映海洋学过程（主要是某种性质的水体运动）的永久地点或临时发展海域。

我们所说的“异常”，是指地球物理特性的任何变化，这些变化可以将一个海域与其周围海域区分开来。因此，异常的地形特征包括小岛、海山、峡谷、海平面升高或降低等等。温度异常包括高于或低于周围温度值的海域，以及具有较大温度梯度的海域（锋面）。叶绿素异常可以通过以下海域来表示，例如，海水水色明显高于周围海域。请注意，我们可能会考虑异常结构引起的过程（如局部地形引起的上升流），我们也会讨论过程可能引起异常结构（如局部涡流导致海平面异常）。

因为在区域或局部尺度上其内部发生着特殊的海洋学过程，因此特色性栖息地往往显得与众不同，而有代表性栖息地在这方面则不显著（表 7.1）。特色性栖息地的一个基本特征似乎是它们只存在于各种结构异常的海域（表 7.2 和表 7.3）。

表 7.1　在 4 个组织层次上保护海洋生物多样性的建议框架（Zacharias and Roff，2000），以及结构和过程对于代表性栖息地、特色性栖息地和生态完整性的关系

组成	结构	功能（过程）
基因	遗传结构	遗传过程
物种	种群	种群统计
种群	结构	过程，生活史

续表

组成	结构	功能（过程）
群落	群落组成	生物/栖息地关系
生态系统	生态系统结构	物理过程和化学过程
	代表性栖息地 特色性栖息地 生态完整性	

表 7.2　各种特色性栖息地及其异常之处、过程、特点和焦点物种

	各种异常之处						
资源	资源高于背景值						资源枯竭
	现场初级生产力高				资源驻存	资源平流输送或聚集	
栖息地类型	上升流	岛群效应	火山口	珊瑚礁	河口/海湾	海山/大陆缘/峡谷/沟槽/海绵或珊瑚床	洞穴
异常之处	低温/高叶绿素	地形/高叶绿素	高温/硫	复杂地形	高温/高叶绿素/地形	地形/流速大	地形/隐蔽性
过程/机制	营养盐输送导致初级生产力提高	复杂的环流/湍流/风效应	硫化细菌生产	共生藻和其他藻类的生产	涡流/环流/物理积聚	悬浮固体颗粒通量增加	流经沉积/光限制
多样性	低	低	低	高	未改变/低	平均/高	高
地域性	低-高	??	高	高	低	高	高
焦点物种	旗舰物种/伞护物种	指示种	指示种	指示种	旗舰物种/伞护物种	珊瑚/海绵/指示种	指示种

表 7.3　特色性栖息地和焦点物种中的异常之处和过程之间的关系示例

异常之处	特色性栖息地的位置/名称/尺度	物理过程/动因	相关焦点物种/指示物种	生物学过程	参考文献
低温/高或叶绿素含量可变	Benguela/区域尺度	上升流/环流/风应力	鲱	觅食/繁殖细胞	Payne et al., 1987
海洋辐散流	开放海域	大洋涡流循环/风应力	经济鱼类/海洋哺乳类	生产/觅食	Mann and Lazier, 1996
地形/高叶绿素	珊瑚礁海域	共生藻和其他藻类	珊瑚礁/同资源鱼类种群	觅食/隐蔽所	Jones and Endean, 1973

续表

异常之处	特色性栖息地的位置/名称/尺度	物理过程/动因	相关焦点物种/指示物种	生物学过程	参考文献
地形/高温/硫	深海火山口	海底扩张/热液口	地域性火山口群落	硫代谢	Tunnicliffe, 1988
大温度梯度/高叶绿素	季节性封面带/区域性	分层和非分层水体边界/潮汐循环	???	最优光照和营养盐组成	Pingree, 1977
低温/高叶绿素	西南新斯科舍海域局部	水团之间的上升流/锋面带	许多物种的幼体	补充群体	Roff et al., 1986
高温/高叶绿素	Minas 海盆泥滩/局部尺度	高潮/颗粒再悬浮/营养盐	迁徙性海鸟	觅食	Daborn et al., 1993; Piccolo et al., 1993
高温/高叶绿素/低盐度	河口	各种驻留机制，包括河口无效区/海湾截留	许多经济物种	高营养级/产卵/群体补充/迁徙	Roff et al., 1980
高温/高叶绿素	海湾/局部尺度	旋转流	???	高营养级觅食/群体补充	Archambeault et al., 1998
地形/温度/海流	Saguenay 峡湾/St Lawrence 河口	复杂河口环流/潮汐	鲸类/磷虾	觅食	Lavoie et al., 2000
海平面升高	芬迪湾外湾	潮汐旋转流	鲸类/磷虾/桡足类	觅食集群	Roff, 1983
不规则地形/强海流	芬迪湾水道/Passmoquoddy 湾/局部尺度	上升流/潮汐流/海流	迁徙性海鸟/鲸类/海豹	觅食	Brown et al., 1982
地形	大峡谷/斯科舍陆架/局部尺度	陆架水体混合/资源平流输送	鲸类多样性高	觅食	Hooker et al., 1999
地形/潮流	芬迪湾外湾/区域性尺度	资源平流输送	底栖生物生物量高	觅食	Emerson et al., 1986
地形/海流	海山	地形性上升流	海鸟/地域性高	觅食	Haney et al., 1995
地形/海流	深海珊瑚和海绵床	地形和高流速	珊瑚/海绵	觅食	Genin et al., 1992
地形	海洞穴	资源枯竭	地域性群落	??	Vacelet et al., 1994
地形	峭壁/海岛/局部尺度	地理隔离	海鸟/海豹/海象	繁殖/躲避捕食者	Petersen, 1982
地形	小岛屿	岛群效应/湍流	???	生产力提高	Hemandez-Leon, 1991

7.3.1　特色性栖息地类型及其特征

根据其结构和过程的异常情况，可以确定在几种不同的特色性情况下。特色性栖息地主要属于一类广泛的环境，勒让德等（1986）将其称之为能量梯度区（ergocline），该词的字面意思是“能量梯度”。这些表现出异常海域，通常可能与某些“营养级”资源的增加有关。能量梯度区的空间大小，实际上可以从海洋的微观尺度到全球尺度。例如，在微观尺度上，水流甚至可能被单个底栖生物偏转，引起小规模的湍流，从而改善其食物颗粒的密度（Wildish and Kristmanson，1997）。整个海洋范围内，这样的例子还包括能够提高生产力的上升流和歧流，以及能够积累生物量的辐合流。

这些增加的资源可能是实际生产的产物（即就地生长所产生），也可能是导致生物量驻留或积累（或减少）的物理循环机制的结果（表7.2和表7.3）。遗憾的是，许多海洋研究文献没有充分区分实际生产（即由于生长生物量随时间在 $M \cdot T^{-1}$ 维度或仅在 T^{-1} 维度上发生的变化）与生物量改变（即仅是简单的生物材料数量在M或 L^3 维度上的改变）。这些增加的资源（无论是实际生产的结果还是生物量的简单增加）对许多近海物种，特别是对旗舰物种，是至关重要的，但我们往往缺乏有关它们增殖过程的记录。这些过程是特色性栖息地生态学的核心，对维持生态系统健康、生态完整性、物种分布、物种丰度和物种的补充、动物迁徙的模式以及潜在或实际的渔业产量都是非常重要的。

在特色性栖息地内可能会发生几种不同的过程（表7.2）（有关特色性栖息地及其异常、过程的一些具体例子，亦见表7.3）。

- 由于营养盐供应增加，现场初级生产力提高。例如，沿海上升流区域和海洋辐散带（Mann and Lazier，1996）；季节性锋面带（Pingree，1977）；受陆地径流和深海热液口影响的河口位置（Tunnicliffe，1988）；珊瑚礁（Jones and Endean，1973）；北极冰间湖。
- 由于营养盐浓度或颗粒物质密度升高导致的捕获或综合影响而提高了现场初级生产力。例如，河口湾（Roff et al.，1980）、泥滩（Daborn et al.，1993）和北极、南极冰-水界面生物群落的高藻类产量。
- 生物体通过物理循环机制（即生物量积累）获得的积累或驻留（在垂直或水平方向）。这些机制不涉及生物体生长或生产的加速。这种物理积累可以发生在局部边界、涡流、河口无效带、海湾和峡湾，也可以发生在锋面、辐合区、环流和漩涡以及浅滩上其他类型的复杂环流模式。例如，芬迪湾外湾中央环流区的桡足类动物数量增加（Roff，1983）和在海湾内浮游动物的积聚（Archambault et al.，1998）。
- 各种类型的环流模式，包括上升流、辐合流和湍流混合流，导致深居的浮游生物或浮游生物被移至水面，这也是局部或区域生物量的增加。这增加了海面觅食者或水柱觅食者对这些资源的可用性，如鸟类、鱼类和鲸类。芬迪湾、Passamoquoddy湾以及外Saguenay湾之间的水道就是这样的案例（Brown et al.，1982；Lavoie et al.，2000）。
- 由于海流和地形的某种组合而形成的平流增加了资源的可得性。例如，芬迪湾外湾（Emerson et al.，1986）、海山附近（Haney et al.，1995）、峡谷（Hooker et al.，1999）以及深海海绵和珊瑚周围（Genin et al.，1992）都有大量的底栖生物生长。甚至在北极开放水域（冰间湖）分布的海洋哺乳动物也被认为属于这一类型。
- 海洋洞穴中资源的枯竭（Vacelet et al.，1994）。

• 峭壁和岛屿上面的物理隔离以躲避捕食者，例如幼鸟和小海豹（Petersen，1982）。

我们需要进行以过程为导向的研究，以确定导致这些位置呈现特色性特征的机制，尽管我们可能经常从它们产生的结构中推断出这些过程（表 7.3）。因此，低温与高叶绿素结合就是上升流区域的特征（Mann and Lazier，1996）。潮间带泥滩形成了临时性高温异常，这有利于微藻和端足类动物的生产，这里大量食物资源的存在由此成为候鸟理想的觅食区域（Daborn et al.，1993）。分层水体和非分层水体之间的快速温度变化形成的锋面，也会发展成为高生产力的海域（Pingree，1977）。在环流存在海域，随着海平面的升高，浮游生物或自游生物的密度也会升高，这吸引了迁徙性鲸类的到来（Roff，1983；Woodley and Gaskin，1996）。虽然不太容易为人类所看到，但特色性的海洋生物群落也会在海平面以下发展。因此，在海底山周围高流速、大坡度的组合，就会导致特色性海洋生物群落或具有高生产力和高生物多样性的局部海域出现（Boehlert and Genin，1987）。类似的综合影响（地形和海流）似乎导致了其他不同寻常和多样化的生物群落，如深海珊瑚和六放海绵床（Genin et al.，1992；Rice and Lambshead，1994；Bryan and Metaxas，2006）。

上述举例和表 7.3 所列的许多案例都来自加拿大东海岸。但是，综合现有的调查、文献评述、局部资料等，完全可能汇编一份世界各大洋任何区域内的特色性栖息地清单。同时，使用基于物理数据的 GIS 技术，可以描述不同种异常现象的海域。然后可以将预测的特色性栖息地与已知的特色性栖息地进行比较，以检验特色性异常概念，并确保所有潜在的特色性栖息地被发现。

7.3.2 旗舰物种、伞护种和特色性栖息地

由于其异常的特性和丰富的资源，许多特色性栖息地（尤其是在温带水域）对季节性迁徙动物来说尤为重要，比如海洋哺乳动物、鸟类和鱼类，因为这里是它们觅食和/或繁殖的重要区域。

个体较大的海洋生物物种（主要是哺乳动物、鸟类和鱼类）的种群为躲避捕食者等多种原因直接迁移到特色性栖息地。因此，特别是在繁殖时期，许多物种为脆弱的后代寻求隔离保护和安全保护，例如，悬崖和岛屿为鸟类和海豹庇护提供的地形优势（Petersen，1982）。为了繁殖，许多种类的鱼会选择合适产卵场，这样它们的幼鱼就可以通过海流找到返回恰当位置的路线。成体面对强流的反向迁移以补偿幼体被动漂回原来的分布区（Mann and Lazier，1996）。为了觅食和利用索饵场（通常与能量梯度区相关联，这里是生产力或资源积累量高的区域），许多物种将进行往往是长距离的季节性迁徙。综合来看，正是这些特色性栖息地的结构（如地形）和过程（如资源的大量生产）往往支持了这些较大而引人注意的“旗舰”物种。

旗舰物种在海洋保护中所起的作用是重要的，公众对其的关注度也非常高，我们将在第 9 章对其进行更详细的讨论。这些旗舰物种是“富有魅力的大型动物群”，得到公众的认同，并愿意为它们的保护提供资金支持。然而，在生态学方面（例如，通过“下行效应”过程控制其捕食对象的营养动力学效应方面），这些物种可能是重要的（Nybakken，1997），也可能是不重要的（Katona and Whitehead，1988；Bowen，1997）。因此，我们可能面临这样一种特殊的情况：公众认同并具有很高关注度的一群动物，但它们在海洋动力学过程中所起作用在很大程度上是未知的，或者它们的作用充其量可能也是不明确的。然

而，尽管这类物种在生态学上可能重要或者不重要，但如果它们对于我们实际保护战略有帮助，它们仍然具有价值，尤其是如果旗舰物种起到“伞护作用”（Zacharias and Roff, 2001a；第 9 章）。这意味着，如果我们保护那些有广大栖息地需求且公众关注度高的物种，那么许多占据相同栖息地的较小物种也会同时得到保护。然而，“伞护物种”一词一般适用于非迁移的陆地物种，而在温带水域，许多海洋哺乳动物和鸟类是季节性（春季到秋季）迁徙动物。因此，它们被称为“阳伞”比称为雨伞更为恰当。

7.4　特色性海域：热点海域与生态学和生物学的重要海域

物种多样性高的地区是生物多样性重要保护战略的重点。不幸的是，我们对海洋中物种多样性高于平均水平的时间、地点和原因，以及物种多样性与地球物理环境之间的关系，仍然了解得非常不完整。物种多样性通常被认为与栖息地的异质性有关，但也可能与能量梯度区和资源可用性有关。物种多样性将在本章后部分进一步讨论，而物种多样性热点海域将在第 8 章中讨论物种多样性和栖息地多样性时从全球尺度到局部尺度进行全面讨论。

根据《生物多样性公约》（CBD，2008 年缔约方会议，第Ⅸ/20 号决议），EBSAs 被定义如下：

> 生态学和生物学重要海域，是地理学或海洋学上离散的海域，与周围其他海域或具有类似生态特征的海域相比，它们为生态系统的一个或多个物种/种群或为整个生态系统提供重要的服务（CBD，2008）。

识别生态学生物学重要海域的 7 项标准列于专栏 7.1 中。因此，可以认为，生态学和生物学重要海域包括可根据地球物理异常现象识别的所有的特色性海域和所有物种多样性热点海域。

然而，生态学生物学重要海域还包括一系列可能不具有地球物理异常特征的海域和生境，或者地球物理特征与代表性海域差异不大的海域。尽管如此，这种生态学和生物学重要海域在生态学各个方面都很重要。例如，它们包括以下海域：

> 繁殖地、产卵场、保育区、幼鱼生境或其他对物种生活史各阶段有重要影响的海域；或迁徙物种的栖息地（觅食、越冬或休息、繁殖、蜕皮、迁徙路线）；受威胁、濒危或衰退物种的关键海域和/或栖息地；生态脆弱区（易受人类活动或自然事件影响而退化或枯竭）或恢复缓慢的脆弱生境、生物群落或物种所占比例较高的海域（CBD，2008）。

最后一类包括温带大陆架水域的深海珊瑚和六放海绵床（Bryan and Metaxas，2006）。

这些附加的生态学和生物学重要海域显然代表了许多类型，这些海域类型只能从个人的海洋工作经验中记录下来，以构成科学生态知识，例如可以来自传统生态知识，或来自海洋调查和监测方案（如联邦政府机构的方案）。

7.5 特色性栖息地和代表性栖息地之间的关系

根据代表性栖息地的地球物理特征可以将它们进行图示化描述（Roff et al.，2003；第5章和第6章），许多不同类型的特色性栖息地也可以根据它们的各种异常现象得以识别。现在我们可以讨论焦点物种或焦点物种群（包括旗舰物种、各种伞护物种、经济鱼类物种、封闭渔场、产卵区或其他繁殖区等）在制订保护战略方面的作用。

例如，要了解一个特定焦点物种的分布范围（索饵场、繁殖地等），我们可以问这样的问题：旗舰物种和特色性栖息地之间关联的精确度如何？值得我们关注的问题是，像海洋哺乳类动物，它们可能会根据其与捕食对象的营养相互作用改变它们的分布模式（Kenney et al.，1996）。

联想到有代表性栖息地是相互邻接且连续不断，共同占据整个区域，而特色性栖息地是分离且不连续的，分散在整个区域，我们可能会问：在区域栖息地代表性方面，特色性栖息地表现了什么？我们能否根据对特定旗舰物种或其所需特色性栖息地的保护，来有效地划定一个海洋保护区？也就是说，这个旗舰物种可以作为伞护种吗（Simberloff，1998；Zacharias and Roff，2001a；第9章）？我们还可以继续问：我们需要保护多少这样的伞形物种，才能在一个区域内的一组海洋保护区中保护所有类型的代表性栖息地的指定比例？如果我们选择保护所有公认的特色性栖息地，在一个区域内应保护哪些额外的代表性栖息地，以达到保护一定比例的代表性栖息地的目标？这些类型的问题可以为制定全面的区域保护规划做出重要贡献。在所有情况下，为了评价基于任何焦点物种的保护战略，单个物种的分布和栖息地图示化之间的对应关系是必不可少的（见第16章）。

从对焦点物种的研究中得出的保护战略可能有几个优点。它应恢复“物种”方法对海洋保护的内在吸引力和重要性，并为人类利益提供明确的理论基础，为研究海洋生态相互作用提供新的基础。还需要对海洋保护的“物种”方法和“空间”方法之间的关系进行新的综合，提出如何充分利用代表性和特色性这两种方法，而不是将它们视为矛盾之处。第16章将进一步讨论栖息地类型综合和海洋保护规划。

一个关键的问题是：选择基于由指定焦点物种占据的特色性栖息地的一组海洋自然保护区能否比随机选择的或基于代表性选择的一组对照组海洋保护区，提供更大的物种多样性（或更大的生境异质性）保护（Andelman and Fagan，2000）？这个问题在海洋保护生态学中从未被提及，答案在很大程度上取决于生物多样性的分布模式。

7.6 物种多样性及其特色性栖息地和代表性栖息地之间的关系

关于生物多样性（主要是物种多样性）如何分布的问题将在第8章中进行更详细的讨论并做出许多解释。尽管人们对物种多样性的分布很感兴趣，但我们对物种多样性在不同栖息地之间的变化以及为什么有些栖息地比其他栖息地能够支持更高物种多样性的原因仍然知之甚少。在区域尺度上，经验证据支持多样性和生产力之间的驼峰形关系，随着生产的增加，多样性先增加后减少（Rosenzweig and Abramsky，1993）。但是，我们应该认识到，对物种多样性的测度可能有所不同，生产力（生产潜力）常常与生产（生物量的实际增长率）和生物量本身或其他替代变量相混淆。

特色性栖息地的生物多样性可能高于或低于代表性栖息地。在物种多样性和产量或生物量方面，我们应考虑几种类型的栖息地（表 7.4 和表 7.5）。

表 7.4　代表性栖息地和特色性栖息地中异常现象和物种多样性之间的关系

项目	物种多样性低	物种多样性中等	物种多样性高
出现异常现象	特色性栖息地	特色性栖息地	特色性栖息地
	例如上升流海域	例如生物积累海域	例如辐聚海域，珊瑚礁
无异常现象	代表性栖息地	代表性栖息地	多样性热点海域
	例如受物理、生物或人类干扰的海域	正常栖息地	不存在或机制不明

表 7.5　生产量或生物量及物种之间一些可能的关系

生产量或生物量	生产者的多样性	消费者的多样性
营养盐增加（例如上升流）致生产量提高	低	低，平均，高
普通生产量（无营养盐增加）	高	高
生产量没有提高	平均	平均
生产量低	高	高
积累提高了生物量	平均	平均，高
生物量没有提高	平均	平均
生物量减少	高	高

- 沿海上升流区和海洋辐散带是两大类不同的生境。由于它们的异常温度和叶绿素特征，这些栖息地很容易被识别。由于营养盐的增加，这里的产量也得到增加，但物种多样性却普遍减少（Margalef，1978）。这种较低的物种多样性可能通过较高的营养级延伸到鱼类群落。就像在一些上升流区域之下的底栖生物（Sanders，1969）一样，如果在这些特色性栖息地中的多样性减少，在保护物种多样性方面，保护它们的效果实际上可能不如保护同一海域的代表性栖息地！然而，在利用这些海域的最高营养级上，我们可能会再次看到较高的物种多样性，例如在几个物种的候鸟或海洋哺乳动物的混合种群中（Brown and Gaskin，1988；以及其中的参考文献）。因此，“捕食者往往比被捕食者多样化程度更高”（Margalef，1997）。

- 在没有生产率增加的情况下积累生物量的特色性栖息地中，物种多样性应与周围代表性栖息地保持一致。然而，由于有丰富的可利用资源（Brown and Gaskin，1988），较高营养级的物种多样性（如候鸟）可能会再次增加。

- 水团之间混合的复杂锋面带，例如新斯科舍省西南海域（Smith，1989），可能代表了物种多样性高的海域。这个特殊的海域分布有许多漂移过来的幼体，它们是被墨西哥湾流和新斯科舍洋流带到这里的（Roff et al.，1986）。

- 珊瑚礁是特色性栖息地，这里生物多样性高，生产量也高（Muscatine and Weis，1992）。然而，珊瑚礁营养盐的增加，虽然首先增加了生产量（如固碳率）（Muscatine and

Weis, 1992)，但也会导致海草取代珊瑚（Miller and Hay, 1996)，并导致珊瑚及其伴生物种多样性的下降。

• 受到生物、物理或人类活动等影响的海域，可能会出现物种多样性减少的情况。水下洞穴栖息地，这里生物量和资源产量都很低，但物种多样性和地域性可能很高(Vacelet et al., 1994)。

• 产量和生物量在背景水平没有成比例地增加的海域，以及物种多样性与地球物理特征密切相关的海域（Zacharias and Roff, 2001b)，它们组成了代表性栖息地。

虽然在全球尺度或大陆尺度上生物多样性和地球物理因素之间的关系仍然不确定，但在区域尺度上显示出了明晰的模式。我们对代表性栖息地的分析至少可以部分地刻画出物种多样性的模式。Zacharias 和 Roff（2001b）在不列颠哥伦比亚省的研究表明，潮间带生物群落的多样性是环境因素和生物因素综合作用的结果。温度和盐度的年度变化与物种多样性的减少有很强的相关性，而周期性的干扰（如暴露在波浪和风暴作用下）则增加了物种多样性。捕食者增加所引起的生物学效应也与更高的物种多样性有关（更多细节见第 8 章)。这证实了在构建海洋生物群落过程中环境稳定性与周期性物理扰动的重要性和作用(Sousa, 1984)。

另一个问题，我们是否可以根据可识别的异常现象来解释全部特色性栖息地，或者是否还存在其他不具有可识别异常现象而具有高物种多样性的海域（这里资源的生产和生物量没有增加）或“热点海域”（Norse, 1993)，这些都无法得到解释。在这些海域，需要对它们的起源、持久性和资源供应进行解释，或者揭示它们的异常（见第 8 章)。

深海底栖生物的物种多样性，比之前认为的要高得多，这也是一些特别的问题。在这里，代表性生物群落和特色性生物群落之间的界限变得模糊不清。这是因为每个采样区域包含许多新物种，而物种-面积曲线（或物种-丰富度曲线，或物种-积累曲线）在广泛的采样海域进行多次采样后（Gage and Tyler, 1991）并没有达到渐近线。因此，可以认为，每个采样区域（或一组样本）构成一个特色性栖息地（在某个尺度上根据我们对与周围环境相异的定义)，每个采样区域也是一个具有（或不具有）特色性栖息地特征的特色性生物群落（Gray, 1994)。因此，深海明显的“同质”环境，没有可识别的异常现象，包含许多连续分布的物种集合，每一个物种集合都有高度的多样性，而不像在较浅水域中分布着与基底类型更明确相关的生物群落类型。局部地域性只在个别间隔较远的海山（De Forges et al., 2000）上有可能出现（并被观察到)，但在平坦和没有异常特征的深海海底是不可能出现的。对于在（推测）的同质环境中，对这种高度多样性的解释尚不清楚，但在这些开放海域中，在各种时间和空间尺度上，似乎有可能是周期性的物理和生物干扰，使各物种的幼体实现了抽采式竞争（Sale, 1977)。这在缺乏明显异常现象的海域，可能导致出现小范围的特色性物种集合。然而，对这种多样性的平衡性解释和非平衡性解释与其“开放性”并不一致。这一难题将在第 8 章物种多样性部分做进一步讨论。

7.7 结论和管理启示

在这一章中，我们试图描述各种类型的特色性海洋栖息地，并提出与它们相关物种多样性的一些关系。重要的是不仅要识别特色性海域，而且要能够在时间和空间上描述它们，描述它们内部发生的过程，并评估它们的生态完整性。

一个全面的海洋保护战略应包括对代表性栖息地和特色性栖息地的保护，使它们成为海洋保护区网络的成员。这样的保护战略，会从对旗舰物种或其他焦点物种的研究中开始（见第 9 章），可能会有几个优势。它应能恢复“物种”方法对海洋保护的内在吸引力和重要性，为恢复人类进行海洋保护的兴趣提供一个理论依据，并为研究海洋生态过程提供一个新的基础。它还需要对海洋保护的“物种”和“空间”方法之间的关系进行新颖的综合，解决我们如何充分利用这两种方法，而不是认为这两种方法存在冲突。

在对一个地区的代表性栖息地和特色性栖息地进行详细调查和描述之后，根据对它们结构和过程的生态评估，可以设定一组首选或“候选”的海洋保护区，它们是一些代表性栖息地和特色性栖息地的组合。第 16 章将讨论如何根据生态指标选择候选保护区过程，第 17 章将讨论评估海洋保护区之间的连通性，以确保受保护海域发展真正的海洋保护区网络。

对可选择的保护区组合的评价和最后决定，将涉及更多的社会经济标准、利益相关团体之间的谈判以及确定优先事项。然而，特色性海域不应与优先保护区（PCAs 或 PACs）相混淆。特色性海域是根据其生态特征（地球物理特征和/或生物学特征）来简单定义的。而 PACs 则是根据一些独特性组合、目前对其状态的威胁以及保护倡议等来定义的。

在选择海洋保护区的最终保护网络时，目标将是最大限度地保护生物多样性，同时尽量减少经济、文化和社会成本。因此，通过研究海洋渔业和其他开发活动来设计海洋保护区网络是至关重要的。如果选址和设计适当，单个的海洋保护区可以服务于几个目标，包括维持鱼类资源（Holland，2000）。这些海域不仅可以保护生物多样性，还可以作为鱼类的天然孵化场和育幼场所，将许多物种的幼体输出到其他海域。世界各国越来越多地将海洋保护区作为海洋渔业管理工具加以考虑和评估，主要是为了在水体环境中进行幼体补充的那些具有经济价值的非洄游物种（Murray et al.，1999；Sladek-Nowlis and Roberts，1999）。我们认为渔业捕捞活动与海洋保护之间并无固有的冲突；相反，选择用作海洋保护区的海域应该具有多种生态用途。

对发生在一个海域自然过程的“生态完整性”分析（Müller et al.，2000）（表 7.1）和对一组拟议海洋保护区地点之间的“连通性”（属性交换）分析非常重要。为了确保这一点，我们必须考虑生态层次结构中所有层次的过程和结构（Zacharias and Roff，2000）。在随后章节中，在涉及海洋保护区选址、它们的特性以及海洋保护区网络设计工作中，我们将进一步考虑其生态原理。

参考文献

Andelman，S. J.，and Fagan，W. F.（2000）‘Umbrellas and flagships：Efficient conservation surrogates or expensive mistakes?’，*Proceedings National Academy of Sciences*，vol 97，pp5954-5959

Archambault，P.，Roff，J. C. and Bourget，E.（1998）‘Nearshore abundance of zooplankton in relation to coastal topographic heterogeneity，and the mechanisms involved’，*Journal of Plankton Research*，vol 20，pp671-690

Boehlert，G. W. and Genin，A.（1987）‘A Review of the Effects of Seamounts on Biological Processes’，in B. H. Keating，P. Fryer，R. Batiza and G. W. Boehlert（eds）*Seamounts*，*Islands and Atolls*，Geophysical Monographs, vol 43, American Geophysical Union, Washington DC

Bowen, W. D. (1997) 'Role of marine mammals in aquatic ecosystems', *Marine Ecology Progress Series*, vol 158, pp267-274

Brown, R. G. B., Barker, S. P. and Gaskin, D. E. (1982) 'Daytime surface swarming by *Meganyctiphanes norvegica* (Crustacea, Euphausiacea) off Brier Island, Bay of Fundy, Canada', *Canadian Journal of Zoology*, vol 57, pp2285-2291

Brown, R. G. B. and Gaskin, D. E. G. (1988) 'The pelagic ecology of the gray and red-necked phalaropes *Phalaropus fulicarius* and *Phalaropus lobatus* in the Bay of Fundy, eastern Canada', *Ibis*, vol 130, pp234-250

Bryan, T. L. and Metaxas, A. (2006) 'Distribution of deep-water corals along the North American continental margins: Relationships with environmental factors', *Deep-Sea Research*, vol 53, pp1865-1879

Convention on Biological Diversity (2008) 'COP 9 Decision IX/20: Marine and coastal biodiversity', www. cbd. int/decision/cop/? id=11663, accessed 23 December 2010

Daborn, G. R., Amos, C. L., Brylinsky, M., Christian, H., Drapeau, G., Faas, R. W., Grant, J., Long, B., Paterson, D. M., Perillo, G. M. E. and Piccolo, M. C. (1993) 'An ecological cascade effect: Migratory birds affect stability of intertidal sediments', *Limnology and Oceanography*, vol 38, pp225-231

De Forges, R. B., Koslow, J. A. and Poore, G. C. B. (2000) 'Diversity and endemism of the benthic seamount fauna in the southwest Pacific', *Nature*, vol 405, pp944-947

Emerson, C. W., Roff, J. C. and Wildish, D. J. (1986) Pelagic-benthic coupling at the mouth of the Bay of Fundy, Atlantic Canada', *Ophelia*, vol 26, pp165-180

Gage, J. D. and Tyler, P. A. (1991) *Deep-sea Biology: A Natural History of Organisms at the Deep-Sea Floor*, Cambridge University Press, Cambridge

Genin, A., Paull, C. K. and Dillon, W. P. (1992) 'Anomalous abundances of deep-sea fauna on a rocky bottom exposed to strong currents', *Deep Sea Research*, vol 39, pp293-302

Gray, J. S. (1994) 'Is deep-sea species diversity really so high? Species diversity of the Norwegian continental shelf', *Marine Ecology Progress Series*, vol 112, pp205-209

Haney, J. C., Haury, L. R., Mullineaux, L. S. and Fey, C. L. (1995) 'Sea-bird aggregation at a deep North Pacific seamount', *Marine Biology*, vol 123, pp1-9

Hernandez-Leon, S. (1991) 'Accumulation of zoo-plankton in a wake area as a causative mechanism of the "island-mass effect"', *Marine Biology*, vol 109, pp141-148

Holland, D. S. (2000) 'A bioeconomic model of marine sanctuaries on Georges Bank', *Canadian Journal of Fisheries and Aquatic Sciences*, vol 57, pp1307-1319

Hooker, S. K., Whitehead, H. and Gowans, S. (1999) 'Marine protected area design and the spatial and temporal distribution of cetaceans in a submarine canyon', *Conservation Biology*, vol 13, pp592-602

Jones, O. A. and Endean, R. (1973) *Biology and Geology of Coral Reefs*, *Vols* 1 *and* 2, Academic Press, New York

Katona, S. and Whitehead, H. (1988) 'Are Cetacea ecologically important?', *Oceanography and Marine Biology. An Annual Review*, vol 26, pp553-568

Kenney, R. D., Payne, P. M., Heinemann, D. H. and Winn, H. E. (1996) 'Shifts in Northeast Shelf cetacean distributions relative to trends in Gulf of Maine/Georges Bank finfish abundance', in K. Sherman, N. A. Jaworski and T. J. Smayda (eds) *The Northeast Shelf Ecosystem Assessment*, *Sustainability and Management*, Blackwell Science, Cambridge, MA

Lavoie, D., Simard, Y. and Saucier, F. J. (2000) 'Aggregations and dispersion of krill at channel heads and shelf edges: The dynamics in the Saguenay–St Lawrence Marine Park', *Canadian Journal of Fisheries and Aquatic Sciences*, vol 57, pp1853–1869

Legendre, L., Demers, S. and LeFaivre, D. (1986) 'Biological Production at Marine Ergoclines', in J. C. J. Nihoul (ed) *Marine Interfaces Ecohydrodynamics*, Elsevier, Amsterdam

Mann, K. H. and Lazier, J. R. N. (1996) *Dynamics of Marine Ecosystems. Biological–Physical Interactions in the Oceans*, Blackwell Science, Cambridge, MA

Margalef, R. (1978) 'Phytoplankton communities in upwelling areas: The example of NW Africa', *Oecologia Aquatica*, vol 3, pp97–132

Margalef, R. (1997) *Our Biosphere*, Excellence in Ecology 10, Ecology Institute, Oldendorf, Germany, p544

Miller, M. W. and Hay, M. E. (1996) 'Coral–seaweed–grazer–nutrient interactions on temperate reefs', *Ecological Monographs*, vol 66, pp323–344

Müller, F., Hoffmann-Kroll, R. and Wiggering, H. (2000) 'Indicating ecosystem integrity: Theoretical concepts and environmental requirements', *Ecological Modelling*, vol 130, pp13–23

Murray, S. N., Ambrose, R. F., Bohnsack, J. A., Bots–ford, L. W., Carr, M. H., Davis, G. E., Dayton, P. K., Gotshall, D., Gunderson, D. R., Hixon, M. A., Lubchenco, J., Mangel, M., MacCall, A., McArdle, D. A., Ogden, J. C., Roughgarden, J., Starr, R. M., Tegner, M. J and Yoklavich, M. M. (1999) 'No–take reserve networks: Sustaining fishery populations and marine ecosystems', *Fisheries*, vol 24, pp11–25

Muscatine, L. and Weis, V. (1992) 'Productivity of Zooxanthellae and Biogeochemical Cycles', in P. Falkowski (ed) *Primary Productivity and Biogeo–chemical Cycles in the Sea*, Plenum Press, New York

Norse, E. A. (1993) *Global Marine Biological Diversity. A Strategy for Building Conservation into Decision Making*, Island Press, Washington, DC

Nybakken, J. (1997) *Marine Biology: An Ecological Approach*, Addison Wesley Longman Inc, New York

Payne, A. I. L., Gulland, J. A. and Brink, K. H. (1987) 'The Benguela and comparable ecosystems', *South African Journal of Science*, vol 5

Petersen, M. R. (1982) 'Predation on seabirds by red foxes (*Vulpes fulva*) at Sharak Island, Alaska USA', *Canadian Field Naturalist*, vol 96, pp41–45

Piccolo, M. C., Perillo, G. M. E. and Daborn, G. R. (1993) 'Soil temperature variations on a tidal flat in Minas Basin, Bay of Fundy, Canada', *Estuarine, Coastal and Shelf Science*, vol 35, pp34–357

Pingree, R. D. (1977) 'Mixing and Stabilization of Phytoplankton Distributions on the Northwest European Continental Shelf', in J. H. Steele (ed) *Spatial Patterns in Plankton Communities*, Plenum Press, New York

Rice, A. L. and Lambshead, P. J. D. (1994) 'Patch Dynamics in the Deep–sea Benthos: The role of a heterogeneous supply of organic matter', in P. S. Giller, A. G. Hildrew and D. G. Raffaelli (eds) *Aquatic Ecology Scale Pattern and Process*, Blackwell Science, Oxford

Roff, J. C. (1983) 'The Microzooplankton of the Quoddy Region', in M. Thomas (ed) *Marine Biology of the Quoddy Region*, Natural Sciences and Engineering Research Council of Canada, Ottawa, Canada

Roff, J. C. and Evans, S. (2002) 'Frameworks for marine conservation: Non–hierarchical approaches and distinctive habitats', *Aquatic Conservation: Marine and Freshwater Ecosystems*, vol 12, pp635–648

Roff, J. C., Pett, R. J., Rogers, G. and Budgell, P. (1980) 'A Study of Plankton Ecology in Chesterfield Inlet, Northwest Territories: An arctic estuary', in V. Kennedy (ed) *Estuarine Perspectives, Vol II*, Academic Press, New York

Roff, J. C., Fanning, L. P. and Stasko, A. B. (1986) 'Distribution and association of larval crabs (Decapoda:

Brachyura) on the Scotian Shelf', *Canadian Journal of Fisheries and Aquatic Sciences*, vol 43, pp587-599

Roff, J. C., Taylor, M. E. and Laughren, J. (2003) 'Geophysical approaches to the classification, delineation and monitoring of marine habitats and their communities', *Aquatic Conservation, Marine and Freshwater Ecosystems*, vol 13, pp77-90

Rosenzweig, M. L. and Abramsky, Z. (1993) 'How Are Diversity and Productivity Related?', in R. E. Ricklefs and D. Schluter (eds) *Species Diversity in Ecological Communities. Historical and Geographical Perspectives*, University of Chicago Press, Chicago, IL

Sale, P. (1977) 'Maintenance of high diversity in coral reef fish communities', *American Naturalist*, vol 111, pp337-359

Sanders, H. L. (1969) 'Benthic Marine Diversity and the Stability-Time Hypothesis', in G. M. Wood-well and H. H. Smith (eds) *Diversity and Stability in Ecological Systems*, Brookhaven National Laboratory, New York

Simberloff, D. (1998) 'Flagships, umbrellas, and key-stones: Is single-species management passé in the landscape era?', *Biological Conservation*, vol 83, pp2247-257

Sladek-Nowlis, J. and Roberts, C. M. (1999) 'Fish-eries benefits and optimal design of marine reserves', *Fisheries Bulletin*, vol 97, pp604-616

Smith, P. C. (1989) 'Seasonal and interannual variability of current, temperature and salinity off southwest Nova Scotia', *Canadian Journal of Fisheries and Aquatic Sciences*, vol 46, pp4-20

Sousa, W. P. (1984) 'The role of disturbance in natural communities', *Annual Review Ecology and Systematics*, vol 15, pp353-392

Tunnicliffe, V. (1988) 'Biogeography and evolution of hydrothermal-vent fauna in the eastern Pacific Ocean', *Proceedings of the Royal Society: London B*, vol 233, pp347-366

Vacelet, J., Boury-Esnault, N. and Harmelin, J. G. (1994) 'Hexactinellid cave, a unique deep-sea habitat in the scuba zone', *Deep-Sea Research*, vol 41, pp965-973

Wildish, D. and Kristmanson, D. (1997) *Benthic Suspension Feeders and Flow*, Cambridge University Press, Cambridge

Woodley, T. H. and Gaskin, D. E. G. (1996) 'Environmental characteristics of North Atlantic right and fin whale habitat in the lower Bay of Fundy, Canada', *Canadian Journal of Zoology*, vol 74, pp75-84

Zacharias, M. A. and Roff, J. C. (2000) 'A hierarchical ecological approach to conserving marine biodiversity', *Conservation Biology*, vol 13, no 5, pp1327-1334.

Zacharias, M. A. and Roff, J. C. (2001a) 'Use of focal species in marine conservation and management: a review and critique', *Aquatic Conservation: Marine and Freshwater Ecosystems*, vol 11, pp59-76

Zacharias, M. A. and Roff, J. C. (2001b) 'Explanation of patterns of intertidal diversity at regional scales', *Journal of Biogeography*, vol 28, no 4, pp471-483

第8章　生物多样性模式：物种多样性

理论和相关关系：全球、区域和局部海域

向圣罗莎利亚致敬，为什么会有这么多种动物？

G. E. Hutchinson (1903—1991)[①]

8.1　引言

最近人们对全球海洋生物多样性和区域海洋生物多样性的兴趣集中于对海洋生物地理的描述，即在地理上物种和生物群落组成如何发生变化。例如，如第4章和第5章所述。人们对单个物种的分布也有相当大的兴趣，特别是那些具有经济捕捞价值的物种和濒临灭绝的物种。

对海洋生物群落结构和物种多样性的调查涉及若干时间和空间尺度，调查工作主要集中于3个主题：①识别和描述重复出现的物种集合和/或生物群落；②纬向物种多样性梯度调查；③研究生物群落结构和多样性与环境（非生物）变量之间的关系。对重复出现生物群落的研究可能是海洋群落研究中最古老的形式，这为其后对于物种多样性模式的研究奠定了基础。这些工作大部分是针对底栖生物环境的，特别是在欧洲，那里的研究人员试图描述生物群落、群落生境、生态层、生态演替系列、栖息地类型和其他类型的生物地理单元。

在整个海洋尺度上，对海洋生物群落特征的描述也做了大量工作，以检验物种多样性随纬度增加而减少的假设。例如，Ekman（1953）研究了动物区系的全球分布以确定世界的“动物区系区域”，Sanders（1968）研究了不同纬度不同类型海洋环境的多样性模式。这些工作的目的之一就是研究群落结构和物种多样性如何随环境变量而变化。

本章旨在探讨有关海洋环境中某些海域（主要关注底栖生物）的物种比其他海域更多的潜在原因。这是一个理论发展比较丰富的领域，也是目前研究的热点。但是，本章不会面面俱到地叙述海洋物种多样性或其分布情况，因为许多文献已经给出了全面的论述（Thorne-Miller and Catena，1991；Norse，1993；NRC，1995；Ormond et al.，1997；Reaka-Kudla et al.，1997；Norse and Crowder，2005）。相反，本章首先介绍了物种多样性分布的一些一般模式或全球模式，并评述了一些解释它们的观点。接下来举例分析了物种多样性的区域分布和局部分布，并对观察到的分布模式进行了解释。

---

① G. E. 哈钦森（G. E. Hutchinson），现代湖沼学之父。

物种多样性对海洋保护具有根本意义，值得我们充分重视。我们希望能找出与物种多样性相联系的那些重要因素，使这些生态因素和环境因素能够得到考虑并纳入海洋保护规划中。虽然本章的重点是物种丰富度的分布模式，但不可避免地也涉及栖息地及其生物群落的讨论。不幸的是，物种多样性常常被认为是生物多样性的同义词，这好像给我们留下了这样的印象：如果我们只研究物种多样性，那么我们对生物多样性本身就有了充分的了解。然而事实并非如此。

8.2 物种多样性和生物多样性

将物种多样性和生物多样性看做是隐含的或明确的同义词是令人遗憾的，因为海洋生物多样性保护过程远远超出了对物种本身的研究，海洋生物多样性保护对于栖息地保护、理解并尊重自然环境及生态过程具有更广泛的影响。

无论是历史上还是现在，大多数注意力都集中在个别分类单元的分布，特别是关注那些被认为具有重要商业价值或濒临灭绝的物种。但是，生物多样性可以在生态层级结构的每一个层次上加以考虑，但是尚无人尝试对其全球地理分布进行综合研究。

虽然 Zacharias 和 Roff（2000）对海洋生物多样性的各个组成部分做了初步定义，但目前还无人对其所有组成的部分进行描述或清查。我们还没有生态理论来解释物种水平以上生物多样性组成成分的分布。对于整个海洋来说，海洋生物普查计划（The Census of Marine Life，CoML）只是对海洋生物多样性的一个组成部分（物种成分）研究的开始。即使利用现有的数据，我们也可以做很多工作，以清查和了解海洋生物多样性的其他组成部分，包括其结构和过程。

事实上，在生态系统层次结构的其他层次上，生物多样性的一些组成部分的全球分布是众所周知的。例如，在生态系统层次，沿岸上升流、大洋上升流和辐散带的位置及周期性过程，以及主要洋流的位置和变化过程，几十年来都是已知的，并被详细记载。Longhurst（1998）对海洋光合作用带生物群落的分析展现了初级生产力过程和初级生产力结构的全球分布。在生态学/地貌学层次上，海底山海图、洋中脊海图和深海热液口系统海图都描述了它们相应的结构等。

全球海洋保护框架的一个主要缺陷，是在全球、领域、分区和生态区各层次上缺乏生物多样性组成部分（选定的地球物理组分和物种组分除外）的完全名录。目前，最重要的贡献也许是对选定群落类型之生物地理学的了解，主要是那些形成生源基底（基础物种）或塑造相关群落类型（如造礁珊瑚、红树林、海草、盐沼、大型藻类、深海热液口群落和六放海绵）的生物地理学知识。因为这些生物它们可能构成了或促成局部或区域内高物种多样性的“热点”区域（如澳大利亚东北部的大堡礁），所以引起了人们的特别关注。而人们对各种地貌单元（包括海山、浅滩、海底峡谷等）及其周围发生的过程了解较少。

澳大利亚的生物区域化（bioregionalization）报告（Lyne and Hayes，2005；Lyne et al.，2007），基本上是在分区尺度和生态区域尺度上，跨生态层次的生物多样性结构和过程的编目汇编。这些报告识别生态系统、营养系统及其途径、栖息地类型、水团及其变化、关键生态特征等。这些生物多样性组成成分汇编对于各种环境规划、风险评估、资源勘探、渔业和生物多样性保护、生态产品和生态服务评价等都是极有价值的（虽然在报告中没有提到)。简而言之，它们是制订海洋环境可持续发展战略所不可缺少的。

受这些生物区域化报告及其相关未发表资料（Lyne 的未发表资料和分析）启发，相关研究得出了一些非常好的成果。例如，根据对全球海洋水团多样性的分析表明，水团多样性大约在水深 200 m 的地方最高，而不是通常认为的在表面最高。这可能意味着，海水表面温度和盐度的季节性变化信号在海平面以下被“保存”了很长一段时间，但这会带来什么生态后果呢？在特定的地理位置，例如印度洋和太平洋的交界处以及菲律宾周围，水团的多样性也非常明显。这样的海域也是珊瑚和其他物种多样性非常高的地区。这意味着什么？目前还没有对导致这种高水团多样性过程的解释，或为什么高水团多样性与高生物多样性之间会有这样的关联。这些观测结果可以从现有数据，例如从世界海洋数据库（www. nodc. noaa. gov）中，发现生物多样性其他组成成分的案例。

即使根据现有数据，也有可能提高我们对海洋生物多样性的深入了解，例如，根据气旋（飓风）的频率、强度、轨迹和潜在破坏以及扰动机制的程度等方面，评估沿海水域生物多样性组成成分的风险。这种风险评估可以作为一种形式的保险机制，对海洋保护区（MPA）规划过程做出宝贵的贡献（Allison et al.，2003）。更充分地了解生物多样性的结构和过程对于进行全面的海洋管理影响非常深远。

8.3 种类、栖息地和生物群落层次上的多样性测量

在物种或生物群落层次上，有几种可以量化生物多样性的方法（专栏 8.1）。也许最简单的测量生物多样性的方法就是计算一个海域的物种数量。但是，如果我们希望对不同地点的生物多样性进行比较，就会遇到几个问题。例如，我们只能比较类似大小的物种在面积或体积类似的栖息地上的数量。物种丰富度或物种多样性的标准测量方法（α 多样性）必须在每个个体的基础上比较多样性。严格地讲，物种多样性是指一个特定区域内不同物种的数量（物种丰富度），它由对总丰富度的某种测度来衡量。然而，保护生物学家经常谈论物种多样性，即使实际指的是物种丰富。

重要的是要认识到，我们对物种多样性的标准化估计在几个方面不可避免地存在偏见。栖息地显然都有不同的物种多样性（β 多样性）（专栏 8.1）。因此，由于缺乏研究的原因，不同研究人员所接受的栖息地之间的差异是不可避免的。然而，要决定我们希望比较的两种生境实际上是相同的还是不同的，可能不是一件简单的事；它们在一些细微的方面可能有所不同，由此出现了易于混淆的 α 多样性和 β 多样性的两种估计方法。这个令人厌烦的问题已经被数位作者讨论（Gray，1994），在下一节有关深海部分将对这个非常棘手的问题进行更全面的分析。同样，γ 多样性的总体估计取决于我们如何定义一个海域及其复合栖息地。

对物种多样性的估计也偏向于选择类群中更大、更具活动性、色彩更丰富的物种。我们很少拥有一个海域的完整物种目录，而偏见通常是指向宏观物种。然而，由于我们对物种多样性的了解（或者理解）要多于生态系统层级结构上的其他层次上的多样性，而且我们有更多的“理论”来解释它，所以我们将重点讨论物种多样性。

专栏 8.1 生物多样性的测量方法

一个区域多样性（通常是物种多样性）的各种测量方法已经被研究出来。然而，需要对它们进行一些标准化过程。Whittaker（1972）提出了下面的测量方法，在不同的空间和组织尺度上，描述了测量生物多样性（分类学多样性）的 3 个术语：α 多样性、β 多样性和 γ 多样性。

α 多样性

α 多样性是在一个特定的区域、特定的栖息地或生物群落上的分类学多样性。它通常表述为该区域的物种丰富度，但也可以通过计算该区域内其他分类序列（例如科或属）的数量来测量。然而，这种类群丰富度的估计受到样本大小和采样面积大小的强烈影响。为了克服这些类型的偏差，可以使用一些统计学技术来校正样本量，以获得可比值。辛普森指数和香农指数基本上都是衡量每个个体物种多样性的指标，而不是衡量单位面积物种多样性的指标。

α 多样性测量

辛普森（Simpson）多样性指数

$$D = \frac{\sum_{i=1}^{S} n_i(n_i - 1)}{N(N - 1)}$$

式中，S 表示物种数量；N 表示总百分比或总个体数；n 表示某个物种的百分比或个体数。

香农（Shannon）多样性指数

$$H' = -\sum_{i=1}^{S} p_i \ln p_i$$

式中，n_i表示每个物种的个体数量（每个物种的丰度）；S 表示物种数量（物种丰富度）；N 表示所有个体总数；p_i表示每一物种的相对丰度，按某一物种的个体占群落总个体数的比例计算。

β 多样性

β 多样性是通过比较栖息地之间或生态系统之间或沿着环境梯度（例如一个河口）的物种多样性进行生物多样性测度的一种方法。这涉及比较每个生态系统特有的分类阶元的数量和生态系统之间共有的分类阶元的数量。这些指数可以被看做是栖息地之间或生物群落之间物种组成的变化率，或者是那些经历环境变化的生物群落中多样性的定量测度。

β 多样性测量

索伦森（Sørensen）相似性指数

索伦森指数是一个很简单的测量 β 多样性的方法，测量范围从群落之间没有物种重叠分布的值 0，到两个群落物种分布完全相同的值 1。

$$\beta=\frac{2_c}{S_1+S_2}$$

式中，S_1 表示群落 1 中记录的物种总数；S_2 表示群落 2 中记录的物种总数；c 表示两个群落共有的物种数量。

惠特克（Whittaker）测量法

$$\beta=\frac{S}{\overline{\alpha}} \text{ 或 } \beta=\frac{S}{\overline{\alpha}}-1$$

式中，S 表示两个群落中记录的物种总数；$\overline{\alpha}$ 表示两个群落物种的平均数。

γ 多样性

γ 多样性是在一个大的地区或区域对于总生物多样性（以物种多样性代表）的一种测量方法。γ 多样性是指在一个地理区域（如景观、海景、地貌单元）内一系列栖息地物种的丰富程度。它既是单个生物群落 α 多样性的测量结果，也是单个生物群落 β 多样性差异范围测量的结果。它是 α 多样性和 β 多样性的综合。

8.4　物种多样性理论

文献中有许多“理论”（也被称为假说）来解释我们星球上的物种多样性模式。这些理论跨越了从生态系统到栖息地的空间尺度范围，但是除了 Hubbell（2001）的尝试及最近的研究之外，这些理论还没有被整合成一个令人满意的整体体系。在此不可能对所有这些理论的优点进行评述，仅将其中一些主要理论进行概述，在表 8.1 中也进行了罗列，并简要说明其假定的运行机制。在一定条件下，这些理论大多数有其优点，对物种多样性能够进行圆满的解释，这些理论也已经得到多次讨论（Pianka，1966），但目前没有一个理论具有普遍适用性，或足以解释从全球尺度到局部尺度上所有观察到的物种多样性模式。

在对物种多样性的各种解释中，也有相当多的观点、生态过程和提出的机制容易引起混淆。有些理论要么包含与其他理论相同的观点，要么这些观点的潜在机制是相互对立的。例如，稳定时间假说和中等干扰假说就包含了相互矛盾的思想。

在任何地点（以及也许对于任何分类学群体），必须进行跨尺度因素的某种组合以确定潜在物种多样性和实际物种多样性（Witman et al.，2004）。因此，核心问题似乎是：首先，物种多样性增加（或减少）的原因是因观察尺度（从全球到区域和局部）的不同而不同；其次，物种多样性的变化很可能取决于一系列相互作用的因子，而不是大多数理论所认为的单一因子的作用。因此，任何单一的理论都不可能解释在任何特定地点观察到的物种多样性（Ricklefs，1987）。

毫无疑问，花费如此长的时间（现在仍然在进行）来理解物种多样性分布变化的原因有以下几个方面：

- 陆地系统和水生系统的运作方式从根本上是不同的，然而许多理论却可能试图将它们整合在一起，或者只能解释其中一种系统，并期望将对一种系统的解释理论应用于对另一种系统进行解释。
- 一些运作机制可能大部分是与尺度无关（进化，灭绝），而其他机制显然是与尺度相关的（竞争，捕食）。
- 有 α 多样性和 β 多样性的广泛集成措施。事实上，在实践中不可能将它们完全分离，使得栖息地对物种丰富度变化的整体影响尚不清楚。

从全球尺度到区域尺度，物种多样性模式显然可以由不同的因素决定。因此，令人满意的解释需要涉及几个因素。从务实的观点和保护目的出发，我们有兴趣关注以下几个方面：

- 物理因素和生物因素的结合，在某些尺度上能最好地解释所观察到的多样性模式。
- 这些解释是否可靠，是否可用于其他物理上可比较的环境中（例如，它们是否具有预测能力和解释能力）。
- 如何利用这些资料作出有关海洋保护决议。

在这一章中，重点不是介绍理论，而是对指导实际海洋保护工作的关系和“说明”进行实用主义解释。物种多样性的理论，只有在让我们能够预测物种多样性高于平均水平的海域可能位于何处，是否有助于理解对它们进行恰当保护的保护战略时，才具有实用价值。关于物种多样性的若干理论将在描述物种多样性的实际分布时加以讨论，并讨论其可能的作用机制。

8.4.1　稳定时间假说与中度干扰假说

关于多样性和基于时间（Fischer，1960；Simpson，1964）与气候稳定性（Fischer，1960）理论之间的关联性已经有了许多理论性和实证性研究。Sanders（1968）提出，较长时间段内的稳定将使生物群落在生物学上得以适应。Sanders 在这里所定义的生物学适应的生物群落是“……在很长一段时间内，物理条件是相当恒定和均匀的。”在这些环境中，人们认为生物学压力可以通过捕食和竞争等生物学过程得到缓解，从而形成一个稳定、有缓冲性和物种丰富的生物群落。

相反，经历了相当大的变化和具有相应高生物学压力的环境被认为是物理适应的。在一个物理适应的系统中，物种与它们的环境并不紧密结合。Sanders（1968）提议，在物理适应环境下的物种一定能够适应其环境的变化，而这种环境变化不允许通过生物相互作用来构建生物群落。Johnson（1970）也研究了稳定性—时间假说，并得出结论认为，经过一定时间演替过程会使一个群落变为另一个生物学适应的群落。因此，稳定性时间假说可以看做是一种长期的演替。

然而，物种多样性和环境稳定性之间的关系（或者作为因果关系）至少因为其不受限制的广泛应用而受到质疑。观察表明，一些已知多样性最低的生物群落，例如由一个或两个优势种组成的沿海盐沼，是已知生态最稳定的群落之一。稳定性—时间假说的应用结果

(和有效性) 必须依赖于空间和时间尺度，以及群落与干扰的相互作用。在较小的空间尺度上，群落维持在各种中等演替系列中，这些中等演替系列中的物种多样性往往最高。因此，在局部范围内，α 物种丰富度由于扰动而呈现最大化。许多分布在较大海域并在不同时间以不同频率受到干扰的群落，其 β 物种丰富度和 γ 物种丰富度将呈现最大化。在较小时间长度上，群落也将维持在各种中等演替系列中，这些中等演替系列总体物种多样性往往也是最高的。而在较长的时间尺度上，群落可能会进化以适应干扰，从而产生具有较高物种多样性的生物适应性群落（Ricklefs and Schluter，1993）。

与稳定性时间假说密切相关的是中度干扰假说。长期以来干扰被认为是维持一个群落处于中等演替状态的原因，在这种状态下，物种多样性既不只与一个物理适应的生物群落相关，也不只与生物学适应的生物群落相关。干扰影响物种多样性的观点就是在中度干扰假说（IDH）中提出的，该假说认为，在中度干扰水平下物种丰富度最大（Horn，1975；Connell，1978）。该理论认为，在低扰动频率下，竞争优势种排斥次优势种，生态系统为生物学适应。而在较高的干扰情况（干扰频率、严重程度或两者的组合）下，竞争优势种无法在干扰事件之间充分适应定居，为次优势种和机会种与优势种共存提供了机会。因为群落生活的各个位置会处于不同的演替系列，这时生态净效应是呈现了较高的 γ-多样性。

稳定-时间假说和中等干扰假说这两个假设，是一些重要概念的良好案例，它们可以以许多不同的方式来解释，而且在某些解释中它们又是相互矛盾的。事实上，中度干扰假说既没有充分说明那种干扰，也没有说明“中度水平”是什么。不同种类的干扰其作用可能相反，有些对物种多样性有积极影响，有些则有消极影响。如何解决这些矛盾将在下文进一步讨论。

8.4.2　统一中性理论

关于物种多样性的许多“理论”被视为范例或概念可能更为恰当，因为它们提出了解释，但几乎没有坚实的理论基础。这些“理论”大多数既没有在全部尺度上具有适用性，在超出其倡导者所设定情况下也没有适用性。唯一的例外可能是 Hubbell（2001）提出的关于生物多样性与生物地理学的统一中性理论（the unified neutral theory of biodiversity and biogeography，UNTBB）。

这里只选择介绍该理论与保护有关的某些方面。该理论可以预测基本生物多样性常数（记为 θ）的存在，该常数在各种时间和空间尺度上似乎控制着物种丰富度。换句话说，该理论预测到，物种多样性在全球各种尺度、时间、栖息地和分类阶元上都可以得到解释。统一中性理论假定，由营养方式相似的物种组成的生态群落成员之间的差异是“中性的”，或者说这种差异与它们是否成功无关。中性（neutrality）被定义为在某个特定营养级，所有物种的全部个体的人均生态等效性；这意味着所有物种和它们的成员在人口统计学上的行为方式是相同的，也就是说，它们繁殖和死亡的方式是相同的。该理论以岛屿生物地理学理论（也是一种中性理论）为出发点（MacArthur and Wilson，1967）。从数学上看，该理论与物种数量及其相对丰度的许多数据集都具有非常好的拟合优度。然而，该模型的通用性受到质疑（Dornelas et al.，2006）。

也许最重要的是，对海洋保护来说，统一中性理论是扩散聚集理论（dispersal assembly theory）的一个案例，而扩散聚集理论认为局部物种集合是由迁入和迁出决定的。

相反，各种生态位集合理论（niche assembly theory）是非中性的，因为这些生态位集合理论认为，由于生物相互作用和对特定栖息地的需求，不同物种的行为方式各不相同。第6章讨论了这种差别的重要性。

8.5　全球物种多样性模式

8.5.1　地质年代

关于物种多样性随地质年代的变化已经进行了一般性介绍（见第1章）。地球上生命的周期性波动所涉及的所有因素都很不清楚，包括周期性灭绝的原因。然而，在我们星球的物种丰富度和大陆板块的相对位置之间似乎存在一种大体上的相关性。广义地说，物种丰富度低的时期似乎与地球上所有大陆形成单一板块的地质时期相吻合，大概与较低的空间多样性和较低的环境复杂性相对应。相反，物种多样性高的时期对应的是地球大陆被大面积分隔的时期（就像现在这样），这时环境的异质性达到最大。然而，许多其他因素可能影响或导致这种一般格局，包括气候变化和周期性的大规模灭绝。环境复杂性和物种多样性之间的这种关系似乎跨越空间尺度，甚至延伸到局部水平（见下文）。

8.5.2　海洋盆地——印度洋-太平洋与大西洋对比

印度洋-太平洋海域许多分类阶元的物种多样性明显高于大西洋。例如，印度洋-太平洋浅海鱼类的数量是大西洋相应分类阶元的3倍。印度洋-太平洋海域的双壳类软体动物种类是大西洋的两倍多，而造礁珊瑚物种数量是大西洋的10倍（Rocha et al.，2008，以及其中的参考文献）（图8.1和图8.2）。

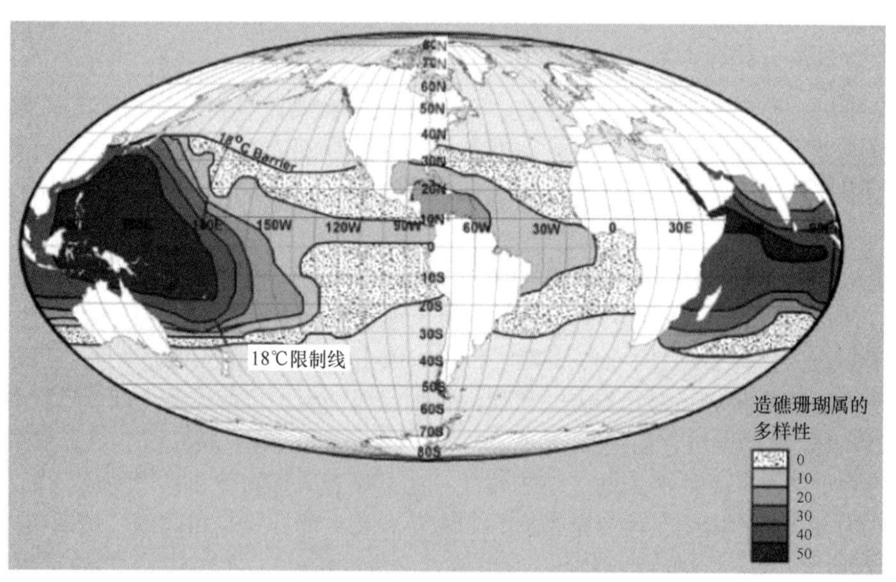

图8.1　全球造礁珊瑚属分布

资料来源：改编自Stehli and Wells（1971）

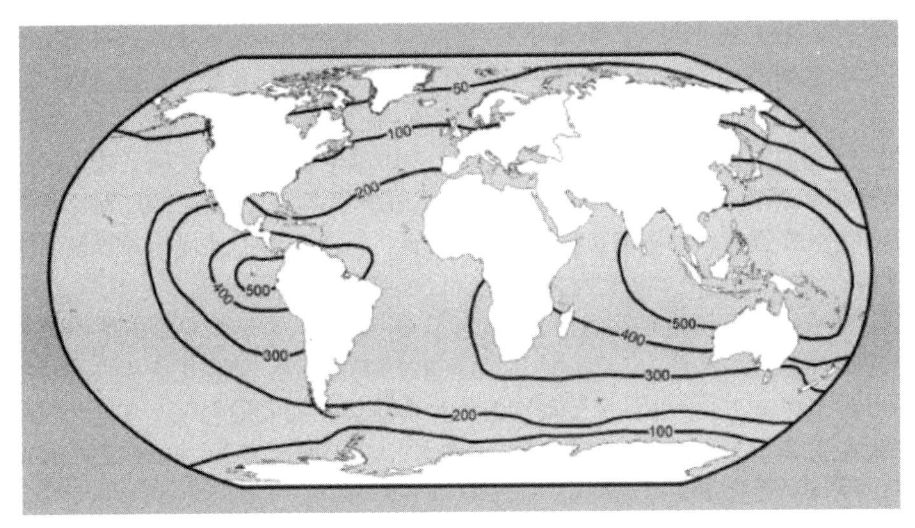

图 8.2　全球双壳贝类物种丰富度

资料来源：改编自 Stehli 等（1967）

据认为，这些差异在很大程度上是由于大西洋大约在 1.5 亿年前起始于冈瓦纳大陆的一个裂谷中形成，其地质时代更年轻。随后，从太平洋到大西洋的缓慢生物入侵一直在持续，由于人类活动，入侵速度有所加快，尤其是在北冰洋的开放水域。因此，稳定时间假说似乎是正确的，因为在全球范围内，时间是一个重要的因素。然而，我们几乎不能说太平洋在整体上比大西洋更稳定或更不稳定。

在印度洋-太平洋结合处的马来西亚和印度尼西亚周围，物种多样性很高（图 8.1），这似乎与两个大洋的植物区系和动物区系在该区域的交叉分布相关（最初由华莱士在 1859 年提出），但也与该区域各浅海中出现的区域异质性和地质复杂性相关。因此，环境复杂性对物种丰富度的重要性似乎可以从全球范围扩展到区域范围。其深层原因可能是因为我们实际上看到的是 α 多样性和 β 多样性的结合，由此整体上导致了更高的 γ 多样性。

对印度洋-太平洋地区物种多样性较高的另一种可能的简单解释是，印度洋-太平洋地区具有更大的面积。对许多陆生类群和水生类群的物种-面积相关性都进行过研究，通常存在一种简单的关系，即一个区域的物种数量是其面积的单值函数。Smith 等（2005）曾经对全球浮游植物物种丰富度与水生生态系统面积之间的关系进行了研究，结果显示，从池塘到大洋，物种-面积之间都存在显著的正相关关系。然而，一项对大西洋西部和太平洋东部，从热带海洋到北冰洋的大陆架上的海洋前鳃腹足类的全面研究（Kaustuv et al., 1998）并没有显示出这种物种-面积关系。因此，对于面积大小作为影响物种丰富度的一个重要因素这一问题在多大程度上具有一般性，仍需要我们深入讨论。

8.5.3　水体生态环境和海底生态环境

从海洋环境采集的一个样品中获得的最多浮游生物种类（包括植物和动物），也一定会在一次浮游生物拖网中被全部找到。海洋浮游生物包含了地球上数量最多的动物和植物，这主要是由于浮游生物体积很小。然而，海底生态环境中的分类序列多样性和物种多样性（按照个体数）也比较高。有几种主要的海洋门类在水体环境中要么很少见，要么不存在，要么只以幼虫（季节性浮游生物）的形式存在。例如，棘皮类动物、软体动物、环节动物和一些小门动物的大多数在水体环境中分布很少。

试图证实海底水体环境中具有较大的分类序列多样性这一工作充满了数字问题。所有分类群的物种计数都不是很可靠，并在不断地修正中，即使是历史上的著名类群也是这样。例如，平均每周有两种新的鱼类被描述！因此，各分类群的任何物种数量都应被视为是暂时性的。然而，一些初步案例将显示出目前被认为是普遍模式的情况。藻类（约124 000 种?）中，海洋浮游植物约占 5 000 种。在海洋甲壳类动物中，据估计约有 67 000 种，但人们也承认，单是其中的等足类就可能超过 50 000 种，海洋甲壳类物种总数可能超过 400 000 种。相比之下，海洋浮游动物的优势群体桡足类大约只有 2 500 个自由生活的物种被描述。在鱼类分类群已知约 33 000 个物种中，也许只有大约 11%是真正的水层生活的鱼类，大多数是底栖鱼类或底层鱼类。

底栖生物多样性高的原因至少在一定程度上涉及其较高的环境复杂性。而水体生态环境中海洋生物多样性较低似乎与水柱的同质性和混合程度有关，随着时间的推移，这种情况可能促进了基因流动，减少了种群隔离，阻碍了物种的形成。水柱内缺乏明显的异质性，这可能也意味着该水体的环境可以提供比海底环境更少可利用的不同生境和生态位（Angel，1993；Gray，1997）。事实上，即使是已知的水体环境内的物种多样性也很难用生态学理论来解释，尤其是物种之间的竞争预期。Hutchinson（1961）在“浮游生物悖论”（Paradox of the Plankton）中提出了这一著名难题，后来认为这是“同期失衡”（Contemporaneous Disequilibrium）的一种形式（Richerson et al.，1970）。尽管在这些问题上已经提出了一些理论，然而，如何解释特定层次的物种多样性这样的问题仍然值得深入讨论（Hubbell，2001）。

由于在全球范围内水体生态环境中的物种多样性和海底生态环境中的物种多样性存在相互作用，这样必会产生困惑，尽管它们之间的相互作用在很大程度上仍然是一个谜（Snelgrove et al.，2000）。在季节性浮游生物中，幼虫发育类型存在明显的全球梯度，浮游生物营养的幼虫比例从二极向热带海域逐渐增加。这是预料之中的，因为北极的浮游植物季节很短，而热带海域的浮游植物季节较长且变化不大。物种多样性模式也与深度相关，正如预料的那样，在深海底栖生物中，具有浮游阶段的物种非常少。

由于海洋水柱不断地作平流运动，而相比较而言，海底环境基本上是静止的，这就意味着大多数的保护计划是针对海底生态环境。这是不可避免的，水体生态环境规划重要性的案例将在后面各章中介绍。

8.5.4 纬度

在许多方面，所有关于物种丰富度分布的描述都存在偏见。例如，它们几乎总是只描述一个选定的分类群，通常是较大的鱼类或底表无脊椎动物。然而，某些可能适用于大多数分类群的多样性模式似乎又不是很全面（Witman et al.，2004）。

在所有海洋中，大多数分类群的物种多样性似乎都与纬度相关，即热带水域的物种多样性最高，而向南向北随着纬度的增加，物种多样性逐步下降，形成抛物线形状的曲线（图 8.3）。这些观察结果的一般性解释都涉及在较高温度和较低纬度情况下生物的生理适应和能量学适应（Floeter et al.，2005；Roy et al.，2000），和/或与更稳定的生产力结构（因此预测具有更多的资源）有关，这些生产力结构会使这里的生物每年繁殖的世代数大大增加，从而使无脊椎动物和鱼类这些主要的变温动物进化形成新物种的速度变得更快（Kaustuv et al.，1998）。这种假设重申了地质时间作为全球物种多样性模式决定因素的重要性。

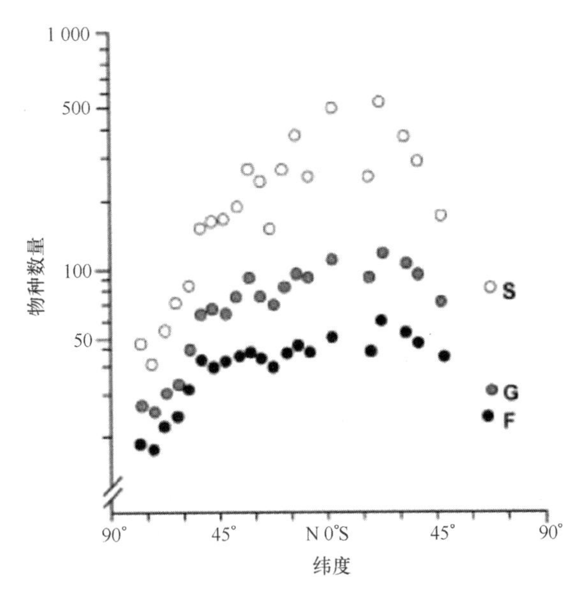

图 8.3　双壳贝类种类、属和科数量的纬度变化
资料来源：改编自 Stehli 等（1967）

跟纬度相关的这些物种多样性模式似乎延伸到深海海域。例如，Rex 等（1993）发现，在北大西洋深海中，双壳类、腹足类和等足类等都显示出这种纬度多样性梯度，而 Lambshead 等（2002）的研究结果表明，生活在底表季节性沉积物中的线虫类也具有与纬度多样性梯度相似的物种多样性分布模式。

这些一般性的纬度分布模式也可能有例外。例如，在南部海洋，纬度和物种多样性之间的相关关系要么不是很强，要么可能根本不具明显的相关性（Gray，2001），其原因尚不清楚。而且，这种纬度梯度在海洋一些更受限制的区域可能也不明显。例如，Ellingsen 和 Gray（2002）在挪威大陆架 1 960 km（56°—71°N）的横断面上，对生活在 65~434 m 和多种软沉积物中的 809 种大型底栖生物的分布进行研究后未能发现这种变化。由于尚不清楚的各种原因，这些与纬度相关的物种多样性模式也可能不适用于淡水。其他影响因素，如较高的栖息地复杂性（例如在珊瑚礁生物群落中），也可能破坏这些关系（见下文）。

8.5.5　海水深度

物种多样性随深度变化的一般规律也是抛物线型的，先增加（到不同深度），然后减少（图 8.4）。物种多样性与深度的关系通常表示为随机样本中每个个体的期望物种数，以控制样本大小和丰度。然而，海洋深处有很多变化，物种多样性可能仍然很高。甚至对基本物种多样性模式都存在争议（参见下面关于深海物种多样性部分）。

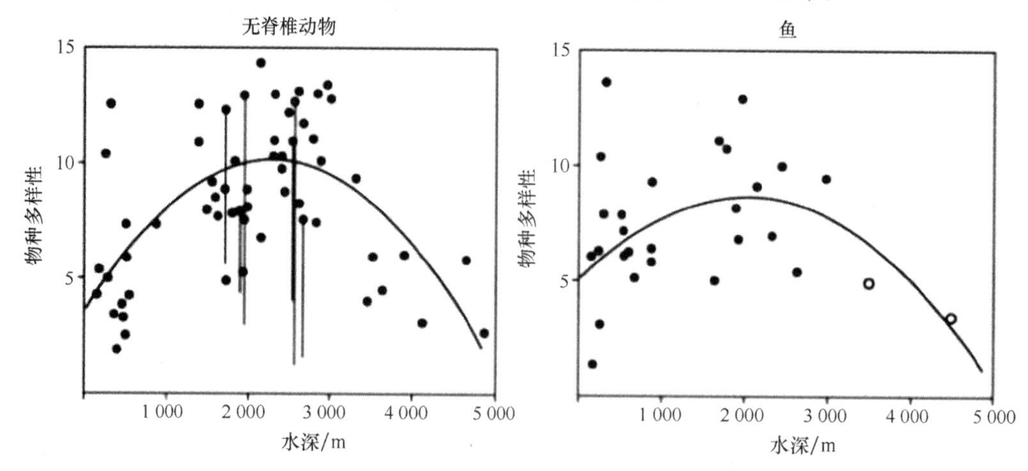

图 8.4　基于大西洋西北部深海底栖生物样品的物种多样性模式

资料来源：据 Rex（1981）重绘

前面已经根据深海海域中的环境稳定性增加（例如在稳定性-时间假说（Sanders，1968）中）的理论解释了随着深度的增加物种多样性增加的现象。但是，在更深的海域物种多样性减少被认为是由于食物供应的稀缺性和资源竞争的加剧。

8.5.6　生产力结构和能量

物种多样性、生物量和生产力之间的关系通常被描述为“驼峰形”或抛物线形，随着生产的增加，物种多样性首先增加，然后减少（Rosenzweig and Abramsky，1993）。不幸的是，虽然这种关系经常假定呈现这样的形式，但却被一些因素所混淆，这些因素包括：术语（生产、生产力和生物量等术语普遍混淆，这将导致测量和解释偏差）、如何评估生产和所调查的植物群落类型（陆生、水生、大型植物或微型植物）以及环境异质性、干扰性质和营养盐结构（Ptacnik et al.，2008）。这个问题将在第 14 章再次讨论。

也许最重要的是，在陆地和海洋生态系统中，重要的营养动力生态学方面被大家忽视。在这两种环境中，大多数产品进入碎屑循环，而不是被直接消费（只有在海洋中上层水体环境才会被直接消费）。基于这一前提，Moore 等（2004）提出，在解释有关物种分布、物种丰富度（和物种多样性）等基本生态学问题方面，可能只有在一个新的综合生态学（integrative ecology）中，将初级生产者的绿色世界和碎屑物的褐色世界融合起来才能取得进展。

8.5.7　物种多样性热点地区

“生物多样性热点地区”已经成为一个热门话题。然而，“热点”一词的使用方式从全球尺度到局部尺度多种多样，由此造成了后面正反两方面讨论的混乱。在各种定义中，“热点地区”的概念可以包括以下任何一种：对单个物种来说非常重要的地点；物种丰富度；不受影响的营养级；种水平以上的单个分类阶元；生物栖息地；甚至有代表性的地区。因此，在解释和评析这个术语时都是特别谨慎（Possingham and Wilson，2005）。在确定热点地区的空间尺度和范围方面会存在着潜在的问题（Hurlbert and Jetz，2007），尽管在保护工作中已经进行了大量的工作以对其进行识别。

在全球尺度上，这一术语通常适用于物种多样性高的地区，或适应于已知对某些物种（通常是濒危物种）具有重要意义的地区。而在生态区和区域尺度，这个术语基本上是特色性区域或生态学和生物学重要地区（EBSAs）的同义词，这些内容已经在第7章对此进行了讨论。特色性区域和生态学生物学重要区域要么是物种多样性高的海域，要么这些区域在某些营养级或某些类群中显示出较高的生物量，因此这些海域对鱼类或焦点物种的觅食或繁殖具有重要意义（见第9章）。

确定生物多样性热点地区的思想已经明确地与保护效率的概念联系在一起，在热点地区进行集中保护可以获得最佳的保护效果（Hiscock and Breckels，2007）。正如Myers等（2000）所指出的那样，因为缺乏资金，环保主义者远远不能帮助所有受到威胁的物种。这就需要确定保护的优先顺序，我们如何以最少的花费来支持最多的物种？其中方法之一就是确定“生物多样性热点地区”。在那里，特有种的罕见集中正在遭受栖息地的快速丧失。在陆地环境中，所有维管束植物物种的44%和4个陆地脊椎动物类群的35%被限制在仅占陆地表面1.4%的25个热点地区。这为部分保护规划者的“银弹”战略开辟了道路，因此可以根据世界所有濒危物种所占的比例来重点保护这些热点地区。然而，这种保护战略只集中保护了所选择的那些个体较大的类群，而忽略了包含所有遗传价值的大多数物种（见第10章），这种保护战略只保护地球生物的一个小样本，也许忽略了生态系统的生态过程和经济价值的完整概念（Odling-Smee，2005）。所以，只向世界生物多样性热点地区提供保护资金的建议可能是糟糕的“投资”建议（Kareiva and Marvier，2003）。更令人困惑的是，甚至有人提出一些热点地区和冷点地区可以是一致的，它们都应该成为保护的候选地（Price，2002）。然而，对热点地区的关注仍在继续。

印度-西太平洋海域丰富的海洋物种多样性确实具有全球地位和意义。一个多世纪以来，它一直备受关注，但产生这种高物种多样性的机制仍不确定。该地区包括所谓的“珊瑚三角区”，这里甚至拥有自己的新闻网站（www.panda.org/coraltriangle）。然而，应该认识到，物种丰富度的全球热点地区不一定与地方特有性或受威胁程度一致。不同的机制对应于物种多样性起源和维持的不同方面，因此作为保护工具，不同类型的热点地区在其保护效用方面差异巨大（Orme et al.，2005）。例如，对于印度-太平洋海域的珊瑚和珊瑚礁鱼类来说，高物种丰富度的中心位置和高度地域特性的中心位置并不一致（Hughes et al.，2002）。物种丰富度和地域特有性之间不一致，是由于许多种类的珊瑚和珊瑚礁鱼类分布广泛，且它们分布的范围极不均匀。因此，在赤道附近和生物多样性热点地区，最大的分布范围重叠就产生了物种丰富度的峰值，地域特性对该峰值贡献很小。此外，Hughes等（2002）发现，在整个印度-太平洋海域，珊瑚数量和鱼类特有种之间没有相关关系，尽管这两个群体的总体物种丰富度是强烈相关的。他们认为，这两个主要类群的地域特性中心和生物多样性热点地区中心之间的空间分离需要一个双管齐下的管理战略，以解决保护需求。因此，地域特性中心也许应该成为保护的目标（Roberts et al.，2002）。

根据我们的使用偏好，“生物多样性热点”应该被定义为海洋生物多样性组成高于平均水平的一个区域，其中包括跨越整个生态层次结构的那些结构和过程（表1.2）。换一种说法，这个术语指的是生物多样性价值（biodiversity value）高的地区（Derous et al.，2007；第15章）。不幸的是，还没有对全球海洋生物多样性的组成部分进行全面的调查，尽管这样的调查结果无疑也必定会指向真正的生物多样性热点地区。

最后，这里不可能终结关于海洋热点的讨论和争论，也不可能产生这样一份海洋生物多样性所有组成部分的清单。例如，竞争和掠夺似乎是生物群落层次上的生态过程，而这些生态过程并不支持上述分析结果。然而在本质上，这恰是Worm等（2003）在定义海洋捕食者的热点地区时所做的。他们利用对大西洋和太平洋的科学观察记录，发现海洋捕食者的多样性在中纬度海域（20°—30°N和20°—30°S）都达到顶峰，因为这里热带物种和温带物种的分布范围重叠。个别热点海域分布在靠近珊瑚礁、大陆架断裂带或海山等具有突出生境特征的海域，而且往往与浮游动物热点海域和珊瑚礁热点海域同时出现。他们由此得出的结论是，远洋海洋中看似单调的地貌显示出丰富的捕食动物物种多样性，这些特征应该用于未来的保护工作。

8.6 区域物种多样性模式

海洋物种多样性的全球分布是通过广泛的观察建立起来的。然而，我们用来解释这些模式的“理论”一般解释能力不够，特别是在区域尺度上（数百至数千千米）。然而，恰恰是在区域这一层级，各国对其海洋资源行使管辖权，最能有效地实施养护措施。因此，生物多样性和地球物理因素之间的这种分析对于在区域尺度上系统地实施保护工作至关重要。

全球分布的海洋生物很少，但大多数物种的分布都远远超出了小规模研究工作的研究范围，这种情况强化了区域层次上的研究兴趣。全球海洋物种的分布一般被认为是由与海洋学和自然地理学特性有关的非生物影响决定的，而局部海域物种的分布被认为更受竞争和捕食等生物学过程的影响（Sanders，1968；Ricklefs and Schluter，1993）。然而，在区域尺度上，生物和非生物过程都会影响群落的组成和结构。一个群落在生物学或物理上的适应程度对保护具有重要意义，因为虽然人类对海洋生物的摄食关系有很大影响，但海洋环境中的许多非生物过程（如潮汐、环流等）可以极大减缓人类活动的影响。

潮间带物种丰富度研究案例

Zacharias和Roff（2001）在加拿大不列颠哥伦比亚沿岸开展了一项研究，以研究潮间带在区域尺度上（数百千米至数千千米）的物种丰富度（多样性）模式，并确定这些物种丰富度模式与哪些非生物变量或生物变量最密切相关。这里，将详细介绍这项研究，以展示在广阔的区域尺度上，为揭示地球物理学关系和生物学关系所需要付出的努力程度。

不列颠哥伦比亚省海岸由29 000 km的海岸线和6 500个岛屿组成，横跨7个纬度。该海域的主要自然地理学特征包括世界上最长的峡湾（迪恩海峡），一个内海（乔治亚-普吉特海盆），以及许多大河、群岛和上升流区域。海达瓜伊群岛（原名夏洛特皇后群岛）是太平洋东北部地理位置上最孤立的岛屿。

在1992—1998年夏季白天低潮期间，在该省沿海的370个站位采集生物资料。由一组核心生物学家使用一种通用方法现场采样，并整理物种名录，撰写野外工作日志

(Searing and Frith, 1995)。每条取样断面从最高水位线延伸到潮下带边界，沿断面详细记录所采物种及相对于已知满潮的海拔高度。当采集到潮下带物种时即停止采样。为尽量降低样本量，并减少对采样地的干扰（不扰动石块），只采集了大型生物。本研究只考虑基岩底质。流动性底质的站位被排除，以避免由于区域间沉积物颗粒大小的变化以及由此引起的群落组成变化而引入的误差。

每个站位的年平均温度与 7 月（夏季）和 1 月（冬季）的温度均引自加拿大海洋渔业部多年研究数据库。此外，盛行风的风区长度计算方法基于美国陆军工程兵团海岸保护手册（CERC, 1977）。

本研究共鉴定出 205 个分类群，平均每个站点有 39 种，最多 62 种，最少 1 种。物种丰度，有几乎无处不在的墨角藻属和藤壶属，也有 14 种仅在单一站位出现。10 个最常出现的物种分别属于这 6 个分类群：褐藻纲、蔓足纲、绿藻纲、腹足纲（前鳃类）、海星纲和双壳纲。

大多数海洋的盐度一般在 32~39，通常认为盐度对海洋群落的影响很小（Mann and Lazier, 1996）。然而，潮间带、近岸和浅海（大陆架）盐度从接近 0（淡水）到大于 30，这里的生物群落在这样非常短的距离上经受着盐度变化的影响。总体而言，平均盐度较高的站位往往能支持更多的物种，但这种相关关系较弱，且具有高度的异方差性。虽然有一些高盐度站位物种丰富度低，但没有低盐度站位具有高的物种丰富度。冬季盐度与物种丰富度的相关性要强于夏季盐度。这可能是由于从被遮蔽的近岸到暴露的远岸，海水的盐度增加出现季节性变化模式，以及由此引起的物种丰富度增加的结果。而在夏季，这一趋势并不强烈，因为大的河口附近海域可能受到相当大的淡水影响，而其他近岸海域可能几乎和离岸海域具有相同的盐度。物种数量与夏季和冬季盐度差异的增加呈较强的负相关关系。

在更大的尺度上，温度被认为是海洋生物群落组成的最重要非生物决定因素（Nybakken, 1997）。温度对海洋生物的主要影响是通过其对代谢率的限制，几乎所有的潮间带植物和无脊椎动物都是变温动物。物种丰富度随冬季水温升高呈单峰增加趋势。冬季水温高，物种数量也增加，这很可能与离岸水域温度升高有关，因为离岸水域没有暴雨后大量冬季淡水的注入，也较少受到极地大陆寒流的极冷影响。物种多样性较高的采样站位，其夏季温度较低，冬季温度较高。在盐度关系上，有许多站位水温较高而物种多样性低，但没有冬季低温站位呈现高物种多样性。对于冬季温度和夏季温度，物种丰富度与季节温差之间存在单峰关系。这也可能是由于受遮蔽海岸线和暴露海岸线不同水体属性引起的，受遮蔽海岸水域有更多的淡水注入，而开放海岸水域则会发生持续的混合作用。

波浪冲刷也被认为是群落组成的一个重要的局部决定因素（Lewis, 1964）。不断增加的波浪暴露对潮间带水温群落的机械应力加大，这表现在许多机制上。波浪运动的主要影响是对生物群落的物理影响，这种影响排除了那些附着机制不完善的生物。同样重要的是，这些生物具有抵抗悬浮颗粒冲刷它们的能力。周期性发生的大波浪也可以将沉积物再悬浮，由此降低了海水中光线的衰减深度，从而限制光合作用，并将群落掩埋在沉积物中。

为了检验环境变量与物种丰富度之间的关系，本研究进行了线性多元回归。尽管数据具有高度的异方差性，但物种丰富度与夏季盐度和冬季盐度、海水温度和风区长度之间的组合差异之间存在高度显著相关关系（$P<0.001$，$R^2=0.71$）（图8.5）。将捕食者的影响添加到物理变量中，并再次测试“食草动物群体”（所有物种减去捕食者），再次发现物种丰富度关系高度显著相关（$P<0.001$，$R^2=0.86$）。

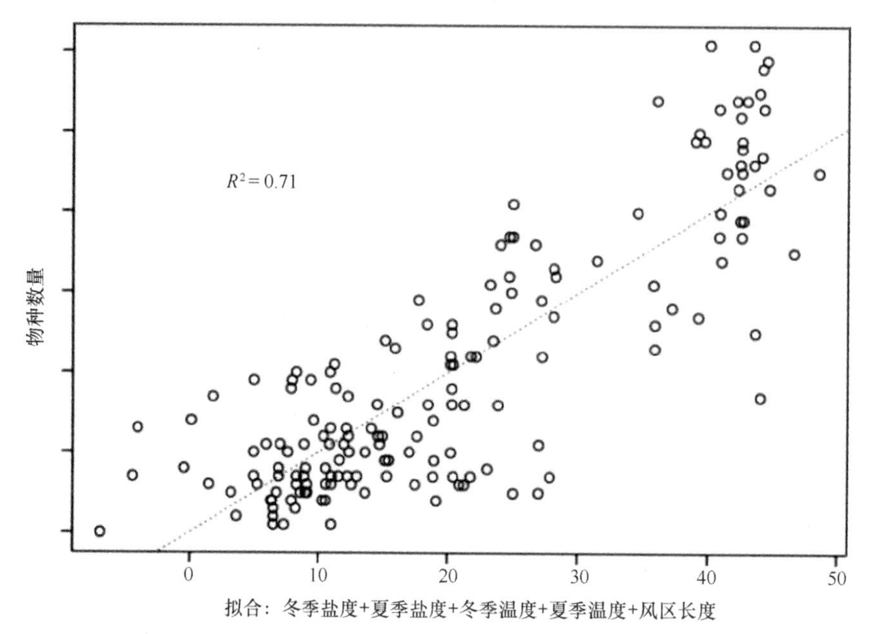

图8.5　使用平均冬季和夏季盐度（SALWIN和SALSUM）、冬季和夏季温度（TEMPWIN和TEMPSUM）以及风区长度历史资料预测的总物种丰富度拟合线性回归模型
资料来源：据Zacharias和Roff（2001）

表8.1中用于解释物种丰富度的假设有几个相似的要素，它们都与稳定性、时间和干扰的某种组合有关。物种丰富度随着离大陆海岸距离的增加而增加，远岸海域在盐度和温度方面更稳定（变化更小），但受到的风区长度更大。因此，远岸海域多样性较高可能与环境均匀性（稳定性）和周期性（中度）扰动的某种组合有关。由于有利的海洋条件和周期性干扰导致的持续演替，这两个因素相互作用，形成了一个物种丰富的生物群落（Ricklefs and Schluter，1993）。

表8.1　用于解释物种丰富度的一些理论或假说

对物种丰富度的主要影响	假说	基本前提	参考资料
面积	面积假说	物种-面积曲线是栖息地面积和它所包含的物种数量之间的关系，较大的区域往往包含更多的物种，这符合系统数学关系，物种-面积关系通常是为一个生物分类单元建立，人们使用多种因素来解释这种关系，包括：迁入迁出平衡；小面积和大面积扰动的速率和幅度；捕食动力学	Arrhenius，1921；Preston，1962；MacArthur and Wilson，1967；Rosenzweig，1995；Brose et al.，2004

续表

对物种丰富度的主要影响	假说	基本前提	参考资料
纬度	纬度梯度	这是生态学上公认最广泛的分布模式之一，低纬度地区通常比高纬度地区有更多的物种，人们提出了许多与纬度相关的假设；然而，更快的进化速率和更长的进化时间（作为更高温度和更短世代时间的函数）是主要因素	Eckman, 1953; Sanders, 1968; Hillebrand, 2004
隔离	岛屿生物地理学	该理论解释了岛屿的物种丰富度，然而，一个“岛屿”可以是任何被不合适栖息地所包围的合适栖息地，该理论认为物种的平衡数量是由迁入、迁出和灭绝的平衡决定的，迁入和迁出与其来源地的距离有关；灭绝与岛屿面积相关，孤岛促进了新物种的进化	MacArthur and Wilson, 1967
稳定性	稳定时间假说	稳定性-时间假说用来解释深海物种多样性高的原因，人们认为，与更年轻、更混乱的环境相比，更古老、更稳定的环境会支持更多的物种，而且随着时间的推移，更古老的群落其生物学适应性就越高，然而，这个概念被批评为“用语重复”和不可验证，尽管如此，在时间方面，与更年轻的大西洋相比，更古老的太平洋的物种多样性更高	Fischer, 1960; Simpson, 1964; Sanders, 1969
历史	历史扩散	在物种形成和范围扩张之间存在着某种联系，在热带以外的地区，在全球尺度和区域尺度上，分类属的扩张倾向于产生更多的物种，本质上这个理论可以被看做是其他各种观点的综合，包括在较高纬度上较多扰动和较低进化速率或较短进化时间	Krug et al., 2008
干扰	中度干扰	该假说认为，当生态干扰既不太少也不太频繁时，局部物种多样性会最大化，在中度干扰水平，物种多样性是最大的，因为这时 k 选择的生物和 r 选择的生物可以共存，这是它们不同的生活史策略的结果，生活史策略决定了它们对高扰动频率或低扰动频率的偏好	Horn, 1975; Connell, 1978
异质性	结构复杂性	空间异质性假说预测了栖息地的复杂性与物种多样性之间的正相关关系：栖息地的异质性越大，该栖息地上的物种数量就越大，因此，该假说实际上是 α 多样性和 β 多样性的综合，其他因素，如捕食者和猎物之间的相互作用也可能受到栖息地复杂性的影响	Simpson, 1964
生产力	生产力-物种多样性-能量	物种-能量假说认为，可用能量的数量限制了系统的物种丰富程度；低纬度地区较高的太阳能输入导致系统净初级生产力增加，净初级生产力越高，支持的个体越多，从而产生更多的物种，然而营养盐供应和其他生物因素也可能改变陆地群落和水生群落中生物间的关系，即使这些关系的具体内容和潜在机制没有确定，在不同的空间尺度上，这种关系可以是线性的，也可以是抛物线的；抛物线形式的关系表明，在低产量和高产量情况下物种多样性都很低	Rex, 1981; Grassle and Maciolek, 1992; Currie et al., 2004; Humbert and Dorigo, 2005

续表

对物种丰富度的主要影响	假说	基本前提	参考资料
演替	演替	生态演替类型很多，包括初级演替、次级演替、季节性演替和周期性演替。一般来说，群落在早期演替中以快速生长的物种为主（r-选择生活史）；随着演替的进行（也许是通过幼体抽彩式竞争定居），这些物种将被更具竞争力的（k-选择）物种所取代，因此演替会导致物种多样性随时间而变化	Connell and Slatyer, 1977; Sale, 1978
竞争	数量理论	竞争与物种多样性之间的关系可能是复杂的，有关其机制的几个建议已经提出，然而证据支持竞争和捕食在局部相互作用的观点，因为捕食减少了优势竞争者的种群数量，从而允许其他物种的存在	Parrish and Saila, 1970; Dayton, 1972; Holt, 1977
捕食	关键种	如果食肉动物减少了优势竞争者的种群数量，它们就能阻止优势竞争者对于其他物种的竞争性去除，能够增加群落物种数量的捕食者就被称为关键种	Paine, 1969; Menge et al., 1994
中性作用	统一中性理论	中性理论是扩散集合理论的一个实例，而与之相反的生态位集合理论是非中性的，因为它们认为不同物种的行为方式不同；中立性被定义为“个体生态当量”，这意味着所有物种和其个体都有相同的行为方式（即繁殖和死亡），该理论预测的基本生物多样性存在常数（θ），可能在各种空间/时间尺度上控制物种的丰富度	Hubbell, 2001

稳定时间理论和中度干扰理论在某些方面相互矛盾，除非我们更仔细地研究它们的含义。然而在某些情况下，它们的机制可以协同运行，从而使物种丰富度更大。与环境稳定性（盐度和温度变化）和干扰（例如风区长度和捕食者）相关的因子组合似乎可以从物理因素和生物要素相结合的角度用来很好地解释物种丰富度。我们对此进行如下解释。

温度和盐度的变化导致生物产生生理应激，即大多数海洋生物种类（即狭盐性和狭温性的物种）不能很好地适应的干扰形式，从而减少了局部海域的物种多样性。反过来说，使生物生理稳定的环境可以提高物种多样性。波浪暴露增加导致生物物理压力加大，这是另一种形式的干扰，它可以使生物个体从基质上去除。然后，这些空白的局部栖息地就被当时产生繁殖体的任何物种随意占据（幼体抽彩式竞争）（Sale, 1978）。由于生物个体的定居与被去除的概率可能不一致，因此导致局部海域的物种多样性增加。相反，低暴露条件下的物理稳定性降低了物种多样性。捕食者的干扰行为是通过保持优势种竞争者的种群数量低于承载能力水平之下，保证幼体抽彩式竞争有充足的空间定居，从而增加物种的多样性。因此，在区域层次上，需要一系列在不同空间尺度上相互作用的因素来“解释”物种多样性（表 8.2）。这样的研究可以对物种多样性高于平均水平的代表性站位进行区域识别，同时也可以对其他可能被认为是特色性的异常站位进行区域识别。但请注意，区分

α多样性和β多样性的问题依然存在。环境因素不同，意味着对物种多样性的解释一定会包括α多样性和β多样性的结合。

表8.2　用于解释区域尺度沿岸物种丰富度的理论总结

理论/假说/概念	可能的解释/应用
稳定性时间	太平洋比大西洋更古老，因此加拿大不列颠哥伦比亚沿岸比大西洋沿岸各省具有更高的物种多样性
纬度	对于任何分类群都设定了物种多样性的区域上限
海水深度	对于任何分类群都设定了物种多样性的区域上限，潮间带只有耐性强的物种分布
稳定时间/中度干扰	远岸海域的温度、盐度、沉积物和淡水注入等因素比近岸水域更稳定，生理学稳定性/环境压力
稳定时间/中度干扰	近岸水域比远岸海域的波浪暴露更大，物理稳定性/环境压力
中度干扰	捕食者干扰为物种幼体抽彩式竞争定居提供了新的栖息地，物理干扰与生物干扰的相互作用
竞争/捕食	捕食者干扰降低了竞争，让更多物种共存，生物干扰
栖息地异质性	岩石潮间带海岸为物种多样性设定了区域性上限

资料来源：Zacharias and Roff，2001。

8.7　亚区域到局部海域物种多样性模式

8.7.1　生物基底

生物基底（biogenic substrate）是生态系统工程物种或基础物种生长的结果，Dayton（1972）将这些物种定义为“通过为其他物种创造局部稳定的条件，并调节和稳定基本生态系统过程，来定义群落大部分结构的一个单一物种”。这样的物种，连同它们伴随的生物群落，通常与具有高区域资源生产力（特别是初级生产）的海域相联系，它们增加局部环境的复杂性，并为各种附生物种、相关联物种和寄居动物（包括底栖生物和鱼类的成体、幼虫和幼体）提供遮蔽、保护和繁殖场所。这个重要生态类别的物种或物种集合包括：硬珊瑚（造礁珊瑚）、深海珊瑚、海绵床、红树林、海草、盐沼和海藻床等。这种生物基底也可以被认为是亚区域或具有局部高物种多样性的热点海域，其重要性可与陆地雨林相媲美（Connell，1978）。这些基础物种具有重要意义，因为它们对生态系统层次的生态过程具有重要意义，而且在世界范围内它们正面临威胁，其数量正在减少（Carr et al.，2002）。

在生物基底中，珊瑚礁提供了生物多样性最高的浅海海洋生态系统，但由于人类活动和气候变化，它们正在全球范围内退化。许多珊瑚礁类群的分布范围受到高度限制，使它们很容易灭绝。Roberts等（2002）的一项研究认为，这类分布范围受限的物种集中在地方特有性分布范围的中心。10个最丰富的地方特有性分布中心包括世界15.8%的珊瑚礁（占海洋面积的0.012%），但却包括了44.8%～54.2%的受限物种，因此它们应该成为我们的保护目标。

虽然一些基础物种在热带地区的出现率较高，但它们主要散落分布在全球各地浅水栖息地的真光层内。然而，在这些区域内，物种多样性和纬度之间的相关关系可能很小，例如在珊瑚中（Bellwood and Hughes，2001）。事实上，至少某些鱼类分类单元的物种多样性与珊瑚覆盖本身的相关关系比与纬度的相关关系更强（图 8.6）（Roberts et al.，1992）。

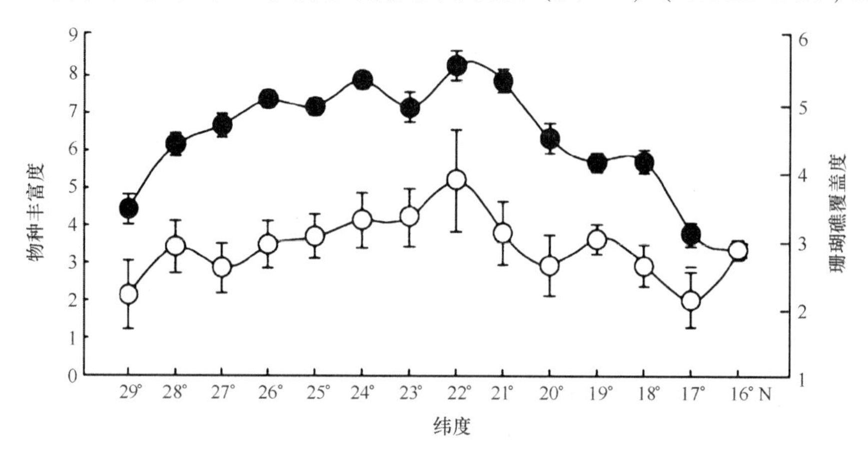

图 8.6 物种丰富度的分布可能与纬度无关，而是与珊瑚物种的分布有关，红海蝴蝶鱼（蝴蝶鱼科）物种丰富度（每 10 min 的物种计数）由北向南的分布（黑圈），珊瑚覆盖由 0~100%分为 5 个等级

总的来说，与基础物种相关的群落物种多样性高的原因仍在争论中。其中主要的观点认为，珊瑚礁保持在非平衡状态，这里只有当物种组成由于干扰而不断变化时，才能保持高物种多样性（Connell，1978；Talbot et al.，1978）。这一假说的一个推论是，物种多样性依赖于幼体抽彩式竞争的扩散作用（Sale，1978）。第二种假说是，高物种多样性是局部基底异质性的函数。

8.7.2 基底/栖息地异质性

目前，人们对栖息地图示化、栖息地异质性及其与物种多样性的关系这一主题非常感兴趣（Dunn and Halpin，2009）。但是，有许多问题有待于研究解决。①尚不清楚与栖息地异质性相对的栖息地同质性是什么，也不清楚如何界定或识别它。这个问题在深海中尤为明显。②环境的异质性可以用不同的技术在不同的空间尺度上加以描述（专栏 8.2）。栖息地异质性在从数千米（Manson，2009）以上尺度直到厘米尺度（Archambault and Bourget，1996）的所有尺度上似乎都很重要。③由于没有明确的栖息地同质性定义，栖息地和物种多样性之间的任一关系都不得不被视为 α 多样性和 β 多样性的混合。就其名称而言，“栖息地异质性”这一术语一定是指它描述的是一组栖息地类型（无论这种差异多么细微）。因此，这个术语描述的是栖息地之间的变异，而不是生境内的变异。一旦栖息地出现变异（异质性），它就由一组不同类型的栖息地组成。很自然地，异质性海域的物种多样性一定是 α 多样性和 β 多样性的一个组合，而且其物种多样性一定高于单一栖息地类型的物种多样性。④栖息地的异质性可以用不同的方式来描述，如坡度、起伏、复杂性或凹凸度（粗糙度）（Ardron，2002）（专栏8.2）。最后，我们不知道大多数物种是如何普遍适应栖息地特征变化的。我们的预期是，一些适应范围非常狭窄；而另一些适用范围非常宽广（类似于窄生态位和宽生态位）。

专栏8.2　基底/栖息地/异质性/复杂性的测量方法

测量方法	描述和参考文献
海底复杂性	海底复杂性考察的是海底的复杂程度（convoluted），而不是关注其有多陡峭或多粗糙，尽管这两者都起作用。复杂性与凹凸度（rugosity）相似，但又不完全相同。凹凸度可以被深度的单一大变化强烈影响，而复杂性此时所受影响则不那么强烈，因为所有的变化都被更平等地对待。海底复杂程度是由某一给定海域海底斜坡的变化频率来表示的，即斜坡密度（Ardron，2002）。
凹凸度	一般理解和定义为海底物理结构的粗糙程度。最常用的测量方法是指数法（达尔表面指数），其特征是表面积与平面面积之比（Dahl，1973）。 在GIS中，可以使用现有的工具和空间函数（Jenness，2010，DEM表面工具；Wright et al.，2005，测深地形模块），根据表面积和高程栅格，计算表面积与平面面积的比例。
矢量强度测量（VRM）	通过测量正交于地形表面的矢量离散来量化地形的凹凸性。在平坦地区和陡峭地区，VRM值都很低，但在既陡峭又凹凸的地区，VRM值很高。 “与［LSRI和TRI］不同的是，VRM能够将光滑、陡峭的山坡与坡度和方向各异的不规则地形区分开来”（Sappington et al.，2007）。

考虑到这些未解决的根本问题，目前还没有对栖息地异质性重要性的综合研究，这并不令人惊讶。然而，栖息地异质性与物种多样性之间存在显著的相关关系，前提是对其进行充分的界定。例如，Abele（1974）指出，基底类型的数量是决定十足纲甲壳类动物种类数量的最重要的因素，这可能是因为每个物种利用了不同的基底。Luckhurst和Luckhurst（1978）在一项关于珊瑚礁鱼类物种丰富度的研究中发现，鱼类物种丰富度与珊瑚礁基底的凹凸度有显著相关性，而与珊瑚覆盖范围无关。Roberts和Ormond（1987）得出了相似的结论，认为决定了鱼类物种丰富度的重要因素是基底的复杂性而不是珊瑚礁的覆盖范围。

栖息地的异质性可能是通过降低觅食效率，成为捕食者与被捕食者关系的重要调节因子（Diehl，1992；Linehan et al.，2001），这可能由此形成了更高的物种多样性。在厘米级到毫米级这样最小的尺度上，栖息地异质性还可能使无脊椎动物和藻类定居的更多，从而增加它们的生物量。事实上，在潮间带，尺度组合是非常重要的；物种丰富度的变化发生在 1 km 的尺度上，而丰度的变化发生在小于 20 cm 的尺度上（Archambault and Bourget，1996）。不论其机制如何，栖息地异质性及其与物种多样性的关系这一主题对海洋保护规划和海洋保护地点与特征的重要性都值得给予更大的关注。

8.8 局部海域物种多样性模式

潮下带物种丰富度研究

在 Buzeta 和 Roff 对加拿大东海岸 Passamoquoddy 湾和芬迪湾之间进行的一项未发表的研究中，他们以类似于 Zacharias 和 Roff（2001）的方式探讨了这里的物种多样性（他们考察的是潮下带而不是潮间带）。该研究重新审视了一些已有的生物学和海洋学数据资料，这些资料分别来自 MacKay（1977）、MacKay 等（1979）、Noble 等（1976）、Robinson 等（1996）以及一些其他来源的资料。由潜水员沿低潮线至 30 m 深的断面记录了硬底（碎石至岩石）底表底栖生物种类（固着性和活动性）。还对该区域进行了基本上与 Kostylev 等（2001）同样方法的多波束测深调查（见第 6 章）。

他们的发现与 Zacharias 和 Roff（2001）的发现相似，即较低的物种多样性与高温和大幅度的盐度变化之间存在显著的相关关系。然而，物种多样性与暴露程度没有显著的相关关系。这种结果预期有两个原因：①本研究中，由于不列颠哥伦比亚海湾内和海湾周围的陆地遮蔽，该海域的暴露程度非常小；②与潮间带相比，潮下带较深海域的生物群落不会受到暴露的影响。随后，他们对运用修改的 Ardron（2002）多波束测深方法所获数据进行了分析，进一步研究了物种多样性和基底复杂性之间存在的可能关系（见专栏 8.2 和图版 13B 和 13C）。然而，在这个潮汐动力驱动的区域，调查区域被局限于海洋特征相对均匀的区域。在物种多样性与基底复杂性之间存在清楚且显著的相关关系（图 8.7）。虽然该分析仅局限于一种类型的基底（硬砾石到岩石）和一种类型的底栖生物群落（大型底表底栖生物），但显然在各站位间存在 α 多样性和 β 多样性的某种混淆，只是简单地将物种多样性看做基底类型以及地形复杂性变化的函数。

因此，较复杂的基底与物种丰富度之间的关系很难直接解释。①丰富度的增加可能是由于个别底栖生物种类对不同硬质基底大小有偏好。②丰富度的增加可能仅与基底复杂性高导致的表面积增加简单相关。③可能是因为可用微生境多样性的增加（例如逆流岩壁、顺流岩壁以及面向不同方向海流的岩壁），这可用于描述 β 多样性的变化。④由于湍流平流的小规模变化，食物资源的小气候可能发生了变化（Wildish and Kristmanson，1997）。这些因素中哪些是决定性因素？或者它们都起作用？不幸的是，目前我们还不清楚是否能够完全理清 α 多样性和 β 多样性的组成成分。

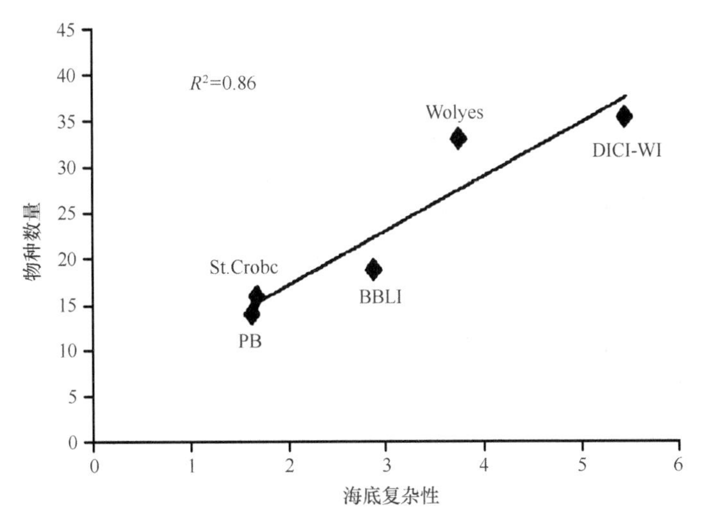

图 8.7　Passamoquoddy 湾和芬迪湾平均基底复杂性和平均物种丰富度之间的相关关系

注：BBLI = 后湾莱坦港，PB = Passamoquoddy 湾，DICI-WI = 鹿岛坎波贝洛岛和狼岛

资料来源：据 Roberts et al.，1992

8.9　深海物种多样性模式

在海洋研究文献中，有关物种多样性解释最长期的争论可能是对深海。这里的环境趋于（但没有达到）同质性，温度低，压力大，食物供应少。因此，这里动物的数量和它们的个体大小都低于浅水海域（Rex et al.，2006）。但尽管如此，几个分类群的物种多样性出乎意料地高，但可能不是高度多样化（Lambshead and Boucher，2003）。不幸的是，我们不知道物种的实际数量是多少，甚至不知道处在哪个数量级以内。据估计，大型底栖动物的种类数量从数十万到数千万不等（Snelgrove，1999）。这个持续存在的核心问题就是：为什么深海物种多样性如此之高？由于深海环境难以接近，使我们缺乏深海生物物种的一般生物学知识，也不知道这里的 α 多样性和 β 多样性。

继 Hessler 和 Sanders（1967）首次报道深海有着高的物种多样性之后，Sanders（1969）提出了稳定时间假说（表 8.1）。之后，Dayton 和 Hessler（1972）对此提出了质疑，他们认为高物种多样性是持续生物干扰的结果，而不是高度特化的生态位竞争分化的结果。这一观点又被 Grassle 和 Sanders（1973）质疑，他们将短期非平衡多样性（由干扰引起）和长期或进化多样性（在物理条件适宜和可预测的环境中生物相互作用的产物）进行了区分。他们还指出，深海底栖生物已知的生活史特征（即幼体数量少、年龄结构不以幼体阶段为主、生长速度慢）与捕食者控制的生物群落不一致。

跟其他环境一样，深海物种多样性所反映的一定是不同空间和时间尺度上发生的生态过程和进化过程的综合（Rex et al，1997）。最近的深海研究工作集中在那些允许物种共存的局部海域现象的重要性上，但尚不清楚小尺度上发生的那些过程如何能够解释物种多样性的地理模式。要更充分地了解深海的物种多样性，就需要在更大的尺度上研究地质学过程、生物地理学过程和海洋学过程的作用。

8.9.1　物种多样性的地质学起源

也许更大的谜团是有关海洋深处发生高物种多样性的地质学和生物地理学起源，而不是当代关于栖息地斑块性和物种组成可变性的问题。因此，更深层次的问题是：所有这些深海物种从何而来？而不是：目前如何将它们进行分类的？

众所周知，在过去的地质时期，海洋的深水环流一直是变化的，至少在一定程度上停止了几次（Cronin and Raymo，1997；Horne，1999；Hotinski et al.，2001；Friedrich et al.，2008）。事实上，这种情况在可预见的未来可能会再次发生，这种前景构成了全球变暖的“噩梦场景”。推测来看，至少在海洋的某些部分的深海和底层水可能已经变成了缺氧水，消灭了那里的所有需氧物种，这在地质历史上可能已经发生过几次这样的情况。因此，当深海环流重新建立时，深海生物必须重新在那里定居发展。

从大陆边缘和海山带来的不同的动物群，在许多迥然不同的地点可能重新定居发展。任何从深海平原高到上层混合层（水深600~1 000 m）的海山都有物种作为补充的来源，一旦深海环流被重新建立，来自于海山上的这些生物定居后都可以作为深海底栖生物群落重新发展的核心区。这可能是对深海物种多样性高的一种解释，即它只是周期性的地质隔离和动物群系灭绝的结果以及个别海山（或海山链）与大陆边缘动物群系高度地域性和独特性的结果。

当代的深海隔离机制我们还不很清楚（见第12章），我们只知道深海环流非常缓慢（数百年到1000年循环一次）。考虑到深海物种对幼虫形态的普遍抑制和较低的扩散能力，大面积的深海不太可能允许有效地交换繁殖体。这样就不可避免地形成区域性物种，而且确实一定会继续在这种环境中形成区域性物种（Ruzzante et al.，1998；第10章和第17章）。

8.9.2　当代物种多样性的起源

Gray（1994）将挪威大陆架底栖生物与深海底栖生物进行了比较后认为，深海底栖生物的物种多样性确实很高。他认为，深海动物群系比大陆架上的动物群系能够更细致地利用环境，从中找到自己的栖息地，而深海中小尺度上的异质性是由多种因素造成的，如生物活动和浮游植物沉积。在局部海域，深海环境显然不是完全均一（见Heezen和Hollister 1971年研究照片），不同的栖息地支持不同的生物群落。例如，沉积物中泥沙和黏土的百分比变化很大，泥沙的百分比与多毛类物种数量之间存在显著的负相关关系（Abele and Walters，1979）。

尽管深海支持比大陆架更高的多样性这一说法尚有争议，然而使用随机取样的物种积累曲线方法对物种多样性做进一步评估，却证实了该说法（Levin et al.，2001）。

我们已经讨论过“生物群落由什么构成?”这一问题（见第6章），但我们显然也需要更多地去思考栖息地由什么构成这一问题。例如，为什么深海物种更精细地利用栖息地，从而占据更窄的生态位？虽然我们可以充分地描述物种多样性（如以物种积累曲线或物种稀疏曲线的方式），然而准确界定α多样性和β多样性仍然存在很大的困难。主要问题是如何定义栖息地，如何准确区分这些物种。什么是栖息地？它什么时候变得与其他栖息地不同？

生物群落是生态位组合群落（niche-assembled）还是扩散组合群落（dispersal assembled）（Hubbell，2001）？Levin 等（2001）认为，深海局部群落可能是由以集合群落形式存在的物种组成，其区域分布取决于全球尺度、景观尺度和小尺度之间的动态平衡。从这种合理的解释可以推论出，深海物种多样性似乎既需要扩散组合群落，又需要生态位组合群落。在地质年代尺度上，由于海洋环流变化引起的扰动可能通过许多来源（即扩散组合）使生物重新定居，而重置整个深海生物群落组成。在生物学时间尺度上，各种干扰（其类型、频率、持续时间等基本未知）增强了基底的斑块性，让各种生物幼体得以通过抽彩式竞争重新定居（扩散组合）（Sale，1978），这种再定居又由于某个物种对基底类型的需求而出现变化（生态位组合）。

8.10　结论和管理启示

物种多样性一直是保护工作最感兴趣的同时也是最重要的问题，将来也很可能会继续如此。然而，对于物种多样性在海洋环境中的不均匀分布，我们需要进一步深入了解。研究物种丰富度的分布对海洋保护区的合理规划至关重要。

物种多样性的全球分布格局是比较清楚的。底栖生物的种类比水体空间中的生物种类更丰富，它们与“能量”和生产结构也有相关关系。太平洋和大西洋之间有很大的不同，物种多样性最高的地方是印度洋和太平洋的交界处（例如珊瑚三角区）。几个主要的分类单元存在明显的分布梯度，它们的物种多样性随纬度的降低而增加（虽然有些分类单元由于珊瑚礁生境的复杂情况使其分布情况更为复杂），随深度的增加而增加。

在全球层次和生态区层次模式上，其他因素在区域尺度上开始决定物种多样性。这时至少在浅水地区，一些因素的组合与环境的生理学/生态学稳定性相关（例如温度、盐度和生产力的变化），而与环境不稳定性（例如物理或生物扰动）没有相关关系。从数毫米到数十米尺度上（取决于有机体本身的大小），栖息地异质性（环境复杂性或凹凸度）在局部海域尺度上容易发生混淆，它实际上描述了一个从 α 多样性到 β 多样性的过渡情况，并且还可能会导致物种多样性提高。

目前，保护注意力大量集中在各种物种多样性的“热点地区”，特别是那些支持性基础物种（工程物种）。值得注意的是，虽然由于热点地区对生态过程非常重要、栖息地丧失率很高、面临着紧迫的威胁、存在保护时机和公众支持等，选定的热点地区可能会得到优先保护，但仅保护热点地区还不足以保护海洋生物多样性。重要的是，全球范围内物种丰富度的热点地区与地域特有分布并不对等。

从试图解释物种多样性的许多理论/假说中，可以得出几个结论。①大多数提出的假说都有几种解释；②一些假说是相互矛盾的，这种矛盾取决于所作的解释；③目前没有任何一种假说可以解释所有空间尺度上物种丰富度变化的所有观测结果（一个可能的例外是 Hubbell 在 2001 年的研究，目前正在核查中）；④在从全球尺度到局部尺度的空间层次结构上，影响物种多样性的各种因素相互协同；⑤在将 α 多样性（在栖息地）、β 多样性（栖息地之间）和 γ 多样性（区域内）等多样性层级进行分离时，仍然存在混乱。最严重的问题是物种多样性与栖息地特征如何相关，如何对栖息地分别识别和描述，也就是说，存在 α 多样性和 β 多样性的混淆。

生物多样性并不等同于物种多样性（α 多样性），我们对生态层级结构其他层次上的生物多样性成分的分布了解甚少。全面的生物区域化研究（例如在澳大利亚进行的研究）基本上是对国家层级生物多样性所有组成成分的第一次详细的空间调查。海洋物种及其栖息地正在同时退化和丧失。解决这一问题最有效的方法是在海洋保护区网络中对海洋栖息地保护进行规划，而不是过度关注单个物种（即使是基础物种）。只有这种综合规划才能对海洋环境实现充分管理，实现真正的可持续发展。

由于深海具有其出乎意料的高物种多样性，从而引起了广泛的研究兴趣，尽管这种情况是如何形成或如何维持尚不清楚。因为地理上深海大部分位于国家管辖范围之外（见第12 章），因此在不久的将来，深海不太可能得到有效保护。除了海底山的渔业开发，目前深海基本上也未被人类开发利用。

这些看似深奥的关于深海物种多样性的论证实际上对整个海洋保护有着重要的意义（不仅仅是在深海）。如果我们认为底栖生物群落主要是扩散组合，而不是生态位组合，那么保护规划就不需要考虑基底类型和组成的详细情况。然而，如果我们认为底栖生物群落对其基底性质非常“挑剔”，那么我们就需要进行详细的调查来确定物种之间的关系及其精确分布。第 6 章已对此做了深入讨论。

最后，如果目前对深海物种多样性高的地质起源解释正确，那么对这一地质过程就会有一个令人鼓舞的更广泛的推论。在过去的地质年代里，海山（也许多次）作为深海自然干扰区域的避难所和扩散的核心场所，这种意味着海洋保护区在较浅水域一般也可以以同样的方式（像挪亚方舟或绿洲）在局部、区域和全球尺度上防范人类干扰。因此，从自然生态再定居角度看，广泛建立海洋保护区的基础理论可以得到进一步的证明。

参考文献

Abele, L. G. (1974) ‘Species diversity of decapod crustaceans in marine habitats’, *Ecology*, vol 55, pp156-161

Abele, L. G. and Walters, K. (1979) ‘Marine benthic diversity: A critique and alternative explanation’, *Journal of Biogeography*, vol 6, pp 115-126

Allison, G. W., Gaines, S. D., Lubchenco J. and Possing-ham, H. P (2003) ‘Ensuring persistence of mar-inereserves: Catastrophes require adopting an insur-ance factor’, *Ecological Applications*, vol 13, pp8-24

Angel, M. V (1993) ‘Biodiversity of the pelagic ocean’, *Conservation Biology*, vol 7, no 4, pp760-772

Archambault, P and Bourget, E. (1996) ‘Scales of coastal heterogeneity and benthic intertidal species richness, diversity and abundance’, *Marine Ecology Progress Series*, Vol 136, pp111-121

Ardron, J. (2002) ‘A GIS Recipe for Determining Benthic Complexity: An indicator of species richness’, in J. Breman (ed) *Marine Geography. GIS for the Oceans and Seas*, ESRI Press, Redlands, CA

Arrhenius, O. (1921) ‘Species and area’, *Journal of Ecology*, vol 9, pp95-99

Bellwood, D. R. and Hughes, T. P (2001) ‘Regional-scale assembly rules and biodiversity of coralreefs’, *Science*, vol 292, pp1532-1534

Brose, U., Ostling, A., Harrison, K. and Martinez, N. D. (2004) ‘Unified spatial scaling of species and their trophic interactions’, *Nature*, vol 428, pp167-171

Carr, M. H., Anderson, T. W and Hixon, M. A. (2002) ‘Biodiversity, population regulation, and the stability of coral – reef fish communities', *Proceedings of the National Academy of Sciences*, vol 99, pp11241–11245

CERC (Coastal Engineering Research Center) (1977) *Shore Protection Manual*, US Army Corps of Engineers Coastal Engineering Research Center, Vicksburg, MS

Connell, J. H. (1978) 'Diversity in tropical rainforests and coral reefs', *Science*, vol 199, pp1302–1310

Connell, J. H. and Slatyer, R. O. (1977) 'Mechanisms of succession in natural communities and their role in community stability and organization', *American Naturalist*, vol 111, pp1119–1144

Cronin, T. M. and Raymo, M. E. (1997) 'Orbital forcing of deep-sea benthic species diversity', *Nalure*, vol 385, pp624–627

Currie, D. J., Mittelbach, G. G., Cornell, H. V, Field, R., Guegan, J. E, Hawkins, B. A., Kaufman, D. M., Kerr, J. T., Oberdorff, T., O'Brien, E. and Turner, J. R. G. (2004) 'A critical review of species -energy theory', *Ecology Letters*, vol 7, pp1121–1134

Dahl, A. L. (1973) 'Surface area in ecological analysis: Quantification of benthic coral-reef algae', *Marine Biology*, vol 23, pp239–249

Dayton, P. K. (1972) 'Toward an Understanding of Community Resilience and the Potential Effects of Enrichments to the Benthos at McMurdo Sound Antarctica', in B. C. Parker (ed) *Proceedings of the Colloquium on Conservation Problems in Antarctica*, Allen Press, Lawrence, KA

Dayton, P. K. and Hessler, R. R. (1972) 'Role of biological disturbance in maintaining diversity in the deep sea', *Deep-Sea Research*, vol 19, pp199–208

Derous, S., Agardy, T., Hillewaert, H., Hostens, K., Jamieson, G., Lieberknecht, L., Mees, J., Moulaert, I., Olenin, S., Paehnckx, D., Rabaut, M., Rachor, E., Roff, J., Stienen, E. W. M., van der Wal, J. T, Van Lancker, V, Verfaillie, E., Vincx, M., Weslawski, J. M. and Degraer, S. (2007) 'A con-cept for biological valuation in the marine environment', *Oceanologia*, vol 49, pp99–128

Dielzl, S. (1992) 'Fish predation and benthic community structure: The role of omnivory and habitat complexity', *Ecology*, vol 73, pp1646–1661

Dornelas, M., Connolly, S. R. and Hughes, T. P (2006) 'Coral reef diversity refutes the neutral theory of biodiversity', *Nature*, vol 440, pp80–82

Dunn, D. C. and Halpin, P. N. (2009) 'Rugosity-based regional modeling of hard-bottom habitat', *Marine Ecology Proqress Series*, vol 377, pp1–11

Ekman, S. (1953) *Zoogeography of the Sea*, Sidgwick & Jackson, London

Ellingsen, K. and Gray, J. S. (2002) 'Spatial patterns of benthic diversity: Is there a latitudinal gradient along the Norwegian continental shelf?', *Journal of Animal Ecology*, vol 71, pp373–389

Fischer, A. G. (1960) 'Latitudinal variations in organic diversity', *Evolution*, vol 14, pp64–81

Floeter, S. R., Behrens, M. D., Ferreira, C. E. L., Paddack, M. J. and Horn, M. H. (2005) 'Geographical gradients of marine herbivorous fishes: Patterns. and processes', *Marine Biology*, vol 147, pp1435–1447

Friedrich, O., Erbacher, J., Moriya, K., Wilson, P. A. and Kuhnert, H. (2008) 'Warm saline intermediate waters in the Cretaceous tropical Atlantic Ocean', *Nature Geoscience*, vol 1, pp453–457

Gage, J. D., Levin, L. A. and Wolff, G. A. (2000) 'Benthic processes in the deep Arabian Sea: introduction and overview', *Deep Sea Research* II, vol 47, pp1–7

Grassle, J. E and Maciolek, N. J. (1992) 'Deep-sea species richness: Regional and local diversity esti-mate from quantitative bottom samples', *American Naturalist*, vol 139, pp313–341

Grasge, J. E and Sanders, H. L. (1973) 'Life histories and the role of disturbance', *Deep-Sea Research*, vol 20, pp643-659

Gray, J. S. (1994) 'Is deep-sea species diversity really so high? Species diversity of the Norwegian continental shelf', *Marine Ecology Progress Series*, vol 112, pp205-209

Gray, J. S. (1997) 'Marine biodiversity: Patterns, threats and conservation needs', *Biodiversity and Conservation*, vol 6, pp153-175

Gray, J. S. (2001) 'Marine diversity: The paradigms in patterns of species richness examined', *Scientia Marina*, vol 65, pp41-56

Heezen, B. C. and Holister, C. D. (1971) *The Face of the Deep*, Oxford University Press, Oxford

Hessler, R. R. and Sanders, H. L. (1967) 'Faunal diversity in the deep sea', *Deep Sea Research*, vol 14, pp65-78

Hillebrand, H. (2004) 'On the generality of the latitudinal diversity gradient', *American Naturalist*, vol 163, pp192-211

Hiscock, K. and Breckels, M. (2007) *Marine Biodiversity Hotspots in the UK: Their Identification and Protection*, World Wildlife Fund UK, G o dahning, Surrey

Holt, R. D. (1977) 'Predation, apparent competition, and the structure of prey communities', *Theor-etical Population Biology*, vol 12, pp197-229

Horn, H. S. (1975) 'Markovian Properties of Forest Succession', in M. L. Cody and J. M. Diamond (eds) *Ecology and Evolution of Communities*, Belknap Press, Cambridge, MA

Horne, D. J. (1999) 'Ocean circulation modes of the Phanerozoic: Implications for the antiquity of deep-sea benthonic invertebrates', *Crustaceana*, vol 72, pp999-1018

Hotinski, R. M., Bice, K. L., Kump, L. R., Najjar, R. G. and Arthur, M. A. (2001) 'Ocean stagnation and end-Permian anoxia', *Geology*, vol 29, no 1, pp7-10

Hubbell, S. P. (2001) *The Unified Neutral Theory of Biodiversity and Biogeography*, Princeton University Press, Princeton, NJ

Hughes, T. P, Bellwood, D. R. and Connolly, S. R. (2002) 'Biodiversity hotspots, centres of endemicity, and the conservation of coral reefs', *Ecology Letters*, vol 5, pp775-784

Humbert J. F and Dorigo, U. (2005) 'Biodiversity and aquatic ecosystem functioning', *Aquatic Ecosystem Health & Management*, vol 8, no 4, pp367-374

Hurlbert, A. H. and jetz, W. (2007) 'Species richness, hotspots, and the scale dependence of range maps in ecology and conservation', *Proceedings of the National Academy of Sciences*, vol 104, no 33, pp13384-13389

Hutchinson, G. E. (1961) 'The paradox of the plankton', *American Naturalist*, vol 95, pp137-145

Jenness, J. (2010) 'DEM Surface Tools (surface_ area. exe) v. 2. 0. 230', www jennessent. com/arcgis/surface area. htm, accessed 10 October 2010

Johnson, R. G. (1970) 'Variations in diversity within benthic marine communities', *American Naturalist*, vol 104, pp285-300

Kareiva, P and Marvier, M. (2003) 'Conserving biodiversity coldspots', *American Scientist*, vol 91, pp344-351

Kaustuv, R., Jablonski, D., Valentine, J. W. and Rosenberg, G. (1998) 'Marine latitudinal diversity gradients: Tests of causal hypotheses', *Proceedings of the National Academy of Sciences*, vol 95, no 7, pp3699-3702

Kostylev, V. E., Todd, B. J, Fader, G. B. R, Courtney, R. C., Cameron, G. D. M. and Pickrill, R. A.

(2001) 'Benthic habitat mapping on the Scotian Shelf based on multibeam bathymetry, surficial geology and sea floor photographs', *Marine Ecology Progress Series*, vol 219, pp121-137

Krug, A. Z., Jablonski. D and Valentine, J. W. (2008) 'Species-genus ratios reflect a global history of diversification and range expansion in marine bivalves', *Proceedings of the Royal Society B*, vol 275, no 1639, pp1117-1123

Lambshead, P J. D. and Boucher, G. (2003) 'Marine nematode deep-sea biodiversity: Hyperdiverse orhype?', *Journal of Biogeography*, vol 30, pp475-485

Lambshead, P. J. D., Brown, C. J., Ferrero, T J., Mitch-ell, N. J., Smith, C. R., Hawkins, L. E. and Tietjen, J. (2002) 'Latitudinal diversity patterns of deepsea marine nematodes and organic fluxes: a test from the central equatorial Pacific', *Marine Ecology Progress Series*, vol 238, pp129-135

Levin, L. A., Etter, R. J., Rex, M. A., Gooday, A. J., Smith, C. R., Pineda, J., Stuary, C. T., Hessler, R. R . and Pawson, D. (2001) 'Environmental influences on regional deep-sea diversity', *Annual Review of Ecology and Systematics*, vol 32, pp51-93

Lewis, J. R. (1964) *The Ecology of Rocky Shores*, English University Press, London

Linehan, J. E., Gregory, R. S. and Schneider, D. C. (2001) 'Predation risk of age-0 cod (*Gadus*) rela-tive to depth and substrate in coastal waters', *Journal of Experimental Marine Biology and Ecology*, vol 263, pp25-44

Longhurst, A. (1998) *Ecological Geography of the Sea*, Academic Press, San Diego, CA

Luckhurst, B. E. and Luckhurst, K. (1978) 'Analysis of the influence of substrate variables on coral reef fish communities', *Marine Biology*, vol 49, pp317-323

Lyne, V and Hayes, D. (2005) 'Pelagic regionalization-national marine bioregionalization-integra-tion project', CSIRO Marine Research, Hobart, Tasmania

Lyne, v, Hayes, D. and Condie, S. (2007) 'Support tools for regional marine planning in the southwest marine region, CSIRO Marine Research, Hobart, Tasmania

MacArthur, R. H. and Wilson, E. O. (1967) *The Theory of Island Biogeography*, Princeton University Press, Princeton, NJ

MacKay, A. A. (1977) 'A biological and oceanographic study of the Brier Island region, NS', Parks Canada, Ottawa, Canada

MacKay, A. A., Bosien, R. K. and Leslie, P (1979) 'Grand Manan archipelago', *Bay of Fundy Resource Inventory, volume* 4, Marine Research Associates Ltd., Deer Island, NB, Canada

Mann, K. H. and Lazier, J. R. N. (1996) *Dynamics of Marine Ecosystems: Biological-Physical Interactions in the Oceans*, Blackwell Science, London

Manson, M. M. (2009) 'Small scale delineation of northeast Pacific Ocean undersea features using benthic position index', *Canadian Manuscript Report of Fisheries and Aquatic Science*, vol 2864

Menge, B. A., Berlow, E. L., Blanchette, C. A., Navarrete, S. A. and Yamada S. B. (1994) 'The keystone species concept: Variation in interaction strength in a rocky intertidal habitat', *Ecological Monographs*, vol 64, no 3, pp249-286

Moore, J. C., Berlow, E. L., Coleman, D. C., Ruiter, P. C., Dong, Q., Hastings, A., Johnson, N. C., MeCann, K. S., Melville, K., Morin, P. J., Nadelhoffer, K., Rosemond, A. D., Post, D: M., Sabo, J. L., Scow, K. M., Vanni, M. J. and Wall, D. H. (2004) 'Detritus, trophic dynamics and biodiversity', *Ecology Letters*, vol 7, pp584-600

Myers, N., Mittermeier, R. A., Mittermeier, C. G., da Fonseca, G. A. B. and Kent, J. (2000)

'Biodiversity hotspots for conservation priorities', *Nature*, vol 403, pp853-858

National Research Council (1995) *Understanding Marine Biodiversity*, National Academy Press, Washington, DC

Noble, J. P A., Logan, A. and Webb, G. R. (1976) 'The recent *Terebratulina* community in the rocky subtidal zone of the Bay of Fundy Canada', *Lethaia*, vol 9, no 1, pp1-17

Norse, E. (1993) *Global Marine Biological Diversity*, Island Press, Washington, DC

14orse, E. and Crowder, L. B. (2005) *Marine Conservation Biology. The Science of Maintaining the Seas's Biodiversity*, Island Press, Washington, DC

Nybakken, J. (1997) *Marine Biology: An Ecological Approach*, Addison Wesley Longman Inc., New York

Odling-Smee, L. (2005) 'Dollars and sense', *Nature*, vol 437, pp614-616

Orme, C. D. L., Davies, R. G., Burgess, M., Eigenbrod, F, Pickup, N., Olson, V. A., Webster, A. J., Ding, T. S., Rasmussen, P. C., Ridgely, R. S., Stattersfield, A. J., Bennett, T. M., Blackburn, T. M., Gaston, K. J. and Owens, I. P. E. (2005) 'Global hotspots of spe-cies richness are not congruent with endemism or threat', *Nature*, vol 436, pp1016-1019

Drmond, R. E. G., Gage, J. D. and Angel, M. V. (1997) *Marine Biodiversity: Patterns and Processes*, Cambridge University Press, Cambridge

Paine, R. T. (1969) 'A note on trophic complexity and community stability', *American Naturalist*, vol 103, pp91-93

Parrish, J. D. and Saila, S. B. (1970) 'Interspecific competition, predation and species diversity', *Journal of Theoretical Biology*, vol 27, pp207-220

Pianka, E. R. (1966) 'Latitudinal gradients in species diversity: A review of concepts', *American Naturalist*, vol 100, no 910, pp33-46

Possingham, H. P and Wilson, K. A. (2005) 'Biodiver-sity: Turning up the heat on hotspots', *Nature*, vol 436, pp919-920

Preston, E W. (1962) 'The canonical distribution of commonness and rarity: Part I', *Ecology*, vol 43, pp185-215, 431-432

Price, A. R. G. (2002) 'Simultaneous 'hotspots' and 'coldspots' of marine biodiversity and implica-tions for global conservation', *Marine Ecology Progress Series*, vol 241, pp23-27

Ptacnik, R., Solimini, A. J., Andersen, T., Tamminen, T. Brettum, P, Lepisto, L., Willen, E. and Rekolainen, S. (2008) 'Diversity predicts stability and resource use efficiency in natural phytoplankton communities', *Proceedings of the National Academy of Sciences*, vol 105, pp5134-5138

Reaka-Kudla, M. L., Wilson, D. E. and Wilson, E. O. (1997) *Biodiversity II. Understanding and Protecting our Biological Resources*, Joseph Henry Press, Washington DC

Rex, M. A. (1981) 'Community structure in the deep - sea benthos', *Annual Review of Ecology and Systematics*, vol 12, pp331-353

Rex, M. A., Etter, R. J. and Stuart, C. T. (1997) 'Largescale Patterns of Species Diversity in the Deep-sea Benthos', in R. P G. Ormond, J. D. Gage and M. V Angel (eds) *Marine Biodiversity: Patterns and Processes*, Cambridge University Press, Cambridge

Rex, M. A., Etter, R. J., Morris, J. S., Crouse, J., Mc-Clain, C. R., Johson, N. A., Stuart, C. T., Deming, J. W., Thies, R. and Avery, R. (2006) 'Global bathymetric patterns of standing stock and body size in the deep-sea benthos', *Marine Ecology Progress Series*, vol 317, pp1-g

Rex, M. A., Stuart, C. T., Hessler, R. R., Allen, J. A., Sanders, H. L. and Wilson, G. D. E (1993)

'Global-scale latitudinal patterns of species diversity in the deep-sea benthos', *Nature*, vol 365, pp636-639

Richerson, P, Armstrong, R. and Goldman, C. R. (1970) 'Contemporaneous disequilibrium, a new hypothesis to explain the "paradox of the plankton" ', *Proceedings of the National Academy of Sciences*, vol 67, pp1710-1714

Ricklefs, R. E. (1987) 'Community diversity: Relative roles of local and regional processes', *Science*, vol 235, pp167-171

Ricklefs, R. E. and Schluter, D. (1993) *Species Diversity in Ecological Communities: Historical and Geo-graphic Perspectives*, University of Chicago Press, Chicago, IL

Roberts, C. M. and Ormond, R. E (1987) 'Habitat complexity and coral reef fish diversity and abundance on Red Sea fringing reefs', *Marine Ecology Progress Series*, vol 41, pp1-8

Roberts, C. M., McClean, C. J., Veron, J. E. N., Hawkins, J. P., Allen, G. R., McAllister, D. E., Mittermeier, C. G., Schueler, F. W, Spaulding, M., Wells, E, Vynne, C. and Werner, T. B. (2002) 'Marine biodiversity hotspots and conservation priorities for tropical reefs', *Science*, vol 295, pp1280-1284

Roberts, C. M., Shepherd, A. R. D. and Ormond, R. F. G. (1992) 'Large scale variation in assemblage structure of Red Sea butterflyfishes and angelfishes', *Journal of Biogeography*, vol 19, pp239-250

Robinson, S. M. C., Martin, J. D., Page, F H. and Losier, R. (1996) 'Temperature and salinity of Passamoquoddy Bay and approaches between 1990 and 1995', *Canadian Technical Report of Fisheries and Aquatic Sciences*, vol 2139

Rocha, L. A., Rocha, C. R., Robertson, D. R. and Bowen, B. W. (2008) 'Comparative phylogeography of Adantic reef fishes indicates both origin and accumulation of diversity in the Caribbean', *BMC Evolutionary Biology*, vol 8, no 157, pp1-16

Rosenzweig, M. L. (1995) *Species Diversity in Space and Time*, Cambridge University Press, Cambridge

Rosenzweig, M. L. and Abramsky, Z. (1993) 'How Are Diversity and Productivity Related?', in R. E. Ricklefs, and D. Schluter (eds) *Species Diversity in Ecological Communities, Historical and Geographical Perspectives*, University of Chicago Press, Chicago, IL

Roy, K., Jablonski, D. and Valentine, J. W. (2000) 'Dissecting latitudinal diversity gradients: functional-groups and clades of marine bivalves', *Proceedings of the Royal Society of London B*, vol 267, pp293-299

Ruzzante, D. E., Taggart, C. T. and Cook, D. (1998) 'A nuclear DNA basis for shelf- and bank-scale population structure in northwest Atlantic cod (*Gadus morhua*): Labrador to Georges Bank', *Molecular Ecology*, vol 7, pp1663-1680

Sale, P. E (1978) 'Coexistence of coral reef fishes: A lottery for living space', *Envirionmental Biology of Fishes*, vol 3, pp85-102

Sanders, H. L. (1968) 'Marine benthic diversity: A comparative study', *American Naturalist*, vol 102, pp243-282

Sanders, H. L. (1969) 'Benthic marine diversity and the stability-time hypothesis', *Brookhaven Symposium in Biology*, vol 22, pp71-80

Sappington, J. M., Longshore, K. M. and Thomson, D. B. (2007) 'Quantifiying landscape ruggedness for animal habitat anaysis: A case study using bighor nsheep in the mojave desert', *Journal of Wildlife Management*, vol 71, no 5, pp1419-1426

Searing, G. F. and Frith, H. R. (1995) *British Columbia Biological Shore Zone Mapping System*, British Columbia Resource Inventory Committee, Vic-toria, Canada

Simpson, G. G. (1964) 'Species density of North American recent mammals', *Systematic Zoology*, vol 13, pp57-73

Smith, V. H. , Foster, B. L. Grover, J. P, Holt, R. D. and deNoyelles Jr. , F. (2005) 'Phytoplankton species richness scales consistently from microcosms to the world's oceans', *Proceedings of the National Academy of Sciences*, vol 102, pp4393-4396

Snelgrove, P. V. R. (1999) 'Getting to the bottom of marine biodiversity: Sedimentary habitats', *Bioscience*, vol 49, pp129-138

Snelgrove, P V R. , Austen, M. C. , Boucher, G. , Heip, C. , Hutchings, P. A. , King, G. M. , Koike, I. , Lambshead, P J. D. and Smith, C. R. (2000) 'Linking biodiversity above and below the marine sediment-water interface', *BioScience*, vol 50, no 12, pp1076-1088

Stehli, F. G. , McAlester, A. L. and Heisley, C. E. (1967) 'Taxonomic diversity of recent bivalves and some implications for geology', *Geological Society of America Bulletin*, no 78, pp455-466

Stehli, F. G. and Wells, J. W. (1970) 'Diversity and age patterns in hermatypic corals', *Systematic Biology*, vol 20, no 2, pp 115-126

Talbot, F. H. , Russell, B. C. and Anderson, G. R. V (1978) 'Coral reef fish communities: Unstablehigh diversity systems?', *Ecological Monographs*, vol 48, pp425-440

Thorne-Miller, B. and Catena, M. (1991) *The Living Ocean. Understanding and Protecting Marine Biodiversity*, Island Press, Washington DC

Wallace, A. R. (1859) *The Malay Archipelago*, Harper, New York

Whittaker, R. H. (1972) 'Evolution and measurement of species diversity', *Taxon*, vol 21, pp213-251

Wildish, D. and Kristmanson, D. (1997) *Benthic Suspension Feeders and Flow*, Cambridge University Press, Cambridge

Witman, J. D. , Etter, R. J. and Smith, F. (2004) 'The relationship between regional and local species diversity in marine benthic communities: A global perspective', *Proceedings of the National Acad-emy of Sciences*, vol 101, pp15664-15669

Worm, B. , Lotze, H. K. and Myers, R. A. (2003) 'Predator diversity hotspots in the blue ocean', *Proceedings of the National Academy of Science*, vol100, pp9884-9888

Wright, D. J. , Lundblad, E. R. , Larkin, E. M. , Rinehart, R. W. , Murphy, J. , Cary-Kothera, L. and Draganov, K. (2005) 'ArcGIS Benthic Terrain Modeler', Oregon State University, Corvallis, OR

Zacharias, M. A. and Roff, J. C. (2000) 'A hierarchi-cal ecological approach to conserving marine biodiversity', *Conservation Biology*, vol 13, no 5, pp1327-1334

Zacharias, M. A. and Roff, J. C. (2001) 'Explana-tions of patterns of intertidal diversity at regionalscales', *Journal of Biogeography*, vol 28, pp471-483

第9章　物种及焦点物种

关键种、伞护种、旗舰种和指示种等

聚焦在重要事情的能力是智慧的最典型特征。

Robert J. Shiller (1946—)[①]

9.1　引言

种群生物学涵盖了从遗传学（见第10章）到种群生态学再到管理学的一系列学科。我们将在第13章中讨论种群管理学（至少就渔业管理而言）。对于传统的种群生态学，最近几篇文章对这一领域进行了深入讨论，我们在其他部分也提到了这些文献。在本章中，我们重点讨论的是焦点物种（focal species），简单地说，就是由于某种原因让我们优先关注的物种（图版14A，B，C和D）。

在海洋保护规划中，保护活动似乎已从个别物种保护转向强调栖息地保护和空间保护。然而，基本生态学问题不是我们是否应该努力保护个别物种，而是我们应该优先关注哪些物种，优先保护的理由是什么。所谓焦点物种，从生态学或社会学来看，是那些对了解、管理和保护自然环境有价值的物种。目前已经提出了许多不同类型的焦点物种，我们将它们定义为指示种、哨兵种、关键种、伞护种、旗舰种、魅力种、经济种和脆弱种（Meffe and Carol，1997）。

不同类型的焦点物种被给予了不同名称，命名法所根据的生态概念和社会原理可以归结为4个不同的"类别"：指示种、关键种、伞护种和旗舰种（Simberloff，1998）。指示种、关键种和伞护种暗示着各种生态概念的预期结果，而旗舰种概念则依赖于人类的爱心、责任感和（某种程度上的）私心。（我们使用"概念"一词，因为它具有启发价值，而没有使用隐含有严格可测性的理论或假设）。不管这些名称的基本假设是什么，我们期望4种焦点物种类型（某些情况下可能是分类群或集群）的任何一种都可以作为理解一个复杂生物群落组成、状态或功能的工具。

广义地说，各种焦点物种可定义如下：指示种概念已演变为若干不同的类型。它意味着下列两种含义的任何一种：①有些物种的存在或不存在表示某种特定的栖息地、生物群落或生态系统；或②有些物种表示某一特定栖息地、生物群落或生态系统的状况或"健康情况"。关键种假定某些物种对一个生物群落或栖息地的生态功能是至关重要的，它们的

① 罗伯特·席勒（Robert J. Shiller），美国经济学家，畅销书作家，2013年获诺贝尔经济学奖。

重要性与其丰度或生物量不成比例。伞护种意味着对已知有（通常较大）栖息地要求的特定物种的保护，也将保护那些依赖于该被保护栖息地较小部分的那些物种。旗舰种概念不能被视为一个生态学概念，它只是一个工具，以获得公众对“魅力型大型动物”保护的支持。然而，与伞护种概念相似，倡导旗舰种保护的最终目标是保护它们的栖息地。

几个焦点物种的概念已经被几位学者重新讨论（Hurlburt，1997；Menge et al.，1994；Navarrete and Menge，1996；Power et al.，1996；Simberloff，1998），除了 Hurlburt（1997），所有这些作者都认为，将这些概念应用于保护和管理仍然具有价值。然而，直到最近才集中讨论重点物种对海洋保护和管理的潜在价值（NRC，1995；Zacharias and Roff，2000）。但是，应该认识到，在物种层次上进行海洋保护和管理的方法只是从遗传学层次到生态系统层次众多可能保护方法的一种（进一步解释请参考 Zacharias and Roff，2000）。

关于重点物种对陆地环境管理和保护的价值有相当多的争论（Launer and Murphy，1994；Weaver，1995；Niemi et al.，1997；Simberloff，1998；Brooks et al.，2004）。大多数批评集中在：①这些概念背后生态理论的有效性；②各焦点种类型缺乏明确定义；③对它们的应用缺乏一致的标准；④观察到它们的应用和普及更多的是管理政策和方向，而不是科学原理（Simberloff，1998）。对于保护而言，主要的问题是，我们定义这些术语是否具有可操作性，以及不管我们是否可以或不可以定义它们，焦点物种在保护行动中是否有效用？

本章的目的是讨论使用指示种、关键种、伞护种和旗舰种概念的生态学和社会学理由，并评估它们在制定和实施保护战略中的作用（Zacharias and Roff，2001）。我们认为这些作用可能包括：选择代表性海域和特色性海域进行海洋保护（例如海洋保护区）（Roberts and Polunin，1994；Meffe and Carol，1997；Allison et al.，1998）；海岸带综合管理（Imperial and Hennessey，1996）；鉴定和监测生物群落（Paine，1992；Kideys，1994）；监测栖息地特征（Apollonio，1994；Zacharias et al.，1999）；海洋生态系统分类（Caddy and Bakun，1994；Ray，1996；Zacharias et al.，1998）；海洋生态差距分析（Zacharias and Howes，1998）。

我们也要评估可以使焦点物种显示焦点特征的那些环境条件。这里，我们对我们所称的“焦点属性”或焦点物种在空间尺度和时间尺度、干扰程度、生物层级结构、栖息地异质性和物种丰富度方面的作用进行了初步评估。这种评估是确定焦点物种概念的生态有效性的第一步，以便检验这些概念是否具有启发性价值，或者这些概念是否是 Peters（1991）所称的“不具操作性概念”而应被丢弃。这种评估也可以用于识别其他类别的焦点物种，记录焦点物种的特性，评估各种焦点物种组合的潜在效用，区分可测试和不可测试的种种假设。这种评估应被视为是初级的，因为这些概念的效用取决于生态和社会经济方面的考虑，而这些考虑的定义仍然很不明确，可能难以形成一致意见。

9.2 指示种

指示种概念（表 9.1）可能是所有焦点物种概念中最广义的，定义也是最不明确的，而且经常被用作其他焦点种的笼统称谓。一方面，诸如 Noss（1990）、Landres 等（1988）及 Faith 和 Walker 等（1996）将指示种看做是一个包罗万象的术语，用来描述监测生物多样性的方法/技术，使用指示种术语时可能包括关键种、伞护种、哨兵种和魅力种。这些学者对指示种的定义就是我们和其他人所说的焦点物种。而 Dufrene 和 Legendre（1997）、Kremen（1992）、Simberloff（1998）等提出的另一种观点认为，指示种概念与其他焦点物种概念有本质区别，需要单独处理。

表9.1 焦点物种的特征

关键种	旗舰种	伞护种	条件指示种	成分指示种
假说：对群落结构特征施加了不成比例的影响	概念：旗舰种能够获得公众支持以保护栖息地	概念：对伞护种的保护将同时保护其他物种	假说：生态完整性的可靠代表	假说：生物群落/栖息地类型的可靠代表
相对于丰度或生物量对于群落结构施加了不成比例的影响	获得公众支持和影响	对于特殊栖息地给予切实保护	对压力程度提供了评估	给出了特殊生态位或确切的生态耐受性范围
持续改变群落结构和/或群落组成，或者其去除会改变栖息地	要求大片相对自然或未变化的栖息地	如果去除会导致群落结构或栖息地发生一定的改变	区分自然压力和人类活动压力	对于群落类型或栖息地类型给予切实的保护
其去除将降低群落中的物种数量	迁徙性或非迁徙性	非迁徙性	与显著生态变化相关	相对不依赖于样本的大小
阻止某个物种成为竞争性优势种	服从于传统管理（例如渔业管理）	种群有较小的年度变化或10年周期变化	不依赖于样本大小	有较小的时空变异性
		属于特殊物种而非一般物种	不依赖于空间尺度	统计观察费用低
		在受干扰或人工栖息地生长不好	时空变异性低	与国内或国际指示种相容
		要求大片相对自然或未变化的栖息地	与国内或国际指示种相容	

资料来源：Zacharias and Roff（2001）。

对指示种这一概念的混淆源于其定义和应用太多。这些应用可以分为两类：第一类应用是基于这样的认识，某个物种的存在、缺失或丰度可以用来识别其他较难识别的物种及其相关栖息地（Clements，1916）。Kolkwitz 和 Marsson（1908年使用植物，1909年使用动物）是该类应用的使用者之一，他们认为某些物种可以指示土壤、气候和其他物种的存在等变量。使用指示种来表现一个特定的栖息地、生物群落或生态系统仍然是生态学的重要组成部分，这里我们将这种类型的指示种称为成分指示种（composition indicator）。成分指示种（表9.1）也被通俗地称为“生态指示种”或“环境指示种”，其存在或丰度被用来描述特定的栖息地或生物群落。这种类型的指示种也可以用来评估“生物多样性”（通常是“热点地区”），以选择候选保护区（Faith and Walker，1996）。

随着时间的推移，这个指示种概念已经扩展到包含第二类应用，即指示栖息地、生物群落或生态系统的条件（Meffe and Carol，1997）。这些条件指示种（condition indicator）（表 9.1）构成了对人为和自然干扰造成的环境变化进行生物监测的基础。“生物指示种”术语被纳入了条件指示种概念。我们对条件指示种的定义也类似于“哨兵物种”（Meffe and Carol，1997）。

指示种的定义和应用之所以出现众多混淆，就是由于成分指示种和条件指示种概念合并在一起。这种混淆可以从许多定义中看到，包括 Landres 等（1988）的定义，他们将指示种描述为“……那些通过它们对某些环境条件的反应可用于快速推断这些环境条件的效用的物种”。Niemi 等（1997）在提出指示种的目标是用于监测其他物种所要求的栖息地质量时，他们指的就是条件指示种。Block 等（1987）在提出指示物种是那些与特定环境因素密切相关的动植物时，他们指的就是成分指示种。Meffe 和 Carroll（1997）在他们对指示种的定义中看到了成分指示种和条件指示种之间的区别：“一个物种被用来衡量特定栖息地、群落或生态系统的条件。它们就是一个生物群落或群落生态系统的特征物种或代表物种”。

成分指示种和条件指示种之间也存在功能上的区别。在保护和管理方面，成分指示种经常被用于识别代表性海域或特色性海域、高物种多样性海域、地域种海域或关键海域（包括求偶、交配、产卵、养育、看护、喂养、驻留、索饵海域）。相反，条件指示种只在确定了特定栖息地或生物群落之后才使用，而且要求具有监测保护活动和管理策略的实效性。因此，成分指示种与确定保护海域或保护优先次序的工作最为相关，而条件指示种在海洋保护中的作用属于保护工作的评价范围。

这里我们主要讨论成分指示种，因为它们与保护工作最相关，而且关于它们应用的文献数量也比条件指示种要少得多。海洋环境的某些特征也要求重新考虑成分指示种的应用。

成分指示种可以进一步分为 Meffe 和 Carroll（1997）所称的栖息地指示种、群落指示种和生态系统指示种。群落成分指示种可以用来描述生物集合、生物群、分类单元、样地记录、系列、生物群落。生态系统成分指示种主要用来表征非生物（如栖息地）“结构”，可能包括盐度、温度、营养盐、基底、上升流或生产力。表 9.1 列出了评价成分指示种和条件指示种时需要考虑的特征和标准。

在海洋保护和管理中使用指示种有许多潜在的好处。

（1）考虑到大多数海洋环境不易为我们所直接观察到，根据少数几个可观察到的物种来预测群落组成是非常有价值的。例如，巨藻 *Macrocystis* spp. 的存在表明这里可能是海獭潜在的栖息地，因为目前海獭正在许多栖息地重新繁衍，而这些栖息地是它们之前曾经生活过的地方（Estes and Palmisano，1974）。通常用小尺度上的指示种来表征拖网数据，例如加那利群岛（Falcon et al.，1996），在大海尺度上也会这样（Pearcy et al.，1996）。

（2）指示种通常被认为是潜在的保护工具，因为它们可以识别有代表性栖息地或特色性栖息地、生物群落或生态系统。因为指示种比其他（例如物种丰富度）方法具有更小的偏差，它们被提倡用于海洋保护和管理，而物种多样性高的地区不一定能保护稀有或受威胁的物种和生境。近年来，保护海洋环境中代表性海域和特色性海域的认识得到了很大发展。这种情况反过来又要求用成本效益高的方法来确定群落（即生物集合、类群、群体、功能群、生物群落等）和栖息地的存在（Webb，1989；Cousins，1991；Roff and Taylor，2000；Zacharias and Roff，2000）。因此，测量物种丰富度尽管仍是海洋保护的有效方法，但它并不是测量代表性的好方法，而指示种最适合这项任务。

（3）人们对指示种概念的使用意见一致。相对于关键种和伞护种（见下文），在某些生物群落和栖息地中发现某些物种的概念是很直观的，而且对于指标概念的有效性几乎没有争议（但关于指标和观测尺度的注意事项，请参阅第6章）。虽然人们可能会讨论哪些物种或群体会指示哪些栖息地或群落，但指示种是所有焦点物种概念中在生态学上最能被接受的概念。

（4）近30年来，人们一直在努力识别指示种及其所指示的生物群落和栖息地。已经开发了许多聚类和排序技术来从统计学上定义生物群落和栖息地，包括对应分析（CA）、降趋对应分析（DCA）、主坐标分析（PcoA）和非度量多维测度（NMS）。最著名的站位（Q模式）和物种（R模式）排序程序是Hill（1979）开发的TWINSPAN（Dufrene and Legendre，1997）。该程序包括：①对站位和物种进行同步分类排序的数据表；②层级结构各层次的指示种；③制作树状图的能力；④计算量小。同时，更新颖、更有效的排序例程与低成本计算技术相结合，正在再次激活指示概念（Carlton，1996；Dufrene and Legendre，1997；Kremen，1992；Simberloff，1998）。到目前为止，还没有能够识别关键种、伞护种或旗舰种的数学程序。

但是，在海洋保护和管理方面，使用成分指示种也有一些缺点。

（1）大量研究表明，没有一个物种能够满足一个指示种的保护要求（Landres et al.，1988）。这种情况在海洋环境中特别明显，因为那里的食物网更复杂，营养级更多，而且海洋食肉动物比相应的陆地环境更经常是泛化捕食者（generalist feeder）。因此，任何单一物种指示群落结构或功能的能力可能会削弱。当指示种被用来指示某个特定集群中物种的存在时可能会更有效（Block et al，1987）。这一概念在海洋环境中是有潜力的，例如，某种岩礁鱼类或珊瑚礁鱼类可能表明存在不易识别群体中的物种。功能组也被用来作为有关环境条件（例如波暴露和海洋学环境）的指示种（Bustamante and Branch，1996）。

（2）由于海洋环境的流动性，海洋指示种在地理上或时间上可能不如陆地指示种稳定。除了鸟类、飞虫和一些哺乳动物外，大多数陆地物种都被限制在流域、生物群落区或其他几乎不能越过的边界内。而大多数海洋边界可以穿过，因此指示种可能分布在广阔的范围内，而且往往不是地方特有的。这种广泛分布可能是物种自然栖息地范围的一部分（即其主要栖息地或群落生境与其更广泛的实际栖息地之间的区别，见图6.1），也可能是风暴、海洋事件输送，或猎物或捕食者分布变化的结果。这种不稳定性由于数年到几十年间大尺度海洋变化（如厄尔尼诺南方涛动）而加剧。陆地环境也受这些变化的影响，但在海洋环境中，整个群落可能会移动很远的距离，在这些事件期间找到更适宜的栖息地。

（3）众所周知，海洋物种难以观察和普查，因此，指标种的缺失可能是观察不完全的结果，而不是缺乏某种群落类型。这一概念尤其重要，因为大多数最著名的物种都是候鸟，因此只能在一年中的某些时候在某个地区观察到它们。除潮间带和近岸潮下带环境外，指示种一般包括脊椎动物和无脊椎动物。浮游植物可以而且已经被用作指示种，但是它们很难识别。

最后，Simberloff（1998）告诫，单一物种管理的指示种不再是一个指示种。这种情况对海洋系统有重要意义，因为大多数容易观察到的海洋物种在某种程度上通常是为人类开发利用的物种，因此是很差的指示种。例如，鲱（*Clupea* spp.）已被建议作为一个指示种，也被建议作为一个关键种。然而，鲱是鸟类、鱼类、海洋哺乳动物和人类的食物，因此鲱数量的增加或减少可能是许多相互关联的因素的结果。能够作为最佳成分指示种的物种是那些不受污染、栖息地丧失、外来物种引进或全球气候变化等不利影响的海洋物种。因此，某些海鸟、海草、大型藻类和某些底栖无脊椎动物可能是指示种的潜在候选物种。虽然许多海洋哺乳动物几十年都没有被捕获，但这些物种可能仍然是很差的成分指示种，因为喂食和觅食区域的位置可能是母亲教给幼崽的习得行为（Norse，1993）。在许多鲸类被灭绝的地区，有丰富的食物，但这些海域的利用和遗传知识随着鲸的消失而消失。

9.3 关键种

自从 Paine（1969）提出以来，关键种概念（表 9.1）受到了相当大的关注。他发现，把海星（*Pisaster*）从一个潮间带生物群落中移走，导致贻贝（*Mytilus*）成为一种竞争性优势物种；因此，海星对生物群落施加了与其丰度和生物量不成比例的影响。他推论，某些物种直接或间接地影响着生物群落结构、组成和生物量，因此也影响着生物多样性（Paine，1969）。关键种的移除对生物群落有重大影响，因此有必要去识别和保护它们。这一概念对管理者和自然资源保护者具有相当大的吸引力，因为为了整个生物群落或生态系统的利益而保护和管理少数几个物种，可以使一个看似不可能完成的任务变得易于管理（Navarrete and Menge，1996）。在任何物种被视为关键种之前，必须满足一系列的标准。对于关键种的内涵存在争议，其一般特征见表 9.1。

关键种概念已成为种群生态学和种群保护工作中公认的和中心主题，许多物种已被提议作为海洋环境中的关键种（表 9.2）。然而，这个概念定义不准确，从而导致了一些可能不起关键作用的物种被命名为关键种（Hurlburt，1997；Simberloff，1998）。《牛津生态词典》将关键物种定义为：“关键种的存在或丰度可以用来评估一个海域或栖息地的资源被开发的程度”（Allaby，1996）。Roughgarden（1983）对关键种的定义是“关键种的去除会导致群落中更多物种的消失”。Terborgh（1986）讨论了关键种资源认为，关键种资源占物种多样性或生物量中的一小部分，但它们对群落结构和/或物种多样性至关重要。Menge 等（1994）将关键种捕食者定义为“关键种捕食者作为群落中几种捕食者中的一个物种，它自己就决定了猎物群落结构的大部分模式，包括分布、丰度、组成、大小和多样性。围绕着关键种这个概念的定义和应用的不确定性，1994 年召开的研讨会上讨论了这个词的真正含义。该研讨会讨论结果由 Power 等（1996）发表，认为关键种是“丰度不高的物种，但它对生物群落和生态系统有很强的影响”。Meffe 和 Carroll（1997）提出的定义可能最全面，他们认为，关键物种是那些在群落结构中发挥着巨大作用的物种。

表 9.2　推荐作为关键种的海洋生物种类

环境	参考文献	关键种或群体	直接效应对象	效应机制	证据
岩石潮间带	Paine, 1966	*Pisaster ochraceus*（捕食性海星）	贻贝	摄食	实验，比较
	Menge, 1976	*Nucella lapillus*（捕食性螺类）	贻贝	摄食	实验
	Hockey and Branch, 1984	*Haematopus* spp.（黑蛎鹬）	帽贝	摄食	比较
	Castilla and Duran, 1985 Duran and Castilla, 1989	*Concholepas* spp.（捕食性螺类）	贻贝	摄食	实验
	Menge et al., 1994	*Pisaster ochraceus*（捕食性海星）	贻贝	摄食，直接、间接	实验，比较
	Navarrete and Menge, 1996	*Pisaster ochraceus*（捕食性海星） *Nucella*（蛾螺类）	贻贝	摄食，直接、间接	实验，比较
岩石潮下带	Estes and Palmisano 1974	*Enhydra lutris*（海獭）	海胆	摄食	比较
	Fletcher, 1987	*Centrostephanus rodgersii*（海胆）	藻类	摄食	比较
	Ayling, 1981	*Evechinus chloroticus*（海胆） 草食性腹足类 *Parika scaber*（草食性鱼类）	藻类，海绵和海鞘	摄食	实验
中上层水体	May et al., 1979	*Balaenoptera* spp.（须鲸）	磷虾	摄食	历史重建
	Springer, 1992	*Theragra chalcogrammai*（狭鳕）	浮游动物、小鱼	摄食	历史重建
	Gassalla et al., 2010	*Loligo plei*（枪乌贼）	中上层鱼类	摄食	比较
	Antezana, 2009	*Euphausia mucronata*（磷虾）	浮游植物	摄食	比较
珊瑚礁	Hay, 1984	草食性鱼类、海胆	海草	摄食	实验，比较
	Carpenter, 1988, 1990	*Diadema antillarum*（草食性海胆）	海草	摄食	实验，比较
	Hughes, et al., 1987	*Diadema antillarum*（草食性海胆）	海洋植物	摄食	实验，比较
	Birkeland, and Lucas, 1990	*Acanthaster planci*（食珊瑚海星）	珊瑚	摄食	实验，比较
	Hixon and Brostoff, 1996	*Stegastes fasciolatus*（藻食性热带鱼）	集群鹦嘴鱼和刺尾鱼	领域内包含海草免受过度啃食	实验
软沉积物	VanBlaricom, 1982	*Urolophos halleri*, *Myliobatis californica*（肉食性鳐类）	端足类	摄食，干扰	实验
	Oliver and Slattery, 1985	*Eschrichtius robustus*（灰鲸）	端足类	摄食，干扰	比较
	Oliver et al., 1985	*Enhydra lutris*（海獭）	双壳类	摄食	比较
	Kvitech et al., 1992	*Enhydra lutris*（海獭）	双壳类	摄食	实验，比较
河口	Kebes et al., 1990	*Chen caerulescens caerulescens*（小雪雁）	盐沼植被	摄食，干扰	比较
	Ray, 1996	海草、大叶藻		基地组成	比较
	Ray, 1996	*Crassostrea virginica*（美洲牡蛎）	水质	河口水过滤	比较
其他	Willson and Halupka, 1995	溯河性鱼类	陆生动物	摄食	比较

资料来源：改编自 Power et al., 1996。

从 Paine（1969）的研究之后，已经提出了许多不同类型的关键物种定义，其中一些与 Paine 的定义类似。其他类型的关键种定义包括关键捕食者（Paine，1966）、关键共生生物（Gilbert，1980）（包括支撑动物物种的植物物种，由此支持更多的物种）、关键改造者（Naiman et al.，1986）（例如海狸（*Castor canadensis*）、非洲象（*Loxodonta africana*）或各种海草）（Carlton，1996）、关键猎物（通过高繁殖力维护了一个群落，从而支持了捕食者种群）（Holt，1977，1984）和关键疾病（Sinclair and Norton-Griffiths，1982）（它们可能在群落构建中发挥最大作用）。关键种存在于世界上所有生态系统中，它们不一定处在较高的营养级，它们可以通过摄食、竞争、扩散、授粉、疾病以及通过改变栖息地和非生物因素来影响它们的生物群落。也有越来越多的证据表明，个体小而重要的物种（如菌根真菌和固氮细菌）也应该被称为关键种（Paine，1995；Weaver，1995）。

对于关键种的概念和它在保护目标方面的应用都有很多人反对。从概念和经验的立场，有 5 种论点反对使用关键种概念。这些论点概述讨论如下：①复杂的生物群落很少由单一物种控制；②所有的物种在某种程度上都有关键作用；③识别关键种很困难；④关键物种并不总是表现出关键特性；⑤保护或管理关键种并不能保证达到保护目标。

关键种概念面临的第一个障碍是，几乎没有经验证据表明大多数生物群落是由一个或相对较少的捕食者物种控制，该概念的普遍适用性存疑。Paine（1969）是在美国西北太平洋海岸线的岩石潮间带完成了他的研究，但这里并不代表大多数陆地和海洋生物群落所具有的更复杂的生物组成。更有证据表明，尽管关键种概念可能适用于简化的生态系统，但在更复杂的生物群落中关键种概念并不适用。Tanner 等（1994）发现，大堡礁生物群落没有关键物种，因为这些环境的高物种多样性降低了单个物种构建生物群落的机会，并且一个物种获得优势地位所需的时间要大于两次扰动事件之间的平均周期。

Peterson（1979）发现，河口和软底系统中捕食者的去除并没有导致竞争优势，从而对关键种概念的普遍性提出了质疑。Peterson（1979）认为关键种可能存在，但一个物种要成为优势种，其捕食者必须被去除足够长的时间。他还指出，由于在以沉积物为主的三维环境中，生物无法相互排挤或过度生长，那些在岩石海岸发生的干扰竞争和竞争排斥过程在松软海底系统中并不存在。将这些结果外推到其他以深海和沉积物为主的海洋系统中，可以看出在许多海洋生物群落中可能并不存在允许建立关键种的过程。表 9.2 资料支持这一论断，在沉积物占主导地位的环境中，除了美洲牡蛎（*Crassostrea virginica*）和各种海草之外，所有被提议作为关键的物种都是大型脊椎动物。

第二个问题是，所有的物种在某种程度上都有关键作用。目前的这些研究中，大多数关键种或者是通过去除捕食者（例如海星）的实验，或者是将以前灭绝的物种（如海獭）重新迁移过来而得以识别，这表明我们目前称为关键种的这些物种仅仅是被研究环境和群落的产物（Mills et al.，1993；Simberloff，1998）。因此关键种可能是研究方法和数据分析的人工产品，这一事实导致了第三种批评，即尤其是在海洋系统中，关键种很难识别。

识别关键种存在的困难是对该概念的第三个、或许也是最严厉的批评，尤其是在海洋系统中。大多数关键捕食者的识别都是通过实验操作（如去除捕食者）或观察被干扰系统的恢复（如重新引入海獭）。Navarrete 和 Menge（1996）提高了识别关键种的要求，他们建议应该先去除一个捕食者，然后一个一个地逐个去除其他捕食者，直到全部捕食者群体都被去除掉。只有这样，才能确定每个物种的关键属性。虽然关键种概念源于对潮间带环境的实验操作，但潮间带并不能代表大多数海洋环境，因为在大多数海洋环境中，对捕食者的去除研究很难进行。

然而，通过营养模型识别多个物种的“关键性”已经取得了一些进展。Libralato 等（2006）提出了一种基于网络结合营养分析的方法，通过模拟生物群落对每个群体生物量少量增加的响应来识别物种或功能群的关键属性。该方法可以利用已有为许多海洋生态系统设计的营养模型（在 Ecopath 和 Ecosim 中实现）来识别关键功能群（Libralato et al.，2006）。

第四个问题是，物种可能只在特定的一组生物和/或非生物条件下才起关键种作用。Paine（1966，1969）的研究成果认为海星是一个关键种，这一结论引发了大量研究，不仅去检验海星是否真的是一个关键种，还去寻找其他潜在的关键种。Paine（1969）认为，由于从墨西哥沿岸到阿拉斯加沿岸，海星与贻贝的相互作用普遍存在，它们之间的相互作用在这里构成了一种关键种关系。然而，Foster（1990）和其他人认为，这种关系会随着时间和空间的变化而不断变化，而且龙虾也摄食贻贝（Fairweather et al.，1984；Foster，1990）。Paine（1980）同意关键种是特定条件下的关键种，并推测在某些情况下，海星只是一个普通物种。Menge 等（1994）的研究表明，只有在较强烈的波浪暴露情况下，海星才是关键种，而在低波浪暴露的栖息地中，它们就不再是关键种了。

对于是否有任何物种在其整个生命周期、地理范围和其占据的栖息地（生态位）中都充当关键种也存在很多争论。到目前为止，还没有研究发现任何通用的关键捕食者；但有些关键种，例如，盐沼、大叶藻海草床和红树林，可能在其整个范围内以相同的方式构建生物群落和/或栖息地。但这些物种最好被归为“生源物种”“基础物种”或“工程物种”（表3.4）。

Menge 等（1994）在定义和识别关键种的过程中，通过定义分散捕食（diffuse predation）（即由几个捕食者共同控制一个竞争优势种），进一步完善了关键种概念。当捕食者不能控制一个竞争优势种的丰度时为弱捕食。Navarrete 和 Menge（1996）通过研究贻贝（*Mytilus trossulus*）、*Pisaster* 属海星以及 *Nucella* 属蛾螺在各种环境条件下的捕食强度，进一步探索了在潮间带环境中的这些影响。他们发现，*Pisaster* 属海星不受蛾螺存在的影响，但在没有 *Pisaster* 属海星存在的情况下，蛾螺对贻贝分布有重要的控制作用。

所有上述限制导致了第五项反对意见或推论，即海洋环境中对关键种的保护或管理并不能保证达到保护目标。虽然关键种概念是通过对潮间带环境的研究发展起来的，但由于若干原因，该概念的应用可能更适合于陆地环境。与大多数陆地环境相比，海洋食物网更长、更复杂，更容易在空间和时间尺度上发生变化。因此，群落组成和多样性依赖于单一物种的可能性很低。

陆地栖息地通常在空间上是稳定的，而在时间上则大部分是稳定的。例如，在地质年代尺度上，热带或亚寒带森林栖息地一般基本保持不变。而世界上大多数海洋栖息地缺乏这种稳定性，经常受到年度和年代际事件的干扰，其中包括区域扰动（如飓风）和气候波动（如厄尔尼诺现象），它们都可能导致群落结构的显著变化。因此，正如 Menge 等（1994）、Navarrete 和 Menge（1996）所证明的那样，一个物种只有在某些条件下才表现出关键特性，而这些条件在海洋系统中大部分变化较大。当迁徙性物种被确定为关键物种时，这种情况尤为明显，因为它们可以避开由于海洋条件的变化而造成的不适宜的海区。相比之下，许多热带环境非常稳定，这表明应该存在关键种。然而，正是这种稳定性导致了如此多物种的共同进化，没有一个物种能够控制一个群落（Tanner et al. , 1994）。

最后，也许使用关键种最重要的原则是关键种不会改变一个海域或群落-栖息地关系中的基本群落类型。关键种的存在或缺失只会改变群落中成员物种的相对丰度。因此，关键种对于群落类型的识别并不重要，除非它们被视为成分指示种。然而，关键种的存在或缺失可能是重要的，因为它们可能是群落组成、多样性或“健康度”的条件指示种。在关键种被商业开发的地方，管理决策可以改变多样性的表现。因此，对海洋保护来说，关键种概念与指示物种一样，目前在全球范围内还不是一个有用的概念。

9.4 伞护种

伞护种概念（表 9.1）取决于这样一种假设，即某一地理区域内某一物种的存在表明其他物种也会存在。在这个意义上，它也可以被认为是一个成分指示种。伞护种概念对于自然保护工作者特别具有吸引力，因为它意味着管理、养护或保护一个确定的伞护种，不仅可以保护支撑伞护种本身的栖息地和群落，而且也可以保护其他物种（一般个体较小）的栖息地（Roberge and Angelstam, 2004）。伞护种概念的这种直观性质导致它在早期保护工作中作为一种特别实用的工具用来评估最佳保护区面积（Caro, 2003）。这一概念已被用于通过鉴定伞护种来确定生物群落和栖息地，进行保护地选择。然而，伞护种和群落之间的关系通常很难确定，特别是在海洋环境中，这类物种分布的地理范围广阔，可能包括几种类型的栖息地。因此，作为一个整体，伞护种很可能无法提供太多关于具有代表性海洋生物群落、特色性海洋生物群落或物种多样性等方面地理界限的信息。实际上，伞护种可能只在生态系统层级结构的某个较高（但未定义）层级上“指示”栖息地或生物群落类型（Roff and Taylor, 2000）。

伞护种概念与关键种概念的区别在于，伞护种的保护可以导致群落和栖息地的保护，尽管这些实体在没有伞护种存在的情况下也可以继续存在并发挥作用。相反，一个关键种的去除则可能会从根本上改变群落组成。某些陆地生物种可以被认为既是伞护种又是关键种，但很少有海洋物种同时具有这两种特征。海獭可能会被认为既是一个伞护种又是一个关键种，因为海獭的存在必然会将无脊椎动物（例如海胆）占优势的生态系统改变成为大型海藻占优势的生态系统，从而改变群落组成，进而为溯河产卵鱼类、季节性中上层鱼类和底层鱼类的幼体阶段提供遮蔽所和栖息地（Bifolchi and Lode, 2005）。因此，对海獭的保护同时也保护了许多其他鱼类。其他被认为是关键种的海洋物种，包括灰鲸（*Eschrichtius robustus*），可能都无法达到伞护种的严格要求；这是因为像灰鲸这样的物种，虽然通过海底觅食过程维持了一系列连续的状态，但对它们的保护行动可能并没有因此而保护其他物种。还有人认为，灰鲸（以及大多数其他海洋哺乳动物）是泛食性的迁徙动物，像关键种一样，可能只是在部分时间里充当伞护种（Oliver and Slattery, 1985）。

人们普遍认为伞护种有 3 种类型。

第一类保护种是经典的“单一物种伞护种”，一般包括需要大面积海域才能生存的大型脊椎动物（Wilcox，1980；Peterson，1988）。保护这些物种被认为同时也保护了其他栖息地需求较小的物种。单一物种伞护种概念已被应用于有蹄类动物、陆地食肉动物和海獭的保护（Noss et al.，1996）。

第二类伞护种可以识别受人类干扰尺度影响的“中尺度物种”（Kitchener et al.，1980；Holling，1992）。这一概念在海洋生态系统中的实用性存疑，因为这一概念假定海洋生物种类的栖息地范围在某种程度上可以确定一个嵌套的栖息地系统。事实上，正如前面所讨论的那样，推定的海洋伞护种经常比陆地同类物种更大范围地跨越栖息地类型和生物群落。

第三类伞护种是Ryti（1992）所称的“焦点分类单元”（focal taxa），Hager（1997）将其称为“伞护群”（umbrella groups）。这个概念使用了一个物种分类单元来确保单元内的这些物种得到保护时，大多数较大的生物群落得到保护。Ryti（1992）发现，在南加州选定的岛屿和峡谷中，植物物种是比鸟类更好的伞护种。Lambeck（1997）进一步探索了这一概念，他确定了一组“焦点物种”，每个物种都有对其生存最敏感的特定威胁。针对每种威胁的许多物种组合，为保护或管理其相关的栖息地和生物群落提供了管理方向。Lambeck（1997）设计了一套程序来识别一定存在的一些物种（如果景观满足其组成动植物的需要）。这种方法的缺点是，识别焦点物种可能需要相当多的工作，如果识别出许多焦点物种，那么在使用这个概念时效率很低。

在海洋环境中使用焦点分类单元伞护种在直觉上很有吸引力，但实现这一概念时充满了困难。例如，在一个伞形物种分布范围内受保护的物种数量是否大于在一个随机选择的类似栖息地范围内受保护的物种数量，这一关键问题并没有得到证实。另一个基本限制是许多海洋群落类型中太多的空间和时间变化无法解释。陆地森林可能会受到疾病、干旱、虫害和其他过程的偶然影响，树木形成的结构性栖息地一般持续存在（火灾和其他灾难性事件除外）。与树木相对应的海洋生物是大型海藻，但大型海藻经常表现出较大的年际和年代际变化。因此，作为焦点分类单元基础的陆生植被在海洋中没有与之相对应的海洋植物，明显的例外是近岸有根的海草和红树林。

在海洋环境中，大多数物种虽然有捕食偏好，但都是泛化捕食者。越来越多的证据表明，几乎所有的物种，尤其是较大型的脊椎动物，都能够而且确实以食物网中的许多物种为食。已知某些种类的金枪鱼以140多种鱼类为食，而像太平洋鲱（*Clupea harengus*）的一些种类则被太平洋东北部的许多海洋哺乳动物和海鸟所捕食（Nybakken，1997）。因此，假设保护泛化捕食者会保护与之相关的其他物种，这可能是一种不明智的管理方法。

然而，焦点分类单元伞护种保护方法有一定的价值，该方法不一定是为了保护其他物种，而是可以保护食物网和营养结构的自然秩序和功能。在许多北极海洋环境中，北极露脊鲸的大量捕获导致了其生态灭绝，这导致了竞争同一磷虾食物资源的海鸟和海洋哺乳动物数量增加了两倍（Nybakken，1997）。因此，对北极露脊鲸群体的保护和随后的（部分）种群恢复导致了依赖同一食物资源的其他脊椎动物种群数量的减少。在这种情况下，焦点分类单元概念的应用可能会使用北极露脊鲸和一个或多个其他物种来衡量磷虾资源的相对健康状况，同时监测那些依赖该资源的动物种群。然而，从这个意义上说，北极露脊鲸是一个条件指示种。

伞护种概念在海洋系统中应用的另一个缺陷是，要求伞护种必须是非迁徙性物种。大多数海洋脊椎动物的迁徙特性表明，跟其他焦点物种概念相比，这一概念的使用并不是一个有效的方法。旗舰种概念可能更适合于海洋保护战略。

9.5 旗舰种（魅力种）

西方社会和其他各地社会对海洋哺乳动物有很强的亲切感。绿色和平组织阻止某些形式的商业海豹猎取和商业捕鲸的能力是历史上最成功的环保运动之一。毫无疑问，魅力种已经被用来达到海洋保护目的，但这一概念的应用是有限制的。在陆地生态系统中，已经利用魅力种面临的威胁来为保护工作争取支持；这通常需要保护它们赖以生存的栖息地。例如，保护斑点枭或灰熊相当于保护了栖息地。的确，保护魅力物种的最终目的是保护栖息地。这导致了最近对美国濒危物种法案的法律挑战，一些团体指责保护组织利用该法案来保护栖息地，而不是保护物种。与此相反，在海洋生态系统中，对魅力物种的保护未必一定能保护栖息地或其他物种。例如，须鲸以食物链上人类很少利用的营养级为食，因此，保护这些物种的效果不如保护陆地物种大（Oliver and Slattery，1985）。陆地生态系统的魅力受到许多活动的威胁，包括栖息地的丧失、过度开发利用和污染。相比之下，海洋生态系统由于（很多）没有被开发，其魅力很容易被保留下来。因此，海洋生态系统中魅力概念缺乏是在陆地系统中使用的几个优点。

旗舰种概念的另一个限制是，在停止大规模捕杀海洋哺乳动物之后，大多数最受威胁的海洋物种几乎没有什么魅力特性。公众对岩礁鱼类、双壳类和磷虾等分类群缺乏认识。

虽然伞护种和旗舰种概念有一些相似之处，但也存在一些重要的不同之处影响它们在海洋系统中的应用。旗舰种（表 9.1）较适合海洋保护工作，因为：①可将迁徙性物种视为旗舰种；②可采用标准管理方法（例如渔业管理），以在广大海域减轻对旗舰种的影响；③旗舰种可能与特色栖息地有关，包括在其迁徙路线末端的觅食或繁殖地。

因此，海洋旗舰物种的主要功能可能与陆地系统相同，即充当栖息地保护的代理人。洄游性海洋旗舰种的栖息地可能是相对分散的，至少在季节上是分散的，其栖息地可以用来界定适于作为保护地候选的代表性或特色性海域（这些海域可由栖息地特征或指标物种分析加以评估）。

9.6 其他焦点物种/生物群落

“焦点”一词也可以相当合理地应用于生态层次结构的其他层次，特别是生源物种或基础物种（或它们的伴生群落，见表 3.4）。因此，澳大利亚的大堡礁可以被认为是一个“焦点生态系统”；无处不在的珊瑚礁都是“焦点群落”；红树林和沿海盐沼是“焦点栖息地”等。在这些层次上，这些术语开始与生物学热点概念相融合。无论使用何种术语，这些物种多样性高于平均水平的区域热点应被视为值得特别注意的“焦点存在”（见第 6 章和第 8 章）。商业开发性鱼类本身可被视为“焦点物种”，这将在第 13 章中讨论。

9.7　不同类型焦点物种的特性

9.7.1　空间尺度

虽然成分指示种可以用于所有尺度，但由于种种原因，它们的焦点特性在较大尺度上可能会减弱（图 9.1）。①从实际使用角度看，要确定指示种的有效性，较小的区域更容易观察到。②如果成分指示种跨越了异域种群（allopatric populations）或部分同域种群（sympatric populations）的区域，则该指示种与其栖息地和群落之间可能存在不同的关系。因此，一个捕食性物种可能会在不同的地方捕食不同的猎物，这取决于猎物的数量、捕食行为或其他原因，而且该指示种可能只在较小的尺度上有效。例如，海星（*Pisaster* spp.）很容易从航空调查中识别出来，因此它是太平洋东北部中纬度海域其捕食对象（例如 *Mytilus*）存在的良好指示种（Paine，1969；Searing and Frith，1995）。然而，再往更南的海域，贻贝群落被其他物种（如龙虾）吃掉；因此，海星作为贻贝指示种的价值随着空间尺度的增大而减小（Menge et al.，1994）。另一个例子是太平洋灰鲸（*Eschrichtius robustus*）通常以白令海的底栖生物为食，但最近的证据表明，在夏季加拿大不列颠哥伦比亚省海域，太平洋灰鲸更喜欢在中上层水体中捕食。因此，以灰鲸作为底栖端足类动物的指示种适用于白令海，但不适用于东北太平洋（Dunham and Duffus，2001）。条件指示种是与尺度无关的，可以指示各种尺度下的生态状态或人为干扰。

关键种最有可能在较小的尺度上发挥关键特性（图 9.1）。虽然关键物种可能广泛分布，但它们的影响是局部的（例如，以海星为例），而且往往依赖于环境（见上文）。几乎没有证据表明，在开阔的大洋水域，有哪一种生物表现出关键种的特性。迄今为止，已确定活动范围最大的关键种捕食者可能是海獭（*Enhydra lutris*），它们的觅食范围有数千米（Estes and Palmisano，1974）。此外，迄今发现的大多数海洋关键种都有固定的生活范围，很少离开这个特定的位置。其他非捕食性关键种在较大尺度上也很少显示关键种效应。虽然海草可能分布在很长的海岸线上，但随着离岸距离的加大，它们对水体生物群落和底栖生物群落的重要性也会逐渐降低（Ray，1996）。然而，寄生在寄主体表或体内的关键疾病或病原生物，只受寄主栖息地范围的限制，因此这种情况是尺度依赖性的例外（Zacharias and Roff，2000）。

伞护种的焦点特性可能随着空间尺度的增加而先增加后减少，因为伞护种概念所隐藏的概念是保护伞护种需要保护它的栖息地。伞护种概念可能非常适用于与近岸海域密切联系的物种，可能包括海獭、某些鳍足类、海牛和海鸟。伞护种概念在离岸海洋中上层水体和海底环境中的有效性存疑，但也有值得注意的例子。根据美国《濒危物种法案》，北海狮（*Eumetopias jubatus*）最近被列入濒危物种名单，这迫使渔业管理者限制了对北海狮捕食的底层鱼类的捕捞。虽然这个伞护种概念的案例说服力较弱，但它确实证明了这个概念在较大的尺度上可能是有效的。

旗舰种可能是焦点种中唯一随着空间尺度增大其效能随之增加的类型。原因是大多数旗舰种是活动范围较大的脊椎动物，像虎鲸（*Orcinus orca*）这样的物种在海洋中无处不在，这导致了全世界公众支持对其进行保护。然而，也有例外，某些物种（如淡水海豚）

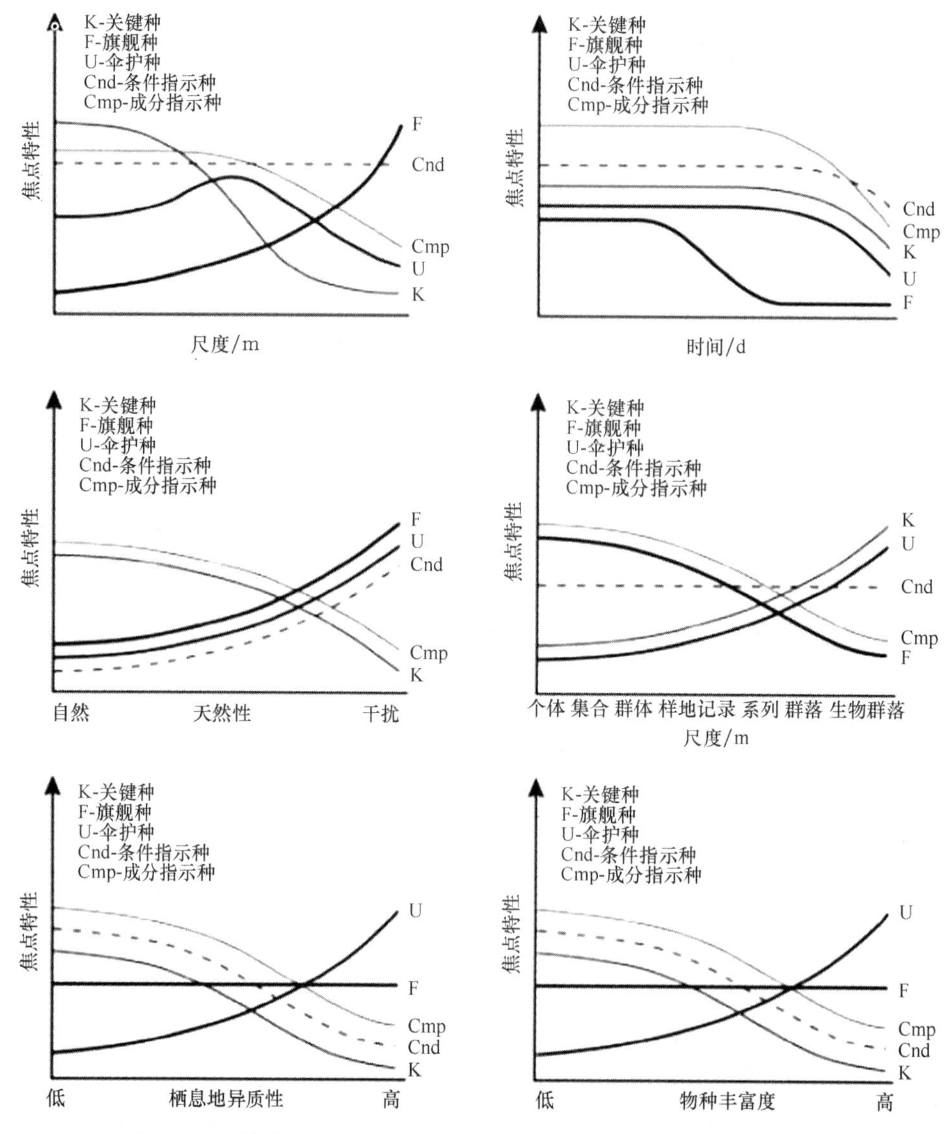

图 9.1 不同条件下各种类型焦点种的预期效用（空间尺度；时间尺度；自然程度或干扰程度；生态层级结构尺度；生境异质性；物种丰富度）

由于其分布范围有限而成为保护运动的焦点物种。此外，有些分布广泛的旗舰种虽然得到很大关注和保护努力，但仍未能得到有效保护，如弓头鲸（*Balena mysticetus*），尽管其种群数量很低，但仍在继续捕捞，几乎被公众和保护组织忽视（Norse，1993）。

9.7.2 时间尺度

成分指示种可能在短期到中期时间尺度上最有效，因为群落和栖息地在 10 年期或更长的时间尺度上可能会有很大差异（图 9.1）。然而，条件指示种的预测能力一般与时间无关，但在较长时期内，预测的准确性可能较差。

虽然一个物种在特定的栖息地或特定的条件下可能不会表现出关键种特性，但在短期到中期时间尺度内，关键种及其产生的关键效应也可能相对不受时间影响。然而，在较长一段时间内，诸如栖息地变化或全球气候变化等影响可能会改变栖息地或群落，使物种不再表现出关键特性（图 9.1）。

伞护种的表现方式可能相同。如果保护了足够的栖息地，伞护种本身虽然可能会随着时间变化保持稳定，但栖息地和群落本身会随着时间发生变化。因此，伞护种的焦点特性可能会在较长时间尺度上以无法确定的方式发生变化。

随着时间的推移，主要由于两个非生态原因，旗舰种概念失去了有效性。①随着时间的推移，公众对旗舰种的兴趣可能会转向了其他生物。②对旗舰种采取的保护措施减少了对该物种及其种群的威胁，这样保护工作就可能转移到其他地方。

9.7.3 干扰

虽然干扰主要与人为干扰的程度有关，但这个概念也与发生自然变化的系统（例如飓风、火山）有关。

由于该指示种所预测的生境和群落本身发生了变化，因此成分指示种的有效性一般随干扰的增加而降低（图 9.1）。也不能保证在非自然环境中成分指示种所指示的是相同的群落或栖息地类型。然而，条件指标在受到干扰的环境中越来越有效，因为这个概念的目的就是确定发生生态变化和人类影响变化的海域。

在受干扰的环境中，关键种可能无法显示关键特性，因此（受干扰环境中）它们潜在的有效性会降低。然而，也有例外，某些类型的海岸线被填充物和海堤的建造严重地改变了，例如，海星在这些环境中可能仍然是一个关键种。

伞护种概念是为了让我们了解栖息地不再有足够的大小或自然组成来支持这些物种等信息。因此，人们普遍期望，随着环境受到干扰加大，伞护种的焦点特性将会增强。

9.7.4 生物层级结构

在生物层级结构较高的层级上，成分指示种预期将失去其焦点特性（图 9.1）。成分指示种可能更正确地指示其所属的集合或集群的存在，而不能指示更复杂的群落类型。但是，条件指示种应该同样能够指示生物层次结构上任何层级的生态变化或人类影响变化。

一个真正的关键种（Power et al.，1996）应该在群落水平上构建群落组成和丰富度。因此，关键种在生物层级结构较高的层次上应该更加明显。伞护种会表现出与生物层级结构类似的趋势。如果所选择的伞护种需要一个海域内最大的栖息地，那么对该物种的保护理想地应该保护整个群落或一组群落（图 9.1）。

旗舰种概念的焦点属性也会随着层级结构的降低而降低，例如，灰熊可能会引起公众对保护它所捕食的鲑的兴趣，但不会对鲑所捕食的小鱼感兴趣。

9.7.5 栖息地异质性

随着栖息地异质性的增加，成分指示种和条件指示种的焦点属性均会降低（图 9.1）。日益破碎或斑块化的海景导致了许多较小的群落类型和栖息地类型，它们的组成和条件越来越难以用指示种来识别。由于物种通常只有在特定条件下才表现出关键种特性，因此，栖息地异质性的增加也会限制关键种概念的有效性。

只要景观的变化在空间和时间尺度上小于伞护种本身所需要的范围，伞护种概念就能越来越好地处理栖息地的异质性和碎片化。旗舰概念很可能不受栖息地异质性的影响。

9.7.6 物种丰富度

物种丰富度（每个地点的物种数量）的增加通常会减少成分指示种和条件指示种的焦点属性，因为越复杂的群落越难以建立指示种和其指示对象之间的关系（图 9.1）。这一观察结果也适用于关键种概念，因为物种数量的增加会降低单个（甚至多个）物种塑造群落的可能性（Tanner et al.，1994）。伞类物种概念非常适合物种丰富度高的环境，伞护种保护行动所保护的物种越多，这个概念就越令人满意。

9.8 结论和管理启示

尽管上述种种缺陷和批评针对的是不同的重点物种，但就其指标潜力而言，它们仍可能在海洋保护方面发挥有益的作用。但是，必须根据具体的保护目标来判断每一个焦点物种的适宜性和效用。简而言之，有一些方法试图保护空间（如海洋保护区），也有一些方法试图保护物种（如渔业管理）。使用焦点物种来保护空间和物种的方法见表 9.3，并在下文中概述。

表 9.3 焦点物种能否为下列海洋保护战略和保护方案提供的信息

焦点物种	代表性群落和栖息地类型识别	特色性群落和栖息地类型识别	群落和栖息地的地理范围识别	生态因子引起的条件或状态识别	人类活动引起的条件或状态识别
成分指示种	能	能	能	未知	不能
条件指示种	不能	不能	不能	能	能
关键种	不能	不能	不能	能	不能
伞护种	不能	不能	能	不能	可能
旗舰种	不能	不能	能	未知	可能

利用焦点物种进行空间保护的逻辑方法如下。首先就是确定保护战略目标。例如，许多国家利用海洋保护区作为其主要的保护战略。从表 9.3 可以看出，使用成分指示种很适合于确定代表性或特色性备选海洋保护区。再附加使用条件指示种可能产生有关备选保护区当前状态的信息以及这种状态是生态过程还是人为活动过程的结果。一旦建立了保护区，在实施影响缓解、生态恢复和监测战略时也可能需要这种知识。在确定地理边界时，伞护种概念可能也是适用的。

在物种保护中利用焦点物种的逻辑方法类似于空间方法。首先，确定哪些物种是保护工作的目标。例如，许多国家都关心捕捞鱼类种群的大小。其次，确定哪些焦点物种可用于设计和/或实施保护战略。在我们的例子中，成分指示种可能对确定所考虑鱼类的栖息地很有价值。这些指示种的预测性质不仅可以确定种群现在可能出现在何处，而且还可以确定种群过去出现在何处，或将来可能出现在何处。条件指示种允许对不同种群进行人类影响程度或演替阶段的评估（排序）。如果受关注的物种有能力获得公众对其保护的支持，那么它就会成为旗舰种。如果我们的保护鱼类是某一特定海洋哺乳动物或海鸟的猎物，则伞护种概念可能适用，该保护鱼类可能充当伞护种。

虽然在陆地环境中指示种概念受到了相当多的批评，并且有人认为关键种或伞护种可能与保护工作更相关，但海洋环境的隐秘性和流动性为指示种的使用提供了更大的支持。通过关注指示种（或任何焦点物种的指示属性），我们可以提出一些重要的生态问题（也可以看做可测试的假设），这些问题在保护规划、管理和监测方面具有实用价值：①成分指示种是否能可靠地指示一个群落的存在或不存在及其与确定栖息地类型的关系？②观察的范围（或方法）或数据的记录（如存在/不存在与定量）能否影响问题1的结果？③条件指示种的存在或缺失是否可靠地指示了群落的生态状态（在缺乏确切的人类影响的情况下）？④条件指示种的存在或缺失是否可靠地指示了人类压力的种类和程度？

就保护目标的效用而言，成分指示种应该指示与栖息地类型相关的群落类型，而栖息地类型又可在空间上加以图示。这是基于代表性的保护方案的基本前提（Roff and Taylor, 2000）。成分指示种是唯一能以这种方式使用的焦点物种（除非其他焦点物种具有这种指示种属性）。类似地，条件指示种（不管它们是否可以被额外地视为关键种或伞护种）是（使用整个生物体）推断群落“健康状态”的唯一生物学手段。

最后，所有物种层次的概念在保护规划上都有相同的不足之处，即：

• 任何物种都可能局部灭绝，从而使我们丧失了分类标准。

• 使用任何基于物种层次的分类方法都要求在广泛的地理区域内详细了解这些物种的分布情况。

• 不同的物种可能会是每个地区的“指示种”“伞护种”等。因此，基于这些标准的任何分类体系在适用于该地区时将自动受到限制，因此没有广泛的地理适用性。

参考文献

Allaby, M. (1996) *Oxford Concise Dictionary of Ecology*, Oxford University Press, New York

Allison, G. W., Lubchenco, J. and Carr, M. H. (1998) 'Marine reserves are necessary but not sufficient for marine conservation', *Ecological Applications*, vol 8, no 1, pp79-92

Antezana, T. (2009) '*Euphausia mucronata*: A keystone herbivore and prey of the Humboldt Current System', *Deep Sea Research Part II: Topical Studiesin Oceanography*, vol 57, nos 7-8, pp652-662

Apollonio, S. (1994) 'The use of ecosystem characteristics in fisheries management', *Review of Fisheries Science*, vol 2, no 2, pp157-180

Ayling, A. M. (1981) 'The role of biological disturbance in temperate subtidal encrusting communities', *Ecology*, vol 62, no 3, pp830-847

Bifolchi, A. and Lode, T. (2005) 'Efficiency of conser-vation shortcuts: An investigation with otters as umbrella species', *Biological Conservation*, vol 126, no 4, pp523-527

Birkeland, C. and Lucas, J. S. (1990) *Acanthasterplanci: Major Management Problem of Coral Reefs*, CRC-Press, Ann Arbor, MI

Block, W. M., Brennan, L. A. and Gutierrez, R. J. (1987) 'Evaluation of guild-indicator species for use in resource management', *Environmental Management*, vol 11, no 2, pp265-269

Brooks, T. M. , da Fonseca, G. A. B. and Rodrigues, A. S. L. (2004) 'Protected areas and species', *Conservation Biology*, vol 18, pp616-618

Bustamante, R. H. and Branch, G. M. (1996) 'Large scale patterns and trophic structure of southern African rocky shores: The roles of geographicvariation and wave exposure', *Journal of Biogeography*, vol 23, pp339-351

Caddy, J. F and Bakun, A. (1994) 'A tentative clas-sification of coastal marine ecosystems based on dominant processes of nutrient supply', *Ocean and Coastal Management*, vol 23, pp201-211

Carlton, J. T. (1996) 'Pattern, process, and prediction in marine invasion ecology', *Biological Conservation*, vol 78, pp97-106

Caro, T. M. (2003) 'Umbrella species: Critique and lessons from East Africa', *Animal Conservation*, vol6, pp171-181

Carpenter, R. C. (1988) 'Mass mortality of a Caribbean sea urchin: Immediate effects on community metabolism and other herbivores', *Proceedings of the National Academy of Sciences of the United States of America*, vol 85, pp511-514

Carpenter, R. C. (1990) 'Mass mortality of *Diadema antillarum*. I. Long-term effects on sea urchin population-dynamics and coral reef algal com-munities', *Marine Biology*, vol 104, pp67-77

Castilla, J. C. and Duran, L. R. (1985) 'Human exclusion from the rocky intertidal zone of central Chile: The effects on *Concholepas concholepas* (Gastropoda)', *Oikos*, vol 45, pp391-399

Clements, F. E. (1916) *Plant Succession: An Analysis on the Development of Vegetation*, Carnegie Institution, Washington, DC

Cousins, S. H. (1991) 'Species diversity measurement: Choosing the right index', *Trends in Ecology and Evolution*', vol 6, pp190-192

Dufrene, M. and Legendre, P (1997) 'Species assemblages and indicator species: The need for a flexible asymmetrical approach', *Ecological Monographs*, vol 67, no 3, pp345-366

Dunham, J. S. and Duffus, D. A. (2001) 'Foraging patterns of gray whales in central Clayoquot Sound, British Columbia, Canada', *Marine Ecology Progress Series*, vol 223, pp299-310

Duran, L. R. and Castilla, J. C. (1989) 'Variation and persistence of the middle rocky intertidal community of central Chile, with and without human harvesting', *Marine Biology*, vol 103, pp555-562

Estes, J. A. and Palmisano, L. R. (1974) 'Sea otters: Their role and structuring nearshore communities', *Science*, vol 185, pp1058-1060

Fairweather, P G. , Underwood, A. J. and Morgan, M. J. (1984) 'Preliminary investigations of predation by the whelk Morula marginalba', *Marine Ecology Progress Series*, vol 17, pp143-156

Faith, D. P and Walker, P A. (1996) 'How do indicator groups provide information about the relative biodiversity of different sets of areas?: On hotspots, complementarily and pattern based approaches', *Biodiversity Research*, vol 3, pp 18-25

Falcon, J. M. , Bortone, S. A. , Brito, A. and Bundrick, C . M. (1996) 'Structure of and relations hipswithin and between the littoral, rock-substratefish communities off four islands in the Canarian Archipelago', *Marine Biology*, vol 125, no 2, pp215-231

Fletcher, W. J. (1987) 'Interactions among subtidal Australian sea urchins, gastropods and algae: Effects of experimental removals', *Ecological Monographs*, vol 57, no 1, pp89-109

Foster, M. (1990) 'Organization of macroalgal assemblages in the North-East Pacific: The assumption of homogeneity and the illusion of generality', *Hydrobiologia*, vol 192, pp21-33

Gasalla, M. A., Rodrigues, A. R. and Postuma, F. A. (2010) 'The trophic role of the squid *Loligo plei* as a keystone species in the South Brazil Bight ecosystem', *ICES Journal of Marine Science*, vol 67, pp1413-1424

Gilbert, L. E. (1980) 'Food web organization and conservation of neotropical diversity', in M. E. Soule and B. A. Wilcox (eds) *Conservation Biology: An Evolutionary-Ecological Perspective*, Sinauer Associates, Sunderland, MA

Hager, H. A. (1997) *Conservation of Species Richness: Are all Umbrella Species of Similar Quality?* University of Guelph, Ontario, Canada

Hay, M. E. (1984) 'Patterns of fish and urchin grazing on Caribbean coral reefs: Are previous result stypical?', *Ecology*, vol 65, pp446-454

Hill, M . O. (1979) *TWINSPAN-A FORTRAN Program for Arranging Multivariate Data in an Ordinated Two-Way Table by Classification of the Individuals and Attributes*, Cornell University, Ithaca, NY

Hixon, M . A. and Brostoff, W. N. (1996) 'Succession and herbivory: Effects of differential fish grazing on Hawaiian coral-reef algae', *Ecological Monographs*, vol 66, pp67-90

Hockey, P. A. R. and Branch, G. M. (1984) 'Oystercatchers and limpets: Impacts and implications', *Ardea*, vol 72, pp199-200

Holling, C. S. (1992) 'Cross-scale morphology, geometry, and dynamics of ecosystems', *Ecological Monographs*, vol 62, pp447-502

Holt, R. D. (1977) 'Predation, apparent competition, and the structure of prey communities', *Theoretical Population Biology*, vol 12, pp197-229

Holt, R. D. (1984) 'Spatial heterogeneity, indirect interactions, and the coexistence of prey species', *American Naturalist*, vol 124, pp337-406

Hughes, T. P, Reed, D. C. and Boyle, M. L. (1987) 'Herbivory on coral reefs: Community structure following mass mortality of sea urchins', *Journal of Experimental Marine Biology and Ecology*, vol 113, pp39-59

Hurlburt, S. H. (1997) 'Functional importance vs keystoneness: Reformulating some questions in theoretical biocenology', *Australian Journal of Ecology*, vol 22, pp369-382

Imperial, M. T. and Hennessey, T. M. (1996) 'An ecosystem based approach to managing estuaries: An assessment to the National Estuary Program', *Coastal Management*, vol 24, pp115-139

Kerbes, R. H., Kotanen, P. M. and jefferies, R. L. (1990) 'Destruction of wetland habitats by lesser snow geese: A keystone species on the west coast of Hudson Bay', *Journal of Applied Ecology*, vol 27, pp242-258

Kideys, A. E. (1994) 'Recent dramatic changes in the Black Sea ecosystem, the reason for the sharp decline in Turkish Anchovy fisheries', *Journal of Marine Systems*, vol 14, pp171-181

Kitchener, D. J., Chapman, A., Muir, B. G. and Palmer, M. (1980) 'The conservation value for mammals of reserves in the Western Australian wheatbelt', *Biological Conservation*, vol 18, pp179-207

Kremen, C. (1992) 'Assessing the indicator properties of species assemblages for natural areas monitoring', *Ecological Applications*, vol 2, no 2, pp203-217

Kvitek, R. G., Oliver, J. S., DeGange, A. R. and Anderson, B. S. (1992) 'Changes in Alaskan soft bot-tom prey communities along a gradient in sea otter predation', *Ecology*, vol 72, no 2, pp413-428

Lambeck, R. J. (1997) 'Focal species: A multi-species umbrella for nature conservation', *Conservation Biology*, vol 11, no 4, pp849-856

Landres, P B., Verner, J. and Thomas, J. W. (1988) 'Ecological uses of vertebrate indicator species: Acritique', *Conservation Biology*, vol 2, pp316-328

Launer, A. E. and Murphy, D. D. (1994) 'Umbrella species and the conservation of habitat fragments: A case of a threatened butterfly and a vanishing grassland ecosystem', *Biological Conservation*, vol 69, pp145-153

Libralato, S., Christensen, V and Pauly, D. (2006) 'A method for identifying keystone species in food web models', *Ecological Modelling*, vol 195, nos3-4, pp153-171

May, R. M., Beddington, J. R., Clark, C. W., Holt, S. J . and Laws, R. M. (1979) 'Management of multi-species fisheries', *Science*, vol 205, pp267-277

Meffe, G . K. and Carroll, C. R. (1997) *Principles of Conservation Biology*, Sinauer Associates, Sunder-land, MA

Menge, B. A. (1976) 'Organization of the New England rocky intertidal community role of predation competition and environmental heterogeneity', *Ecological Monographs*, vol 46, pp355-393

Menge, B. A., Berlow, E. L., Blanchette, C. A., Navarrete, S. A. and Yamada S. B. (1994) 'The key-stonespecies concept: Variation in interaction strength in a rocky intertidal habitat', *Ecological Monographs*, vol 64, no 3, pp249-286

Mills, J. S., Soule, M. E. and Doak, D. E (1993) 'The keystone-species concept in ecology and conserva-tion', *BioScience*, vol 43, no 4, pp219-224

Naiman, R. J., Melillo, J. M. and Hobbie, J. M. (1986) 'Ecosystem alteration of boreal forest streams by beaver (*Castor canadensis*)', *Ecology*, vol 67, pp1254-1269

Navarrete, S. A. and Menge, B. A. (1996) 'Keystone predation and interaction strength: Interactive effects of predators on their main prey', *Ecological Monographs*, vol 66, no 4, pp409-429

Niemi, G. A., Hanowski, J. M., Lima, A. R., Nichols, T. and Weiland, N. (1997) 'A critical analysis on the use of indicator species in management', *Journal of Wildlife Management*, vol 61, no 4, pp1240-1251

Norse, E. A. (1993) *Global Marine Biological Diversity. A Strategy for Building Conservation into Decision Mak-ing*, Island Press, Washington, DC

Noss, R. (1990) 'Indicators for monitoring biodiversity: A hierarchical approach', *Conservation Biology*, vol 4, no 4, pp355-364

Noss, R. E, Quigley, H. B., Hornocker, M. G., Merrill, T. and Paquet, PC. (1996) 'Conservation biology and carnivore conservation in the Rocky Mountains', *Conservation Biology*, vol 10, pp949-963

NRC (National Research Council) (1995) *Understanding Marine Biodiversity*, National Academy Press, Wash-ington, DC

Nyb akken, J. (1997) *Marine Biology: An Ecological Approach*, Addison Wesley Longman Inc, New York

Oliver, J. S. and Slattery, P N. (1985) 'Destruction and opportunity on the sea floor: Effects of gray whale feeding', *Ecology*, vol 66, no 6, pp1965-1975

Oliver, J. S., Kvitek, R. G. and Slattery, P N. (1985) 'Walrus feeding disturbance: Scavenging habits and recolonization of the Bering sea benthos', *Journal of Experimental Marine Biology and Ecology*, vol 91, pp233-246

Paine, R. T. (1966) 'Food web complexity and species diversity', *American Naturalist*, vol 100, pp65-75

Paine, R. T. (1969) 'A note on trophic complexity and community stability', *American Naturalist*, vol103, pp91-93

Paine, R. T. (1980) 'Food webs, linkage interaction strength, and community infrastructure', *Journal of An-imal Ecology*, vol 49, pp667-685

Paine, R. T. (1992) 'Food-web analysis through field measurements of per capita interaction strength', *Nature*, vol 355, pp73-75

Paine, R. T. (1995) 'A conversation on refining the concept of keystone species', *Conservation Biology*, vol 9, no 4, pp962-968

Pearcy, W. G., Fisher, J. P, Anma, G. and Meguro, T. (1996) 'Species associations of epipelagic nekton of the North Pacific Ocean, 1978—1993', *Fisheries Oceanography*, vol 5, no 1, pp1-20

Peters, R. H. (1991) *A Critique for Ecology*, Cambridge University Press, New York

Peterson, C. H. (1979) 'Predation, Competitive Exclusion and Diversity in the Soft Bottom Benthic Communities of Estuaries and Lagoons', in R. J. Livingston (ed) *Ecological Processes and Coastal and Marine Systems*, Plenum Press, New York

Peterson, R. O. (1988) 'The Pit or the Pendulum: Issues in large carnivore management in natural ecosystems', in J. K. Agee and D. R. Johnson (eds) *Ecosystem Management for Parks and Wilderness*, University of Washington Press, Seattle, WA

Power, M. E., Tilman, D., Estes, J. A., Menge, B. A., Bond, W. J., Scott Mills, L., Daily, G., Castilla, J. C., Lubchenko, J. and Paine, R. T. (1996) 'Challenges in the quest for keystones', *BioScience*, vol 46, no 8, pp609-621

Ray, G. C. (1996) 'Coastal - marine discontinuities and synergisms: Implications for biodiversity conservation', *Biodiversity and Conservation*, vol 5, pp1095-1108

Roberge, J. M. and Angelstam, P (2004) 'Usefulness of the umbrella species concept as a conservation tool', *Conservation Biology*, vol 18, pp76-85

Roberts, C. M. and Polunin, N. V C. (1994) 'Hol Chan: Demonstrating that marine reserves can be remarkably effective', *Coral Reefs*, vol 13, p90

Roff, J. C. and Taylor, M. (2000) 'A geophysical classification system for marine conservation', *Journal of Aquatic Conservation: Marine and Freshwater Ecosystems*, vol 10, pp209-223

Roughgarden, J. (1983) 'The Theory of Coevolution', in D. J. Futuyma and M. Slatkin (eds) *Coevolution*, Sinauer Associates, Sunderland, MA

Ryti, R. T. (1992) 'Effect of the focal taxon on the selection of nature reserves', *Ecological Applications*, vol 2, pp404-410

Searing, G. E and Frith, H. R. (1995) *British Columbia Biological Shore Zone Mapping System*, Resource Inventory Committee, Victoria, Canada

Simberloff, D. (1998) 'Flagships, umbrellas, and keystones: Is single-species management passé in the landscape era?', *Biological Conservation*, vol 83, pp247-257

Sinclair, A. R. E. and Norton- Griffiths, M. (1982) 'Does competition or facilitation regulate migrant ungulate populations in the Serengeti? A test of hypotheses', *Oecologia*, vol 53, pp364-369

Springer, A. M. (1992) 'A review: Walleye pollock in the North Pacific-how much difference do they really make?', *Fisheries Oceanography*, vol 1, pp80-96

Tanner, J. E., Hughes, T. P and Connell, J. H. (1994) 'Species coexistence, keystone species, and succession: A sensitivity analysis', *Ecology*, vol 75, no 8, pp2204-2219

Terborgh, J. (1986) 'Keystone Plant Resources in the Tropical Forest', in M. E. Soule (ed) *Conservation Biology: The Science of Scarcity and Diversity*, Sin-auer Associates, Sunderland, MA

VanBlaricom, G. R. (1982) 'Experimental analysis of structural regulation in a marine sand community exposed to oceanic swell', *Ecological Monographs*, vol 52, pp283-305

Weaver, J. C. (1995) 'Indicator species and scale of observation', *Conservation Biology*, vol 9, no 4, pp939-942

Webb, N. R. (1989) 'Studies on the invertebrate fauna of fragmented heathland in Dorset, UK, and the implications for conservation', *Biological Conservation*, vol 47, pp153-165

Wilcox, B. A. (1980) 'Insular Ecology and Conservation', in M. E. Soule and B. A. Wilcox (eds) *Conservation Biology: An Ecological-Evolutionary Perspective*, Sinauer Associates, Sunderland, MA

Willson, M. F and Halupka, K. C. (1995) 'Anadro-mous fish as keystone species in vertebrate communities', *Conservation Biology*, vol 9, no 3, pp489-497

Zacharias, M. A. and Howes, D. E. (1998) 'An analysis of marine protected areas in British Columbia using a marine ecological classification', *Natural Areas Journal*, vol 18, no 1, pp4-13

Zacharias, M. A. and Rof, J. C. (2000) 'A hierarchical ecological approach to conserving marine biodiversity', *Conservation Biology*, vol 13, no 5, pp1327-1334

Zacharias, M. A. and Roff, J. C. (2001) 'Use of focal species in marine conservation and management: A review and critique', *Aquatic Conservation: Marine and Freshwater Ecosystems*, vol 11, pp59-76

Zacharias, M. A., Morris, M. C. and Howes, D. E. (1999) 'Large scale characterization of intertidal communities using a predictive model', *Journal of Experimental Marine Biology and Ecology*, vol 239, no 2, pp223-241

Zacharias, M. A., Howes, D. E., Harper, J. R. and Wainwright, P (1998) 'The British Columbia marine ecosystem classification: Rationale, development, and verification', *Coastal Management*, vol 26, pp105-124

第10章　遗传多样性

遗传学的意义：从基因到生态系统

这些复制品已经走了很长的路。现在它们被称为基因，而我们是它们的生存机器。

Richard Dawkins（1941—）①

10.1　引言

从历史上看，人们对生物科学的强烈兴趣主要集中在描述地球上物种的数量和分布。早在林奈之前，这些活动形成的系统学和分类学就为我们提供了物种分类方法和物种名录。随后，系统学和分类学导致了全球生物地理学对物种的正式识别和组织体系。所有这些对生物的历史理解现在都在被修正，事实上，现代基因技术使我们对以前相当主观的生物模式能够进行客观量化，从而带来了革命性的变化。

基因技术以及它们所能提供的信息，现在已经成为保护规划中不可或缺的内容。遗传学可以在生态系统层级结构中的所有层次上提供信息，从个体生物体识别、鱼类群体和其他洄游物种的评估，到生物学和海洋学连通性的区域模式（见第17章）或隔离情况、生物地理学的全球模式（见第4章和第5章）。也许可以公平地说，遗传学这门学科在海洋保护领域具有可观的应用潜力。事实上，冷静地考虑一下，现代遗传学不仅将变得不可或缺，而且可能在不久的将来真正主导海洋保护领域。虽然这个预测现在看来可能有些夸张，但可以认为，我们未来的大多数保护决策应该主要基于遗传学数据和海洋测绘的结合。事实上，我们可以很容易地认识到，基本问题的核心就是遗传信息："我们应该保护什么？"（Allendorf and Luikart，2007）。遗传学学科可以驱动生命所有特性和过程的保护，不仅是保护基因和物种，还有生态系统。事实上，遗传学已经成为保护生态学和进化学之间的共同特征。

在简短的一章中，我们不能指望全面探讨遗传技术对海洋保护的力度、效用和适用性。对于外行人来说，遗传学讲述了一大堆令人眼花缭乱的现代技术和术语（专栏10.1）。总的来说，遗传学的力度在于遗传学能够从统计学上定义相关关系，不仅仅是定义分类学上的相关关系，还包括时间和空间上的相关关系。因此，它们可以为所有生物多样性组成成分的结构和过程提供信息。我们的目标很简单：指出遗传学能告诉我们海洋生

① 理查德·道金斯（Richard Dawkins），英国皇家科学院院士，著名生物学家，科普作家。

物的特性和分布；审视现代遗传学在保护海洋生物多样性所有生态层级结构中所起的作用；展示如何将遗传学的各种技术应用于海洋保护决策。最后，我们将总结目前遗传学在保护海洋生物多样性方面所起的主要作用。

专栏 10.1 一些频繁使用的遗传学术语

扩增片段长度多态性（AFLP）： 随机扩增多态性 DNA（RAPD）和限制性片段长度多态性（RFLP）的结合。DNA 被限制性内切酶切割产生许多片段，其中一些片段的长度具个体变异性（多态）。

等位基因（allele）： 一个特定基因的 DNA 序列的两种或多种形式之一。每个基因都有不同的等位基因。

等位基因系统学（allele phylogeny）： 解释等位基因的起源及其相互关系的学科。

等位酶（allozymes）： 酶的变体形式，由同一位点的不同等位基因编码。它们与同工酶不同，同工酶是执行相同功能的酶，但其是位于不同位点的基因编码。

染色体（chromosome）： 在细胞中有组织的 DNA 和蛋白质结构，它是一条包含许多基因的 DNA 螺旋。

进化枝（clade）： 由一个有机体及其所有后代组成的一群个体。它是“生命之树”的一个单独的“分支”。

同类群（deme）： 一个物种生物体的本地种群，它们活跃地杂交并共享一个独特的基因库。当同类群被隔离时，它们可以成为不同的亚种或种。

定向选择（directional selection）： 当自然选择偏向于单一表型时发生，因此等位基因频率不断向一个方向转移。

DNA 指纹图谱（DNA fingerprinting）： 一种用于根据单个生物体的 DNA 特征（即 DNA 核苷酸序列）进行识别的技术。

基因序列（DNA sequence）： DNA 链上核苷酸的特定序列。

基因（Gene）： 生物体中遗传的单位，它通常是一段 DNA 序列，编码一种蛋白质或一种在有机体中有功能的 RNA 链。

谱系学（genealogy）： 研究家族以追溯它们的世系和历史。

基因库（gene banks）： 为保存动植物的遗传物质而建立。

遗传瓶颈（genetic bottleneck）： 一个种群或物种的很大一部分被杀死或以其他方式阻止其繁殖的进化事件。

基因组（genome）： 有机体的全部遗传信息。它要么在 DNA 中编码，要么在 RNA 中编码（许多病毒）。基因组包括基因和 DNA 的非编码序列。

遗传多样性（genetic diversity）： 基因组中多态位点的比例。

遗传漂变（genetic drift）： 一个重要的进化过程，它导致等位基因频率随时间的变化。它可能导致基因变异完全消失，从而减少遗传变异性。由遗传漂变引起的变化不受环境或适应压力的驱动，可能是有益的、中性的或有害的。遗传漂变效应在小种群中较大，在大种群中较小。

遗传系谱（genetic lineages）：连接祖先遗传类型和衍生类型的一系列突变。

遗传随机性（genetic stochasticity）：与系统力量（选择、近亲繁殖或迁徙）无关的种群遗传组成的变化，实际上是遗传漂变的同义词。

基因型（genotype）：一个细胞、有机体或个体的全部遗传构成，是个体特定等位基因的补充。

单体型（haplotype）：染色体上一起传递的不同位点等位基因的组合。

遗传可能性（heritability）：由个体间遗传变异引起的种群表型变异的比例。

杂合度（heterozygosity）：具有多态位点的个体的平均数量。

高变异微卫星 DNA（hypervariable minisatellite DNA）：出现在真核生物许多位点上的短而串联重复的 DNA 序列。

基因渗入杂交（introgressive hybridization）：它也被简单地称为"基因渗入"，是一种基因从一个物种转移到另一个物种的基因库中，方法是与一个亲本物种重复进行种间回交。

微卫星或短串联重复序列（microsatellites or STRs）：一个简单的 DNA 序列，在生物体 DNA 的不同位置重复多次。这种重复是高度可变的，使该位置（多态位点或位点）能够被标记或用作标记物。

小卫星（mini-satellite）：由一短系列碱基（10～60 个碱基对）组成的 DNA 片段，可能在基因组的数百个位置上出现。

线粒体 DNA（mtDNA）：位于线粒体内的 DNA。

分子钟（molecular clock）：利用分子变化率来推断地质历史中两个物种或其他类群分化的时间的技术。使用的分子数据通常是 DNA 的核苷酸序列，或蛋白质的氨基酸序列。

分子标记（molecular markers）：在分子生物学中用来识别特定的 DNA 序列。

***mtCOI* 基因（*mtCOI* gene）：**线粒体细胞色素氧化酶 I 基因，目前广泛用于生命条形码项目的物种识别。

多位点分子标记（multilocus）：多对基因座。

突变（mutation）：DNA 基因组序列的变化。突变是由辐射、病毒、转座子和诱变化学物质以及 DNA 复制过程中发生的错误造成的。

核苷酸（nucleotide）：DNA 由核酸组成，核酸是由 4 种类型（腺嘌呤、胞嘧啶、鸟嘌呤、胸腺嘧啶）的连接单位核苷酸链组成。

核酸型（nucleotypes）：一组核苷酸序列，可以区分不同的支。

多态基因位点/多态性（polymorphic loci/polymorphisms）：基因结构中的区域或点，它们在个体之间可能会有所不同，在同一位置（核苷酸）重复的数量基本上是不同的。

表型（phenotype）：有机体任何可观察到的特征或性状，如其形态、发育、生化或生理特性和行为。表型是生物体基因表达和环境影响的结果。

随机扩增多态性 DNA（RAPD）：通过 PCR（聚合酶链反应）随机扩增无名基因座，即扩增一个基因座或基因特有的 DNA 片段。

限制性片段长度多态性（RFLP）：由“限制”位点的存在或不存在所代表的多态性，即沿着 DNA 短序列，可以用商业“限制酶”所剪切，所剪切片段的长度取决于是否存在特定的限制位点（多态性）。由于识别位置的变化而产生的片段的存在和缺失被用来识别物种或种群。

互为单系群（reciprocal monophyly）：指一个重要进化单元（ESU）内的所有 DNA 世系必须彼此共享一个比其他 ESU 世系更近的共同祖先。

尽管我们已经对海洋进行了大量的开发，但我们却刚刚开始对丰富的海洋遗传资源进行描述。在制药工程、基因工程和其他我们无法想象的很多方面，海洋具有大量潜在的遗产留给未来几代人。海洋遗传多样性的丧失必将损害其未来的应用潜力。

10.2 基因层次的遗传多样性

10.2.1 遗传多样性的重要性

遗传多样性是生物多样性的一个层次，它描述了一个物种组成中遗传特征的总数量；遗传多样性不同于反映遗传特征发生变化趋势的遗传变异。遗传多样性有三大构成：个体内部（例如，基因组中多态位点的比例）、亚种群内（即等位基因存在的类型和频率，或在一个种群内的平均个体杂合度）和种群间的差异（即不同位置种群间的平均遗传差异）。对于保护工作来说，重要的是确认这些变异比例，以确定遗传多样性在空间上是如何分布的，以便能够识别具有保护意义的区域。

遗传多样性对物种的生存和适应性有重要作用。当物种的环境发生变化时，轻微的遗传变异可能导致生物体的生物学发生变化，使其能够适应环境变化并生存下来。一个在其种群内具有高度遗传多样性物种会产生更多的遗传变异，从中可以选择最适合栖息地的等位基因。高水平的遗传多样性也是物种进化所必需的。遗传变异少的物种灭绝的风险更大。由于一个物种内部的基因变异少，就会出现近亲繁殖及其相关问题。例如，一个种群对某些类型疾病的脆弱性可能会随着遗传多样性的降低而增加。现代生物遗传多样性丧失的原因包括农业和水产养殖业的选择性育种，以及栖息地的破坏（会导致整个物种的丧失和其独立种群数量的减少，即集合种群流失）。遗传多样性和生物多样性作为一个整体是相互依存的，物种内的遗传多样性是维持物种间多样性的必要条件，反之亦然。

10.2.2 遗传“价值”

在遗传层次，“价值”概念被用来描述某个分类单元的遗传唯一性。最著名的例子可能是新西兰大蜥蜴（*Sphenodon*），与所有现存的爬行动物相比，它的遗传谱系截然不同，而且在遗传上是隔离的。事实上，据估计，这一单一物种（或物种群）占爬行动物全部遗传信息的 7%（May，1990）。这类分析的管理含义是显而易见的，并提出了一些重要的问题。保护工作应优先向何处进行：是朝向独特的遗传类群，还是朝向遗传多样性最丰富的地区？一个主要的论点和逻辑观点是，我们对物种灭绝的关注应该更多地集中在保存特色性遗传谱系，而不是保存单个物种（Hobbs and Mooney，1998）。因此，这种遗传价值的概念显然可以从根本上改变我们对保护工作优先次序的看法。

分类学家无疑会在每一个主要和次要的海洋动物门和植物科中发现特色性遗传谱系。例如，在无颌类中，盲鳗（圆口类，它们甚至不是真正的鱼）代表了一小群物种（大约 60 种），它们在 4 亿多年前就已经完全不同了。在甲壳类动物中最原始的头虾类（约 9 个种）这一小类群与门中其余种类明显不同。在苔藓虫门，栉口目大约 4 亿年前就明显与这个复合门的其他成员不同。因此，每一个小的"活化石"群体都保留着独特而宝贵的遗传遗产。

按照遗传价值这一概念的逻辑，那么海洋环境中的生物作为一个整体就具有全新和显著增加的重要性。这是因为从整体来说海洋包含的遗传多样性遗产要比陆地环境中的生物丰富得多，它们的整体价值要大得多。海洋不仅包含许多基因独特的物种（与陆地环境一样），而且更重要的是，还包括陆地上完全不存在的植物类群（如浮游植物）和动物门（表 3.1），以及可能存在的大量细菌和病毒。根据定义，遗传差异性和多样性在门之间是最大的。因此，这些独特的分类单元（从物种到门）的综合遗传意义一定是巨大的，它们的系统发育价值和潜在的实用价值不可估量（或者至少还没有以类似于大蜥蜴那样的方式进行计算）。

10.3　物种层次的遗传多样性

10.3.1　物种特性和物种名录

保护生物学家面临的一个主要问题是，我们对地球上物种的实际数量知之甚少。这些年来，对物种的估计数字一直在大幅度增长，但这些估计数字差异仍然很大。正如经典分类法所描述的那样，许多物种仍然被标记为世界性或地方性的，也就是说，它们的地理分布范围不是很广就是很有限。事实上，在用基因技术更仔细地检查之前，我们常常不能确定这些"世界性的"物种实际上不是神秘的同形种复合体，也不知道"地方性的"物种只是局部的表型变异型。也许我们永远无法确定我们是否有正确的物种识别方法，或者无法确定我们是否给定了一个区域内某个分类群中的所有物种，除非我们能够通过基因分析确认物种特性。

诸如海洋生物普查（www.coml.org）和生命条形码（www.boldsystems.org）等世界范围内的项目正开始极大地扩展我们的物种目录，并解决经典分类学和系统学无法解决的问题。

"生命条形码"计划始于 2003 年，提议利用基因组中标准化位置上一个非常短的基因序列来识别物种（Hebert et al.，2004）。所选定的基因序列可以看做是一个遗传"条形码"，它被封装在每个细胞中，现在条形码技术已经成为描述物种的一种标准方法。DNA 条形码（区分物种和帮助识别未知物种的短 DNA 序列）是基于线粒体细胞色素氧化酶 I 基因（*mtCOI*）。DNA 条形码技术现在已经成为将生物标本赋予正确物种的全球标准，尽管这项技术面临着几方面的挑战。对许多分类群的研究项目正在进行中，还有许多正在计划中。有些是全球性的研究活动，涉及数十名到数百名研究者；而另一些则是专注于小分类群的小型团队的研究。

所有这些条形码项目的共同目标是建立一个开放的参考条形码数据库，这将提高我们对生物多样性的理解，并允许非分类学家可以鉴定物种。生物的形态学鉴定工作非常困难。许多物种长得很像，只有少数专家能区分它们。即使是这些专家也不能辨认出许多幼年形态的标本或已被破坏的标本。这在识别害虫或入侵物种，或检测由濒危物种做成的产品时，这项技术变得至关重要。给非专家一种识别物种的方法，将为学生、教师、政府官员和社会公众打开一座生物学知识的金矿，并将改变我们理解和保护生物多样性的能力。

在许多类群中，测试经典分类学物种和条形码赋予物种之间的关系及其系统发育关系的工作仍在继续。例如 Ward 等（2005）检测了 207 种主要来自澳大利亚的海洋鱼类，对它们的线粒体细胞色素氧化酶亚基Ⅰ基因（*cox* Ⅰ）进行了测序（条形码编码）。大多数物种由多个标本代表，共产生 754 个序列。所有物种均可通过其 *cox* Ⅰ序列进行区分。虽然 DNA 条形码技术主要用于物种识别，但系统发育信号在数据中也很明显。可以区分出 4 类主要簇：银鲛类、鳐类、鲨类和硬骨鱼类。属内的种总是聚类在一起，科内的属通常也是如此。3 个分类群（角鲨属 *Squalus* 的角鲨、扁头鱼科 Platycephalidae 的扁头鱼和金枪鱼属 *Thunnus* 的金枪鱼）被进一步研究。所揭示的支系一般与预期相符。来自于被赋予为角鲨属物种 B 到物种 F 的分类单元的个体形成了几个单独支系，为每一个属于不同物种的支系提供了形态学证据。作者因此得出结论，*cox* Ⅰ测序，或“条形码编码”，可以用来识别鱼类物种。

遗传技术的一个主要优点是，它们也可以应用于任何发育阶段（例如浮游幼虫），这些发育阶段可能在形态上与它们的成体有很大的不同，所含组织也很少。例如，Pegg 等（2006）在大堡礁的珊瑚礁研究站附近捕获了浮游鱼类幼体。通过使用 mtDNA HVR1 序列数据或 mtDNA 基因标记（*cox* Ⅰ）与热带海洋鱼类成体的系统发育树进行比较，可以将这些鱼类幼体鉴定到属或种的水平。

10.3.2 物种概念

试图定义一个物种是一项艰巨的任务！许多物种的种群可以被分成几个单元，以某种方式被生态屏障（具有或大或小的有效性）分隔开，因此物种的各组成部分在单元之间的基因流动减少。业已证明，定义这些单元和定义物种一样困难。人们用各种术语来描述这些亚种单元：亚种、变种、表型、品种、种族等。但这些术语都是在能够区分表型和基因型效应以及估计遗传亲缘关系和距离之前使用的。

生物学的物种概念（即物种是生殖活动相互隔离的）（Mayr，1963）是所有刚开始学习生物学的大学生都学过的东西，结果却被告知这是相当不充分的。尽管生物学家深信进化论的基本原理，但他们一直不愿承认物种固有的可变性，仍然坚持把物种作为“基本的”分类学单位。这就产生一些问题。现实情况是，一个“物种”的成员在其他这样的单元内经历的基因流要高于在单元之间，当基因流因为任何原因受到限制时，这个物种可以无限细分。因此，在一个复杂和异质性的世界里，遵循进化原理，我们应该期待我们所看到的复杂遗传模式。

在过去的 20 年里，人们对“物种”提出了 20 多个定义（专栏 10.2）。这些定义中，包括一个基于生态位特异性的生态物种概念（Van Valen，1976）和一个基于世系随时间变化分析的进化物种概念（Simpson，1961）。系统发育物种概念（Cracraft，1989）认为，一个物种的所有成员必然共享一个共同的祖先。然而，尽管种群仍然是同一物种的成员（即它们构成了一个“总群的种群”，即集合种群），全球的许多种群已经彼此分离。当遗传分析揭示了确定的DNA差异（多态性）时，每个种群就可以被解释为独立的“物种”；因此，这样的分析可能导致过度分裂和错位的保护努力（Avise，2000）。

那么什么是物种呢？一个物种本质上就是分类学家所说的那样，只要他咨询了遗传学家和生态学家。形态学、解剖学、遗传学和生态学数据的结合变得非常重要，尽管各数据类型未必相互支持。黑海龟（*Chelonia agassizii*）就是这样一个案例，它显示与其他*Chelonia mydas*种群存在形态学的差异，但与它们没有遗传或生殖隔离（Karl and Bowen，1999）。

10.3.3　重要进化单元和保护“单元”

为了解决这些问题并认识到物种及其种群处于不断变化（隔离和重新连接）和进化的状态，Ryder（1986）提出了重要进化单元（ESUs）概念。ESUs可以被定义为由于遗传和生态的特异性而需要单独管理或优先保护的种群。这样又立即引起了关于什么是“特异性”的争论！保护的问题变成了如何识别这些“亚种”单元，并决定哪些亚种单元在生态学、遗传学和社会经济学上是最重要的。不幸的是，文献中关于ESU和其类似竞争术语（清晰种群分布区DPS，管理单元MUs）现在存在着相当大的混淆（见专栏10.2）。

专栏10.2　物种和亚种定义

物种概念

生物学物种概念：一个物种是一组杂交的天然族群，它们与其他这样的群体是生殖隔离的。

进化物种概念：一个由生物体组成的实体，它保持着与其他世系不同的特性，有着自己独立的进化趋势和历史命运。

内聚物种概念：一个物种是最具包容性的个体群体，具有通过内在的内聚机制进行表型内聚的潜力。

系统发生物种概念：有祖先和后代亲本模式的单个有机体的最小可诊断群集。

一般世系物种概念：物种是种群层次世系的部分。

重要进化单元：ESUs

更具包容性的实体物种的子集，这些子集拥有重要的遗传属性，这些属性对所讨论物种当前和未来的世代具有重要意义。

种群或群体：

与同种的其他种群单位本质上存在生殖隔离；

代表该物种进化遗产的一个重要组分。

在等位基因频率上有显著差异的总群中的种群或群体。是来自基因系统发育一致的群体集合。

这些种群：

为 mtDNA 等位基因的互惠单系群；

等位基因频率在核心位点显示显著差异。

通过将个体或群体聚类在一起而排除其他此类群体的特征来进行诊断的群体。

在物种的较高组织水平（世系）中，显示来自其他这类世系的高度受限基因流的世系。

种群特异性部分：DPS

美国《濒危物种法》允许保护分类学物种的最小群体。

管理单元：MU

不考虑等位基因的系统发育，以 mtDNA 或核心等位基因频率的差异界定，以帮助短期管理的独立群体。

资料来源：改编自 Fraser and Bernatchez（2001），Ryder（1986），Allendorf and Luikart（2007）等。

关于重要进化单元 ESUs 的争论主要集中在由《美国濒危物种法案》（ESA）控制下的影响上，该法案保护了脊椎动物的物种、亚种和“清晰种群分布区”。从历史上看，将那些物种或种群列为清晰种群分布区的方法已经被用于调整管理实践以适应那些独特的情况，在物种分布范围的不同区域给予不同级别的保护，在其分布范围中的重要区域保护它们免于灭绝，同时保护那些具有独特进化特性的种群实体。令人担忧的是，将种群特异性部分严格地重新定义为 ESUs，将危及管理努力的成果，而要将种群列为受威胁或濒危的那些严格的文化、经济或地理理由将大大减少（Pennock and Dimmick，1997）。《美国濒危物种法案》将脊椎动物的那些特异性群体认为是“物种”，因此有资格获得法律保护，但没有解释如何评估其特异性（Waples，1998）。然而，该政策的主题是希望确认和保护本质重要的遗传资源，从而使动态的进化过程在很大程度上不受人类因素的影响。

确定适当的种群单元是管理受威胁类群的重要步骤，但标准和保护目标的不确定性使这一工作受到困扰。Moritz 等（1995）认为，在实践中出现的一些关于 ESUs 的争论可以通过识别两种类型的保护单元来解决，每一种类型对自然群体的实际保护都很重要。重要进化单元可以被定义为由历史上隔离的种群子集组成，对于这些子集，严格的定性标准是结合核心等位基因频率显著差异的线粒体 DNA（mtDNA）互为单系群。这些 ESUs 补充了已描述的物种，并已被确定，以便促进保护优先事项的制定。相反，管理单元（MUs）是一组个体统计学上独立的种群子集，用于帮助对较大群体的短期管理，并由 mtDNA 或核心等位基因频率的差异来界定，而与等位基因的系统发育无关。Moritz 等（1995）认为，ESUs 和构成 ESUs 或描述物种的那些管理单元都有资格列入 ESA 名录。

无论如何解决这些问题，为了调和对立的意见，ESUs 的标准似乎必须有一定的灵活性。Fraser 和 Bernatchez（2001）认为，与物种概念一样，引发矛盾的 ESU 概念本质上都是为了定义同一件事：通过在不同的时间尺度上对进化力量的作用给予不同的强调，可以衡量或评估其差异物种的不同部分。因此，ESU 概念之间的区别更多地在于定义 ESU 本身的标准，而不是它们的基本本质。回顾一下识别 ESU 的主要方法就会发现，没有一种方法可以很好地适用于所有情况，但是每种方法在不同的情况下都有其优缺点。然而，它们都旨在保护物种内部的适应性遗传变异。

因此，在不确定的情况下保持进化潜力，可以通过使用更具适应性的系统来描述保护单元来更好地发挥作用，如适应性进化保护系统（AEC），该系统能够综合每种方法的良好属性（图 10.1）。正如存在“不同进化过程产生了相似的我们称之为物种的生物实体”这样的共识，我们也可以有以下这样的共识：定义为进化重要单元的实体可以通过进化力量（如异常突变与定向选择）的各种作用随着时间变化获得的遗传差异积累产生。在进化连续群上考虑的要点会随着附近有机体的变化而变化，使用的标准也会变化。因此，应将不同的 ESU 方法视为 AEC 工具箱中的工具；它们不必相互冲突，但可以以一种互补和适应的方式运行。

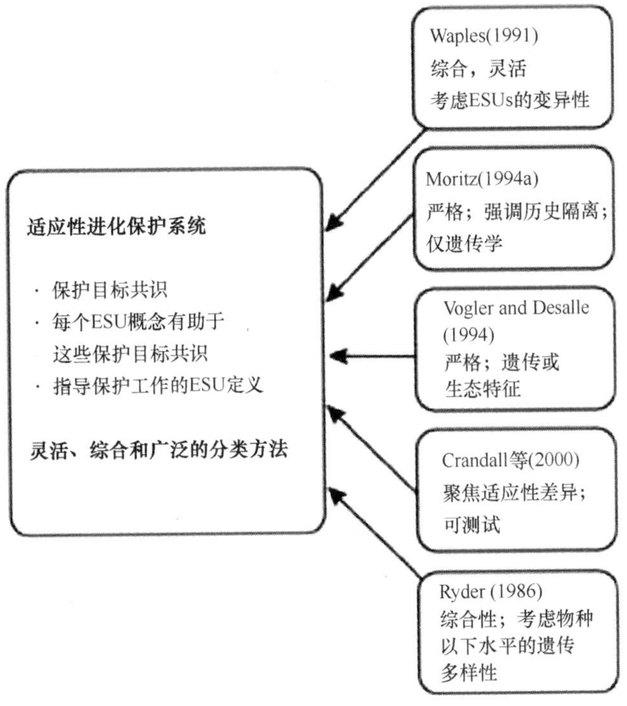

图 10.1 适应性进化保护系统概念性视图

注：本概念性视图包含了几种其他 ESU 概念和定义提出的标准

资料来源：改编自 Fraser and Bernatchez（2001）

10.3.4 单个物种的迁徙与扩散

DNA 指纹技术最初在法医学领域广为人知，现在已广泛应用于海洋保护，以描绘物种个体的迁移和扩散。这些技术可以清晰地揭示某个物种及其成员的生物学和生态学的某些基本方面。

大多数种类的鲸一生中大部分时间远离陆地，能够长距离迁徙，难以进行个体识别。然而，对鲸进行的保护措施需要详细了解它们的社会结构、繁殖行为和迁徙模式。DNA 指纹技术的出现使得对这些参数的系统研究成为可能（Baker et al.，1993）。例如，座头鲸表现出一种显著的社会组织，其特征是在高纬度的夏季觅食海域和热带或近热带海域的冬季产仔和繁殖地之间进行季节性长距离迁徙（>10 000 km/a）。在过去的 200 年里，由于过度的商业捕捞，所有鲸类种群都濒临灭绝。Bowen 等（1997）使用 3 种原本用于研究人类遗传变异的超变微卫星 DNA 探针，检测了座头鲸来自北太平洋 3 个区域性亚种群和北大西洋一个亚种群的亚种群之内和亚种群之间的遗传变异。对从自由生活的鲸身上投掷采集的皮肤组织活体样本中提取的 DNA 进行分析后发现，每个亚种群中都存在相当大的差异。这种变异的程度与由于 19 世纪和 20 世纪狩猎导致的近期驼背鲸近亲繁殖的历史相矛盾。在两个大洋种群之间还发现存在显著的类群差异，DNA 指纹图谱相似性和地理距离之间的相关关系表明，在北太平洋区域亚种群间核心基因流受到哺育场和普通越冬选择性交配场之间相对较低的迁徙率限制。

DNA 指纹技术不仅可以用来建立种群之间的关系，而且可以用来了解它们的起源和地理扩散情况。肯氏鳞海龟（*Lepidochelys kempi*）只生活在北大西洋的暖温带，而橄榄鳞海龟（*L. olivacea*）则分布在全球暖温带和热带海域，包括北大西洋的筑巢群落，它们几乎覆盖了肯氏鳞海龟的活动范围。为了评估它们的生物地理分布，对 89 只鳞海龟的 mtDNA 进行了比较（Bowen et al.，1997）。这些数据证实了 *L. olivacea* 和 *L. kempi* 之间的基本划分、*L. olivacea* 内部的浅层分离以及 mtDNA 世系的强烈地理划分。最具发散性的 *L. olivacea* 单体型在印度-西太平洋地区被观察到，同时在简约网络中也观察到中央单体型，这表明该地区是最近橄榄鳞海龟世系辐射的来源。大西洋样本中最常见的橄榄鳞海龟单体型与印度-西太平洋单体型的区别在于一个单核苷酸替代，而东太平洋样本与相同的单倍型的区别在于两个核苷酸替代。这些浅层分离与最近大西洋亚种群入侵相一致，这表明东太平洋筑巢地也被最近从印度-西太平洋地区迁徙过来的亚种群利用。分子钟估计这些入侵发生在过去 30 万年内。

在更局部的层次上，Peare 和 Parker（1996）使用多位点微型卫星 DNA 指纹技术检测了哥斯达黎加托图盖罗和美国佛罗里达州墨尔本的绿海龟（*Chelonia mydas*）筑巢种群的遗传结构。在托图盖罗种群中，筑巢雌性及其配偶的遗传相似性与它们的巢址距离在年内和年间存在显著的负相关。然而，在墨尔本种群中，没有发现遗传相似性和巢址距离之间的相关关系。托图盖罗种群与距离相关的遗传结构表明，这些雌龟从出生地点扩散的程度较低，而其筑巢配偶则独立地返回它们出生地点附近进行筑巢。在墨尔本种群中缺乏类似的遗传结构，这表明这个种群中的雌龟可能不会以同样的精确度返回出生地点。出生在墨尔本繁殖地海龟的筑巢、孵化或成熟期的高死亡率也可能是与距离相关的局部遗传结构缺失的原因。

这些技术也可以定义无脊椎物种和大型植物的扩散或驻留行为。无性系繁殖是固着海洋无脊椎动物常见的生活史策略，可导致种群中一种到数种基因型的局部丰度较高。分析这些种群的无性系结构可以深入了解种群的生态和进化史，而 DNA 指纹技术分析可以为单个基因型提供独特的标记。Coffroth 等（1992）为巴拿马圣布拉斯群岛无性系柳珊瑚（*Plexaura* sp.）70 多个群体克隆了 DNA 指纹图谱。单个个体内的 DNA 指纹图谱是完全相同的，而指纹识别技术可以分辨出珊瑚礁内部和珊瑚礁之间的多个基因型。在巴拿马圣布拉斯群岛的一个珊瑚礁上，取样群体的 59%属于一个基因型，在其他任何珊瑚礁上取样都没有发现这种基因型，因此这种情况表明该物种在当地的无性繁殖程度很高，而扩散程度很低。

温带海草大叶藻（*Zostera marina*）是一个分布广泛和生态重要的物种，经常形成不连续的海草床生活于河口、港湾和海湾，在这些地方它们可以进行有性繁殖或无性繁殖。Alberte 等（1994）利用多位点限制性片段长度多态性 DNA 指纹技术，检测了加利福尼亚州中部（Elkhorn 沼泽、Tomales 湾和 Del Monte 海滨）3 个地理和形态上不同种群的遗传结构。3 个大叶藻种群之间的遗传相似性明显低于种群内部，这说明即使两个种群相距仅 30 km，它们之间的基因流动仍然受到限制。研究表明：①来自干扰栖息地和未干扰栖息地的大叶藻自然种群均具有较高的遗传多样性，其繁殖方式并非主要是无性繁殖；②即使在非常接近的种群之间，基因流动也受到限制；③高干扰栖息地的潮间带种群的遗传多样性远低于未受干扰栖息地的潮间带种群。

10.3.5 入侵物种

非本地（入侵性）物种（NIS）的存在和迁移已被记录多年（Ruiz et al.，1997）。它们在世界各地的海洋和河口生境中越来越多，这些物种的数量、种类和影响继续增加。这些非本地物种的入侵大多是由人为扩散造成的。虽然不同扩散机制在空间和时间上的相对重要性各不相同，但船舶压舱水的全球移动似乎是当今非本地物种转移的最大单一载体，最近许多入侵都是由这种转移机制造成的。近几十年来，可能由于压载水运输方式的变化，新的入侵率可能有所增加。河口是最常见的入侵地点，每个河口都有数十到数百入侵物种，包括大多数主要的分类群和营养类群。我们现在知道，在美国的太平洋、大西洋和墨西哥湾沿岸大约有 400 个非本地物种，世界其他地区也报告了数百个海洋和河口非本地物种。尽管关于物种入侵的现有信息仅限于少数地区，而且可能低估了入侵物种的实际数量，但不同地区间非本地物种出现的频率存在明显差异。它们观察站位之间分布模式的机制可能包括非本地物种供应方面的变化，以及接受地群落或供给群落特性的变化，但这些机制的作用尚未得到验证。虽然我们目前对海洋生物入侵的范围、模式和机制的认识仍处于初级阶段，但可以明确的是，非本地物种是全球海洋生物群落特别是河口生物群落变化的重要力量。分类学多样化的非本地物种正在对许多河口产生重大影响，这些河口从根本上改变了种群、生物群落和生态系统的相关生态过程。大多数非本地物种的影响仍然未知，也不确定能否预测其直接影响和间接影响。但是，基于记录的非本地物种入侵范围和影响面积，对不受非本地物种影响的海洋生物群落的研究被认为也一定是不完整的。这些物种中有许多可能与本地物种有密切的关系，可能扮演着同形种（cryptic species）的角色，只有通过遗传分析才能区分它们。

10.3.6　物种复合体和同形种复合体

同形种复合体包括生活在相似栖息地中的两个或两个以上在遗传上截然不同的物种，这些物种以前曾被归类为同一个单一物种，它们的种群在形态上可能无法彼此区分。同形种复合体与经历物种形成过程的种群不同；并且，它们表明物种形成已经打破了种群间的基因流动，但进化还没有发展到发生可识别表型适应的程度。对同形种（以及物种复合体）的逐渐认识是我们星球上物种数量迅速增加的主要原因。

特别是通过幼虫扩散形成的大量基因流动被认为减弱了地理隔离，从而限制了海洋物种内的种群分化。然而，现在看来，许多扩散性强的海洋物种其基因的分化比原先认为的更大，甚至在水体环境中也是如此。

自从分子系统发育学出现以来，越来越多的证据表明，许多小型水生和海洋无脊椎动物曾经被认为是同一个世界性物种，但实际上它们是同形种的复合体。一个典型物种中所包含同形种数量的记录似乎是褶皱臂尾轮虫（*Brachionus plicatilis*）。Suatoni 等（2006）通过将繁殖数据（即传统的生物物种概念）与系统发育数据（系谱物种概念）进行比较，探索了咸水轮虫（*B. plicatilis*）物种划分的不同经验方法。基于高度的分子序列差异，系谱物种假说表明其中至少有 14 个物种存在。虽然这个群体的物种多样性比以前所了解的要高，但它们的地理分布仍然广泛。有效的被动扩散导致了许多物种的全球分布，其证据是，在大的地理尺度上，即使存在距离隔离，遗传距离远的族群常常会产生分布区重叠。

即使在大家所熟悉个体较大的游泳动物中，许多关于物种鉴定和分布的问题仍然没有解决。例如，许多种磷虾（Euphausiacea，甲壳类）是通过很小或地理上可变的形态特征来区分，磷虾种类实际鉴定错误可能比目前已经发现的更多。DNA 条形码技术对这个群体的鉴定非常有用。Bucklin 等（2007）对 10 个磷虾属（*Bentheuphausia*、*Euphausia*、*Meganyctiphanes*、*Nematobrachion*、*Nematoscelis*、*Nyctiphanes*、*Stylocheiron*、*Tessarabrachion*、*Thyssanoessa* 和 *Thysanopoda*）中的 40 个物种的 *mtCOI* 序列区域进行了测定。*mtCOI* 序列变异可靠地区分了所有的物种，包括区分了特色性物种短磷虾（*Euphausia brevis*）的大西洋种群和太平洋种群。20 个磷虾种类的 *mtCOI* 基因树重建了 3 个形态学定义的物种群组中的一组物种，并解决了大多数属的近缘种之间的关系，分组结果通常与形态学分组一致。因此，该技术可以确保准确地辨识同形种，评估有分类意义的地理变异和分布区域。

遗憾的是，由于缺乏系统的研究，许多问题悬而未决，例如，在那些特定的栖息地、纬度或分类学群体中，同形种复合体更常见。同形种在分类单元和生物群系中的发现可能是非随机的，因此，同形种的发现可能会对进化理论、生物地理学和保护规划产生深远的影响（Bickford et al.，2007）。

10.3.7　遗传标记：识别濒危物种中的偷猎产品

如今，通过使用在人类法医学领域著名的 DNA 指纹图谱技术，对动物个体进行鉴定成为可能。这些技术是对现有技术和那些可能不太确定技术的一个补充，例如根据尾片和鳍片照片识别单个鲸和海豚。通过基因技术鉴定动物个体的方法现在正与其他跟踪技术（如直接标记技术）相结合。现代标记技术对海洋哺乳动物、大型鱼类、海龟等动物个体进行标记的优点是，除了跟踪动物个体的运动外，还可以返回有关海洋环境和海洋状况的相关数据（参见 OTN 网站：http：//oceantrackingnetwork. org/）。

现在，基因序列的使用已成为生物安全调查、食品认证、濒危物种偷猎或非法贸易调查、野生动物执法等领域不可或缺的手段。Roman 和 Bowen（2000）的一个研究案例可以作为这方面的例证。北美和欧洲对海龟肉的大部分需求是通过猎取绿海龟（*Chelonia mydas*）和其他海龟来满足的。随着海龟群体数量的减少，对北美最大的淡水龟大鳄龟（*Macroclemys temminckii*）的猎取正在美国东南部增加。因此，这个物种已经衰退，现在在美国除了路易斯安那州外在其他每个州都受到保护。人们担心，海龟产品的合法贸易可能成为非法捕捞海龟的借口。为了评估商业猎取海龟的种类组成，在路易斯安那和佛罗里达购买了 36 种海龟肉制品。利用细胞色素 b 和线粒体基因组的对照区序列，19 个样本被鉴定为巴西拟鳄龟（*Chelydra serpentina*）、3 个为佛罗里达鳖（*Apalone ferox*）、1 个暂定为滑鳖属龟（*Apalone* sp.）、1 个为大鳄龟和 8 个美洲鳄（*Alligator mississippiensis*）。看来大鳄龟不再是路易斯安那州市场上的主要物种，1/4 的样本中有美洲鳄肉，这表明海龟制品贸易并不完全合法。正像不可持续的野生动物捕猎，像绿海龟和美洲鳄这样受人喜爱的大个体物种已经被更小、数量更多或认知错误的物种所取代，Roman 和 Bowen（2000）将这种现象称为“假龟现象”。

10.3.8 水产养殖个体逃逸

随着传统捕捞渔业的衰退，全球海洋水产养殖一直在呈指数级增长。10 年前 94%的成体大西洋鲑就来自水产养殖，目前超过 80%的银鲑是在加拿大西海岸进行人工鱼苗养殖（见加拿大海洋渔业部报告：www. dfo - mpo. gc. ca/csas/Csas/Publications/SARAS/ 2010/2010_ 030_ E. pdf）。自然和文化之间的这种严重不平衡导致对遗传和环境方面的严重干扰，造成渔业、自然保护、水产养殖和环境保护之间的冲突。

在整个北半球，人工饲养的大麻哈鱼从养殖池中逃逸已成为普遍现象。逃逸鱼类随意进入河流产卵（Egidius et al.，1991）。在野生和人工养殖群体中常见的疾病（如三代虫吸虫 *Gyrodactylus salaris*）已经传播到许多河流，可能是通过孵化场受感染放养鱼类传播。这种通常被认为对野生鲑无害的吸虫也会影响到围网养殖的鲑。在自由生活的鲑和人工养殖的鲑中，也发现了细菌和真菌疾病；野生种群可能是这些病原的宿主。更严重的是，逃逸鲑通过渗入杂交，造成了人工养殖种群和野生种群之间基因流动，减少了自然种群之间的遗传变异，从而降低了其适应性和繁殖成功率（Utter and Epifanio，2002）。

在一项对爱尔兰西北部河流的研究中，已确认存在海水养殖成体大西洋鲑（*Salmo salar*）从网箱中逃出的情况，养殖群体的平均杂合度明显低于野生种群。在个别样本中，来自两条河流养鱼场的幼鱼所占比例从 18%至最高 70%不等。逃逸成体鲑似乎只有一小部分在所研究河流中繁殖成功（Clifford et al.，1998）。养殖鲑 2 龄之前小鱼的存活率明显低于野生鲑，从眼点卵期到第一个夏季期间的死亡率最高。然而，养殖鲑幼鱼生长得较快，由此在降河洄游竞争中取代了较小的野生幼鱼。养殖鲑与野生鲑的杂交种生长速度一般处于二者之间或与野生鲑无显著差异。养殖鲑和杂交后代能够在野生环境中存活到 2 龄，一些未发表的资料，也表明这些 2 龄鲑能够在海洋存活下来并溯河洄游到它们的出生河流中，这些事实表明逃逸养殖鲑能够使自然种群产生长期的基因变化。这些变化影响单基因位点和高遗传率数量性状，如生长速度和海上成熟期。虽然从垂钓管理的角度来看，其中一些变化可能是有益的，但在特定的情况下，它们可能会降低种群的适应性和生产力。

目前正在制定保护自然基因库的方案，包括改进养殖设施技术、建立基因库、限制活体生物输送、利用土著鱼类来加强和建立免受鱼类养殖影响的区域。

10.4 种群层次

这可能是生态学层次结构的一个层次，在这个层次上，遗传信息对于自然保护是最有用的信息。用于自然保护的3个最重要的种群指标是：种群结构（如亚种群和碎片化）、种群数量（以及其他种群统计数据）和种群健康状况（本章中是指生理状况或遗传状况）。有人假设种群数量和健康状况（例如遗传变异）是相关的（Soulé，1987；专栏10.3），但是这种相关关系可能不像曾经设想的那么简单。

专栏10.3 遗传变异和种群数量的相关性（Soulé，1987）

理论预测，遗传变异水平应随着有效种群数量的增加而增加。Soulé（1976）整理了野生动物遗传变异水平与种群数量具有相关性的第一个证据，但这个问题仍然存在争议。

遗传变异与种群数量相关的假设导致了以下预测：

物种内部的遗传变异应与种群的数量有关。

物种内部的遗传变异应与岛屿的大小有关。

遗传变异应与分类群内的种群数量有关。

广泛分布的物种应该比限制性分布的物种有更多的遗传变异。

动物的遗传变异与身体大小呈负相关。

遗传变异与染色体进化率呈负相关。

物种间的遗传变异应与种群数量有关。

脊椎动物的遗传变异应该小于无脊椎动物或植物。

岛屿种群的遗传变异应该小于大陆种群。

濒危物种的遗传变异应该小于非濒危物种。

10.4.1 种群结构

大多数海洋物种由若干亚种群组成，这些亚种群在不同的空间和时间尺度上相互连接或碎片化——也就是说，大多数海洋物种都是由集合种群组成。种群破碎化是陆地生态学中最常使用的一个术语，陆地上的廊道将因栖息地破碎化破坏而受到隔离的亚种种群连接起来，因此廊道非常重要。然而，海洋种群也会以各种方式变得支离破碎。因此，种群结构知识对物种保护和资源物种可持续利用具有广泛的意义。特别是对于迁徙性、分布广泛和商业开发的物种，清楚地了解我们是在处理单一的随机交配种群还是一系列的亚种群（混交群体或集合种群）至关重要。

对于每一个基因分离（和单独繁殖）的亚种群可能需要应用适当的保护和管理措施（无论是为了保护还是利用），而不是把它们当作一个组合“群体”。各种遗传技术可以用来；将某个成员划归一个确定的种群；将一组个体划归到一个确定起源的种群；定义混合种群群体的组成。例如，根据14个多态位点的差异，对据称在一个地点捕获的红帝王蟹（*Paralithodes camtschaticus*）的研究发现，它们实际上属于1 500 km外另一个地点的一个亚种群（Allendorf and Luikart，2007）。

10.4.2 种群数量

近年来，随着人类影响逐渐主导自然界，自然种群数量的概念变得极为重要。从历史上看，普查的种群水平（Nc）是通过某种形式的统计程序来评估的，例如通过标记和重捕来评估，或者对于开发利用种群是通过分析渔获量和努力量数据来评估。许多被开发种群或生境减少种群都经历了种群数量大大减少的种群瓶颈（表10.4）。出于保护目的，这些情况导致了种群生存能力分析（population viability analysis，PVA）或最小可持续种群（minimum viable populations，MVP）估计（即确保一个物种在特定时期内延续所需的个体数量）。然而，这个概念最近变得不那么受欢迎，这主要出于两个原因：①人们认为它为物种保护设定的目标太低；②普查的种群数量掩盖了与有效种群数量（Ne）相关的潜在遗传问题。参见专栏10.4以及Allendorf和Luikart（2007）对Ne的定义及其计算方法。

专栏10.4 一些有关种群数量的定义

普查种群数量（Nc）：是由传统普查技术，如标记-重捕和分层随机抽样确定的种群成员数量。

有效种群数量（Ne）：是在一个理想种群中，在随机遗传漂变或与考虑群体相同程度的近交情况下，等位基因频率离差相同的繁殖个体数量。有效种群数量通常小于普查种群数量Nc。

最小可持续种群（MVP）：是一个物种种群数量的下限，这样它就可以在野外生存延续（换句话说，不包括驯化或圈养种群）。MVP通常是为确保在未来100~1 000年内90%~95%的生存概率（通过使用种群数量统计资料和环境信息通过计算机模拟的种群生存能力）所估计的种群数量。

种群生存能力分析（PVA）：是一种特有的物种风险评估方法，其定义是确定一个种群在特定年限内灭绝概率的过程。它结合了各个物种特征，包括遗传参数、环境变异性来预测种群健康和灭绝风险。每个PVA都是针对一个目标种群或物种而开发的。

“种群瓶颈”或“遗传瓶颈”：是指一个种群或物种中有相当比例死亡或无法繁殖的历史事件或地质事件。由于种群规模缩小，种群瓶颈增加了遗传漂变和近亲繁殖。如果一个小群体与主种群产生生殖隔离，就会出现遗传瓶颈（称为奠基者效应）。

进一步的解释和统计方法，见Allendorf和Luikart（2007）。

由于种群数量过少而造成的遗传随机性（即与自然选择、近亲繁殖和迁徙等系统力量无关的遗传漂变）会导致灭绝的风险，特别是当种群破碎化破坏了基因流动时。因此，Ne的估计值比Nc的估计值更具有有用信息也更重要。Frankham（1995）对Ne/Nc的综合估计（包括种群数量波动、家庭人数差异和性别比例不平等的影响）平均只有0.10~0.11，这表明野生动物种群的有效种群数量比以前认识的要小得多。Palstra 和 Ruzzante（2008）证实了基因流在对抗遗传随机性方面的作用，并强调了基因流在估算 Ne 值和一般种群连通性保护方面的重要性。他们认为，由于持续的栖息地破碎化，基因流动的减少可能会增加遗传随机性的普遍发生，因此，基因流动应该仍然是生物多样性保护的重点。

有效种群数量（Ne）是一个重要的进化概念，但其遗传估计可能因年龄结构问题变得非常复杂。在种群统计学背景下对 Ne 估计值的评估表明，生活史多样性、密度制约因素、集合种群动态和生活史特征都可能影响这些种群的遗传稳定性（Palstra et al.，2009）。

Ne 和 Nc 之间的差异不仅非常显著，而且也非常重要。Turnera 等（2002）利用微卫星位点技术和多种分析方法，估计了墨西哥湾北部数量众多而且生命周期长的眼斑拟石首鱼（*Sciaenops ocellatus*）的遗传有效数量（Ne）。Ne/Nc 的比值约为 0.001，而在理想的总体中，这一比值应近似为 1。非常低的 Ne/Nc 比值似乎与个体繁殖成功率差异较大有关，也与整个北海湾海域各小海湾和河口中空间非常分散的关键产卵场和孵化场的生产力差异有关。作者警告说，如果繁殖成功率变异和空间分离的混交群体之间的生产力变异被低估，排除种群统计学特征和生活史特征的 Ne/Nc 预测模型可能会严重高估 Ne 值。这项研究还表明，由于遗传因素的影响，具有大量成年个体的脊椎动物种群可能仍然处于衰退和灭绝的危险之中。

遗传技术也可用于估计历史种群数量和瓶颈期的种群数量。在过去的 200 年里，捕猎使许多海洋哺乳动物的数量减少到濒临灭绝的地步，但却带来了不同的遗传后果。

北象海豹在 19 世纪遭到了大规模的猎杀，进入了大约只有 10~20 头的瓶颈期。所有分子遗传变异检测（包括 mtDNA 和同工酶）都显示北象海豹目前的遗传变异水平很低（Hoelzel，2008）。虎鲸（*Orcinus orca*）是一种数量丰富、高度社会化的物种，其遗传变异也有所减少。Hoelzel 等（2002）发现全球多样性的地理格局并不一致，在一些区域性种群中没有 mtDNA 变异存在。世界格局和多样性的缺乏可能再次表明历史上的种群瓶颈。

然而，其他海洋哺乳动物的遗传模式可能非常不同。目前座头鲸的种群数量是历史种群数量遗传估计值的 1/7~1/21。尽管种群数量减少了，但座头鲸在世界范围内的所有海洋亚种群中（只有一个亚种群以外）都有丰富的遗传变异（Baker et al.，1993）。核苷酸型的系统发育重建和母系基因流分析表明，目前的遗传变异不是由于大量捕鲸之后它们在大洋间的迁移造成的，而是过去种群变异的遗存。座头鲸捕猎前的变异遗存可能是由于它们的寿命长、世代重叠和有效的（虽然可能不是非常及时）国际捕鲸活动禁令。

10.4.3 种群“健康状态”

在生态层次结构的任何层次上对“健康状态”或“适合度”（自然度?）的评估实际上都可以归结为对多样性的测度。种群中发现的遗传多样性水平在很大程度上取决于交配制度、物种进化史、种群发展史（通常是未知的）和环境异质性水平。

遗传多样性是国际自然保护联盟（IUCN）认为值得保护的生物多样性 3 种形式之一。保护种群内遗传多样性的必要性基于两个论点：遗传多样性对于进化的必要性，以及杂合度和种群适合度之间的预期关系。由于遗传多样性的丧失与近亲繁殖有关，而近亲繁殖又会降低生殖适合度，因此可以预期杂合性与群体适合度之间存在相关性。决定近交率的长期 Ne 也应该与适合度相关。然而，其他理论研究和经验观察表明，适合度和杂合度之间的相关性可能很弱或根本不存在。Reed和Frankham（2003）使用34个数据集进行综合分析，试图解决这一问题。数据集分析包括在一个研究中，该研究假定已对3个或3个以上种群的适合度（或适合度的一个组成成分）、杂合性、遗传可能性和/或群体数量进行了测度。在种群水平上，遗传多样性的测量值与种群适合度之间的加权平均相关性非常显著，可以解释19%的适合度变异。这项研究加深了人们对杂合性丧失会对种群适合度产生有害影响的担忧，研究结果支持IUCN将遗传多样性认定为值得保护的工作内容。

对种群的深入研究已经证明了遗传多样性和适合度之间的密切联系。例如，对大叶藻种群的研究证实，遗传多样性和有性繁殖之间存在显著的正相关关系，无性繁殖和花芽发育也有类似的趋势。此外，遗传多样性高、未移植种群中发芽的种子比从遗传多样性低的移植种群发芽的种子要多（Williams，2001）。遗传多样性即使是在短期内也会明显有助于提高大叶藻种群的生存能力。

类似的关系也适用于紫贻贝（*Mytilus edulis*）自然种群。Koehn和Gaffney（1984）的研究表明，该物种的生长速率与个体杂合度呈正相关。作者总结认为，多位点杂合度与生长速率之间的相关关系对于远系繁殖的植物种群和动物种群的多样性来说是普遍存在的。然而，这种相关关系并不是来自对自然遗传变异进行有限遗传抽样的实验设计。

10.5　群落层次的遗传多样性

这可能是生态层次结构中目前遗传学研究最少的层级。与遗传学知识在物种和种群层次上的重要性相比，遗传学数据在群落层次上的重要性仍在不断探索中。环境压力（被认为是进化的主要力量）、近亲繁殖和遗传变异之间的关系主要对陆地物种进行了研究，而在海洋物种中，环境压力通常被评估为生理反应或生化反应。

在海洋生态系统中，存在一些有趣的遗传问题，特别是有关焦点物种及其在群落中和地点之间的“行为”。例如，群落组成指示种（见第9章）实际上能够“指示”不同地点之间属于同一群落类型的成员吗？或者，由于遗传差异和由此导致的对不同环境适应结果的差异，它们实际上能够指示不同的相关关系？或者能够指示其他任何区别吗？对于群落条件指示种和关键种的可靠性也可以提出同样的问题。关键种在某些地方表现出关键效应，但在其他地方显然没有。这些差异仅仅是不明确的生态或环境相互作用的结果，还是遗传学上的区域差异？

10.5.1　入侵物种的成功

有人认为，管理和控制非本土物种可能是未来几十年保护生物学家面临的最大挑战。尽管外来物种已经造成了严重的经济破坏和生态破坏，但使它们得以成功的因素却是矛盾的。Allendorf和Luikart（2007）认为，涉及的因素与面临种群灭绝威胁的因素相同，即遗传漂变和种群数量少的影响、基因流和杂交、自然选择和适应。根据经验，每100个引进物种中实际上只有一个物种会成为入侵物种，严重危害经济/生态。

入侵物种必须经历一个少数成员的引入/定植阶段，也就是说，它必须通过种群数量瓶颈。那么，如果种群数量瓶颈是有害的，为什么入侵物种通过定居瓶颈会如此成功呢？对这个矛盾的一个答案是，引入物种通常比本地物种有更大的遗传变异，因为它们是源种群的混合。此外，至少对植物来说，无性繁殖避免了近亲繁殖的不利影响，而且后代与亲本完全相同。然而，现在显而易见存在第二个矛盾。如果适应当地环境非常重要，为什么引进物种会如此成功地取代了本地物种？对此有3种解释：入侵物种在本质上是更有力的竞争者；缺少它们的天敌；引入物种可能只在短期内优于本地物种，因为本地物种受到长期适应的限制。

分子遗传学技术可以为入侵物种的起源、生活史和繁殖模式提供有价值的信息。例如，大部分杉叶蕨藻（*Caulerpa taxifolia*）不具有入侵性。但其中的入侵品种与其他品种不同，因为它们行无性繁殖，生长更快，而且更耐低温。常见的大米草（*Spartina anglica*）是世界上最具侵略性的入侵物种之一，它的蔓延导致本地物种被排除在外，并减少了海岸鸟类的栖息地。该物种是由早期物种 *S. maritima* 和近期物种互花米草（*S. alterniflora*）的杂交后代通过染色体加倍而产生的，具有固定的杂合性，个体间几乎完全没有遗传差异。

10.5.2 遗传多样性和群落干扰

大量的经验和理论研究表明，与物种较少的生态系统相比，物种丰富的生态系统表现出更高的生产力和更快的营养盐循环或更强的抵抗干扰或入侵的能力。相比之下，很少有数据可以用来评估已知起主要功能作用的物种中的遗传多样性在群落水平和生态系统水平上的潜在重要性。Hughes 和 Stachowicz（2004）在一项野外操作试验中表明，大叶藻基因型多样性的增加实际上提高了群落对来自摄食大叶藻鹅群干扰的抗性。大叶藻恢复到接近鹅群干扰之前的密度所需的时间也随着大叶藻基因型多样性的增加而减少。在没有干扰的情况下，基因型多样性对生态系统过程没有影响。这些研究结果表明，遗传多样性与物种多样性一样，因为可以为应对环境变化提供生物保障，可能是提高生物群落和生态系统稳定性和可靠性的最重要因素。

夏威夷造礁珊瑚（*Porites compressa*）种群的基因型多样性也与栖息地扰动历史直接相关（Hunter，1993）。多样性最高（无性繁殖的数量最低）的种群是最近受到强烈干扰的种群（平均种群数量最少），表明这些种群处于定居的早期阶段。在未受干扰的受保护栖息地中，基因型多样性较低是由于优势基因型大量克隆复制和种群数量较大造成的。在中度干扰栖息地中，由于有性繁殖和无性繁殖的共同作用，种群多样性和无性系结构处于中等水平。这项研究亦强调了保护措施的重要性，以了解哪些珊瑚是有性繁殖，哪些是无性繁殖。

10.6 生态系统层次的遗传多样性

10.6.1 全球范围

海洋中的所有水域最终都在一定的时间和空间尺度上相互连接，但由于地质力量会周期性地开放和关闭生物的扩散和迁徙路线，对生物就会产生各种影响。与生物相关的时间尺度和空间尺度是它们的生命周期和扩散距离。海洋中最长的环流时间尺度是大洋的深层水和底层水，大约1 600年全球范围内循环一次。这个时间比最长寿的海洋物种寿命还要多一个数量级。即使在循环速度快得多的表层海水，海洋的各个区域也表现出一系列的物理和生理障碍，这些障碍能在地理上和遗传上有效地隔离所有分类群的成员，从而导致新物种的进化。

古气候研究的最新进展促使人们重新审视海洋学过程，认为这些过程对遗传多样性有根本性影响。来自冰核和厌氧海洋沉积物的证据展现了世界海洋强烈的结构变迁与周期性的气候变化相一致。海洋表面温度、海流路径、上升流强度和滞留涡流的变化可能与种群数量的剧烈波动或区域灭绝有关。Grant 和 Bowen（1998）评估了这种海洋学过程对沙丁鱼（沙丁鱼属 *Sardina*，拟沙丁鱼属 *Sardinops*）和鳀（鳀属 *Engraulis*）属间基因谱系的影响。这两个类群的代表都出现在世界温带边界流中，这些海域的种群剧烈波动是众所周知的。生物地理学和遗传学数据表明，拟沙丁鱼属至少已经存在了 2 000 万年，然而这个群体的 mtDNA 家系在不到 50 万年的时间里逐渐聚合起来，并趋向于最近在印度-太平洋边缘形成的一个种群。对古代鳀的系统地理分析揭示了更新世鳀从太平洋向大西洋的扩散，几乎可以肯定是通过非洲南部海域，最近又从欧洲沿海到非洲南部海域重新迁居。这些研究结果表明，区域性沙丁鱼和鳀种群存在周期性灭绝和迁居。这种与气候相关的种群动态可能解释了其核苷酸多样性的低水平和 mtDNA 家系的浅聚合。如果这些发现普遍适用于海洋鱼类，那么管理战略应包含这样一种思想，即使是数量极其丰富的种群，它们在生态学和进化时间尺度上可能也是相对脆弱的。事实上，在独立进化的物种之间一致的系统地理模式提供了有关种群分离的其他地理分隔的历史证据，这种情况可能与更新世环境条件的连续变化相关（Avise，1992）。

当代海洋变化最快的地方似乎是北极，气候变化促进了物种从太平洋到大西洋的迁徙（Vermeij and Roopnarine，2008）。越来越多的证据表明，这种情况正在发生（DFO www. dfompo. gc. ca/csas/ csas/ Publications/SARAS/2010/2010_ 030_ E. pdf）。事实上，因为遗传技术揭示了基因流动的联系和障碍，我们对控制全球生物地理模式和过程的理解正在不断地进行修正，这是我们以前无法想象的。物种的扩散能力和它们对环境条件（包括地球物理学和生物学条件）耐受性之间的冲突在地质时间尺度上表现出来，导致出现了我们今天所认识的生物地理生态区。幸运的是，古气候研究和遗传数据之间似乎存在着一种进化上的一致性。遗传学学科的一个主要作用是研究、修订和强化目前提出的生态区域界线，以显示它们是如何演变的，以及它们在未来气候变化的各种情况下可能如何变化。

10. 6. 2　边缘海域生态系统的遗传隔离

地理上和生态上孤立或边缘化的生态系统面临着巨大的选择压力，导致遗传上非典型性种群的增加。Johannesson 和 André（2006）分析了居住在低盐度且地理上和生态上都是边缘化的波罗的海生态系统中 29 个物种的遗传数据。与大西洋种群相比，波罗的海种群平均起来已经丧失了遗传多样性。这种模式与扩散能力、物种的世代时间或生物分类群无关，但与遗传标记类型密切相关（线粒体 DNA 位点的多样性减少了约 50%，核位点减少了 10%）。遗传隔离显示了波罗的海和大西洋区域间呈现渐变群分化模式，在波罗的海入口附近有一个剧变，这表明波罗的海和大西洋种群间的基因流动受阻。尽管波罗的海的地质历史很短（大约 8 000 年），波罗的海种群与大西洋种群的进化有很大的不同，这可能是隔离和瓶颈效应的结果。因此，波罗的海成为独特进化谱系的避难所，该进化谱系成为我们管理和保护的重要遗传资源。

在更小的局部尺度上，类似的担忧也适用于海洋保护区。目前许多海洋保护区面积过小，在某种程度上处于隔离状态（例如，港湾和近海岛屿）。虽然这些特征可能使管理更容易，但它们可能对受保护种群的遗传结构、种群从局部灾难后恢复的能力以及海洋保护区作为周围海域繁殖体来源的潜力都有重要影响。Bell 和 Okamura（2005）证明了海湼湾海洋自然保护区（在爱尔兰南部一个孤立的港湾）犬峨螺（*Nucella lapillus*）种群的遗传分化、隔离、近亲繁殖和种群遗传多样性的降低情况，并将结果与邻近开放海域种群和英格兰、威尔士以及法国海域的种群进行了比较。这个港湾与周围开放海域隔离，这表明在隔离和受保护的基础上选择保护区可能有长期的遗传后果。这是海洋保护区之间必须具有连通性的重要原因之一（见第 17 章）。

然而，孤立显然也会产生相反的效果。夏威夷群岛是印度太平洋上地理位置最偏远的地区之一，也是许多稀有和特有分类群的庇护所。La Jeunesse 等（2004）调查了夏威夷火山岛海域生活在虫黄藻珊瑚礁和其他共生刺胞动物中的共生甲藻（*Symbiodinium* sp.）的多样性。在 18 个寄主属中，有 20 个遗传特性不同的共生类型。大多数类型与一个特定的寄主属或物种有关，其中近一半在对西太平洋和东太平洋寄主的调查中未被发现。在夏威夷刺胞动物中，缺乏一个明显占优势的泛共生生物（generalist symbionts）。这与西太平洋和加勒比海的共生生物群落结构形成了鲜明的对比，西太平洋和加勒比海的共生体群落结构主要是一些普遍存在的泛共生生物占优势，它们寄居在众多的寄主类群中。地理隔离、寄主多样性低、大量的珊瑚物种直接将共生关系代代相传，这些因素都与珊瑚礁群落的形成有关，使珊瑚礁群落具有高度的共生多样性和专一性。

10.6.3　生态区层次

第 17 章将讨论区域（生态区）层次种群之间连通性这个重要主题。这是因为遗传学只是连通性这一重要主题的参与学科之一，这一主题还需要生活史知识和物理海洋学知识的加入。

10.7　总结和管理启示

遗传信息已成为海洋生态系统各层级结构保护不可缺少的一部分。海洋物种遗传多样性的重要性及其“价值”尚未得到充分认识。遗传技术可以验证已知物种的身份及其种群统计特征，发现新物种并确定其亲缘关系，研究物种迁移和入侵到新的栖息地。许多受保护的海洋物种受到商业捕捞或非法捕捞，因此，除了对它们进行生物学研究之外，在种群管理方面还经常出现经济、社会、司法和法医方面的问题。对于多样性的海洋分类单元，分子标记揭示了先前未知的行为、自然史和种群统计学方面的信息，这些信息可以为保护和管理决策提供依据。

遗传技术提供的关于物种及其种群的信息已经极大地改变了我们对保护基本单元的看法，包括进化重要单元 ESUs、最小可持续种群 MVPs 以及对有效种群大小和健康状态的估计。

不应该对是否需要保护物种、空间或基因产生争论，而应该关注如何将这些需求和方法结合起来。然而，最基本的保护工作是对遗传层次的保护。遗传多样性是地球上生命形式变异性的最终表现。任何遗传多样性的降低都意味着失去未来进化的余地，意味着人类资源潜力的减少。为了成功保护生态系统，我们的保护工作必须保护生命过程。这项任务需要识别和保护生命树（系统发生学）的各个分支，维护生命支持系统（生态学和环境），并使生物不断适应持续变化的环境（进化）。任何哪一个单一的目标都不足以维持生命历程。

保护生物学这门学科已经融合了许多技术，以加快和提高保护决策的准确性，例如确定濒危物种及其种群的特征或包含濒危物种海域的特征。在渔业管理领域，管理方案必须考虑到遗传方面的问题，以便最大限度地提高鱼类群体长期生存和持续适应性的可能性。技术进步还将使人们能够做出更精确的保护决策，更重要的是，技术进步将允许保护遗传学助推生物地理、海景层次和基于生态系统的管理决策和海洋保护区网络规划。

遗传学对于海洋保护的作用也许难以概括，但也许有两件事情可以说明。①对于低于最小可持续种群数量的种群，遗传漂变造成的变异损失成为主要考虑因素（Lacy，1987）。②在生态系统层次，我们仍然有很多关于种群隔离平衡方面的问题需要（从遗传学和生态学的角度）去探索，这种隔离会导致物种形成或者其相对的连通性问题，连通性又会导致种群的迁居。在上述第二个方面，分子遗传学现在正在为帮助我们理解全球海洋生物地理分布（植物和动物如何在全球海洋中移动）做出重要贡献。

参考文献

Alberte, R. S., Suba, G. K., Procaccini, G., Zimmerman, R. C. and Fain, S. R. (1994) 'Assessment of genetic diversity of seagrass populations using DNA fingerprinting: Implications for population stability and management', *Proceedings of the National Academy of Science*, vol 91, pp1049–1053

Allendorf, F W. and Luikart G. (2007) *Conservation and the Genetics of Populations*, Blackwell, Malden, MA

Avise, J. C. (1992) 'Molecular population structure and the biogeographic history of a regional fauna: A case history with lessons for conservation biology', *Oikos*, vol 63, pp62–76

Avise, J. C. (2000) 'Cladists in wonderland', *Evolution*, vol 54, pp1828–1832

Baker, C. S., Gilbert, D. A. Weinrich, M. T., Lambertsen, R., Calambokidis, J., McArdle, B., Chambers, G . K. and O'Brien, S. J. (1993) 'Population characteristics of DNA fingerprints in Humpback whales (*Megaptera novaeangliae*) ', *The Journal of Heredity*, vol 84, no 4, pp281–290

Bell, J. J. and Okamura, B. (2005) 'Low genetic diversity in a marine nature reserve: Re-evaluatingdiversity criteria in reserve design', *Proceedings of the Royal Society B*, vol 272, pp1067–1074

Bickford, D., Lohman, D. J., Sodhi, N. S., Ng, R K. L., Meier, R., Winker, K., Ingram, K. K. and Das, I. (2007) 'Cryptic species as a window on diversity and conservation', *Trends in Ecology & Evolution*, vol 22, no 3, pp148–155

Bowen, B. W., Clark, A. M., Abreu-Grobois, F. A., Chaves, A., Reichart, H. A. and Ferl, R. J. (1997) 'Global phylogeography of the ridley sea turtles (*Lepidochelus* spp.) as inferred from mitochondrial DNA sequences', *Genetica*, vol 101, pp179–189

Bucklin, A., Wiebe, P. H., Smolenack, S. B., Copley, N. J., Beaudet, J. K., Bonner, K. G., Farber -Lorda, J. and Pierson, J. J. (2007) 'DNA barcodes for species identification of euphausiids', *Journal of Plankton Research*, vol 29, no 6, pp483–493

Clifford, S. L., McGinnity, P and Ferguson, A. (1998) 'Genetic changes in Atlantic salmon (*Salmo salar*)

populations of northwest Irish rivers resulting from escapes of adult farm salmon', *Canadian Journal of Fisheries and Aquatic Sciences*, vol 55, pp358-363

Coffroth, M . A. , Lasker, H. A. , Diamond, M. E. , Bruenn, J. A. and Bermingham, E. (1992) 'DNA fingerprints of a gorgonian coral: A method for detecting clonal structure in a vegetative species', *Marine Biology*, vol 114, pp317-325

Cracraft, J- (1989) 'Speciation and its Ontology: The empirical consequences of alternative species concepts for understanding patterns and processes of differentiation', in D. Otte and J. A. Endler (eds) *Speciation and Its Consequences*, Sinauer Associates, Sunderland, MA

Egidius, E. , Hansen, L. P, Jonsson, B. and Naevdal, G. (1991) 'Mutual impact of wild and cultured Atlantic salmon in Norway', *ICES Journal of Marine Science*, vol 47, no 3, pp404-410

Frankham, R. (1995) 'Effective population size/adult population size ratios in wildlife: A review', *Genetical Research*, vol 66, pp95-107

Fraser, D. J. and Bernatchez, L. (2001) 'Adaptive evolutionary conservation: Towards a unified concept for defining conservation units', *Molecular Ecology*, vol 10, pp2741-2752

Grant, W. A. S. and Bowen, B. W. (1998) 'Shallow population histories in deep evolutionary lineages of marine fishes: Insights from sardines and anchovies and lessons for conservation', *Journal of Heredity*, vol 89, pp415-426

Hebert, P D. , Penton, E. H. , Burns, J. M. , Janzen, D. H . and Hallwachs, W. (2004) 'Ten species in one: DNA barcoding reveals cryptic species in the neotropical skipper butterfly *Astraptes fulgerator*', *Proceedings of the National Academy of Sciences*, vol 101, no 41, pp14812-14817

Hobbs, R. J. and Mooney, H. A. (1998) 'Broadening the extinction debate: Population deletions and additions in California and Western Australia'. *Conservation Biology*, vol 12, pp271-283

Hoelzel, A. R. (2008) 'Impact of population bottlenecks on genetic variation and the importance of life-history: A case study of the northern elephant seal', *Biological Journal of the Linnaean Society*, vol 68, no 12, pp23-39

Hoelzel, A. R. , Natoli, A. , Dahlheim, M. E. , Olavar-ria, C. , Baird, R. W. and Black, N. A. (2002) 'Low worldwide genetic diversity in the killer whale (*Orcinus orca*): Implications for demographic history', *Proceedings of the Royal Society of London B* vol, 269, no 1499, pp1467-1473

Hughes, A. R. and Stachowicz. J. J. (2004) 'Genetic diversity enhances the resistance of a seagrass ec-osystem to disturbance', *Proceedings of the National Academy of Sciences*, vol 101, pp8998-9002

Hunter, C. L. (1993) 'Genotypic variation and clonal structure in coral populations with different disturbance histories', *Evolution*, vol 47, no 4, pp1213-1228

Johannesson, K. and Andre, C. (2006) 'Life on the margin: Genetic isolation and diversity loss in a peripheral marine ecosystem, the Baltic Sea', *Molecular Ecology*, vol 15, pp2013-2029

Karl, S. A. and Bowen, B. W. (1999) 'Evolutionary significant units versus geopolitical taxonomy: Molecular systematics of an endangered sea turtle (*Genus Chelonia*) ', *Conservation Biology*, vol 13, pp990-999

Koehn, R. K. and Gaffney, P. M. (1984) 'Genetic het-erozygosity and growth rate in *Mytilus edulis*', *Marine Biology*, vol 82, no 1, pp1-7

Lacy, R. C. (1987) 'Loss of genetic diversity from managed populations: Interacting effects of drift, mutation, immigration, selection, and population subdivision', *Conservation Biology*, vol 1, pp143-158

LaJeunesse, T. C. , Thornhill, D. J. , Cox, E. E, Stanton, F. G. , Fitt, W. K. , Schmidt, G. W. (2004) 'High diversity and host specificity observed among symbiotic dinoflagellates in reef coral communities of Hawaii', *Coral Reefs*, vol 23, pp596-603

May, R. M. (1990) 'Taxonomy as destiny?', *Nature*, vol 347, pp129-130

Mayr, E. (1963) *Animal species and evolution*, Belknap Press, Cambridge, MA

Moritz, C., Lavery, S. and Slade, R. (1995) 'Using allele frequency and phylogeny to define units for conservation and management', *American Fisheries Society Symposium*, vol 17, pp249-262

Palstra, E. P. and Ruzzante, D. E. (2008) 'Genetic estimates of contemporary effective population size: What can they tell us about the importance of genetic stochasticity for wild population persistence?', *Molecular Ecology*, vol 17, pp3428-3447

Palstra, F. P, O'Connell, M. E. and Ruzzante, D. E. (2009) 'Age structure, changing demography and effective population size in Atlantic salmon (*Salmo salar*)', *Genetics*, vol 182, pp1233-1249

Peare, T. and Parker, P G. (1996) 'Local genetic structure within two rookeries of *Chelonia mydas* (the green turtle)', *Heredity*, vol 77, pp619-628

Pegg, G. G., Sinclair, B., Briskey, L., and Aspden, W. J. (2006) 'MtDNA barcode identification of fishlarvae in the southern Great Barrier Reef, Australia', *Scientia Marina*, vol 70, pp7-12

Pennock, D. S. and Dimmick, W. W. (1997) 'Critique of the evolutionarily significant unit as a definition for "Distinct Population Segments" under the U. S. Endangered Species Act', *Conservation Biology*, vol 11, pp611-619

Reed, D. H. and Frankham, R. (2003) 'Correlation between fitness and genetic diversity', *Conservation Biology*, vol 17, pp230-237

Riddle, B. R., Dawson, M. N., Hadly, E. A., Hafner, D. J., Hickerson, M. J., Mantooth, S. J. and Yoder, A . D. (2008) 'The role of molecular genetics in sculpting the future of integrative biogeography', *Progress in Physical Geography*, vol 32, pp173-202

Roman, J. and Bowen, B. W. (2000) 'The mock turtle syndrome: Genetic identification of turtle meat purchased in the south-eastern United States of America', *Animal Conservation*, vol 3, pp61-65

Ruiz, G. M., Carlton, J. T., Grosholz, E. D. and Hines, A. H. (1997) 'Global invasions of marine and estuarine habitats by non-indigenous species: Mechanisms, extent, and consequences', *American Zoologist*, vol 37, no 6, pp621-632

Ryder, O. A. (1986) 'Species conservation and systematics: The dilemma of subspecies', *Trends in Ecology & Evolution*, vol 1, pp9-10

Simpson, G. G. (1961) *Principles of Animal Taxonomy*, Columbia University Press, New York

Soulé, M. E. (1976) 'Allozyme variation: its determinants in space and time', in F. Ayala (ed) *Molecular Evolution*, Sinauer Associates, Sunderland, MA

Soulé, M. (1987) *Viable Populations for Conservation*, Cambridge University Press, Cambridge

Suatoni, E., Vicario, S., Rice, S., Snell, T. and Caccone, A. (2006) 'An analysis of species boundaries and biogeographic patterns in a cryptic species complex: The rotifer-*Brachionus plicatilis*', *Molecular Phylogenetics and Evolution*, vol 41, pp86-98

Turnera, T. E, Waresa, J. P and Gold, J. R. (2002) 'Genetic effective size is three orders of magnitude smaller than adult census size in an abundant, estuarine-dependent marine fish (*Sciaenops ocel-latus*)', *Genetics*, vol 162, pp1329-1339

Utter, E and Epifanio, J. (2002) 'Marine aquaculture: Genetic potentialities and pitfalls', *Reviews in Fish Biology and Fisheries*, vol 12, pp59-77

Van Valen, L. (1976) 'Ecological species, mull-species and oaks', *Taxon*, vol 25, pp233-239

Vermeij, G. J. and Roopnarine, P D. (2008) 'In afuture warmer climate, mollusks and other species are likely to migrate from the Pacific to the Atlantic via the Bering Strait', *Science*, vol 321, pp780-781

Waples, R. S. (1998) 'Evolutionary significant units, distinct population segments, and the Endangered Species Act: Reply to Pennock and Dimrnick', *Conservation Biology*, vol 12, pp718-721

Ward, R . D. , Zemlak, T. S. , Innes, B. H. , Last, P. R. and Hebert, P D. N. (2005) 'DNA barcoding Australia's fish species', *Philosophical Transactions of the Royal Society of London. Series B, Biological Sciences*, vol 360, pp1847-1857

Williams, S. L. (2001) 'Reduced genetic diversity in eelgrass transplantations affects both population growth and individual fitness', *Ecological Applications*, vol 11, pp1472-1488

第11章　海岸带

组成、复杂性和分类

由于有了州际高速公路系统，现在人们可以从一个海岸到另一个海岸而无视周围一切。

Charles Kuralt（1943—1997）[①]

11.1　引言

海岸带是我们最熟悉的海洋区域。它是所有海洋环境中最复杂的，当然也是人类使用最多的海域。然而，与海洋的其他部分相比，海岸地带可能更难以定义和研究。最近有几本关于海岸带的教科书都重点讲述了该海域的科学研究（生态学和环境学）和管理或保护的一些综合知识。推荐读者阅读 Mann（2000）、Salm 等（2000）、Ray 和 McCormick-Ray（2004）、Beatley 等（2002）、Barnabe 和 Barnabé-Quet（2000）等著作。海岸带综合管理（ICZM）或海岸综合管理（ICM）是试图将各种学科和方法与海岸带相结合，以实现可持续性的过程。遗憾的是，在全球范围内这种努力没有取得明显的成功。在海岸带保护规划过程中，首要的先决条件仍然是识别其生物多样性组成成分并对其进行分类，认识海岸带形成过程并对这些过程进行定义。这些是本章的主题。

海岸带定义

已经有很多术语和定义来描述沿海空间环境或海岸带区域，其中一些术语和定义见图11.1。然而，人们对于海岸带的起点和终点仍然缺乏共识。有些海岸带定义太过模糊，例如，“陆地和海洋之间的一般区域”，或海岸带是“陆地和水的界面”。其他定义又太过宽泛，例如，“大陆架之上包括了径流流域的区域”。这最后一个定义包括了大部分浅海地带甚至包含了大片的陆地环境。

显然我们需要明确具有可操作性的定义，因为海岸带是人类与海洋互动最强烈的地方。《地球百科全书》给出了如下定义：

沿岸海洋是地球海洋中物理、生物和生物地球化学过程受陆地直接影响的部分，是全球海洋覆盖大陆架或大陆边缘的那一部分。海岸带通常包括沿海海洋以

① 查尔斯·库拉特（Charles Kuralt），美国作家和演员。——编者注

及毗邻海岸并影响沿岸水体的陆地部分。很容易理解的是，这些概念都不具有明确可操作性定义。

同样，根据这一定义，海岸带似乎包括整个大陆架和径流入海的任何陆地（所有岛屿和大部分大陆块）。

从生态角度更实际、更严格地说，可以将海岸带定义为：向海一侧为边缘海洋生物群落所分布的范围（即真光层的深度限制，在温带水域为30～50 m），向陆一侧为由海滩、悬崖和海岬所限定的范围（即陆地形态学界限）以及与海湾和河口相关的湿地（即海洋影响界限，即零盐度点界限）。定义海岸带在陆地上的界限可能比定义其在海洋中的界限更容易，然而这些建议界限只定义了区域内主要的影响类型（特别是营养和能量）。海岸带向海一侧是浅海区，再外面是公海。其向陆一侧是陆地环境和淡水生态系统。本章中我们基本采用这个海岸带定义。

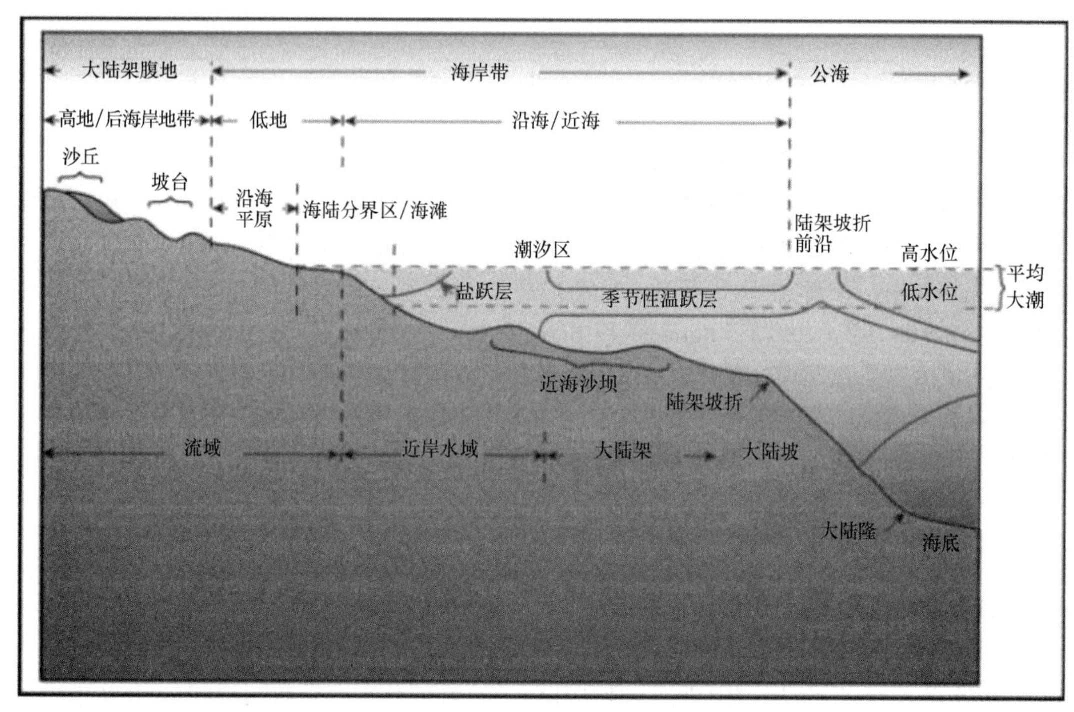

图 11.1　海岸带的定义与范围

资料来源：改编自 Ray and McCormick-Ray（2004）以及利物浦大学地球百科全书

11.2　海岸带为什么要单独讨论

海岸带（不论其定义如何）应与海洋环境的其他部分分开讨论，这是由于以下原因。首先，是因为其固有的复杂性。沿海地区除了其本身的环境特点，还受到多种因素的影响，呈现出各种各样的独特状态。海岸带包含了更多的生物多样性结构组成（包括非生物组成和生物组成），并且比海洋环境的任何其他部分受到更多生态过程（包括非生物和生物过程）的影响。海岸带的结构和过程（例如，温度、盐度、生产力状况）在时间和空间上的变异性也都大于海洋中其他任何地方。表 11.1 至表 11.4 总结了海岸带复杂性和可变性组成的一些方面。

表 11.1　能够定义和测度的海岸带复杂性

组成结构
纬度和季节更替
深度、面积、体积、形状、坡度、凹凸度
海岸线长度，海岸线坡度和剖面，复杂性
流域集水性能
地形变异性和环境异质性：
垂直方向
水平方向
基底、沉积物类型和颗粒大小
地质构造类型：
温度
盐度
水的浑浊度和叶绿素浓度
初级生产者群落的性质和分布
暴露程度：
海浪和海流
大气风暴
地貌单元、群落生境和生境类型见表 11.3
生态过程
潮汐特点
局部海流、携带和驻留机制
风应力与风向
风暴
侵蚀/沉积机制
上升流的位置
温度和盐度的变化
季节性分层
陆地排水
年、季生产力状况，以水体环境为主或以海底环境为主
人类活动
渔业装备
工程建设/海岸线稳定程度
富营养化条件下的营养盐
供水/排泄
废物处理
资源利用：
砂砾开发
渔业

续表

红树林利用
珊瑚利用
排水改道，咸水侵入含水层
旅游业
湿地退化及填海工程
野生动物捕猎
气候变化的影响
侵蚀和沉积

表 11.2 海岸类型

海岸类型：
冲击的海岸
板块后缘海岸
板块边际海岸
山体海岸
狭窄大陆架：
海角和海湾
海岸平原
宽阔大陆架：
海角和海湾
海岸平原
三角洲海岸
珊瑚礁海岸
冻川海岸
沉降海岸
峡湾海岸
非冰川低地沿海

注：海岸类型在很大程度上决定了沉积物的来源、沉降和类型及其沉积动力学和分布。这又在很大程度上决定了生物群落的类型和分布。值得注意的是，还有许多其他术语被用来描述海岸的地质、地貌和演化。

资料来源：Carter（1988）and Guilcher（1958）。

表 11.3 海岸带地貌、生物单元和栖息地的选择

区域	地貌单元	基本群落生境或生源单元	栖息地类型
潮上带（后海岸地带）	岩岸海角/悬崖		岩石海岸
	海滩		
	沿岸沙丘	沿岸沙丘	
	潟湖		
	沼泽		
	沙坝/沙嘴		
	堰洲岛		

续表

区域	地貌单元	基本群落生境或生源单元	栖息地类型
潮上带/潮间带	盐沼	盐沼	盐沼
	三角洲	红树林	
潮间带（海滩）	岩礁海岸		潮间带水洼
	沙滩		
	淤泥滩		
潮间带/潮下带	沿海海湾　小海湾	岩礁海岸、沙滩海岸	岩礁海岸、沙滩海岸
	海湾	砂、淤泥	砂、淤泥
	河口	砂、泥质粉砂	砂、泥质粉砂
	沙堤		
潮下带（近海）	海岭	珊瑚礁	边缘海域
	礁石		堰洲
	石堤		环礁
	海沟	海藻林	
	峡谷	海草床	
	海洞		

注：同一术语可用于描述地貌单元、生物单元或栖息地类型。
资料来源：据各种资料非全面汇编。

表 11.4　能够定义和测度的海岸带复杂性　$g \cdot m^{-2} \cdot a^{-1}$（以碳计）

位置/群落类型	净生产率
开放水域	
海水	50~150
上升流区	200~2 000
陆架水域	100~300
沿岸海湾	50~4 000
涌浪区	30~500
潮下带	
海洋藻类	1 000~1 800
珊瑚礁	500~5 000
海草	120~800
潮间带	
岩岸藻类	300~600
沙滩	20~30
河口淤泥滩	25~500
潮上带	
盐沼	500~3 700
红树林	200~1 200
沙丘	150~175

资料来源：改编自 Carter（1988），Mann（2000）and Barnabé and Barnabé-Quet（2000）。

海岸带类型繁多（表 11.2），它们通过各种地质过程和相互作用获得了各自的特征，并经历了不同的演化阶段（Carter，1988）。海岸带区域在各种时间尺度上可能由一组或多组物理过程控制，包括波浪活动、潮差和潮流以及河流输入（图 11.2 和图 11.3）。海岸带经受到各种影响，处于不断变化状态（图 11.3）。周期性或非周期性的灾害性事件（例如风暴和飓风）可能产生特别不可预测的深远影响，其重要性远超只在局部或区域改变整个海岸带性质的季节性或年度性事件。在这方面，对海岸带的任何保护方案都应考虑到所评价地貌结构的时限或寿命。有关海岸如何形成、如何进化以及持续时间等方面的问题，对于考虑区域生态意义至关重要。

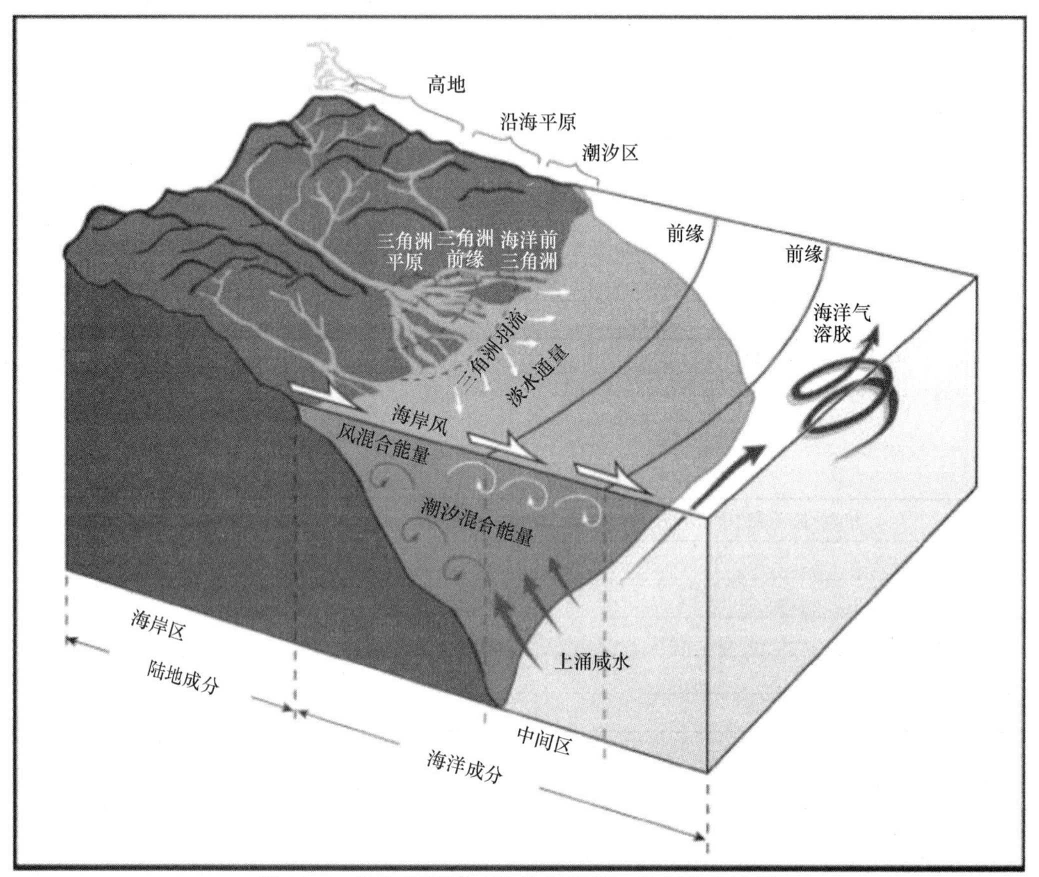

图 11.2　海岸带环境（结构和过程）的复杂性特征

资料来源：改编自 Ray and McCormick-Ray（2004）

单独考虑海岸带的第二个原因是，海岸带是生物圈中海洋和陆地之间的独特界面（图 11.2）。界面的生态学意义和生物学意义总是比体积属性大得多，而陆-海界面是我们这个星球上最重要的界面之一。海岸带受到海洋和陆地过程的影响，正是在这里，生物圈的各个部分发生了重要的交换。这些交换包括各种溶解态和颗粒形式的营养物质的重要流动，以及由边缘生物群落中那些独特生物所调节的生物体的扩散和迁移。各种物理过程的结合导致产生了一个由海岬、各种基底类型和大小海湾组成的非常复杂的海岸线，海岸线反过来又决定了该区域的生物群落类型（图 11.4）。

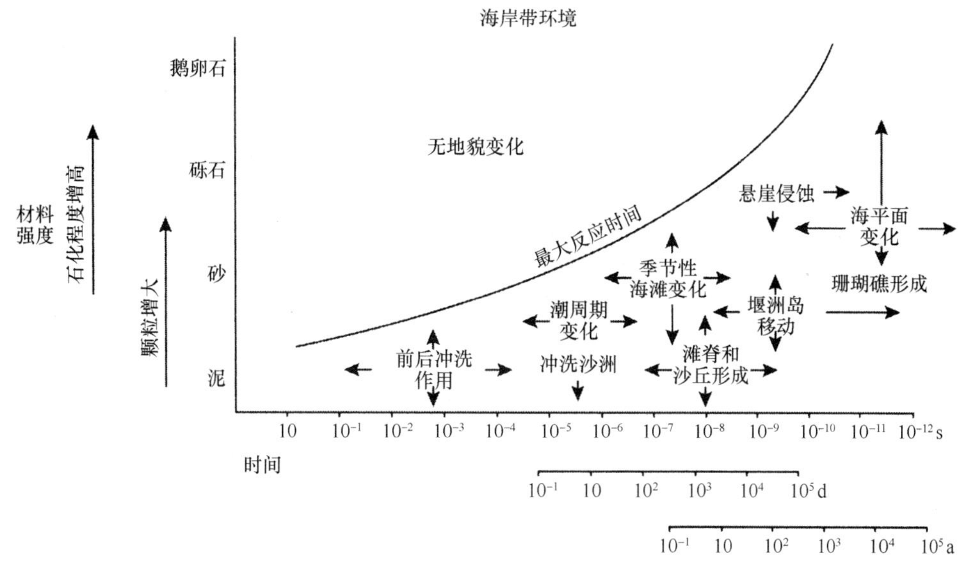

图 11.3　海岸带生态过程时间尺度示意图

注：纵坐标表示底质材料的强度和颗粒大小

资料来源：改编自 Carter（1988）

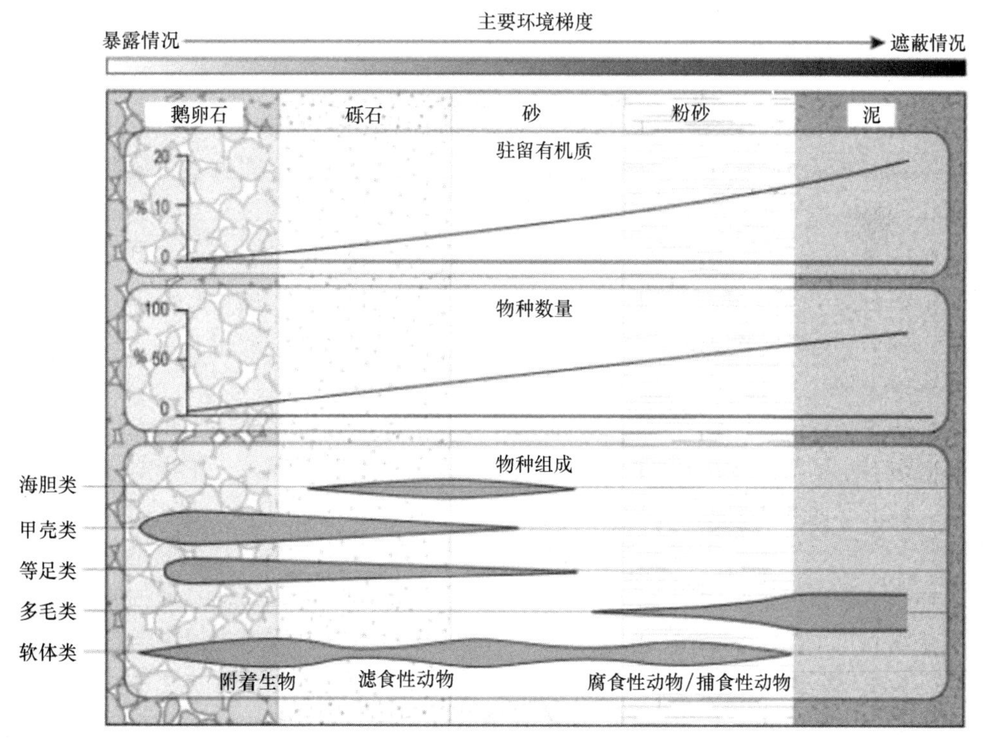

图 11.4　海滩的主要结构特征及其由暴露至遮蔽的环境梯度，显示颗粒大小、驻留有机质、物种多样性及组成

资料来源：改编自 Carter（1988）

第三个（也许是最重要的）原因是海岸带在其边缘生物群落、基底和开放水域中包含了所有全部类型的海洋初级生产者。这里的生产者群落有：浮游植物、泥滩底栖单细胞植物、岩礁海岸底栖单细胞植物、岩石海岸的大型藻类、海草、盐沼泽植物；红树林和珊瑚礁。综合起来，这些生产者群落使海岸带成为固碳和渔业生产最富有成效的海洋区域（表 11.4）。

第四个原因，它是人类与海洋互动的主要场所，也是人类活动影响最大的地方。这是一个为人类提供重要物理资源和生物资源的地区。

11.3　海岸带一般描述与传统分类

准确地描述和海岸带图示化一直严重依赖于航空摄影技术，这种技术使我们能够识别海岸类型、描述海岸结构多样性和解释形成海岸带的地质学和海洋学驱动力（McCurdy，1947）。为了保护海洋，结合地形图和沿海海图，对沿海地区进行了各种类型的描述。

由于海岸带的复杂性，海岸带可以用多种方式进行描述。例如，可以根据以下海岸带情况进行描述：地质构造和地貌学（Carter，1988）、组成其生态系统的生境和群落生态学（Mann，2000；Knox，2001；Madden et al，2005）、环境特征及其保护工作（Ray and McCormick-Ray，2004）。特定类型的地貌结构（如河口）可以结合潮汐活动和淡水径流（即海洋和陆地的相对影响）（Hansen and Rattray，1966）进行定量描述。从生态学的观点看，为了分析和保护海岸带，并根据各种尺度下数据的可用性，最好根据海岸带的地球物理组成部分进行描述，这样可以对海岸景观、海景或地貌单位等进行分类并图示化。

至于近海海域，有两种分析方法：对地貌单元及其栖息地直接图示化，或利用地球物理数据重建海岸景观或海景。采用哪种方法取决于所研究生态区的大小、数据的可得性和边缘生物群落的性质。然而，海岸带结构的任何分类方法都应该识别其明显的自然地貌特征。遗憾的是，目前几乎没有关于海岸带结构的标准化术语，生态层级结构各个“层次”上的术语都有趋同或重叠。有些使用的术语取决于调查的空间尺度，有些取决于作者的使用偏好。因此，盐沼可被视为一个生态系统、一个地貌单元或生源单元、一个基本群落生境或一个栖息地（表 11.3）。

对沿海栖息地的图示化可能意味着进行广泛的空中或地面调查，这也是传统方法。这对于只有数千米的海岸线是相当可行的，但如果涉及几百千米或几千千米海岸线工作量就非常大，因此必须使用更多的间接技术手段。在热带和亚热带海域，基础生物群落（biogenic communities）（或基础物种或生物地貌单元）的范围和性质，如珊瑚礁、海草床和红树林，通常会被很好地绘制成地图。在温带海域，直接调查潮下带栖息地的要求要复杂得多，需要潜水员调查或水下摄影和摄影机调查或多波束和声呐技术进行现场调查。

但是，尽管最近相当重视海岸带，特别是在综合管理方面做了很多工作，仍然很少对现有的生态和环境资料进行了全面分析。在确定如何通过包含代表性或特色性海岸带区域来发展海洋保护区的海岸带网络方面也没有任何进展。即使在目前存在保护区的海区，它们对保护区网络的贡献分析也很少进行，即使在已经这样做过这种分析的海区，分析结果表明我们还远不能形成这样的保护区网络（Johnson et al.，2008）。

11.4　沿岸海湾地理信息系统研究和海岸带分类新方法

上述总结的常规描述性分析水平不足以进行海岸带规划或确定代表性和特色性海域。如果某一特定的地貌单元或栖息地类型在某一生态区内是独一无二（例如，空间界限明确的单独红树林、河口等），则可以认为它就是特色性海域（Roff and Evans，2002）。然而，如果一个生态区有多个这样的单元（如海湾、湿地、珊瑚礁等）存在，如果没有进一步的空间分析，我们就不知道它们在栖息地和群落组成方面的差异，也不可能知道它们所包含不同栖息地的比例。因此，我们不知道哪一个单元可以代表这些单元组。这就需要我们进行两个层次的分析：一个是对单元本身分析；另一个是对用于校准和确定与海岸过程有关的栖息地类型的单元进行分析（表 5.1 中的第 5 层次和第 6 层次）。如果不对一个区域的生态组成成分进行这样的分析，我们就不能确定是否能够制定出一项有效的保护战略，从而可以确定一个生态区内生物多样性组成成分的最大数量。

即使海岸带分类是基于地貌/环境特征和生态特征的某种组合（例如 ENCORA 系统）（Madden et al.，2005），我们仍然只能罗列出其结构类型和单元类型。仍然不能了解这些单元内栖息地类型的代表数量。因此，假如我们可能知道河口的数量，但我们仍然不知道哪一种河口包含相同、相似或相同大小的某一特定类型的栖息地。只有对海岸带地貌类型进行定量分类，才能对其栖息地类型的组成进行定量清查。

现在地理信息系统技术的发展及其在海洋学和渔业领域的广泛应用（Valavanis，2002）已经可以对海岸带地理进行定量描述，并可对其生态结构和环境结构进行评估，从而促进了许多资源调查和保护方案倡议的进行。例如，在澳大利亚海洋生物区域化研究中，在国家和区域层次上实施了大量的海岸带图示化和保护规划（Commonwealth of Australia，2005），在欧洲自然保护 2000 研究中对保护地进行了分析（Boedeker and von Nordheim，2002）。对特定类型的海岸地貌结构在国家或地区层次也进行了定量描述，例如对苏格兰西部的狭长海湾进行的调查描述（Dipper et al.，2007）。在沿海水域还为各物种（一般是那些具有商业价值的物种）建立了栖息地适宜性模型（Brown et al.，1997）。

利用地理信息系统技术进行空间分析和保护规划，现在已成为沿海地区所有保护行动（不论是发展行动还是保护行动）所不可缺少的。地理信息系统技术通常用于图示化海岸带内的地貌单元或“生态系统”，以及这些单元内的栖息地成分类型。然而，对于整个生态区内的地貌单元及其生境类型的一般尚未进行进一步分析或全面调查。然而，如果我们要定义代表性栖息地类型，这正是我们所需要去做的。

为了做到这一点，我们需要定义栖息地结构（特征）并分析作用于它们的过程。在一个生态区内，现在这种分析和分类结果可以告诉我们哪一个地貌单元可以代表一个生态区，哪一个（因为他们的异常结构）是该组中的异常值，因此可以将该异常单元看做特色性海域，它们也许具有一系列特色性栖息地。事实上，这样的分析实际上提供了一种定义特色性海岸区域的方法，这些海岸区域可能包含了在平常的代表性海域中没有发现的生物多样性成分。

11.5 沿岸带地形单元分类

在本节中，海岸带被定义为最高海水水位线和海岬连线之间的区域。因此，这个区域包括所有类型的海湾和海岬本身。在海岸带内，地貌单元是指具有相似地貌类型、具有同等环境特征和一系列栖息地的重复单元。此时，景观类型/海景类型是地貌单元，包括各种类型的沿海海湾（如港湾、小海湾和河口）和海岬。温带地区的海岬，尽管其群落组成与暴露状态有关，但它们在生态上往往相当一致（见第8章）。

在关于海岸带的一个章节中，我们不能指望讨论其所有复杂性和所有可能的保护办法。在此，我们给出了利用现有地球物理信息（Greenlaw，Roff and Redden，未发表）定量分析沿海海湾的新技术。通过分析，我们可以开始评估不同类型的栖息地在每个海湾类型中的比例，尽管在整个地貌单元层次上，我们可能不知道如何准确地描述它们。然后，我们根据 Valesini 等（2010）的研究成果，提出了进一步分析指定海湾内部栖息地分布的技术。

以前对沿海海湾的分类很少专注于开发一个能代表海湾生物学模式的系统（Hansen and Rattray，1966；Heath，1976；Cowardin et al.，1979；Hume，1988；Gregory et al.，1993；Cooper，2001；Ryan et al.，2003；Engle et al.，2007；Hume et al.，2007）。现在有一项类似于 Roff 和 Taylor（2000）进行代表性海域图示化的规划技术可以应用于沿海海湾，该技术可以定量测绘那些将海岸环境塑造成不同类型海湾的地球物理变量。代表性海域方法（第5章）侧重于通过保护大多数生物群落所占的普通栖息地来保护生态系统生物多样性。该方法使用物理环境变量来描述栖息地类型，并替代生物学变量。之所以采用这种方法，不仅是因为群落层次的数据通常非常少，而且还因为完全不可能对一个生态系统中的所有物种进行采样。因此，通过划定具有类似地球物理特征的海域，以形成一种期望可以预测生物群落的分类方法，并在随后的现场调查中验证该分类方法。

所采用的沿海海湾（inlet）的定义是指任何一段凹形海岸线内的海岸地带、海底环境及相关的海洋环境，其两个海岬平均高水位线之间的直线距离相距至少 500 m。每个这样的海湾包含一系列初级栖息地（表5.1和表11.3）和一系列群落类型。每个海湾内这些初级栖息地的比例与栖息地的类型相关，受所创建的地球物理分类方法所限定。例如，平均暴露程度较低的沿海海湾中软质底的初级栖息地比例较高，底栖生物群落中底内生活的动物所占比例较大。

所创建的地球物理分类方法预计也将包含 α 多样性（物种丰富度）和 β 多样性（沿着某一空间维度物种组成的变化）（Izsak and Price，2001）。例如，一个沿海海湾，如果其径流量远大于潮汐水量，受遮蔽程度较高，它就很可能含有典型的河口栖息地，基底沉积有大量的沙和淤泥，越往河口上游盐度越低，受波浪能的物理干扰越低。可以预见，这些受典型近海环境影响的条件也会改变海湾内的物种多样性和丰富度模式。在这样一个高度河口化的环境中，由于存在能够忍受低盐度的物种，预期 β 多样性可能会非常高。物种多样性模式也会因受遮蔽的环境而改变，在这种环境中物理干扰很少，这将导致物种多样性可能很低但物种丰度可能很高的情况出现（Wilkinson，1999）。这种环境主要由细小沉积物组成，适合于那些主要以沉积物为食物的底栖无脊椎动物功能类群的生存。

11.5.1　研究海域

该分类方法的研究区域是世界弯曲程度最大的海岸之一。它位于 43°—47°N，几乎完全处于斯科舍大陆架海洋生态区近岸海域，包括新斯科舍省大陆超过 4 000 km 的异质性海岸线（位置见图 16.1a）。

研究海域的物理条件与周围水域形成了鲜明的对比，如圣劳伦斯湾和芬迪湾，这些遮蔽水域都不受涌浪影响。大部分研究区域内，河口湾和河口处沉积物多种多样，风区长度实际上没有限制。这种高暴露，加上地质海平面的持续上升，有助于形成高度弯曲的海岸线和众多沿海海湾。

流入大西洋新斯科舍河口的河道径流一年四季都不强大，不足以形成盐楔河口。大多数情况下，除了在春季径流和强降雨期间外，沿岸都会找到水体混合良好的河口（Gregory et al.，1993）。新斯科舍省的河口受潮汐和风海流的影响，盐度在河口由外向内逐渐降低（Davis and Browne，1996）。

近岸海域受到不均匀半日潮潮汐影响。夏季的风主要来自 SW 方向，冬季的风主要来自 W/NW 方向，不过近岸环流主要受西南新斯科舍海流主导。新斯科舍海流、潮汐混合作用、地形上升流和风力驱动的近岸上升流共同作用，形成了近岸温度和盐度的稳定模式。

11.5.2　塑造近海生物群落的地球物理变量选择

海岸带划分需要一种基于分类标准明确定义和特征能够量化的分类方法，这种分类方法能够将具有明显不同初级栖息地的海岸地貌单元进行区分。要做到这一点，有必要提出两个问题。①决定海岸地貌单元本质特征（即初级栖息地集合）的结构与过程之间存在哪些相互作用？②有什么数据可以用来描述这些地貌单元，以便根据第一个问题来区分它们？由于缺乏可用的数据，不可避免地会对代理变量做出一些折中或调整。

一般认为可以确定近岸栖息地类型的那些重要地球物理变量已通过文献检索确定（表 11.1）。为了消除变量之间的冗余和自相关性，根据 3 个标准对每个类别中选择一到两个物理变量加入分类过程：那些已被证明对群落模式影响最大的变量；那些最方便区分沿岸海湾类型的变量（使用主成分分析）；在整个研究区域都有充分数据的变量。

所选择的一些物理变量以前没有被用于沿岸海湾分类，尽管有证据证明这些因素能够影响近岸海域的群落模式。这些因素包括：整个海湾每个 20 m^2 网格的风区长度测量、海岸线弯曲度、底栖生物复杂性以及水深和风区长度二者物理类别的多样性。

还有一些因素由于数据缺失而不能列入分类，这些因素包括潮下带基底性质、海湾尺度上的温度、局部海流、营养盐浓度、浑浊度（或水体透明度）、上升流区域的位置和状态以及海湾口门处海脊是否存在。通过卫星测量浊度非常可行，但目前只适用于近海（Selvavinayagam et al.，2003）。在许多情况下，地质历史对海岸基底类型有很大影响，特别是河口区域。然而，可以预料，在任何小海湾中很少会存在非常细小颗粒的沉积物，而在河口和海湾中淤泥存在的频率较高。上升流区和口门海脊存在与否并不包括在分类工作中，因为很难将它们作为一个定量因素包括在内。然而，海脊的存在可能会限制水的交换，并可能导致缺氧状况出现。这个因素可以作为一个特色性因素，与其他不能定量的因素一起包括在内（即上升流区域和结构异常），进行图示化并叠加到分类中。这种分类过程也排除了一种海岸线上的海湾类型——潟湖。影响潟湖的潮汐交换量很小，使它具有非常不同的特性（Gonenc and Wolflin, 2004）。在各种各样河口中也有类似潟湖的河口，但目前没有潮汐交换的封闭潟湖不包括在内。

应该认识到，这里所选择的变量是针对特定区域的，并且受到数据可用性的限制。在其他区域，可能存在另外一些因素，但基本水文学海图信息构成了本分类方法的基础，这种信息在世界范围内都能获得。

11.5.3 沿岸海湾分类框架

分类过程中所选用的物理变量，根据它们对栖息地模式的影响和海岸带“自然”划分的基本概念，可以分为3类。这些变量对于环境管理者、甚至对普通公众是非常“显而易见”的。而近海区域代表性海域的分类（Roff and Taylor, 2000；Roff et al., 2003；第5章；第6章；CLF/WWF, 2006）最后对海景进行了定义，海景虽然在生态和环境上也非常“自然”，但却没有非常明显的意义，对海洋管理可能没有多少直观的吸引力。因此，选择了沿岸海湾的3个基本类别，以使分类结果更容易为海洋管理工作者所理解。

用来描述沿岸海湾的3个类别是：根据陆地对海洋的相对影响划分的形态/水文海湾类型；水体环境与海底环境对比的优势初级生产力结构类型；沿岸海湾从简单到复杂的物理复杂性类型（可以作为栖息地多样性的预测因子）（图11.5）。

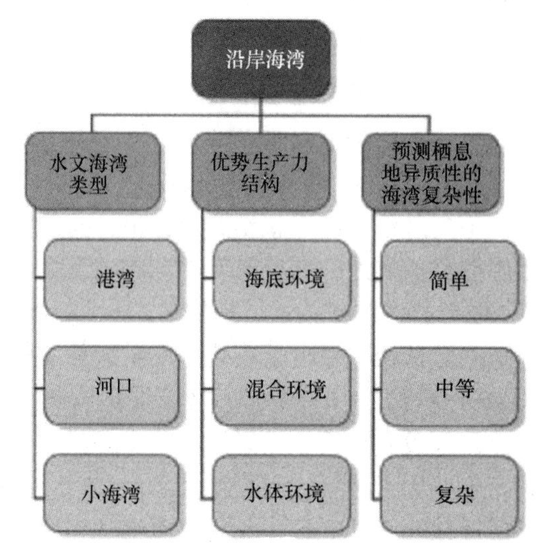

图11.5 根据Greenlaw和Roff的研究（未出版）对海湾类型层次结构概述（Greenlaw和Roff根据水文和地形、优势生产力结构、海湾复杂性进行分类）

层级1：形态/水文学海湾类型

该层级描述了陆/海界面上由不同环境结构和环境过程共同形成的沿岸海湾的主要地貌特征和水文特征。该层级将这些沿岸海湾分成3个海湾种类：港湾（bay）、河口（estuary）和小海湾（cove）（图11.5和图版15A）。海岸带的主要特征是海洋和陆地在这里相遇并相互作用。因此，在任何特定地点，海岸带的局部特征必须由其中占主导地位的环境来决定。沿岸海湾是近岸海域中开始遮蔽外海影响的海区，它的物理环境也会受到外海的影响。这就需要包括诸如波浪暴露和淡水输入等因素。

形态/水文学海湾类型由两个变量定义：来自特定流域的淡水径流和地形遮蔽（遮蔽外海海况的海湾面积）（专栏 11.1）。港湾由其遮蔽程度和每个潮汐周期的淡水注入量与极小的进潮量之比所定义。小海湾由其低比例的遮蔽程度和每个潮汐周期的淡水注入量与进潮量之比所定义。河口由其高比例的遮蔽程度和每个潮汐周期的高淡水注入量与进潮量之比所定义。

第一层级描述主要沿岸海湾类型，应依据 3 种典型海湾种类的 γ 多样性和 β 多样性的重要差别进行分类。

专栏 11.1　描述沿岸海湾的参数分类

在 3 个层次中选取 3 类参数来描述沿岸海湾：根据陆地对海洋的相对影响划分的形态/水文海湾类型；水体环境与海底环境对比的优势初级生产力结构类型；沿岸海湾从简单到复杂的物理复杂性类型（可以作为栖息地多样性的预测因子）。定量这些参数的过程描述如下。

层级 1：形态/水文学海湾类型

第一层级为形态/水文学海湾类型，该层级描述了陆/海界面上由不同环境结构和环境过程共同形成的沿岸海湾的主要地貌特征和水文特征。在底质构造和海平面稳定的条件下，本层级主要取决于波浪、潮汐和河流动力对海湾的影响以及它的形态测量学特征（Penthick，1984）。水文学海湾类型由两个变量定义：潮汐周期的预测淡水径流量与海湾总体积的比例；海湾受遮蔽外海影响部分的比例。港湾由其遮蔽度和 R12/V 值（1/2 淡水潮汐周期的淡水径流量/极小的进潮量）所定义。小海湾由其较低的遮蔽度和中等的 R12/V 值所定义。河口则由其高遮蔽度和高 R12/V 值所定义。

1/2 潮汐周期淡水径流量与海湾总体积之比（R12/V）

R12/V 值较大表明该海湾主要受河流径流控制，因此盐度降低。通过测定，每 1/2 潮汐周期期间预计淡水注入量与海湾体积的比例，可以测得因子 R12/V。潮汐周期预计淡水径流可以通过确定标准河流流出量与流域面积之间的关系来计算（Gregory et al.，1993）。标准河流流出量与流域面积呈高度正相关关系（$R^2 = 0.93$，$P < 0.5$）。

海湾体积是通过用来测量水深特性的数字高程模型计算出来（见下文）。通过使用 ArcGIS Desktop TIN 多边形体积函数的三角形不规则网络（TIN）表面来测量海湾体积，其中将每个界定海域的体积作为一个多边形边界。

遮蔽面积比例

遮蔽面积的比例是由处在两类风区长度中（0~700 m 和 700~5 000 m）的海湾面积之和得出。在缺乏波浪信息的情况下，风区长度是广泛用于预测波暴露的度量值。波浪暴露虽然没有精确的定义，但通常被认为是近岸动植物所生活的水动力环境暴露严重程度的一个指标（Denny，1995）。

修正有效风浪区是两个风浪区长度栅格的平均值，一个栅格引用海湾海岬方向的标准方向（垂直方向），以解释从近海进入海湾系统的波浪；另一个栅格引用2005年期间的平均风向，以解释能够影响海湾浅海海域风浪的形成。风向数据从加拿大环境档案馆下载，对2005年5个位于研究区域的风站数据进行平均。基于风向频率图计算了这些区域16个方向上的刮风频率。

数字高程模型中用风浪区长度算法计算了0以下每个像素的风浪区长度值。该算法使用的为ArcGIS 9.0创建的算法，对20 m网格中每个点的9个径向风浪区长度取算术平均值（Finlayson，2005）。使用ArcView 9.1中的函数计算每个海湾风浪区长度的平均离差、最小离差、最大离差和标准差。根据Howes等（1994）进行修改的5个类别，计算每个类别的比例，并根据下列公式选择风浪区长度类别（Mardia et al.，1979）：

修正有效风浪区（Fm）$=(0.5^{*}(\sum i_{wn})/n)+(0.5^{*}(\sum i_{an})/n)$

式中：

i=风浪区长度（该点到最大值25 km的开放水域距离）

n=径向数量（1~9）

w=平均风向

a=到湾口的方位角

层级2：优势生产力结构类型

优势生产力结构类型是为了区分海湾是以水体生产力过程为主还是以底栖生产力过程为主。

利用水深和潮间带比例来区分3种主要的沿岸海湾类型：海底优势生产力结构类型、混合优势生产力结构类型和水体优势生产力结构类型。潮间带广阔和较浅水深的沿岸海湾主要是海底优势生产力结构类型，而平均水深较大和潮间带狭窄的海湾则主要是水体优势生产力结构类型。

潮间带比例

以1∶5万比例尺的加拿大水道测量局海图为基础划分潮间带比例，利用ArcView 9.1分区函数进行面积测量。潮汐量的计算方法是利用近岸的三角形不规则网络计算海湾LNT和平均高潮面（MHW）之间的体积（见水深特征）。利用ArcDesktop 9.1 TIN多边形体积函数计算大潮低潮线（LLWLT）和MHW时的体积。海湾总体积是MHW和LLWLT的平均体积，即在中潮值。

水深特征

通过建立近岸数字高程模型来测量水深特征。数字高程模型是使用新斯科舍省测绘学中心（NSGC）提供的数字海岸系列地图数据建立，所覆盖面积为研究区域陆/水边界并从LLWLT向外延伸至50 m深度的海域（最低水位平均值，基于19年的预测值）。

海岸地图系列分为陆地层和水层两个图层。NSGC从新斯科舍省地形图数据库1∶10 000地图系列中获得了地形特征，包括10 m的等高线和单个点的高度。所定义的特征具有20 m以上的水平精度。

水层是根据加拿大水文局各种比例尺和服从数字化公约的数字水深图所绘制。加拿大水文局提供的点深度是通过各种方法收集，最近数据是多波束方法获得（近岸精度在 0.15~1 m）（加拿大水文部门，2005），有一些海域使用 20 世纪初的测深绳测量（Canadian Hydrographic Service，2005）。这些地图已经按照 1∶5 万的比例尺数字化，并向外延伸 12 英里。

地形图上的传统（平均高潮面）海岸线来源于遥感摄影测量。

当水深和地面高程数据相对于平均高潮面一致，使用三角形不规则网络在等高线和水深度之间内插创建一个连续面。然后将该三角形不规则网络转换为栅格数据集进行后续分析。利用 ArcView 9.1 中的空间分区函数，运用数字高程模型（DEM）提取每个海湾的水深特征。

层级 3：预测栖息地异质性的海湾复杂性类型

采用 6 个措施来预测栖息地异质性，地形复杂度和岸线复杂度（岸线弯曲度）作为结构复杂度、多样性和深度均匀度的替代指标，风区长度作为物理多样性的测量指标。

因为栖息地异质性预期与物种多样性呈正相关（Kallimanis et al.，2008），所以栖息地异质性是保护规划中用来建立保护区的一个广泛使用的指标（Mumby，2001）。

海岸线曲折度

海岸线曲折度通常作为海岸线复杂程度的指数（包括和不包括岛屿海岸线长度），即海岸线的长度除以具有相等表面积的圆的周长。该指数与海岸线发育的湖沼指数相似。海岸线曲折度并不能代表岸线长度。

海岸线曲折度（SS）$=L/2\sqrt{a\pi}$

式中：L=海岸线长度；a=海湾面积

海底复杂性

海底复杂性平面是参考 Ardron 和 Sointula（2002）的研究，根据近岸数字高程地图，通过获取栅格坡面周围 8 个网格单元的最大坡度变化来创建。它可以用下列公式计算。

海底复杂性=ATAN（$\sqrt{}$（[ds/dx]^2+[ds/dy]^2））* 57.295 78

式中：s=坡度

均匀度和多样性指数

深度和风区长度类别的均匀度指数和多样性指数是根据 Shannon（1948）多样性指数进行计算。均匀度是一种多样性指数，它量化了物理类别的平等程度，并由 Pielou（1975）均匀度指数计算得出。

Pielov's Evenness（E）$=\frac{H'}{H'_{max}}$（H'=Shannon 多样性指数）

Shannon's Diversity Index（H'）$=-\sum_{i=1}^{s}p_i\ln p_i$

$p_i=\frac{n_i}{N}$

$H'_{max} = \ln S$

式中：n_i=每个类别中深度的比例；N=100%；S=深度类别总数

风区长度和水深测量描述见上。

References

Ardron, J. A., and Sointula, B. C. (2002) 'A GIS Recipe for Determining Benthic Complexity: An Indicator of Species Richness', in J. Breman (ed.), *Marine Geography GIS for the Oceans and Seas*, ESRI, Redlands, CA

Canadian Hydrographic Service (2005) *Standards for the Hydrographic Survey*, Canadian Hydrographic Service, Fisheries and Oceans Canada

Denny, M. (1995) 'Predicting Physical Disturbance: Mechanisitic Appraoches to the Study of Survivor-ship on Wave-Swept Shores', *Ecological Monographs*, vol 65, no4

Finlayson, D. (2005) 'UW Waves Toolbox for Arc9.0', accessed from http://david.p.finlayson.googlepages.com/gisscripts

Gregory, D., Petrie, B., Jordan, F., and Languille, P. (1993) *Oceanographic, Geographic and Hydrological Parameters of Scotia-Fundy and Southern Gulf of St. Lawrence Intets*: Bedford Institute of Oceanography, Dartmouth, NS

Howes, D. E., Harper, J. R., and Owens, E. (1994) 'BC Physical Shore-Zone Mapping System' [Electronic Version], from http://www.ilmb.gov.bc.ca/risc/pubs/coastal/pysshore/index.htm

Kallimanis, A. S., Maxaris, A. D., Tzanopoulos, J., Halley, J. M., Pantis, J. D., and Sgardelis, S. P. (2008) 'How Does Habitat Diversity Affect The Species-Area Relationship?', *Global Ecology and Biogeography*, vol 17, no 4, pp532-538

Mardia, K., Kent, J., and Bibby, J. (1979) *Multivariate Analysis*, Academic Press, London

Mumby, P. J. (2001) 'Beta and Habitat Diversity in Marine Systems: A New Approach to Measurement, Scaling and Interpretation', *Oecologia*, vol 128, pp274-280

Penthick, J. (1984) *An Introduction to Coastal Geomorphology*, Edward Arnold, London

Shannon, C. E. (1948) 'A mathematical theory of communication', *Bell System Technical Journal*, vol 27, pp379-423 and 623-656

层级 2：优势生产力结构类型

优势生产力结构类型旨在区分海湾是以水体生产力为主（通常水较深）还是受海底生产力驱动（通常水较浅）。在深水海洋环境中浮游植物生产占主要地位，而在浅海、潮间带为主的海洋环境中，底栖微藻、大型藻类、海草和盐沼植物贡献了总初级生产力的 50%以上（表 11.4；Valiela，1995）。生产力结构类型被选择来代表 3 种典型的生产力结构，以及海底生产力结构类型或水体生产力结构类型或它们之间的混合类型。3 种典型生产力结构的区别在于两个因素：平均水深和潮间带的比例（专栏 11.1 和图版 15B）。

层级 3：海湾复杂性类型

随着海湾复杂性从低到高的变化，预期多样性也会随之增加，通过评估栖息地异质性，海湾复杂性类型被推荐用来预测每个海湾的 α 多样性和 β 多样性的混合情况。栖息地异质性被认为可以通过创造小生境类型、产生更大的总生态位空间和提供庇护场所（以结构复杂性的形式）来影响物种多样性。选择了 3 种典型的海湾类型（图 11.5）来表示海湾复杂性类型：简单类型、中等复杂类型和复杂类型。

在地貌单元层次上，采用了 6 种方法来评价总体环境复杂性。地形复杂性和海岸线复杂性（海岸线弯曲度）作为结构复杂程度的代用指标进行了测量。深度（图版 15C）、暴露多样性（图版 15D）和均匀度作为物理多样性的度量进行计算（专栏 11.1）。

11.5.4　沿岸海湾类型划分

基于一个或多个变量的相似性分析，应用监督聚类算法将数据进行系统分组，从而将沿岸海湾进行分类。具体使用的聚类算法是可能性 C 均值聚类（possibilistic C-means，PCM），它根据每个类别与其聚类中心的距离对类成员值加权，而忽略它们与其他聚类中心的距离（Bezdek et al.，1984；Krishnapuram and Keller，1993）。聚类算法广泛应用于数据挖掘、生物信息学、GIS 和遥感分析等领域，由于该算法非常方便对多维数据中变量之间复杂的相互作用进行排序而得到迅速发展（Bezdek et al，1984）。当用户对系统有一定的了解时，可以选择已知属于某个类的样本并“训练”算法以选择相似样本，或者可以定义聚类中心，这时就可以应用监督聚类分析。在这种分析中，聚类中心被选择来代表典型海湾。所选的聚类中心值输入到监督聚类算法中，然后根据每个海湾与每个典型聚类中心的距离（欧氏距离）为每个海湾分配一个成员值。对程序更详细的讨论参见 Jain 等（1999）、Clarke 和 Warwick（2001）和 Bezdek（1981）。

将沿岸海湾全面分成 17 个类（图 11.6），其中，中等复杂性和混合优势生产力结构的小海湾是最常见的分类。仅有一个成员的类有 3 个：中等海底复杂性港湾、复杂海底港湾和简单水体型小海湾。许多可能存在的类没有任何成员：简单海底生产力结构港湾、简单混合生产力结构港湾、简单水体水处理结构港湾、简单海底生产力结构河口、复杂海底生产力结构河口、简单混合生产力结构河口、简单/中等/复杂水体生产力结构河口、复杂海底生产力结构小海湾。第一级分类产生了 41 个港湾、14 个河口和 82 个小海湾；第二级分类产生了 19 个海底生产力结构的海湾、86 个混合生产力结构的海湾、32 个水体生产力结构的海湾；第三级分类产生了 28 个简单海湾、77 个中等复杂性海湾和 32 个复杂性海湾。

11.5.5　分类用途

17 个不同的沿岸海湾类型可以预测栖息地和群落类型的各种组合以及 α 多样性模式和 β 多样性模式。第一层次的形态/水文学海湾类型可以预测港湾、河口和小海湾 3 个类别的主要区别。第二层次的优势生产力结构类型可以确定海底群落类型和水体群落类型之间的主要区别。第三层次的海湾复杂性水平类型用来预测 α 多样性（物种层次）和 β 多样性（栖息地类型）的混合情况，α 多样性和 β 多样性都是随着海湾复杂性的增加而增加。

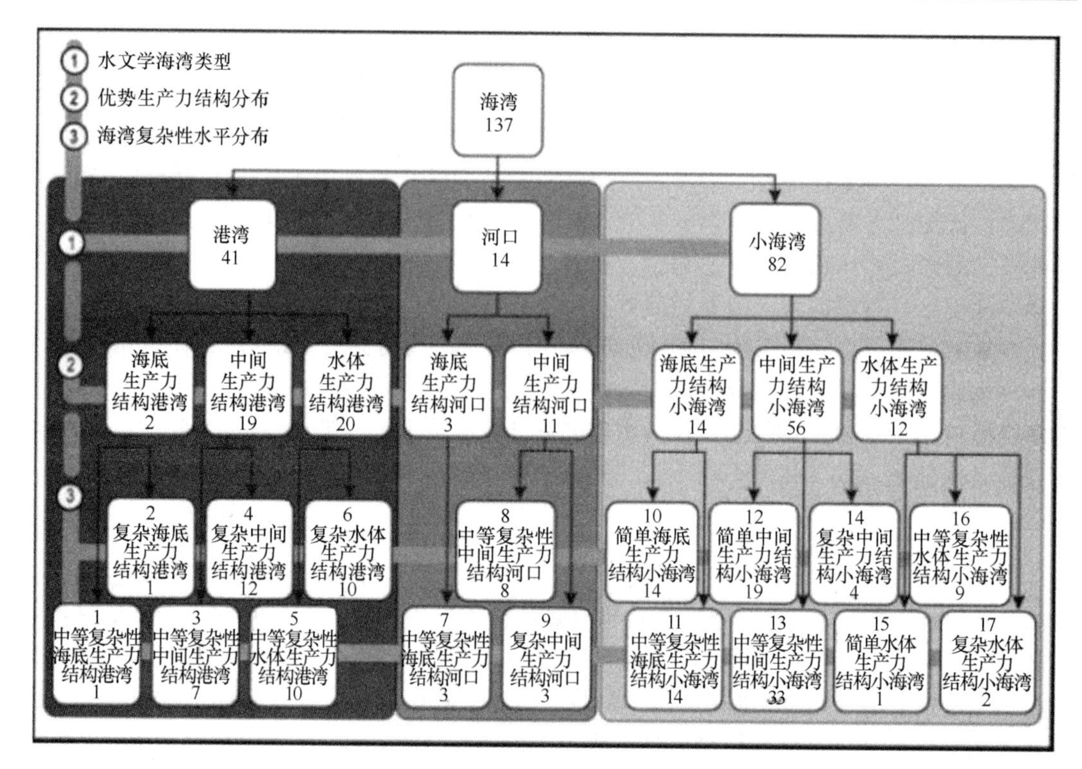

图 11.6 新斯科舍海湾类型的完全分类

注：每种类型的海湾数量显示在类描述下面；第一级为 3 个水文海湾类型，第二级为各水文海湾类型的优势生产力结构类型分布；第三级显示了优势生产力结构类型和水文海湾类型下的海湾复杂性分布

这个分类中的一个案例就是，一个特征丰富的海湾（例如复杂混合生产力结构的港湾）被期望具有最高的物种丰富度。在这样的一个海湾中，混合生产力结构将导致一系列的潮间带栖息地和水体栖息地（以及底栖生物群落和水体生物群落类型），而其物理复杂性则源于水深、风区长度、小生境和盐度梯度的各种变化。相比之下，简单的小海湾将呈现与背景海洋环境几乎没有差别的栖息地和环境条件，但可以为能够承受波浪压力的物种提供生活场所。河口的盐度和温度值与开阔的海洋环境差异最大，因此河口湾的物种能够承受环境给予的生理压力。这里给出的定量分类类型可以通过对选定地点的实际生物调查加以验证（见下文）。

除了预测每个海湾类型的生物多样性模式外，这个分类方法在提供标准分类系统方面也有相当大的价值。这里概述的分类方法可以应用于全球范围内具有类似条件的海岸带（曲折海岸带上具有很多物理特征高度变化的河口），但可能需要对使用的变量进行一些修正。

这个分类方法可以为一些重要问题提供答案，例如：哪个是沿海的关键海湾？它们在生态上有什么独特之处吗？为了确保代表性，哪些海湾应该受到保护？现时受保护的海湾有哪些？它们是否代表整个区域的沿岸海湾？关键海湾应该是那些不仅与众不同，而且还受到显著人类活动压力的那些海湾。

11.6　沿岸地貌单元内栖息地的深入分析

根据上述对整个海岸线地貌单元或海湾的定量分析，根据其代表性或特色性特征，可以选择海岸带特定区域或海湾进行保护。然而，从这些对生态区内各单元的分析来看，我们对各种栖息地类型的数量分布还没有明确的了解。显然，为了确定单元内不同栖息地组成类型的种类和范围，需要对选定或候选单元进行进一步分析。

Valesini 等（2010）的研究介绍了如何根据现有的地球物理数据和有限的野外工作，来分析整个海岸地貌单元（在他们的研究中是澳大利亚的一组河口）中的栖息地。本章的这一部分大量引用了这项研究，并在这里作为海岸保护规划的一个例子作了相当详细的描述。该研究还表明，即使数据有限，但只要对其进行仔细分析，也可以为复杂海岸带海湾内的栖息地进行定量的环境分类。

重要的是要区分从分类方案中获得的栖息地分布图和通过海底测绘技术获得的表现与基底有关的地貌特征的栖息地分布图。前者是由一个分类框架产生，该分类框架整理了环境空间差异的信息，并可以使用一套标准中的特定差异将站点系统地分配给一个组（Diaz et al.，2004；Valentine et al.，2005；Snelder et al.，2007）。然而，在许多情况下，后者不采用这样的决策规则，只代表海底环境特征，如海底地形和质地、不同的基底或各种固着性生物区系（Diaz et al.，2004；Valentine et al.，2005）。虽然这些信息可以作为海岸栖息地分类方案的重要组成部分（Kenny et al.，2003），但它并没有形成一个系统的分类框架来定义或预测栖息地类型，而且在该研究海域之外没有任何应用价值。此外，简单的海底测绘技术也不能捕捉到其他与生物有关的栖息地属性，例如波暴露或水质的差异。

最有用的分类方案应该具有如下所述标准，它们：

- 基于定量数据和决策规则。
- 采用一套持久的环境条件指标，这些指标可以从现有的地图数据中很容易和准确地测算出来，这些指标可以直接影响生物区系的分布，也可以作为效应变量的良好替代指标。
- 在整合新数据方面具有灵活性，并且可以应用于研究海域之外的其他海域。
- 适用于大多数生态学家和资源管理人员操作的各种空间尺度，即从局部尺度到区域尺度。
- 易使用。
- 在生物学上是有效的，即在不同的栖息地之间生物群落的特征存在显著差异。
- 无论是它们识别任何新地点栖息地的能力，还是识别可能代表其动物群系的物种的能力，都具有预测性（Zacharias et al.，1999；Roff and Taylor，2000；Banks and Skilleter，2002；Roff et al.，2003；Valesini et al.，2003；Madden et al.，2005；Hume et al.，2007；Snelder et al.，2007）。

然而，许多现有栖息地分类方案都缺乏上述一项或多项标准。

Valesini 等（2010）的研究主要目的如下：

- 设计一种分类方法，对河口范围内的近岸栖息地进行分类。该分类方法：①可以完全定量；②从统计上探究衍生栖息地类型有显著差异；③是根据对一系列持久性、生物相关并容易获取的环境指标；④能够适应新的环境指标；⑤适合于局部尺度上工作的生态学家和管理者。

- 开发一种定量和易用的方法来预测河口任何站点都可归类的栖息地类型。
- 对于每个河口和每个季节，确定一组非持久性水质变量在栖息地之间的空间差异在多大程度上反映了用于识别这些栖息地的持久性环境特征。

Valesini 等（2010）选择了5个不同特征的河口作为研究系统，但集中分析了其中的两个河口：澳大利亚西南部的 Swan 河口和 Peel-Harvey 河口。这些系统主要有以下不同：①向海洋开放的频率；②总体形态；③被人为改变的程度。

11.6.1 数据源和数据处理

所使用的主要数据源用于识别每个河口近岸浅水区（< 2 m）的各种栖息地的类型，这些数据具有以下特点：①分辨率高，具有数字地理坐标的遥感图像，即数字航拍照片（1 像素=40 cm）或 Quickbird 卫星图像（1 像素=2.4 m），这些图像显示红色、绿色和蓝色波带；②高分辨率水深数据（每 10~50 m 测量水深 1 次）。使用 GIS 软件 Idrisi Kilimanjaro v14 或 ArcGIS v9.1 对所有这些地图数据进行初步处理，对每个河口栖息地分类和预测方法中使用的一组持久性环境变量的测量数据都进行初步处理。

上述每个系统的数据都是为测量一组持久性变量而准备的，方法是：①根据遥感图像画出海岸线，包括岛屿或较大构筑物（如码头）的轮廓；②构建水深数据的数字高程模型（DEM）。然后结合每个河口的轮廓和 DEM 模型，遮掩每个波带遥感图像中所有不需要的区域，即遮掩所有大于 2 m 深的水域和陆地。通过提高不同海底类别像素反射比的差异，对每幅图像的遮掩带进行进一步处理，从而测量不同基底/沉水植被类型的面积。

11.6.1.1 持久环境变量的测量

最初在每个河口选择了大量环境多样化的近岸站点，这些地点被认为可能充分代表了近岸栖息地多样性。这些站点是根据对每个系统高分辨率图像的视觉评估和几次实地踏勘而选定。在各河口的每个站点测量了三大类持久性环境变量，从而为将这些站点划分为相应的栖息地类型提供所需数据。这三大类环境变量是：关于海水和河水来源的地点、波暴露情况、基底和水下植被类型。

海水和河水来源的位置作为一组变量，主要是用作水质参数的替代指标，这些水质参数通常由于在海水和河水之间混合范围的差异在河口会发生空间变化，例如盐度、水温、溶解氧浓度、水色、浊度和离子组成。值得注意的是，虽然这些水质变量不一定会按照从河口到受潮汐影响的河流范围呈现简单的梯度变化，但它们很可能在这些系统中表现出空间差异。

波暴露情况是一组变量，反映了每个站点局部风成波暴露情况（即每个基本方向的风浪区长度和垂直于每个站点方向的风浪区长度）和波浪接近海岸线时局部海域水深对波浪的影响（即基底的平均坡度和波浪传播到岸边的距离）。使用修正有效风浪区（MEF）公式（Coastal Engineering Research Centre，1977）分别测量了北风、南风、东风、西风的风区长度。该方法在给定方位的有限弧内包含了一系列风区长度，从而能够有效反应波暴露情况。

对于基底和水下植被类型，每个河口的预处理图像都进行了不分层无监督聚类分析，根据其光谱特征差异将每个像素分配到 10 个海底类别中的一个。然后，这些图像被分配到 3 个更大的组之一：裸露疏松的基底、岩石或水下植被。最后一组代表了海草和大型海藻，它们根据图像不能被可靠地区分开来，这可能是由于它们紧密联系地生长，或者它们的光谱特征没有足够的差异。Swan 河口和 Peel-Harvey 河口海底分类图的总体精度分别为 74%和 76%。然后计算每个站点边界内每个基底/水下植被类型所占的面积，并将其转换为站点总面积的百分比。

11.6.1.2 非持久性环境变量的测量

盐度（实用盐度标度）、水温（℃）和溶解氧（$mg \cdot L^{-1}$）等水质特征，每一个都被认为可能影响鱼类和底栖无脊椎动物生物群的空间分布，这些指标是在 2005 年秋季至 2007 年夏季 6 个季节中每个季节的最后 1 个月在 Swan 河口和 Peel-Harvey 河口两个代表特定栖息地类型的站点进行测量。每个季节在每个站点测量两次，间隔至少 1 周，以免数据受非典型样本影响。

11.6.1.3 统计分析

使用 PRIMER v6 多元统计软件包（Clarke and Gorley，2006）和 PRIMER 的模块插件 PERMANOVA+进行数据分析（Anderson et al.，2008）。

为了确保三大类持久性变量（位置、波暴露情况和基底/水下植被类型）中的每一个在分类程序中作用均等，根据它们所归类变量的总数量，对每个变量进行加权。因此，假定这 3 个类别中的每一个类别在整个数据矩阵中所占的比例是相等且随机出现。然后，对于每个河口，使用持久性环境数据来构建一个 Manhattan 距离矩阵，该矩阵包含每对站点间的相似性。

为了识别每个河口中持久性环境变量没有明显差别，因此能够一起代表特色栖息地类型的这些站点，使用组平均连接模块（CLUSTER）对 Manhattan 距离矩阵进行凝结层次聚类和相关相似性特征（SIMPROF）检验（Clarke et al.，2008）。后一个步骤是一个排序测试，它可以确定在一组没有优先分组假设的样本中是否存在任何显著的群体结构。

对于每个河口，可以使用一种新颖的分类树（LINKTREE）程序对近岸任一新站点（即一个未在栖息地分类程序中使用的站点）都可以定量地分配到恰当的栖息地类型。该方法用于确定哪些持久性环境变量及其准确定量阈值与将所有站点逐步分离成通过上述分类程序确定的栖息地过程最密切相关。然后将这些变量及其阈值作为定量标准来预测任何新站点的栖息地类型。分类树 LINKTREE（Clarke et al.，2008）是由 De'ath（2002）发表的多元回归树技术的非度量修改。因此，一个二元“分类树”被建立起来，它反映了样本是如何最自然地依次分割成一个个更小的群组。

代表栖息地的这些站点，它们一组水质变量被测量，使用 RELATE 程序模块来确定由水质定义的站点间的相对差异模式是否与由它们持久性环境特征所定义的相对差异模式显著相关。然后，使用生物区系与环境匹配程序（BIOENV）（Clarke and Ainsworth，1993；Clarke et al.，2008）来确定是否可以仅使用水质参数的一个特定子集而不是整套参数来获得与第二个矩阵更大的相关性。

11.6.2 栖息地分类和预测结果

使用 CLUSTER 程序和 SIMPROF 程序，对 Swan 河口 101 个近岸研究站点记录的一系列持久性环境变量数据进行了处理，产生了 18 种栖息地类型，而对 Peel-Harvey 河口 102 个站点的数据处理后产生了 17 种栖息地类型。栖息地通过各种特征的组合来区分。有些栖息地是通过距离河口的距离和有限风区长度来区分，而附近的其他栖息地则是由诸如有无双壳类的空壳或水下植被、坡度大小和波浪传播距离等的组合进行区分。中等河口栖息地类型则主要是通过不同方向风暴露、波浪传播时的波宽、水下植被和海底岩石基底的比例等的差别进行区分。其他位于主要河道上游、中游或河口最外端的栖息地类型，则主要通过它们对盛行风的暴露情况、基底岩石数量、水下植被数量和基底坡度等特征的差异进行区分。

分类树给出了通过 CLUSTER 程序和 SIMPROF 程序进行识别，将研究站点分类成为栖息地类型，也给出了最能反映连分类节点划分的持久性环境变量的定量阈值，Swan 河口的分类树如图 11.7 所示。这种分类树提供了一套定量决策规则，可以根据对持久性环境变量特征进行测量，将这些系统中任何新的近岸站点（即在栖息地分类程序中未使用过的站点）划分成恰当的栖息地类型。这种分类树还提供了一种方法，来检测在分类程序中使用的持久变量中，哪些变量对于定义任何给定系统的栖息地类型最重要。

在 Swan 河口，分类树中有几个节点是由一个环境变量的阈值进行定义的（站点到河口的距离、基底中岩石或双壳类贝壳的数量、波浪传播距离或南风风区长度）。然而，在上述这两个河口，其他节点则是通过选择大多数其他持久性变量的组合进行定义（图 11.7）。

11.6.3 栖息地类型和非持久性环境变量之间的关系

河口的非持久性特征（温度、盐度、溶解氧浓度）经常表现出预期的季节性变化和位置变化。在某些季节，非持久性水质变量和持久性环境参数之间的空间结构并不一致，这是由于河口的一些水质变量变化较小，例如秋季和夏季的盐度、秋季的温度。但是，在其他情况下，当水质变量会出现数量级的空间差异，这些空间差异模式在持久性环境数据中并没有得到很好的体现。

定居生物群会受这些变化的影响，那些底栖生物将不得不在原地忍受这些变化。传统上海洋物理学家会使用这些非持久性因素对河口、河口过程和环流情况进行分类，但这些非持久性因素对保护规划并不是特别有用。此外，盐度和溶解氧不能被遥感观测，必须现场测量。

11.6.4 栖息地分类方法全面评价

目前对河口近岸栖息地类型进行分类的方法（Valesini et al.，2010），是为澳大利亚西南部的一些系统开发的，对于河口环境多样化的站点进行了符合逻辑且直观的划分。此外，这项研究研发了一种定量方法，可以预测系统中任何新的近岸站点应恰当地归属于哪种栖息地类型。这些方法是河口栖息地分类和预测的首批方法。

这种方法的定量性质是双重的。①它是基于每一个持久性环境标准的完全定量测量。②将站点划归为栖息地类型的决策规则完全是定量的、客观的，并经过理论严格的统计检

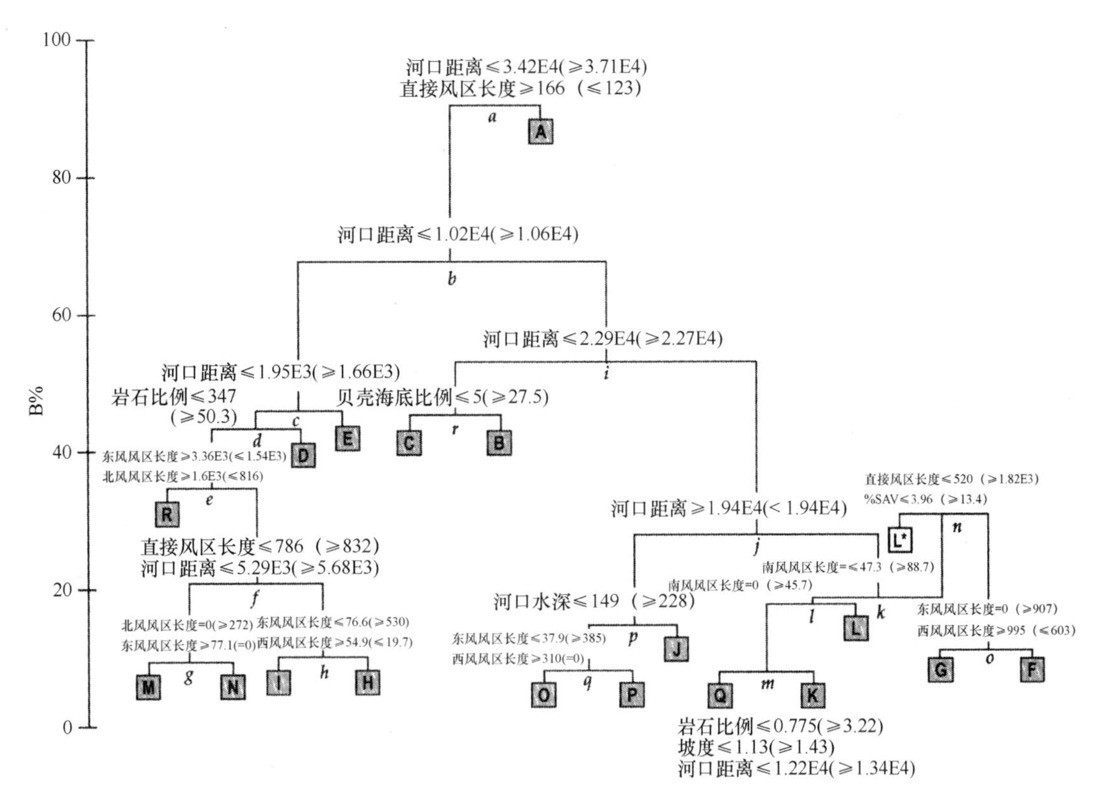

图 11.7　澳大利亚天鹅湾近岸新站点划分为恰当栖息地类型的分类树和相关持久性环境变量阈值（灰框中的终端节点）

注：在每个分支节点上给出的无括号阈值和括号阈值分别表示应该在树中遵循左路径和右路径，B%反映了不同栖息地之间差异程度，E=指数，更多信息见 Valesini 等（2010）

验，确保了每个栖息地类型与系统中所有其他类型显著不同。这些特征消除了分类过程中的模糊性，保证了结果的可靠性和可重复性，为统计确定不同动物群系反映栖息地之间空间差异程度打下了坚实的基础。

此外，在分类树（linkage tree）的每个节点，栖息地预测方法为这些环境变量提供并定量地定义了阈值，而这些环境变量在将这些区域划分为栖息地的过程中非常重要。因此，在测量其环境特征耐受性的基础上这些阈值为将新的近岸海域准确划分栖息地类型提供了合理和容易解释的决策规则。

虽然其他几种栖息地分类方法都采用了一种分层聚类技术来确定不同海域环境相似性模式，他们通常选择任意相似水平作为“分界点”。在这个分界点之下，那些在聚类过程中形成的海域群组被认为代表了不同的栖息地类型（Edgar et al.，2000；Connor et al.，2004；Snelder et al.，2007）。统计学上这些方法没有清晰地表明这些分类所得到的组群实际上代表了不同的栖息地类型，或任何此类组群是否可能含有一种以上的栖息地。

在栖息地分类中，通常不是运用生物指标，而是运用环境指标，特别是持久性环境指标。许多研究证明，使用这些环境指标进行栖息地分类具有许多优势（Roff and Taylor,

2000；Banks and Skilleter，2002；Roff et al.，2003；Valesini et al.，2003；Hume et al.，2007；Snelder et al.，2007）。

①这种分类方法的栖息地适用于各种动物区系（fauna），而通常源于生物学理论的群落生境（biotopes）（即群落及其栖息地）（Connor et al.，2004；Olenin and Ducrotoy，2006）仅适应于它们所基于的生物区系（biota）和被设计的区域（Zacharias et al.，1999；Connor et al.，2004；Stevens and Connolly，2005）。②持久性环境指标可以很容易地从映射源直接测量，而在一定时空尺度可重复地定量获取生物相关数据的成本通常是非常高的（例如：Edgar et al.，2000；Roff and Taylor，2000；Banks and Skilleter，2002）。③持久性指标通常可以很好地替代复杂又可能难以测量和/或测量成本昂贵的非持久性环境变量。每个栖息地其非持久性环境特征（例如盐度、温度、氧浓度、营养物、波高等）的大小将随时间变化而变化，特别是在诸如河口等多变的动态环境中。然而，基于持久特性定义的栖息地仍然被希望保持不同，并且随时间变化显示大体相似的空间模式。

本研究采用的持久性环境指标也可能有助于世界其他地区河口近岸栖息地进行分类。然而，目前的方法是灵活的，因为所采用的特定持久指标可以容易地定制以适应任何河口或实际上任何其他类型的环境中的区域条件，只要它们可以容易地测量。

11.7 结论和管理启示

海岸带是生物多样性最高的地区，也是人类与海洋环境最密切相关的地区，因此也是人类活动对海洋环境产生最大影响的地区。这应该是我们关注最多的海区，也是最应该加强环境管理的地区。然而，不幸的是，海岸带管理（CZM）在全球并没有显著成功。

良好的管理需要了解被管理的结构和过程。这适用于所有目的和所有形式的管理，而不仅仅是保护。不幸的是，由于政治和治理管辖权重叠或竞争，缺乏对环境条件的了解，甚至缺乏对海岸带真正构成的定义，海岸带的管理变得复杂（Mercer Clarke et al.，2008）。

有许多方法来定义和描述海岸带及其生物群落。然而，对于保护规划，海岸带可以被认为包括：从海洋来看包括边缘海域到真光层区的深度；从陆地来看海洋能够到达的范围：物理上陆地包围的区域，或者化学上被河口零度带（null zone）限定的范围。海岸带的保护规划没有得到足够的重视，部分原因是数据分析高度复杂，缺乏对用于地球物理因素映像所需数据的分析方法。

本章的目的是说明如何对海岸带及其组成海湾进行定量描述和分析，主要是从现有的或易于获得的数据，作为为保护和其他管理目的做出决策的基础。

在近岸海域，沿海海湾以比栖息地高的尺度定义自然重复的地貌单位，这种分类可以使用基于生态系统的保护方法（Green-Law，Roff and Redden，未出版）。建议使用三级分类方法来识别并量化海洋和淡水对海岸带及其固有的物理和生态复杂性的影响。分类基于3组因素：由海洋对淡水影响（通过暴露和淡水排水量化）确定的地貌/水文海湾类型；生产力体制——是由中上层水柱还是由底栖生物群落支配；海湾复杂性——在几个方面评估，然后组合后作为α多样性和β多样性的替代度量。

分类结果允许识别海湾为重复代表单元，或者注意对具有潜在特色的异常值进一步验证。该方法可以广泛应用于任何类型的海岸线，特别适用于拥有大量可变特性的海湾并且环境自然多变的海岸线。建立的类别（水文海湾类型，优势生产力机制类型和海湾复杂程度）可以修改为包括适合其他体制类型的物理变量。

Valesini等（2010）开发了完全定量的方法，他们首先对单个沿海海湾（本研究为河口）局部尺度（local scale）近岸栖息地进行分类，然后预测这些系统内任何近岸地点的栖息地。这两种方法都运用了测量那些持久和生物相关的环境因素的方法，而这些因素都可以很容易地从数字映像或遥感数据源获得。该分类方法显示，定义的栖息地类型特征在统计学上显著不同。这些方法已经应用于澳大利亚西南部的选定河口，但加入新的持久性环境因素后它们也可以很容易地适应于任何河口。这些方法代表了对河口和沿岸小规模海域划分和预测栖息地类型研究的进展。它们还提供了一个可靠的体系（framework），首先调查栖息地的空间差异是否与鱼类和底栖无脊椎动物类群的空间分布差异相关，如果是，则根据鱼类和底栖无脊椎动物所对应的栖息地类型预测最可能占据河口区域的动物种类。

11.7.1 与其他栖息地分类方案的比较

正如Valesini等（2010）的研究，沿海水域开发的许多栖息地分类方案都采用了分层方法，其中较小的分类空间单位嵌套在层级更高的组中。在这些分类方法中，用户借助于一系列相互联系的决策规则被引导以抵达最终分类单元。在几种情况下，这些方案中最大的组包含了国家专属经济区内所有海洋和/或河口水域，最小的组可在精确到米的精度下描述非常有地域特色的栖息地（Allee et al.，2000；Connor et al.，2004；Madden et al.，2005）。

这些层次结构的最小单元必须由用户调整以适应其本地环境的特定特征。这种方法有助于在国家和大洲尺度上发展标准化栖息地分类系统，这种需求日益增加；同样一个国家内部对不同海域之间栖息地的定义必须一致，这也推动了该研究的开展（Diaz et al.，2004；Madden et al.，2005；Mount et al.，2007）。

考虑到沿海水域的生态研究和资源管理通常发生在区域尺度到局部尺度，较低层级的分类方案通常是最关键的。然而，虽然其中几个计划在较高的层级上提供了明确的决策规则，但是较低层级（例如局部栖息地，群落生境或生态单元级别）往往不太清楚，因为它们更倾向于定性，或者是对局部分类单元向用户提供的定义太多。因此，使用这些方案时不同用户在较低层次上做出的选择可能不同，而这在很大程度上与这些标准化分级方法的真正目的相矛盾。此外，特别是当把方案设计成适合于跨越时间尺度以及用于不同大小的生物群和它们的每个活动时（例如喂养或产卵），可以从这样的方案得到的潜在栖息地/群落生境/生态单元的数量通常非常庞大。这些问题突出了这样的事实，即这种分类方案的结果很大程度上取决于研究的目标，并且由于解释差异不同，用户得到的结果可能会有所不同。由于一系列非生物因子在时空尺度上的多样性，大量这样的定量数据需要事先在现场获得，然后在层次结构较低水平上使用这样的方案才是可信的。

用于河口的几个分类方案集中于对整个系统和/或其流域进行分类，或者在河口内的环境区域之间做出非常广泛的区分（Digby et al.，1998；Edgar et al.，2000；Roy et al.，2001；Engle et al.，2007；Hume et al.，2007）。在国家层面，虽然这些分类方法对于总结河口功能的明显差异，辨识其对特定环境影响的敏感性，和/或证明其环境或文化价值等方面是有用的，但它们对局部资源管理者用途有限，并且对于在较小的分类层级上（特别是对于小型底栖动物类群）预测生物类群的分布缺乏可靠的基础。

11.7.2 未来采取的行动步骤

随着河口生态学家和管理者在从区域到局部尺度上进行的工作，结合相关生物群的研究成果，目前方法的分类结果将为他们规划沿岸带保护提供非常有用的工具。

对于当前栖息地分类和预测方法的开发，下一个重要步骤是测试其在适当的时间尺度上可靠地反映沿海生物群落类型（植物、鱼类和底栖无脊椎动物组合）的空间差异的能力。

当前分类方法的另一个明显的发展是在 GIS 中对海岸带产生空间连续的数字化栖息地地图，其中所有海湾都显示它们的栖息地类型。这可以通过对沿着海岸线的每个地点的栖息地预测技术自动化来实现。因此，该分类方案的用户只需要知道感兴趣的地点的地理坐标，就可以确定其栖息地类型，而不需要对其持久性的环境特征进行任何测量。

沿海地区分类和栖息地图形化也可以评估人类的影响。人类影响图层（Halpern et al.，2008）也应该被图层化以管理人类活动，并将其纳入保护规划方案中。人类影响图层可以被图层化为离散活动（航运、渔捞、有机输入、栖息地修整等），并且可以评估它们对栖息地和生物群落类型的影响或兼容性。

最后，这里描述的各种沿岸带分类工作仅仅是保护规划过程的开始。两阶段分类过程可以定义沿岸带及其海湾独特的代表性区域，接下来进一步调查选定的海湾，以确定其栖息地的类型。对于作为保护区地点的选择过程，其位置、大小和边界的确定将在第 14 章和第 16 章中讨论。将某些地点整合到保护区网络的过程将在第 17 章讨论。到目前为止，沿岸带过程几乎没有讨论，或只是从替代措施角度有过讨论（例如作为海岸线暴露的估计）。沿岸带最重要的过程之一涉及沿海单元区域中的海洋循环，该循环明确了区域之间的连通性，也明确了携带幼体或其他繁殖体水团的驻留或局部平流，这些也将在第 17 章讨论。

参考文献

Allee，R. J.，Dethier，M.，Brown，D.，Deegan，L.，Ford，R. G.，Hourigan，T. F，Maragos，J.，Schoch，C.，Sealey，K.，Twilley，R.，Weinstein，M. P and Yoklavich，M.（2000）‘Marine and estuarine ecosystem and habitat classification’，*NOAA Technical Memorandum NMFS-F/SPO-43*，National Oceanic and Atmospheric Administration，Silver Spring，MD

Anderson，M. J.，Gorley，R. N. and Clarke，K. R.（2008）‘PERMANOVA+for PRIMER：Guide to software and statistical methods’，PRIMER-E，Plymouth

Ardron，J.（2002）A GIS Recipe for Determining Benthic Complexity：An indicator of species richness’，in J. Breman（ed.）*Marine Geography. GIS for the Oceans and Seas*，ESRI Press，Redlands，CA

Banks，S. A. and Skilleter，G. A.（2002）‘Mapping intertidal habitats and an evaluation of their conservation status in Queensland，Australia’，*Ocean & Coastal Management*，vol 45，pp485-509

Barnabé，G. and Barnabé-Quet，R.（2000）*Ecology and Management of Coastal Waters：The Aquatic Environment*，Springer-Praxis，Chichester

Beadey，T.，Brower，D. J. and Schwab，A. K.（2002）*An Introduction to Coastal Zone Management*，Island

Press, Washington, DC

Bezdek, J. C. (1981) *Pattern Recognition with Fuzzy Objective Function Algorithms*, Plenum, New York

Bezdek, J., Ehrlich, R. and Full, W. (1984) 'Fcm: The fuzzy C-Means clustering algorithm', *Computersand Geosciences*, vol 10, no 2, pp 191-203

Boedeker, D. andVon Nordheim, H. (2002) 'Applica-tion of NATURA 2000 in the marine environment', report of a workshop at the International Academy for Nature Conservation (INA) on the Isle of Vilm (Germany), from 27 June to 1 July 2001, German Federal Agency for Nature Conservation, Bonn, Germany

Brown, S. K., Buja, K. R., Jury, S. H., Monaco, M. E. and Banner, A. (1997) 'Habitat suitability indexmodels in Casco and Sheepscot Bays, Maine', National Oceanic and Atmospheric Administration, Silver Spring, MD

Canadian Hydrographic Service (2005) *Standards for the Hydrographic Survey*, Fisheries and Oceans Canada, Ottawa

Carter, R. W. G. (1988) *Coastal Environments. An Introduction to the Physical, Ecological and Cultural Sys-tems of Coastlines*, Academic Press, London

Clarke, K. R. and Ainsworth, M. (1993) 'A method of linking multivariate community structure toenvironmental variables', *Marine Ecology Progress Series*, vol 92, pp205-219

Clarke, K. R. and Gorley, R. N. (2006) 'PRIMER v6: User Manual/Tutorial', PRIMER-E, Plymouth

Clarke, K. R. and Warwick, R. M. (2001) *Change in Marine Communities: An Approach to Statistical Analysis and Interpretation*, Primer-E, Plymouth

Clarke, K. R., Somerfield, P. J. and Gorley, R. N. (2008) 'Testing of null hypotheses in exploratory community analyses: Similarity profiles and biota-environment linkage', *Journal of Experimental Marine Biology and Ecology*, vol 366, pp56-69

Coastal Engineering Research Centre (1977) *Shore Protection Manual*, U. S. Army Corp of Engineers Coastal Engineering Center, Vicksburg, MS

Commonwealth of Australia (2005) 'National marine bioregionalization of Australia', Department of Environment and Heritage, Canberra, Australia

Connor, D. W., Allen, J. H., Golding, N., Howell, K. L., Lieberknecht, L. M., Northen, K. O. and Reker, J. B. (2004) *The Marine Habitat Classification for Britain and Ireland Version* 04. 05, joint Nature Conservation Committee, Peterborough

Cooper, J. G. (2001) 'Geomorphological variability among microtidal estuaries from the wave-dom-inated South African coast', *Geomorphology*, vol40, pp99-112

Cowardin, L. M., Carter, V, Francis, C. G. and LaRoe, E. T. (1979) *Classification of Wetlands and Deepwater Habitats of the United States. No.* 79/31, U. S. Department of the Interior, Washington, DC

Davis, D. S. and Browne, S. (1996) *The Natural History of Nova Scotia: Theme Regions*, The Nova Scotia Museum, Halifax, Canada

De' ath, G. (2002) 'Multivariate regression trees: A new technique for modeling species-environment relationships', *Ecology*, vol 83, pp1105-1117

Denny, M. (1995) 'Predicting physical disturbance: Mechanistic approaches to the study of survivorship on wave-swept shores', *Ecological Monographs*, vol 65, no 4, pp371-418

Diaz, R. J., Solan, M. and Valente, R. M. (2004) 'A review of approaches for classifying benthic habitats and evaluating habitat quality', *Journal of Environmental Management*, vol 73, pp165-181

Digby, M. J., Saenger, P, Whelan, M. B., McConchie, D., Eyre, B., Holmes, N. and Bucher, D.

(1998) 'A physical classification of Australian estuaries', Southern Cross University, Lismore, NSW, Australia

Dipper, E A., Howson, C. M. and Steele, D. (2007) 'Marine Nature Conservation Review Sector 13. Sealochs in West Scotland: Area summaries', Joint Nature Conservation Committee, Peterborough

Edgar, G. J., Barrett, N. S., Graddon, D. J. and Last, P R. (2000) 'The conservation significance of estuaries: A classification of Tasmanian estuaries using ecological, physical and demographic attributes as a case study', *Biological Conservation*, vol 92, pp383-397

Engle, V. D., Kurtz, J. C., Smith, L. M., Chancy, C. and Bourgeois, P (2007) 'A classification of U. S. estu-aries based on physical and hydrologic attributes', *Environmental Monitoring and Assessment*, vol 129, pp397-412

Finlayson, D. (2005) 'UW Waves Toolbox for Arc9. 0', http://david. p. finlayson. googlepages. com/giss-cripts, accessed 10 September 2010

Gonenc, I. E. and Wolflin, J. P (2004) *Coastal Lagoons*, CRC Press, Boca Raton, FL

Gregory, D., Petrie, B., Jordan, E and Languille, P. (1993) *Oceanographic, Geographic and Hydrological Parameters of Scotia - Fundy and Southern Gulf of St. Lawrence Inlets, Canadian Technical Reports of Hy-drographic and Ocean Sciences*, Bedford Institute of Oceanography, Nova Scotia, Canada

Guilcher, A. (1958) *Coastal and Submarine Morphology*, Methuen, London

Halpern, B. S., Walbridge, S., Selkoe, K. A., Kappel, C. V, Micheh, E, D'Agrosa, C., Brunoj E, Casey, K. S., Ebert, C., Fox, H. E., Fujita, R., Heinemann, D., Lenihan, H. S., Madin, E. M., Perry, M. T., Selig, E. R., Spalding, M., Steneck, R. and Watson, R. (2008) 'A global map of human impact on marine ecosystems', *Science*, vol 319, pp948-952

Hansen, D. V., and Rattray, M. (1966) 'New dimen-sions in estuary classification', *Limnology and Oce-anography*, vol 11, no 3, pp319-326

Heath, R. A. (1976) 'Broad classification of New Zealand inlets with emphasis on residence times', *New Zealand Journal of Marine and Freshwater Research*, vol 10, no 3, pp429-444

Howes, D. E., Harper, J. R. and Owens, E. (1994) 'BC Physical Shore-Zone Mapping System', www. ilmb. gov. bc. ca/risc/pubs/coastal/pysshore/in-dex. htm, accessed 13 July 2010

Hume, T. M. (1988) 'A geomorphic classification of estuaries and its application to coastal resource management: A New Zealand example', *Ocean and Shoreline Management*, vol 11, pp249-274

Hume, T. M., Snelder, T., Wetherhead, M. and Liefting, R. (2007) 'A controlling factor approach to estuary classification', *Ocean & Coastal Management*, vol 50, nos 11-12, pp905-929

Izsak, C. and Price, A. R. G. (2001) 'Measuring beta diversity using a taxonomic similarity index, and its relation to spatial scale', *Marine Ecology Progress Series*, vol 215, pp69-77

Jain, A. K., Murty, M. N. and Flynn, P. J. (1999) 'Data clustering: A review', *ACM Computing Surveys*, vol 31, no 3, pp232-264

Johnson, M. P, C rowe, T. P, Mcallen, R. and Alcock, A . L. (2008) 'Characterizing the marine NATURA 2000 network for the Atlantic region', *Aquatic Conservation: Marine and Freshwater Ecosystems*, vol 18, pp86-97

Kallimanis, A. S., Maxaris, A. D., Tzanopoulos, J., Hal-ley, J. M., Pantis, J. D. and Sgardelis, S. P. (2008) 'How does habitat diversity affect the species-area relationship?', *Global Ecology and Biogeography*, vol 17, no 4, pp532-538

Kenny, A. J., Cato, I., Desprez, M., Fader, G., Schüttenhelm, R. T. E. and Side, J. (2003) 'An overview of seabed-mapping technologies in the context of marine habitat classification', *ICES Journal of Marine Science*, *vol* 60, pp411-418

Knox, G. A. (2001) *The Ecology of Seashores*, CRC Press, Boca Raton, FL

Krishnapuram, R. and Keller, J. M. (1993) 'A possibilistic approach to clustering', *Transactions on Fuzzy Systems*, Vol 1, no 2, pp98-110

Madden, C. L., Grossman, D. H. and Goodie, K. L. (2005) 'Coastal and marine systems of North America: Framework for an ecological classification standard: Version II', *Natureserve*, Arhngton, VA

Mann, K. H. (2000) *Ecology of Coastal Waters: With Implications for Management*, Blackwell Science, Oxford

Mardia, K., Kent, J., and Bibby, J. (1979) *Multivariate Analysis*, Academic Press, London

McCurdy, P G. (1947) *Manual of Coastal Delineation from Aerial Photographs*, Hydrographic Office, Washington, DC

Mercer Clarke, C. S. L., Roff, J. C. and Bard, S. M. (2008) 'Back to the future: Using landscape ecol-ogy to understand changing patterns of land use in Canada, and its effects on the sustainability of coastal ecosystems', *ICES Journal of Marine Science*, vol 65, no 8, pp1534-1539

Mount, R., Bricher, P and Newton, J. (2007) 'National intertidal/subtidal benthic (NISB) habitatclassification scheme', Australian Coastal Vulnerability Project, Hobart, Tasmania

Mumby, R J. (2001) 'Beta and habitat diversity in marine systems: A new approach to measurement, scaling and interpretation', *Oecologia*, vol 128, pp274-280

Olenin, S. and Ducrotoy, J. P. (2006) 'The concept of biotope in marine ecology and coastal manage-ment', *Marine Pollution Bulletin*, vol 53, pp20-29

Penthick, J. (1984) *An Introduction to Coastal Geomorphology*, Edward Arnold, London

Ray, G. C. and McCormick-Ray, J. (2004) *Coastal Marine Conservation: Science and Policy*, Blackwell, Malden, MA

Roff, J. C. and Evans, S. (2002) 'Frameworks for marine conservation: Non-hierarchical approaches and distinctive habitats', *Aquatic Conservation: Marine and Freshwater Ecosystems*, vol 12, pp635-648

Roff, J. C. and Taylor, M. E. (2000) 'National frame-works for marine conservation: A hierarchical geophysical approach', *Aquatic Conservation: Marine and Freshwater Ecosystems*, vol 10, pp209-223

Roff, J. C., Taylor, M. E. and Laughren, J. (2003) 'Geophysical approaches to the classification, de-lineation and monitoring of marine habitats andtheir communities', *Aquatic Conservation: Marine and Freshwater Ecosystems*, vol 13, pp77-90

Roy, P S., Williams, R. J., Jones, A. R., Yassini, I., Gibbs, P. J., Coates, B., West, R. J., Scanes, P. R., Hudson, J. P and Nichol, S. (2001) 'Structure and function of south-east Australian estuaries', *Es-tuarine, Coastal and Shelf Science*, vol 53, pp351-384

Ryan, D. A., Andrew, D. H., Radke, L. and Heggie, D. T. (2003) 'Conceptual models of Australia's estuaries and coastal waterways: Applications forcoastal resource management', *Geoscience Aus-tralia*, Canberra, Australia

Salm, R. V, Clark, J. R. and Siirila, E. (2000) 'Marine and coastal protected areas: A guide for planners and managers', IUCN, Gland, Switzerland

Selvavinayagam, K., Surendran, A. and Ramachan-dran, S. (2003) 'Quantitative study on chlorophyll Using Irs-P4 Ocm data of Tuticorin coastal waters', *Journal of the Indian Society of Remote Sensing*, vol 31, no 3, pp227-235

Shannon, C. E. (1948). 'A mathematical theory of communication', *Bell System Technical Journal*, vol 27, pp379-423 and 623-656

Snelder, T. H., Leathwick, J. R., Dey, K. L., Rowden, A. A., Weatherhead, M. A., Fenwick, G. D., Francis, M. P, Gorman, R. M., Grieve, J. M., Hadfield, M. G., Hewitt, J. E., Richardson, K. M., Uddstrom, M. J. and Zeldis, J. R. (2007) 'Devel-opment of an ecologic marine classification in the New Zealand region', *Environmental Management*, vol 39, pp12-29

Stevens, T. and Connolly, R. M. (2005) 'Local scale mapping of benthic habitats to assess representation in a marine protected area', *Marine and Freshwater Research*, vol 5 6, pp111-123

Valavanis, V. D. (2002) *Geographic Information Systems in Oceanography and Fisheries*, Taylor and Francis, London

Valentine, P. C., Todd, B. J. and Kostylev, E. V (2005) 'Classification of marine sublittoral habitats, with-application to the northeastern North Americaregion', *American Fisheries Society Symposium*, vol 41, pp183-200

Valesini, F. J., Clarke, K. R., Eliot, I. and Potter, I. C. (2003) 'A user-friendly quantitative approach to classifying nearshore marine habitats along a heterogeneous coast', *Estuarine, Coastal and Shelf Science*, vol 57, pp163-177

Valesini, E J., Hourston, M., Wildsmith, M. D. and Cohen, N. J. (2010) 'New quantitative approaches for classifying and predicting local-scale habitatsin estuaries', *Aquatic Conservation: Marine and Freshwater Ecosystems*, in press

Valiela, I. (1995) *Marine Ecological Processes* (*Vol.* 2), Springer, New York

Wilkinson, D. (1999) 'The disturbing history of intermediate disturbance', *Oikos*, vol 84, pp145-147

Zacharias, M. A., Morris, M. C. and Howes, D. E. (1999) 'Large scale characterization of intertidal communities using a predictive model', *Journal of Experimental Marine Biology and Ecology*, vol 239, pp223-242

第12章　公海和深海

中上层生物和底栖生物，水文学和生物地理学

平静的海洋不会造就优秀的水手。

——英国谚语

12.1　引言

公海（open ocean or high sea）作为一个准法律术语，通常被认为是超越主权国家沿海管辖权之外的海域，目前是指距离海岸线200 n mile之外的海域。深海（deep sea）是一个地形学术语而不是一个法律术语，通常被认为是指深度大于200~300 m的海域（主要适用于海底），即大陆架以外的海洋区域。因为200 n mile界限和大陆架边缘很少在空间上重合，很明显，某些公海可能不深，而某些深海不属于公海。

尽管40年前就已经拍摄了大量关于深海的珍贵照片（Heezen and Hollister，1971），但我们对超越国家司法管辖范围的深海和公海海洋的了解仍然有限。虽然对这些海域的某些生态系统已经开展了一些工作，但是到目前为止，仍然缺乏对世界上所有的公海和深海海底地区进行全面生物地理分类（biogeographic classification）的公认方法。以前的全球海洋生物地理分类（见专栏12.1）一般限于沿海水域，包括最近Spalding等（2007）进行的世界海洋生态区（marine ecoregions of the world，MEoW）分类，也只到200 m等深线或近海200 n mile范围。

由于全球海洋保护工作受到这些限制，曾经在墨西哥城召开了一次国际研讨会，目的就是倡导公海和深海生物地理分类工作的开展。本章重点介绍了本次研讨会GOODS（Global Open Oceans and Deep Seabed，GOODS）报告中刊载的研究结果及其分类方法（UNESCO，2009）。

为了识别深海和公海中相关的生物地理区并对它们进行分类，研讨会首先确定了一套基本原则和框架（见专栏12.2）。这些基本原则允许科学家在空间上划定生物多样性组分明显不同的生物地理区域。利用地理信息系统（GIS）处理可用信息，以便呈现地球物理和水文特征，从而帮助描绘生物地理区域并解释物种分布。该研讨会报告的基本关注点是在国家专属经济区（EEZ）或类似区域以外的公海和深海海底区域，以及那些属于同一生态系统的大陆架以外海洋连续区域中，划定重要代表性“生态系统”。

当前，由于缺乏公海和深海生态系统数据，对这些海域海洋生物多样性的脆弱性（vulnerability）、恢复能力（resilience）或其功能过程（functioning）等方面缺乏了解，生物地理学发展受到限制。沿岸浅海海域进行海洋生物多样性组成研究非常方便，因而大多数海洋研究都在沿岸浅海水域进行，而在遥远的深海环境进行科学研究则必须使用专门的

技术和设备。在深海和公海海域进行科学研究成本高昂，这意味着这些海域研究的优先次序远远低于近岸，而近岸问题通常被认为与普通海洋开发有更直接的联系。

专栏 12.1 全球海洋生物地理学文献精选

海洋动物地理学（Zoogeography of the Sea）（Ekman，1953）

最早的经典著作之一，最初于 1935 年在德国出版。Ekman 认可但没有清楚地列出海洋中的一些“动物区系”“动物地理区域”和“亚区”。

海洋生态学和古生态学论述（Treatise on marine ecology and palaeoecology）（Hedgpeth，1957）

著作以 Ekman 的工作为基础，但也研讨分析了其他资料，绘制了第一张显示最高级别“沿岸区域”分布的全球地图。

海洋动物地理学（Marine Zoogeography）（Briggs，1974）

该书介绍了基于生物分类学且全面的生物地理分类方法，是许多生物地理学工作的基础。其研究重点是大陆架，并没有为公海提供生物地理学研究框架。本书提出了一个区域（region）和分区（province）系统，其中总共 53 个大尺度的分区被定义为不同的海区（area），这些海区至少具有 10%的特有性分布。

沿海和海洋环境分类（Classification of coastal and marine environments）（Hayden et al.，1984）

该书是通过设计一套空间单元系统以讨论保护规划的一个重要尝试。沿海单元的设计与布里格斯提出的单元紧密关联。

生物量产量和大海洋生态系统地理学（Biomass Yields and Geography of Large Marine Ecosystems）（Sherman and Alexander，1989）

作为使用最广泛的分类方法之一，大海洋生态系统（LMEs）（全球 64 个）是“相对很大的区域，其面积大约在 200 000 km^2 数量级或更大的区域，具有测深学、水文学、生产力和营养依赖型的种群等特征”。LMEs 是在兼顾治理和管理可行性基础上通过专家磋商划定。它被限制在大陆架区域和一些相邻的重要系统，但不包括所有海岛系统。LMEs 不是通过它们的生物区系定义。

海洋保护区全球代表性系统（A Global Representative System of Marine Protected Areas）（Kelleher et al.，1995）

虽然不是严格的分类方法，这却是全球为数不多地讨论全球海洋保护区覆盖的研究成果之一。作者介绍了 18 个海域的生物地理学状况，这项工作为后来的生物地理学文献和潜在空间单位划定提供了重要指南。

海洋生态地理学（Ecological Geography of the Sea）（Longhurst，1998）

生物群系系统和“生物地球化学分区”是基于非生物因子观测和生产力替代提出的。该分类方法由 4 个生物群系和 57 个分区组成。它们通过卫星遥感方法替代测量表层生产力（海水水色代表叶绿素）和温度结构，并推断其他参数变化位置（包括混合和营养跃层位置），依此确定分类方法。提出的一些分类结果接近分类生物地理学家提出的划分，但其他划分却穿越大洋环流，导致对一些体现分类学完整性可靠单元的认识出现了混乱。

生态区：海洋和大陆的生态系统地理（Ecoregions：The Ecosystem Geography of the Oceans and Continents）（Bailey，1998）

Bailey 对陆地生物地理分类发展做出了决定性的贡献，他的研究也为公海分类提供了一个分层方案。较高层次的“领域”（domain）是基于与 Longhurst 类似的纬度带，而小尺度上的分类划分是基于海洋循环的模式。

世界海洋生态区：沿岸和陆架区的生物区域化（Marine Ecoregions of the World：A bioregionalization of coastal and shelf areas）（Spalding et al.，2007）

这个最新的分类系统是基于对现有生物地理边界的审查、综合以及专家咨询。它涵盖沿岸海区和大陆架区域，而不是国家司法管辖范围以外的深海和公海。该分类系统包括 12 个界（realm），58 个分区（province）和 232 个生态区（ecoregion）。

资料来源：改编自 Spalding 等（2007）和联合国教科文组织（2009）。

专栏 12.2　由 GOODS 专题研讨会提出的指导生物地理区域设定的一些法则

（1）水体环境和海底环境应该分别研究。

海洋水体环境（pelagic realm）大致可以看做是三维的，而海底环境（benthic realm）体现出的却是二维特征。两个空间系统的生态尺度规模和过程也有根本的不同（见第 2 章和第 3 章）。水体环境系统主要受控于海洋学过程，该过程空间尺度大而时间尺度相对较短，通过水层生物的发生和消亡体现。相比之下，海底物种发生和消亡的模式受到反映海底深度、地势和海底基质等海洋过程的强烈影响，也受到通常具有更小的空间尺度但有较长的时间尺度海洋过程的强烈影响。虽然两个空间系统不断有能量和生物体的交流，并且有耦合过程发生，但它们的分类群补充过程、物种个体大小、物种的生命周期以及生物群落等都具有显著差别。因此，在对这两类海洋环境进行分类时，分别考虑各种因素的组合是合理的。

（2）代表性分类区域的生物地理区域划分不能基于独特海域的独特特征或基于单个焦点物种。

可以合理地针对那些独特的海域或独特的物种开展保护工作，因为它们对生物多样性具有独特的价值。但若只关注这些单独的领域将无法对大多数海洋区域的物种结构进行全面研究。

（3）分类系统需要反映分类学的同一性，而这不能通过专注于生物群系的生态学分类系统得到解决。

尽管地理上充分分离的生物群系可能具有相似的物理环境，但它们群落的功能和类型、群落物种组成及其生物地理学性质是不同的。保护一个生物群系的代表性部分并不能使其他相似功能生物区系内的不同生物种类获益。应用法则 1~3 的结果是深海和公海海域的生物地理分类必须使用这些分类单元来描述生物地理分区，这不可避免地成为大尺度生物地理边界分类的第一层级。

接下来，在这动物和植物集合体在一定尺度上已经定义了的生物地理区域中，应用外观特征和其他因素可以实现较小尺度的分类。

(4) 生物地理分类系统一般应强调那些可识别的群落，并不要求单个诊断物种存在或区域之间物种组成出现突变。

在有许多物种存在的分布区内，特有物种和不连续性都可能发生在边界适当限定的生物地理区域内，但个别物种的分布总是存在异常现象，有些物种是世界广布性种。重要的是，群落结构应该以一种可定义和稳定的方式改变，使得决定生态系统结构和调节生态系统功能的优势种类发生变化，而不管该区域的生态系统特征或物种名录是否发生了很大变化。

(5) 生物地理分类应该认识到生态结构和过程对定义栖息地及其物种阵列的影响，尽管在水体环境和海底环境中使用的生态因素会有所不同。

在水体环境，海洋循环过程占主导地位，这些过程与生物地理区域和生物区系非常一致，但它们的边界是动态的，并且受到垂直和水平两个方向水体运动的影响。在海底环境，地貌构造（海山、海脊、火山口等）、地势和自然地理特征（粗糙度和复杂度等级、底质组成）决定了底栖生物群落的类型及其特征物种群体，与循环特征相比，这些结构动态变化较低，导致产生更静态的生物地理边界。

(6) 虽然层次结构中要求的分区数量不清晰，但基于适当的特征尺度，有意义的分类系统应该是分层的。

生物地理分类系统中使用的任何因素都应该以判断为最显著的影响分布（局部、区域、全球）的规模进入层级，或者在历史上进行过这样的分析。否则，将不会在层次结构的任何层次上产生全面的层次结构或明确且包容的类别。例如，在水体环境中，海洋涡旋水团和深度界定了物种群体，而诸如会聚和其他锋面系统等较小尺度规模特征可能用于标记其边界或过渡。这种强烈影响物种集合的大尺度海洋学特征本质上是动态的，边界的位置随时间而变化。在海底环境中，最大规模的生物地理区域是由盆地的进化历史和板块构造运动决定。此外，局部尺度上的划分单元将由沉积物-水界面上的地形、地球化学和基质特征确定。

资料来源：据联合国教科文组织（2009）修订。

我们对国家司法管辖范围以外的深海和公海海域的了解受限于样本数量和全球不均匀分布方面。研究深渊海洋生物多样性（CeDaMar，www.cedarmar.org）的海洋生物普查计划（Census of Marine Life，CoML，www.coml.org）已经记录了许多来自深海的样本。通过这些样本我们可以了解国家司法管辖范围以外海域物种分布格局，并且通过目前正在进行的计划（如 CoML）和相关的海洋生物地理信息系统（OBIS，www.iobis.org），这些样本也将帮助我们了解物种组成和丰富度。在 OBIS 计划和其他全球数据库的帮助下，GOODS 的研究也初步尝试将公海和深海分类成不同的生物地理学类别。

12.2　现有的海洋生物地理学分类方法

沿岸水域的海洋生物地理分类已经在局部、国家和区域等不同尺度上进行了大量的研究，而深海和公海的生物地理分类研究则远远不如陆地、沿海和大陆架地区成熟。在全球范围内这种划定海洋生物区域的尝试较少，主要是由于难以获得这种尺度上的数据。在水体环境（pelagic environment）中，唯一以观测数据为研究基础的全球海洋生物地理分类是 Longhurst（1998）进行的（见第 4 章）。

另一个广泛使用的方法，虽不是严格的生物地理学分类，而是大型海洋生态系统（LMEs）的分类，但它也许是最广泛用于海洋管理的分类方法（见第 4 章）。区域分类方法也用于许多沿海和大陆架海域，尽管它们大多数只在非正式出版物中有所描述。奥斯陆和巴黎公约（Oslo and Paris Convention，OSPAR）进行的海域分类就是一个非常成熟的区域分类方法案例（Dinter，2001）。

然而，国家司法管辖范围以外的公海、深海海域甚至许多海岛海域并没有得到分类研究，而且大海洋生态系的边界也是从生物学和地缘政治相结合的角度划定的。新近划定的世界海洋生态区（Marine Ecoregions of the World，MEOW）（Spalding et al.，2007；见第 5 章）提供了一个更为全面的分类方法，但该方法仅基于生物多样性指标，并且没有延伸到公海和深海海域。

生物地理分类的首选分类系统应与来自各种学科的现有知识相一致，包括分类学、地貌学、古生物学、海洋学和地形学等。现有的海洋环境分类方法总结如表 5.3 所示，表明沿岸海域、大陆架海域、深海和公海海域都可以从各个角度进行研究，并根据各种属性和各种目的进行分类。

12.2.1　分类学方法

基于物种范围的生物地理学研究历史悠久，生物类群分布的全球格局基本为我们所了解。随着新遗传学方法的应用，生物分类不断得到修订（见第 10 章），海洋生物学探索在继续向前发展。然而，目前来看，分类学方法和单纯的调查不足以对海洋生物多样性进行全面分类。对于绝大多数海洋区域而言，没有足够的资料可用，而在区域尺度上，又不可能直接进行全面的生物学调查。因此，依靠生物区系与其栖息地之间的关系进行外推就显得非常必要，即依靠自然环境的地球物理学（地貌）资料外推（见第 6 章）。

12.2.2　地貌方法

“地貌”来自陆地生物地理学研究，陆地栖息地可以由一个地区及其植被的结构特征或地貌特征全面地定义。各种尺度上的分类与非生物因素的驱动影响密切相关，并且这种驱动影响可用于绘制植被模式。在海洋环境中，由于对生物分布状况了解不多，使用非生物驱动因素预测分布模式非常具有潜在价值。

尽管物理数据和生物数据的混叠使用可能存在问题，但环境因素可以从区域到海景尺度（见第 5 章和第 6 章）充分界定栖息地特征和相关的生物群落类型。

在生态区域内，各种生物群落类型已经进行生物地理学定义，地球物理因素至少能够相当准确地预测主要生物群落类型（OSPAR，2003；Kostylev et al.，2005）。因此，地貌数据可以为代表性区域分类图绘制提供一定程度的校准，这种通用方法现在已被广泛应用于沿海和大陆架海域的分类划分。

12.2.3 生态地理学

Longhurst（1998）主要基于遥感观测的温度和海洋水色，并增加了其他能推断海洋学和营养动力学过程的数据，来阐述海洋上层水体区域。然而，海洋上层水体的边界和生产力结构只是海洋生物多样性格局的一部分，它们不能确保分类学一致性，也不能单独形成划定海洋生态区的一般基础。

大型海洋生态系统概念（LMEs，Sherman and Alexander，1989）当被用于全球海洋生物地理分类方法时也有几个缺点。大型海洋生态系统的边界是综合权衡考虑各方面因素后妥协的结果。边界的划定一定程度上考虑了地缘政治因素，除了少数例外情况，这一概念仅限于大陆架区域。此外，大型海洋生态系统概念并不始终包含地貌学或全球生态地理学，而边界也并不能一直表现出大型海洋生态系统内部各生物多样性组成成分比其相邻区域有更高的同质性。

12.2.4 政治或政府管理区域

用于划定区域渔业或海洋管理组织的边界一般是根据参与国家司法管辖海域的鱼类种群分布情况划定。虽然区域内部的动物群在一定程度上可能有一定的同质性，但它们的边界不会被视为与物种组成中任何明显的不连续性相一致。相反，该边界反映了法律协议和渔业或其他海洋开发历史结构的限制，超出国家管辖范围的深海和公海海域大都还未完成划界。

12.3 世界海洋的水文学和生物地理学

12.3.1 水文学

GOODS 报告中概述了世界海洋水文学的显著特征（UNESCO，2009），还有一些海洋学著作中也有这样的论述（Tomczak and Godfrey，1994）。不幸的是，大多数这样论述的共同之处在于，仅仅用描述表面水体和深渊水体的几个单一剖面就给出了描述整个广阔大洋盆地的那些重要变量，而这些重要变量对于我们理解生物地理学（例如温度、盐度和溶解氧）是非常重要的。

在过去几十年里，海洋调查采集的大部分水文数据由美国国家海洋与大气管理局（NOAA）国家海洋数据中心编辑整理，并可在线获取（www.nodc.noaa.gov）。联合国教科文组织（2009）根据这些数据制作了可视化数据模型图，其上叠加了温度、盐度和溶解氧图层；总结了 800 m、2 000 m、3 500 m 和 5 500 m 不同深度间隔上的水文学结构特征，然后绘制在水深图上，该图强调了在 800 m、2 000 m、3 500 m 和 5 500 m 这些具有重要生物地理学意义深度上水体与底栖生物的相互关系。因此，这个方法比常规展示水文学剖面更有启发性，读者可以参考 GOODS 报告中的这些重要图表（UNESCO，2009）。

12.3.1.1 温度

在水下 800 m 深处，世界主要海洋盆地间的水温仍然有显著差异。北极非常寒冷，低于 0℃，南大洋也是如此。在南大洋北部边界存在一个陡峭的锋面，纬度每减少 5°，温度上升 3~6℃。在 40°S，大西洋温度最低，水温约 4℃；太平洋温度稍高，东部约 4℃，西部约 7℃；印度洋整体比太平洋温暖，一般为 6~10℃，而太平洋是 3.6~6℃。大西洋在南部很冷，而在 20°—40°N 由于墨西哥湾流的影响和地中海海流的作用水温却超过 10℃。

在 2 000 m 深处，印度洋的水温已经大大降低，在 40°—45°S 以北的海域，该深度海水温度为 2.5~3℃。太平洋在这个深度的大部分海域为 2~2.5℃（比印度洋约低 0.5℃）。大西洋大部分海域此深度水温在 3~4℃。南大洋在 Weddell 海的东部是最冷的，后者是南极底层水的形成地带；而在东太平洋南部是南大洋最暖的海域。

在 3 500 m 深处，海洋盆地被海底地形划分得更细。来自于大西洋扇区的南极底层水（Antarctic Bottom Water）影响在印度洋和太平洋仍然清晰可见，这里大部分海域此深度的水温在 1.25~1.5℃，最高可达 2℃。大西洋仍然是主要海洋盆地中最暖的海域，大部分海盆的水温约为 2.5℃。

在 5 500 m 这个海洋盆地最深处的温度结构跟 3 500 m 深度相同，主要的例外是 Weddell 海域的底层水体，那里的海水温度低于 0℃。

温度梯度也可以指示水团相遇并发生混合之处的锋面带（frontal zones）位置。主要表层海水会聚海域（如副热带辐合带，南极辐合带）意味着水文特征的巨大变化，如南极水体、温带水体和热带水体两两之间的会聚。由于成体或生活史早期阶段幼体的生理学限制，或者由于扩散过程受到物理限制，许多物种不会跨越这种边界。这些会聚带（convergence zones）可能不会延伸到上半深海（upper bathyal）深度之下，但是由此造成的初级生产力增加和其他生态学过程很可能会影响底栖生物的组成和丰度。

12.3.1.2　盐度

在世界公海和深海海域，大部分海域和不同深度海水盐度的变化都不会超过一个实用盐度单位（practical salinity unit，psu）。然而，盐度变化范围和盐度梯度（与温度相结合）通常是决定物种和群落分布的不同水团的指标，也标志着其补充水体的起源和来源。其中一个被称为南极中层水的水团，其特征是在南太平洋大约 1 000 m 深处盐度最低。该水团不向北延伸进入北太平洋，生活在这个水团中的许多深水鱼类也不会出现在太平洋北部。

在西北印度洋 800 m 深处与其他海域非常不同，其盐度可能超过 36。而在北大西洋，盐度受到墨西哥湾流和地中海海流的影响，高盐度的水体向北延伸直到北大西洋东部的冰岛-法罗海脊。在更深的水域，海水盐度会变得更加均一。

12.3.1.3　氧气

与温度一样，氧气也是海洋各部分生物物种存在的重要相关因素。溶解氧含量变化范围很大，最高值通常出现在水温较低、深度较大和新发生的水体，而最低值通常出现在形成时间较长的较深层水体和中层水体的最小溶解氧水层。

在 800 m 深处，最高溶解氧浓度的水域在北极，其值约 7 mL/L；在南极，所有 3 个主要海盆的南极中层水体溶解氧浓度在 5~5.5 mL/L。

在 2 000 m 水深，上游“南极底层水”的影响可以在印度洋和太平洋观察到，在两个海盆南部大部分海域，该深度溶解氧值在 3~4 mL/L，但在印度洋和太平洋的北部海域该深度溶解氧会降至 2 mL/L 以下。相反，该深度的大西洋海域，由于北大西洋深层水体（North Atlantic Deep Water）由北向南流过，水体高度氧合，溶解氧浓度自北向南高达 6.5～5.5 mL/L。

从 3 500 m 到所有盆地的最深处，溶解氧结构跟 2 000 m 深处相似。然而，在印度洋和太平洋盆地，氧合较好的南极底层水一直扩散到其北部海域，使溶解氧总是超过 3 mL/L。

12.3.1.4　总结

总之，根据 GOODS 报告（UNESCO，2009），从底栖生物生物地理学角度来看，重要的水文变量是温度和溶解氧。在所有海洋中，随着深度的变化，温度和盐度的变动幅度逐渐变小而趋于稳定，不过温度、盐度和氧气（氧气在随着深度的变化中保持其可变性）这 3 个因素在所有海洋盆地的各个部分仍然存在显著差异。然而，温度和盐度组合作为生物学起源和连接模式指标，对于表征单个水团是最有用的。

我们对海洋深层水体和底层水体一般水团循环和地形学特征的认识不断加深，但从生物地理模式的起源和维持角度来看，我们了解的并不多。在与进化过程相关的时间尺度上，我们仍然不了解海洋中较深的部分是如何相互关联，例如生物区系的产生和扩散时间，或者生物区系是如何在地形学上被隔离。然而，水文因素和水深测量可能为潜在的生物地理分布提供线索，但这些情况需要根据物种分布数据进行检验。

12.3.2　生物地理学

GOODS 报告全面回顾了历史和最新的深海生物地理学知识，并总结了各作者提出的生物地理学分区，这里不再重述（UNESCO，2009）。深海生物地理学理论已经得到了重大发展，但有些仍然是推测性探索，许多概念问题仍有待澄清。关于深海生物地理学的任何建议在很大程度上取决于研究的空间范围以及所研究的动物区系类群，特别是取决于分类级别（科、属、种、基因）、分类类群（如软体动物、甲壳类、鱼类）以及它们的扩散能力。这里只介绍一些重要问题。

Vinogradova（1997）总结了当时深海动物区系研究的文献。据他的这个分析来看，深海底栖动物区系的研究按照深海动物地理学模式分为三大学派。

（1）一些科学家认为，由于深海海床缺乏生态屏障，条件相对同质性，海底动物区系应该是广泛分布。

（2）另一些科学家认为，深海动物区系是根据海底地形学特征被划分，正是这些海底地形特征的存在，海底才被划分为约 50 个独立海洋盆地。

（3）还有科学家认为，海洋深度越大，物种分布范围越广。

根据较早期的研究，Vinogradova（1979）认为，物种的分布范围随着深度的增加事实上倾向于减小，而不是扩大（尽管有人提出了相反的观点）；并且他还相信，正是由于深海海脊的存在才导致物种的分布范围受到限制，从而形成具有自己独特动物区系的海盆边界。这种观点应该是与由于深海海洋循环模式和地形特征导致温度和溶解氧的差异分布状态相一致。Vinogradova（1979）发现，对于全部世界大洋（World Ocean），研究过的生物种类中有 85%的种类只出现在一个大洋，只有 4%的种类是大西洋、印度洋和太平洋等三大洋共有。总体而言，Vinogradova 认为深海区域的动物区系具有高度地域特征，深海区域具有大量的特有属和特有科。

Vinogradova（1979）评估了太平洋海域的物种分布后认为，某些底层动物类群的区系分布呈现出明显的双极性（bipolarity）。从南极到北太平洋在深渊海域低温水体分布范围内，大多数种类似乎是广深性物种（eurybathic species）。这种双极性可能是与由深海低温水体连接的二极浅水海域低温水体的存在有关，也与高纬度深海海域有机物较高的沉降作用有关。Zezina（1997）指出，半深海带（bathyal zone）是经常发现有残遗种（relict species）（“活化石”物种）存在的地方。这些生物大多是甲壳类动物和鱼类，也可能是海百合类、腹足类动物或其他生物种类。特有物种的物种结构随着分类群、分类级别和地形特征的不同而变化很大。

深海软沉积环境供养了各种各样具有不确定起源且高度地域化的动物区系，遗传研究正在揭示其进化过程。例如，Zardus 等（2006）定量分析了一种遍布大西洋半深海和深渊海域的原鳃双壳类 *Deminucula atacellana* 的遗传变异模式。他们发现，同一海洋盆地不同深度种群之间的遗传分化要远大于处于相似深度但分开数千千米的种群之间的遗传分化，而且他们认为距离隔离可能解释了很多盆地内部的变异。很明显，广泛分布的深海生物尽管没有任何形态上的分化，但种群之间遗传特征可以高度分化。

然而，与通过分子生物学手段经常揭示海洋底栖生物隐秘多样性研究形成鲜明对比的是 Lecroq 等（2009）和 Pawlowski 等（2007）的研究。他们的研究揭示了分布非常广泛的底栖有孔虫类的存在，这些底栖有孔虫类构成了深海小型底栖动物区系组成的主要部分。细胞核核糖体 RNA 分析证明了 3 种常见深海有孔虫类在北极和南极种群之间具有非常高的遗传相似性，尽管它们距离可达 17 000 km。深海有孔虫这些非常广泛的分布范围支持小型真核生物全球分布的假设，并表明深海物种多样性在全球尺度上可能比现在的估计值更为适度（见第 8 章）。

12.4　深海和公海海域分类系统的原理和实践

生物地理分类的科学发展需要对一系列基本原理设计框架并进行定义（见专栏 12.2）。这些基本原理应允许对那些具有明显不同并具可预测的分类组成的分离区域进行空间界定。如果将这些区域与某些有助于确定这些区域的分离状态的海洋学过程或地球物理结构联系起来，将有助于对这些区域进行界定，这意味着存在某些进化机制，在这里可能已经产生了相对同质性（homogeneity），并且可以维持其分类多样性。

GOODS 生物地理学分类体系（UNESCO，2009）审议并拒绝了一些替代方法，包括特色区域、热点区域（物种多样性高的各种海域）、生态学和生物学重要区域，或某一区域的“自然性”。这些考虑虽然对海洋整体规划很重要，但并不在代表性范围之内。

12.4.1　实际争议和公开问题

必须讨论一些实际争议，以便建立有意义的生物地理分类方法。但确切地说，如何为公海和深海海域建立这样的一个分类体系框架仍然并不十分清楚。专栏 12.3 总结了一系列目前尚未解决的问题。然而，不管怎样为公海和深海海域最终设计一个分类方法，明确的是需要进行一个一般性考虑：要定义和绘制生物地理区域地图并选择代表性海域，需要处理一个结合了分类学、生态学和地形学方法与因素的“混合”系统。

专栏 12.3　如何为公海和深海建立一个生物地理分类体系？一系列目前尚未解决的问题和争议

- 全球范围各海域有关生物群落分类组成的信息资料数量各不相同，因此不同的专家团队即使利用了他们手中关于研究海域和研究学科中的所有资料可能也无法绘制同一份生物地理分类地图。基于生物群落分类学组成，如何协调不同生物地理学分类方案之间的差异？
- 大部分深海生物的分类都难以鉴定达到物种水平，而对于某些动物类群，许多属是广布性的。因此物种分类应该使用什么分类级别（物种、属、科）？有没有一个生物学理由证明任何一个分类级别比其他分类级别更合适？在一个分类体系中使用混合分类级别是否会存在问题？
- 如果不使用分类级别，应该使用哪些分类群（例如浮游动物、大型底栖生物、鱼类）？是否有比现用的分类策略更好的策略？
- 考虑到海洋过程是动态的，生物群落的突然不连续是非常罕见的，我们应该如何处理过渡带、动物区系断裂带和其他不连续性？
- 特别是在上层水体，海洋边界和条件随着空间和时间的改变而变化，因此海洋状况的任何图示只能是当前和最近历史知识的“快照”，它只描述静止海洋的生物地理学。动力海洋学过程意味着生物地理区域的边界在空间上不太可能非常稳定，我们通常应该如何处理可变性，特别是季节变化和年际变化？
- 不管使用的分类体系如何，任何方案都应明确无误地说明其所基于的原则和策略，以便随后的通信具有可识别和明确的起点。
- 最后的考虑是明确的，定义和绘制生物地理区域图形并选择代表性海域将需要分析一个结合分类学、生态学和地形学方法和因素的“混合”系统。

生物的当前分布状态起源于不同时间尺度上的一系列相互作用过程，包括进化以及生产、扩散或驻留、对海洋学因素和底质因素的局部适应等众多区域海洋学过程。因此预计，分类发生（taxonomic occurrences）、生态学和地貌学中的大尺度模式都应该具有某种相关性（coherence），这可为描述代表性海洋动物区系和植物区系的全球分布模式而需要的各种因素进行综合研究提供理论基础。然而，这些模式一致性的程度、性质和因果关系尚未得到很好的研究。

随着对分类系统的数据和分类模式研究的进行和连贯性的确定，应该可以对全球生物地理学进行全面清晰地描述。这在海洋水体空间环境不久的将来是一个可以达到的目标；但是在海底环境中，由于那里具有多重较小尺度特征，建立一个连贯的分类体系将需要更长的时间。

12.4.2　数据来源

用于研究 GOODS 生物地图分类过程的数据引自联合国教科文组织报告（UNESCO，2009）。这些数据来自一些公开的数据库以及来自从事深海和公海海洋环境研究的研究人员。由于生物地理学分类涵盖了世界各地的大型海域，所用数据需要连贯地覆盖全球。生物学数据的地理覆盖范围往往不足，诸如水深、温度和底质特征等物理数据通常被用来替代栖息地及其相关物种和生物群落的生态学和生物学特征。

12.5　水体空间环境生物地理学

建立公海海洋保护区（marine protected areas，MPAs）网络，确保生态系统的特征组成、结构和功能，其必要性得到普遍认可。生物分类学和群落外貌特征分类系统虽然在概念上不同，但它们是相互高度依存的。分类组成充分反映在基于分类学相似性的生物地理分类系统中，而结构和功能则需要考虑同样基于群落外貌特征分类的系统。

海洋保护区网络所期望特征之一是包含代表性海域。这个目标需要建立一个基于分类法的系统，因为在海洋不同部分，具有相同外貌特征的海洋生物群系（biomes）将具有不同的物种组成。因此，即使主要物理特征和过程都非常相似，某个海域一个选址良好的海洋保护区也不能代表其他海域类似生物群系中的物种。

12.5.1　水体空间环境特征及其对生物地理分类的重要性

第 2 章和第 3 章已经讨论了水体空间环境（pelagic realm）的物理特征和生物学特征。联合国教科文组织（2009）在仔细分析了各种各样的备选特征后认为，一个适用的分类系统应纳入分析的主要大型物理特征应包括：环流核心区、赤道上升流、海洋盆地边缘上升流区、重要的过渡地区（包括会聚区和发散区）。

每个大洋盆地在亚热带地区的北纬和南纬约 30°附近有一个大的环流。这些环流中的海流由副热带高压系统产生的大气环流驱动。在北大西洋和太平洋以大约 50°N 为中心有较小型环流存在，这些环流系统中的海流由北极低压中心产生的大气循环驱动。在南半球，由于缺乏大陆的约束力并存在全球西风漂流，这样的环流系统并没有明显发展。

与海洋其他部分相比，上升流区域的初级生产水平往往较高。赤道上升流发生在大西洋和太平洋，南半球信风进入北半球，在赤道两边产生一致的风向，表层水从赤道被带走，使深层低温海水上涌而产生上升流。因此，赤道区域的浮游植物密度高，生产力水平也高。

会聚和发散的海域代表过渡地区。例如，季节性波动的南极锋面被认为将南大洋与其他大洋分开，这个海域是由两个环南极海流的会聚形成的，一个向东流动，一个向西流动。这些海洋学特征容易区分，通常具有独特的物种组合和一些特有物种。

联合国教科文组织（2009）首先研究了这些主要的地球物理特征，然后讨论了嵌套在大尺度特征中的那些较小尺度上的生物地理学单元，如特定盆地的边界上升流中心区和环流核心区域。这些嵌套区域虽然从功能上被定义，但通常被认为它们反映出独特的分类生物地理学特征。关于物种分布范围的信息可用于校验候选边界的分类意义是否足够，从而允许这些嵌套案例尝试接受这种分类模式。进一步的嵌套水平往往在生态上是合理的，以便在更细微的尺度上反映海域的生态功能整体性。Spalding 等（2007）已经在沿岸带和大陆架海域对这些嵌套模式进行了定义，但是目前在全球范围内还没有足够的数据应用这种嵌套模式。

将最大尺度的单元划分为一套生态生物群系，这个过程可以产生有用的生态学理论。这些理论将辨识那些在不同大洋重复出现的诸如东部边界潮流、赤道上升流等现象的共同点。在 GOODS 报告中，确认了对这些术语持续性应用的需求，其中许多术语在更广泛的科学和技术领域中可能具有多方面的解释。例如，“核心”与“边缘”的概念特别重要。“核心”区域一词用于表示在关键生态系统过程和功能发挥中具有稳定性的区域；而“边缘”区域，重要的生态系统过程往往处于过渡阶段，并可能呈现明显的梯度。虽然认识到生态过程（最突出的就是生产力）的核心重要性，但这些生态过程并不是界定生物地理单元的基础。

12.5.2 未来挑战

海洋水体空间环境具有的几个特征为生物地理分类带来了特定的挑战。例如，用于指示深水层水体生物区系生物地理模式的相关信息太少。目前联合国教科文组织（2009）建议集中进行深至 200 m 有光层的观测；预计随着深度的增加，分类模式将与表层水体呈现较大差异。低于 200 m 深度后，由于有关分类模式的信息甚至有关非生物驱动因素的信息都非常少，因此，目前尚不可能在全球尺度上对深层水体环境进行生物地理学分类。

目前尚不知道所提出的 GOODS 分类系统是否能够以适当的方式从生态学角度涵盖了所有生物多样性热点。联合国教科文组织（2009）工作小组认为，物种丰富度中心可能已经被很好地涵盖，有时是通过不同生物群落混合而形成的大量过渡区/会聚区域体现，有时通过具有各种特性的核心区域体现，而这些特性可为群落维持和主要生产力过程提供稳定条件。

在 GOODS 报告中确认了水体空间环境中生活的生物物种的 3 种迁移模式（另见第 7 章、第 9 章、第 16 章和第 17 章）。

（1）那些始终在两个地点或两个海域之间迁徙的种类，例如座头鲸。良好的分类系统应确保每个海域都在一个明确界定的单元之内，但分类并不是必须要显示两个地点之间有任何特定关系。

（2）那些聚集在一个海域，之后便广泛扩散到各海区的种类，例如那些具有固定繁殖场所和广阔觅食空间的物种。良好的分类系统应确保这个稳定的海域处于一个明确界定的单元内，但根据具体情况，物种的分布可能或不可能提示其他分类单元的边界，具体取决于影响迁移的因素。

（3）那些移动更稳定的种类。最适合界定生物地理区域边界的物种是运动能力有限的那些物种，其生活史中水体生活阶段取决于海洋学过程。它们的分布可以提示水团、环流和边界/过渡带对于生物集群中其他物种的分布范围和分布形式的影响。

水体空间环境中的生物地理单元不同于海底环境、大陆架和陆地生物地理单元，其边界位置显示出更大的时间和空间变异性。虽然有些边界清晰、跨度较小（仅跨越数十千米），但其他边界则往往较宽，具有来自不同区域且具有梯度变化的混合物种，其宽度有时是数百千米。一些过渡带中具有相对持久的生物多样性特征，在 GOODS 研究中认为这足以清楚地对这些过渡带进行分类。然而，在大多数情况下，绘制在地图上的清晰的边界线只能被视为变动带的一般性指标，该变动带范围宽广而且往往随时间变化而移动。

12.5.3　水体空间环境分类系统和数据源

许多数据集可用于水体空间环境，GOODS 报告中也引用了这些数据（UNESCO，2009）。GOODS 研究小组最初应用 Delphic（专家驱动）方法初步绘制了公海海洋水体空间环境系统全球生物地理区域地图。接下来参阅了一系列生物地理学出版物，并应用了其他专业知识。大西洋生物地理区域地图绘制受到 White（1994）研究成果的强烈影响，太平洋生物地理区域地图绘制受到了 Olson 和 Hood（1994）研究成果的强烈影响，而南大洋生物地理区域地图绘制则受到 Grant 等（2006）研究成果特别强烈的影响。

联合国教科文组织（UNESCO，2009）制作了一幅全球海洋水体空间环境生物地理学分类地图（图 12.1）。该生物地理分类包括 30 个分区（province）。这些分区在温度、深度和初级生产力等变量方面每个都具有独特的环境特征（详见 UNESCO，2009）。

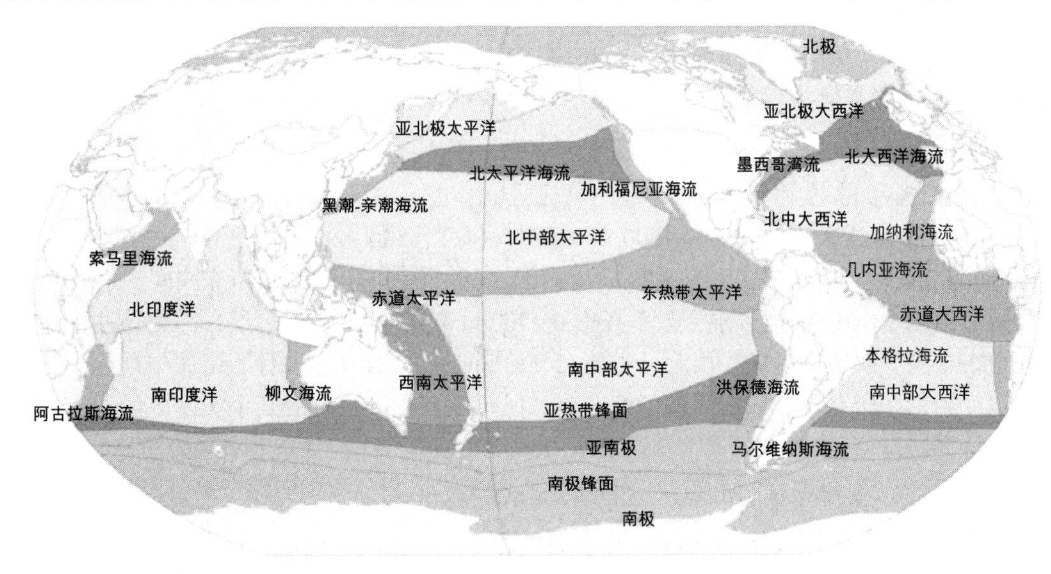

图 12.1　全球水体环境分区地图
资料来源：UNESCO（2009）

在世界各大洋具有较好水体空间环境生物多样性的区域，一些主要的海洋学特征（如中央环流和边界流）与基于生物地理分类学理论界定的分区完全一致，这更增强了对拟议分类体系的信心。然而，水体空间环境生物地理分类图上的确切界限仍然需要持续研究。尽管需要进一步改进，但联合国教科文组织（2009）提出的主要区域被认为是合理的，可以用于水体空间环境海洋生物多样性组成部分保护和持续利用的规划和管理。

12.6　海底空间环境生物地理学

海底空间环境（Benthic realm）本质上比水体空间环境更复杂，区分度更大（见第 2 章和第 3 章），但目前可用数据稀少且多样化，缺乏可比性。对于大部分深海而言，几乎没有信息可用于界定分区（province）或区域（region）水平上的生物地理单元。相关信息之所以缺乏，部分原因是样品采集较少，同时对现有数据也缺乏综合研究。现在美国国家海洋数据中心（National Oceanographic Data Center，NODC，www. nodc. noaa. gov）已编辑整理了 20 世纪以来所采集的全部物理和化学数据。

尽管存在这些限制，GOODS 报告（UNESCO，2009）提供了初步分类地图，这些分类图包含了各深海分区在半深海和深渊深处“分布中心”的位置。该报告还编辑了可用的生物学信息资料，然后对这些数据的分布模式以及尽可能多的水文数据进行了检验，以了解生物群系和地球物理变量之间的相关性。

这些研究的前提是，底栖生物物种分布是受海洋主要水团的影响。不幸的是，虽然海洋表层水团分布是众所周知的，但在约 800 m 的深度之下，水团和海流尚未得到全面综合地测绘标定。因此，GOODS 报告（UNESCO，2009）的目标是绘制各离散深度层的深度、底部温度、盐度、溶解氧和有机物通量地图，并评估已知生物分布与这些水团特征之间的关系。这些生态因子数据虽然数量有限，但一般认为它们是底栖生物区系分布的关键决定因素。

12. 6. 1　海洋测深学

底栖生物的生物地理分区可以在垂直方向和水平方向上划分，以反映深度作为几种物理和生物结构和过程替代指标的根本重要性（见第 2 章和第 3 章）。GOODS 报告（UNESCO，2009 年）提供了 300~800 m（上半深海）、800~2 000 和 2 000~3 500 m（下半深海的上部和下部）、3 500~6 500 m（深渊），>6 500 m（超深渊和深渊底）各深度的海洋特征地图。GOODS 报告中一般不考虑 0~300 m 和 300~800 m 水层，因为这些区域几乎完全在各国专属经济区内，因此，主要在 Spalding 等（2007）进行的工作中讨论。虽然这些深度类别在研究现有数据后被仔细选择，但对于 800 m 以下的其余深度区的适宜性仍然需要认真讨论。

12. 6. 1. 1　下半深海海域（Lower bathyal）（800~3 500 m）

下半深海海域分区（图版 16A）几乎完全由 3 个地形学类别概念组成：下大陆边缘（lower continental margins）、孤立的海山（isolated seamounts）和海洋岛屿斜坡（oceanic island slopes）以及洋中脊（midocean ridges）。大陆边缘的下半深海（lower bathyal）大部分区域都是沉积性的，并且实际上是沿海国家大陆架的延伸。相比之下，尽管海山、海岛侧面（经常在顶部）和洋中脊也可能有一些沉积物覆盖，但还是为无脊椎动物和半深海鱼类提供了广阔的坚硬底质。

12. 6. 1. 2　海山（Seamount）

海山（参阅下文）和洋中脊在近海海域属于下半深海深度海域，在外海则属于深渊平原海域。这些升高的海山具有地形学要素特征，其所在海域同周围海底拥有不同的动物区系，相对于周围海域它们是较浅栖息地“岛屿”，为不同生物群落提供了各种不同深度的栖息地。因为海流会经常冲刷陡峭的表面，在海底山上裸露的岩石表面可能很常见。尽管洋中脊和海山所分布的区域相对于周围海底区域面积可能很小，但在广阔的大洋盆地中，它们的地理位置对确定半深海物种的分布可能是非常重要的。

图版 16B 表示了海山的分布，并基于卫星高度测量方法测算了这些海山的山峰深度（不包括深渊平原上山巅深度大于 3 500 m 的海山）（Kitchingman and Lai，2004），该彩图明确表示了在世界海洋中海山扩展的半深海深度栖息地的分布范围。大多数不到 800 m 深度下的海山，至少有部分在各国的专属经济区内，而海洋中存在大量山顶在 800~2 000 m 深的海山。

12.6.1.3　深渊海域（Abyssal）（3 500~6 500 m）

深渊海域分区（图版 16C）涵盖了大部分深海底。尽管也可能存在金属结核形式的硬质底质，但大多数深渊海域海底的特征是深度大、被泥质沉积物覆盖。深渊海域分区根据它们所处的深海盆地进行划分。GOODS 划分方案根据新近获得的数据对 Menzies 等（1973）和 Vinogradova（1997）的研究结果进行了修改（UNESCO，2009）。

除中太平洋盆地外，其他各大洋盆地都由洋中脊系统分开。然而，几乎所有的洋中脊都有缺口，因此允许某些海流从一个盆地流向另一个盆地。在印度-西太平洋（Indo-West Pacific）区域，有几个与其他深渊海域完全隔绝的小型海洋盆地，但这些盆地大多位于各国专属经济区内。

12.6.1.4　超深渊海域和深渊底（Ultra-abyssal and hadal areas）（>6 500 m）

GOODS 报告采纳了 Belyaev（1989）提出的方案。这些超深渊海域和深渊底海域在大陆架方向的边界主要是发生俯冲下潜的那些岩石圈板块边缘（UNESCO，2009）。大部分海沟位于西太平洋阿留申半岛和日本、菲律宾、印度尼西亚、马里亚纳群岛之间以及新西兰周围的 Kermadec 海沟。东太平洋只有秘鲁-智利海沟，大西洋有波多黎各和罗曼希海沟。除了两个海沟之外，所有的海沟都位于各个国家的专属经济区或管理区内。

12.6.2　海底环境生物地理分区总结

GOODS 报告中采用的海底环境生物地理单元是以 Menzies 等（1973）和 Vinogradova（1979）为深渊海域、Belyaev（1989）为海渊底（超深渊）海域和 Zezina（1973，1997）为半深海海域等海域的区域划分和分区研究所提出的那些概念为基础的，而其边界则根据新近所获数据进行了调整（UNESCO，2009）。

建议的深海海底环境生物地理分类包括上述 3 大深度层：下半深海层（800~3 500 m）、深渊层（3 500~6 500 m）和超深渊层（仅出现在深度大于 6 500 m 的海沟里）。由于深度范围在 300~800 m 的上部半深海层几乎整个海底部都处于不同国家的专属经济区内，因此基本没有考虑这个区域。

GOODS 报告承认，下部半深海可能涵盖的深度范围太广，需要在 2 000 m 左右进一步分解，在这个深度许多分类群（例如海底鱼类）的物种组成或多样性有明显变化。深渊底海域大部分被不同国家的专属经济区包围，Belyaev（1989）的工作对这个海域的生物地理分区进行了充分的研究。

所有拟议的分区，特别是对于可用数据较少的下半深海海域，都应被视为暂时的。然而，对于大西洋盆地的深海生物地理分类可能是成熟的，其分类模式已经使用深海原鳃双壳类动物的分布状况进行了测试（Allen and Sanders，1996）。但 GOODS 报告也提示，印度洋和太平洋盆地并没有得到那么多的研究，其分类模式是使用包括温度和有机物输入在内的替代因子推算出的。目前，各分区之间的所有边界都应被视为未知范围的过渡海区。

12.6.3 GOODS分类体系和其他生物地理分类体系之间的兼容性

为了最大限度地体现其实用性，GOODS生物地理分类系统（UNESCO，2009）应与全球和区域现有的分类系统兼容。特别应该关注GOODS生物地理分类系统和世界海洋生态区分类系统（MEOW；Spalding et al.，2007）之间的兼容性，世界海洋生态区分类系统分类系统目前是覆盖沿海地区和大陆架区域的最新分类系统（见第5章）。

由于世界海洋生态区分类系统在国家和区域层面早已定义了沿海海域和大陆架海域那些关键生物地理边界，世界海洋生态区分类系统和GOODS生物地理分类系统之间的兼容性最终将允许建立一个完全全球一体化的分类体系，其中会包括沿海水域的较细分类、公海海域和深海海域的较大空间单元。在任何生物地理分类系统中总是存在一些区域重叠、不匹配和定义错误的边界，但是对分类的持续研究和新的数据将会进一步完善分类系统的互补性。

12.7 海山和其他海底地形单元

在深海中会发现各种异常结构和地形单元，可以认为它们占据了代表性海域和独特性海域之间的位置，它们都值得以相应的形式进行保护。其中最重要的就是海底山和深海火山口。

含有火山口系统的洋脊系统其位置相对明确，但是有多少这样的区域是活跃的、它们何时是处于活跃状态这些情况仍然未知。因此，有理由要求对这些海域进行特别关注：①一个海底火山口一般只有40~150年的“寿命”，其活跃部位随时间而变化，所以对该活跃系统的保护策略需要有某种方式的灵活性；②仅仅基于其独特的遗传性状，这些区域的动物群系（以及自养微生物群系）应该得到密切关注和保存（见第10章）。热液口生物群落受到独有过程的控制，这些过程与确定广阔半深海分区位置的过程不同，因此，GOODS团队也绘制了一个单独的热液口生物地理分类图。GOODS方案借鉴了van Dover等（2002）的方案及其未发表的资料（UNESCO，2009）。

虽然这里集中讨论海山，然而很遗憾的是，GOODS报告中没有任何篇幅讨论海山，海山仍然是深海海域中了解非常少的部分。但是，基于它们对海洋生物多样性具有独特贡献，也由于海洋捕捞渔业日益增长的资源利用和影响，因此，海山具有非常重要的意义。由于这些海域海底为硬质基底且离岸遥远，近期才使用现代海洋学工具（如潜水器、系泊设备和遥控机器人）对海山和洋脊进行了调查。

海山是从海底隆起的山脉，但海山不会露出海面。它们通常由死火山形成，从1 000~4 000 m深度的海底陡峭上升，距离海底至少1 000 m的高度，山峰到海面还有数百米到数千米距离，陡峭是其独有特征（或次海洋岛屿）。尽管一般认为，海山在太平洋相对更多，但世界各地的海洋都普遍存在海山。它们在全球范围内可能超过10万座，有些估计甚至多达100万座（取决于“海山”的定义）。

硬质底质（与典型的深海软泥底质相反）、陡坡、与导致营养盐和浮游生物增加的上升流的相互作用、生物群系在相关环流中的驻留、地理隔离和高度地域性等这些独有特征使海山具有独特的海底结构。海山的物理存在拦截了侧向流，产生了水文涡流，从而限制了幼虫和浮游生物的扩散，将物种和生产过程集中在海山上。

海山对于公海生物多样性维持具有关键作用，它们可以作为海洋生物跨洋扩散的跳板（stepping-stones），可以作为残留种群的避难所，也可以成为当地物种分化区。这里拥有高度个性化和富有地域特性的生物区系。例如，Richter de Forges 等（2000）研究了塔斯曼海和东南珊瑚海的海山，发现了 850 多种大型和巨型动物，其中 29%~34%是新记录种，是潜在的海山特有种类。在该区域不同部分的海山之间存在的低物种分布重叠度表明，成簇分布或沿洋脊系统分布的海山起到了生态“岛群”或“链”的作用，导致岛群或洋脊系统之间高度本地化的物种分布和明显的本地物种形成，这在深海海域是非常例外的。

目前发现的 535 种海山海域鱼类（Froese and Sampang，2004）仅占当前世界鱼类总种类的 2%左右。然而，这些海山鱼类分别隶属于 515 个科中的 130 个科（占 25%），62 个目中的 29 个（占 47%）。因此，这些海山鱼类彼此之间几乎没有密切的联系。也就是说，相对于这么大的物种数量，它们的遗传多样性更体现在较高分类阶元上（见第 10 章）。许多海山鱼类的科物种数量很少，有 13 个科只由海山种类组成，在 12 个科中一半或更多的种类生活在海山海域。据 Marshall（1979）和 Haedrich（1997）的研究，深海鱼类是现代鱼类进化过程中早期出现群体的代表。其中许多种类高度适应深海的环境和生态条件，有特化的眼睛、复杂的生物发光器官、精细的泌气腺体和适合游泳的鳔结构、经常具有非凡的颌和牙齿。

海山的高度地域特性可以用岛屿生物地理学理论来解释。这个理论是由 MacArthur 和 Wilson（1967）提出的，用于解释新生岛屿的物种丰富度，后来被用于解释被不同生态系统（这里是视为水下“岛屿”的海山）所包围的任何生态系统。该理论提出，在一个不受干扰的岛屿上发现的物种数量取决于迁入率、迁出率和灭绝率。迁入率和迁出率受到岛屿与迁移者聚居地的距离影响。灭绝率受岛屿大小的影响，因为较大的栖息地面积会降低机会事件灭绝的可能性。迁入后，栖息地异质性会增加成功生存下来的物种数量。随着时间的推移，那些相反的力量决定了物种的平衡数量。影响任一“岛屿”上物种数量的因素可包括隔离度、隔离时间、岛屿大小、气候/温度、初级生产力和人类活动。

海山的地域特异性程度仍然是调查和区分它们的主题。海山地域特异性假说（seamount endemicity hypothesis，SMEH）指出，海山拥有一套隔离机制，借此产生了海山上高度地域特异性的动物群系。然而，McClain 等（2009）对东北太平洋海山上巨型动物分布的研究结果对海山地域特异性假说几乎没有提供任何支持，而是发现了一个在邻近的大陆边缘也会出现的物种组合。这些物种的很大一部分也是世界性的，其分布范围扩展到太平洋的大部分盆地。相反，大西洋南极鳕种群的遗传结构分析表明，来自福克兰群岛周围的种群与南乔治亚岛的种群遗传基因差别明显（Rogers et al.，2006），该研究结果支持了海山地域特异性假说。这些群体之间的遗传分化被认为是水文隔离的结果，因为这两个海域距离遥远，超过 3 000 m 的水深超过了南极鳕鱼的分布范围水深（<2 200 m）。

目前，针对深海鱼类捕捞量的日益增长以及长寿鱼类和性成熟晚鱼类发生系列性枯竭，这些严峻状况使我们认识到了解海山生物多样性的重要性尤其迫切。洄游鱼类和鲸类动物依赖于海山食物网，因此，对海山鱼类的过度捕捞影响已经引起高度关注。由于中上层渔业产量已经下降，为保持捕捞量，海洋渔业越来越多地转向更深的水域，对深海海山物种的捕捞量越来越多（Koslow et al.，2000）。业已证明，深海捕捞技术可以破坏海底栖息地，特别是许多无脊椎动物所依赖的复杂珊瑚栖息地。控制这些活动是我们关注的主要问题，特别是约有一半海山处于国际水域。

GOODS 研究报告（UNESCO，2009）中没有包含任何有关海山生物地理分类的内容，但生物地理分类是任何系统保护研究的必要先决条件。专栏 12.4 给出了一个非常初步的海山分类，试图说明它们的生物地理学、地貌学和生态学的基本特征，旨在总结其可能的生物多样性和生态意义。

专栏 12.4　海山分类体系建议

以 GOODS 报告（UNESCO，2009 年）为基础，并参考了 Roff 等（2003）、Roff 和 Taylor（2000）提出的概念，海山层次分类系统建议依次研究一系列因素，假定每个因素所起作用大于其下级尺度上的因素所起作用。另请参考 Rowden 等（2005）。

级别（Level）	因素（Factor）	描述（Description）
1	生物地理学	来自 GOODS 报告的分区
2	深度	来自 GOODS 报告的分带
3	高度	海山山顶到海面的高度
4	大小	山顶表面积
5	生产力结构	泰勒水柱（Taylor column）和涡流表面的有机物通量
6	隔离程度	到大陆架或下个产生“上升流”海山的距离
7	基底复杂性	地形/基底的复杂性

备注：

（1）生物地理学。第一级由 GOODS 的深海分区定义（注意分区和深度相对重要性可能需要颠倒）。

（2）深度。海山可以具有不同的特征和物种分布，这取决于它们在大陆架、大陆坡、上半深海或下半深海和深渊上的位置。

（3）海山顶基底以上的高度，是否到达海洋上混合层或温跃层。

（4）山顶表面积代表海山的大小。海山大小将涉及几个因素，包括生产力结构、栖息地多样性、物种和群落多样性。因为海山经常被称为“水下岛屿”，海岛生物地理学理论可以应用于海山以预测物种定殖率和灭绝率。50 km 的规模可能是有涡流海山与无涡流海山之间的一个关键分界线。另外，确定多大的一个海山才“值得”开展渔业捕捞，也是一个务实的考虑。

（5）生产力结构（有机物垂直通量）是一个取决于几个变量的复杂因素，这些变量包括：

● 可以从表面生产力（表面叶绿素 *a* 代表，例如 Longhurst 1998 分类体系）和深度之间的 Suess's（1980）相关性预测的深度通量；

● 实际垂直通量与泰勒水柱（Taylor column）的存在与否相关；

● 水柱分层；

● 海流速度和方向；

● 纬度。

表面生产力结构可以被以下因素指示：

● 叶绿素羽流（chlorophyll plumes）或表征海水透明度的其他指标；

● 表层水温异常（局部上升流效应）；

● 海面高度异常和涡流。

然而，这些异常也可以发生在次表面（超过 100 m 水深）。

泰勒水柱（和局部涡流）能否形成取决于一系列关键参数，包括阻塞系数和 Burger 数（一系列的层化参数）。深度也是分层的一个关键因素，它可能确定向下涡流的发展。这对能量通量和繁殖体的扩散有影响。

● 阻塞系数：$B=h \cdot f \cdot L/DU$（理论部分参见：Roden，1987）。泰勒水柱仅当 $B>1$ 时发生。

式中：h=海山高度，f=科里奥利（Coriolis）参数，L=海山直径（注意，50 km 可能是围绕海山周围涡流形成的临界值），D=水深度，U=局部海流速度

● Burger 数：$S=g \cdot \Delta\rho \cdot D/\rho \cdot f^2 \cdot L^2$（完整理论参见：Roden，1987）。Burger 数与阻塞参数、β 参数（直径大于 50 km 的海山是重要的）以及上层和下层中的流动方向相互作用。

式中：g=重力，$\Delta\rho$=水层之间的密度差，ρ=水密度

（6）隔离程度（Grigg et al.，1987）可能与动物区系唯一性和地域化程度有关。下面两个元素可能对于定殖繁殖体的来源、物种灭绝的可能性和定殖过程非常重要：到最近的大陆架的距离和最近的邻近海山的“上游”距离（海流方向和速度）。最近的大陆架区域可能是物种迁移的主要来源。

（7）地形/基底复杂性与物种组成变化（群落类型）和丰度变化（见第 6 章和第 8 章）密切相关。但是，如果要保护整个海山，这个级别的数据可能是充足的。

12.8　结论和管理启示

GOODS 报告（UNESCO，2009）中的水体环境和海底环境生物地理分类是将公海和深海海底全面划分为不同生物地理区域的全球性首次尝试。分类使用海底环境和水体环境的地球物理和环境特征因素来确定类似栖息地及其相关生物群落的区域。这样的生物地理分类定义了物种和栖息地的分布，主要目的是为了科学研究、海洋保护和管理。未来通过对这些分类进一步细化，最终将为描述代表性海洋动植物区系的全球分布模式提供依据。

目前的 GOODS 报告仍然是初步的，然而现在的版本可为政策制定和实施提供了基础。然

而，诸如生物对栖息地的选择、那些因素影响了深海生物的斑块性分布等问题需要进行更进一步基础研究，以促进我们理解大部分尚未明晰的海洋多样性及其相关生物地理分类知识。

12.8.1 深海和公海的政策进程和分类

最近在讨论国家管辖范围以外的海域进行生物多样性（包括遗传资源）保护和可持续利用的有关政策时指出，需要发掘更多这些海域生物多样性各组成部分的信息，并基于科学指标对这些将要开发的海域进行分类。这些讨论都认识到，海域生物地理分类对于政策制定和贯彻执行都有重要作用。通过整合和集中有关海洋生物分类、分布和影响它们的生物地球物理特性的相关信息，海域生物地理分类可以丰富我们对海洋生物的知识，促进我们对全球海洋生物的了解（见专栏 12.5）。

专栏 12.5　生物地理分类应用于深海和公海海域及其生物多样性的保护和可持续利用

可靠的生物地理信息有许多可能应用。在此总结了两个生物地理分类系统的实际应用案例。

生物地理分类应用于海洋保护区

由于对海洋生物物种及其栖息地在地理上分布的方式和位置了解不足，迄今为止，我们仍然很难在深海和公海海域开展战略行动，以建立一个全面、管理有效和具有生态代表性的海洋保护区系统。这种保护区系统在保护地点应将所有海洋生物多样性组成成分（包括所有栖息地类型）全部纳入保护范围。栖息地类型的数量应足以覆盖栖息地的变异性，足以提供数个副本（最低限度），以便最大限度地发挥潜在的连通性，并尽量减少大规模影响的风险（CBD，2004）。

通过向政府通报生物地理分类科学框架内海洋生物多样性各成分大尺度分布状况，GOODS 报告（以及来自亚速尔研讨会的建议，见 http://cmsdata.iucn.org/downloads/iucn_ information_ paper.pdf）提供的工具可帮助各国政府为 2012 年目标方面取得重大进展，以建立代表性海洋保护区网络。

亚速尔专家会议建议的以下 3 个初始步骤现在是可行的：

a. 科学认定一系列具有重要生态或生物学意义的海洋区域

考虑到具有了最好的科学信息并采取了预防性措施，研讨会提出的指标应该被采纳使用。这一认定应着重于选择生态价值已被承认的一系列初始地点，同时如果得到新的和/或更好的信息可以添加其他地点。

b. 开发/选择一个生物地理学栖息地或/和生物群落分类系统

该系统应反映使用规模，讨论该海域内的重点生态特征。通常，这将需要分离至少两个空间环境：水体环境和海底环境。

c. 利用上述步骤 a 和 b，重复使用定性和/或定量技术来认定要包括在保护区网络中的地点

考虑加强管理的选择应反映其认识到的生态重要性和脆弱性，并通过以下方式来解决生态相关性的要求：代表性、连通性、重复性，并评估所选地点的适当性和可行性。应考虑到其现场管理体制的规模、形状、边界、缓冲和适宜性。

生物地理分类应用到海洋空间规划

在海洋空间规划的背景下，将生物地理科学信息与利益相关者协同的开发利用、影响和机会等信息相结合，以确定不同时间尺度上的特定保护区域或具体用途。这种方法已经在世界许多国家的沿海地区得到成功应用（Ehler and Douvere，2007）。

在政策制定中，根据生物地理学和其他类似科学信息（如生态过程知识和生物多样性影响评估），分析利益相关者的愿望、期望和兴趣，以便就可能的共同议程达成一致。这样，所产生的政策就代表了科学知识、利益相关方的利益和执行中的政治决策（例如确定受限于管理措施的区域或有待进一步调查的区域）的结合。为联合国海洋环境状况（包括社会经济方面）全球报告和评估形成的联合国常规程序确定的区域单元就是这方面的一个例子，因为这些区域代表了生态、法律、政策和政治指标等方面的结合，从生态和人类开发利用角度综合来看，可以很好地评估海洋环境状况（另见第 16 章和第 17 章）。

资料来源：联合国教科文组织（2009）。

像联合国教科文组织（UNESCO，2009）提出的这样的海洋生物地理学分类方法，对实施基于生态系统的管理措施、发展空间管理工具（包括代表性海洋保护区网络）至关重要。通过确定海洋物种、栖息地和生态系统过程等的范围和分布，生物地理数据的空间分析可以提供与人类影响信息一起查看的视觉信息，以便为管理行动设定边界。这种生物地理数据的空间分析还可以用来：①作为确定主要代表性海洋生态系统和栖息地类型海域的基础，这些海域将会被纳入代表性海洋保护区网络；②帮助评估现有海洋保护区计划的空白；③帮助确定人类高度利用海域管理行动的优先事项；④指导对存在重要信息空白的海域开展进一步的海洋科学研究。

鉴于这些广泛用途，这些生物地理信息（特别是与生态信息进行结合时）可以协助执行诸如《生物多样性公约》（CBD，www. cbd. int）等许多国际和区域性公约的规定。《生物多样性公约》涉及生物多样性保护和可持续利用，也讨论了超出国家管辖范围的深海海底遗传资源。

因此，进一步收集生物地理信息对于巩固现有关于国家管辖范围以外各种深海海底资源的现状、趋势和可能受到的威胁等知识至关重要，并为保护和持续利用这些资源的技术选择进行识别和实施提供相关信息（UNESCO，2009）。

不幸的是，生物地理知识对决策过程的价值和贡献尚未得到广泛的认识。1982 年《联合国海洋法公约》（United Nations Convention on the Law of the Sea，UNCLOS）和其他基于行业和环境的协议形成了管理国家管辖范围以外海洋地区人类活动最重要的国际法律框架。近年来，《生物多样性公约》《联合国海洋和海洋法非正式协商进程》（UNICPOLOS）和其他联合国工作组都非常重视在国家管辖范围以外海域加强国际合作和行动的必要性。

12.8.2 未来生物地理分类与政策制定之间的联系

人们越来越认识到可靠的生物地理分类对于政策制定和实施的重要性，对国家管辖范围以外的公海海域和深海海域的生物地理信息的需求也不断增加。因此，与应用生态学的许多领域一样，需要搭建政策需求与生物地理科学研究之间的桥梁（UNESCO，2009）。

生物地理学研究计划将受益于在全球范围内建立国际科学合作所需的政治支持以及充足的资金支持。海洋生物普查（Census of Marine Life，CoML，www.coml.org）及其海洋生物地理信息系统（ocean biogeographic information system，OBIS，www.iobis.org）就是这样的一个例子。海洋生物普查和海洋生物地理信息系统已存在近 10 年，提供了大量全面、独特的科学知识，这些科学知识对海域保护和发展相关的政策及应用都至关重要。然而，这些计划及其类似计划的未来尚不清楚。

科学界面临的另一个进一步的挑战是将生物地理信息以准确、及时和目的明确的形式传递给决策者。GOODS 报告（UNESCO，2009）表明，参与海洋生物地理学研究的科学界越来越意识到应对政策需求的这一责任，以便在国家管辖以外海域所有水平上（遗传、物种、生态系统和景观）开展海洋生物多样性保护和可持续利用，使其在未来几年可以实现。

参考文献

Allen, J. A. and Sanders, H. L. (1996) 'The zoogeography, diversity and origin of the deep-sea protobranch bivalves of the Atlantic: The epilogue', *Progress in Oceanography*, vol 38, pp95-153

Bailey, R. G. (1998) *Ecoregions: The Ecosystem Geography of the Oceans and Continents*, Springer-Verlag, New York

Belyaev, G. M. (1989) *Deep Sea Ocean Trenches and Their Fauna*, Nauka Publishing House, Moscow, Russia

Briggs, J. C. (1974) *Marine Zoogeography*, McGraw-Hill, New York CBD (2004) 'Technical advice on the establishment and management of a national system of marine and coastal protected areas', *CBD Technical Series*, vol 13

Dinter, W. P. (2001) *Biogeography of the OSPAR Maritime Area*', German Federal Agency for Nature Conservation, Bonn

Ehler, C. and Douvere, F. (2007) 'Visions for a sea change. Report of the first international workshop on marine spatial planning', *IOC Manual and Guides no.* 48, *ICAM Dossier no.* 4, Intergovernmental Oceanographic Commission and Man and the Biosphere Programme, UNESCO, Paris

Ekman, S. (1953) *Zoogeography of the Sea*, Sidgwick & Jackson, London

Froese, R. and Sampang, A. (2004) 'Taxonomy and Biology of Seamount Fishes', in T. Morato and D. Pauly (eds) *Seamounts: Biodiversity and Fisheries*, Fisheries Centre Research Report, vol 12, no 5, Vancouver, Canada

Grant, S., Constable, A., Raymond, B. and Doust, S. (2006) 'Bioregionalisation of the Southern Ocean: Report of experts workshop, Hobart, September 2006', WWF-Australia and Antarctic Climate and Ecosystems Cooperative Research Centre, Hobart, Australia

Grigg, R. W., Malahoff, A., Chave, E. H. and Landahl, J. (1987) 'Seamount Benthic Ecology and Potential Environmental Impact from Manganese Crust Mining in Hawaii', in B. H. Keating, P. Fryer, R. Batiza and W. Boehlert (eds) *Seamounts, Islands, and Atolls*, Geophysical Monograph, vol 43, American Geophysical Union, Washington, DC

Haedrich, L. H. (1997) 'Distribution and Population Ecology', in D. J. Randall and A. P. Farrell (eds)

Deep-sea Fishes, Academic Press, San Diego, CA

Hayden, B. P., Ray, G. C. and Dolan, R. (1984) 'Classification of coastal and marine environments', *Environmental Conservation*, vol 11, pp199-207

Hedgpeth, J. W. (1957) 'Treatise on marine ecology and palaeoecology', *Memorandum of the Geological Society of America*, vol 67

Heezen, B. C. and Hollister, C. D. (1971) *The Face of the Deep*, Oxford University Press, New York

Kelleher, G., Bleakley, C. and Wells, S. (1995) *A Global Representative System of Marine Protected Areas*, World Conservation Union, Washington, DC

Kitchingman, A. and Lai, S. (2004) 'Inferences on Potential Seamount Locations from Midresolution Bathymetric Data', in T. Morato and D. Pauly (eds) *Seamounts: Biodiversity and Fisheries*, Fish-eries Centre Research Reports, University of British Columbia, Canada

Koslow, J. A., Boehlert, G. W., Gordon, J. D. M., Haed-rich, R. L., Lorance, P. and Parin, N. (2000) 'Continental slope and deep-sea fisheries: Implications for a fragile ecosystem', *ICES Journal of Marine Science*, vol 57, pp548-557

Kostylev, V. E., Todd, B. J., Longva, O. and Valentine, P. C. (2005) 'Characterization of Benthic Habitat on Northeastern Georges Bank, Canada', in P. W. Barnes and J. P. Thomas (eds) *Benthic Habitats and the Effects of Fishing*, American Fisheries Society Symposium, vol 41

Lecroq, B., Gooday, A. J., and Pawlowski, J. (2009) 'Global genetic homogeneity in the deep-sea foraminiferan *Epistominella exigua* (Rotaliida: Pseudo-parrellidae)', in W. Brökeland and K. H. George (eds) 'Deep-Sea Taxonomy: A Contribution to our Knowledge of Biodiversity', *Zootaxa*, vol 2096

Longhurst, A. (1998) *Ecological Geography of the Sea*, Academic Press, San Diego, CA MacArthur, R. H. and Wilson, E. O. (1967) *The Theory of Island Biogeography*, Princeton University Press, Princeton, NJ

Marshall, N. B. (1979) *Developments in Deep-sea Biology*, Blandford, Poole

McClain, C. R., Lundsten, L., Ream, M., Barry, J. and DeVogelaere, A. (2009) 'Endemicity, biogeography, composition, and community structure on a northeast Pacific seamount', *Public Library of Science One*, vol 4, no 1, e4141

Menzies, R. J., George, R. Y. and Rowe, G. T. (1973) *Abyssal Environment and Ecology of the World Oceans*, John Wiley and Sons, New York

Olson, D. B. and Hood, R. R. (1994) 'Modelling pelagic biogeography', *Progress in Oceanography*, vol 34, pp161-205

OSPAR (2003) 'Criteria for the Identification of Species and Habitats in need of Protection and their Method of Application', Annex 5 to the OSPAR Convention for the Protection of the Marine Environment of the North-East Atlantic, OSPAR, London

Pawlowski, J. J., Fahrni, B., Lecroq, D., Longet, N., Cornelius, L., Excoffier, T., Cedhagen T. and Gooday, A. J. (2007) 'Bipolar gene flow in deep-sea benthic foraminifera', *Molecular Ecology*, vol 16, pp4089-4096

Richter de Forges, B., Koslov, J. A. and Poore, G. C. B. (2000) 'Diversity and endemism of the benthic fauna in the southwest Pacific', *Nature*, vol 405, pp944-947

Roden, G. (1987) 'Effect of Seamounts and Seamount Chains on Ocean Circulation and Thermohaline Structure', in B. H. Keating, P. Fryer, R. Batiza and W. Boehlert (eds) *Seamounts, Islands, and Atolls*, Geophysical Monograph, vol 43, American Geophysical Union, Washington, DC

Roff, J. C. and Taylor, M. (2000) 'A geophysical classification system for marine conservation', *Journal of A-*

quatic Conservation: *Marine and Freshwater Ecosystems*, vol 10, pp209–223

Roff, J. C., Taylor, M. E. and Laughren, J. (2003) 'Geophysical approaches to the classification, delineation and monitoring of marine habitats and their communities', *Aquatic Conservation*, *Marine and Freshwater Ecosystems*, vol 13, pp77–90

Rogers, A. D., Morley, S. A., Fitzcharles, E., Jarvis, K. and Belchier, M. (2006) 'Genetic structure of Patagonian toothfish (*Dissostichus eleginoides*) populations on the Patagonian Shelf and Atlantic and western Indian Ocean sectors of the Southern Ocean', *Marine Biology*, vol 149, no 4, pp915–924

Rowden, A. A., Clark, M. R. and Wright, I. C. (2005) 'Physical characterisation and a biologically focused classification of "seamounts" in the New Zealand region', *New Zealand Journal of Marine and Freshwater Research*, vol 39, pp1039–1059

Sherman, K. and Alexander, L. M. (1989) *Biomass Yields and Geography of Large Marine Ecosystems*, Westview Press, Boulder, CO

Spalding, M. D., Fox, H. E., Allen, G. R., Davidson, N., Ferdana, Z. A., Finlayson, M., Halpern, B., S., Jorge, M. A., Lombana, A. and Lourie, S. A. (2007) 'Marine ecoregions of the world: A bioregionalization of coastal and shelf areas', *Bioscience*, vol 57, no 7, pp573–584

Suess, E. (1980) 'Particulate organic carbon flux in the oceans: Surface productivity and oxygen utilization', *Nature*, vol 288, pp260–263

Tomczak, M. and Godfrey, J. S. (1994) *Regional Oceanography*: *An Introduction*, Pegamon, Oxford UNESCO (2009) *Global Open Oceans and Deep Seabed (GOODS)-Biogeographic Classification*, UNESCO, Paris

Van Dover, C. L., German, C. R., Speer, K. G., Parson, L. M. and Vrijenhoek, R. C. (2002) 'Evolution and biogeography of deepsea vent and seep invertebrates', *Science*, vol 295, pp1253–1257

Vinogradova, N. G. (1979) 'The geographical distribution of the abyssal and hadal (ultra–abyssal), fauna in relation to the vertical zonation of the ocean', *Sarsia*, vol 64, nos 1–2, pp41–49

Vinogradova, N. G. (1997) 'Zoogeography of the abyssal and hadal zones', in A. V. Gebruk, E. C. Southward and P. A. Tyler (eds) 'The Biogeography of the Oceans', *Advances in Marine Biology*, vol 32

White, B. N. (1994) 'Vicariance biogeography of the open–ocean Pacfic', *Progress in Oceanography*, vol 34, pp257–284

Zardus, J. D., Etter, R. J., Chase, M. R., Rex, M. A. and Boyle, E. E. (2006) 'Bathymetric and geographic population structure in the pan–Atlantic deep-sea bivalve *Deminucula atacellana* (Schenck, 1939)', *Molecular Ecology*, vol 15, pp639–651

Zezina, O. N. (1973) 'Benthic biogeographic zonation of the world ocean using brachiopods', *Proceedings of the Russian Scientific Research Institute of Marine Fishery and Oceanography*, vol 84, pp166–180

Zezina, O. N. (1997) 'Biogeography of the bathyal zone', in A. V. Gebruk, E. C. Southward and P. A. T yler (eds) 'T he Biogeography of the Oceans', *Advances in Marine Biology*, vol 32

第13章　通过生态系统方法建立渔业管理与海洋保护目标之间的联系

开发与保护的兼容性

我所认识的最好的渔民都不会多次犯同样的错误；相反，他们会努力去犯新的有趣错误，并记住从中学到的东西。

John Gierach（1946—）

13.1　引言

如果没有探索海洋捕捞渔业与海洋生物多样性保护之间的生态关系，这样的海洋保护生态学教科书是不完整的。虽然本书的其他章节在遗传、种群、群落和生态系统水平上已经讨论了具体的保护问题和应用，但本章特别侧重于讨论海洋捕捞渔业和商业渔业，因为特别是考虑到这些渔捞活动可能会影响生物多样性和生态系统功能。

本章首先概述了当前全球海洋渔业状况，接着讨论渔捞活动如何影响海洋生物多样性和生态系统。然后讨论传统的（目前的）渔业管理方法，以突出当前管理方式的局限性，包括单一物种管理方法、最大可持续产量（maximum sustained yield，MSY）及其变体的应用以及当前管理控制的局限性。鉴于最近各国及国际法律和公约均要求渔业应在基于“生态系统”背景下进行管理，本章着重于以“生态系统方法”为理论改进渔业生态和渔业管理，将按照定义、目的、海洋生物多样性保护应用、同时维持对人类的物质供给和服务等方面，对生态系统方法进行广泛探讨。特别是，由于渔业是在海洋环境中实施生态系统方法最具挑战性的方面，因此“渔业生态系统方法”（ecosystem approach to fisheries，EAF）也将在本章讨论。最后部分讨论了渔业生态系统方法当前成功的应用，并指出渔业生态系统管理方法是未来的发展方向。

13.2　海洋渔业的现状和发展趋势

海洋渔业对人类的重要性往往被忽视，从西方人的角度看，海产品只是蛋白质的另一个来源，是消费者的选择之一。然而，目前有超过10亿人依赖海产品作为他们蛋白质的主要来源，有26亿人口20%的蛋白质依赖海产品获得（Davies and Rangely，2010）。据估计，渔业雇佣2 200万人进行全职或兼职工作，2004年世界渔业的首次销售价值估计为849亿美元（Sinclair et al.，2002；Davies end Rangely，2010）。

然而，近来海洋捕捞渔业状况显示其可持续性处于风险之中。

联合国粮食及农业组织（FAO）最近报告说，28%的世界渔业现在正处于已被过度开发、枯竭或恢复中，52%得到充分开发，只有 20%有待开发或适度开发（FAO，2009）。而在 1974 年的报告中，相应的百分比分别为 10%、50%和 40%。欧洲共同体委员会（CEC）已经确定，对于可以确定的 43%的欧洲鱼类群体，现在处于安全生物限制线以内的群体小于 35%（CEC，2008）。在美国，188 个有充足资料确定是否存在过度捕捞的群体或综合群体中有 47%已经被过度捕捞或正处于过度捕捞（National Marine Fisheries Service，NMFS，2009）。在新西兰，101 个可以确定资源状况的群体或综合群体中有 29%低于其管理目标（NZ Ministry of Fisheries，2009）。对公海群体的资源状况不甚了解。在北大西洋渔业组织（NAFO）管理下其资源状况能充分确定的 17 个大西洋鱼类种群中，其中有 6 个群体已经崩溃，3 个被认为是可持续的（NAFO，2008）。大西洋鳕生物量据估计仅为历史水平的 6%；北海鳕群体的状况令人沮丧，几年来渔民无法收获到其允许的捕捞量。

上述数字令人警觉，细究海洋捕捞渔业的某些方面我们发现，50%～70%的中上层肉食性鱼类由于渔业捕捞而灭绝（Myers and Worm，2003），随着顶级肉食性鱼类资源的衰退，捕捞压力继续转向低营养级鱼类，这被称为“捕捞渔业击溃了食物网”（fishing down food webs）（Pauly et al.，1998）。并且，尽管通过技术创新导致鱼类捕捞的有效性仍将继续增加，但全球捕捞船队已经远远大于所需渔船船队的数量。大多数渔业国家每年补贴 300 亿～400 亿美元来承担这种过剩的捕捞能力，因此，没有动力去减少捕捞努力量。20 世纪 90 年代中期世界鱼类捕捞量已经达到顶峰，现在保持每年 7 000 万～8 000 万 t 的水平。然而，这只是部分严峻状况。因为有证据表明，过去 30 年来，基于港口统计的渔业捕捞努力量在每 10 年上升了 3%以上。因此，严峻的现实是越来越多的渔民正在争捕越来越少的鱼类，如果全球渔船船队是一个国家，那么它将成为地球上第十八大石油消费国。

据估计，全球渔获量的 20%是不需要的副渔获物（bycatch）而被丢弃。捕虾渔业产生的副渔获物数量最多，小型远洋渔业产生的副渔获物数量最少。副渔获物中偶尔也会捕获濒危的海洋哺乳动物、海龟和海鸟，尽管最近渔具工艺学技术的进步正在减少这些影响。最后，全球每年约 35%的渔获量来自非热带大陆架海域，而这些大陆架海域只占海洋总面积的 5%。据估计，非热带大陆架海域上的这种捕捞量水平需要该区域初级生产力总量的 36%才能维持这么高的渔业产量（Frid et al.，2005）。

有许多书籍专门论述海洋渔业的困境（Roberts，2007），而人类如何发现自身处于目前困境中的详细描述将留给其他教材。许多作者和政府都对有意或无意忽视渔业崩溃的警告信号进行了事后剖析，普遍认为以下情况是目前严峻状况的原因：

• 传统上，传统渔业侧重于生物量和产量，而没有适当考虑或理解渔业对海洋生态系统的影响。

• 大多数渔业作为共同财产资源主要根据国际协定管理，因此难以遵守和执行。

• 对于不发达国家，大多数渔业是维持生计所需的生存渔业（subsidence fisheries），因此保护条款相对维持生计来说是次要要求。

• 对于公众来说渔业捕捞的影响并不像陆地物种丧失或陆地栖息地丧失那样非常明显直观。

• 由于忽视或引用科学估计中的不确定性，科学机构做出的渔业管理决策往往被政治干预推翻。

- 传统的渔业管理方法远远落后于陆地环境管理方法。

以上关于全球渔业崩溃的解释是本章剩余部分的基础。

13.3　海洋捕捞渔业对生物多样性的影响

大量证据表明，渔业捕捞对海洋生物多样性有意想不到的影响。众所周知的影响包括底拖网捕捞、副渔获物和目标物种（target species）的减少等，所有这些影响都在大众媒体中广泛报道过，并已被纳入许多国家学校课程的教学内容。在过去 20 年中，对海洋渔业捕捞产生的真正影响已经得到全面了解，包括种群动态过程的进化漂变以及海洋生态系统结构和功能的变化（Pikitch et al.，2004）。特别是努力识别并描述了海洋渔业捕捞导致广阔海洋生态系统产生各种严重后果之间的因果联系。渔业活动不是一个微不足道的行动，因为渔业活动的影响可以是直接的（例如副渔获物）或间接的（例如减少了饵料生物种类），并且渔业活动的影响还表现在可能被发觉或可能不被发觉的不同空间和时间维度上（Rosenberg，2002）。以下各部分简要总结了目前关于海洋捕捞渔业对遗传、群落和生态系统各层次生物多样性的影响。

13.3.1　渔业捕捞对遗传多样性的影响

虽然没有直接的证据表明渔业捕捞会改变目标群体或种群的基因型，但毫无疑问，传统的单一物种渔业管理已经导致表型性状的演变，特别是生活史特征的变化，这些特征改变是有利于物种发展的，如早熟、生长缓慢和绝对最大尺寸变小（Law，2000；Jennings and Revill，2007）。因此，我们关注的是，像快速生长以避免捕食和等位基因的多样性（例如适应环境条件的变化）这些有利性状正在群体中消失，使得长时间进化过程中获得的多样性可能快速丧失，导致重要的适合度后果（Frid et al.，2006）。据研究，渔业捕捞也导致一些其他遗传后果，但目前缺乏观察证据，这些遗传后果包括：分布范围减小，种群丧失和碎片化，导致同系繁殖隔离和遗传隔离；由于寻找配偶困难导致物种之间杂交；性比改变（Law and Stokes，2005）。此外，从过度开发后恢复的种群可能永远不会恢复到以前的基因型和表型多样性（见第 10 章）。

13.3.2　渔业捕捞对群落多样性的影响

渔业捕捞不可避免地改变目标物种所在的食物网，但是渔业捕捞对海洋生物群落结构和食物网的影响仅在过去 10 年中才被量化。虽然详细讨论渔业捕捞对海洋生态系统营养结构的影响超出了本章的范围，但有必要对渔业捕捞在群落水平上产生的影响进行简要讨论。海洋渔业捕捞通过改变能量流动、通过影响捕食和竞争关系引起的物种相互作用（包括这些相互作用的力量）的改变来潜在地影响海洋生物多样性。这些变化可能是通过直接影响（例如消除捕食者，副渔获物）引发，也可能是通过间接影响（例如通过减少捕食或减少竞争，间接使其他物种获益）引起，从而对海洋生物多样性产生了许多影响，包括：顶级捕食者减少、低营养级和中等营养级生物的生物量增加、物种相互作用关系改变、食物网路径的数量和长度降低、物种丰富度和密度下降、被捕食者死亡率结构改变（导致群体补充和生产力改变）和食物网恢复力降低（Pauly et al.，2002）。

持续过度开发利用也可能引发更大、更严重的事件，包括产生营养级联反应（trophic

cascades）和生态系统结构改变。海洋渔业捕捞除去目标物种后，会对一个或多个营养级中的物种产生意想不到的后果，这时营养级联反应就可能产生。在发生营养级联反应的情况下，管理行动可能会产生不可预测的惊人结果，从而导致在渔业管理决策中引入额外的不确定性。加勒比海珊瑚礁的渔业捕捞活动导致营养级联反应后，发现初级生产者（海草、大型藻类）数量增加，海龙、鲨鱼、加勒比僧海豹（*Monachus tropicalis*）、掠食性鱼类、无脊椎动物、珊瑚、海牛（*Trichechus manatus*）和海龟等的种群数量（Jackson et al.，2001）则减少。

在没有其他自然或人为诱发的海洋学事件（例如气候变化，年代际振荡）存在的情况下，海洋渔业捕捞是否可能导致体制改变（即将食物网从一个稳定状态快速重组到另一个稳定状态），这些问题都很少能够达成一致。在西北大西洋由于渔业捕捞导致的食物网体系改变可能是这样一个最有说服力的例子，那里由于过度捕捞以及随后底层鱼类（主要是鳕鱼）群体的崩溃导致以底层鱼类为优势的食物网转变为以无脊椎动物主导的食物网这种永久性或半永久性转变（Collie et al.，2004；Frank et al.，2005；Mangel and Levin，2005）。

众所周知，虽然渔业捕捞会通过去除生物量影响食物网，而在观察到的生态影响中，高达40%~50%的影响是通过间接联系传递（Schoener，1983），但近期不可能全面了解渔业捕捞对生态系统的全部影响。例如，目前丰度水平的鲸类种群被认为消耗了全球渔业到岸产量的3~5倍，因为鲸种群从过去大量捕捞后持续恢复，因此需要减少渔业捕捞量以弥补其额外的食物需求（Tamura，2003）。此外，虽然渔业捕捞对一起单种灭绝（Steller's Sea Cow，斯泰勒海牛或大海牛）负有直接责任，但许多非目标物种已被大量捕捞到商业灭绝甚至生态灭绝，因此，这些物种种群可能永远不会再恢复。海洋生态系统对于即使不对海洋生物多样性造成严重后果的生产力去除也具有理论上的限制，对海洋生物营养关系相互作用的理解将是影响渔业管理的基础。

13.3.3　渔业捕捞对栖息地和生态系统多样性的影响

虽然底拖网作业、炸鱼和氰化物捕鱼等渔业捕捞情况对栖息地的直接影响都有完善的文献记录，但渔业捕捞也可能以其他方式影响生态系统结构和功能的非生物成分。底拖网作业通过对底栖沉积物的刮除、冲刷和再悬浮，改变了海底结构、小生境和相关底栖和底表层动物群系，对栖息地和生态系统造成巨大威胁（Frid et al.，2000）。对于不同类型底拖网作业产生的影响有相当大的争议，人们对于经常被拖网拖过的平坦、泥沙海底关注度不大，而更关注在具有较为复杂栖息地海区的拖网作业或尚未进行拖网捕鱼作业但有拖网作业潜力的海区（例如大陆坡、深海）（Watling and Norse，1998）。

由于船舶干扰（例如螺旋桨伤害、抛锚影响）、富营养化、污染（海上加工、温室气体排放）和直接倾倒废物（废弃渔船渔具、绳索、食物包装、塑料制品等），可能会对水体环境和海底栖息地环境产生其他直接影响。渔业捕捞对海洋栖息地和生态系统结构和功能造成的间接影响很难评估，但预计会对海洋生物多样性产生一定影响（Gislason，2002），这些影响可能包括：珊瑚礁生境中珊瑚礁生长速率和生物侵蚀作用速率的变化（Pearson，1981）、由于拖网作业导致海底硫化氢的释放进而导致底层海水的缺氧（Caddy，2004）和由于富含有机物质的沉积物再悬浮导致大型植物、底栖生物和底层鱼类的消失（Ball et al.，2000）。

13.4　当前渔业管理的方法和面临的困难

前两节探讨了世界渔业的现状以及捕捞对海洋生态系统和生物多样性的影响。本节将探讨目前渔业的运作方式以及这种做法的后果和局限性。人类海洋渔业捕捞活动历史比较明确，往往是重复性作业。人类已经开始过度开发利用鱼类物种，例如：①在其他地方利用相同的物种；②在本地开发喜爱度低的物种；③通过水产养殖增加当地渔业产量（Lotze，2004）。因此，如果渔业资源有限，捕捞努力不受控制，渔捞死亡率将会增加，直到渔业在经济上不可持续或导致鱼类种群崩溃。早期的前西方文化依赖海洋获取蛋白质，具有过度开发近岸渔业资源的能力，并设立了以权利为基础的所有权和使用权制度体系，在局部和部落级别赋予了海洋资源的所有权。也许最后一个在真正生态系统尺度下海洋管理体系的例子是传统的夏威夷海洋管理，其后在 1866 年改用公共海洋管理模式（Juvik et al.，1998）。

"渔业管理"（fishery management）有许多定义，联合国粮食及农业组织（FAO）将渔业管理定义为：

> 信息收集、分析、规划、咨询、决策、资源分配、政策制定和实施的综合过程，必要时执行管理渔业活动的条例或规则以确保资源的持续生产力，并完成其他渔业目标（FAO，1997）。

纵观整个人类历史，大多数海洋渔业都是基于单一物种管理原则运行的，每个目标群体或种群的管理独立于在空间和时间上可能存在重叠的其他目标群体（Larkin，1977）。因此，这种模式下的渔业管理意见都是以群体为基础提供的，目前大多数物种管理仍然采用该管理模式。在适度的捕捞压力下，单一物种管理模式是一种可以接受的管理方法，它已被证明在陆地环境中运作良好，因此如果运用适当，对某些海洋物种（如鲸类）的管理也会良好运作。然而，如上一节所述，现在全球捕捞压力非常之大，基于单个物种的管理模式会严重破坏海洋生态系统结构和功能。

本节的目的是讨论单一物种管理方法及其优缺点，并回顾过去 20 年来为将生物群落和生态系统纳入考虑如何对这种方法进行改进。

基于单一物种管理的海洋渔业管理方法

单一物种渔业管理（single-species approach）的目的是控制捕捞努力量，以避免对一个群体过度开发，并确保为渔民适当的投资回报。如果在过度捕捞时渔业遭到生物学过度开发利用，渔民获利最少或没有利润，导致鱼类在没有完全成长和全部完成繁殖潜力之前被捕获，这种情况下单一物种渔业管理方法便应该用其他方法替代。因此，单一物种管理的目标是采用技术保护措施以避免过度开发利用，主要通过保护幼鱼和/或产卵群体和/或使渔业足够低效，保证在过度开发利用捕捞群体之前渔业达到零利润水平（Larkin，1977；Cochrane，2002）。

传统的单一物种渔业管理的根本目标是管理渔业达到最大持续产量（MSY），它假设每一鱼类群体都产生“剩余生产”，并且这种生产可以被捕捞到维持群体在一定可持续水平所需的生物量。因此，MSY 的传统应用通常导致目标群体的生物量减少 30%～50%，以达到最大限度地提高生产（Mace，2001，2004）。考虑到在同一地理（食物网）区域管理多个种群的 MSY 将不可避免地影响到食物网结构，渔业管理者已经开始意识到 MSY 是不应超越的上限，因此已经开始将渔捞死亡率定为低于 MSY，经常将 MSY 重新表述为渔捞死亡率 F_{MSY}。单一物种管理方法的进一步改进是多物种渔业管理（multi-species fishery management），在管理决策时考虑了同一海域正在捕捞的其他目标物种，并可能同时考虑生态营养因素。在对 20 世纪 30 年代引入的 MSY 概念不断改进的同时，以下假设也支持了单一物种渔业管理理论（Babcock and Pikitch，2004）。

• 管理的目标是使渔业平均产量长期最大化；

• 存在一个能够使平均产量长期最大化的种群生物量；

• 鱼类生长、自然死亡率和繁殖力是常数，不会随着时间的推移而改变，而与其他物种的丰富度、环境变化或捕捞影响无关；

• 渔捞总死亡率可以通过监管渔业来控制。

目前大多数国家和国际机构的渔业管理实践都是基于单一物种的管理方法，一般遵循以下模式（改编自 Hilborn，2004）。

• 对每个群体或群体复合体进行单一种类群体评估，以确定最大持续产量（MSY）或一些其他最大阈值（如渔捞死亡率 F_{MSY}）；

• 管理者为渔捞业者制定允许捕捞时间、捕捞海域、捕捞装备和捕捞限量等规则，但这些规则最终要通过政治程序确定；

• 中央管理机构负责科学、决策和执法，由政府支付费用，把控渔业运营；

• 利益相关者通过政策、法律或政治手段参与决策。

不过，实际上支持单一物种管理模式的传统假设已经产生了以下问题（改编自 Pavlikakis and Tsihrintzis，2000；Marasco et al.，2007）。

• 过度重视短期经济目标和单一物种维护；

• 从渔业模式和决策中将作为生态系统组成部分的人类排除在外；

• 不重视或忽视政治、经济和社会价值观；

• 商业捕鱼利益相关者的需求优先于公众利益；

• 科学和管理仅限于局部范围，很难上升到区域、国家或国际层面；

• 重点关注种群生态学，而不是关注结合了海洋学、渔业经济学、生态学和渔业生物学的群落生态学；

• 没有采用诸如地理信息系统、海洋学模型和经济技术等现代管理工具。

单一物种渔业管理主要通过研发群体评估模型，以建立基于（产卵）群体生物量和捕捞死亡率的过度捕捞限制参考点（Link，2005）。一旦超过这些参考点，就触发控制规则，通过输入（例如捕捞渔船的数量和大小、鱼类生长时间、渔捞工具限制）或输出（例如可捕获鱼数量）控制，以减少渔业捕捞量。

如果运用适当，单一物种渔业管理方法是某些渔业物种管理的可行模式，可为渔业的可持续管理提供重要的经济和生态价值（Marasco et al.，2007）。单一物种管理方法在群体状况确定、生命史清楚、环境变化对群体的影响明晰、遵守法规等前提情况下发挥效用。适合这种管理方法的物种包括某些海洋哺乳动物，例如国际捕鲸委员会修订的管理规程所涵盖的那些以及群体状况和环境条件可以容易确定的近岸贝类种群。

然而，大多数渔业不符合上述单一物种管理条件，因此，基于这种方法的决定必须面对这样的现实，即在某些情况下，单一种类管理方法将导致一个群体或一个种群过度开发，或导致其渔业经济失败（Mace，2004）。这种做法的失败一般不是源于科学和管理方面的缺陷，而是源于缺乏政治意愿和数据限制导致的失败（Marasco et al.，2007）。例如，在审查 2002 年提交给欧洲决策者关于 18 个鱼类群体的科学建议时发现，科学家提供的建议有 53%正确，23%为错误建议并对渔业造成了损害，而 24%的建议为“误报”，误报的建议推荐减少捕捞量，但后来发现是不必要减少（Frid et al.，2005）。因此，对于单一群体，77%的科学建议对于群体健康状况来说是正确的或中立的。

也许单一物种管理方法最有争议的方面是依靠 MSY 或改进型 MSY 来设定渔业捕捞量。许多司法管辖区试图继续使用群体评估模型以确定种群或群体可以维持的 MSY 或渔捞死亡率 F_{MSY}（Symes，2007）。如本章前面所讨论的，近 30%的世界渔业已经过度捕捞，这意味着企图通过 MSY 管理渔业捕捞是失败的，这或者是由于 MSY 的计算方式，或者是由于海洋生态系统功能过程知识的不确定性，或者是由于政治干扰导致捕捞配额大于 MSY。许多用于计算 MSY 的群体评估模型评估的标准生物量会比未捕捞水平低 50%～70%，这已被证明是由于那些生长迟缓、性成熟晚的物种（例如鲨鱼和魟）在生物学上达不到那样的生物量引起的（Hirshfield，2005）。因此，设定低于 MSY 的捕捞量会形成更大的群体数量，这样就很少造成群体崩溃，会有更好的中期和长期产出（Hillborn，2004）。此外，传统的 MSY 概念是假定所有成熟雌性鱼类具有同等重要性，而实际上年龄较大的雌鱼具有更大的产卵潜力，因此可能对维持种群生存能力至关重要。MSY 概念忽略了捕捞率高对生长快速、生物量高的那些物种的生态影响，因为这些物种的种群似乎对高水平的渔业捕捞压力更具有弹性（Hirshfield，2005）。

对 MSY 管理的困难很大程度上与单一物种群体评估模型的不确定性有关。这些模型由于被认为具有不确定性而被政府忽视；在几个重要案例中，这些模型没有提供出合理建议，导致渔业快速衰退，从而对它们进一步形成了不准确的看法；这些模型也没有考虑对群体不利的生态系统效应和食物网影响；这些模型也没有协助政府设计监管体系来实现渔业管理目标（Pauley et al.，2002）。此外，资金限制往往导致模型在空间和时间尺度上缺乏必要的数据输入以及科学分析和应用，不能满足妥当管理群体的需求。对于目前群体评估方法的另外一些争论还包括利益相关者很少参与数据的收集、分析和解释。

最近提出了一些对单一物种模型的改进方案，其中一些方案已被载入一些国家的法律和国际法中。大多数对单一物种模型的改进建议都是建立海洋保护区和改进渔业管理条例，这些建议虽然有用，但一般仅应用于特定的环境中，通常使用范围有限，不能解决海洋保护和管理面临的更广泛挑战（Day et al.，2008）。为从根本上改进单一物种的管理方法，进行了广泛的研究。这些研究可归纳为如下类型（改编自 Hilborn，2004；Symes，2007）。

- 停发每年约300亿美元的渔船补贴；
- 通过采取更先进的预警方法来确定捕捞量以降低目标鱼类的死亡率；
- 通过建立海洋保护区或其他手段，在世界海洋的一些重要地区（占海洋总面积的20%或更多）建立禁捕海域；
- 禁止破坏性的捕鱼活动，包括禁止在未开发海域进行底拖网渔业活动和减少副渔获物；
- 将目前的命令控制型渔业管理模式弱化为利益攸关方分担责任的共同管理制度；
- 建立新形式的海洋所有权，使渔民个人或渔民组织能够保证未来捕捞的特定份额，从而消除过度投资冲动，实现经济利益与长期保护目标一致；
- 建立基于激励而不是基于规则的管理方法。

单一物种方法的其他改进可能包括在更广泛的生态系统背景下考虑感兴趣的物种。最近为实现这些目标而做出的努力包括：修改群体评估模型以解释来自另一物种（群落效应）的捕食引起的目标物种的密度依赖性；建模估计自然死亡率时考虑与时间相关的疾病发生（time-dependent disease）和捕食效应；在定义生物参考点（biological reference points）时纳入考虑已经发生的生态系统结构转换；群体评估模型中要考虑可能受目标物种捕捞影响的低生产力物种或濒危物种（Marasco et al.，2007）。

总而言之，单一物种管理方法尽管意图良好和实用，但受制于政府的政治奇想，因为有些政府极少愿意从根本上改革渔业政策（Symes，2007）。包括重新定义MSY，以便对渔业管理采取更为预防性的方法，并解决群体和种群动力学过程的不确定性（例如群体补充失败）等这些对单一物种管理方法的改进是走向正确管理方向的一步，但还没有被证明可以产生更加可持续的渔业管理成果，这很可能是由于政治干预和非法捕捞。同样，多物种管理方法也还没有看到明显希望，但它是可持续渔业管理的工具。1986年以来，美国东北多种类底层鱼类管理计划由一体化管理的24个目标物种组成。该计划实施20年研究得出结论认为，种群和群落健康指标（如产卵群体生物量）未按设计预期得到改善，非法捕捞占总捕捞量的12%～24%（King and Sutinen，2010）。现有的许多国内和国际渔业保护法、公约、协议和政策应该足以控制过度捕捞，并足以保证决策过程中考虑群落和生态系统，但由于种种原因，海洋渔业被继续过度开发利用，因此需要一种新的管理方法来管理海洋渔业和海洋生态系统。

Guerry（2005）全面总结了传统的基于物种管理方法失败的原因，归纳为以下几方面：渔业作为公共资源而实行的是分散的海洋管理，这导致了行政管辖是为资源竞争而设置；无法维持生态系统要素，例如维持渔业持续发展所必需的水质或产卵场；无法管理与渔业无关的各种影响，包括污染、栖息地丧失、过度捕捞、气候变化和外来物种；对生态系统结构、功能过程和生态服务之间的联系认识不足。这些联系包括海洋系统与陆地、海洋栖息地、物种、其他压力以及知识的不确定性等之间的关系（Guerry，2005）。

13.5 渔业生态系统方法

鉴于前面部分和第4章讨论的单一物种渔业管理方法的局限性，有必要认清，在一个地理区域（如保护区）或生态系统（已定义过的）管理过程中同时考虑多个生态和社会经济目标，在全球进行整体海洋管理，这是非常必要的。本章接下来将探讨生态系统管理方法（ecosystem approach to management），因为这种方法适用于海洋渔业。因为在海洋环境中实施生态系统管理方法时渔业是最具挑战性的方面，因此渔业生态系统方法（ecosystem approach to fisheries，EAF）也将被讨论。

无论原因如何，单一物种（和多种）渔业管理方法导致了世界上大多数鱼类群体被充分开发或过度捕捞（FAO，2009），正是基于这样的认识，渔业生态系统管理方法才被提出。因为在制定管理行动时渔业生态系统方法明确考虑了生态系统过程，经过多番辩论，FAO 最终认为，“渔业生态系统方法”比“基于生态系统的渔业管理”（ecosystem-based fisheries management）的说法更为合适，故本书使用“渔业生态系统方法”这一概念。

13.5.1　渔业生态系统方法的定义

渔业生态系统方法（EAF）是一个较新的术语，它从根本上反映了可持续发展原则，这个原则自 1972 年联合国人类环境会议（Scandol et al.，2005）被提出以来已经被载入各国际公约中。

渔业生态系统方法的一般概念和定义围绕改变现有管理实践或发展新渔业管理模式的需求，明晰辨识食物网内的相互关系和依赖性，承认人类及人类活动是这些系统的重要组成部分并有能力快速影响这些生态系统和生态系统过程的可持续性（Pitcher et al.，2009）。渔业生态系统方法基于以下假设：进一步了解群体相互作用、群体-猎物关系、群体栖息地需求等方面并改善对它们的管理将会建立更准确的渔业评估模型（Christie et al.，2007）。构成渔业生态系统方法的活动和概念包括：为子孙后代保留可持续的渔业资源；将人类纳入生态系统；强调生态系统可持续性重于生态系统产品输出；了解海洋系统的动态性质；制定明确的海洋管理目标；进行预防性和适应性管理（Pilling and Payne，2008）。

渔业生态系统方法的总体目标是实现有效彻底的生态资源保护，以响应生态系统过程的真实状况（Marasco et al.，2007）。因此，渔业生态系统方法的目标包括以下几方面（改编自 Pikitch et al.，2004）。

- 监测环境质量和系统状态指标，避免生态系统退化，实现生态系统潜在恢复；
- 在群落和生态系统水平上维护生态系统结构、过程和功能；
- 在不影响生态系统可持续性的前提下，获得和维持长期的社会经济效益；
- 全面了解生态系统过程，充分认识人类行为可能产生的生态后果。

渔业生态系统方法框架的要点总结如下（改编自 Marasco et al.，2007；Sissenwine and Murawski，2004）。

- 确保考虑更广泛的社会目标，平衡各方面利益；
- 采用地理（空间）代表性；
- 认识到气候-海洋条件的重要性；
- 强调食物网相互作用，进行生态系统建模研究；
- 综合考虑得到改进的栖息地信息（目标种类和非目标种类）；
- 扩大监测和生态系统评估；
- 承认并应对更高水平的不确定性；
- 使用适应性管理方法；

- 研究生态系统知识和不确定性；
- 考虑多种外部影响因素。

对渔业生态系统方法的看法众多，有人认为渔业生态系统方法只是现有渔业管理方法的一个扩展，又有人认为渔业生态系统方法是海洋管理的全新设计（Pitcher et al.，2009）。无论采用何种观点，由于采用预防原则并考虑到渔业捕捞引起的生态系统影响会导致捕捞量减少，渔业生态系统方法必须降低海洋捕捞业的短期社会经济效益（Marasco et al.，2007）。此外，不确定性不能作为维持现状的借口。

对渔业生态系统方法也有许多批评。鉴于人类对单一物种管理令人沮丧的记录，成功执行渔业生态系统方法的可能性很低，特别是考虑到为单一物种管理失败负有责任的那些渔业科学家、政治家和利益相关者在负责渔业生态系统方法的实施，这可能是渔业生态系统方法面临的最重要的问题（Mace，2004；Murawski，2007）。海洋生态系统功能过程一般理论的缺乏使这个问题愈发复杂，这甚至限制了解释和预测简化了的单一物种管理对海洋系统影响的能力。因此，由于需要额外模拟考虑群落和生态系统因素，期望渔业生态系统方法能够应对这种增加的不确定性，但这种期望将严重限制该工具的有效性（Curry et al.，2005；Valdermarsen and Suuronen，2003）。其他人则认为，单一物种管理方法的改进（例如应用 F_{MSY}）否定了执行渔业生态系统方法的必要性。这些批评是有效的，渔业生态系统方法要讨论的许多主要问题，包括副渔获物、渔业捕捞的间接影响以及生态系统生物因子和物理因子之间的相互作用等问题都已经得到讨论（Sissenwine and Murawski，2004）。

13.5.2 实现渔业生态系统方法的国际行动

对使渔业生态系统方法能够实现的国际“软法”（soft-law）协议进行彻底讨论超出本文范围，下面仅简短描述有关协议，并特别讨论协议中规定使用渔业生态系统方法的那些部分。

1982 年联合国大会通过的《联合国海洋法公约》（UNCLOS）于 1994 年生效，取代了 1958 年制定的 4 项条约，并确定了使用世界海洋的权利和责任。虽然《联合国海洋法公约》主要关注专属经济区（EEZ），并忽视了公海渔业捕捞问题，但该公约确实提及了一些与捕捞目标种类相关或依赖于目标物种的特定相关问题，因此，该公约是下面讨论的若干重要国际渔业协定的基础（Caron-Lorimier et al.，2009）。《促进公海渔船遵守国际养护和管理措施的协定》（遵约协议）对《联合国海洋法公约》做出了补充，该遵约协议旨在通过加强“船旗国责任”来改善对公海渔船的管理。协议的缔约方必须确保它们为公海渔船保留授权和记录系统，而且确保这些渔船不会破坏国际养护和管理措施。该协议目的是阻止改变渔船注册国转而悬挂那些不能或不愿意执行这些措施的国家国旗的做法。

1992 年联合国环境与发展大会（UNCED）的目的是在国家之间能力存在差距的背景下，在实施可持续发展时调和环境与发展关系。会议启动了《21 世纪议程》（Agenda 21），旨在为世界迎接下个世纪的挑战。《21 世纪议程》载有一个题为“保护海洋”的章节，其中讨论了以下内容：沿海地区的综合管理和可持续发展；海洋环境保护；公海海洋生物资源可持续利用和养护；国家管辖海域海洋生物资源可持续利用和养护；海洋环境和气候变化管理的关键不确定性；加强国际（包括区域）合作和协调；小岛屿的可持续发展（FAO，2005）。

1992 年通过的《联合国生物多样性公约》（UNCBD）于 1993 年生效，是全球陆地和海洋生物资源保护的全球保护公约。该公约在遗传、物种和生态系统或海洋景观水平讨论了生物多样性，并指导签署国建立保护区系统并保护濒危物种。1995 年印度尼西亚雅加达会议签署了《关于贯彻生物多样性公约》（CBD）的雅加达部长声明，其中包括在可持续渔业实践中海洋生物多样性的保护问题（Sinclair et al.，2002）。

概括来说，源自国际海洋法公约、联合国环境与发展会议和联合国生物多样性公约的渔业生态系统管理方法的原则和目标可概括如下（改编自 Sainsbury et al.，2000）。

- 为实现人类营养、经济和社会目标以可持续的方式管理海洋生物资源；
- 保护和保全沿岸和海洋环境；
- 保护稀有或脆弱的生态系统、栖息地和物种；
- 使用预防性、预警性和预期性的规划和管理行动；
- 保护和维持物种之间的相互关系和依赖性；
- 保全遗传、物种和生态系统水平上的生物多样性；
- 加强合作协调。

虽然联合国环境与发展大会、《联合国海洋法公约》和《联合国生物多样性公约》为生态系统管理方法奠定了基础，但直到 1995 年“粮农组织负责任渔业行为准则”和“联合国鱼类群体协定”的提出，这些软法律或自愿性协议才开始为基于生态系统的管理（Ecosystem-Based Management，EBM）进行管理原则和操作程序概述。

《联合国粮农组织负责任渔业行为准则》载有第 7 条渔业管理内容，规定签署方有义务采取措施以长期保存和可持续利用海洋渔业资源，包括：有效遵守和执行守则；透明进行科学决策；减少超额捕捞能力；保护水域栖息地和濒危物种；最低限度的副渔获物；采取预防措施。具体来说，该协议规定，“有意识地避免对海洋环境的不利影响，保护生物多样性和保持海洋生态系统的完整性”（Valdimarrson and Metzner，2005）。

随着《联合国粮农组织负责任渔业行为准则》的制定，联合国粮农组织在 2001 年为雷克雅未克海洋生态系统负责任渔业会议编写了题为“面向基于生态系统的渔业管理”的背景文件（FAO，2003）。该文件的主要信息被视为 2001 年海洋生态系统负责任渔业“雷克雅未克宣言”，该宣言规定签署方有义务采取以下措施。

- 为发展和实施管理战略推进科学理论基础研究，将生态系统作为整体纳入考虑，并确保可持续的产量，同时保护群体和维护其所赖以生存的生态系统和生境的完整性；
- 确定和描述相关海洋生态系统的结构、组成和功能以及食物组成和食物网、物种相互作用和捕食者-猎物关系、栖息地作用以及影响生态系统稳定性和恢复力的生物、物理和海洋学因素；
- 建立或加强对自然变异性及其与生态系统生产力关系的系统性监测；
- 改进对所有渔业副渔获物和丢弃物的监测，以更准确地了解渔业实际捕捞量；
- 支持渔具研发和改进捕捞技术，以提高装备选择性，减少捕捞活动对栖息地和生物多样性的不利影响；
- 评估人类非渔业活动对海洋环境的不利影响以及这些影响对可持续利用的后果。

根据“雷克雅未克宣言”，联合国粮农组织出版了《FAO 渔业生态系统管理方法操作指南》（FAO，2003），将渔业生态系统方法定义为：渔业生态系统方法通过考虑生态系统内生物、非生物和人类组成部分及其相互作用关系知识和不确定性，并在生态上有意义的边界内对渔业采取综合管理方法，努力平衡各种社会目标（FAO，2003）。

Murawski（2007）总结了联合国粮农组织的操作程序，具体步骤如下。

- 制定高水平的政策目标；
- 确定广泛的目标；
- 优先处理管理方面的问题；
- 设定运行目标；
- 制定指标和参考点；
- 制定适用措施的决策规则；
- 监控和评估性能。

1982年12月10日《联合国海洋法公约》中有关养护和管理跨界鱼类群体和高度洄游鱼类群体（“1995年联合国鱼类群体协定”，2001年生效）的协定主要规定了管理跨界和高度洄游性鱼类群体，但也提供了与保护海洋环境有关的具体表述。该协定包含与上述讨论的FAO行为准则相同的一般措施，因此在此不再重复（FAO，2003）。

13.5.3 渔业生态系统方法的实施

除了下面将要讨论的少数例外情况外，迄今为止渔业生态系统方法还包括分散地应用海洋保护区、限制破坏性捕捞行为和努力限制副渔获物（Shelton，2009）。渔业生态系统方法相对较新，尚未发挥其潜力，主要是因为渔业生态系统方法的可持续发展目标尚未针对大多数渔业进行明确阐述，因此，MSY（或 F_{MSY}）概念尚未定量纳入生态系统目标范围，因此设定信息化渔业生态系统方法中的MSYs并没有为大多数渔业所采纳。此外，由于存在如果运用适当并设定预警点，渔业生态系统方法几乎总是导致渔业目标减少这种认识，导致政府的官僚惰性和利益攸关方不愿意接受减少捕捞配额（Shelton，2009）。

对渔业生态系统方法应该如何实施存在若干观点。最接近现有单一物种管理和多物种管理行动的实施者认为，渔业生态系统方法只是简单地重新计算了目标渔业的最大可持续产量，其中考虑了渔业对局部和区域生态系统直接和间接的影响。调整最大可持续产量以限制已知的渔业活动的影响（例如副渔获物、底部环境扰动）是明确的，并且可能导致不大于 F_{MSY} 的捕获限制（Link，2005；Shelton，2009）。这种方法类似于在单一物种管理方法中使用的“弱势群体管理”（weak stock）方法，其中所有渔业都在不同水平上受到监管，以防止任何一群体过度开发，并为单种目标渔业生产最大可持续产量（Hillborn，2004）。与渔业生态系统管理方法更加雄心勃勃的应用相比，这种方法需要收集的新数据最少，并无须进一步的科学研究来充分了解减少群体大小和更广泛的生态系统影响之间的关系。对最大可持续产量简单地重新计算以减少已知影响的缺点是，在这种管理方案下，重大的群落影响和生态系统影响仍然可能出现，而且推进渔业生态系统方法的实行主要是因为这些有限的方法还没有导致渔业的可持续发展或生态系统的稳定。

在另一个更有说服力的渔业生态系统方法应用案例中，明确表现了生态系统内部的相互作用，并为目标群体和非目标群体（以及种群）确立生态目标，在遗传、种群和群落水平上考虑生物多样性、生产力和恢复力（Rogers et al.，2007）。然而，确立生态目标需要充分了解鱼类种群动态以及生命史的结构和功能，这些方面需要在单一物种管理背景下设定最大持续产量以界定生态系统过度捕捞。因此，设定目标可能是执行渔业生态系统方法比较困难的一个方面（Link，2005；Rogers et al.，2007）。

渔业生态系统方法最充分的应用是在确定捕捞限额和管理措施之前，将目标群体与群落动态和环境变量一起纳入群体评估过程。虽然这种方法需要一个目前可能不存在的群体存量状况的科学认知，但它试图确定满足生态系统需求所需的剩余生产（Goodman et al.，2002）。渔业生态系统方法应用的另外的挑战是考虑将生物学和海洋学过程整合到群体评估模型的结果中，以解决高度的不确定性，鉴于现有的最新数据和对海洋生态系统功能的了解状况，其预测能力可能有限（Jennings and Revill，2007）。例如，北美东部沿岸的乔治浅滩是世界上研究最多的生态系统之一，但由于缺乏足够的数据，渔业生态系统方法的应用受到阻碍（Froese et al.，2008）。

无论选择哪种类型的渔业生态系统方法，对于特定应用案例，在其实施过程中都会面临许多挑战，包括：制定长期的生态系统相关目标；制定有意义的指标，能明确显示何时超过阈值；开发更坚实的科学基础来影响渔业生态系统的方法决策（Cury et al.，2005）。

实施渔业生态系统方法，需要解决下列科学问题（修改自 Frid et al.，2006）。

- 了解水文学状况与鱼类群体动态之间的关系；
- 了解和盘点栖息地分布；
- 为海洋保护区制定“设计规则”；
- 了解海洋群落内部的生态依赖性；
- 在复杂生态系统中开发预测能力；
- 将不确定性纳入管理咨询和指导；
- 了解目标群体和非目标群体、种群和物种的遗传学知识；
- 了解渔民对管理措施的反应。

不管如何使用渔业生态系统方法，一些实施工具已经得到确定，其中许多实施工具目前正在实践中并在本书的其他部分进行讨论（修改自 Pikitch et al.，2004）。

- 在多个空间和时间尺度上划定海洋栖息地；
- 识别和保护必需的鱼类栖息地；
- 海洋保护区；
- 海洋空间规划和分区；
- 渔业对濒危物种的影响；
- 减少副渔获物；
- 管理目标物种；
- 预防方法；
- 适应性管理；
- 新的分析模型和管理工具；
- 综合管理计划。

如前所述，虽然数十个出版物和会议探讨了渔业生态系统管理方法的原则和执行情况，但是，应用于管理决策的渔业生态系统管理方法的实际案例的确较少。Pitcher 等

(2009) 使用了许多原则、指标和量化过程来评估了渔业生态系统管理方法的性能。只有两个国家（挪威、美国）被评为“好”，4 个国家（冰岛、南非、加拿大、澳大利亚）被评为“可接受”，超过一半的国家被评为不及格。

然而，还有一些渔业生态系统管理方法的成功应用案例，包括阿拉斯加底层鱼类管理和《南极海洋生物资源保护公约》（CCAMLR）。CCAMLR 的建立主要是为了确保南大洋海域的磷虾捕捞不会显著影响其他海洋生物。该公约由 31 个在南极地区有兴趣的国家签署，并于 1982 年生效，早于渔业生态系统管理方法概念的提出。该条约作为《南极条约》体系的一部分，适用于 50°S 以南的所有海洋生物资源（现有条约所涵盖的海豹和鲸除外），主要基于生态系统原理和预防措施来养护和管理公海。该条约有一个单独的生态系统监测计划，旨在监测群体状况的变化，并确定这些变化是源于自然还是人类活动影响（Constable et al., 2000）。

CCAMLR 已经证明，渔业生态系统管理方法和预防方法可以在公海环境中应用。根据条约，科学委员会已经研究了一些创新方法来管理渔捞对象，以保护依赖于它们的捕食者，限制副渔获物，并在开发新渔场之前制定基于预防措施的协议。CCAMLR 科学委员会的建议几乎总是被遵循，科技含量很高（Agnew, 1997; Constable, 2004）。在该条约框架下继续执行渔业生态系统管理方法的挑战包括数据限制、控制捕捞努力并将气候变化纳入生态系统和群体评估。

成功实施渔业生态系统管理方法的另一个案例是东北太平洋的底层鱼类管理，那里目前没有底层鱼类被过度捕捞，然而那里有 4 种螃蟹被认为是过度开发的（Dew and Austring, 2007）。这里作为阿留申群岛和阿拉斯加东部海湾海区生态渔业管理方法管理的一部分，制定了全面的生态系统评估方法（PICES, 2004），开展了重大研究以应对特殊挑战，这些挑战包括解释受威胁的虎头海狮如何受捕捞、捕食、竞争和海洋生产力的综合影响（Christensen et al., 2007）。该地区应用渔业生态系统管理方法技术之所以获得成功，大部分归因于东北太平洋主要是上行（bottom-up）驱动的生态系统，因此食物链更短，对生态系统健康的推断和捕捞限额设定至少可以通过估计初级生产进行部分预测（Ware and Thompson, 2005）。

总而言之，渔业生态系统管理方法概念已经成为近 20 年来渔业管理工具的组成部分，并已成功应用于某些海洋生态系统，其特点是这些生态系统通常具有自下而上的效应结构，其专属经济区属于发达国家（CCAMLR 除外），并且有真正的利益相关者和政治意愿去摆脱传统的单一物种管理，继而走向更加全面的海洋保护和管理方法。接受渔业生态系统管理方法的程度和速度将取决于渔业行业和政府愿意减少捕捞努力，承担与实现可持续发展相关的短期高成本。

参考文献

Agnew, D. J. (1997) ‘The CCAMLR ecosystem monitoring programme’, *Antarctic Science*, vol 9, no 3, pp235-242

Babcock, E. A. and Pikitch, E. K. (2004) ‘Can we reach agreement on a standardized approach to ecosystem-based fishery management?' *Bulletin of Marine Science*, vol 74, no 3, pp685-692

Ball, B. J., Fox, G. and Munday, B. W. (2000) 'Long-and short-term consequences of a Nephrops trawl fishery on the benthos and environment of the Irish Sea', *ICES Journal of Marine Science*, vol 57, pp1315-1320

Caddy, J. F. (2004) 'Current usage of fisheries indicators and reference points, and their potential application to management of fisheries for marine invertebrates', *Canadian Journal of Fisheries and Aquatic Sciences*, vol 61, no 8, pp1307-1324

Caron-Lormier, G., Bohan, D. A., Hawes, C., Raybould, A., Haughton, A. J. and Humphry, R. W. (2009) 'How might we model an ecosystem?' *Ecological Modelling*, vol 220, no 17, pp1935-1949

Christensen, V., Aiken, K. A. and Villanueva, M. C. (2007) 'Threats to the ocean: On the role of ecosystem approaches to fisheries', *Social Science Information sur les Sciences Sociales*, vol 46, no 1, pp67-86

Christie, P., Fluharty, D. L., White, A. T., Eisma-Osorio, L. and Jatulan, W. (2007) 'Assessing the feasibility of ecosystem-based fisheries management in tropical contexts', *Marine Policy*, vol 31, no 3, pp239-250

Cochrane, K. L. (2002) 'A fishery manager' s guidebook. Management measures and their application', *FAO Fisheries Technical Paper*, vol 424, FAO, Rome Collie, J. S., Richardson, K. and Steele, J. H. (2004) 'Regime shifts: Can ecological theory illuminate the mechanisms?', *Progress in Oceanography*, vol 60, nos 2-4, pp281-302

Constable, A. J. (2004) 'Managing fisheries effects on marine food webs in Antarctica: T rade-offs among harvest strategies, monitoring, and assessment in achieving conservation objectives', *Bulletin of Marine Science*, vol 74, no 3, pp583-605

Constable, A. J., de la Mare, W. K., Agnew, D. J., Ever-son, I. and Miller, D. (2000) 'Managing fisheries to conserve the Antarctic marine ecosystem: Practical implementation of the Convention on the Conservation of Antarctic Marine Living Resources (CCAMLR) ', *ICES Journal of Marine Science*, vol 57, pp778-791

Commission of the European Communities (2008) *Council Facts and Figures on the CFP: Basic data on the Common Fisheries Policy. Edition* 2008 , Office for Official Publications of the European Communities, Luxemburg

Cury, P. M., Mullon, C., Garcia, S. M. and Shannon, L. J. (2005) 'Viability theory for an ecosystem approach to fisheries', *ICES Journal of Marine Science*, vol 62, no 3, pp577-584

Davies, R. W. D. and Rangeley, R. (2010) 'Banking on cod: Exploring economic incentives for recovering Grand Banks and North Sea cod fisheries', *Marine Policy*, vol 34, pp92-98

Day, V., Paxinos, R., Emmett, J., Wright, A. and Goecker, M. (2008) 'The Marine Planning Framework for South Australia: A new ecosystem-based zoning policy for marine management', *Marine Policy*, vol 32, no 4, pp535-543

Dew, C. B. and Austring, R. G. (2007) 'Alaska red king crab: A relatively intractable target in a multispecies trawl survey of the eastern Bering Sea', *Fisheries Research*, vol 85, pp265-173

FAO (1997) *FAO Technical Guidelines for Responsible Fisheries Management No* 4, *Fisheries Management*, FAO, Rome

FAO (2003) 'The ecosystem approach to fisheries', *FAO Technical Guidelines for Responsible Fisheries*, vol 4, no 2, FAO, Rome

FAO (2005) *Progress in the Implementation of the Code of Conduct for Responsible Fisheries and Related Plans of Action*, FAO, Rome

FAO (2009) *The State of World Fisheries and Aquaculture* 2008, FAO, Rome

Frank, K. T., Petrie, B., Choi, J. S. and Leggett, W. C. (2005) 'Trophic cascades in a formerly cod-dominated ecosystem', *Science*, vol 308, no 5728, pp1621-1623

Frid, C. L. J. , Harwood, K. G. , Hall S. J. and Hall, J. A. (2000) 'Long-term changes in the benthic communities on North Sea fishing grounds', *ICES Journal of Marine Science*, vol 57, pp1303-1309

Frid, C. L. J. , Paramor, O. A. L. and Scott, C. L. (2005) 'Ecosystem-based fisheries management: Progress in the NE Atlantic', *Marine Policy*, vol 29, no 5, pp461-469

Frid, C. L. J. , Paramor, O. A. L. and Scott, C. L. (2006) 'Ecosystem-based management of fisheries: Is science limiting?', *ICES Journal of Marine Science*, vol 63, no 91, pp567-572

Froese, R. , Stern-Pirlot, A. , Winker, H. and Gascuel, D. (2008) 'Size matters: How single-species management can contribute to ecosystem-based fisheries management', *Fisheries Research*, vol 92, nos 2-3, pp231-241

Gislason, H. (2002) 'The Effects of Fishing on Non-target Species and Ecosystem Structure and Function', in M. Sinclair and G. Valdimarsson (eds) *Responsible Fisheries in the Marine Ecosystem*, CAB International, Wallingford

Goodman, D. , Mangel, M. , Parkes, G. , Quinn, T. , Restrepo, V. , Smitch, T. and Stokes, K (2002) *Scientific Review of the Harvest Strategy Currently Used in the BSAI and GIA Groundfish Fishery Management Plans*, North Pacific Fishery Management Council, Anchorage, AL

Guerry, A. D. (2005) 'Icarus and Daedalus: Conceptual and tactical lessons for marine ecosystembased management', *Frontiers in Ecology and the Environment*, vol 3, pp202-211

Hilborn, R. (2004) 'Ecosystem-based fisheries management: The carrot or the stick?', *Marine Ecology Progress Series*, vol 274, pp275-278

Hirshfield, M. F. (2005) 'Implementing the ecosystem approach: Making ecosystems matter', *Marine Ecology Progress Series*, vol 300, pp253-257

Jackson, J. B. C. , Kirby, M. X. , Berger, W. H. , Bjorndal, K. A. , Botsford, L. W. , Bourque, B. J. , Bradbury, R. H. , Cooke, R. , Erlandson, J. , Estes, J. A. , Hughes, T. P. , Kidwell, S. , Lange, C. B. , Lenihan, H. S. , Pandolfi, J. M. , Peterson, C. H. , Steneck, R. S. , Tegner, M. J. and Warner, R. R. (2001) 'Historical overfishing and the recent collapse of coastal ecosystems', *Science*, vol 293, no 5530, pp629-638

ennings S. and Revill A. S. (2007) 'The role of gear technologists in supporting an ecosystem approach to fisheries', *ICES Journal of Marine Science*, vol 64, pp1525-1534

Juvik, S. , Juvik, J. and Paradise, T. (1998) *Atlas of Hawaii. Third Edition*, University of Hawaii Press, Honolulu, HI

King, D. M. and Sutinen, J. G. (2010) 'Rational noncompliance and the liquidation of Northeast groundfish resources', *Marine Policy*, vol 34, no 1, pp7-21

Larkin, P. A. (1977) 'An epitaph for the concept of maximum sustainable yield', *Transactions of the American Fisheries Society*, vol 106, pp1-11

Law, R. (2000) 'Fishing, selection, and phenotypic evolution', *ICES Journal of Marine Science*, vol 57, pp659-668

Law, R. and Stokes, K. (2005) 'Evolutionary Impacts of Fishing on Target Populations', in E. A. Norse and L. B. Crowder (eds) *Marine Conservation Biology: The Science of Maintaining the Sea' s Biodiversity*, Island Press, Washington, DC

Link, J. S. (2005) 'Translating ecosystem indicators into decision criteria', *ICES Journal of Marine Science*, vol 62, no 3, pp569-576

Lotze, H. K. (2004) 'Repetitive history of resource depletion and mismanagement: The need for a shift in perspective', *Marine Ecology Progress Series*, vol 274, pp282-285

Mace P. M. (2001) 'A new role for MSY in single-species and ecosystem approaches to fisheries stock assessment and management', *Fish and Fisheries*, vol 2, pp2-32

Mace, P. M. (2004) 'In defence of fisheries scientists, single-species models and other scapegoats: Confronting the real problems', *Marine Ecology Progress Series*, vol 274, pp285-291

Mangel, M. and Levin, P. S. (2005) 'Regime, phase and paradigm shifts: Making community ecology the basic science for fisheries', *Philosophical Transactions of the Royal Society B*, vol 360, pp95-105

Marasco, R. J., Goodman, D., Grimes, C. B., Lawson, P. W., Punt, A. E. and Quinn, T. J. (2007) 'Ecosystem-based fisheries management: Some practical suggestions', *Canadian Journal of Fisheries and Aquatic Sciences*, vol 64, no 6, pp928-939

Mueller-Dombois, D. and Wirawan, N. (2005) 'The Kahana Valley Ahupua`a, a PABIT RA study site on O`ahu, Hawaiian Islands', *Pacific Science*, vol 59, no 2, pp293-314

Murawski, S. A. (2007) 'Ten myths concerning ecosystem approaches to marine resource management', *Marine Policy*, vol 31, no 6, pp681-690

Myers, R. A. and Worm, B. (2003) 'Meta-analysis of cod-shrimp interactions reveals top-down control in oceanic food webs', *Ecology*, vol 84, pp162-173

NAFO (2008) *Report of the Fisheries Commission Intersessional Meeting*, 30 *April to* 07 *May* 2008 *Montreal, Quebec, Canada*, North Atlantic Fisheries Organization, Dartmouth, Canada

National Marine Fisheries Service (2009) 'Fisheries of the United States, 2009', www. st. nmfs. noaa. gov/st1/fus/fus09/fus_ 2009. pdf, accessed 10 September 2010 New Zealand Ministry of Fisheries (2009) http: //fs. fish. govt. nz/Page. aspx? pk=16, accessed February 2010

Pauly, D., Christensen, V., Guenette, S., Pitcher, T. J., Sumaila, U. R., Walters, C. J., Watson, R. and Zeller, D. (2002) 'Towards sustainability in world fisheries', *Nature*, vol 418, no 6898, pp689-695

Pauly, D. V., Christensen, V., Dalsgaard, J., Froese, R. and Torres, F. Jr. (1998) 'Fishing down marine food webs', *Science*, vol 279, pp860-863

Pavlikakis, G. E. and Tsihrintzis, V. A. (2000) 'Ecosystem management: A review of a new concept and methodology', *Water Resources Management*, vol 14, no 4, pp257-283

Pearson, R. G. (1981) 'Recovery and recolonisation of coral reefs', *Marine Ecology Progress Series*, vol 4, pp105-122

PICES (2004) *Marine Ecosystems of the North Pacific* (edited S. M. McKinnell), PICES Special Publication 1, North Pacific Marine Science Organization, Sidney, British Columbia, Canada

Pikitch, E. K., Santora, C., Babcock, E. A., Bakun, A., Bonfil, R., Conover, D. O., Dayton, P., Doukakis, P., Fluharty, D., Heneman, B., Houde, E. D., Link, J., Livingston, P. A., Mangel, M., McAllister, M. K., Pope, J. and Sainsbury, K. J. (2004) 'Ecosystem-based fishery management', *Science*, vol 305, no 5682, pp346-347

Pilling, G. M. and Payne, A. I. L. (2008) 'Sustainability and present-day approaches to fisheries management: Are the two concepts irreconcilable?', *African Journal of Marine Science*, vol 30, no 1, pp1-10

Pitcher, T. J., Kalikoski, D., Short, K., Varkey, D. and Pramod, G. (2009) 'An evaluation of progress in implementing ecosystem-based management of fisheries in 33 Countries', *Marine Policy*, vol 33, no 2, pp223-232

Roberts, C. (2007) *An Unnatural History of the Sea*, Island Press, Washington, DC

Rogers, S. I., Tasker, M. L., Earll, R. and Gubbay, S. (2007) 'Ecosystem objectives to support the UK vision for the marine environment', *Marine Pollution Bulletin*, vol 54, no 2, pp128-144

Rosenberg, A. A. (2002) 'The precautionary approach from a manager's perspective', *Bulletin of Marine Science*, vol 70, pp577-588

Sainsbury, K. J., Punt A. E. and Smith, A. D. M. (2000) 'Design of operational management strategies for achieving fishery ecosystem objectives', *ICES Journal of Marine Science*, vol 57, pp731-741

Scandol, J. P., Holloway, M. G., Gibbs, P. J. and Astles, K. L. (2005) 'Ecosystem-based fisheries management: An Australian perspective', *Aquatic Living Resources*, vol 18, no 3, pp261-273

Schoener, T. W. (1983) 'Field experiments on inter-specific competition', *American Naturalist*, vol 122, pp240-285

Shelton, P. A. (2009) 'Eco-certification of sustainably managed fisheries: Redundancy or synergy?', *Fisheries Research*, vol 100, no 3, pp185-190

Sinclair, M., Arnason, R., Csirke, J., Karnicki, Z., Sigurjonsson, J., Skjoldal, H. R. and Valdimarsson, G. (2002) 'Responsible fisheries in the marine ecosystem', *Fisheries Research*, vol 58, no 3, pp255-265

Sissenwine, M. P. and Murawski. S. (2004) 'Moving beyond "intelligent tinkering": Advancing an ecosystem approach to fisheries', *Marine Ecology Progress Series*, vol 274, pp291-295

Symes, D. (2007) 'Fisheries management and institutional reform: A European perspective', *ICES Journal of Marine Science*, vol 64, no 4, pp779-785

Tamura, T. (2003) 'Regional Assessments of Prey Consumption and Competition by Marine Cetaceans in the World', in M. Sinclair and J. W. Valdermarson (eds) *Responsible Fisheries in the Marine Ecosystem*, FAO, Rome

Valdermarsen, J. W. and Suuronen, P. (2003) 'Modifying Fishing Gear to Achieve Ecosystem Objectives', in M. Sinclair and G. Valdimarsson (eds) *Responsible Fisheries in the Marine Ecosystem*, FAO, Rome

Valdimarrson, G. and Metzner, R. (2005) 'Aligning incentives for a successful ecosystem approach to fisheries management', *Marine Ecology Progress Series*, vol 300, pp286-291

Ware, D. M. and Thomson, R. E. (2005) 'Bottom--up ecosystem trophic dynamics determine fish production in the Northeast Pacific', *Science*, vol 308, pp1280-1284

Watling, L. and Norse, E. A. (1998) 'Disturbance of the seabed by mobile fishing gear: A comparison with forest clear-cutting', *Conservation Biology*, vol 12, no 6, pp1189-1197

第 14 章　保护区的大小和边界

功能、位置、规模确定的基本原理

如果大小能决定一切，那么恐龙仍然可能还横行于世。

——Wendelin Wiedeking（1952—）

14.1　引言

我们在本章中要寻求答案的主要问题是：海洋保护区（MPA）实际上应该多大；它的边界如何界定？更具体地说，我们会问：给定海洋保护区的大小和预期目的之间的关系是什么？非常不幸的是，虽然规划当局描述了现有保护区的位置、特征和“重要性”，但海洋保护区设定的目的、区域背景、重要性、边界或大小等根本没有任何理论依据。因此，我们只有描述、概述和结论。这仅仅是一个开始，但对于有效的沿海地区管理和海洋保护的科学依据是不够的。即使我们对海洋保护区一些区域有一定的了解或宣称具有目的，其区域的大小和边界也许是不合理的。这是一个重大遗漏，因为海洋保护区的目的和功能不能在没有明确考虑其大小和边界的情况下进行正确评估。在这方面，下面两个对比很有意思，“海洋保护区可以多小？”（Roberts and Hawkins，1997）和“保护区应该有多大？”（Walters，2000）。

“海洋保护区应足够大以反映当地的典型生物多样性”“海洋保护区应该足够大以反映当地的重要特征”“海洋保护区应该足够大以反映当地的生态系统进程和生态完整性”等说法充斥在文献中。然而，几乎毫无例外，这些作者根本就没有提供如何根据生态分析或环境分析以实现这些目标的任何指导。此外，我们在这些语句中通常会遇到逻辑错误。例如：区域的生态完整性保护通常被认为是海洋保护区的主要功能。生态完整性被认为是（至少在很大程度上）保护区大小的函数。然而，在实践中，几乎所有海洋保护区的大小都是社会经济和环境约束之间务实妥协的结果，生态完整性从未被评估。

虽然我们可以合理地确定一些因素，通过它们应该可以确定某些已识别类型的海洋保护区的大小，但重要的是要注意，单一海洋保护区的实际大小需要通过研究一个地区的特定环境特征来确定。在这里，我们试图提出基本原则，借此可以确立海洋保护区的大小，并与其指定目的相匹配。因此，本章目的不是审查现有海洋保护区大小的正当性，而是正确认识这些生态环境原理，以确定任何种类海洋保护区的适宜和有效规模的大小，并确定预期目的。

可能这些问题没有唯一的答案：海洋保护区实际上应该有多大，其边界应该如何界定？因为海洋保护区有很多“种类”，即它们被指定和设计以用于各种目的（表 14.1）。在决定保护区大小之前，定义功能（目的）和指定海洋保护区的类型至关重要。所有海洋保护区不应该平等设立。需要优先考虑的是，保护区的位置、尺度、大小和边界等应尽可能根据区域“自然”条件，根据合理的生态和环境原则，并考虑到每个保护区的指定目的来确定。因此，“生态尺度”（ecological scale）概念（例如，Angel，1994；May，1994）构成了决定海洋保护区的大小和边界的基础，这里将不明确讨论。

表 14.1　海洋保护区类型及其规模确定策略

海洋保护区类型	基本保护目的	规模确定策略	有效规模	栖息地比例	能否进行有效性评估
1. 海洋空间中的特色性海域	保护大型、活动性、海生、季节性洄游种类，通常为海洋哺乳类	测定异常状况（温度、地形、水色、水深）	可变，由异常变化范围决定	没有特定	不能，有效性评估会导致其他焦点物种保护的混乱
2. 陆地相关的特色性海域	保护活动性、与陆地相关的海洋种类，主要是海豹和鸟类	陆地区域根据地形或实际利用情况，海域面积根据异常状况或索饵场情况	可变，由利用范围确定	没有特定	不能，有效性评估会导致其他焦点物种保护的混乱
3. 保护稀有/濒危/隔离底栖生物种群或群落海域或生物多样性高的海域	保护稀有濒危的无脊椎动物	N/A	N/A	N/A	N/A
	保护隔离的底栖生物种类和群落	群体分布状况，地形异常状况和流速	不确定	不确定	不能
	保护海洋生物多样性高的海域	不确定	不确定	不确定	不能
4. 代表性海域	保护特定的栖息地及其相关的生物群落	1. 保护整个生态系统	主要案例：344 000 km² 的 GBRMP	不确定	不能
		2. 选择观察到的最大栖息地单元	不确定	不确定	不能
		3. 使用群落组成指示种	不确定	不确定	不能
		4. 选择面积不小于 S-A 曲线渐近线	见下面类型 5	不确定	不能
		5. 按照扰动体制选择	不确定	不确定	不能

续表

海洋保护区类型	基本保护目的	规模确定策略	有效规模	栖息地比例	能否进行有效性评估
5. 渔业栖息地/群体/产卵/补充海域	保护渔业栖息地和群体	1. 栖息地适应性指数	不确定	不确定	不能
		2. 传统科学研究	N/A	渔场的20%~50%	不能
		3. 传统生态知识	小面积，大小可变，数千米	N/A	可以，模型研究
		4. 产卵场	2~10 km^2	N/A	不能
		5. 最小可持续种群大小/固有范围	5~7 km^2，甚至小至 0.72 km^2	N/A	可以
		6. 预防过度开发的模型	N/A	大于渔场面积的20%	可以，模型研究
		7. 种群补充关系	400 km^2	N/A	可以，模型研究
		8. 鱼类可以使用种类-面积曲线	高度变化，5~1 000 km^2	N/A	不能
		9. 水体环境海洋保护区	整个海盆的几个部分，季节性	N/A	不能
		10. 非海洋保护区的大小	N/A	渔场的20%~50%	可以，模型研究
6. 综合海域	多用途	模型研究	取决于区域特征	取决于区域特征	不能
7. 具有人类学/考古学/社会学价值的海域	保护沉船、沉没古城等	视情况而定	直径 1 n mile	N/A	不能
8. 陆地相关的景观海域	保护局部美景和娱乐场所	陆地面积视情况确定，海洋面积根据自然岸线	可变，但易确定	视情况而定	不能
9. 高生产力/上升流/驻留海域	没有特定	测定异常状况（温度、地形、水色、水深）	可变，根据异常范围而定	没有特定	不能
10. 其他保护目的海域	没有特定	N/A	N/A	N/A	不能

因此，我们会问：保护区的大小是根据什么原则确定，这些原则如何付诸实践？我们需要对这些“原则”有一个说明，以此来指导思考和决策。这些原则应是合理并经得起质疑，以便它们可以被决策者和政治家用来做出合理的决定；这些原则应是透明化的，因为公众和受影响的“利益相关者”可能会质疑现有的或拟议海洋保护区的大小，因为他们会认为海洋保护区过大或过小。

14.2 海洋保护区的类型及其大小

许多学者认识到，所有海洋保护区不应该以相同的模式设立。Palumbi（2001）将海洋保护区归为三大类：渔业管理工具、生物多样性保护和特色保护。表 14.1 更准确地描述了所有这些类型的海洋保护区，并总结了设立保护区的主要目的和确定保护区适宜规模的方法。世界自然保护联盟（IUCN，1994）名录中设立海洋保护区的其他目的不在此处讨论。

14.2.1 特色海域（有焦点物种海域和有异常现象海域等）海洋保护区的大小

这个类别的保护区受保护的动物种类移动性强、完全海洋生活、存在季节性洄游，它们有与众不同的栖息地，主要是较大的海洋哺乳动物，如鲸和海豚，也可能包括较大的洄游性鱼类，如金枪鱼。

已经认识到一些焦点物种有时可能与一些表现出独特性质和过程的海洋区域存在季节性相关。然而，直到 2002 年 Roff 和 Evans 才对焦点物种（第 9 章）和特色区域（第 7 章）之间的关系进行了综合研究。特色栖息地往往通过它们的海洋学过程来区分，这些过程表现出各种异常状况，如温度、叶绿素 a、地形和隔离状况。这些异常状况可能临时发生，也可能永久存在于某一位置。因此，这种特色海域的大小和边界以及旨在反映这种海域特征的海洋保护区的相应最小规模，都可以根据海面的航空或卫星图像，根据当地地形或这些特征的某种组合，很容易地进行定义。但是需要注意的是，海洋哺乳动物可能季节性地使用大于由这些异常状况定义确定的区域范围。在这种情况下，实际使用的海域及其边界通常可以通过简单观察待保护焦点物种的分布来定义（Brown et al.，1995）。有些特殊海域可能不会出现表面异常现象。因此，重要的是定义和划分各种不同的栖息地（第 7 章）。

虽然定义特色海域本身的大小和边界是相对容易（根据一个或多个区域异常特征），该海域在时间和空间上的发展可能是多变的。时间变化可能是年际变化、季节性变化、潮汐间变化、日变化，非周期性变化等，这些变化应该被识别，例如通过监测和/或卫星数据进行识别。因为这些海域可能对环境干扰非常敏感，所以也可能需要某种缓冲区。该缓冲区的范围可以根据基于威胁性质的风险评估过程和根据基于当前风险扩散速度和方向（即风险源的平流和扩散速率）的效应范围预测来进行确定。

不幸的是，即使为保护旗舰物种这样明确目的而建立的保护区，其大小和边界通常也没有对其进行解释。这非常令人惊讶，因为海洋哺乳动物种群状况和海洋学特征之间的关联性已经被确认了好多年（Brown and Winn，1989）。即使在遥远的北极广泛海域，通过观察员对海洋哺乳动物的调查也可以很容易地界定特色区域（例如 Beckmann，1995）。在加拿大北极地区，已经确认，海洋哺乳动物的季节性聚集几乎总是与上升流区域（异常性低温)、海水与淡水（或开放水域的冰间湖）之间的交汇界面相关，其水域特征是流速大、存在水体混合和全年开放。即使是国际上很重要的海域，例如加利福尼亚湾群岛海域，是海狮、海龟、海鸟、海豚和鲸类等动物高度集中的繁殖场所，也还没有很好的物理特征或生物学特征的数据记录来支持对这些动物类群的保护诉求（Anaya et al.，1998)。在进行这些工作之前，待保护区域的设置仍然有些随意。

一个作为组合功能区（由几种鲸类利用并具有代表性特征，从而具有特色）而提议设置海洋自然保护区的最好案例是加拿大 Scotian 大陆架 Gully 海域。该海洋保护区的核心区和缓冲区的边界是结合了自然物理、地理和生物学特征（Gully 海域大陆坡和 200 m 等深线）（Harrison and Fenton，1998）而提出的。随后，Hooker 等（1999）更详细地记录了 Gully 区域范围内鲸类动物的活动情况。他们基于鲸目动物的视觉范围和这些海域的地球物理特征（包括 Gully 海域大陆坡和 200 m 等深线范围)，提出了一个海洋保护区。

Brown 等（1995）也给出一个特色海域保护的良好案例，该保护区的大小和边界已经被正确划定。1993 年，加拿大渔业海洋部（DFO）为有效保护鲸类（估计目前种群数量为 350 头）设立了两个保护区，一个在 Fundy 湾的外部；另一个在南部 Scotian 大陆架。这两个保护区的大小和边界是根据每年对鲸群洄游进行影像观测所收集的影像数据来确定，围绕观察到的 95%的边界绘制了方格图。尽管芬迪湾内的区域明显集中在环流中央，桡足类的 *Calanus finmarchicus* 密度较大，但与这些海域相关的相应地球物理属性尚未得到充分界定（Roff，1983）。

由于大多数类似于海洋哺乳动物这样的大型物种都是洄游性的，部分时间会游出保护区，因此它们全年在保护区内不能得到有效地保护。需要其他立法来对它们在保护区之外进行保护；例如，指定船舶航运航线以避免船舶碰撞（Brown et al.，1995)，对选定位置的渔具类型进行限制。在加拿大，现在已经与船运公司达成协议，船运公司将季节性调整航线，以避免在 Fundy 湾和新斯科舍省西南部两个设定的海洋保护区内碰撞到鲸。

这些类型的特色海域也可以季节性地划定，以允许其他活动。此外，因为焦点物种会改变其资源利用模式，一些特色保护区可以每年交替使用。因此，海洋保护区可能仅在年度基础上进行划定。

总而言之，这些海洋保护区的规模和适当边界可以由他们所表现出的自然地球物理异常特征来确定。此外，对于任何焦点物种的实际季节分布格局，当地居民可能会有相当多的了解。

一个地区允许的保护水平和人类利用程度应符合焦点物种的生物学要求。因为大多数重点物种将会季节性迁徙，所以建立局部海洋保护区本身不是一个充分或完整的保护策略。

14.2.2 特色海域的海洋保护区规模——与陆地相关联的案例

这一类保护区保护与陆地相关联的移动性海洋物种，主要是像海豹和鸟类这样的动物。它们一年中只有部分时间涉及陆地，还是主要从海上获得食物资源。这种类型的海洋保护区有两个组成部分：陆地部分和海洋部分。通常在强烈觅食期间，物种在这些区域之间活动，以准备迁移和/或繁殖。

陆地部分的大小可以通过简单地观察焦点物种季节性占地面积来确定。围绕这个核心区域建立某种缓冲区，以防止人类活动对其行为和繁殖过程产生干扰。许多海鸟对人类的干扰非常敏感，特别是在繁殖时期（Anderson and Keith，1980）。这些敏感性应该受到重视，可以通过围绕该栖息地建立缓冲区或禁区来进行。海鸟筑巢地点通常在国家和国际层面都有详细记载。因为鸟类筑巢活动倾向于人类难以接近的偏远地区（例如悬崖、小岛屿），所以界定该保护区域的大小和边界比较简单。

海洋保护区海洋部分的大小可以根据鸟类或海豹的觅食区域来确定。许多鸟类通常在海面上飞行相当长的距离（50~100 km）去它们喜欢的觅食区域为幼鸟采集食物（Zurbrigg，1996）。对这些采食海域通常了解不够（除了食物资源本身的性质），但很可能是存在某种地球物理学异常状况的高生产力或生物量大的海区（Roff and Evans，2002）。Haney 等（1995）的研究表明，北太平洋海域一个海山（海面之下地形异常）30 km 半径内，海鸟丰度和生物量比一般海域分别高出 2.4 倍和 8 倍。这些增加归因于海山的地形学效应，因为海山地形增加了海鸟摄食的浮游动物资源。

在海鸟的重要觅食海域，海洋保护区的规模和边界可以根据食物资源集中程度和海鸟觅食距离等因素来设定。Brown 和 Gaskin 的研究（1988）显示，瓣蹼鹬类在 Fundy 湾外部广大海域觅食，那里潮汐混合和上升流水体将携带的桡足类和磷虾输送到海水表层。其他几种候鸟也可以在同一地区利用这些海流带来的食物资源。在这些海区，根据温度异常或海平面异常状况（结合现场监测和浮游动物丰度及生物量增加数量查证），应该可以确定食物资源量增加海域的边界和范围。

14.2.3 跨特色海域活动性强并季节性洄游的较大水体生活物种保护

大多数海洋保护区都集中在近岸栖息地，或至少在 200 n mile 专属经济区（EEZ）内。Hyrenbach 等（2000）提出建立中上层水体海洋保护区，该保护区可以进行季节性调整以适应较大型海洋脊椎动物（包括鸟类、哺乳动物和鱼类）的洄游路线。这样的海洋保护区可能会非常大，其中只有一部分在任何时候都可以得到保护，并只能针对特定的洄游活动。建立这种范围广大的海洋保护区的主要目的是保护洄游期间的目标物种，而它们与通常更接近沿海环境的某些特定地区的特色保护区无关。

目前还没有这种海洋保护区的管理经验，它需要在国际管辖框架下实施。但是，目前确实存在着使其切实可行的技术。许多较大的海洋物种的迁徙路线正在被清晰了解，并可以实时追踪（见海洋跟踪网络 http：//oceantrackingnetwork.org）。因此，可以非常详细地指定要保护的具体位置。同样，船只识别系统也揭示了船舶的位置、航向和速度，其尾迹模式的分析可能会揭示船舶的活动。因此，可以实时联系船舶，以避免干扰洄游物种。

在加拿大东海岸，航道位置已经进行了调整，并向航运业者提供了建议，以减少与鲸类等濒危种群碰撞的可能性。因此，强烈建议，应该一直延伸到公海来建立一系列随时调整的远洋海洋保护区。

14.2.4 为保护底栖物种中的珍稀/濒危或孤立的种群和群落而设立的海洋保护区规模

这里感兴趣的群体主要是深海珊瑚和海绵，为了保护这些独特或不寻常的海洋生物群落，已经明确地建立了保护区，但是保护区的规模一般不太合理。我们逐渐了解了这些生物群落的分布模式，这些模式涉及深度、温度、坡度和地形以及海流等因子的一些组合，可以根据地形和流场的某些方面对其进行解释（Bryan and Metaxas，2006，2007）。这些生物群落可能具有与之相关的高物种多样性（Roff and Evans，2002）。这些区域适宜的最小尺寸可以根据它们的发生情况进行地球物理学预测来定义，并通过对定居地范围的调查进行验证。除此之外，可以通过分析人类活动威胁来建立缓冲区进行边界设置。

还有一些资料是关于独立存在的底栖无脊椎动物群落的，如深海火山口（Tunnicliffe，1988）、海底洞穴（Vacelet et al.，1994）和冷渗水海域。在前两种情况下，占地面积可以用地形学特征来描述，而在最后一种情况下，是通过异常高的烃类浓度来确定。它们的尺寸和自然界限通过调查可以很容易地测量确定。

关于非热液排放（或其他化学合成导致富集）地区深海动物群系丰度异常的第一次报告是来自大西洋大陆边缘超过 3.5 km 深度的岩石峭壁上的研究（Genin et al.，1992）。在这里的布雷克斯普尔（Blake Spur）海域发现了丰度很高的海绵和柳珊瑚。这些丰富度很高的生物群落出现在这样的深度是意想不到的，这归因于异常高的海流速度（可能超过 100 cm/s），这种海流清除了岩石表面上的沉积物并为高优势度的悬浮颗粒摄食者提高了食物供应量。

这种在深海中以悬浮颗粒为食物的异常生物群落在几个地方可能观察到，特别是在局部基底异常（例如岩石而不是沉积物）且海流流速大的海域。这些海域大多数不在任何国家的沿海或专属经济区内。对它们只能通过原位观察进行研究，当然像深海火山口、珊瑚和海绵一样，它们的分布可能被预测。对它们的保护可能不是高度优先的，但是可以通过调查工作来确定它们的海洋保护区规模和程度。

海洋生物和重要进化单元（evolutionary significant units，ESUs）种群间的遗传变异主题是一个复杂的新兴领域，其保护工作尚未得到彻底研究（第 10 章）。然而，这是最有可能界定海洋物种隔离程度和隔离时间的课题。几种特色海域（例如火山口、深海珊瑚、海山等）的范围已经由地形设定。但是，考虑在这些区域设立海洋保护区的同时，需要评估其自然的“时间跨度”以及它们的空间范围和可能的人类影响。例如，海山会持续 100 万年，深海珊瑚 100~1 000 年，但火山口只有 10~100 年。

14.2.5　*局部物种多样性高并与生产和生物量相关的海域：代表性保护区或特色性保护区？*

有关生物多样性及其与海洋环境特征之间关系的科学文献仍然极为混乱。尽管对物种多样性的分布有相当大的兴趣，但是为什么栖息地之间的生物多样性会发生变化？为什么有些栖息地支持的生物多样性要高于其他栖息地？我们对这样的问题仍然缺乏足够的理解。一些特色栖息地的物种多样性可能高于或低于代表性栖息地的物种多样性（第 8 章）。在这里，我们从多样性和生产（或生物量）方面来讨论多种类型的栖息地。

14.2.5.1　*沿岸上升流海域和海洋辐散区*

沿岸上升流海域和海洋辐散区代表了两大类特色栖息地。由于营养盐不断输入，这里的生产也增加了，但物种多样性普遍降低（Margalef，1978；Sakko，1998）。这种较低的多样性水平可能通过较高的营养级延伸到鱼类群落。然而，在该海域最高营养级上，我们可能再次看到较高的多样性水平，例如在几种迁徙性鸟类或海洋哺乳动物的混合种群中

（Brown and Gaskin，1988；以及其中的参考文献）。因此，"捕猎者往往比被捕猎者更加多元化"（Margalef，1997）。如果这些特色栖息地中多样性被降低（而这里的多样性实质上指的是处于一些上升流海域下面的底栖生物）（Sanders，1968），如果要保护这里的物种多样性，那么实际效果远不如保护该海域的代表性栖息地那么有效。一般来说，这些海域是世界海洋中生产力最丰富的海区之一，也是渔业中开发利用强度最高的海域，因为它们提供了最好的经济效益回报。然而，如果这样的栖息地成为保护目标，由于它们的异常温度和叶绿素的特征，它们是比较容易识别的。因此，可以较容易地确定要保护区域的大小和边界，尽管它在时间和空间上可能变化很大（Sakko，1998）。

14.2.5.2 积聚生物量的特色栖息地

在那些生产率没有增加却可以积累生物量的特色栖息地，物种多样性应与周围的代表性栖息地保持一致（Roff，1983）。然而，由于有丰富的资源可利用，较高营养级（例如鸟类）的多样性可能更高一些（Brown and Gaskin，1988）。有关这种环流系统大小的报告不多，但是较大的环流系统（>10 km）可以根据海平面高度异常（例如，通过雷达卫星）测量，较小的环流系统的范围和边界可以在一个完整的潮汐循环过程中通过调查海流速度和方向来确定。因此，设定包含有这种环流系统的海洋保护区的大小是相对简单的。

14.2.5.3 锋面带

沿海水域的锋面带可以通过各种机制产生，它们与物种多样性分布的关系尚未得到系统的研究。水团之间发生混合的复合锋面带，例如新斯科舍省西南部海域，可能代表物种多样性高的地区。这个特定的海域水体中有许多由墨西哥湾流和新斯科舍海流平流输送过来的域外种类幼体（Roff et al.，1986）。由 M_2 分潮主导的潮流产生锋面带，其位置和地理范围可以按照 Hunter 和 Simpson 方法（Pingree，1978）的分层参数（H/U^3）进行建模获得。例如，苏格兰东海岸存在着潮汐诱发的几个中尺度锋面带。这种锋面带的空间范围也可以根据热分层和未分层冷水之间的温度异常卫星图像确认。因此，确定海洋保护区的大小和边界以保护这种锋面系统是非常简单明确的。

14.2.5.4 珊瑚礁

珊瑚礁是一个清晰可识别的栖息地类别，这里生物多样性很高，产量也很高（Muscatine and Weis，1992）。可是如果给珊瑚礁海域补充营养盐，虽然第一阶段可以增加初级生产（因为碳固定率增加。Muscatine and Weis，1992），但也导致珊瑚被海藻替代，导致珊瑚生物多样性下降。珊瑚礁的分布范围通常是众所周知的，并已经绘制了分布图。由于珊瑚礁在世界热带和亚热带水域如此广泛分布，因此可以视为代表性的海域。

14.2.5.5 水下洞穴

水下洞穴是生物量和资源生产皆低的地方，也可能是物种多样性和地域特有性高的栖息地（Vacelet et al.，1994）。因为这些栖息地是一个区域物理地形直接形成的结果，所以保护它们的海洋保护区的大小和边界是由海底地形和地理学自然确定的。

14.2.5.6 生产和生物量不增加的海域

生产和生物量不增加、群落类型明显或潜在地与地球物理特征相关的海域构成了代表性的栖息地。

14.2.5.7　其他问题

还有一个剩余问题是，我们是否可以在可识别的异常方面解释所有特色栖息地，或者是否存在我们不能解释的具有高物种多样性的海域（那里食物资源的生产和生物量不增加）或“热点”区域（Norse，1993）。

深海底栖生物的物种多样性比以前认为的高得多，但也存在着许多特殊问题。在这里，代表性群落和特色群落之间的界限变得模糊不清。这是因为每个采样区域都包含许多新物种，物种聚积（或物种-面积或物种-丰富度）曲线在许多样本和广泛采样区域都没有达到渐近线（Gage and Tyler，1991）。因此，每个采样区（或数组样本）构成一个独特的栖息地（根据我们在某种尺度上与周围环境不同的定义），称为一个特色生物群落。因此，深海明显“均质”的环境，没有可识别的异常，包含许多连续的物种组合，每个都具有高度的多样性，这不像较浅水域中与基底类型相关而定义更为明确的群落类型（第 8 章）。这种局部的地域特性预期可能在个别相隔很远的海山上存在，这种地域特性现在也已经被观察到（de Forges et al.，2000），但预期不会在平坦而毫无特色的深海海底存在。这些海域需要解释其起源、持久性和资源供应，或者揭示其异常，或分别调查来确认其范围。

最后，某些缓冲带可能对所有这些海域都很重要，这将需要根据对当地威胁性质的分析来确定。可能还存在其他类型的特色区域，它们包含生物多样性高的生物群落，但却不能根据其物理或海洋学异常来描述。任何海洋保护区的保护范围只能通过当地现场调查工作确定。

14.2.6　代表性保护区的大小

代表性栖息地类别可能是最难以确定其海洋保护区的大小，但其规模可能最大，潜在的重要性最高。这些保护区的主要功能是保护生物多样性的代表性组成部分。这意味着每个代表性海洋保护区通常应该包含在其指定的栖息地类型或所有类型中存在的所有（或大多数）区域的物种和群落。

确定这类海域适当规模的战略可能至少有下列 5 个：①保护一个完整的生态系统；②在一个区域内选择一个最大的观测单元；③根据群落组成指标物种选择最大的栖息地单元；④选择不小于种类-面积曲线渐近线的区域；⑤按照干扰体制频率和范围选择区域。

14.2.6.1　保护一个完整的生态系统

生态系统概念在生态学文献中是明确的。不幸的是，在开放和广泛相互联系的海洋系统中，虽然海洋生态学家经常使用这个术语，但生态系统的物理范围并不容易定义。重要的是需要注意，首先，海洋生态系统定义相当随意；其次，即使被定义，它们也不能被认为是分层组织的。也就是说，它们是间断的，不是连续的，也不是分级嵌套的。

目前，将整个海洋生态系统指定为海洋公园（具有一定程度的环境保护）的主要例子是澳大利亚的大堡礁海洋公园（GBRMP）（Ottesen and Kenchington，1995）。大堡礁海洋公园规模为 34.4 万 km^2，它可能接近于我们可以识别和可接受的海洋生态系统定义。在按照栖息地自然地形学特性和生物学特征定义的边界内允许各种管理实务。澳大利亚较小的海洋保护区涵盖的规模范围从小于 2 km^2到超过 5 000 km^2，一般是多用途类型，允许实行各种综合管理活动。

许多海洋生态系统都不可能得到完全的保护（尽管我们将整个海洋非常务实地称之为“生态系统”，但这其实也是存在着争议的问题）。相反，我们可以期望在具有高度保护程度的较小海域和较低保护程度的较大海域之间看到某种实际的折中。此外，我们可以预期，一些具有代表性栖息地类型的单元将获得一定程度的保护，而不是保护整个生态系统。这基本上是缓冲区包围的“核心”海洋保护区管理实践的基础。与可能受到部分保护的代表性海域相反，对特色海域保护的适当做法是，整个被划定的海域都应该得到保护，因为它是一个功能整体。

14.2.6.2 最大栖息地观测单元

一个相对简单的策略是根据其地球物理属性以可用的最小数据尺度对一个区域的栖息地进行图示化（Roff and Taylor，2000；Roff et al.，2003）。根据物种-面积关系理论，在一个给定的栖息地类型中较大的栖息地单元预期会存在较多的物种，每个代表性栖息地的最大单元将成为建立海洋保护区的第一选择（Neigel，2003。下同）。这种简单化方法的主要优点是，在具有充足基础物理属性数据的任何地方都可以进行这项工作，该方法还可以绘制海洋环境自然异质性地图并识别自然边界。这种方法在沿海地区可能是有用的，因为它可以方便地识别岩石岬角、沙滩和泥滩海湾之间的自然栖息地交替（Carter，1988）。

这种方法的一个主要问题是，在任何海域内，这些地球物理数据只能以相对粗略的尺度获得。所有的海洋栖息地实际上都是高度异质的，而这些异质性大部分在大尺度地图中是“看不见”的。因此，该方法在确定栖息地单元的大小时随意性可能比较大。然而，结合物种-面积关系曲线（或物种-积累曲线），它可能是确定海洋保护区代表性栖息地边界和大小的有用方法。此外，大尺度地图可以使用诸如多波束声呐技术指导我们进行更密集的现场采样和绘图工作（Foster-Smith et al.，2000）。

14.2.6.3 群落组成的指示物种

群落组成中的指示物种可用于定义生物地理学界限（Zacharias and Roff，2001a；见第9章）。在生物地理边界与地球物理边界一致的地方，群落组成指示物种可能是有价值的。然而，有关海水中指示物种的生态学知识并不像淡水中那样丰富。单一物种分布范围表示的生物地理边界应谨慎解释，指示物种可能最适合作为栖息地识别的辅助物（第6章）。

Haedrich 等（1995）、Mahon 等（1998）、Perry 和 Smith（1994）以及 Horn 和 Allen（1978）等在广泛海域动物地理信息基础上都使用了一种替代方法。这些作者绘制了鱼类群系分布及其相关栖息地特征地图。在这些海洋保护区内，确定其规模、比例和目的可以起到重要作用，特别是对鱼类和生物多样性保护。在该生物地理区域内海洋保护区的大小最有可能是通过科学调查、有关产卵场传统生态学知识（TEK）或通过物种-面积关系知识来确定的。

14.2.6.4 物种-面积（物种-积累）关系

在确定代表性栖息地内海洋保护区规模时，主要考虑因素是了解物种丰富度（S=观察到的物种数量）和面积（A）之间的关系，也即物种-面积或物种-积累（S-A）曲线的形状，最重要的是，该曲线达到渐近线时面积的大小。物种-面积曲线将物种丰富度与逐渐增大的自然栖息地单元面积相关联，而物种-积累曲线则表示从定义的栖息地类型中获取的连续独立样本的物种丰富度增加。

达到渐近线时的面积代表包含该栖息地所有物种（特征）的栖息地面积。物种-面积关系源于麦克阿瑟和威尔逊的岛屿生物地理学理论（McArthur and Wilson，1967），被认为是现代生态科学和保护生物学的基石之一。*S-A* 曲线的形状将随分类群和栖息地类型的变化而变化，但一般采取以下形式：

$$S = cA^z$$

式中：z=关系曲线斜率。

预计在各分类组中，*S-A* 曲线的渐近线将随着深度的增加而增加（Sanders，1968），但这一观点受到质疑（Gray，1994）。如果 Sanders 的观点是正确的，那么根据任何分类群组的 *S-A* 曲线，海洋保护区的规模将随着深度增加而增加。如果不是这样，那么基于 *S-A* 曲线的海洋保护区的大小就与深度无关。显然这个重要问题尚待解决。有关深海海洋生物群落的进一步研究，请参见 Etter 和 Mullineaux（2001）和本书第 8 章。

对于给定的栖息地，每个分类群具有自己的特征 *S-A* 曲线。在分类群中，生物体的大小与 *S-A* 曲线的面积渐近线之间存在很强的关联。细菌类的面积渐近线最低，鲸的面积渐近线最大。从较小洞穴生活的底栖动物角度来看，只要几十平方米的海洋保护区就可能足以代表给定栖息地类型的所有物种；即使较大的底上底栖动物，数百平方米的海洋保护区也可以代表给定栖息地类型的所有物种。然而，这么小的保护区规模将不会包含底层鱼类，也不会考虑到周期性干扰的影响。

任何代表性的海洋保护区应该足够大以容纳通常居住在其所代表的栖息地类型中的所有物种，并且栖息地类型的边界可以通过其地球物理特征来设定（Roff and Taylor，2000；Roff et al.，2003；见第 6 章）。海洋保护区的大小将由个体数量最多的常住物种的面积决定，通常鱼类个体数量最多。因为所有生物中个体最大的是海洋哺乳动物，它们一般都是洄游动物，所以要求它们至少某些季节在特色保护区，其他时间在水体海洋保护区内（见上文）。

每种鱼类的栖息地要求和一定种群密度的自然范围略有不同，每个物种可能会使用几种相关的栖息地。这意味着海洋保护区的适当大小和边界需要基于整个鱼类群落或物种群系的各个组成物种。

相关物种则是鱼类，主要是居住在同一个区域内的鱼类。在某种情况下，有下列几种理由要求集中关注这些鱼类：

- 它们是迄今为止商业上最重要的海洋物种；
- 它们是最大的海洋生物之一，相应地，它们的 *S-A* 曲线可以预期显示对应于大面积的渐近线。因此，为了保护目的，该鱼类群落可以被认为是“保护伞类群”（umbrella taxon）（Zacharias and Roff，2001a；和第 9 章）。
- 我们了解很多鱼类有关丰富度、生物地理学、分布、生命周期、幼体生态学和补充模式、迁移、栖息地需求、分类学以及群体和符合种群遗传学等方面的知识。这意味着我们可以实际或可能地描述“代表性的鱼类群落或集合”，并将这些分布与基于地球物理特征的海底栖息地类型相关联（第6章）。

• 根据商业和科学调查数据，我们通常也足够了解鱼类群落，我们可以为几种栖息地在同一个地区内的广泛海域构建 *S*-*A* 曲线。

• 还有关于自然和人为扰动体制的影响信息可以利用，例如，北大西洋振荡指数、海洋学体制的年代际变化、上升流体制和季节分层周期以及渔业捕捞、倾废和污染影响。

Frank 和 Shackell（2001）对温带水域海洋鱼类群落 *S*-*A* 曲线进行了分析。评估了 Scotian 大陆架浅滩（根据岛屿生物地理学理论这被认为是"岛屿"）上的鱼类物种多样性后，他们发现鱼类物种数量是浅滩面积的函数（$r^2=82\%$），随着浅滩面积的增加而增加。这种增加主要是由于在这较大型浅滩上有众多罕见物种存在，可能与这较大型浅滩上比较高的栖息地多样性有关。Frank 和 Shackell（2001）将浅滩大小和物种多样性之间的这种关系归因于，较大型浅滩倾向于支持单个鱼类物种有更大的丰富度，这样更不容易发生种群灭绝。值得认真关注的是，Scotian 大陆架拥有最高鱼类物种多样性的最大浅滩是 Sable 浅滩，约为 10 000 km^2。这里也是地域性无脊椎动物物种多样性最高的浅滩（图 14.1）。因此，以这种方式从这种 *S*-*A* 关系中导出的海洋保护区面积在温带水域中可能会非常大。

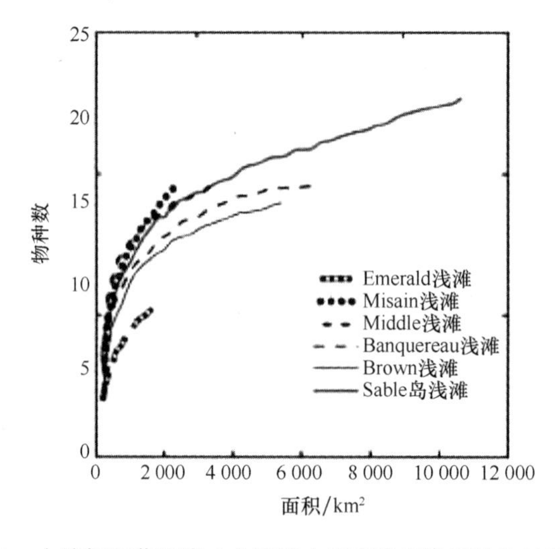

图 14.1 Scotian 大陆架和芬迪湾 6 个浅滩大型底表无脊椎动物的物种-面积曲线

注意：分类多样性与浅滩大小呈显著相关关系（$R^2=0.66$，$P<0.05$）

资料来源：Lewin 和 Roff（未发表）

然而，这并不意味着整个浅滩（即整个地貌特征）都需要保护。Lewin 和 Roff（未发表）在类似于 Zwanenburg and Jaureguizar（未发表）研究结果的一个研究分析中，重新检查了 Scotian 大陆架上的鱼类数据（基本上与 Frank 和 Shackell 2001 使用的数据集相同）以及同时获得的底表无脊椎动物数据，基于 Chao Ⅰ方程（Colwell and Coddington，1994）的物种-积累曲线进行外推，得出代表该区域所有物种的面积渐近线（根据实际采样面积估计的海底面积）的物种数分别为：鱼类（129 种）为 56.3 km^2，底表无脊椎动物（34 种）为 34.4 km^2（图 14.2）。

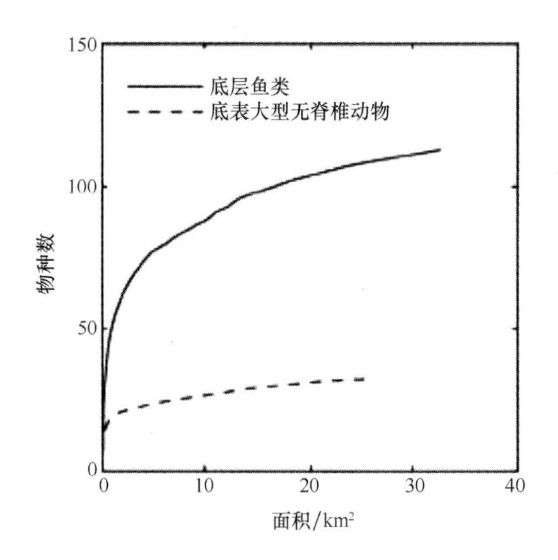

图 14.2 1999—2002 年，沿着 Scotian 大陆架和芬迪湾所有底层鱼类和所有底表大型无脊椎动物的物种-面积关系比较

注：这两种关系都没有达到渐近线。使用 Chao Ⅰ方程，预测底层鱼类分类群数量为 129 个，预测渐近线的面积为 56.29 km^2；预测底表大型无脊椎动物分类群数量为 40 个，预测渐近线面积为 34.41 km^2

资料来源：Lewin 和 Roff（未发表）

对 Lewin 和 Roff 使用的相同数据进行了进一步分析，采用多维标度分类，提出了 4 个独立的物种集合，这些物种集合能够清晰地进行地球物理学区分。其中鱼类物种集合类似于 Zwanenburg 和 Jaureguizar（未发表）在图版 12A 中提出的集合。然后，使用 Chao Ⅰ估计函数，得出能够代表集合内所有鱼类物种的面积渐近线为 5.7~49.4 km^2，底表无脊椎动物为 2.4~26.1 km^2。这清楚地表明，全面描述区域内所有物种的保护区大小取决于正在抽样的分类群。

然而，仅根据物种-积累曲线对观察到的面积大小和物种数量进行的这些估计是不同物种的混合情况，应该谨慎对待。它们所代表的完全是对存在物种的最低估计，只能用于进行比较，且要与其他估计数据结合，例如适当物种的最小可持续种群（MVPs）数量（见结论）。如果不了解其种群结构，物种的简单存在并不能确保其能够生存下去。

对于热带海洋，反映整个鱼类物种多样性的保护区面积估算值可能更小，这可能是因为这些物种中有较高比例的鱼类是非洄游性的，而且活动范围也小得多。例如，在对哥斯达黎加近海底层鱼类的研究中，Wolff（1996）计算了深度为 20~200 m 的整个海域内最大物种数量为 306 个。从这个数据来看，只需 5 km^2 的区域应该就能包含所有发现的鱼类物种。

14.2.6.5 干扰机制

干扰效应和其对海洋保护区大小的影响分析是一个非常复杂的问题。改编自 Sousa（2001）的研究纲要参见专栏 14.1。所有海洋生物群落都会受到各种时空尺度上多重干扰类型的影响（Mann and Lazier，1996；Sousa，2001）。这些干扰可能是由风暴、潮汐、上升流事件、季节性分层循环以及大气-海洋状态的改变（Steele，1996）等物理因素而引起的，也可能是由生物竞争、捕食、关键种效应和物种入侵等生物因素引起的，或由渔业捕捞、倾废、污染等人为因素引起的。任何干扰机制的影响都是数量级、类型、周期和生物体大小的函数。固着生活的生物群落比活动性生物群落受到的影响更严重。建模工作（Caswell and Cohen，1991）清楚表明，对于不同尺度的扰动和扩散影响，复合种群多样性形成是生物之间相互作用的结果。

中等干扰假说（Connell，1978）能够很有效地解释海洋生物群落多样性（Zacharias and Roff，2001b），低频和高频干扰以及严重干扰都会导致物种多样性的降低。因此，对特定种类的栖息地所造成的干扰机制（无论是物理的、生物的还是人为的）以及影响尺度都对确定该栖息地内海洋保护区的大小有重要的影响。

对于基于扰动机制的海洋保护区的适当规模，不可能得出一般性的结论。但是，我们可以制定一些务实的指导方针。在大多数情况下，物理干扰影响将在尺度和效果上超过生物干扰，虽然这种情况不会频繁发生。在任何要建立海洋保护区的区域内，应记录干扰状况的类型、频率和可能的干扰事件。任何单个海洋保护区的大小应大于区域内预期扰动的最大范围。当不可能达到时，应在区域内建立一个给定类型的多个海洋保护区，这样区域内的海洋保护区就不会同时受到任何单一干扰事件的影响，从而保证其他来源的动物区系和植物区系在这一系列海洋保护区的任何一个保护区内都可以重新定居。以这种方式，我们可以确保设定受保护区保护的整个生物群落类型不可能同时受到干扰，也就是说，总是会有代表性生物群落类型的栖息地单元免受区域内干扰的影响。这是在规划时必须做出的“保险系数”（Allison et al.，2003）。

专栏 14.1　拟议的海洋扰动机制框架

对生物群落的任何干扰影响都是下列因素的函数：

- 干扰过程的物理尺度；
- 干扰的空间变化；
- 干扰的严重性；
- 干扰的周期性、是否可预报、是否是季节性的；
- 在生物群及其栖息地的以下特征方面受影响生物群落的易感性：
  —形态学特征
  —生理学特征
  —物理特征
  —物种种群聚集或者分散特征
  —种类营养关系特征
  —物种多样性和群落演替阶段特征
  —基质类型特征
- 干扰特性之间的相关性。一般来说，发生较大严重干扰的频率较小。

任何生物群落干扰后的恢复速度是下列因素的函数：

- 损害的严重程度；

- 引起的环境更替；
- 物种组成和营养相互作用的变化；
- 异质环境中物种的庇护地存在情况；
- 干扰后产生的斑块形状、尺寸和类型；
- 生活史特征，包括：
  —生物群通过繁殖体扩散和重建方式；
  —再定居个体的来源和数量。

资料来源：主要根据 Sousa（2001）

14.2.7　沿岸带

温带海岸带通常有突出的岩石岬角、暴露的沙滩和受遮蔽的泥质海湾和河口交替出现。这些地理状况形成了具有不同大小和特征的沿岸带自然重复单元（第 11 章）。因此，制定沿岸带海洋保护区保护战略并决定它们的规模相对简单，应该比离岸近海区域更加简单。然而，令人惊讶的是，尽管沿岸带是人类与海洋互相作用最为强烈的地区，然而对此问题的研究却很少。沿岸带保护综合规划将分析这些单元的规模、边界和重复程度，分析它们的生态代表性或独特性，并将其纳入海洋保护区网络。不幸的是，大部分温带近岸海岸带的海洋保护区已经被视为景观区域，而忽视了其生态价值。

我们提出了三项策略以决定海岸带海洋保护区的规模或数量，但其他策略也应制定。

14.2.7.1　海岸保持单元

单个栖息地单元的大小由海岸线本身的自然弯曲情况确定。导致自然“海岸单元”（coastal cells）形成的过程（Carter，1988）涉及当地的沉积物输送，这已被清晰了解，因此，这些知识可以形成沿岸带地区管理的基础。海岸单元的边界可能是“固定的”（由地貌和地形特征设置），也可能是“自由的”（更难以定位，受局部波场影响）。海岸单元内和海岸单元之间无机矿物的运动由漂流脉动（drift pulse）决定（Carter，1988），但是这些地球物理概念很少直接应用于生物学领域。这些海岸单元的大小和相互作用将根据当地风和海流模式而改变，但是 Sotka 等（2004）在对沿岸带藤壶（*Balanus glandula*）的研究结果显示了漂变轨迹（drifter trajectories）（定义沿海循环模式）与遗传结构之间强烈的对应关系。应该对选定物种的遗传学和沿岸带循环进行进一步综合研究，在更局部尺度上显现出该区域的特征。

14.2.7.2　遗传渐变群

遗传工具提供了一种定义幼虫空间传播的方法（第 10 章和第 17 章）。遗传渐变群（发生遗传分化的种群之间发生杂交的地理区域）提供了机会以量化选择和扩散的相对作用（Sotka and Palumbi，2006）。稳定遗传渐变群的地理宽度由扩散的均质化效应与选择的多样化效应之间的平衡决定。遗传渐变群理论表明，幼虫平均扩散距离是渐变群宽度的一部分（通常约 35%）。基因频率中的渐变群宽度与基因流量（σ）除以每个基因座选择（s）的平方根近似成比例。σ 和 s 的度量是特别有用的，它们可以从集合中获取（Mallet et al.，1990）。

虽然渐变群理论是基于几个基本假设，但是从经验数据推断出的扩散距离尽管不是非常精确，但误差应该不超过一个数量级。即使如此，这种对幼虫扩散的估计是有价值的，因为它们可以用于设计适合未来调查的尺度，并为保护工作提供一些指导，包括海洋保留区的规模和间距。

14.2.7.3　物种-海岸长度关系

其他用来估计海岸带海洋保护区适当大小、边界或数量的方法可能涉及地球物理调查（第 11 章）和直接对生物群落进行生物调查或两者结合调查。然而，虽然可能需要进行直接的生物调查，但并不一定意味着所有沿海生物群落都需要进行调查。沿着整个海岸线进行单一群落类型的调查可能就足够了。专栏 14.2 中给出了 O'Connor 和 Roff 未发表的研究成果，该例子介绍了如何完成这样的调查以得到保护所需要的估计值。

专栏 14.2　估算海岸带所需保护单元的大小和数量的方法
基于对新斯科舍省大西洋沿岸幼鱼的研究（O'Connor and Roff，未发表）

新斯科舍省的大西洋海岸可能比世界上任何一个海岸线都要复杂，海岸线蜿蜒曲折，河口（estuary）、港湾（bay）和小海湾（cove）众多（第 11 章）。在选定的研究区内，共有 53 个港湾和 62 个小海湾。在这个近海环境中，探索了近海幼鱼与近岸物理特征之间的关系，以便表明无需对整个海岸线的所有类型的栖息地进行调查，就可以为沿海地区制定整体的保护策略。选择幼鱼作为目标群落有几个方面的原因，近岸海域为许多鱼类的早期生命阶段提供了多种好处；栖息地可以为它们提供掩护以躲避捕食者，温暖的水域可以使幼鱼发挥其生长潜力，这里有更多的食物资源，能够更快地生长。重要的是，一般公众可以立即识别这些生物体。

选定代表该区域沿海海湾的大小、形状和栖息地变异性的 20 个海湾，进行重复采样。在潮下带水域和低潮带，在从卵石/砾石到沙子/淤泥组合的一系列基底上用海滩围网（标准长 50 m）进行定量采样。共捕获了近 20 000 条 35 种幼鱼。调查结果表明，大部分幼鱼种类分布在整个研究区域，生物群落整体上没有明显的生物地理分布趋势。海湾内的幼鱼鱼类组成变化与海湾之间的差异不大，鱼类群体与所研究海湾的一组物理特征无关，基底类型对物种组成也没有任何明显的影响。有关这些海湾特征的更多信息在第 11 章中介绍。取样的海湾可以被视为一组代表性的类型，至少对鱼类来说，它们的大小差别明显，分为小型（小于 40 km^2），中型（40~200 km^2）和大型（大于 200 km^2）。

根据物种面积关系理论，我们预计，随着海湾面积的增加，更多的鱼类物种将被捕获。事实上，当检查每个海湾类型海岸线等效长度时，在一组面积较小的海湾中捕获的物种数多于较大面积的海湾组（Neigel，2003）。似乎沿着新斯科舍省的大西洋沿岸，小海湾提供了重要的栖息地，许多幼体鱼类在这里集群。这表明，为了最大限度地保护沿海鱼类，将海洋保护区定位在一组小海湾将比保护较小数量的大海湾更有利。这当然是一个适当的策略，因为更大的海湾也可能受人类活动（例如码头、航运、水产养殖生产、娱乐活动等）影响更大。但应该保护多少个小海湾？我们赋予物种-积累曲线一定的自由度，做法如下。

构建幼鱼样品的物种-积累曲线，并利用 Chao Ⅰ方程（Chao，1984）估计了该地区幼鱼鱼类总种类数。Chao Ⅰ被选为最合适的数据评估工具，因为它非常适合于评估含有大量稀有物种的数据（Colwell and Coddington，1994）。

$$\text{Chao I} = S_{obs} + (a^2/2b)$$

式中：S_{obs}代表采样实际观察到的物种数量；a 单个个体代表的物种数量（孤种）(singleton)；b 两个个体代表的物种数量（双生种）(doubleton)。

从该地区的海湾估计的物种总数来看，需要通过采样获取区域内“全部”幼鱼种类的海岸线长度（而不是海湾面积）现在可以根据修改的普雷斯顿（Preston，1962）方程计算：

$$S = cL^z$$

式中：L 为海岸线长度；S 是物种的数量；c 和 z 分别是捕获物种数量线性回归的 y 截距和斜率。

对于大型海湾，平均海岸线长度为 1.5~1.7 km 理论上就可以包括了在该面积组的海湾内能够发现的所有物种；而小型海湾需要 3.4~6 km 的受保护的海岸线。虽然小海湾需要更长的海岸线，但其受保护的海岸线（包括小型海湾中的 26~35 种，大型海湾只有 14~17 种）将包含更多的鱼类物种。

进一步处理并做出某些假设，现在可以计算所有的海湾数量，以便为所有的鱼类(和所有栖息地）提供保护，不论这些鱼类是否包含在采样栖息地的类型中。

根据 Preston（1962）的方程式，确定了保护海域内幼鱼总体物种丰富度所需的海岸线总长度（如上)。然而，这个计算值只是基于可以用海滩围网（即在鹅卵石/砾石到砂/泥底质）取样的那些基底数据计算的。由于岩石岬角和泥滩这两种特殊海底类型采样困难，因此没有检查这两种海底类型的栖息地。根据对围网采集样品海域海岸线总长度的估计，以及这种海岸线所涵盖的每个海湾的比例，再根据保护所有幼鱼种类所需要的预测海岸线长度可以推算出普通海湾的全部海岸线长度，包括其中的岩石和泥滩的栖息地。涵盖了整个受保护海岸线中的所有栖息地类型后，那么生活在没有采样栖息地的所有物种也将得到保护。

受保护海湾的适宜数量是根据新斯科舍省大西洋沿岸可以用围网采样的小海湾数目和这些小海湾的海岸线长度确定的。将这一比例与包括了所有估计物种所需的预测海岸线长度进行比较时，就可确定保护所需的平均海湾数量。

对于东海岸和 Yarmouth 海域的每组小海湾，这项工作是分别进行的，需要保护海湾的平均数量按照下列公式确定：

$$\text{No. Small Bays}_{TC} = \frac{\text{No. Small Bays}_{NS} \times \text{Shoreline length}_{TC}}{\text{Shoreline length}_{SS}}$$

式中：No. Small Bays_{NS}代表新斯科舍省研究海域小海湾数目；Shoreline length_{SS}代表具有能够用海滩围网采样底质的海岸线长度；No. Small Bays_{TC}代表应保护的小海湾平均数目；Shoreline length_{TC}代表按照 Preston 方程（1962）计算的应保护海岸线长度。

然后确定了达到 3.4~6 km 的海岸线长度所需的新斯科舍小海湾的平均数目。该计算所用资料包括沿新斯科舍省大西洋沿岸发现的小海湾数量数据，能用海滩围网取样的小海湾海岸线总长度，以及所需的总预测海岸线长度（即 3.4~6 km)。数据来自第 11

章所述的研究。根据这些计算，对于新斯科舍省大西洋海岸周围的两组小海湾（小于40 km^2），为了达到这些海岸线的长度，需要设置一组面积为0.3~0.5 km^2的海湾，还需要设置一组0.98~1.7 km^2的海湾。

因此，以这种方式设计的研究可以估计保护所需的海岸线总长度以及保护海湾的比例或数量。小海湾的这些比例是基于海岸线长度的估计，其仅包括可以用海滩围网采样的那些底物类型。显然，在这些海湾中存在许多其他基底类型，可能会分布着一些与这些其他基底类型相关联的特有沿岸鱼类。然而，如果我们假设所有的基底类型在海湾内都是随机分布（对于一组代表性海湾的合理假设），那么根据这一策略，应该对海湾内采样和未采样的基底及其关联鱼类都提供保护才能保护整个海湾。

这不仅应该涵盖幼鱼群落，而且还可以延伸保护海岸线潮下带的其他代表性群落（例如大型植物、海草、盐沼等）。

参考文献

Chao A., 1984. Nonparametric estimation of the number of classes in a population, *Scandinavian Journal of Statistics*, 11: 265-270.

Colwell R. K. and J. A. Coddington, 1994. Estimating terrestrial biodiversity through extrapolations, *Philosophical Transactions of the Royal Society B: Biological Sciences*, 345: 101-118.

Neigel J. E., 2003. Species-area relationships and marine conservation, *Ecological Applications*, 13: S138-S145.

Preston F. W., 1962. The canonical distribution of commoness and rarity: Part 1, *Ecology*, 43: 185-215.

14.2.8 渔业栖息地/群体/产卵场/群体补充海域的大小

这包括可持续管理自然海洋资源，特别是渔业和渔业捕捞/鱼类产卵场。要确定该种海区的适当规模，似乎可以采用下列9个潜在战略：①区域内栖息地适宜性指数（HSI）；②传统群体可持续性科研成果；③传统的生态知识（TEK）；④产卵场科学知识；⑤目标物种最小可持续种群的大小和固有分布范围；⑥预防过度开发的模式；⑦目标物种的群体补充关系；⑧物种-面积曲线（*S-A*）；⑨非海洋保护区的大小。

14.2.8.1 区域内栖息地适宜性指数（HSI）

根据一些适当环境特征和栖息地特征的组合，栖息地适宜性指数（HSI）可以映射到一个地区的一个或多个物种。然后可以辨识给定物种的“最佳”栖息地，包括其小规模地形异质性。此外，几种物种的栖息地特征的最佳组合可以“叠加”以产生复合HSI地图。这样的地图（Brown et al., 1997）可以自动产生设定的保留区域、产卵区域、群体补充区域、渔场等海域的边界和大小。

栖息地适宜性分析以及栖息地与具体生命史中各个阶段的匹配，对于有效规划和管理海洋保护区而言至关重要，特别是对于旨在提高商业开采物种种群大小的海洋保护区（Fernandez and Castilla, 2000）。即使是适当类型基底的小面积区域也可以增加对商业重要物种幼鱼的存活和群体补充，例如沙丘和大石块海底形成的组合作为石蟹 *Homalaspis plana* 的庇护栖息地（Fernandez and Castilla，2000），用圆石块作红海胆 *Strongylocentrotus franciscanus* 幼体栖息地（Rogers-Bennet 等，1995）。

14.2.8.2 传统群体可持续性科研成果

单个鱼类群体的管理和保护研究历史悠久，研究的内容也非常详细，但总起来说都不太成功。成功的资源管理涉及物种生活史中各个阶段的知识，包括：产卵场的位置和大小、幼体漂移扩散和补充模式、成体洄游路线、产卵群体生物量估计、最小可持续种群数量估计等。保护产卵场和幼体索饵场再次成为重要的管理手段。

最近研究渔业保留区规模的专家强调，应该保留而不开发的栖息地比例比单个海洋保护区的绝对大小更重要（NRC，2001；及其中的参考文献）。目前一致认为，如果保护区是专为渔业提升和可持续性而设定，那么保留现有渔场的 20%～50%不去开发会将渔业崩溃的风险降至最低限度，并实现渔业持续发展的长期最大捕捞限额。这种观点是基于建模研究和实证观察的结合，但估计数据存在相当大的不确定性，而保留海域的比例可能是物种需求的函数。国家研究委员会（NRC）小组建议，考虑到待保护区域的总面积、待保护栖息地比例估算和待保护的每一栖息地类型副本数的确定具有相当随意性等情况，指定用于渔业养护的海洋保留区的规模将在 25～225 平方海里。

14.2.8.3 传统的生态知识（TEK）

传统生态知识（TEK）对自然资源管理的重要性现在被科学家、社会学家和经济学家广泛认同。传统生态知识被定义为“由于人类团体多年对一个地区开发利用和占领而对其环境获得的数据和认识的总和”（Neis，1995）。显然，当地渔民对鱼类及其环境和两者之间的相互作用关系总是非常了解（Neis et al.，1996）。

现在有几个来自热带和亚热带海域的例子，那里珊瑚礁渔业已经根据它们的传统生态知识得到了有效管理（Warner，1997）。在菲律宾，与当地渔业团体合作，根据传统生态知识已经成功地建立了珊瑚礁保护区（Walters and Butler，1995）。在每个案例中，建立保护区后鱼类丰富度增加，这更激励人们进行新的保护区建设。这种管理可能只是基于“下院法律（law of the commons）（地方性法规）”，或者可能受当地社区和/或监管当局调停。最初由当地土著人掌握的有效管理和权威，随后被监管机构所取代，现在往往被转交给当地的渔民团体。保护区的位置、大小和边界以及捕捞配额可能变化很大，这取决于资源渔业和栖息地的生物学特征。可能涉及保护区域、渔具类型、尺寸和季节限制等。

14.2.8.4 产卵场科学知识

产卵场知识通常被包含在科学生态知识（SEK）或传统生态知识中或两者兼有。然而，Haedrich 等（1995）在讨论海洋保护区规模时已经明确论述了产卵场知识。类似于澳大利亚大堡礁（Ottesen and Kenchington，1995）使用的保护纲要，他们提出了在纽芬兰大浅滩使用的一个方案。在一个区域的 B 类海域内，可以按季节进行捕鱼。而在这些区域内，根本不允许在更小型 A 类海域内进行捕鱼，这些 A 类海域对应于产卵海域。这样不仅可以保护产卵群体，还可以消除因渔具造成的栖息地破坏。这些海域的规模和边界只能通过科学调查并结合传统生态知识来确定。将这些原则用于温带水域的主要渔业，受保护区域的面积将在 7 个数量级内变动（Haedrich et al.，1995）。A 类海域可能只有 2 km^2，B 类海域面积可达 104 km^2，这取决于栖息地特征、异质性和待保护的鱼类集合。

14.2.8.5 目标物种最小可持续种群（MVP）的大小和固有分布范围

对大型陆生动物中的最小可持续种群（MVP）已经进行了广泛的分析。尽管对于中上层鱼类、底层鱼类和珊瑚礁鱼类种群也进行了这种分析并积累了相当丰富的经验，但这一概念似乎并没有广泛应用于海洋保护区规划。其中一个主要原因是，种群大小并不是决定种群生存能力的唯一（或甚至是最重要的）因素（第 10 章）。应该保护的栖息地面积到底多大的问题在一定程度上取决于如何估算最小可生存种群的数量；如果是使用模型估算，那么该模型可以在空间背景下使用以确定栖息地面积的需求。

栖息地影响种群的大小，有关栖息地更普遍性的问题是栖息地质量和空间分布，以及最优栖息地每单位面积物种的预期密度（其承载能力）。这两者都是每个物种和每个海洋景观环境所特有的，所以非常难以进行一般性概括，这种方法将导致我们回到"基本鱼类栖息地"分析或栖息地适宜性指数（HIS）分析。无论如何，这样一种方法在指定保护某个单一物种的特殊地点时是非常有价值的，如果这个特殊地点栖息地发生碎片化，还需要用集合种群建模方法进行风险分析。

Kramer 和 Chapman（1999）研究了一种鱼类的固有分布范围是否可以用作确定海洋保护区大小的指南，并探讨了其可能性。已知许多鱼类，特别是珊瑚鱼具有明确的固有分布范围，这种固有分布范围的大小会随身体长大而增加。对于温带和热带水域的珊瑚礁鱼类，5~7 km^2 甚至小到 0.72 km^2 的保护区就可以有效增加种群的平均大小和丰富度（Dugan and Davis，1993）。然而，虽然小的保护区也可能是有效的，但是在保护区的大小与增加效应（鱼体的大小或生物量的增加）方面似乎并没有任何明确的相关关系（Dugan and Davis，1993）。

最小可持续种群（MVP）的概念必须与幼体扩散特征和集合种群理论知识联系起来。虽然用于评估最小可持续种群和给定物种海洋保护区的大小所需的参数似乎很清楚，但相关理论尚未充分发展，这种理论可以被认为是物种保护的一般方法。在近期看来，这种海洋保护方式似乎很大程度上是经验性和实验性的，并且需要对现有海洋保护区的执行情况进行持续评估（Carr and Reed，1992）。

14.2.8.6 预防过度开发的模式

一种可能更有潜力、更符合预防性原则的做法是尝试界定保留区域的大小，以防止由于过度开发造成群体崩溃。预防过度开发的渔业保留区概念是世界各地手工渔业推行的古老概念。现代则由贝尔顿和霍尔特首先提出（Beverton and Holt，1957），最大可持续产量管理规则的实行获得广泛赞同。

渔业保留区正越来越多地被视为替代管理方案，但是由于渔业界本身的抵制，大多数研究都是作为数学模拟进行的（NRC，2001）。这种模式的一个例子是 Guenette 等（2000）在纽芬兰东海岸海域对大西洋鳕种群进行的研究。该研究表明，大西洋鳕渔场 20%的保留区面积加上捕捞能力的降低，不仅成功地防止了群体崩溃，而且还有助于重建群体。

对于每个目标物种和渔业类型，这些建模工作显然是必需的，与其他混合类型的海洋保护区规划相结合就可以成为渔业养护和与之相结合的生物多样性保护的强大工具。虽然可以计算这种保留区的大小，并且可以从已知的鱼类分布模式和/或栖息地特征确定其边界，但更为复杂的是，确定这种保留区的位置并确保它们与其他系列保护区域有适当连接，从而提高鱼类生命史所有阶段的生存率（Dayton et al.，2000）。即使对于运动能力很高的鱼类，模型研究也表明，在海洋保留区内受保护的鱼类群体对捕捞的恢复力比没有保留区更强（Guenette and Pitcher，1999）。

14.2.8.7　目标物种的群体补充关系

McGarvey 和 Willison（1995）根据最小可生存种群（MVP）概念对缅因湾生长的扇贝进行了一个有趣的应用研究，随后又分析了所需的海洋保护区大小。为沿 1977 Hague 线（乔治浅滩加拿大和美国部分的分割线）设定的海洋保护区提出了两项职能。首先，这样一个海洋保护区可以区分渔业纠纷；其次，是为扇贝群体补充提供一个保护区。使用一个包含了自然扇贝种群的年龄结构和特定年龄群体繁殖力及死亡率的简单群体补充模型，作者计算出扇贝每年的补充量为保护区大小的函数。根据这些计算，他们得出结论，沿 Hague 线设置的约 10 km 宽、40 km 长（即约 400 km^2）的海洋保护区可显著提高乔治浅滩扇贝渔业的产量（目前每年价值约 1 亿美元）。就各种规模的海洋保护区成本-效益比率而言，在不同海域结合商业捕捞群体进行这种计算是有启发意义的。

根据群体-补充计算设定的海洋保护区的大小自然会有所不同，但对于一组生态类似的物种，保护区的大小可能会集中在同样数量级。Auster 和 Malatesta（1995）研究了与 NER（non-extractive reserve，无开发利用保留区）大小相关的存活率的一般形式及提高收获种群的潜在效果。表现为哪种存活模式（图 14.3 中的Ⅰ～Ⅲ型）将取决于物种的活动性和补充特征。Ⅰ型模式代表活动性高的物种，而Ⅲ型模式代表相对固着生活的物种。不幸的是，能有效提高捕捞种群数量以量化 NER 实际大小所需的数值模型和现场实验尚未得到实施。

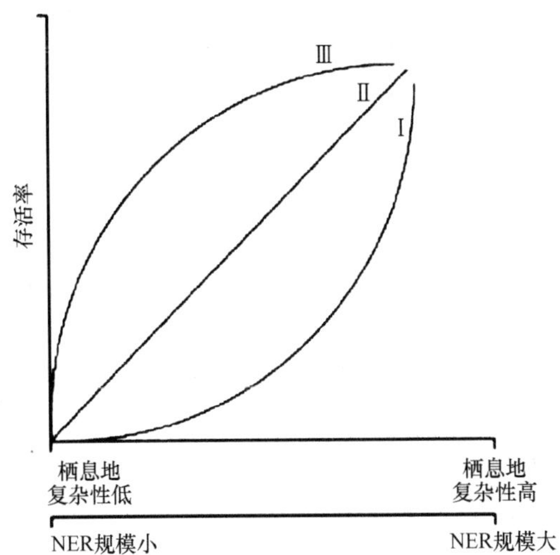

图 14.3　所需的海洋保护区大小将会有所不同，但对于一组生态类似的物种，保护区的大小可能会集中在同一数量级，这取决于与 NER 大小有关的一般存活形式

注：表现为哪种存活模式（Ⅰ～Ⅲ类）取决于物种的活动性和补充特征；Ⅰ型模式代表活动性高的物种，而Ⅲ型模式代表相对固着生活的物种；NER：无开发利用保留区（non-extractive reserve）

资料来源：根据 Auster 和 Malatesta（1995）修订

Planes 等（2000）已经解决了为显著提升补充过程应该设置多大的海洋保护区这一普遍问题。其研究结果表明，这个问题不仅仅是海洋保护区的大小这一个问题，而且涉及位置、栖息地类型、物理海洋学结构、影响补充的生活史过程等知识（图 17.3）。Planes 等（2000）指出，尽管这个问题在海洋保护中处于中心地位，但实际上目前没有实际证据来评估其一般模式要素的相对重要性。Lindholm 等（2001）进行了相同的研究，他们表明鱼类迁移率和定居密度对于预测海洋保护区的大小对存活的影响至关重要。

14.2.8.8　物种-面积曲线（*S-A*）

前面在代表性保护区部分已经讨论了物种-面积曲线和物种-积累曲线（主要强调鱼类）。

14.2.8.9　总结

显然，我们可以用几种方法来估计用于渔业养护的海洋保护区的大小，但根据保护目标，有效海洋保护区的规模可能会有很大的不同。理想情况下，对渔业养护目的海洋保护区规模的若干独立估计将导致对同一设定目标的海洋保护区有效规模的近似估计。Pauly 等（2000）和其同事已经开发了各种生态系统模型，以预测各种规模的渔业保留区的影响，帮助确定海洋保护区规模，以进行有效的渔业保护。我们认为以下可能是可行的方法组合，值得进一步研究。

为了保护非洄游鱼类（如珊瑚礁鱼类），根据其固有分布范围和最小可生存种群估计的区域面积可能足以确定局部或区域性海洋保护区的最小规模。这些估计可以与栖息地适宜性分析和应保护栖息地比例相比较（根据建模研究），也可与基于非洄游性鱼类群落 *S-A* 曲线得出的待保护栖息地规模估计进行比较。尽管小型海洋保护区的保护效果不可能扩展到群体或集合种群，但小规模保护区对局部保护可能也是有用的。如果海洋保护区由非保护区彼此隔离，则可能会对群体的遗传一致性产生影响（第 10 章）。如果没有将一组海洋保护区设置成为有效的海洋保护区网络，或者保护的栖息地面积达不到全部可保护面积的 20%~50%，则可能需要对集合种群结构和基因流进行一些分析。

对于区域性洄游种群（例如商业渔业的主要温带水域），需要了解它们的产卵场、索饵场以及这些区域的大小。这些研究可以再次与旨在估计应保护总栖息地的比例进行的建模研究结果进行比较。此外，对于这些鱼类，应当根据相应鱼类群落物种集合的 *S-A* 曲线知识，估计待保护栖息地的大小。现有证据表明，一些排除捕捞作业的大型海洋保护区（覆盖物种整个分布范围的 20%）组合，并配合实行捕捞配额限制，是新兴可行的渔业保护实践。指定的渔业保留区（海洋保护区）主要是为了保护产卵活动和群体补充区域而设置。支持这种组合策略的大部分现有证据来自最近的建模研究，而最近在温带海域保护区域内的鱼类群落恢复方面，这种方法可能还没有得到实证证据的有力支持（Fisher and Frank，2002）。

对于洄游路线长远的洄游性物种（即利用整个海洋盆地的重要部分，如金枪鱼和海洋哺乳动物），可能需要根据季节性活动建立和管理非常大的中上层水体栖息环境保护区。

应该认识到，对渔业养护海洋保护区适当规模预测至关重要的许多问题尚未得到充分的研究。尽管本节已将海洋保护区视为鱼类养护手段进行了讨论，但实际上，大多数海洋保护区将有望执行一系列功能，包括渔业保护和生物多样性养护。

14.2.9　具有人类学/考古学/社会学价值的海洋保护区的大小

这类保护区将包括遇难沉船和沉没的城镇或城市（例如，西印度群岛牙买加皇家港口）。要直接保存区域的大小主要由人工制品的分布特性和物理地形限制所决定。在沉没城镇的情况下，可能整个沉没区域都不可直接看到，但根据历史记录或考古记录应该可以确定一个大致范围以备描述。除此之外，主要问题在于缓冲区的范围应该多大，要求缓冲带是有多方面的原因，其中包括导航定位不明确、来自周边地区的污染、防止未经批准的游客进入等。

一个非常小的保护区（直径 1 n mile）的案例是位于北卡罗来纳州哈特拉斯角近海的“监视者”号国家海洋保护区，旨在保护南北战争的铁甲舰——美国蒸汽机船“监视者”号（http：//monitor. noaa. gov/）。

14.2.10　具有景观价值（与陆地相关）的海洋保护区的大小

这个保护区类别包括当地的“风景区”和娱乐区（一般与陆地相关），由于某种原因可能具有特征性或可能不具有特征性。如果可以表明它们是独特的（换句话说，它们表现出地球物理异常/拥有诸如海洋哺乳动物或鸟类聚居地的物种），那么它们属于这些类别（见上文）。如果不是这样，那么受保护区域的范围主要取决于美学特征和当地土地利用模式。许多这样的地区是由当地自然历史团体指定或要求设定的。然而，被指定为海洋保护区的论据可能不是生态或环境方面的明显特征，它可能建立在保护产权的基础上。这些海洋保护区的范围无法客观设定，只能按照当地利益集团的期望去设定。

不幸的是，由于人们的利益和使用率增加，这些地区的整体生态效应可能是负面的，而不是人们期望的那样正面的生态效应。有关陆地保护的许多文献研究了人类对保护区的影响效应。这是新近海洋保护研究中一个新兴领域，人类现正在积累人类潜水对底栖生物群落（主要是珊瑚礁和海带床）影响的经验（Schaeffer et al.，1999；Rouphael and Inglis，2001）。有证据表明，潜水员活动的影响可以控制在一个管理良好的海洋公园内。

14.2.11　具有多种价值的海洋保护区组合

第 16 章将讨论海洋保护区进行成套整合过程，第 17 章将讨论海洋保护区网络。

14.3　结论和管理启示

单个海洋保护区设立目的、规模和边界如何确定等诸方面可能有很大差异。建立海洋保护区的主要目的通常是其驱动力，可是这在生态学方面也并没有得到很好地解释。本章涵盖了最重要的海洋保护区类型，并提出了如何根据生态和环境特征估计并论证其大小和边界。海洋保留区显然是有益的，其收益是随着保留区规模的加大而直接增加（Halpern，2003）。但是，许多警示性意见也值得关注。

并非这里推荐的所有方法都可以直接适用于所有生态区域。例如，从热带到两极地区的不同海域，设立海洋保护区对“生态系统”及产生的影响可能不同。Laurel 和 Bradbury（2006）提出，海洋鱼类种群的扩散和基因流会随纬度增加而增加。例如，纬度在 40°和 45°之间的北温带鱼类比赤道地区的鱼类，具有大约其 3 倍的扩散潜力（如浮游幼体持续时间）和遗传同质性。据估计，在赤道两侧纬度每增加 1°，鱼类扩散能力提高 8%。因此，他们认为，热带海域海洋保护区的大小不应当作为其他地区的直接数量模板，而在较高纬度地区，海洋保护区应以更大的规模实施。与该研究结果一致，Gerber 等（2003）在单队列建模的基础上得出结论，海洋保留区对物种提供的益处较少，但将为成体鱼类提供更高的迁移率。

保护保留区的规模、物种-面积关系的意义，特别是保护区“单一大对许多小”（SLOSS辩论）的相对利弊在生态文献中一直众说纷纭。现在这个辩论似乎已经到了圆满的一步，物种-面积关系的价值再次被认定是一种规划工具（Neigel，2003），但是由于要求多地点及其联通性，SLOSS问题已经成为海洋环境的基础（第16章和第17章）。

上文所提出的各种方法，作为对海洋保护区规模的潜在估计，都有其伴随的偏见。分析目标群落的区域结构是至关重要的，以便确定种类集合的组分。在不同类群中代表所有物种所需的面积不同，整个群落所需要的面积要大于单个物种集合所需面积，如前面通过物种-积累关系估计的那样，整个鱼类和海底底栖生物群落所需面积大于其组分组合所需面积。

物种-累积曲线本身就是一个相当人为的设计，用来估计潜在保护区的大小。物种-面积关系估计最大鱼类种类数量面积（大约10 000 km^2）和物种-积累关系估计所有鱼类物种面积（56.3 km^2）之间的差异清楚地显示了这一点。物种-积累曲线是来自栖息地内独立样本数据的复合物，而物种-面积曲线代表了给定栖息地类型的整个面积。从物种-积累曲线外推，好像这些复合样品是连续的，这种外推并不合适。然而，物种-积累曲线确实在同一栖息地的区域间、分类序列和物种集合之间对物种丰富度产生了有价值的比较估计，因此可以用于设立保护区并确定其大小。

对于代表性保护区，有必要定义海洋保护区的数量和集合，并定义它们之间的空间关系（连通性），同时定义每个海洋保护区的大小。虽然每个海洋保护区的大小可能独立于保护区集合中的其他大小，但它的位置不是独立的。因此，本章力图为海洋保护区定义“最小可行规模”，而不是首选规模。首选规模可能更大，应在区域性海洋保护区集合的范围内确定，包括每个类型的重复数量。

对于特色保护区，这些海洋保护区的数量和集合应直接来自生态和环境分析。它们之间的连接可以被定义也可以不被定义。为了管理的目的，一个地区的许多海洋保护区可能是一些复合类型，包括两个（或几个）特色性和代表性保护区特征。

总而言之，海洋保护并不会因确定了个别海洋保护区的规模或地点而结束。海洋环境是连续并相互连接的，任何单个海洋保护区，无论其大小，只能具有有限和局部的价值。单个海洋保护区的“生态完整性”并不存在。现在人们普遍认识到，为了海洋保护的有效性，海洋保留区必须成为集合区，或从功能上更应该作为海洋保护区网络。我们的总体战略需要确定海洋保护区网络和应该受保护的整个海洋环境（换句话说，应由海洋保护区占据的一个区域的比例），而不是简单地界定个别海洋保护区的规模。这些课题将在以下章节中讨论。

参考文献

Allison, G. W., Gaines, S. D., Lubchenco, J., Possingham, H. P. (2003) ‘Ensuring persistence of marine reserves: Catastrophes require adopting an insurance factor’, *Ecological Applications*, vol 13, pp8-24

Anaya, G., Arizpe, O., Figueroa, A. L., Niembro, E., Robles, A. and Zavala, A. (1998) 'Working Towards the Conservation and Sustainable Use of the Islands of the Gulf of California, Mexico: The importance of managing insular environments to marine and coastal biodiversity conservation', in W. P. Munro and J. H. Willison (eds) *Linking Protected Areas with Working Landscapes Conserving Biodiversity*, Science and Management of Protected Areas Association, Acadia University, Wolfville, Nova Scotia

Anderson, D. W. and Keith, J. O. (1980) 'The human influence on seabird (*Pelicanus occidentalis californicus* and *Larus heermanni*) nesting success: Conservation implications', *Biological Conservation*, vol 18, pp65-80

Angel, M. V. (1994) 'Spatial Distribution of Marine Organisms: Patterns and processes', in P. J. Edwards, R. M. May and N. R. Webb (eds) *Large-Scale Ecology and Conservation Biology*, Blackwell Science, London

Auster, P. J. and Malatesta, R. J. (1995) 'Assessing the Role of Non-extractive Reserves for Enhancing Harvested Populations in Temperate and Boreal Systems', in N. L. Shackell and J. H. M. Willison (eds) *Marine Protected Areas and Sustainable Fisheries*, Science and Management of Protected Areas Association, Acadia University, Wolfville, Nova Scotia

Beckmann, L. (1995) 'Marine Conservation in the Canadian Arctic', in N. L. Shackell and J. H. M. Willison (eds) *Marine Protected Areas and Sustainable Fisheries*, Science and Management of Protected Areas Association, Acadia University, Wolfville, Nova Scotia

Beverton, R. J. H. and Holt, S. J. (1957) 'On the dynamics of exploited fish populations', *Fishery Investigations (London)*, vol 2, no 19

Brown, C. W. and Winn, H. E. (1989) 'Relationships between the distribution patterns of right whales (*Eubalena gracilis*) and satellite-derived sea surface thermal structure in the great south channel', *Continental Shelf Research*, vol 9, pp247-260

Brown, R. G. B. and Gaskin, D. E. G. (1988) 'The pelagic ecology of the gray and red-necked phalaropes *Phalaropus fulicarius* and *Phalaropus lobatus* in the Bay of Fundy, eastern Canada', *Ibis*, vol 130, pp234-250

Brown, M. W., Allen, J. M. and Kraus, S. D. (1995), The Designation of Seasonal Right Whale Conservation Areas in the Waters of Atlantic Canada', in N. L. Shackell and J. H. M. Willison (eds) *Marine Protected Areas and Sustainable Fisheries*, Science and Management of Protected Areas Association, Acadia University, Wolfville, Nova Scotia

Brown, S. K., Buja, K. J., Jury, S. H, Monaco, M. E. and Banner, A. (1997) 'Habitat suitability index models for Casco and Sheepscot bays, Maine', National Oceanic and Atmospheric Administration, Falmouth, ME

Bryan, T. L. and Metaxas, A. (2006) 'Distribution of deep-water corals along the North American continental margins: Relationships with environmental factors', *Deep-Sea Research*, vol 53, pp1865-1879

Bryan, T. L. and Metaxas, A. (2007) 'Predicting suitable habitat for deep-water gorgonian corals on the Atlantic and Pacific Continental Margins of North America', *Marine Ecology Progress Series*, vol 330, pp113-126

Carr, M. H. and Reed, D. C. (1992) 'Conceptual issues relevant to marine harvest refuges: Examples from temperate reef fishes', *Canadian Journal of Fisheries and Aquatic Sciences*, vol 50, pp2019-2028

Carter, R. W. G. (1988) *Coastal Environments. An Introduction to the Physical, Ecological and Cultural Systems of Coastlines*, Academic Press, London

Caswell, H. and Cohen, J. E. (1991) 'Disturbance, interspecific interaction and diversity in metapopulations', *Biological Journal of the Linnean Society*, vol 42, pp193-218

Chao, A. (1984) 'Nonparametric estimation of the number of classes in a population', *Scandinavian Journal of Statistics*, vol 11, pp265-270

Colwell, R. K. and Coddington, J. A. (1994) 'Estimating terrestrial biodiversity through extrapolation', *Philosophical Transactions of the Royal Society (Series B)*, vol 345, pp101-118

Connell, J. H. (1978) 'Diversity in tropical rainforests and coral reefs', *Science*, vol 199, pp1302-1310

Dayton, P. K., Sala, E., Tegner, M. J. and Thrush, S. (2000) 'Marine reserves: Parks, baselines and fishery enhancement', *Bulletin of Marine Science*, vol 66, pp617-634

de Forges, R., Koslov, B., and Poore, J. A. (2000) 'Diversity and endemism of the benthic fauna in the southwest Pacific', *Nature*, vol 405, pp944-947

Dugan, J. E. and Davis, G. E. (1993) 'Application of marine refugia to coastal fisheries management', *Canadian Journal of Fisheries and Aquatic Sciences*, vol 50, pp2029-2042

Etter, R. J. and Mullineaux, L. S. (2001) 'Deep Sea Communities', in M. D. Bertness, S. D. Gaines and M. E. Hay (eds) *Marine Community Ecology*, Sinauer Associates, Sunderland, MA

Fernandez, M. and Castilla, J. C. (2000) 'Recruitment of *Homalaspsi plana* in intertidal habitats of central Chile and implications for the current use of management and marine protected areas', *Marine Ecology Progress Series*, vol 208, pp157-170

Fisher, J. A. D. and Frank, K. T. (2002) 'Changes in finfish community structure associated with the implementation of a large offshore fishery closed area on the Scotian Shelf', *Marine Ecology Progress Series*, vol 240, pp249-265

Foster-Smith, R. L., Davies, J. and Sotheran, I. (2000) 'Broad scale remote survey and mapping of the sublittoral habitats and biota: Technical report of the Broadscale Mapping Project', *Scottish Natural Heritage Research, Survey and Monitoring Report No.* 167, Edinburgh Frank, K. T. and Shackell, N. L. (2001) 'Area-dependant patterns of finfish diversity in a large marine ecosystem', *Canadian Journal of Fisheries and Aquatic Sciences*, vol 58, pp1703-1707

Gage, J. D. and Tyler, P. A. (1991) *Deep Sea Biology. A Natural History of Organisms at the Deep Sea Floor*, Cambridge University Press, Cambridge

Genin, A., Paull, C. K. and Dillon, W. P. (1992) 'Anomalous abundances of deep-sea fauna on a rocky bottom exposed to strong currents', *Deep Sea Research*, vol 39, pp293-302

Gerber, L. R., Botsford, L. W., Hastings, A., Possingham, H. P., Gaines, S. D., Palumbi, S. R. and Andelman, S. (2003) 'Population models for marine reserve design: A retrospective and prospective', *Ecological Applications*, vol 13, pp47-64

Gray, J. S. (1994) 'Is deep sea species diversity really so high? Species diversity of the Norwegian continental shelf', *Marine Ecology Progress Series*, vol 112, pp205-209

Guenette, S. and Pitcher, T. J. (1999) 'An age-structured model showing the benefits of marine reserves in controlling overexploitation', *Fisheries Research*, vol 39, pp295-303

Guenette, S., Pitcher, T. J. and Walters, C. J. (2000) 'The potential of marine reserves for the management of northern cod in Newfoundland', *Bulletin of Marine Science*, vol 66, pp831-852

Haedrich, R. L., Villagarcia, M. G. and Gomes, M. C. (1995) 'Scale of Marine Protected Areas on Newfoundland' s Continental Shelf', in N. L. Shackell and J. H. M Willison (eds) *Marine Protected Areas and Sustainable Fisheries*, Science and Management of Protected Areas Association, Acadia University, Wolfville, Nova Scotia

Halpern, B. S. (2003) 'The impact of marine reserves: Do marine reserves work and does reserve size matter?', *Ecological Applications*, vol 13, pp117-137

Haney, J. C., Haury, L. R. Mullineaux, L. S. and Fey, C. L. (1995) 'Sea-bird aggregation at a deep North

Pacific seamount', *Marine Biology*, vol 123, pp1-9

Harrison, G. and Fenton, D. (1998) *The Gully Science Review*, Fisheries and Oceans Canada Maritimes Region, Halifax, Canada

Hooker, S. K., Whitehead, H. and Gowans, S. (1999) 'Marine protected area design and the spatial and temporal distribution of cetaceans in a submarine canyon', *Conservation Biology*, vol 13, pp592-602

Horn, M. H. and Allen, L. G. (1978) 'A distributional analysis of California coastal marine fishes', *Journal of Biogeography*, vol 5, pp23-42

Hyrenbach, K. D., Forney, K. A. and Dayton, P. K. (2000) 'Marine protected areas and ocean basin management', *Aquatic Conservation: Marine and Freshwater Ecosystems*, vol 10, pp437-458

IUCN (1994) 'Guidelines for protected area management categories', World Conservation Union (IUCN), Gland, Switzerland

Kramer, D. L. and Chapman, M. R. (1999) 'Implications of fish home range size and relocation for marine reserve function', *Environmental Biology of Fishes*, vol 55, pp65-79

Laurel, B. J., and Bradbury, I. R. (2006) ' "Big" concerns with high latitude marine protected areas (MPAs): Trends in connectivity and MPA size', *Canadian Journal of Fisheries and Aquatic Sciences*, vol 63, no 12, pp2603-2607

Lindholm, J. B., Auster, P. J., Ruth, M. and Kaufman, L. (2001) 'Modelling the effects of fishing and implications for the design of marine protected areas: Juvenile fish responses to variations in seafloor habitat', *Conservation Biology*, vol 15, pp424-437

MacArthur, R. H. and Wilson, E. O. (1967) *The Theory of Island Biogeography*, Princeton University Press, Princeton, NJ

Mahon, R., Brown, S. K., Zwanenburg, K. C. T., Atkinson, D. B., Burj, K. R., Caflin, L., Howell, G. D., Monaco, M. E., O' Boyle, R. N. and Sinclair, M. (1998) 'Assemblages and biogeography of demersal fishes of the east coast of North America', *Canadian Journal of Fisheries and Aquatic Sciences*, vol 55, pp1704-1738

Mallet, J., Barton, N., Gerardo, L. M., Jose, S. C., Manuel, M. M. and Eeley, H. (1990) 'Estimates of selection and gene flow from measures of cline width and linkage disequilibrium in heliconius hybrid zones', *Genetics*, vol 124, pp921-936

Mann, K. H. and Lazier, J. R. N. (1996) *Dynamics of Marine Ecosystems. Biological-Physical Interactions in the Oceans*, Blackwell Science, Cambridge, MA

Margalef, R. (1978) 'Phytoplankton communities in upwelling areas: The example of NW Africa', *Oecologia Aquatica*, vol 3, pp97-132

Margalef, R. (1997) *Our Biosphere*, *Excellence in Ecology* 10, Ecology Institute, Oldendorf, Germany

May, R. M. (1994) 'The Effects of Spatial Scale on Ecological Questions and Answers', in P. J. Edwards, R. M. May and N. R. Webb (eds) *Large-Scale Ecology and Conservation Biology*, Blackwell, Oxford

McGarvey, R. and Willison, J. H. M. (1995) 'Rationale for Marine Protected Area along the International Boundary between U.S. and Canadian Waters in the Gulf of Maine', in N. L. Shackell and J. H. M Willison (eds) *Marine Protected Areas and Sustainable Fisheries*, Science and Management of Protected Areas Association, Acadia University, Wolfville, Nova Scotia

Muscatine, L. and Weis, V. M. (1992) 'Productivity of Zooxanthellae and Biochemical Cycles', in P. G. Falkowski and A. D. Woodhead (eds) *Primary Productivity and Biogeochemical Cycles in the Sea*, Plenum Press, New York

Neigel, J. E. (2003) 'Species—area relationships and marine conservation', *Ecological Applications*, vol 13, Supplement, S138-145

Neis, B. (1995) 'Fishers' Ecological Knowledge and Marine Protected Areas', in N. L. Shackell and J. H. M. Willison (eds) *Marine Protected Areas and Sustainable Fisheries*, Science and Management of Protected Areas Association, Acadia University, Wolfville, Nova Scotia

Neis, B., Felt, L., Schneider, D. C., Haedrich, R., Hutchings, J. and Fischer, J. (1996) 'Northern cod stock assessment: What can be learned from interviewing resource users?', DFO Atlantic Fisheries, Research Document 96/45, Bedford, Nova Scotia, Canada

Norse, E. A. (1993) *Global Marine Biological Diversity. A Strategy for Building Conservation into Decision Making*, Island Press, Washington, DC

NRC (2001) *Marine Protected Areas: Tools for Sustaining Ocean Ecosystems*, National Academy Press, Washington, DC

Ottesen, P. and Kenchington, R. (1995) 'Marine Protected Areas in Australia: What is the future?', in N. L. Shackell and J. H. M. Willison (eds) *Marine Protected Areas and Sustainable Fisheries*, Science and Management of Protected Areas Association, Acadia University, Wolfville, Nova Scotia

Palumbi, S. R. (2001) 'The Ecology of Marine Protected Areas', in M. D. Bertness, S. D. Gaines and M. E. Hay (eds) *Marine Community Ecology*, Sinauer Associates, Sunderland, MA

Pauly, D., Christensen, V. and Walters, C. (2000) 'Eco-path, Ecosim, and Ecospace as tools for evaluating ecosystem impact of fisheries', *ICES Journal of Marine Science*, vol 57, pp697-706

Perry, R. and Smith, S. J. (1994) 'Identifying habitat associations of marine fishes using survey data: An application to the Northwest Atlantic', *Canadian Journal of Fisheries and Aquatic Sciences*, vol 51, pp589-602

Pingree, R. D. (1978) 'Mixing and Stabilization of Phytoplankton Distributions on the Northwest European Continental Shelf', in J. H. Steele (ed) *Spatial Patterns in Plankton Communities*, Plenum Press, New York

Planes, S., Galzin, R., Rubies, A. G., Goni, R., Harmelin, J. G., Le Direach, L., Lenfant, P. and Quetglas, A. (2000) 'Effects of marine protected areas on recruitment processes with special reference to Mediterranean littoral ecosystems', *Environnemental Conservation*, vol 27, pp126-143

Preston, F. W. (1962) 'T he canonical distribution of commoness and rarity: Part 1', *Ecology*, vol 43, pp185-215

Roberts, C. M. and Hawkins J. P. (1997) 'How small can a marine reserve be and still be effective?', *Coral Reefs*, vol 16, p150

Roff, J. C. (1983) 'The Microzooplankton of the Quoddy Region', in M. Thomas (ed) *Marine Biology of the Quoddy Region*, special publication, Natural Sciences and Engineering Research Council of Canada, Ottawa, Canada

Roff, J. C. and Evans, S. (2002) 'Frameworks for marine conservation: Non-hierarchical approaches and distinctive habitats', *Aquatic Conservation: Marine and Freshwater Ecosystems*, vol 12, no 6, pp635-648

Roff, J. C. and Taylor, M. (2000) 'A geophysical classification system for marine conservation', *Journal of Aquatic Conservation: Marine and Freshwater Ecosystems*, vol 10, pp209-223

Roff, J. C., Fanning, L. P. and Stasko, A. B. (1986) 'Distribution and association of larval crabs (*Decapoda: Brachyura*) on the Scotian Shelf', *Canadian Journal of Fisheries and Aquatic Sciences*, vol 43, pp587-599

Roff, J. C., Taylor, M. E. and Laughren, J. (2003) 'Geophysical approaches to the classification, delineation and monitoring of marine habitats and their communities', *Aquatic Conservation, Marine and Freshwater Ecosystems*, vol 13, pp77-90

Rogers-Bennett, L., Bennett, W. A., Fastenau, H. C. and Dewees, C. M. (1995) 'Spatial variation in red sea urchin reproduction and morphology: Implications for harvest refugia', *Ecological Applications*, vol 5, pp1171-1180

Rouphael, A. B. and Inglis, G. J. (2001) 'Take only photographs and leave only footprints? An experimental study of the impacts of underwater photographers on coral reef dive sites', *Biological Conservation*, vol 100, pp281-287

Sakko, A. L. (1998) 'The influence of the Benguela upwelling system on Namibia' s marine biodiversity', *Biodiversity and Conservation*, vol 7, pp419-433

Sanders, H. L. (1968) 'Marine benthic diversity: A comparative study', *American Naturalist*, vol 102, pp243-281

Schaeffer, T. N., Foster, M. S., Landau, M. E. and Walder, R. K. (1999) 'Diver disturbance in kelp forests', *California Fish and Game*, vol 85, pp170-176

Sotka, E. E. and Palumbi, S. R. (2006) 'T he use of genetic clines to estimate dispersal distances of marine larvae', *Ecology*, vol 87, pp1094-1103

Sotka, E. E., Wares, J. P., Barth, J. A., Grosberg, R. K. and Palumbi, S. R. (2004) 'Strong genetic clines and geographical variation in gene flow in the rocky intertidal barnacle *Balanus glandula*', *Molecular Ecology*, vol 13, pp2143-2156

Sousa, W. P. (2001) 'Natural Disturbance and the Dynamics of Marine Benthic Communities', in M. D. Bertness, S. D. Gaines and M. E. Hay (eds) *Marine Community Ecology*, Sinauer Associates, Sunderland, MA

Steele, J. (1996) 'Regime shifts in fisheries management', *Fisheries Research*, vol 25, pp19-23

Tunnicliffe, V. (1988) 'Biogeography and evolution of hydrothermal-vent fauna in the eastern Pacific Ocean', *Proceedings of the Royal Society: London B*, vol 233, pp347-366

Vacelet, J., Boury-Esnault, N. and Harmelin, J. G. (1994) 'Hexactinellid cave, a unique deep-sea habitat in the scuba zone', *Deep-Sea Research*, vol 41, pp965-973

Walters, C. J. (2000) 'Impacts of dispersal, ecological interactions, and fishing effort dynamics on efficacy of marine protected areas: How large should protected areas be?', *Bulletin of Marine Science*, vol 66, pp745-757

Walters, B. B. and Butler, M. (1995) 'Should We See Lobster Buoys in a Marine Park?', in N. L. Shack-ell and J. H. M. Willison (eds) *Marine Protected Areas and Sustainable Fisheries*, Science and Management of Protected Areas Association, Acadia University, Wolfville, Nova Scotia

Warner, G. (1997) 'Participatory management, popular knowledge, and community empowerment: The case of sea urchin harvesting in the Vieux-Fort area of St. Lucia', *Human Ecology*, vol 25, pp29-46

Wolff, M. (1996) 'Demersal fish assemblages along the Pacific Coast of Costa Rica: A quantitative and multivariate assessment based on the Victor Hensen Costa Rica expedition', *Revista de Biologica Tropical*, vol 44, pp187-214

Zacharias, M. A. and Roff, J. C. (2001a) 'Use of focal species in marine conservation and management: A review and critique', *Aquatic Conservation: Marine and Freshwater Ecosystems*, vol 11, pp59-76

Zacharias, M. A. and Roff, J. C. (2001b) 'Explanations of patterns of intertidal diversity at regional scales', *Journal of Biogeography*, vol 28, pp471-483

Zurbrigg, E. (1996) *Towards an Environment Canada Strategy for Coastal and Marine Protected Areas*, Canadian Wildlife Service, Environment Canada, Hull, Quebec, Canada

第15章 保护区评价

应用于海洋生物多样性的价值概念

你的真正价值完全取决于你与谁比较。

Bob Well（1966—）

15.1 引言

为了制定海洋环境可持续利用和养护管理战略，需要有意义、可靠和全面的生态信息。编制和总结研究区域所有可用的生物和生态信息的环境图，将总体生物价值分配到各个亚区，可作为未来空间规划的基线图。这种空间规划对于以下两项工作至关重要：第一是在渔业养护和生物多样性保护方面评估亚区的重要性；第二是确定保护区的优先事项，包括顺序、建设进程和管理规定。随着国家海洋保护战略过程的展开，不可能同时把需要某种形式保护的所有区域都建设成为保护区。因此，这样的问题马上就会出现：优先保护的事项是什么？首先应该做什么？这涉及这么一种概念，即按照确定的指标评估海洋环境区域。

海洋环境区域“价值”（value）的概念在世界各地受到的关注不同，对其解释也不一样。与其他海洋保护术语一样，不同的词语以不同的方式使用。例如，“优先保护区”（priority conservation areas，PCA或PAC）可以意味着需要保护（例如，作为海洋保护区）或特殊管理（例如，某些基于生态系统的管理情景下）的具有重要特征的海洋环境区域。这种优先保护区将识别海洋生物多样性的某个组成部分或组成部分组合，并承认它们需要得到特别关注。由于它们对渔业、物种多样性和焦点物种等的重要性，这些优先保护区可以基于“物种”和/或“空间”来识别。因此，优先保护区（无论是已经存在还是计划建设的）可能是相当小的和性质特定的（例如，乌龟产卵海滩筑巢）或较大且仅季节性管理的区域（例如，渔业产卵/群体补充区域）。然而，目前来说，尚没有系统承认“海洋环境的所有领域生来都是平等的”。这就需要评估这些海洋环境区域的价值。

在根特大学（University of Gent）举行的一系列国际会议上以及随后通信评议和专家复审，讨论了如何评价海洋环境“价值”这一主题。经过这些审议后，Derous等（2007a，2007b）出版了集团共识。本章内容主要依赖这些会议、信件和出版物的成果。

15.2 海洋环境价值

海洋可持续利用和保护的空间规划效益得到普遍认可（Tunesi and Diviacco，1993；Vallega，1995；Ray，1999），例如，已体现在“基于生态系统的管理”概念中。而实行和支持可持续管理实践需要有意义的生物学和生态学信息。生物评价图（BVM）（biological valuation map）（即在研究区域各亚区内显示生物多样性组成部分内在价值的地图）将为管理者和决策者提供不可或缺的信息。这些地图需要充分利用现有数据，通过汇编和总结研究区域的相关生物学和生态学信息，并将整体生物/生态价值分配到不同亚区。生物学价值评估不是保护有生态意义区域的普通战略，而是把注意力转移到具有特殊生态学或生物学意义地区的工具。这有助于在这些区域的各种活动管理中提供比通常更严重的风险意识，有助于确定优先事项。

生物学估值图主要用于陆地系统和物种（De Blust et al.，1985，1994），但为识别陆生物种和栖息地保护而制定的指标不能轻易地应用于海洋环境。陆地方法应用于海洋系统之前要求了解海洋系统和陆地系统之间差异的性质和程度（特别参阅第 2 章和第 3 章）。面对将陆地评估方法应用于海洋区域时遇到的这些难点，环境差异的重要性已经得到了越来越清晰的认识。例如，从陆地观点撰写的欧共体生境指令（92/43/EEC）在应用于更具动态特征的海洋系统时已被证明存在问题（Hiscock et al.，2003）。由于缺乏一项针对欧洲海洋环境保护的综合政策，欧盟委员会目前正在制定一项“海洋战略指令”。

海岸带规划人员和海洋资源管理者过去已经利用各种工具来评估各亚区的生物学价值。这些方法在信息内容、科学严谨性和使用的技术水平上有所不同。最简单的方法是低技术参与计划，这经常在基于群落的海洋保护区设计中使用（例如，Agardy 在 1997 年描述的马菲亚岛海洋公园计划），但是对这些优先海域的选择非常随意、投机甚至有些武断，往往导致做出难以捍卫公众利益的决定。通过这些方法选择具有最高内在生物学和生态学价值区域的机会很小（Fairweather and McNeill，1993；Ray，1999；Roberts et al.，2003a）。有人提出了一种替代性的 Delphic 判断方法，在这种方法中，通过咨询专家团意见，然后基于专家知识，以选择保护领域。该方法相对简单且易于解释，现在仍然经常采用（Roberts et al.，2003a）。然而，由于选址的紧迫性，咨询过程通常太短，决策的不确定性过高，信息输入过于笼统，通常无法提供科学的长期建议（Ray，1999）。

上述海域价值评估方法存在的缺点导致人们越来越意识到需要更客观的估值程序。其他现有方法利用诸如基于地理信息系统（GIS）的多指标评估（Villa et al.，2002）等各种工具进行空间分析来优化选址。最复杂的方法是将保护规划某些部分由高科技决策支持工具驱动。这类工具之一是 MARXAN（Possingham et al.，2000），它是一个系统保护规划软件程序，用于定位和设计保留区，以最大限度地增加指定级别代表性水平中含有的物种或群落数量。这种技术可用于选择对规定的保护目标最有贡献的亚区，同时将保护成本最小化（第 16 章）。

不否认 MARXAN 和类似数学工具的优点，但这些技术不能用于区域本身的生物学估值。生物学估值不是按照数量目标选择保护区域的过程，而是应该产生一个研究区域内各个亚区彼此比对的生物学价值的综合观点。相反，决定将一个或多个亚区纳入一个海洋保护区不能以生物学估值结果为基础，因为估值过程没有考虑到管理指标和定量保护目标。这些主题将在第 16 章讨论。

所有上述方法的共同要素是确定区分各海洋区域的指标，并指导选择过程。尽管这些努力绝大多数与海洋保护区设计相关，但是更为普遍的情况是，有理由表明这些指标在沿海地区管理和远洋管理（基于生态系统的管理）方面同样具有帮助作用。因此，有必要基于一套客观选择的生态指标并充分利用科学监测和调查数据进行区域评估，来定义不同海洋区域的价值（Mitchell，1987；Hockey and Branch，1997；Ray，1999；Connor et al.，2002；Hiscock et al.，2003）。

本章介绍了海洋生物学估值（biological valuation）的概念，用于确定哪些海洋区域从高生物多样性角度具有特殊的生态价值。内容将从现有的估值指标和估值方法展开论述，并试图将这些指标和方法整理成为一个生态上可靠、适用广泛的单一模式。我们相信，它将与其原始材料一起（Derous et al.，2007a，b），被视为进一步研究海洋生物学估值的动力。

15.3　海洋生物学价值的定义

文献中对“海洋生物学价值”有各种定义。表 15.1 总结了这些定义以及它们在当前价值评估过程中的最终用途。不同作者所指的“价值”意味着与估值过程背后的目标（例如渔业养护、可持续利用和生物多样性保护）直接相关联。关于海洋生物多样性价值的讨论几乎总是指向生物多样性的社会经济价值（也就是由海洋生态系统提供的所谓商品和服务），或指向一个地区在人类利用方面的价值，并企图将货币价值附加到一个区域的生物多样性上去（Bockstael et al.，1995；King，1995；Edwards and Abivardi，1998；Borgese，2000；Nunes and van den Bergh，2001；De Groot et al.，2002；Turpie et al.，2003）。许多方法仅仅试图强调一个区域中最重要的位置，以指定优先地点进行保护。这些优先地点通常是基于“热点”（hotspot）方法选择的，该方法用于选择具有大量罕见/特有物种或高物种丰富度的地点（Myers et al.，2000；Beger et al.，2003；Breeze，2004）。

表 15.1　选择有价值海域或应受保护海域的现有生态指标

指标	原始指标是否包含在最终指标体系？
稀有性	是，一级指标
（生物）多样性	本身不作为指标，但生物多样性所有等级水平隐含在估值策略中（参见正文和图 15.1）
自然属性	是，在修正的指标
均衡性	是，在修正的指标，或作为一级指标置于适合度和集合之下
生态系统功能发挥	是，作为一级指标置于适合度之下
再生性/瓶颈区域	是，作为一级指标置于适合度之下
密度	是，作为一级指标置于集合之下
依赖性	是，作为一级指标置于适合度和/或集合之下
生产力	是，作为一级指标置于适合度和/或集合之下
存在的特殊特征	是，置于稀有性一级指标之下
独特性	是，置于稀有性一级指标之下
不可替代性	是，置于稀有性一级指标之下
分离情况	是，置于稀有性一级指标之下

续表

指标	原始指标是否包含在最终指标体系?
栖息地类型的范围	是，置于均衡性之下，在修正的指标
生物地理分布	否，是海洋保护区选择指标，见第 16 章
代表性	否，是海洋保护区选择指标，见第 16 章
完整性	二选一：是，作为自然属性，在修改的指标 或：否，是海洋保护区选择指标，见第 16 章
脆弱性	否：是与恢复力相关的指标，没有包括在估值指标中，见正文
衰退情况	否：是与恢复力相关的指标，没有包括在估值指标中，见正文
恢复潜力	否：是与恢复力相关的指标，没有包括在估值指标中，见正文
威胁度	否：是管理指标
保护级别	否：是管理指标
国际重要性	二选一：否：是管理指标 或：是，在修改的指标，置于均衡性之下
经济利益	否，社会经济指标

本章将“海洋生物学价值（marine biological value）”定义如下：“不涉及人类利用时海洋生物多样性的内在价值”。这个定义类似于 Smith 和 Theberge（1986）有关自然区域的价值定义：“不考虑其社会利益而对生态系统质量内在价值进行的评估”。就“生态系统质量”这一概念，其后各研究者讨论了从遗传多样性到生态系统过程各个层次的生物多样性。

海洋生物学估值的目的是根据其内在的生物学价值（在连续或离散的价值尺度上，例如高、中、低价值）来描述目标研究区域内的亚区。研究区域内的亚区或亚区域可以按照一组生物评价指标彼此对比进行评分。这些亚区的大小取决于研究区域的大小、所考虑的生物多样性组成部分以及可用数据的尺度和密度，因此应根据具体情况决定。与热点方法（确定保护的优先区域）相比，这种方法的优点在于它描述了所有亚区，并不是仅仅针对最有价值的那些亚区。然后估值结果可以在海洋生物学估值图上呈现出每个亚区的内在价值。生物学估值图可以作为显示复杂生物学和生态学信息分布的基线图。

15.4　估值指标选择

文献中已经存在几种选择生物学指标和开发估值方法的建议。Derous 等（2007a）对此进行了研究，并选择了最合适的指标（表 15.1），以纳入生物学估值图系统。适当性是根据内在生物学/生态学特性、术语的冗余和同义词以及关于所有生物多样性组成部分的指标如何进行准确解释等来决定。

一些选定的指标已被列入欧洲的国际立法（例如欧共体生境-92/43/EEC 指令和鸟类-79/409/EEC 指令）（Brody，1998）。后一点非常重要，因为对海洋区域的任何可行的价值评估应与有关的国际保护或管理计划（OSPAR，1992）观念上相符合。这有助于保证大陆架和邻近水域的整个领水中保护和管理方法的一致性，特别是在管理计划重叠的地方（Laffoley et al.，2000）。

Derous 等（2007a）在综述中列出了 3 种不同类型的文献：有生态价值的海洋区域评估文章、海洋保护区选择指标相关文献和包括选择指标的国际立法文件（EC 鸟类/栖息地指令；RAMSAR 1971 公约；OSPAR，1992 和 2003 准则；环境规划署，1990 年；2000 年生物保护公约等）。

本研究仅考虑生态指标，其他指标（例如社会经济或实践指标）则没有包括在内。仔细区分评估区域固有或内在的生物学和生态学组成成分及其属性的过程，以及评估可能伴随的人类影响及其后果的不同过程是非常重要的。虽然区域的“自然”属性和人类影响可能被叠加，但不应该被混淆。例如，Sealey 和 Bustamante（1999）描述了一套指标，这些指标可间接或直接测量生物学和生态学价值，对这些指标进行评估可将研究区域分类排列成具有不同价值的亚区。然后，他们将一系列优先考虑指标应用于排名级别高的那些海域中，以确定优先保护的海域。用于确定该海域（基本上社会经济考虑）的保护需求的指标是基于人类活动引起的变化、对该地区潜在威胁的评估、保护该地区的政治和公众关切以及设置保护区的可行性。

Derous 等（2007a）的目标与 Sealey 和 Bustamante（1999）工作的第一步相同，即都是按照其固有的生物学和生态价值进行的海域排序，但确定保护状态的问题或社会经济指标没有得到解决，因为它们也包括社会和管理决策。Sealey 和 Bustamante（1999）与 Derous 等（2007a）之间的另一个区别是，前者通过专家判断（Delphic 过程）给出了不同估值指标的赋值，后者则试图尽可能客观地建立一个估值概念。

估计概念部分基于为识别具有生态和生物学重要性的海域（ecologically and biologically significant areas，EBSA）（Department of Fisheries and Oceans，DFO，2004）制定的工作框架，采用了下面 5 个指标提出的：独特性、聚集性、适合性、恢复力和自然性。前 3 个指标被认为是选择具有生态和生物学重要性的海域的一级（主要）指标，而另外两个指标被用作修正指标，以便这些指标评估分数较高时提升该海域的价值分级。

Derous 等（2007a）认为，不应将“恢复力”纳入海洋生物学估值指标体系中去（恢复力是指生态系统或其部分/组成部分被扰动后没有发生重大持续性变化而能够恢复的程度。Orians，1974）。其理由是恢复力与（未来）人类影响的评估密切相关；它不是一个确定海域目前和固有的生物学价值的适当指标，尽管在制定实际的管理战略时它也是值得考虑的一个重要（也许至关重要）指标。

当然可以说，恢复力也是某种生物学实体能够抵抗自然压力或从中恢复的内在属性（例如，红树林群落面对气候变化压力的恢复力），但由于使用了“恢复力”这一术语来定义对自然和人为压力的抵抗，因此被排除在生态估价指标之外。相比之下，“自然性”指标得到保留，因为它是海域现在状况相对于原始状态程度的指数。因此，估值概念仍然涵盖了由于面对自然压力但仍具有高度恢复力的海域。指标“独特性”被更名为“稀有性”，因为“稀有性”在文献中应用更频繁，并且它也包含那些独特特征。

然后将表 15.1 中列出的指标与选定的估值指标（稀有性、聚集性、适合性和自然性）相互参照，以了解是否需要纳入附加指标，以便为海洋环境制定综合评估概念。评估指标中有相当多的冗余信息，然而，文献中提到的大多数术语和指标是作为同义词以便对所选择的评估指标进行解释。在估值体系中还增加了“均衡性”（proportional importance）这样一个额外的指标作为修正指标，以使该估值体系更全面。

从基因到生态系统所有组织层次的“生物多样性”概念已被分解为生物多样性结构和过程，尽管它不是作为一个指标（见下文），但也必须纳入估值体系中。选定的指标必须按照生物多样性体系进行解释。表 15.2 概述了所选择的估值指标，并给出了每个评估指标的简要定义，图 15.1 概述了提出的生物学估值概念。下文将进一步详细定义和讨论每个指标。总之，为建立海洋生物学估值图（BVMs）所选择的估值指标包括：稀有性、聚集性、适合性（作为主要指标）以及自然性和均衡性（作为修正指标）。

表 15.2　最终评估指标体系及其定义

估值指标	定义	资料来源
一级标准		
稀有性	表征区域唯一、罕见或独特的程度（地形/生境/群落/物种/生态功能/地貌和/或水文特征）	DFO（2004）；Rachor and Günther（2001）；自 Salm and Clark（1984）修改和补充；Salm and Price（1995）；Kelleher（1999）；UNESCO（1972）
聚集性	一个物种的大多数个体在一年中的某个时候聚集在一个地区的程度，或大多数个体在其生活史中用该地区作为某些重要职能场所的程度，或一些结构性质或生态过程在该处高密度发生的程度	DFO（2004）
适合性	区域中所进行的活动对存在的种群或物种的适应性（=增加的存活或繁殖）的重要贡献程度	DFO（2004）
修正标准		
自然性	区域中原始并且由本地物种表征的程度（即没有人类活动的干扰和不存在引入或养殖物种）	DFO（2004）；DEFRA（2002）；Connor et al.（2002）；JNCC（2004）；Laffoley et al.（2000）
均衡性	全球重要性：一个全球分布的特征栖息地/海景在该亚区范围内所占的比例，或一个全球性分布的物种种群在研究海域某一亚区内所占的比例 区域重要性：区域内（例如西北大西洋区域）广泛分布的特征栖息地/海景在亚区范围内所占的比例，或区域内广泛分布的物种种群在研究海域的某个亚区内所占的比例 国内重要性：在国内广泛分布的特征栖息地/海景在领海内某一亚区范围内所占的比例，或国内广泛分布的物种种群在领海内某一亚区内所占的比例	Connor et al.（2002）；Lieberknecht et al.（2004a，b）；BWZee 研讨会的定义（2004）

资料来源：Derous et al.，2007a。

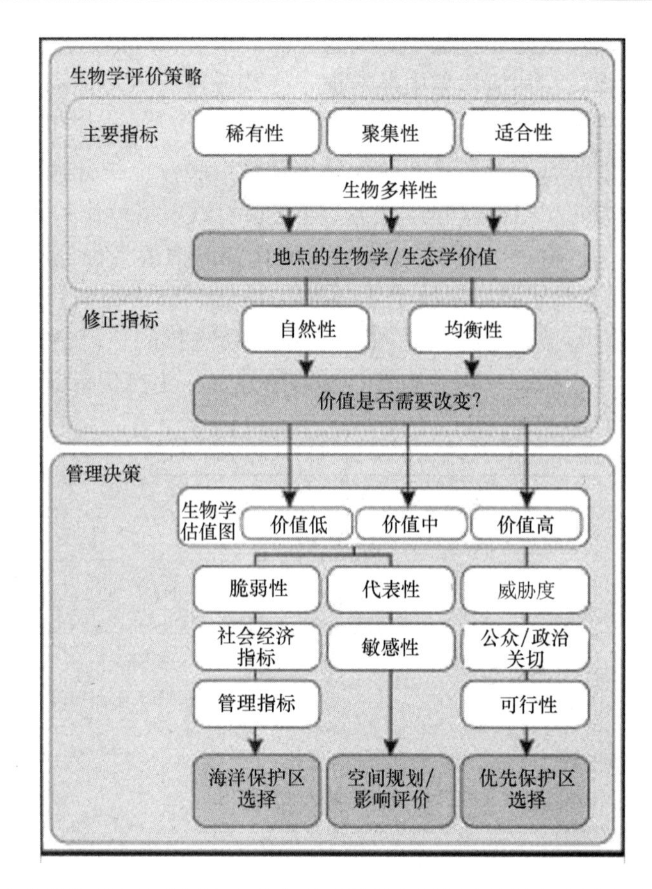

图 15.1　生物学估值方法的概念方案和未来可能为管理人员制定决策支持工具的步骤

15.4.1　稀有性

稀有性可以在各种情况下进行评估。然而从生态观点来看，其目标是尽可能客观，以便消除或控制美学或社会经济学的偏见。因为这些偏见可能与规划相关，后面也可能添加进来。稀有性可以在不同的尺度上进行考虑，例如国家、区域、全球尺度。为了能够在区域或全球尺度上评估海洋物种或群落的稀有性，显然需要稀有物种、栖息地或群落的国际名录。然而非常不幸的是，不同于陆地环境，各个红色名录中都只包含了非常少的海洋物种，如国际自然保护联盟（IUCN）红色名录或濒危野生动植物国际贸易公约（CITES）（华盛顿公约）附录，CMS（1999 年 RAMSAR 条约第七次缔约方会议，RAMSAR COP 7, 1999）和伯恩公约（Bern Convention, 1979）。这主要是由于缺乏在区域尺度上对海洋物种的系统评估和研究（Sanderson，1996a，b；Ardron et al.，2002）。

应当注意，上述各名录中提到的大多数物种或群落是“稀有的”，因为它们的数量已被人类活动所压低，而其他物种或群落则可能是天然稀少的。因此，稀有性和自然性可能不可避免地变得容易混淆。如果在局部或区域尺度上没有这些稀有物种或栖息地名录，则可以使用亚区内物种稀有性数据。

我们经常缺乏可靠全面的物种种群和群落的调查数据，因此不得使用“占有面积”的概念作为替代来评估研究区域内稀有物种的数量和位置（Sanderson，1996a，b；Connor et al.，2002）。这个概念的应用如表 15.3 所示。这种方法结合其他指标，已被英国海洋自然保护述评（Golding et al.，2004；Vincent et al.，2004；Lieberknecht et al.，2004a）和英国海洋物种和栖息地多样性行动计划（www.ukbap.org.uk/）所采纳。

表 15.3　应用稀有性指标的方法

稀有物种	区域稀有物种（固着或活动受限）= 在区域（例如东北大西洋）内各级水深区（滨海/潮下带/半深海和深海）的 50 km×50 km 墨卡托（UTM）网格方块中小于 2%的物种	Connor et al.（2002）（仅适用于固着物种；移动物种没有可用指南）；Lieberknecht et al.（2004a，b）
	全国稀有物种=在研究区内 10 km×10 km 正方形中小于 0.5%的物种	Sanderson（1996a，b）；Lieberknecht et al.（2004a，b）
	国内稀有物种=研究区域内 10 km×10 km 正方形中小于 3.5%的物种	Hiscock et al.（2003）；DEFRA（2002）
稀有栖息地	区域稀有栖息地=发生在区域（例如东北大西洋）内各级水深区（滨海/潮下带/半深海和深海）的 50 km×50 km UTM 网格方块中少于 2%的栖息地类型	Connor et al.（2002）
	国内稀有栖息地=限制在领水内位置有限的栖息地类型	DEFRA（2002）

根据 Sanderson（1996a，b）的方法，全国稀有或罕见的物种不一定在区域或全球范围内稀有或罕见；它的分布范围边缘位于何处可能已被简单地报道过，或者可以指示研究区域中人类活动引起的环境压力等细微逆境。不过，重要的是给其分布范围边缘处含有这些物种的亚区赋予高价值，因为这些位置可以为某个具有遗传学特色的物种中的重要群体提供生存条件。此外，南方或北方固着生物物种的种群恢复能力可能较低，在其分布的边缘可能恢复缓慢。因此，它们特别容易受到哪怕是最轻微、低频发事物的影响（Sanderson，1996a，b）。国内稀有或罕见物种也可能限于特定的栖息地类型，这种特定的栖息地类型在研究区域内可能也是稀有的，需要赋予一个高值。

稀有性评估的一个缺点是它可能忽略了局部密度。局部丰富的物种（在一个研究区域的一个或几个亚区）被限制在其分布范围内，这可能与国内稀有性物种结论冲突，因此应使用基于种群的评估方法（Sanderson，1996a，b）。

这一指标下还考虑到了唯一性和独特性（Roff and Evans，2002），以应用于评估生态层次结构中任何层次上的唯一性特征或独特性特征的数量和位置，包括研究区域内的基因、种群、物种、群落和生态系统等各个层次。

15.4.2　聚集性

“聚集性”和“适合性”指标将主要用来确定那些对更广泛环境具有很高生态重要性的亚区。事实上，这些指标涵盖了从基因到生态系统的各个生态层次结构，应该可以包括对渔业（包括群体）和重点物种都很重要的所有特色区域（Roff and Evans，2002）。请再次注意，根据这些指标确定的区域与根据“稀有性”确定的区域之间将会存在一些重叠。

无论在评估过程中使用什么指标，结果都不可避免地会存在一些冗余和混杂。

“聚集性”和“适合性”指标评估是基于生态系统管理方法的核心，对渔业管理尤其有价值。实际上，这些来自加拿大渔业海洋部（DFO）的指标主要是为基于生态系统的渔业管理而设计的。这些指标可以被认为是那些驱动生态过程的因素中的主题词。因此，为包含这些指标的亚区赋予价值，是实现更大海洋生态系统保护的一种方式（Brody，1998）。基于生态系统的管理迫使我们采取整体观点，必须将生物多样性的组成成分作为更大生态系统的组成部分，而不是单一物种管理的简化观点，因为这种简化观点忽略了物种只作为生态系统的一部分这一事实（Simberloff，1998）。这符合目前的目标，即在指标评估中尽可能多地包含生物多样性的组成部分（结构和过程）。

如果在研究区域的尺度上可获得关于物种种群大小的数据，则可以确定给定物种在研究区域各亚区域内是否存在百分比高的种群。如果缺少这些数据，但是具有物种成员可能聚集在某些区域（例如越冬、休息、觅食、产卵、繁殖、护幼、养育区或迁徙路线）这样的定性信息，则该信息可替代或添加到大尺度定量丰度数据中。当没有记录这些区域的位置时，可以通过检查物理过程（包括建模或遥感数据）来预测这些区域的存在位置，例如Roff和Evans（2002）在其特色海洋区域的调查中所采用的方法。

或者，传统生态知识（TEK）可以帮助定义聚集海域。需要强调的是，任何通过建模或其他方式获得的数据，应评估其可靠性和可信度。纳入聚集性作为生物学估值指标是将一定程度的连通性引入了估值概念中，因为这个指标是用来确定该亚区相对于临近亚区的聚集性值，从而使具有同等价值的亚区聚类。

聚集性指标对于活动性高的物种例如鸟类、哺乳动物或者鱼类是特别重要的。对于这些分布广泛的物种的保护，有关其全面分布的信息用途较低，而对于觅食、护幼、保护、繁育或产卵等具有关键性作用海域的位置信息更加有用，当进行生物学估值时应该被纳入的就是这些海域（Connor et al.，2002；Roff and Evans，2002）。

由于海洋环境的连续性，通常难以确定这种聚集海域的边界，特别是对于广泛分布的活动性高的物种（Johnston et al.，2002；Airamé et al.，2003）。这种情况可以从许多国家在实施欧共体鸟类指令（1979年）和拉姆萨公约（1971年）时遇到的困难中得知，这两项活动都选择了基于高密度鸟类物种的重要鸟类分布海域（Johnston et al.，2002）。详见第14章关于如何确定种群聚集的大小和边界的建议。

15.4.3 适合性

该指标区分了发生自然活动的亚区，这些亚区对物种或种群的生存或繁殖有重大影响（DFO，2004）。这些亚区不一定是物种或个体聚集的海域，当遗传数据可用于研究海域时，这些数据可以被用来定位存在某个物种高遗传多样性群体的亚区。遗传变异个体的发生可以显著改善物种在研究海域的生存状况，因为它使得物种能够选择性地适应环境条件的变化，它也可以确定适合一个物种的亚区位置。在这些亚区，个体在一定的时间内停留下来进食或休息，从而导致更高的繁殖能力（例如个体更大/年轻个体更多）。此外，结构性栖息地特征或关键物种（keystone species）的存在可通过提供藏身场所或关键资源来提高物种的存活或繁殖力。

15.4.4　自然性

评价这个指标的一个主要问题是，一个地区的自然状态实际上或应该是什么状态？但这通常是未知的。此外，“自然”的定义也存在相当大的不同（Bergman et al.，1991；Hiscock et al.，2003）。现在存留下来的完全自然的海域也很少（Ray，1984），因此很难评估较深的海域或者无法进入的海域的自然程度（Breeze，2004）。为了评估亚区的自然性，需要与适当的原始海域或参考位点进行比较。不过还是有些方法可以用来评估环境的自然程度。

如果一个区域内的海域不能被定义为自然的（即控制点），那么评估自然性的一种替代方法可能是使用研究海域中的土著/引入或养殖物种的信息，这可以被视为自然度的替代。评估亚区自然性的另一种方法是检查所栖息的群落和物种的“健康”或组成。例如，在许多情况下，健康的自然底栖生物群落的特点是高生物量（由长寿命物种主导）和高物种丰富度（Dauer，1993）。偏离这种模式，导致大型底栖生物量减少，物种丰富度由机会主义物种控制，这种偏离可以被认为受到了一定程度的压力，因此可以用于指示亚区的自然性。然而，这种健康指数仍然需要参考基准自然性。

缺乏这些信息时，甚至可以使用关于人类活动的位置和强度的数据。没有人类干扰特征区域的环境和生态状态可以用作自然程度的粗略指数（Ban and Alder，2008）。自然性不仅应考虑对物种属性的干扰程度，而且还应考虑海洋生态系统的功能过程。

15.4.5　均衡性

均衡性是衡量发生在研究海域亚区内物种或特征属于国内分布、区域分布和/或全球分布的比例，它应该与聚集性指标区分开来。虽然“聚集性”指标定义了一个物种种群是否高度聚集在该研究海域的某些亚区内，但是“均衡性”指标定义了一个国内分布（前提是国家规模大于研究海域规模）、区域分布和/或者全球分布的物种种群是否可以在整个研究海域内找到，不管这个比例是否集中在这些亚区内还是在其他亚区（换句话说是区域聚合）。

为了评估这一指标，需要有关海洋特征范围或某一单个物种的种群数据。当缺乏种群数据时，可以使用研究海域内可用的物种丰度数据，并确定这些物种在亚区的重要性。该指标首先由 Connor 等（2002）定义并由 Lieberknecht 等（2004a，b）修改，后者也定义了术语“高比例”的阈值。这些阈值与《奥斯陆巴黎保护东北大西洋海洋环境公约》（OSPAR，2003）的标准指南中的阈值相似。然而，阈值非常依赖于尺度，因此，应该针对每个案例研究单独设置阈值，同时要考虑研究海域的空间范围。

生物学估值图试图展示所研究的不同亚区彼此之间的相对生物学价值，结合均衡性指标，将某些特征或性质与研究海域的更广泛的环境进行比较，并为存在高比例物种种群的亚区附加额外的价值。它可能在该指标下还包括了生态层级体系的基因（例如某些遗传群体的限制性分布）或群落（例如限定群落类型的限制性分布）水平。

15.4.6　生物多样性：有效的估值指标

在评估海洋区域时，重要的是尽可能多地“捕获”生物多样性的属性，因为生物学结构和过程存在于生态层级结构中不同的组织层次（即基因、种群、物种、群落和生态系统）上（Zacharias and Roff，2000，2001a）。根据 Roberts 等（2003）的研究，有价值的海洋区域的特点是生物多样性高，支持多样性的生态过程功能适当。这正是本书所提倡的概念。根据许多作者的研究，一个海域的生物多样性只是物种多样性的一个函数；然而，一个包含尽可能多的生物多样性组织层次的评估体系是更可取的。

虽然生物多样性作为评价指标的概念对于管理目的是有用的，但是将生物多样性提取为单个指数或几个维度的做法是不合理的（Margules and Pressey，2000；Purvis and Hector，2000；Price，2002）。这就是生物多样性本身不直接用作估值概念中指标的原因。然而，生物多样性仍然以不同的方式被纳入概念（见下文）。然而，由于频繁使用或滥用生物多样性（HELCOM，1992；IUCN，1994；Brody，1998；UNEP，2000；GTZ GmbH，2002），接下来整理了一些不将生物多样性直接作为估值指标的论点。

在大多数研究中，只评估了亚区内的物种丰富度（Humphries et al.，1995；Woodhouse et al.，2000；Price，2002），但是生物多样性表现在组织系统的更多层次（从基因到生态系统）之中。简单地统计一个亚区中物种的数量（作为物种多样性和整个生物多样性的度量）可能有误导性，因为物种丰富度高的亚区在生态层次结构的其他层级并不一定表现出高度多样性（Attrill et al.，1996；Hockey and Branch，1997；Vanderklift et al.，1998；Purvis and Hector，2000；Price，2002）。

一些作者试图找到一般生物多样性的替代对策，以减少取样工作或数据要求（Purvis and Hector，2000）。例如，Ray（1999）使用鸟类的物种丰富度作为整体生物多样性的替代，这种方法是基于鸟类已分散到世界各地并已有多样化的事实。然而分析表明，鸟类物种丰富度的热点地区与其他生物群系的热点地区一致性程度非常低。物种丰富度、地方性或稀有性热点，在连续的海洋生态系统中比在陆地环境中更难以辨别。Turpie 等（2000）使用物种丰富度的热点方法（对所有物种进行均等加权），并没有实现沿海鱼类的良好代表性。因此，对于选择具有生物学价值的海域来说，仅基于物种丰富度的热点方法不是一个实用开端。这个也被 Breeze（2004）研究所证实，他发现传统热点方法的定义很勉强，重点关注物种，而用于识别高价值海域的指标应该更广泛。

使用主要从陆地视角确定的焦点物种（例如指示物种、保护伞物种、旗舰物种）不能直接应用于海洋环境中（Zacharias and Roff，2001b）。由于海洋环境中的连通性不同，指示一定大小完整栖息地的特定物种的概念不能随意应用（Ardron et al.，2002），否则可能出现数据混淆。Ward 等（1999）还研究了替代物在总体生物多样性中的应用，发现栖息地类型最适合用作这种功能。然而，没有替代物能够覆盖所有物种，从中可以得出结论，基于生物多样性的个体替代物的热点范例应用起来是有问题的。

Ardron 等（2002）用“海底复杂性”的概念替代了底栖物种多样性。作者假设一个海域的水深（地志学）复杂性作为海底栖息地复杂性的度量，海底栖息地复杂性继而又代表底栖物种多样性。然而，却通常缺乏执行空间方差分析过程以量化“底栖复杂性”所需的数据。由于物种或群落多样性的详细数据往往很少或不存在，但通常具有可用的栖息地分布数据或可以获得这些数据，Airamé 等（2003）提议，通过评估栖息地多样性作为整体生物多样性的替代。

显然需要一个更一般的生物多样性评估体系（Humphries et al.，1995），这种体系应包括一系列组织层次（基因、物种、群落、生态系统）的所有可用信息；这些层次之间的相互关系也需要仔细检查。除生物多样性结构外，还需要包括生物多样性过程，如生态系统功能的各个方面，在某些低生物多样性位置（如河口）这些功能过程甚至比高物种丰富度或高多样性指数更重要（Attril et al.，1996；Bengtsson，1998）。Bengtsson（1998）还指出，生物多样性是物种在群落或生态系统背景下的抽象聚集属性，单一测量生物多样性和整个生态系统的功能过程之间没有直接关系。然而，生态系统功能过程是可以通过确定功能性物种或群体和关键海域而间接纳入生物多样性价值评估。Zacharias 和 Roff（2000）在其“海洋生态学框架体系”中形象化地描述了生物多样性的各个组成部分（从基因到生态系统层面，包括了生物多样性结构和过程）（表 1.1 和表 1.2）。每一个组成部分都可以链接到一个或多个选定的评估指标，这使得不必将生物多样性作为一个单独的评估指标。相反，它是根据所选择的指标在每个亚区对生物多样性组成部分估值的总和（图 15.1）。因此，通过使用这一体系，可以应用这些评价指标，同时也综合了生物多样性的各个组成部分。

15.5　生物学估值概念的潜在用途

生物学估值过程所用指标可以应用于海洋研究区域，并且该过程的结果可以可视化地展现在海洋生物学估值图（BVM）上。海洋生物学估值图可以作为一种基准，来描述研究海域内亚区的内在生物学和生态学价值。它们可用于各种目的，包括：用于海洋保护规划和海洋保护区的位置评估；作为基于生态系统管理特别是渔业管理的基础；作为正在规划新资源开发的海洋管理者的警报系统，通常有助于预示在进行任何形式的空间规划时产生的人类利用与亚区高生物学价值之间存在的潜在冲突。

应该明确说明，这些生物学价值图不会提供某种活动可能对某个亚区产生潜在影响的任何信息，这是由于像脆弱性或恢复力等指标有意不被纳入该评估方案中，因为确定系统的“脆弱性”主要依靠人为的价值判断（McLaughlin et al.，2002）。

因此，这些人为价值指标和人类影响指标应在特定地点管理的后期阶段（例如选择保护区）引入参考，而不是在评估海洋亚区本身的价值时就加以考虑（Gilman，1997，2002）。当一段时间后重新访问和修改生物学价值图以查看是否在实施了某些管理行动的亚区中发生了价值变化时，生物学价值图可以作为一个用来评估某些管理决策影响（例如实施海洋保护区或资源利用的新配额）的体系。然而，这些价值变化可能不直接归因于具体的影响来源，通过这些价值变化只可能看到亚区中所有影响来源的综合影响。

根据这些生物学价值图，可以在评估过程中增加其他指标来开发海洋管理决策支持工具。例如，在制定适合于海洋保护区选择的体系时，特别是需要考虑到可持续利用管理时（Hockey and Branch，1997），还应将代表性、生态完整性、社会经济和管理等指标一并纳入考虑（Rachor and Günther，2001）。管理者可能还想知道哪些区域应该获得用于特定目的的最高优先级。因此，可以筛选获得生物学和生态学价值最高的地点，并应用诸如“威胁程度”“政治/公众关注”和“保护措施的可行性”等附加标准。因此，尽管优先海域的最终选择可能是政治决定（Agardy，1999），但通过使用生物学价值图，这种优先海域的选择仍然可以有一个坚实的科学基础。图 15.1 的下半部分给出了建立生物学价值图之后可能需要进行的工作步骤，表明虽然这些步骤应建立在生物学估值的科学原理之上，但它们不能仅仅依赖于这些指标。

15.6 生物学估值过程的优化

Derous 等（2007a）提交了原始文件后，又进一步考虑了如何实际应用海洋生物学估值方法。从实际运用角度看，对评价过程进行的一些修改是比较令人满意。这些修改内容在专栏 15.1 中进行了概述。

专栏 15.1 对海洋生物学评价过程的修改（Derous et al.，2007b）

- “聚集性”和“适应性”两个指标紧密相关，为了避免重复计算，把它们合并为一个指标。虽然这两个指标试图界定生态上不同的因素，但在现实中几乎不可能区分它们，它们必然经常联系在一起。注意，聚集性和适应性指标最初主要应用于对渔业具有重要性的生态过程。然而，这个概念应该扩大到对区域内所有物种的生态支持都重要的所有过程。
- 在许多情况下，很难定义海域的自然状态。因此，关于（不）自然性的评估（与各种类型的影响相关）应该被视为在生物学评价本身之后，为了在生物学评价图上产生一个覆盖层所进行的第二步。
- 所有其他指标评估了亚区之间的相对价值；因此，在“均衡性”下纳入更广泛的尺度（全球、国内、区域等尺度）可能是具有误导性的，并可能带有偏见。所以建议首先在当地整个研究海域水平上进行估值，此后才在更广泛的（例如生态区）范围内进行评价，以允许考虑更广阔的视野。

海洋生物学评价的最终修订过程，见 Derous 等（2007b）。

15.7 结论和管理启示

海洋生物学估值概念提供了一个综合手段来评估研究海域内亚区的内在价值。海洋生物学估值不是保护具有一定生态意义的所有栖息地和海洋群落的策略，而是一种工具，用于引起对具有特别高的生态学或生物学意义亚区的注意。该工具可以用来提问并且回答问题，如海洋保护首先应该做什么？海洋生物多样性的哪些组成部分比其他组成部分更重要？海洋生物多样性的哪些组成部分对人类最重要？这反过来也可以给出一个理由：在这些亚区的空间规划活动中提供比以往更大程度的风险规避。

海洋生物学估值概念基于对现有指标和价值定义的彻底释义和说明（Derous et al.，2007a，b），并且指标的选择已被合理化以形成广泛适用的估值过程。然而，由于这种生物学估值概念是基于一组专家（即 Delphic 过程）达成的共识，一旦根据案例研究对方法进行评估，则不可避免地需要对该方法进行某些改进。

价值的概念可以对海洋空间规划和基于生态系统的管理做出重大贡献。它允许对生态层级结构中海洋生物多样性的所有组成部分进行明确的同期评价（表 1.1 和表 1.2）。因此，无论是在渔业保护还是对更广泛的整个生物多样性保护方面，它提出了一种评估已定义海域的潜在机制。也许最重要的是，它允许同时评估渔业保护和整个生物多样性保护之间的关系以及它们之间的潜在冲突或协同作用。此外，它还可以用作评估现有保护区和保护政策的工具，以便发现在规划过程中是否已做出或正在做出适当或有效的保护决策。换句话说，评估过程可以在现有和期望的保护策略之间提供一种差距分析。

然而，其他研究和管理团队可能会应用与 Derous 等（2007a，b）不同的区域估值过程。但无论实际过程如何，如果将其应用于海洋生物多样性的整个组成部分，海域选择和设定的最终结果都可能与之类似。

应该清楚地指出，“价值”本身不是选择受保护海域的唯一标准。虽然基于价值评估可能会选择大多数（也许是所有）特色海域（如渔业或重点物种），但生物多样性的其他组成部分（包括代表性领域）可能不会被全部选择。因此，我们应该认为，价值评估只是确保适当保护的海域内生物多样性所有组成部分得到体现或管理。接下来必须进一步整合保护区选择（第 16 章）和设计海洋保护区网络（第 17 章）。

参考文献

Agardy, T. S. (1997) *Marine Protected Areas and Ocean Conservation*, Academic Press, Austin, T X

Agardy, T. S., (1999) 'Global Trends in Marine Protected Areas', in B. Cicin-Sain, R. W. Knecht and N. Foster (eds) *Trends and Future Challenges for U. S. National and Coastal Policy: Trends in Managing the Environment*, National Oceanic and Atmospheric Administration, Silver Spring, MD

Airamé S., Dugan J. E., Lafferty, K. D., Leslie, H., McArdle, D. A. and Warner, R. R. (2003) 'Applying ecological criteria to marine reserve design: A case study from the California Channel Islands', *Ecological Applications*, vol 13, pp170-184

Ardron, J. A., Lash, J. and Haggarty, D. (2002) *Modelling a Network of Marine Protected Areas for the Central Coast of British Columbia*, Living Oceans Society, Sointula, BC, Canada Attrill, M. J., Ramsay, P. M., Myles Thomas, R. and Trett, M. W. (1996) 'An estuarine biodiversity hotspot', *Journal of the Marine Biological Association of the UK*, vol 76, pp161-175

Ban, N. and Alder, J. (2008) 'How wild is the ocean? Assessing the intensity of anthropogenic marine activities in British Columbia, Canada', *Aquatic Conservation: Marine and Freshwater Ecosystems*, vol 18, no 1, pp55-85

Beger, M., Jones, G. P. and Munday, P. L. (2003) 'Conservation of coral reef biodiversity: A comparison of reserve selection procedures for corals and fishes', *Biological Conservation*, vol 111, pp53-62

Bengtsson, J. (1998) 'Which species? What kind of diversity? Which ecosystem functioning? Some problems in studies of relations between bio-diversity and ecosystem function', *Applied Soil Ecology*, vol 10, no 3, pp191-199

Bergman, M. N., Lindeboom, H. J., Peet, G., Nelissen, P. H. M., Nijkamp, H. and Leopold, M. F. (1991) 'Beschermde gebieden Noordzee: Noodzaak en mogelijkheden', *NIOZ Rep*, vol 91, no 3

Bern Convention (1979) 'Convention on the conservation of European wildlife and natural habitats, 19 IX1979',

European Treaty Series — No. 104, Council of Europe, Strasbourg, France

Bockstael, N. , Costanza, R. , Strand, I. , Boynton, W. , Bell, K. and Wainger, L. (1995) 'Ecological economic modeling and valuation of ecosystems', *Ecological Economics*, vol 14, pp143-159

Borgese, E. M. (2000) 'T he economics of the common heritage', *Ocean & Coastal Management*, vol 43, pp763-779

Breeze, H. (2004) 'Review of criteria for selecting ecologically significant areas of the Scotian Shelf and Slope: A discussion paper', Bedford Institute to Oceanography, Bedford, Nova Scotia, Canada

Brody, S. D. (1998) 'Evaluating the role of site selection criteria for marine protected areas in the Gulf of Maine', *Gulf of Marine Protected Areas Project Report*, vol 2

Connor, D. W. , Breen, J. , Champion, A. , Gilliland, P. M. , Huggett, D. , Johnston, C. , Laffoley, D. d 'A. , Lieberknecht, L. , Lumb, C. , Ramsay, K. and Shardlow, M. (2002) ' Rationale and criteria for the identification of nationally important marine nature conservation features and areas in the UK. Version 02. 11', Joint Nature Conservation Committee, Peterborough Dauer, D. M. (1993) 'Biological criteria, environmental health and estuarine macrobenthic community structure', *Marine Pollution Bulletin*, vol 26, pp249-257

De Blust, G. , Froment, A. and Kuijken, E. (1985) 'Biologische waarderingskaart van Belgi¨e. Algemene verklarende tekst', Min. Volksgezondheid et Gezin, Inst. Hyg. Epidemiol. , Cöordinatiecentrum van de Biologische Waarderingskaart, Brussels

De Blust, G. , Paelinckx, D. and Kuijken, E. (1994) 'Up-to-date Information on Nature Quality for Environmental Management in Flanders', in F. Klijn (ed) *Ecosystem Classification for Environmental Management*, Kluwer, Boston, MA

DEFRA (2002) 'Safeguarding our seas. A strategy for the conservation and sustainable development of our marine environment', Department for Environment, Food and Rural Affairs, London

De Groot, R. S. , Wilson, M. A. and Boumans, R. M. J. (2002) 'A typology for the classification, description and valuation of ecosystem functions, goods and services', *Ecological Economics*, vol 41, pp393-408

Derous, S. , Agardy, T. , Hillewaert, H. , Hostens, K. , Jamieson, G. , Lieberknecht, L. , Mees, J. , Moulaert, I. , Olenin, S. , Paelinckx, D. , Rabaut, M. , Rachor, E. , Roff, J. , Willem, E. , Stienen, M. , Tjalling, J. , van der Wal, J. T. , van Lancker, V. , Verfaillie, E. , Vincx, M. , W ęsławski, J. M. and Degraer, S. (2007a) 'A concept for biological valuation in the marine environment', *Oceanologia*, vol 49, pp99-128

Derous, S. , Austen, M. , Claus, S. , Daan, N. , Dauvin, J. C. , Deneudt, K. , Sepestele, J. , Desroy, N. , Heessen, H. , Hostens, K. , Husum Marboe, A. , Lescrauwaet, A. K. , Moreno, M. P. , Moulaert, I. , Paelinckx, D. , Rabaut, M. , Rees, H. , Ressurreição, A. , Roff, J. , Talhadas Santos, P. , Speybroeck, J. , Willem, E. , Stienen, M. , Tatarek, A. , Ter Hofstede, R. , Vincx, M. , Zarzycki, T. and Degraer, S. (2007b) 'Building on the concept of marine biological valuation with respect to translating it to a practical protocol: Viewpoints derived from a joint ENCORA-MARBEF initiative', *Oceanologia*, vol 49, pp579-586

DFO (Department of Fisheries and Oceans Canada) (2004) 'Identification of ecologically and biologically significant areas', *Canadian Science Advisory Secretariat Ecosystem Status Report*, 2004/06

EC Bird Directive (1979) 'Council Directive 79/409/EEC of 2 April 1979 on the conservation of wild birds', OJ L 103, 25. 04. 1979, p1

EC Habitat Directive (1992) 'Council Directive 92/43/EEC of 21 May 1992 on the conservation of natural habitats and of wild fauna and flora', OJ L 206, 22. 07. 1992, p7

Edwards P. J. and Abivardi, C. (1998) 'The value of biodiversity: Where ecology and economy blend', *Biological Conservation*, vol 83, no 3, pp239-246

Fairweather, P. G. and McNeill, S. E. (1993) 'Ecological and Other Scientific Imperatives for Marine and Estuarine Conservation', in A. M. Ivanovici, D. Tarte and M. Olsen (eds) *Protection of Marine and Estuarine Environments — A Challenge for Australians*, Department Environment, Sport and T erritories, Canberra, Australia

Gilman, E. (1997) 'Community-based and multiple purpose protected areas: A model to select and manage protected areas with lessons from the Pacific islands', *Coastal Management*, vol 25, no 1, pp59-91

Gilman, E. (2002) 'Guidelines for coastal and marine site-planning and examples of planning and management intervention tools', *Ocean & Coastal Management*, vol 45, pp377-404

Golding, N., Vincent, M. A. and Connor, D. W. (2004) 'The Irish Sea Pilot: A marine landscape classification for the Irish Sea', *Joint Nature Conservation Committee Report*, vol 346, Peterborough

GTZ GmbH (2002) *Marine Protected Areas: A Compact Introduction*, Deutsche Gesellschaft fürT echnische Zusammenarbeit (GT Z) GmbH, Eschborn, Germany

HELCOM (1992) *Convention on the Protection of the Marine Environment of the Baltic Sea Area*, Helsinki Commission, Helsinki, Finland

Hiscock, K., Elliott, M., Laffoley, D. and Rogers, S. (2003) 'Data use and information creation: Challenges for marine scientists and for managers', *Marine Pollution Bulletin*, vol 46, no 5, pp534-541

Hockey, P. A. R. and Branch, G. M. (1997) 'Criteria, objectives and methodology for evaluating marine protected areas in South Africa', *South African Journal of Marine Science*, vol 18, pp369-383

Humphries, C. J., Williams, P. H. and Vane-Wright, R. I. (1995) 'Measuring biodiversity value for conservation', *Annual Review of Ecology, Evolution and Systematics*, vol 26, pp93-111

IUCN (1994) *Guidelines for Protected Area Management Categories*, International Union for the Conservation of Nature, Gland, Switzerland

JNCC (2004) 'Developing the concept of an ecologically coherent network of OSPAR marine protected areas', Paper 04 N08, Joint Nature Conservation Committee, Peterborough

Johnston, C. M., Turnbull, C. G. and Tasker, M. I. (2002) 'Natura 2000 in UK offshore waters: Advice to support the implementation of the EC Habitats and Birds Directives in UK offshore waters', Report No 235, Joint Nature Conservation Committee, Peterborough

Kelleher G. (1999) *Guidelines for Marine Protected Areas*, IUCN, Gland, Switzerland King, O. H. (1995) 'Estimating the value of marine resources: A marine recreation case', *Ocean & Coastal Management*, vol 27, nos 1-2, pp129-141

Laffoley, D., Connor, D. W., Tasker, M. L. and Bines, T. (2000) 'An implementation framework for the conservation, protection and management of nationally important marine wildlife in the UK', *English Nature Research Report No* 394, Joint Nature Conservation Committee, Peterborough

Lieberknecht, L. M., Vincent, M. A. and Connor, D. W. (2004a) 'The Irish Sea pilot. Report on the identification of nationally important marine features in the Irish Sea', Report No 348, Joint Nature Conservation Committee, Peterborough, UK

Lieberknecht, L. M., Carwardine, J., Connor, D. W., Vincent, M. A., Atkins, S. M. and Lumb, C. M. (2004b) 'The Irish Sea pilot. Report on the identification of nationally important marine areas in the Irish Sea', Report No 347, Joint Nature Conservation Committee, Peterborough, UK

Margules, C. R. and Pressey, R. L. (2000) 'Systematic conservation planning', *Nature*, vol 405, pp243-253

McLaughlin, S., McKenna, J. and Cooper, J. A. C. (2002) 'Socio-economic data in coastal vulnerability indices: Constraints and opportunities', *Journal of Coastal Research*, vol 36, pp487-497

Mitchell, R. (1987) *Conservation of Marine Benthic Biocenoses in the North Sea and the Baltic: A framework for the establishment of a European network of marine protected areas in the North Sea and the Baltic*, Council of Europe, Strasbourg, France

Myers, N., Mittermeier, R. A., Mittermeier, C. G., da Fonseca, G. A. B. and Kent, J. (2000) 'Biodiversity hotspots for conservation priorities', *Nature*, vol 403, pp853-858

Nunes, P. A. L. D. and van den Bergh, J. C. J. M. (2001) 'Economic valuation of biodiversity: Sense or nonsense?', *Ecological Economics*, vol 39, pp203-222

Orians, G. H. (1974) 'Diversity, Stability and Maturity in Natural Ecosystems', in W. H. van Dobben and R. H. Lowe-McConnell (eds) *Unifying Concepts in Ecology*, Junk, T he Hague OSPAR (1992) 'Convention for the protection of the marine environment of the North-East Atlantic, 22 September 1992, Paris',

OSPAR, London OSPAR (2003) 'Criteria for the identification of species and habitats in need of protection and their method of application (T he T exel-Faial criteria) ', OSPAR, London Possingham, H. P., Ball, I. R. and Andelman, S. (2000) 'Mathematical Methods for Identifying Representative Reserve Networks', in S. Ferson and M. Burgman (eds) *Quantitative Methods for Conservation Biology*, Springer-Verlag, New York

Price, A. R. G. (2002) 'Simultaneous 'hotspots' and 'coldspots' of marine biodiversity and implications for global conservation', *Marine Ecology Progress Series*, vol 241, pp23-27

Purvis, A. and Hector, A. (2000) 'Getting the measure of biodiversity', *Nature*, vol 405, pp212-219

Rachor, E. and Günther, C. P. (2001) 'Concepts for offshore nature reserves in the southeastern North Sea', *Senckenb. Marit.*, vol 31, no 2, pp353-361

RAMSAR (1971) 'Convention on wetlands of international importance especially as waterfowl habitat', Ramsar, Gland, Switzerland

RAMSAR (1999) 'Strategic framework and guidelines for the future development of the list of wetlands of international importance of the Convention on Wetlands', Ramsar, Gland, Switzerland

Ray, G. C. (1984) 'Conservation of Marine Habitats and Their Biota', in A. V. Hall (ed) *Conservation of Threatened Natural Habitats*, CSIR, Pretoria, South Africa

Ray, G. C. (1999) 'Coastal-marine protected areas: Agonies of choice', *Aquatic Conservation*, vol 9, pp607-614

Roberts, C. M., Andelman, S., Branch, G., Bustamante, R. H., Castilla, J. C., Dugan, J., Halpern, B. S., Lafferty, K. D., Leslie, H., Lubchenco, J., McArdle, D., Possingham, H. P., Ruckelshaus, M. and Warner, R. R. (2003) 'Ecological criteria for evaluating candidate sites for marine reserves', *Ecological Applications*, vol 13, pp199-214

Roff, J. C. and Evans, S. M. J. (2002) 'Frameworks for marine conservation: Nonhierarchical approaches and distinctive habitats', *Aquatic Conservation: Marine and Freshwater Ecosystems*, vol 12, pp635-648

Salm, R. V. and Clarke, J. R. (1984) *Marine and Coastal Protected Areas: A Guide for Planners and Managers*, IUCN, Gland, Switzerland

Salm, R. V. and Price, A. (1995) 'Selection of Marine Protected Areas', in S. Gubbay (ed) *Marine Protected Areas, Principles and Techniques for Management*, Chapman & Hall, London

Sanderson, W. G. (1996a) 'Rarity of marine benthic species in Great Britain: Development and application of assessment criteria', *Aquatic Conservation*, vol 6, pp245-256

Sanderson, W. G. (1996b) 'Rare marine benthic flora and fauna in Great Britain: The development of criteria for assessment', Report No 240, Joint Nature Conservation Committee, Peterborough

Sealey, S. K. and Bustamante, G. (1999) *Setting Geographic Priorities for Marine Conservation in Latin America and the Caribbean*, T he Nature Conservancy, Arlington, VA

Simberloff, D. (1998) 'Flagships, umbrellas, and key-stones: Is single-species management passé in the landscape era?', *Biological Conservation*, vol 83, no 3, pp247-257

Smith, P. G. R. and Theberge, J. B. (1986) 'A review of criteria for evaluating natural areas', *Environmental Management*, vol 10, pp715-734

Tunesi, L. and Diviacco, G. (1993) 'Environmental and socio-economic criteria for the establishment of marine coastal parks', *International Journal of Environmental Studies*, vol 43, pp253-259

Turpie, J. K., Beckley, L. E. and Katua, S. M. (2000) 'Biogeography and the selection of priority areas for conservation of South African coastal fishes', *Biological Conservation*, vol 92, pp59-72

Turpie, J. K., Heydenrych, B. J. and Lamberth, S. J. (2003) 'Economic value of terrestrial and marine biodiversity in the Cape Floristic Region: Implications for defining effective and socially optimal conservation strategies', *Biological Conservation*, vol 112, pp233-251

UNEP (1990) 'Protocol concerning specially protected areas and wildlife to the Convention for the Protection and Development of the Marine Environment of the Wider Caribbean Region', United Nations Environment Programme, Nairobi, Kenya

UNEP (2000) 'Progress report on the implementation of the programmes of work on the biological diversity of inland water ecosystems, marine and coastal biological diversity, and forest biological diversity (Decisions IV/4, IV/5, IV/7)', Conference of the Parties to the Convention on Biological Diversity 5 (INF/8), UNEP, Nairobi, Kenya

UNESCO (1972) 'Convention concerning the protection of the world cultural and natural heritage', United Nations Educational, Scientific and Cultural Organization, Paris, France

Vallega, A. (1995) 'Towards the sustainable management of the Mediterranean Sea', *MarinePolicy*, vol 19, no 1, pp47-64

Vanderklift, M. A., Ward, T. J. and Phillips, J. C. (1998) 'Use of assemblages derived from different taxonomic levels to select areas for conserving marine biodiversity', *Biological Conservation*, vol 86, pp307-315

Villa, F., Tunesi, L. and Agardy, T. (2002) 'Zoning marine protected areas through spatial multiple-criteria analysis: The case of the Asinara Island National Marine Reserve of Italy', *Conservation Biology*, vol 16, no 2, pp515-526

Vincent, M. A., Atkins, S., Lumb, C., Golding, N., Lieberknecht, L. M. and Webster, M. (2004) *Marine Nature Conservation and Sustainable Development: The Irish Sea Pilot*, Joint Nature Conservation Committee, Peterborough

Ward, T. J., Vanderklift, M. A., Nicholls, A. O. and Kenchington, R. A. (1999) 'Selecting marine reserves using habitats and species assemblages as surrogates for biological diversity', *Ecological Applications*, vol 9, no 2, pp691-698

Woodhouse, S., Lovett, A., Dolman, P. and Fuller, R. (2000) 'Using a GIS to select priority areas for conservation', *Computers, Environment, and Urban Systems*, vol 24, pp79-93

Zacharias, M. A. and Roff, J. C. (2000) 'A hierarchical ecological approach to conserving marine biodiversity', *Conservation Biology*, vol 13, no 5, pp1327-1334

Zacharias, M. A. and Roff, J. C. (2001a) 'Zacharias and Roff vs. Salomon et al: Who adds more value to marine conservation efforts?', *Conservation Biology*, vol 15, no 5, pp1456-1458

Zacharias, M. A. and Roff, J. C. (2001b) 'Use of focal species in marine conservation and management: A review and critique', *Aquatic Conservation: Marine and Freshwater Ecosystems*, vol 11, pp59-76

第 16 章　海洋保护区组

整合特有性和代表性保护区

要有效地管理一个系统，您应该专注于各部分之间的相互作用，而不是它们单独的行为。

Russell L. Ackoff (1919—2009)

16.1　引言

本章和下一章将涉及选择保护区网络成员的过程，共同讨论满足生物多样性维护和渔业保护的要求。首先必须仔细定义一系列术语，以使这两章中对于概念的讨论更具逻辑性。

“海洋保护区网络”（network of marine protected areas）这一术语有几个定义（见专栏 16.1），但任何定义中最重要的因素是连通性（connectivity）概念。因此，海洋保护区网络中的一系列海洋保护区应当在海洋学上相互联系，以确保繁殖体从一个保护区到另一个保护区的补充。这与“一组保护区”（a set of protected areas）的概念是非常不同的，一组保护区不是设定的，也不确定是相联系的。网络化和连通性思想已经成为海洋保护的根本，这将在专门的章节进行讨论（第 17 章）。

与海洋保护区网络相反，一“组”海洋保护区仅仅是在生态区内所定义的一群海洋保护区，每一个海洋保护区被设计用于特定目的，以体现生物多样性的一些特定组分，并且每个保护区的大小规划是基于生态系统的原则。更重要的是，“一组连贯的海洋保护区”（a coherent set of MPAs）是指能够体现一个区域内海洋生物多样性所有组成部分已经得到评估和识别的一组海洋保护区（专栏 16.1）。

在这个问题的定义上存在很多混乱，而事实上，“海洋保护区网络”概念的许多支持者实际上指的就是“海洋保护区组”。目前，存在若干示例被描述为海洋保护区网络，但其实际上仅是海洋保护区组，因为它们之间的连通性模式仍未定义。一组海洋保护区不能被认为是海洋保护区网络，除非我们已经定义和展示了组成成员之间的连通性模式。

术语“生态完整性”也经常与海洋保护区网络结合使用。该术语在专栏 16.1 中进行了定义和解释，但其实这意味着应该建立并管理一个保护区域，以确保其自然生态系统功能过程的持续运行。然而，海洋环境中任何海域的自然功能过程完全取决于通过来自于区域内部和外部的繁殖体共同完成其种群的繁殖和补充过程。至少某些部分的海洋环境必须依赖于来自外部空间的种群补充。因此，海洋环境孤立部分具有生态完整性的想法是不切实际的（Roff，2009）。

最终，海洋所有区域在不同的时间尺度上连接在一起。其中一个关键点是，海洋保护区网络中的各保护区应在同一个时间框架下的海洋学过程上是相互连通的，这个时间框架应与植物区系和动物区系的生命史和扩散能力相一致（第 17 章）。在本章中，我们将讨论一组目标一致的代表性海洋保护区的概念和规划，并在下一章中定义有效海洋保护区网络的要求。

专栏 16.1　关于海洋保护区组和保护区网络的一些定义

生态完整性（Ecological integrity）

生态完整性或生物学完整性最初是一个伦理学概念。通用的完整性概念意味着一个有价值的整体、完整或未减少的状态、未受损害、处于完美的状态。完整性最重要的方面是在特定地点一定时间内的自我再生（自我创造）能力，以进行组织、再生、繁殖、维持、适应、发展和进化。因此，完整性定义了系统及其在特定位置上的部分或要素的进化和生物地球物理过程（Westra，2005）。

根据加拿大国家公园法案（www.canlii.org/en/ca/laws/stat/sc-2000-c-32/latest/sc-2000-c-32.html），关于公园，“生态完整性”是指“……被确定为表征其自然区域的特性并且可能持续的条件，包括非生物成分、本地物种和生物群落的组成和丰度、变化率和支持过程。”

根据这些（和类似的）定义，实际上可能没有一个孤立的海洋保护区具有生态完整性这样的状态，因为作为一个位置它不能够自给自足，并且还将依赖于其与海洋的其他部分的连通性，以保证其组成物种的补充。

海洋保护区组（Sets of MPAs）

一组海洋保护区是在一个或多个地理区域内的任何一组保护区，它们共同代表该区域海洋生物多样性的组成部分。

相关的海洋保护区组（Coherent sets of MPAs）

一个相关的海洋保护区组是在所定义的区域内共同实现所定义目标的一组海洋保护区。例如，它们可以实现对该区域 20%的保护水平，并且共同代表该区域内海洋生物多样性的所有可识别的生物和非生物组成部分。这样一组海洋保护区将根据所阐明的地理学、地质学、海洋学和生态学原则进行定义，并将包括代表性和区别性海域（修改自 J. Ardron，个人通信）。

海洋保护区网络（Networks of MPAs）

“一个所有单个海洋保护区的集合，它们在不同的空间尺度和一系列保护水平上合作和协同运作，以便比单个地点更有效和更全面地实现生态目标”（IUCN，2007）。

一个“生态代表性海洋保护区网络”（或简称“代表性海洋保护区网络”）包括一组相关的海洋保护区，其各成员通过利用洋流、迁移路线和其他自然生态联系而相互支持，这将有助于为应对各种威胁提供急需的恢复力。例如，如果其中一个海洋保护区被暴风雨、石油泄漏、珊瑚白化事件或其他灾害损坏，则它可能被来自网络中的其他海洋保护区的鱼类和其他物种重新定居。通过保护生态系统内的多个站点，减少了某个海洋保护区由一个灾难所造成的总体损害。

在更广泛的情况下，一个适当的国家或区域海洋保护区网络必须包括：海洋学连通且所有栖息地类型都有重复出现的多个场所；它们单独或整体上足够大以维持一个区域中最大的物种（包括那些季节性移徙到该区域个体）的最小可持续种群，并且它们的定居物种可以通过从一个海洋保护区到另一个海洋保护区的补充过程来维持它们的种群数量。并且，海洋保护区网络的每个成员海域包含的所有代表性栖息地类型和各种特色栖息地类型都应该重复出现，在新个体补充过程中通过连通性相互支持。简而言之，海洋保护区网络应体现并能够维持海洋生物多样性的区域要素（Roff，2005）。

因此，应该了解代表性海洋保护区网络各个成员之间在新个体补充过程中在海洋学过程上是相互连通的。

有效的海洋保护区网络（Efficient networks of MPAs）

一个有效的海洋保护区网络是其成员全都（由选定物种的目前补充模式、研究模型和遗传学研究）显示其个体可以从一个海洋保护区到另一个海洋保护区获得有效补充。衡量有效性的一个指标是，来自这些保护区之间的繁殖体补充比例至少不小于受保护区域各成员之内的繁殖体补充比例（第 17 章）。

优先保护区（Priority areas for conservation，PAC）

这个术语现在被广泛使用，但在使用时很少定义。这可能意味着，它通常适用于（海洋）环境中具有值得保护（例如作为海洋保护区）的具有价值特征（组合）的海域，或者作为特殊管理区域，例如，在基于生态系统管理的一些情况下，这些优先保护区将认可海洋生物多样性的某些成分或其组合，并认为它们需要特别关注，这些优先保护区可以基于“物种”和/或“空间”来识别，由于它们对渔业、物种多样性、焦点物种等存在很大的重要性。无论是存在的还是计划的优先保护区可以是相当小和从性质上很特殊的（例如，乌龟筑巢海滩），也可以是很大的和仅季节性管理的（例如渔业产卵场/个体补充区）。因此，优先保护区的基本概念是它的价值大于其他周围海域（第 15 章）。除了固有价值，优先保护区的其他属性可能包括受到的威胁（实际或预期）和提供保护的机会（由于公共利益和社会经济关注等）。

16.2 大堡礁：一组具有代表性的保护区

热带和亚热带水域中一组最好的代表性海洋保护区，在世界领先的保护案例就是大堡礁。大堡礁海洋保护区创建和保护的详细规划过程，可以在专栏 16.2 中的网站地址中找到。

1994 年制定了“大堡礁世界遗产区 25 年战略规划”，概述了管理和保护大堡礁世界遗产区的战略目标，为确保大堡礁世界遗产区将来的合理利用和保护提供了基础。该战略规划包括有效的公众咨询，考虑了拥有大堡礁长期未来利益的每个人的意见，以确定大堡礁世界遗产区未来 25 年应该如何管理。采取这种方法以确保大堡礁保持健康状态，并且可以由子孙后代享用。

从一开始，该规划就强调所有利益相关者所关切的内容和意见。这些关切和意见来自包括政府、原住民和托雷斯海峡海岛居民社区、环保主义者、科学家、娱乐业者和已建立的成熟礁区产业（如渔业捕捞、航运和旅游）等。总体而言，该战略规划得到近 70 个代表各级政府、娱乐和商业用户、保护和科学团体以及原住民和托雷斯海峡海岛居民社区组织的认可。

在 20 世纪 90 年代中期，有人担心当时的分区所提供的保护水平不足以保护海洋公园中存在的生物多样性全部组成部分。确保大堡礁仍然是一个健康、富有生产力和恢复力的生态系统，使该生态系统能够继续支持一系列的生态活动，这些都是非常重要的。

在 1999—2004 年期间，大堡礁海洋公园管理局进行了一项系统协商计划，为海洋公园规划新分区。该计划主要目的是通过增加禁捕区范围（或高度保护区，当地称为“绿色地带”），以更好地保护大堡礁的生物多样性组成部分，确保它们包括了所有不同栖息地类型的“代表性”案例，因此被命名为“代表性海域计划”（RAP）（专栏 16.2）。

专栏 16.2 大堡礁世界遗产区的总体规划愿景

该规划提出，经过 25 年规划建设，大堡礁将有：

- 一个健康的环境：保持物种和栖息地的多样性，保持生态完整性和恢复力，其中一部分处于原始状态；
- 可持续的多用途开发利用；
- 维护和提高价值；
- 综合管理；
- 在缺乏信息的情况下以知识为基础但谨慎的决策机制；
- 一个知情、参与、承诺义务的社区。

为了实现这一愿景，该计划确定了 8 个广泛的战略领域：

- 保护；
- 资源管理；
- 教育、沟通、协商和义务；
- 研究和监测；
- 综合规划；
- 承认原住民和托雷斯海峡海岛居民的利益；
- 管理过程；
- 立法。

对于这些广泛领域，该计划提供了实现这些目标的论据：25 年目标、5 年目标和实现目标的战略。

大堡礁海洋公园管理局，代表性海域计划：主要阶段

（见 www.gbrmpa.gov.au/corp_ site/management/representative_ areas_ program.）

步骤 1 需要重新分区

现有计划不足的认识

1983—1988 年原始分区计划
开始实行代表性保护区保护纲要（1998 年）
步骤 2　研究和规划
数据集整理（1998—1999 年）
生物区系制图（1999—2000 年）
新海岸带添加（1998—2001 年）
独立委员会制定运作原则
步骤 3　第一社区参与阶段
发出公告（2002 年 5 月）
超过 10 000 份公众意见书
已确定的分区设置
步骤 4　制定分区计划草案
起草分区计划（2002 年末至 2003 年中）
步骤 5　第二社区参与阶段
21 000 份公众意见书（2003 年 6—8 月）
步骤 6　进一步制订计划
分区计划修订完成（2003 年 11 月）
监管影响声明（2003 年 11—12 月）
提交议会（2003 年 12 月）
步骤 7　实施计划
新分区计划于 2004 年 7 月 1 日生效
分区计划的实施
监控分区计划

在增加对生物多样性保护的同时，“代表性海域计划”的另一个目标是使收益最大化，并尽量减少再分区对海洋公园现有多用户的负面影响。这两个目标都是通过一个涵盖科学投入、社区参与和科学创新的综合计划实现的。因此，规划过程涉及了生态和公共/社会经济研究的结合。

16.3 基于生态科学进行的一组相关海洋保护区的规划示例

也许呈现如何将一组海洋保护区整合成为一组连贯的海洋保护区的最好的方式是研究一个具体的案例，这里的重点是生态方面。美国保护法基金会（Conservation Law Foundation USA）和加拿大世界野生动物基金会（World Wildlife Fund Canada）在加拿大和美国东海岸部分海域进行了温带水域保护规划研究，该规划就是这类最全面的规划研究之一。该规划过程的完整报告（在该报告中称为海洋保护区网络，但实际上包含一组海洋保护区，见专栏 16.1）载于 CLF/WWF（2006）。目的是在美国新英格兰区域的海域和加拿大部分海域确定优先保护海域。

16.3.1 规划过程概述

制定生物多样性保护计划具有挑战性，因为多样性组成部分的知识几乎总是不完整的，而且生态系统是动态和复杂的，对保护目标的要求没有明确的定义。为了指导这一过程，CLF/WWF（2006）采用了一套操作原则（专栏 16.3）。

代表性是一种被广泛接受的策略，用于应对生物多样性保护规划中的不确定性（Noss，1983；Groves et al.，2000；Roff et al.，2003）。然而，代表性本身并不是一个能够充分体现生物多样性所有方面的战略。预防性方法是系统地努力保存一个区域全部生物群落、栖息地和生态过程的一个永续案例。具有代表性保护区网络的生态系统应该能够更好地抵御冲击，而使系统不至于发生根本变化，并且不牺牲生态系统提供的服务。

基于包括植被和基质类型、高度、坡度、降雨量、温度和海洋环境下的盐度、水深、温度和分层等各种类型的信息，自然栖息地图示工作允许规划人员设计海洋保护区网络，该网络应包括当生物群落分布的有关数据不足时划分出的最小栖息地类型数量（Leslie et al.，2003；Roff et al.，2003；Soule and Terborgh，1999）。原则上，良好的栖息地图示应该能够建立好代表性保护区网络，该网络可以包括能够支持各种生物群落所有类型的海域。这种方法有时被称为“粗过滤器”方法，已被用于陆地和海洋保护。

鉴于物种及其栖息地要求的多样性，被选择来定义栖息地的变量将更适合于其中某些物种。因此，使用栖息地代表性作为生物多样性保护的战略，在与关键物种或生物群落的分布信息整合时更有效（Hunter，1991；Day and Roff，2000；O'Connor，2002；Meir et al.，2004；Stevens and Connolly，2004）。例如，某种鱼类可能只占据适合它的“栖息地”部分，那么仅基于栖息地的代表性方法可能因此错过这些海域。此外，即使用于栖息地定义的这组变量与给定物种完全匹配，该物种也不可能全部占用所有可用的栖息地（O'Connor，2002）。基于栖息地代表和生命形式分布这两种信息的保护规划不容易受到这些陷阱的影响，因此比仅基于某种单一信息更有效。

许多作者已经讨论了精心设计的大规模保护规划代表性保护区网络的价值，代表性方法已成为保护理论和实践中的基础（Noss，1987；Franklin，1993；Pressey et al.，1993；Noss and Cooperrider，1994；Maybury，1999）。Day 和 Roff（2000）提出了一个设计海洋保护区网络的方法体系，其中就包括西北大西洋陆架区域加拿大部分的案例研究。他们概述了他们称之为“持久并循环发生”的那些环境特征的应用，并将这些特征作为实现代表性的基础以进行栖息地分类。这些特征是非生物的，用于描述海水条件和海底情况。

Day 和 Roff（2000）还强调了在建立海洋保护计划时需要考虑特色海域（参见 Roff 和 Evans，2002 和第 7 章）。特色海域的特征在于，存在一个或多个独特的生物或物理属性，例如某种鱼类的已知产卵场、濒危鲸类的已知索饵场、冷水珊瑚生存的位置或像海山或特定的海底峡谷等罕见栖息地。

CLF/WWF 对生物多样性保护规划的集成方法涉及将大尺度栖息地中的代表性与描述特色海域的数据结合，以定义一组生态多样化的保护特征（表 16.1）。栖息地代表性是根据一系列非生物特征选取的，这些特征被认为是广义海洋生物多样性中栖息地属性的基本组成部分，并且具有足够的空间数据可供使用。海洋栖息地地图（maps of marine habitat）（被称为海景 seascape）（Day and Roff，2000；Roff et al.，2003）来源于描述海水（温度、盐度、分层、深度）和海底（基底类型）的物理参数（第5章）。

选择几组同时满足代表性和特色性保护特征目标的海洋保护区（第5章和第7章）。然而，有些海域被选择主要是因为它们对于满足特定生物保护特征的目标是必不可少的，或者它们仅仅是为实现栖息地代表性目标所需要的。在定义栖息地时，CLF/WWF认识到，海底（海底环境）和水柱（水体环境）各自显示出独特的栖息地镶嵌模式。

生物学特色海域被定义为那里的许多鲸类、鱼类以及浮游植物具有相对高的丰度和/或物种丰富度的海域。例如，特定鱼类和鲸类的特色性海域被定义为丰度达到或高于该物种平均水平的那些海域。类似地选择了鱼类高物种丰富度的海域，并且将叶绿素浓度持续在前10%水平的海域作为高初级生产力特色海域（表16.1）。

表16.1 CLF / WWF（2006）优先保护海域研究的保护特征类别和目标

保护特征类别	说明和数据来源	保护目标
初级生产	叶绿素浓度持续较高海域（SeaWIFS卫星图像）	20%的规划单元显示具有高叶绿素浓度
底层鱼类物种丰富度	每次拖网的物种数量（按规划单元平均值）（NMFS和DFO调查数据）	20%规划单元的物种丰富度为生物地理区域平均值或以上
幼体丰度	每次拖网的个体数量（规划单元内对数值的平均值）（NMFS和DFO调查数据）	20%规划单元的相对丰度为生物地理区平均值或以上，保护目标由物种设定
成体丰度	每次拖网的个体数量（规划单元对数值的平均值）（NMFS和DFO调查数据）	20%规划单元的相对丰度为生物地理区平均值或以上，保护目标由物种设定
鲸类丰度	每1 000千米调查断面观察到的头数（规划单元内对数值的平均值）（NARWC数据库）	20%规划单元的相对丰度为生物地理区平均值或以上，保护目标由物种设定
栖息地类型	根据海底和水体环境因子这些非生物数据进行的栖息地分类	每个栖息地地图的20%，保护目标由栖息地类型设定

注：NMFS=国家海洋渔业处；DFO=加拿大渔业和海洋部；NARWC=北大西洋露脊鲸联盟。

这些特征预计将作为生态指标和生态系统其他组成部分的“保护伞物种”（umbrella species）（Primack，2002和第9章）。但是不包括地质学特色海域，也不包括已知具有生物学特色但不能对其大部分海域进行系统调查的海域（例如孤立的深海珊瑚海域）。据判断在将来进一步制订保护计划时可以添加这类局部海域。

保护区规模是栖息地、种群生存能力和保护规划的关键方面。在适合于特定物种的尺度上定义栖息地的议题是重要且复杂的（Warman et al.，2004），并且它们涉及这样的一个复杂问题，即需要多少栖息地才能实现与海洋保护区网络相结合的生态系统保护的宏大目标。CLF/WWF进行的分析是粗略的，旨在尽可能利用当前可用的数据体现全部栖息地类型和相关的生物多样性组成部分。在栖息地分类中，分析的基本单元有一个最小分辨率，该分辨率是由栖息地网格的大小（方格边长相当于经纬度5分，或约58 km^2）和规划单位（方格边长相当于经纬度10分，或约234 km^2）确定的。这些对基本单元的限制由生态区尺度上可以利用的数据确定的。因此，栖息地的识别是指对由特定类型的栖息地条件支配的相对较大的海域的辨识，但是这些海域被假定不是完全属于一种栖息地类型。在这种粗略划分的分析基本单元中，单个方格通常将包含各种条件（换句话说，它们是不均匀的），如果可能对这些基本单元进行更细致的分析，这些条件则将被揭示出来。

栖息地通常是由特定物种生活海域的这些（生物和非生物）特征所定义。然而，在用于保护目的的大尺度地图中，我们通常留下物种丰度与科学家能够测量的那些环境属性（例如，海底类型、深度、盐度）之间的相关性。这个复杂的问题在第 6 章中进行讨论。这其中的一些属性不可能直接确定给定物种在哪里找到，并且其中可能直接影响分布的一些属性可能会丢失。为了使保护区网络中包括尽可能多的生物多样性组成部分，CLF/WWF（2006）将基于几个关键海洋生境参数的地图与多种生命形式的地图进行了结合。

在构成网络的各个海域大小、海域的总数或网络的整体空间范围等方面，目前还没有简单的答案来回答多少才是足够的这样的问题（Roff，2009）（专栏 16.4 以及第 14 章和第 17 章）。然而，根据现有可用数据，CLF/WWF（2006）侧重于设计一个“网络”，其中包括 3 个生物地理区域的大约 1/5（表 16.1）。

可是，即使是活动性高的物种也会从海域保护中获益，因为它们会在这些受到保护的海域中度过其生活史中的一部分阶段，这一规模的一组海洋保护区预计将代表该区域的大部分生物多样性，但可能对移动性差（通常较小）的物种比对移动性高的物种作用更大。然而，即使高度移动的物种也将受益于它们在其生命周期中的一部分处在保护海域，例如保护区内其较小的食物种类可得性增加或保护区内人类干扰最小。CLF/WWF（2006）试图通过一组分散式海域保护网络（a network of distributed areas）（Roberts et al.，2003）来平衡保护目标实现后所带来的好处，以抵消因为包括了一些可能太小而不能支持一些移动性物种的海域的潜在损失。

基于许多类型的信息来识别优先保护海域网络，这项任务是非常复杂的。所涉步骤总结呈现在专栏 16.5。生态规划过程需要有效地满足大量目标，同时将总体面积降至最低。这是靠运用 MARXAN 这一基于计算机站点选择程序的强大软件来完成的（Possingham et al.，2000）。

专栏 16.3　CLF/WWF（2006）研究的操作原则

以下操作原则指导 CLF/WWF 建立一种确定优先保护领域“网络”的方法：

- 以生态区尺度进行保护规划。生态一致的分析区域覆盖从马萨诸塞科德角到新斯科舍省北角，面积约 277 388 km^2（=80 886 平方海里，= 107 100 平方英里）的陆架水域。
- 识别生物地理区域。分析区域包括 3 个生物地理海域：缅因湾（包括 Fundy 湾）、乔治浅滩和斯科舍陆架，根据对生物群落和生态重要生境特征（例如水温、海流）的研究区分 3 个海域。通过制定具体海域的保护目标，这 3 个海域被明确地识别为不同特色的生物地理学海域。
- 为生物保护特征识别使用最好的空间数据。重视生态多样化的生物保护特征，同时保持区域范围取样的标准。排除没有足够的空间范围或足够的分辨率来评估大尺度分布模式的数据。已知具有生态意义的孤立区域（例如硬珊瑚区域）不被作为显性保护特征包括在内，但要认识到可能期望将这样的海域添加到未来的分析中。

- 使用最实用的非生物数据进行海洋栖息地或海景的分类。根据以下原则选取用于定义海底环境和中上层水体环境的数据：①具有显著生态意义的变量；②具有足够的空间分辨率和足够分析区域范围的数据集。
- 同时使用生物和非生物资料来设计一个代表性栖息地网络，并要包括具有生物学特色的海域。
- 设计一个保护区网络，其大小足以满足生物多样性保护目标并在维持该区域生态系统方面发挥作用。

专栏 16.4 保护多少面积是足够的？确定区域内全部待保护海域的过程

目前可能有 3 种方式来决定一个区域应该（即需要）保护多少，以实现可持续的海洋生态系统保护。

（1）在 2003 年第五届世界公园大会上，建议“到 2012 年大大增加海洋和沿海地区海洋保护区面积，这些保护区网络应包括的严格保护区域至少占每个栖息地类型的 20%~30%”。最近，在 2006 年《生物多样性公约》（CBD）缔约方第八次普通会议上，正式通过了一个目标，即“到 2010 年每个世界生态区（包括海洋和沿岸带）至少其 10%得到有效保护”（CBD，2006）。但这些决议推荐的待保护海域保护总面积不同，推荐保护海域的比例也是不一样的，所以这些决议并不是非常严谨，因为没有进行任何严密的分析。在一些区域，区域中 10%的面积可能足以保存所有特色性和选定的代表性区域，而在其他地区甚至 30%也可能不够。最终，海洋保护区的数量和间距将按照连通性研究结果确定（见下面的方式 3）。

（2）根据渔业保护模型，可以估计一个区域内为确保资源可持续发展所需要保护的海域面积。这样的模型（Guenette et al.，1998；Beattie et al.，2002）表明，一个区域中的 10%~50%，或者更确切地说是 25%~40%的区域应该被保护以免受渔业捕捞活动的影响（辅以渔获配额管理），以确保渔业可持续发展。尚未确定如何将这种空间估计与海洋生物多样性所有其他组成部分的保护要求结合起来。

（3）基于对候选海洋保护区连接模式和连通效率的生态分析来决定一个区域应该保护多少。只是这很少做到，这需要关于区域海洋学当前模式的有关信息以及候选海洋保护区之间的连通性和/或它们起源关系数据的迭代建模（第 17 章）。

专栏16.5 规划海洋保护区组和保护区网络的生态步骤

确定海洋保护区的区域网络有3个基本阶段：

1. 数据汇编和图形化
2. 定义连贯的候选海洋保护区组
3. 选择有效的海洋保护区网络

第一阶段：候选区域的数据汇编和图形化

1.1 海洋学、自然地理学和生物学数据汇总

1.2 定义生物地理区域（在生态区域内）

1.3 定义区域地貌单位

1.4 绘制特色海域图（来自地球物理异常，TEK和SEK）；这些海域包括鲸类、鱼类、鸟类等分布区

1.5 绘制现有保护区地图（例如渔业禁捕区）

1.6 根据地球物理数据和生物调查数据绘制代表性海域地图

第二阶段：定义连贯的海洋保护区组

2.1 确定具有代表性和特色性海域所代表的总体目标，换句话说，确定总区域和每个受保护海域类别的比例（专栏16.4）。二者选一或者另外转到步骤3.5。

2.2 决定哪些特色渔业区域可以成为海洋保护区（MARXAN分析或对每种海域的其他类似分析），并定义可能的替代方案。

2.3 决定哪些代表性区域可以成为海洋保护区（MARXAN或其他类似分析），并定义可能的替代方案、规模和数量。

2.4 对特色性和代表性海域进行综合分析，以确定满足总体目标（见2.1）的海洋保护区候选/替代组。这应该可能定义连贯的海洋保护区组。

第三阶段：选择一个有效的海洋保护区网络

3.1 为每个海洋保护区定义适当的大小和边界（例如，应用第14章中的指标），并检查所选出的候选保护区是否满足所述目标规模。

3.2 获取海洋保护区间海洋流动模式资料和区域气象资料。

3.3 确定大型底栖生物和底栖鱼类的季节性浮游/幼虫发育时间（根据区域水温）。

3.4 根据现场研究、区域海洋学模型和起源研究等资料（第17章），定义候选海洋保护区组间的补充模式和连通性模式。

3.5 迭代模型/研究，直到能够定义有效的保护区网络（参见专栏16.1和第17章）。

3.5 注意：个体较小的物种将在每个海洋保护区内自动获得补充；较大的物种将在海洋保护区之间异域补充；没有物种会由于其全部补充群体到了该保护区网络以外海域的其他保护区网络而失去其补充群体。

16.3.2 建立生物地理区域

根据已识别的生态界线建立生物地理区域。工作重点是由科德角通过大南水道到乔治浅滩向海边缘，并沿着斯科舍大陆架边缘向东北延伸到劳伦水道为边界定义的大陆架海域（图 16.1a）。该地区的总面积约为 277 388 km^2（=80 886 平方海里=107 100 平方英里）。基于对该地区生物地理学的文献综合分析，划分了生物地理区域，按照 Cook 和 Auster（2005）采用的划分方法确认了动物区系分布区域。

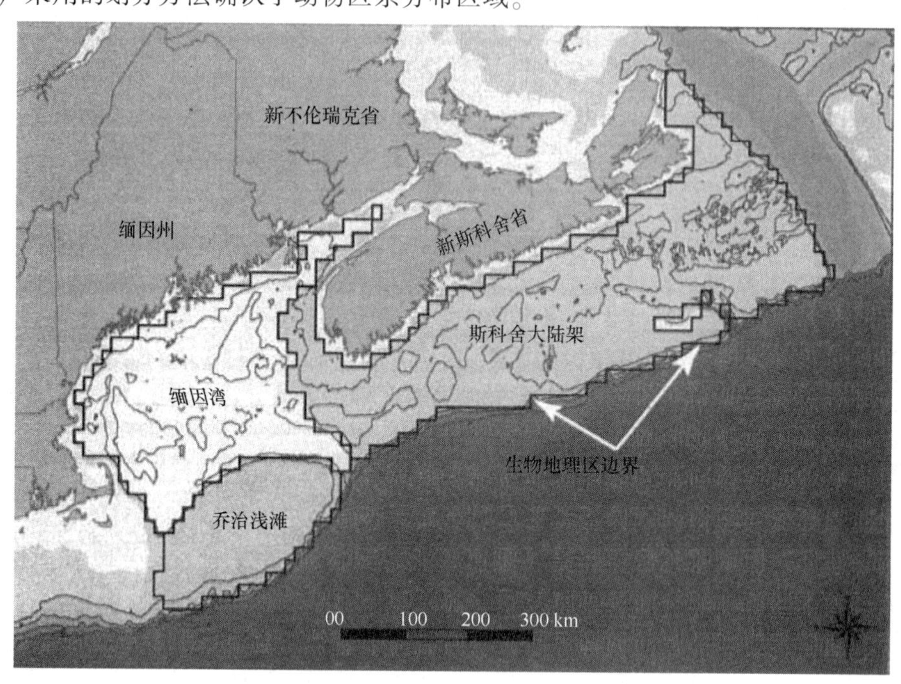

图 16.1a 显示了海洋保护区组的分析区域和生物地理区域

注意：计划单位的边界和边缘由黑线显示

资料来源：经 CLF/WWF 允许复制（2006）

生物地理区域的认定对于最大程度地实现代表生境和海洋生物多样性目标至关重要，因为根据定义，生物地理区域体现的是独特的植物群系和动物群系。期望在每个生物地理区域内都实现保护目标，以提供一些保障，防止未能体现出种群结构和物种分布的重要变化。在生物地理区域之间和生物地理区内的多个海域之间设置保护也可能有助于网络的整体恢复力和连通性，并且额外保障以防止局部灾害的发生（Roberts et al.，2003）。

大南水道至新斯科舍省西南方向海域自然动物区系存在不连续状态，劳伦水道到布雷顿角岛海角和纽芬兰之间的东北部也有这种情况存在（图 16.1b）。该区域的动物区系组成可以与南部较暖水域和北部较冷的北方水域的动物区系组成区分开，尽管该区域内的许多物种分布范围超出了这些边界。在向海一侧，生态区域以陆架边缘（200 m 等深线）为界，超过该边缘的深水区域体现大陆坡和深渊特征的生物群落占优势。距离海岸线 15 km 的缓冲区（接近 30~50 m 等深线）将近岸沿海和河口海域排除在生态区之外。沿海带已在第 11 章中单独讨论。

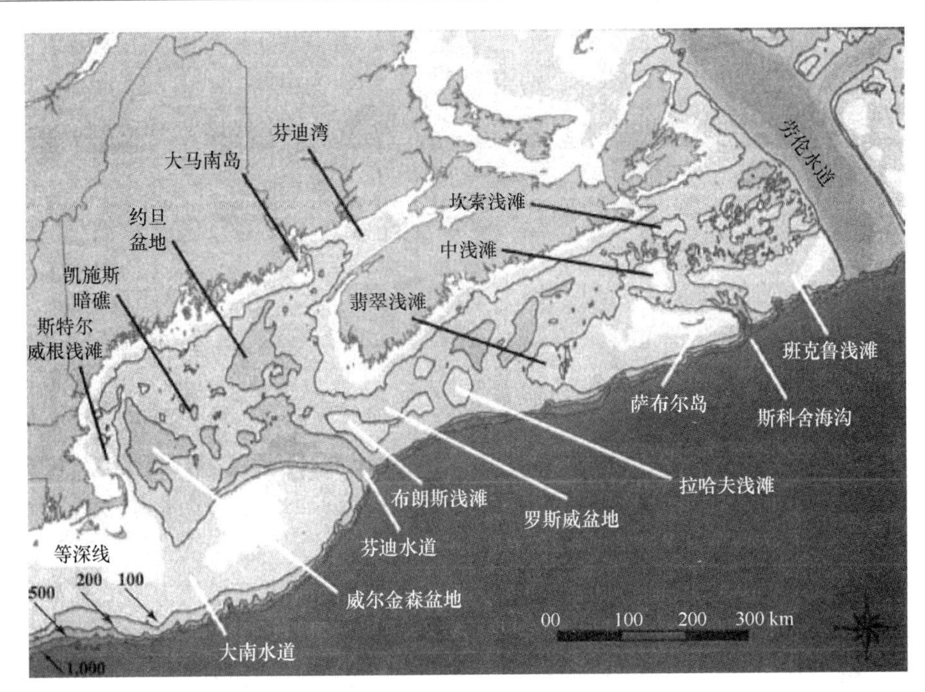

图 16. 1b　显示了区域内具有突出海洋地貌特征的海洋保护区组

资料来源：经 CLF/WWF 允许复制（2006）

为了得出一套相关的保护优先海域，CLF/WWF 确定了 3 个生物地理海域（或区域）：乔治浅滩、缅因湾（包括芬迪湾）和斯科舍大陆架（图 16. 1b）。

- 乔治浅滩（42 343 km^2）。乔治浅滩地区是卵圆形的，是西北大西洋渔业生产力最高的海域之一，其特点是那里的海流内具有包括初级生产者和幼鱼在内的各种生物类群（Backus and Bourne，1987）。
- 缅因湾（87 156 km^2）。缅因湾区域是一个不规则形状的海域，包括芬迪湾和东北水道，被斯科舍大陆架和乔治浅滩地区包围。
- 斯科舍大陆架（147 889 km^2）。斯科舍大陆架区域是一个大型细长地区，从新斯科舍省西北部水域延伸到东北部的劳伦水道。

这些生物地理区域之间的生物区系差异可能很大，但该区域的生物多样性研究才刚刚开始进行。Theroux 和 Wigley（1998）根据海洋学知识和大型底栖无脊椎动物的调查，研究了该地区的生物地理学。许多现有知识是基于对已知能够影响生物群落分布的海洋学特征研究的推论，例如洋流、水温、盐度、分层、深度和底质类型。

底层鱼类研究表明，这些区域内有几种鱼类明显存在不同的亚群，渔业管理者将某些物种视为这些海域内的特色群体（Collette and Klein-MacPhee，2002）。对底层鱼类分布的分析（见下文）也表明海域之间在物种组成上存在差异。

16. 3. 3　决策支持工具——MARXAN

CLF/WWF（2006）设定了一个目标，即确定每个海洋栖息地类别的代表性比例（即每个栖息地类型的 20%）和特色性海域的代表性比例。为了确保每个生物地理区内的保护特征满足目标要求，为每个区域内每个特征分配了唯一代码，并为每个区域设定了其特定的目标。选用 MARXAN 作为整体规划的决策支持工具。MARXAN 程序的实例和使用说明参见使用手册（Ball and Possingham，2000）和有关网站例如 www. ecology. uq. edu. au/marxan. htm 和 www. mosaic-conservation. org/cluz/marxan1. html。

基于计算机的地点选择至关重要，因为大尺度、系统的海洋保护规划是一项艰巨的任务，需要同时有效地实现许多目标。

通过基于计算机的地点选择，遵循完全指定规则的程序，客观地使用数据，使网络设计方法清楚易懂。

MARXAN 基于一组保护特征来执行地点选择，并为每个保护区设定一个特别的量化目标。MARXAN 并不是用于海洋保护的唯一定量建模工具。然而，它是基于生态学原理而设计的，能够接受各种类型的数据（包括非生物和生物数据），容易理解，方便学习和使用，并且可自由获得。它最初是为规划大堡礁海洋公园而开发的，现在已成为“行业标准”。需要注意的是，MARXAN 被描述为“决策支持工具”，而不是用作决策程序。它产生的是“高效”的规划解决方案而不是最佳解决方案（因为潜在解决方案的数量巨大）。

MARXAN 反复搜索提供给它的所有信息，以空间有效的方式寻找达到指定保护目标的区域组合。该程序可以以多种方式实现目标，因为大多数栖息地类型和海洋生物都在所有生物地理区域内的多个位置中发现，并且每个区域网络仅需要体现每个区域的一部分即可。MARXAN 允许根据指定的保护目标和空间效率程度来评估每个保护区网络的性能，从而识别“最佳”网络组合。因为该方法可以生成多个所有性能都相当好的保护区网络，所以它为规划者提供了可行网络选择的额外便利。这在公共规划过程中是至关重要的。

保护规划过程中通常首先将该区域划分为可管理的地理规划单元。这些单元可以具有任何尺寸或形状，但是边长 10 分地理经纬度（即在该规划中使用的 10 分经纬度的正方形，相当于每边长约 16 km）的正方形常常用于大尺度规划。每个规划单元的特征体现在其保护特征的列表中。在 CLF/WWF 的工作中，这些特征包括栖息地特征（如深度和海底类型）以及生物学特征（如鱼类和鲸类的丰富度），以作为生态群落类型的替代。依据这些保护特征和保护目标，通过评价规划单元之间的不同组合来开发保护网络。

MARXAN 只需要提供给它地理数据集（地图），然后遵循提供的指令，并使用确定的数学函数，就可以找到给定规划问题的解决方案（保护区网络）。CLF/WWF 使用 MARXAN 工具生成了几个优先海域的保护区网络，每个网络由多个海域组成，每个海域由一个或多个规划单元组成。这些优先海域合在一起，就能满足所有规划目标，而单个的优先海域则无法达到要求。由 MARXAN 确定的保护区网络是基于保护目标达到的程度以及与其他空间效率相关因素的组合来评估的。MARXAN 评估的其他因素包括：达到目标所需的总面积、边界长度（所有区域的总周长）、区域内优先海域的数量和不可替代性（那些独特且必须包括的海域）。“最佳”结果通常是满足了所有保护目标，而且在最小总面积中具有最少的规划单元，并且优先海域数量最少。

评估过程中会选出一个“最佳”保护区网络，以及其他保护性能不佳的网络。然而，应该认识到，由 MARXAN 产生的“最好的”保护区网络也不一定是最佳网络。通常，许多网络几乎与最好的网络一样好，它们可以作为最好网络的可行替代网络。

CLF/WWF 确定的优先保护区网络是基于所有不同的生物学保护特征和栖息地特征而确定的。此外，MARXAN 也被用于识别仅基于单个组成成分数据层（也即鲸类、鱼类和栖息地）的保护区网络，以便深入分析这些组成成分以及如何基于这些单独的组成成分进行地点选择。这些探索性的 MARXAN 分析还提供了一个机会，即可以将这样产生的保护区网络与基于所有不同数据类型的优先保护区网络进行比较。

MARXAN 在任何给定的一次运行中，都不会产生单一、真实、最优的网络。因此，它对站点选择过程执行许多次迭代运算（每次 CLF/WWF 分析迭代 100 次，组合运行达数百万次），并使用来自输出的评分数来评估每个生成的网络。

对多个 MARXAN 网络的检查允许识别重复的规划单元以及仅为少数网络选择的其他规划单元。这在规划图上很容易观察到，图中每个规划单元颜色深浅表示它在 100 个网络组中出现的次数。这样的规划图被称为“概括解决方案图”（Stewart and Possingham，2002）。示例见图 16.2。

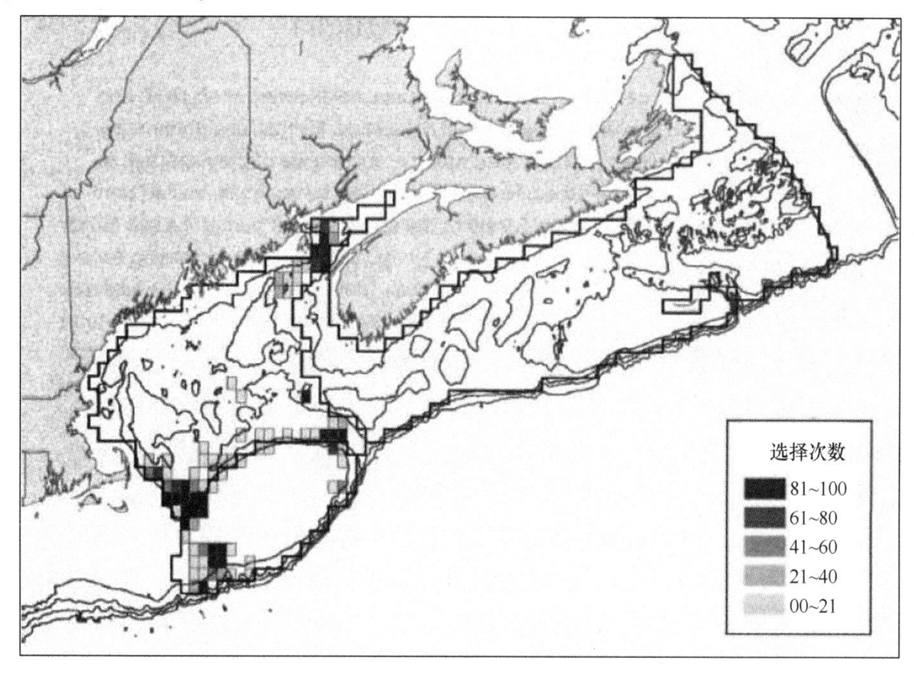

图 16.2　规划单元的位置（100 个 MARXAN 运行结果总结），通常包括在鲸类动物保护区组内

注意：图例表示规划单位的选择次数

资料来源：经 CLF/WWF 允许复制（2006）

通常几乎所有的网络都包含一个核心子组（core subgroup）的规划单元，如果没有这些核心子组的存在，则一个或多个目标可能不会实现。因为它们是获得网络解决方案的关键，有时被称为是“不可替代的”规划单元（Stewart and Possingham，2002）。具有最高不可替代性的规划单元作为网络的一部分可能是最需要的，相反，如果这些规划单元无法获得保护，实现保护目标的能力将大大降低。一个规划单元之所以是不可替代的，因为它含有其他单元中找不到的罕见特征。如果规划单元包含异常丰富的特征组合，它们也可以

是（相对）不可替代的。在复杂的 MARXAN 分析中，许多保护特征它们满足目标的程度不同，一些特征可以超越目标所需，而另有些特征仅在特定条件下才能实现目标。基于栖息地和生物数据（CLF/WWF，2006），MARXAN 最终计算出的保护区网络的面积范围实际上非常接近仅基于区域栖息地目标的 20%。

16.3.4 要包括的海域类型和总体“目标”的比例

海洋保护网络的总体目标建议范围为 10%~30%或以上。事实上，大多数情况下这样的数字不是很严谨的，没有考虑生物地理学上的差异，并且被认为很少是基于生态理由（Roff，2009 和专栏 16.4）。然而，关于可持续渔业模式的研究表明，要保证一些物种持续性发展，保护某个区域的 10%~50%再辅以渔业捕捞配额管理，这种保护目标才能实现（Guenette et al.，1998）。正如我们将在下一章中看到的，有另外一种方法来实现更加合理、更少随意性和更精确的总体空间目标。

在 CLF/WWF 研究中，为每个特定保护特征设定了目标（表 16.1）。对于不同的海洋栖息地，目标被设定为每个生物地理区域内的每一栖息地类型的简单比例。因为每个生物地理区域整体上是通过栖息地类型分类的，所以以这种方式依次设置目标来确定保护区网络所需的最小面积。例如，如果设定栖息地类型的保护目标为 20%，保护区网络总体上将包括分析区域的至少 20%。对于生物性质的保护特征，将目标设定为一些描述性度量的比例（例如相对丰度），并且规划单元仅选择已被确定具有高质量的那些规划单元子集。下文将进一步讨论这些内容。

接下来依次简要讨论每个起作用的数据集。有关详细信息请参见 CLF/WWF（2006）。

16.3.4.1 叶绿素 *a* 浓度持续高的区域

初级生产形成海洋生态系统中的食物链基础。尽管初级生产和物种多样性之间的关系是复杂的（第 8 章），但初级生产力最高的地区支持较高营养级的最高总生物量。与海底浅滩和上升流相联系的浅水海域具有较高的初级生产力，并因其异常丰富的海洋生物而得到广泛认可（Thurman and Trujillo，2002）。幼鱼的生存也取决于浮游植物的时间节律和季节丰度（Platt et al.，2003）。而且，最近的研究表明，渔业生产直接受到浮游植物自下而上的控制（bottom-up control）（Ware and Thompson，2005）。因此，CLF/WWF（2006）认为，在保护区网络中纳入一些具有最高初级生产力的海域，对于设计一个有效的优先保护区网络至关重要。

沿海海域之外的海域，其初级生产取决于单细胞浮游植物。这些单细胞浮游植物中捕获光的叶绿素分子可以通过遥感根据海水的颜色进行探测（Platt et al.，1995；Sathyendranath et al.，2001）。因此，卫星图像已用于估计海洋不同区域的潜在初级生产。

CLF/WWF（2006）的目标是确定持续显示异常高叶绿素浓度的规划单位，这些规划单位被认为是具有异常高的初级生产力海域。数据来源于“海洋广域传感器计划”获得的海面卫星图像（NASA，2006），这些数据就是由 1997 年 9 月开始至 2003 年 3 月为期 5 年半的两周复合图像（共 133 张图片）组成，其测量分辨率约为 1.1 km。由于有各种校正程序，所有那些叶绿素浓度在前 10%的海域被确定（即在给定的生物地理区域 3 年或多于 3 年时期内给定的两周时间段），并被标记为叶绿素浓度持续高的位置（图 16.3）。

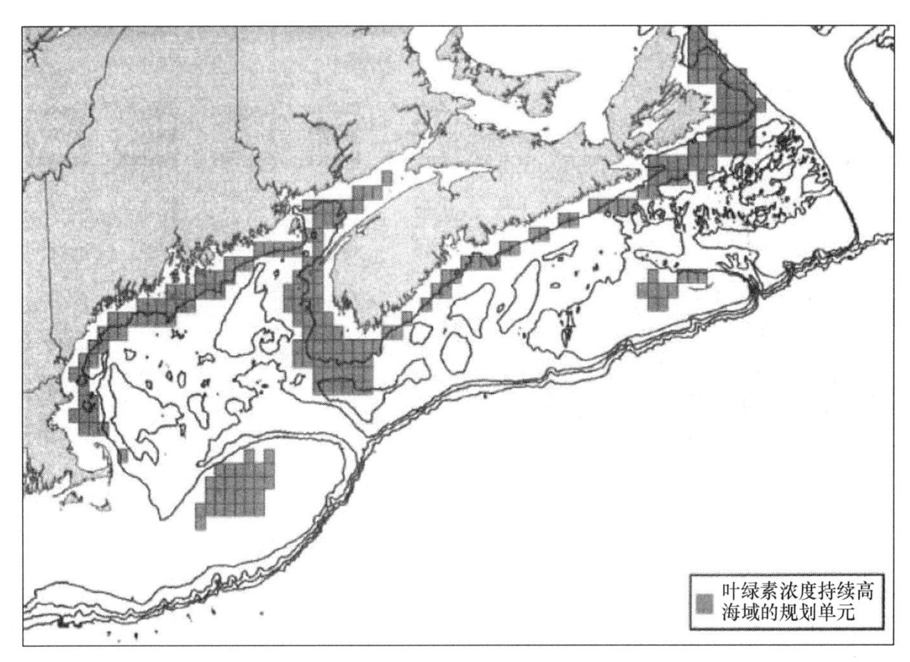

图 16.3　分析区域内叶绿素浓度持续高的海域

资料来源：经 CLF/WWF（2006）许可后复制

近岸和其他相对浅的海域（如乔治浅滩、布朗浅滩和圣安浅滩），通常都有可能存在叶绿素浓度较高的情况，尽管叶绿素分布的空间模式呈现季节性动态变化。叶绿素浓度一般在春季和初秋时达到最大值，在晚秋到冬季期间和仲夏期间达到最低值。

16.3.4.2　底层鱼类特色海域

众所周知的底层鱼类（生活在海底的鱼类）是西北大西洋陆架海域海洋生态系统的主要组成部分，数千年来为该沿海地区的人类提供了大量鱼类产品（Jackson et al.，2001）。底层鱼类是区域生物多样性的重要但易受损的组成部分，并且占据一系列栖息地和生态位。底层鱼类物种多样性成为整体生物多样性和底栖生物群落的指标。

在过去的两个世纪中，围绕底层鱼类和其他鱼类发展了大量工业经济。不幸的是，几个历史上曾经非常重要的鱼类产业已经消失或已被损害。目前的捕获物组成已经发生了显著变化，这反映了鱼类物种相对丰度、种群大小结构和生态系统营养结构等方面的显著变化（Collette and Klein-MacPhee，2002；Rosenberg et al.，2005）。鳕鱼和其他顶级捕食者的消失也导致了生态系统营养结构的系列性改变，其后果我们才刚刚开始了解（Frank et al.，2005）。

这些鱼类的巨大商业价值促使加拿大和美国渔业管理部门在过去这个世纪的大部分时间进行了系统拖网调查。这些调查获得了大量关于该区域鱼类分布的宝贵定量数据，包括具有商业价值的鱼类和许多其他物种（CLF/WWF，2006 年物种名录）。CLF/WWF 使用这些拖网数据来绘制底层鱼类的两种生物学特色区域地图：即物种丰富度图（每次拖网的平均物种数，图 16.4）和相对丰度图（每次拖网的平均个体数）。

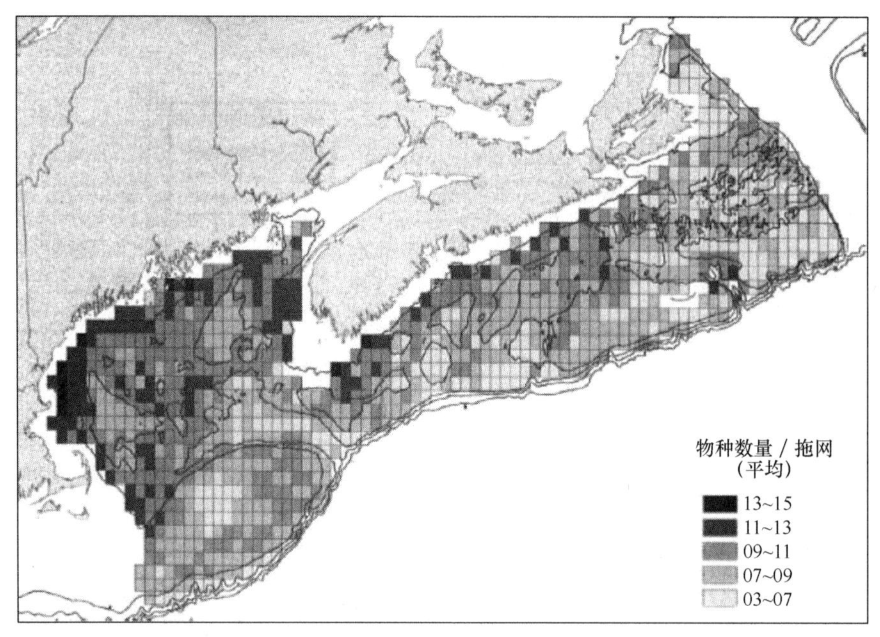

图 16.4　分析区域内底层鱼类物种丰富度（每次拖网获得的平均物种数）

备注：图例显示每次拖网获得的平均物种数

资料来源：经 CLF/WWF（2006）允许后复制

场地选择过程偏向于具有高相对丰度和高物种丰富度的海域，因为这两个指标有助于实现两个目标。物种丰富度高的海域其保护价值也高，因为在给定位置可以保护更多的物种。

众所周知，鱼类不同生活阶段其栖息地利用存在差异（Cook and Auster，2005），所以分别对每种鱼类的幼鱼和成体绘制相对丰度图。例如，由砾石、岩石和生物（例如海绵、珊瑚或植物）所形成的海底特征成为对幼鱼特别重要的栖息地海域标志，因为这里能够保护幼鱼免受捕食者和海流的侵害（Lindholm et al.，2001）。而成鱼则受其他限制条件的影响，例如食物可用性和产卵活动海域可用性。通过纳入单个物种的丰富度层，CLF/WWF（2006）确保了每个物种的重要区域都被包括在地点选择过程中，其中包括那些可能在高物种丰富度区域没有出现的物种。

CLF/WWF 使用加拿大和美国政府在 1970—2002 年进行调查期间所获得的数据；斯科舍大陆架区域数据由加拿大渔业和海洋部（DFO）收集，缅因湾和乔治浅滩数据由美国国家海洋渔业局（NMFS）收集。调查方法及其参考资料在 CLF/WWF（2006）报告中有概述介绍。简而言之，就是视跃层深度和采样站点制定采样策略。标准的底拖网装置以 10.5 km/h 的速度拖网 30 min 计 5.25 km（3.0 n mile）。对于每个生物地理区域，只包括那些根据出版物资料被分类为本地物种的底层鱼类（Scott and Scott，1988；Auster，2000；Collette and Klein-MacPhee，2002），从而避免选择可能分布有临近海域物种的边缘海域。

具有最高平均物种丰富度的海域形成了一个新月形地带，该地带从大南水道附近开始，大致在缅因湾内沿 100 英里等深线至新斯科舍东南部附近的芬迪湾附近结束（图

16.4)。这个高物种丰富度带沿斯科舍陆架生物地理区的近岸边界以不太明显的方式继续延伸。丰富度的第二个明显峰值出现在缅因湾中心附近的山脊和浅滩。缅因湾内较深的盆地倾向于显示较低的平均物种丰富度。平均物种丰富度最高的海域似乎集中在生态过渡区(生态交错区)附近,例如,沿海和大陆架区域之间或大陆架和陆坡区域之间的过渡区,或诸如Stellwagen浅滩和Cashes暗礁等特色海域周围。

然而,仅包括具有最高物种丰富度的海域不能确保包含了所有物种,也不能确保支持高丰度的那些海域被包括在内。因此,使用单个物种的丰度分布对于实现保护目标也是重要的。不同鱼类的丰度分布表现出各种不同的模式。虽然高丰度海域和高总物种丰富度的海域之间的重叠是普遍存在的,但是在分析中使用这些单独的图层确保了在选址中可以体现尽可能多的物种。再次运用MARXAN确定海域组合,使这种海域组合能够有效地实现对所有当地底层鱼类(包括幼体和成体)的保护目标(CLF/WWF的附图)。

16.3.4.3 鲸类和海豚特色区域

鲸类和海豚作为一个群体,在西北大西洋的生态系统中发挥了突出的作用(CLF/WWF,2006年的物种名录)。在1979—1982年期间,缅因湾和乔治浅滩的鲸类总生物量据估计大约为20万t(Kenney et al.,1997)。这些捕食者每年消耗超过100万t的食物(占缅因湾海域总净初级生产量的1/5),主要以浮游动物、大型无脊椎动物(如鱿鱼)和一些鱼类为食。能够捕食它们的动物极少,在海洋生态系统中处于顶级地位(Kenney et al.,1997)。

这些鲸类是区域生物多样性的重要组成部分。它们在海洋中的空间分布与海洋生态系统的组成部分相关,但我们目前缺乏这种相关性的充分数据,包括与无脊椎动物和一些小型鱼类的相关性数据。就其本身而言,鲸类动物作为栖息地和生物多样性指标或保护伞物种(umbrella species)是有价值的,并且它们本身显然也是值得保护的目标。分析区域中一些物种当前种群数量非常小,已经处于非常危险的状况(Kraus et al.,2005),包括北大西洋露脊鲸(*Eubalaena glacialis glacialis*)和蓝鲸(*Balaenoptera musculus*)。许多该类物种已被美国(United States Fish and Wildlife Service,2006)和加拿大(Committee on the Status of Endangered Wildlife,2006)有关机构视为处于危险境地。

CLF/WWF(2006)根据来自北大西洋露脊鲸联盟(NARWC)数据库与鲸类和龟类评估计划(CETAP,1982)数据资料(其中包括了许多小规模密集调查数据),绘制了鲸类种群的重要栖息地地图。CETAP数据集包括10 000余次的观察资料,观察海域覆盖了从哈特拉斯角到新斯科舍的整个大陆架水域。

观测的空间模式是不均匀的,但是对于每个观测单元观测值(sightings perunit of effort,SPUE)和季节变化都会被校正。然而,对于鲸类栖息地利用模式的季节变化(Kenney et al.,1997)和长期循环利用情况并没有进行特别调查。观察结果被认为是用于估计相对丰度的最佳可用数据,一些已发表的重要研究成果都是以这些观察结果作为基础进行的研究(Kenney and Winn,1986;Kenney et al.,1997)。已假定这些观测结果与实际丰度相关,但预期其相关度也不是很高。例如,给定物种行为的差异(例如摄食和洄游)可能会影响观测比率,这种差异在物种之间可能也会有变化。

通过对物种丰富度地图和所有鲸类动物的相对丰度数据的结合分析,获得了鲸类物种利用区域的总体图像。对于丰度的确定，每个物种的相对丰度值首先除以该物种的最大值（即校正），从而达到最大程度的统一。接下来，计算每个规划单元内所有物种相对丰度校正值的总和，并以此绘制相对丰度分布图，以显示相对丰度概览。该概览图与鲸类物种丰富度图非常相似，这两种统计数据均揭示了大南水道、乔治浅滩、Stellwagen 浅滩、Jeffreys 暗礁、芬迪湾和罗斯威盆地等附近特色海域的特征。

基于所有鲸类物种的丰度分布资料，再次利用 MARXAN 识别达到保护目标的保护区组。对于每个物种，观测单元观测值（SPUE）不小于生物地理区域内平均值的那些规划单元被识别为重要栖息地海域，MARXAN 会从这些规划单元中将它们选择出来。每个物种的保护目标被设定为这些规划单元（不小于每个生物地理区域平均值的那些规划单元）相对丰度总和的 20%。

基于鲸类动物保护特征的最佳保护区网络（图 16.2）包括了芬迪湾外部、乔治湾和其他较小海域附近的区域。大南水道和芬迪湾外部海域物种数量多、校正丰度值大，并且鲸类生物量也高（Kenney and Winn，1986）。

16.3.4.4 栖息地和地貌特征：代表性和重复性

在 CLF/WWF（2006）报告中，代表性的分类系统和图形化工作是来源于 Day 和 Roff（2000）提出的方法，该方法基于物理栖息地类型可用于部分预测海洋生物分布的基本原理提出的；也就是说，它们可以代替生物区系资料来描述海洋生物的分布状况（第 6 章）。因为可用于研究海洋生物区系空间分布的数据非常少且不稳定，使用这种替代是必要的。至少有两种地球物理特征分类方法可以体现生物地理区域内栖息地的代表性，即通过地貌单元制图或构造不同类型的栖息地（第 5 章和表 5.1）。这两种方法可以互补，并结合 MARXAN 在分析中使用。

在 CLF/WWF 使用的栖息地研究方法中，基于一系列已知能够影响生物物种和生物群落分布的那些相对持久和周期性存在的因素（见表 5.5 中的例子），描述了各种物理栖息地类型的特征（第 6 章），这些因素包括各种海洋学因素和地形学因素，例如海底基质的组成和深度。

在该地区使用基于由持久性和周期性非生物特征限定的物理栖息地类型而提出的这种方法是有利的，原因有两个：①使用这些特性使得分类结果相对稳定，不会随时间发展而变化（或自然适应）；②可以使用物理数据集来实现该方法，而这些数据集在整个区域中都相对比较容易获得。由 CLF/WWF 开发的栖息地地图代表着首次为大缅因湾和斯科舍大陆架海域的陆架水域提供区域范围的栖息地分布地图。用于生成斯科舍大陆架海域栖息地图的周期性和持久性因素的示例已在第 5 章中给出。

栖息地分类系统描述了区域内每个地理位置的物理栖息地，并区分了中上层水体环境和海底环境。海底环境特征非常强烈地影响着底层鱼类和底栖生物群落的分布，而中上层水体环境中生物群落的分布受水柱物理参数的影响更大（Cox and Moore，2000）。然而，海洋水体环境与海底环境之间的相互作用也是非常重要的（Wahle et al.，2006）。

在这种分类系统中，每个水体栖息环境和海底栖息环境都是由独有的特征组合来界定：表层水温-盐度带（水体环境中的深度类别和分层程度）；海底温度-盐度带（海底环境中的深度类别和底质类型）。水温和盐度相近的区域划分方法在某些方面是与陆地环境中主要气候区域划分相类似。在较大的尺度上，它们与生物群落类型的差异有很好地相关性（McGowan，1985；Day and Roff，2000；Breeze et al.，2002）。海水温度和盐度的显著差异可发生在水体发生垂直分层的单个地理位置，这就是将海底环境和中上层水体环境分别进行讨论的另一个原因。

许多研究已经证明了海水温度和盐度特征（或水团）之间在生物地理学上的关联性（第 6 章）。然而，由于水团在空间和时间上是动态变化的，所以为栖息地图示化工作生成一个静态分类方案是非常具有挑战性的。因此，在对栖息地进行分类时，CLF/WWF 定义的那些区域在整年过程中温度和盐度变化范围都近似。

每个特征值的范围被分成适合于分析区域且具有生态意义的类，这个可以通过文献研究和数据分析来定义。然后将这些值图示化，为每个特征创建一个单独的图层。最后，组合这些图层以生成海底环境和海洋水体环境的栖息地图。栖息地图是在 5 分经纬度网格上重叠每个特征图（Day and Roff，2000）而生成。注意，这个 5 分经纬度网格图比用于图示生物学保护特征和用于识别优先保护区网络的 10 分经纬度规划单元网格图更精细。

基于北美东部大陆架海测地图集（NOAA，2005）中提供的数据资料，定义了温度和盐度近似的区域。这个地图集在 10 分经纬度方格图上显示了海洋表面、海底以及各中间深度层次上的月平均值，数据资料来源于加拿大和美国的几个部门，时间跨度超过 30 年。使用多变量聚类分析（Hargrove and Hoffman，2004）在海底环境和水体环境中来识别那些具有相似温度和盐度季节性变化体制的地理区域。

层化参数（基于深度、潮流速度和阻力系数）对于预测锋面位置、描绘鱼类产卵区域（Iles and Sinclair，1982）和中上层水体生物群落（Pingree，1978；Day and Roff，2000）是非常有用的。这里层化参数是用表层海水密度和 100 m 深度的海水密度之间的差代替。

水深数据集是根据加拿大贝德福德海洋研究所的一些相关研究汇编而成，海底基底特征数据由几个不同的数据源组合而成，其中包括 Fader 等（1977）、Poppe 和 Polloni（2000）、Poppe 等（2003）几位作者的研究结果。通过与海洋地质学家进行磋商，协调了过程描述和空间分辨率方面的差异。这样就形成了一个基于组合数据集的一般化分类方案，该方案将各种不同类别的海底基质整合成 5 大类：①黏土和淤泥；②泥质砂；③砂；④砾石；⑤基岩。

应用 MARXAN 来识别代表每个栖息地类型的保护区组，而这些栖息地类型是根据若干地球物理特征值进行分类的。保护规划是在生物地理区域层次上进行的，因此，像出现在乔治浅滩的栖息地类别被视为有别于其他海域存在的同一类别。每个栖息地类别的目标再次设定为 20%。

CLF/WWF（2006）首先为海底环境单独建立了一个代表性的保护区网络，然后为海洋水体环境也单独建立了一个网络，最后建立了一个代表海底环境和水体环境所有类别的保护区网络（图 16.5）。

海底环境最具代表性网络包括分布在整个分析区域内的 29 个海域。所选海域总共覆盖约 56 091 km^2（=16 356 平方海里；=21 657 平方英里），或大约相当于每个生物地理区域的 20%。相比之下，水体环境代表性网络仅由 13 个海域组成，覆盖约 53 744 km^2（15 672 平方海里；20 751 平方英里）的组合面积，也约为每个生物地理区域的 20%。

基于海底环境和水体环境的分析生成的最终保护区网络，完全代表了 CLF/WWF（2006）初始目标所定义的海洋生境。该保护区网络由 31 个海域组成，覆盖面积为 57 414 km^2（=16 742 平方海里；=22 167 平方英里），约为每个生物地理区域的 20%（图 16.5）。

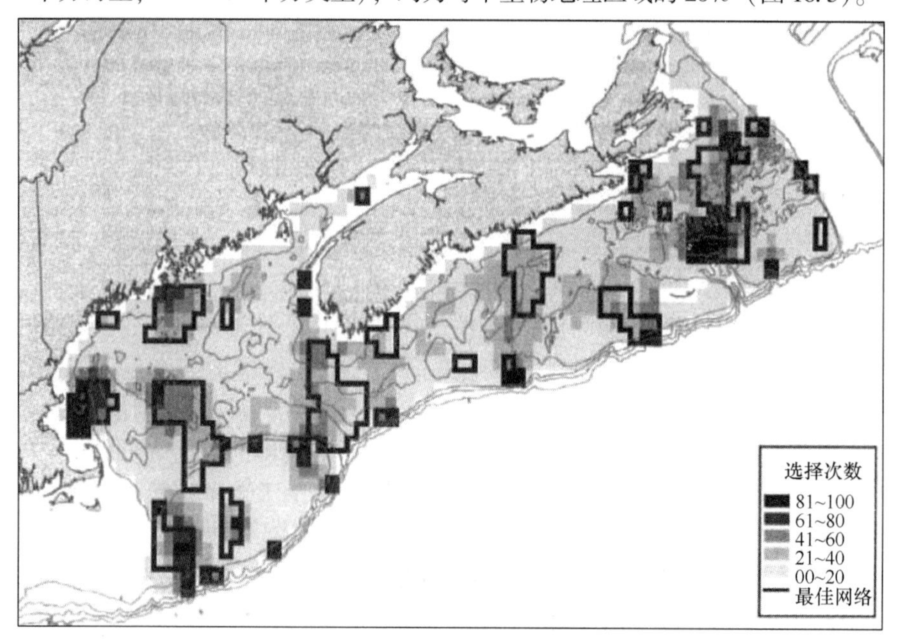

图 16.5 一组海底环境和水体环境结合的代表性海洋保护区，显示最佳“网络”与解决方案

注：图例表示规划单元选择次数

资料来源：经 CLF/WWF（2006）允许后复制

16.3.5 一组连贯的海洋保护区——优先海域

在对每个数据集进行单独分析之后，接下来使用 MARXAN 对组合数据集进行共同分析。然后从这些综合分析中选择最佳分析结果（图 16.6）作为优先保护区组（在 CLF/WWF 报告中称为“保护区网络”），该优先保护区组将共同保护区域内海洋生物多样性选定的组成成分，同步实现所有保护特征的目标。因此，CLF/WWF 开发的优先保护区网络（基于 100 次 MARXAN 运行结果）包括了海洋生物特色保护海域，代表了各种物理栖息地类型。

该保护区网络基于从 1 057 个规划单元中选出的 237 个规划单元，确立了 30 个优先保护区，面积约占整个海域的 22%，相当于 62 449 km^2（=18 210 平方海里；=24 112 平方英里）。优先保护区中最小的是包括一个或两个规划单元的小型保护区，较大的由多个规划单元组成，最大的优先保护区是由 46 个规划单元组成，面积超过 12 279 km^2（=3 581 平方海里；=4 741 平方英里），跨越了所有 3 个生物地理区域。该网络包括了很多生态多样性和生产力都很高的海域，这些情况在 CLF/WWF（2006）报告中有详细描述。乔治浅滩在这些海域中是非常突出的，它具有异常高的初级生产力，是重要渔业资源及鲸鱼和其他海洋生物多样性的重要来源。

一般来说，较大的优先保护区比较小的保护区更有助于实现保护目标，优先保护区大

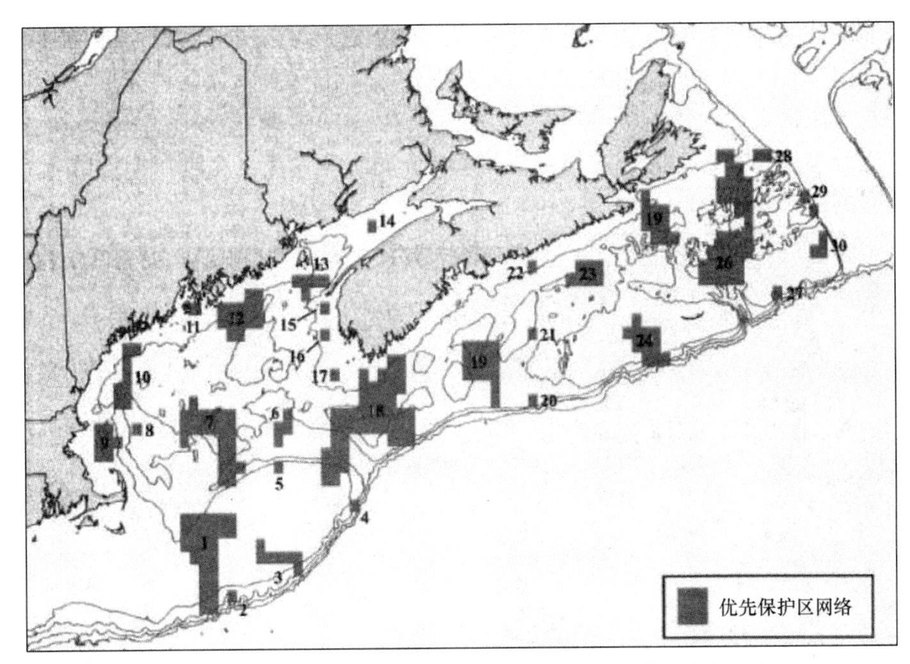

图 16.6 在大缅因湾区域和斯科舍大陆架区域的优先保护区组

注：CLF/WWF 报告（2006）详细描述了 30 个优先保护区

资料来源：经 CLF/WWF（2006）许可后复制

小与优先保护区提供保护的保护特征数量之间显示出明显的线性相关性。对于栖息地保护、对鲸类和底层鱼的保护都是如此。此外，与较小优先保护区相比，较大优先保护区往往更有助于实现特定保护特征的目标。

16.3.5.1 保护区网络内目标实现情况

CLF/WWF 优先保护区网络表现良好，因为各种保护特征的纳入通常接近于保护目标，实际上通常在实际目标和期望目标的 1.5 倍之间。在极少数代表不足的生物特征中，所有特征都在保护目标的 10%以内。对于幼鱼和成鱼的相对丰度，只有 1%的保护特征在代表性方面略低于保护目标；而对于所有保护种类，物种丰富度、鲸类和初级生产等方面的保护目标都达到满足或超过状态。由于需要实现其他特征的保护目标，一些保护特征的代表性有时被设定过高。在大部分目标被限定在一个海域（例如，在一个或几个规划单位内）的情况下，代表性过高的情况也会发生。过度代表不常见保护特征的这种倾向是该方法意料之外的结果。对于这些生态特征明显但不常见海域的保护特征，这种过度代表情况可能有益于网络在连通性和冗余方面的性能（第 17 章）。

16.3.5.2 优先保护区网络与已知重要海域的比较

优先保护区网络包括了众所周知的那些海域和那些历史上对渔业有重要意义的海域，也包括目前鲸类观赏活动有重要意义的海域。该保护区网络包括了与一些现行海洋管理区域重叠或邻近的海域，也包括一些在大马南和洛斯威盆地海域指定鲸类保护区内或围绕该保护区的一些海域，以及在科德角和大南水道附近海域的一些重要栖息地。一些优先保护海域与以前确认的那些具有生物学重要性海域的高度契合为该保护区选择方法增添了一些额外信心，因为CLF/WWF使用的方法与那些促进本地历史知识发展的方法或目前资源管理者使用的方法都有很大不同（图16.7）。然而，CLF/WWF（2006）提议的海洋保护区网络与广泛分散的现有管理海域之间存在的差异表明，后者是没有进行任何区域综合规划而单独建立的。

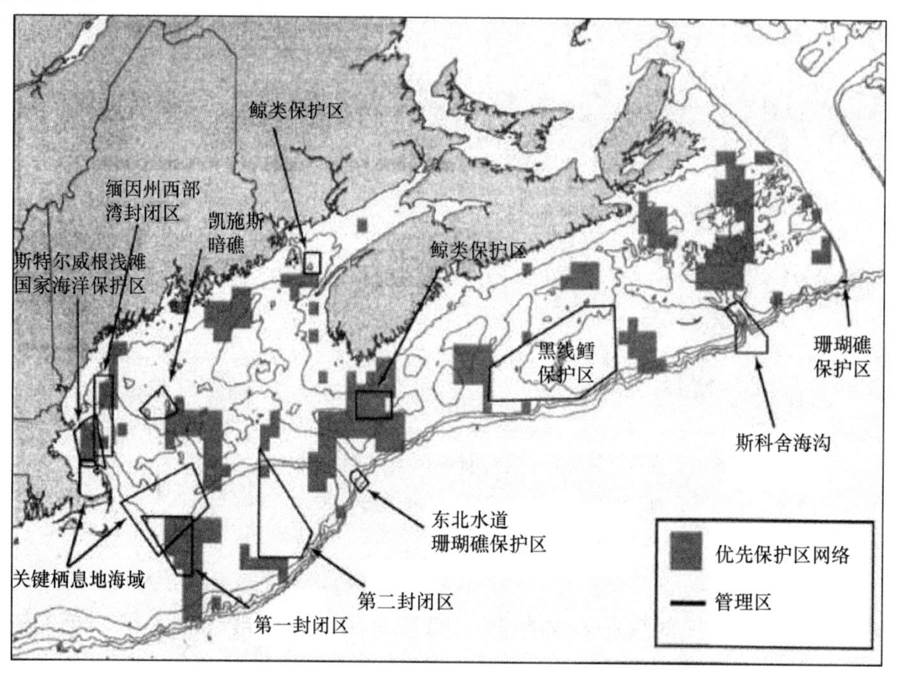

图16.7 与优先保护区组相关的一些现行管理海域的位置

关键词：NMS=国家海洋保护区；WGOMC=缅因州西部湾封闭区

资料来源：经CLF/WWF（2006）许可后复制

16.3.5.3 优先保护区之间的潜在连通性

生物在适宜栖息地海域之间的活动是陆地和海洋环境保护区网络设计中需要考虑的关键因素（Roberts et al.，2003）。虽然报告没有明确包括优先保护区设计中的连通性信息，该网络预期将受益于该地区洋流形成的连通性。这将在第17章进一步讨论。

16.4 结论和管理启示

> 用于规划代表性海洋保护区系统的传统方法是将海洋环境细分为多个海洋学要素和生物学要素近似的“相对均质的”地理单元，至少用一个海洋保护区来代表每个地理单元（或海洋区域）。这种方法来自分层抽样理论和生物地理学，并在几个司法管辖区使用……
>
> ——Mondor（1997）

不幸的是，Mondor的这种方法导致一系列保护区孤立存在，它们没有连接在一起或没有海洋学上的连通，这正是目前大多数生态区域的状态。而CLF/WWF报告（2006）是进行综合区域规划的范例，它要求达到的目标是有效和综合的海洋保护。生物地理分类是应用代表性区域方法的基础。这一点，结合特征海域分析，可以识别连贯的海洋保护区组。

CLF/WWF报告的作者承认，进行大规模海洋保护规划的数据资料不完善；很多海洋状况仍然未知，这种情况可能还要持续下去。然而，CLF/WWF使用的数据已经被证明是充足的，因为所得到的保护区网络确定了一些优先保护海域，这些海域正是那些已知具有重要生态意义的海域，在某些情况下可回溯到该地区最早的历史记录。通过整合相对大量的数据层，选址过程也得到了加强。

知识有限造成需要对海洋资源管理中的不确定性进行处理。对生物多样性和生态系统过程进行广泛和有代表性的管理和保护是应对这种不确定性的一种方法。这种方法将确保那些非常重要但了解甚少的生态过程或研究不足的海域得到保护。

除了生态规划之外，在定义海洋保护区成员过程和在实施时间安排方面，都还存在政治和社会经济的现实考量。大堡礁海洋公园（GBRMP）是目前这种规划最成功的范例。大堡礁海洋公园的成功是基于广泛的公众咨询和对利益重叠和利益竞争进行的分析，实行了复杂的分区管理。然而，重要的是要注意，尽管它成功了，但大堡礁海洋公园仍然不是海洋保护区网络，而是一个连贯的保护区组。大堡礁海洋公园旅游业收入大大超过了商业渔捞收入，这种状况自然倾向于保护有利于旅游的大面积珊瑚礁海域。

不幸的是，在温带水域，即使在紧邻的沿海地区，旅游和公众参与海洋保护区的前景却不容乐观。然而，与未保护海域发生的渔业崩溃相对照，海洋保护区对渔业的经济回报还是变得非常明显。

到目前为止，我们只讨论了定义可能有助于建立有效海洋保护区网络候选海洋保护区组的生态过程。从MARXAN运行过程定义备用海洋保护区组的一个重要原因是，在连接性和补充过程方面可以测试每个网络是否是最佳网络。下一章将明确讨论定义和规划保护区网络的过程。

参考文献

Auster, P. (2000) 'Representation of Biological Diversity of the Gulf of Maine Region at Stellwagen Bank National Marine Sanctuary (northwest Atlantic): Patterns of fish diversity and assemblage composition', in S. Bondrup-Nielsen, N. W. P. Munro, G. Nelson, J. H. M. Willison, T. B. Herman and P. Eagles (eds) *Fourth International Conference on Science and Management of Protected Areas*, Science and Management of Protected Areas Association, Acadia University, Wolfville, Nova Scotia, Canada

Backus, R. H. and Bourne, D. A. (eds) (1987) *Georges Bank*, MIT Press, Cambridge, MA

Ball, I. and Possingham, H. (2000) 'Marine reserve design using spatially explicit annealing', www.uq.edu.au/marxan/docs/marxan_ manual_ 1_ 8_ 2.pdf, accessed 9 November 2009

Beattie, A., Sumaila, U. R., Christensen, V. and Pauly, D. (2002) 'A model for the bioeconomic evaluation of marine protected area size and placement in the North Sea', *Natural Resources Modelling*, vol 15, pp413-437

Breeze, H., Fenton, D. G., Rutherford, R. J. and Silva, M. A. (2002) 'The Scotian Shelf: An ecological overview for ocean planning', *Canadian Technical Report on Fisheries and Aquatic Sciences*, vol 2393, pp1-259

CBD (2006) 'Decisions adopted by the conference of the parties to the Convention on Biological Diversity at its eighth meeting (Decision Ⅷ/15, Annex Ⅳ) ', IUCN, Gland, Switzerland CET AP (1982) 'A characterization of marine mammals and turtles in the mid-and north-Atlantic areas of the U. S. outer continental shelf', Cetacean and Turtle Assessment Program, Bureau of Land Management, Washington, DC

CLF/WWF (2006) 'Marine ecosystem conservation for New England and maritime Canada: A science-based approach to identifying priority areas for conservation', Conservation Law Foundation and World Wildlife Fund Canada, T oronto, Canada

Collette, B. B. and Klein-MacPhee, G. (2002) *Bigelow and Schroeder's Fishes of the Gulf of Maine*, Smithsonian Press, Washington, DC

Cook, R. R. and Auster, P. J. (2005) 'Use of simulated annealing for identifying essential fish habitat in a multispecies context', *Conservation Biology*, vol 19, pp876-886

Committee on the Status of Endangered Wildlife Canada (2006) 'About COSEWIC', www. cosewic. gc. ca/eng/sct6/index_ e. cfm, accessed 10 December 2009

Cox, C. B. and Moore, P. D. (2000) *Biogeography: An Ecological and Evolutionary Approach*, Oxford, Blackwell Science

Day, J. and Roff, J. C. (2000) *Planning for Representative Marine Protected Areas: A Framework for Canada's Oceans*, World Wildlife Fund Canada, T oronto, Canada

Fader, G. B., King, L. H. and MacLean, B. (1977) *Surficial Geology of the Eastern Gulf of Maine and Bay of Fundy*, Fisheries and Oceans Canada, Ottawa, Canada

Frank, K. T., Petrie, B., Choi, J. S. and Leggett, W. C. (2005) 'Trophic cascades in a formerly cod-dominated ecosystem', *Science*, vol 308, pp1621-1623

Franklin, J. F. (1993) 'Preserving biodiversity: Species, ecosystems or landscapes?', *Ecological Applications*, vol 3, pp202-205

Groves, C., Valutis, L., Vosick, D., Neely, B., Wheaton, K., Touval, J. and Runnels, B. (2000) *Designing a Geography of Hope: A Practitioner's Handbook for Ecoregional Conservation Planning*, T he Nature Conservancy, Arlington, VA

Guenette, S., Lauck, T. and Clark, C. (1998) 'Marine reserves: From Beverton and Holt to the present', *Reviews in Fish Biology and Fisheries*, vol 8, pp251-272

Hargrove, W. W. and Hoffman, F. M. (2004) 'Potential of multivariate quantitative methods for delineation and visualization of ecoregions', *Environmental Management*, vol 34, pp39-60

Hunter, M. L. (1991) 'Coping with Ignorance: The coarse-filter strategy for maintaining biodiversity', in L. A. Kohn (ed) *Balancing on the Brink of Extinction*, Island Press, Washington, DC

Iles, T. D. and Sinclair, M. (1982) 'Atlantic herring: Stock discreteness and abundance', *Science*, vol 215, pp627-633

IUCN (2007) 'Establishing networks of marine protected areas: Making it happen—a guide for developing national and regional capacity for building MPA networks', cmsdata. iucn. org/downloads/nsmail. pdf, accessed 15 January 2010

Jackson, J. B. C., Kirby, M. X., Berger, W. H., Bjorndal, K. A., Botsford, L. W., Bourque, B. J., Bradbury, R. H., Cooke, R., Erlandson, J. and Estes, J. A. (2001) 'Historical overfishing and the recent collapse of coastal ecosystems', *Science*, vol 293, pp629-638

Kenney, R. D. and Winn, H. E. (1986) 'Cetacean high-use habitats of the northeast United States continental shelf', Fisheries Bulletin, vol 84, pp345-357

Kenney, R. D., Scott, G. P., Thompson, T. J. and Winn, H. E. (1997) 'Estimates of prey consumption and trophic impacts of cetaceans in the USA northeast continental shelf ecosystem', *Journal of Northwest Atlantic Fishery Science*, vol 22, pp155-171

Kraus, S. D., Brown, M. W., Caswell, H., Clark, C. W., Fujiwara, M., Hamilton, P. K., Kenney, R. D., Knowlton, A. R., Landry, S., Mayo, C. A. (2005) 'North Atlantic right whales in crisis', *Science*, vol 309, pp561-562

Leslie, H., Ruckelshaus, M., Ball, I. R., Andelman, S. and Possingham, H. P. (2003) 'Using sitting algorithms in the design of marine reserve networks', *Ecological Applications*, vol 13, pp185-198

Lindholm, J. B., Auster, P. J., Ruth, M. and Kaufman, L. (2001) 'Modeling the effects of fishing and implications for the design of marine protected areas: Juvenile fish responses to variations in seafloor habitat', *Conservation Biology*, vol 15, pp424-437

Maybury, K. P. (1999) *Seeing the Forest and the Trees: Ecological Classification for Conservation*, The Nature Conservancy, Arlington, VA

McGowan, J. (1985) 'The Biogeography of Pelagic Ecosystems', in S. van der Spoel and A. Pierrot-Bults (eds) *Pelagic Biogeography*, UNESCO T echnical Papers in Marine Science 49

Meir, E., Andelman, S. and Possingham, H. P. (2004) 'Does conservation planning matter in a dynamic and uncertain world?', *Ecology Letters*, vol 7, pp615-622

Mondor, C. A. (1997) 'Alternative Reserve Designs for Marine Protected Area Systems', in M. P. Crosby, K. Greenen, C. Mondor and G. O'Sullivan (eds) *Proceedings of the Second International Symposium and Workshop on Marine and Coastal Protected Areas: Integrating Science and Management*, National Oceanic and Atmospheric Administration, Silver Spring, MD

NASA (2006) 'SeaWiFS Project Information', http://oceancolor.gsfc.nasa.gov/SeaWiFS/BACKGROUND/, accessed 9 November 2009

NOAA (2005) 'Hydrographic Atlas for the eastern continental shelf of North America', www.dynalysis.com/Projects/projects.html, accessed 9 November 2009

Noss, R. F. (1983) 'A regional landscape approach to maintain diversity', *Bioscience*, vol 33, pp700-706

Noss, R. F. (1987) 'From plant communities to landscapes in conservation inventories: A look at the Nature Conservancy (USA)', *Biological Conservation*, vol 41, pp11-37

Noss, R. F. and Cooperrider, A. Y. (1994) *Saving Nature's Legacy: Protecting and Restoring Biodiversity*, Island Press, Washington, DC

O'Connor, R. J. (2002) 'GAP conservation and science goals: Rethinking the underlying biology', *GAP Analysis Bulletin*, vol 11, pp2-6

Pingree, R. D. (1978) 'Mixing and Stabilization of Phytoplankton Distributions on the Northwest European Shelf', in J. H. Steele (ed) *Spatial Patterns in Plankton Communities*, Plenum Press, New York

Platt, T. C., Fuentes-Yaco, C. and Frank, K. T. (2003) 'Spring algal bloom and larval fish survival', *Nature*, vol 423, pp398-399

Platt, T., Sathyendranath, S. and Longhurst, A. (1995) 'Remote-sensing of primary production in the ocean-promise and fulfillment', *Philosophical Transactions of the Royal Society B*, vol 348, pp191-201

Poppe, L. J. and Polloni, C. F. (2000) 'USGS east-coast sediment analysis: Procedures, database, and georeferenced displays', http://pubs.usgs.gov/of/2000/of00-358/, accessed 10 November 2009

Poppe, L. J., Paskevich, V. F., Williams, S. J., Hastings, M., Kelly, J. T., Belknap, D. F., Ward, L.

G. , Fitz-Gerald, D. M. and Larsen, P. F. (2003) *Surficial Sediment Data from the Gulf of Maine, Georges Bank, and Vicinity: A GIS Compilation*, Woods Hole Field Center, Woods Hole, MA

Possingham, H. , Ball, I. and Andelman, S. (2000) 'Mathematical Methods for Identifying Representative Reserve Networks', in S. Ferson and M. Burgman (eds) *Quantitative Methods for Conservation Biology*, Springer-Verlag, New York

Pressey, R. L. , Humphries, C. J. , Margules, C. R. , Vane-Wright, R. I. and Williams, P. H. (1993) 'Beyond opportunism: Key principles for systematic reserve selection', *Trends in Ecology and Evolution*, vol 8, pp124-128

Primack, R. B. (2002) *Essentials of Conservation Biology*, Sinauer Associates, Sunderland, MA

Roberts, C. M. , Branch, G. , Bustamante, R. H. , Castilla, J. C. , Dugan, J. , Halpern, B. S. , Lafferty, K. D. , Leslie, H. , Lubchenco, J. , McArdle, D. , Ruckelshaus, M. and Warner, R. R. (2003) 'Application of ecological criteria in selecting marine reserves and developing reserve Networks', *Ecological Applications*, vol 13, no 1, pp215-228

Roff, J. C. (2005) 'Conservation of marine biodiversity: Too much diversity, too little cooperation', *Aquatic Conservation: Marine and Freshwater Ecosystems*, vol 15, pp1-5

Roff, J. C. 2009 'Conservation of marine biodiversity: How much is enough?', *Aquatic Conservation: Marine and Freshwater Ecosystems*, vol 19, pp249-251

Roff, J. C. and Evans, S. M. J. (2002) 'Frameworks for marine conservation: Nonhierarchical approaches and distinctive habitats', *Aquatic Conservation: Marine and Freshwater Ecosystems*, vol 12, pp635-648

Roff, J. C. , Taylor, M. E. and Laughren, J. (2003) 'Geophysical approaches to the classification, delineation and monitoring of marine habitats and their communities', *Aquatic Conservation: Marine and Freshwater Ecosystems*, vol 13, pp77-90

Rosenberg, A. A. , Bolster, W. J. , Alexander, K. E. , Leavenworth, W. B. , Cooper, A. B. and McKenzie, M. G. (2005) 'The history of ocean resources: Modeling cod biomass using historical records', *Frontiers in Ecology and the Environment*, vol 3, pp84-90

Sathyendranath, S. , Cota, G. , Stuart, V. , Maass, H. and Platt, T. (2001) 'Remote sensing of phytoplankton pigments: A comparison of empirical and theoretical approaches', *International Journal of Remote Sensing*, vol 22, pp249-273

Scott, W. B. and Scott, M. G. (1988) *Atlantic Fishes of Canada*, University of Toronto Press, T oronto, Canada

Soule, M. E. and Terborgh, J. (1999) 'Conserving nature at regional and continental scales: A scientific program for North America', *Bioscience*, vol 49, pp809-817

Stevens, T. and Connolly, R. M. (2004) 'Testing the utility of abiotic surrogates for marine habitat mapping at scales relevant to management', *Biological Conservation*, vol 119, pp351-362

Stewart, R. R. and Possingham, H. P. (2002) 'A Framework for Systematic Marine Reserve Design in South Australia: A case study', in J. P. Beumer, A. Grant and D. C. Smith (eds) *Proceedings of the World Congress on Aquatic Protected Areas*, North Beach, WA

Theroux, R. B. and Wigley, R. L. (1998) 'Quantitative composition and distribution of the macrobenthic invertebrate fauna of the continental shelf ecosystems of the northeastern United States', *NOAA Technical Report NMFS* 140, National Marine Fisheries Service, Seattle, WA

Thurman, H. V. and Trujillo, A. P. (2002) *Essentials of Oceanography*, Prentice-Hall, Upper Saddle River, NJ

United States Fish and Wildlife Service (2006) 'The endangered species program', www. fws. gov/endangered/, accessed 10 November 2009

Wahle, C. , Grober-Dunsmore, R. and Wooninck, L. (2006) 'MPA perspective: Managing recreational fishing in MPAs through vertical zoning: The importance of understanding benthic-pelagic linkages', *MPA News*, vol 7, no 5

Ware, D. M. and Thompson, R. E. (2005) 'Bottom-up ecosystem trophic dynamics in the northeast Pacific', *Science*, vol 308, pp1280-1284

Warman, L. D. , Sinclair, A. R. E. , Scudder, G. G. E. , Klinkenberg, B. and Pressey, R. L. (2004) 'Sensitivity of systematic reserve selection to decisions about scale, biological data, and targets: Case study from southern British Columbia', *Conservation Biology*, vol 18, pp655-666

Westra, L. (2005) 'Ecological integrity', *Encyclopaedia of Science, Technology, and Ethics*, Macmillan Reference, Detroit, MI

第17章　海洋保护区网络

海洋中的连通性模式

称之为集团，称之为网络，称之为部落，称之为家庭。无论你叫它什么，无论你是谁，你都需要一个。

Jane Howard（1935—1996）

17.1　引言

人们普遍认识到需要制订保护海洋生物多样性的新方法。尽管参与的政府都承诺实施海洋保护区网络工作，但在实施方面却没有什么进展。为了充分证明或回答建立海洋保护区网络的必要性，需要回答几个关键问题。例如：建立海洋保护区网络的目的是什么？海洋保护区应选址何处？多少个海洋保护区可满足需要？为了应对这些挑战，海洋保护区网络应该充分利用现有信息，符合生态学规律，在科学上可以解释。在本章中，我们将讨论生态区内建设海洋保护区网络的设计规范。

"海洋保护区网络"这一术语现在已被广泛使用，但仍经常被误解、定义不明确或根本没有定义。即使在一个区域内可以指定多个海洋保护区，它们也只能构成一个"组"，除非已经评估了它们具有作为真正"保护区网络"的连通性（connectivity）（专栏16.1）。

实质上，一个适宜的国家或区域海洋保护区网络内每个栖息地类型必须在保护海域内多处出现，这些出现的地点必须是海洋学上相连通的，并须具有足够大的面积（第14章）以维持区域内最大种类的最低可持续种群数量（包括季节性移徙到该区域的种群），它们的常居种可以通过海洋保护区之间获得补充群体以维持其种群的大小。并且所有代表性栖息地类型（第5章）和特色性栖息地类型（第7章）在海洋保护区网络中的每个成员保护区内也都应存在，所有这些栖息地类型可以通过连通性相互支持种群补充过程（Cowen et al.，2000）。简而言之，海洋保护区网络应能体现并能够维持海洋生物多样性的区域要素（Roff，2005）。

海洋中的生命形式在营养动力学和空间上都是相互联系的。营养动力学可以在"基于生态系统的管理"理论框架下进行讨论（第13章）。我们本章中关注的就是这种空间联系。我们星球上的所有生态系统和自然系统最终都是通过海洋中的海流、大气环流和风以及地壳岩石运动和地壳构造板块漂移而相互连接。然而，这仅是海洋生物学进化史上较短的时间跨越，它正与海洋保护区网络连通性这一重要概念相关。我们不仅必须考虑和规划海洋环境本身及其生物群落的结构，而且还要考虑和规划在连通过程中环境（例如潮流）和生物体（例如它们的行为）的各种过程。

虽然海洋的所有部分在一定的时间和空间尺度上从生物学和生态学角度来看是相互连

接的，但它们在时间和空间上也是孤立的。海洋中的连通性和阻碍性都很强，但不明显。为了保护生物多样性的各个组成部分，弄清连通性和阻碍性在时间和空间尺度之间的相关关系是至关重要的。全球生物地理学（包括地质学史上和当代生物地理学，见第 5 章）正是隔离与连通性两方面在结构和过程之间平衡的结果，关系到海洋生物群系的扩散和迁移能力以及生命周期持续时间。

我们期望的隔离是自然隔离，因为它是减少基因流动和增加物种形成可能性的基本先决条件。然而，人为（人为诱导的）的隔离可能导致种群碎片化增加，最终可能导致局部亚种群灭绝、遗传多样性丧失等恶果（第 10 章）。因此，连通性对于基因流动和生态完整性的自然过程至关重要。连通性事实上是生态完整性的主要组成部分。

生态完整性是生态学家积极讨论的一个相对较新的概念，并在陆地和海洋保护方面共同使用，但其定义尚未形成共识（专栏 16.1）。生态完整性是用于描述自我维持和自我调节的生态系统的一个术语。例如，它们有完整的食物网，有完整的本地物种结构，可以维持其种群数量和生态过程的自然运行（能流、营养和水循环等）。然而，由于海洋是流动性和连续性的，有理由认为一个孤立海洋保护区的“生态完整性”并不存在；任何单个海洋保护区的可行性取决于其连通性。而只有保护区网络才能实现这一点，因为任何一个海域的完整性都取决于其与其他类似海域的连通性，特别是在资源和种群补充方面。这是海洋保护区网络重要性的根本原因。

众所周知，生态稳定性与海域（或海洋容积）的尺寸和体积成反比。然而，诸如“海洋保护区应足够大以保持其生态完整性”此类的定性陈述对于海洋规划目的没有实际意义和应用价值。我们必须认识到，海洋是相互连接的。重要的问题是了解区域水平上在什么样的空间和时间尺度上保护区才是连通的。

如果我们的养护目标是保护渔业和生物多样性，那么海洋保护区网络必须保护所有类型的生物体，不仅仅是分类学种类和“生态种类”（表 3.1 和表 3.3），而必须尊重海洋中所有不同类型的周期性的生命形式和物种活动并为它们提供必要条件（表 17.1）。每个生态区内海洋保护区网络的概念基本上假定保护区是区域内生物多样性各组成部分的“绿洲”，没有保护区网络存在该海洋区域就会退化。然而，创建区域性海洋保护区作为物种多样性的避难所，如果它们仍然被人类破坏过的栖息地包围，或者彼此之间没有连接通道而保持孤立，则这种保护区基本上是无效的。

表 17.1　海洋生物的生命周期类型和活动

生命周期	生命周期活动（移徙，漂流，扩散）	代表生物
1	完全海水环境生活，水体中繁殖，在水体环境中季节性（?）洄游	鲸类，海豚，鼠海豚
2	成年海水生活但与陆地相关，陆地/冰盖上繁殖	海豹，海龟，一些海鸟
3	海水中产卵，随后幼体漂流，成体逆流洄游	海水生活鱼类，较大的漂浮生物
4	全浮游性生物（有性、无性繁殖），通过水团运动和垂直迁移保留在生物地理区域内	大多数浮游生物
5	成体海水或海底生活，洄游性，海底产卵（幼虫抑制）或胎生	软骨鱼类，鲨鱼，魟
6	底栖产卵，浮游幼体漂移，成体逆流洄游	底层鱼类

续表

生命周期	生命周期活动（移徙，漂流，扩散）	代表生物
7	海底领域性，营巢	岩礁鱼类
8	成体海生，洄游到淡水产卵	溯河性鱼类
9	成体淡水生，洄游到海洋产卵	降河性鱼类
10	底栖无脊椎动物成体，浮游（半浮游）幼虫漂流，成体/亚成体逆流洄游（封闭滞留/补充单元）	蟹类和龙虾
11	底栖无脊椎动物，浮游（半浮游）幼虫漂流和逆流漂移（封闭滞留/补充单元）	蟹类和龙虾
12	底栖无脊椎动物，浮游幼虫扩散（开放式群体补充："侵入"，定居）	许多无脊椎动物类群，多海生
13	底栖无脊椎动物，幼虫扩散限制	许多无脊椎动物类群
14	底栖无脊椎动物，无性繁殖	珊瑚
15	共生和寄生生物，与宿主一起执行生命周期	许多生物

注：洄游：从一个位置到另一个位置主动"有目的"的运动；漂流：在海流中被动定向散播；扩散：从一个位置被动非定向的散播。

在陆地环境中，栖息地碎片化问题由于多种原因已成为一个受到严重关注的问题。例如，未受干扰的剩余栖息地可能太小，已经无法支持较大个体物种的正常活动范围，或无法支持较小个体物种的最小可持续种群的大小（MVP），并且这些碎片化区域之间可能不存在通道，以致导致种群崩溃和灭绝。然而，在栖息地碎片化方面（以及许多其他方面，见第 3 章），海洋环境与地球环境有根本的不同。最小栖息地尺寸问题不适用于海洋水体环境，但在海底环境中，不管是正常活动范围还是最小可持续种群大小方面都可能类似于陆地环境。

然而，连通性的问题在海洋水体环境和海底环境中是不同的。在海洋水体环境中，大多数物种在种群之间是相互联系的，这或者是因为它们终生都生活在海洋水体环境中，或者因为它们生活史中的某一阶段是营浮游生活的（半浮游性）。在海底环境中，很少存在同一基底类型大面积连续分布的状况。由于海底生境存在的这种不连续性（在各种异质性尺度），它们的连续性和连通性只能通过（生活史中某一阶段）在水体环境浮游生物群落中的繁殖体和幼体来实现。因此，我们可以认为，海洋生物种群和群落对栖息地碎片化的恢复力比陆地生物更强，因为海洋环境中的连续性和连通性主要通过海水介质而不是通过基底实现的。当然会有例外情况，但这可能是一般原则。这意味着现在至关重要的是了解通过水体环境实现的连通性模式，这就是为什么沿海海域的水质作为媒介本身变得如此重要的原因。

设计代表性海洋保护区网络，发展保护策略以保护受海洋栖息地退化和栖息地碎片化影响的海洋生物种类，深入理解连通性至关重要。如果没有对有关连通性模式的了解，就无法解释在国家管辖范围以外的公海和深海生态系统中所发生的时间和空间变化的原因。海洋盆地内广泛存在许多隔离的生态系统，它们的动态过程是以复杂的方式相互连接的，主要通过生物个体在生态系统之间（包括在国家管辖区范围之内的生态系统）的各种活动来实现这些连接。改进的生物区以及相关生态系统和栖息地的绘图图示方法也将增进我们对连通性的理解。因此，了解区域内海洋学连通性的自然模式对于建立真正的海洋保护区网络至关重要。需要这种知识来理解和评估以下内容：所有生物群系特别是鱼类种群补充过程的“源–汇”动态，集合种群结构和分离过程，生态系统水平上的隔离机制，单个海洋保护区位置选择原理及其对源–汇动力学的生态贡献，区域中需要的海洋保护区数量及大小和分布距离，海洋保护区之间的连通模式，以及判断一组海洋保护区是否实际上构成高效的海洋保护区网络。

总之，一旦我们确定了一组连贯的海洋保护区构成（换句话说，这个保护区组包括了区域内所有代表性和特色性海洋保护区，并在候选保护区组内也有重复出现），那么我们可以分析各构成单元之间的连接模式。为了确定一组海洋保护区是否可以实际作为一个保护区网络，我们需要考虑一系列相关复杂的问题，包括：区域内所有生物类别和种类以及它们的迁移和扩散、区域流动模式、海流导致的繁殖体居留和/或扩散。

特别在沿海水域会存在许多地形因素带来的相关复杂问题，这就是为什么在这里进行遗传研究是如此有用（可以对成体和幼体进行遗传研究）。而在近海地区，这类问题相对可能会较少，使用分散模型可能会更可靠。然而，每个海洋区域都需要根据当地海流状况对连通性模式进行针对性研究。

最后，可以根据区域海流、大气环流和幼虫阶段持续时间和扩散过程的知识来评估提出的保护区网络的有效性。我们建议，如果在模型中体现的繁殖体的比例不小于候选的海洋保护区组中保护区域的比例，那么，可以认为我们设计了一个有效的保护区网络。

17.2　海洋生物体生命周期和运动类型

海洋生物的主要分类群已概述于表 3.1。为了保护规划目的，根据海洋生物是栖息于海洋水体环境中还是在其生命周期不同阶段分别生活在水体环境和海底环境中，我们可以将它们更有效地分成若干生态类群。海洋生物的生命周期和活动非常多样化。所有海洋生物成体都生活在一些可界定的栖息地类型中，并且在经过某种形式的移徙或扩散阶段之后可以返回补充种群，或补充到别处相同类型的另一栖息地种群中。表 17.1 根据它们生命周期特征和活动特征，总结了海洋生物的主要生态类群。

前两组和一些其他组（例如第 14 组中的珊瑚）应该在特色海洋保护区方面得到充分考虑。然而，我们在这种海洋保护区内只能暂时或季节性地保护这些物种，在洄游阶段需要一些其他立法和保护措施，例如设立动态海洋保护区。

重要的是，对于表 17.1 中的第 2 组、第 8 组和第 9 组的生物，应当注意，生态连通性也可以是从海洋到陆地，从海水到淡水，及其相反过程。这样就将海洋保护区概念扩展到陆地环境和淡水环境（这种联系常被遗忘）。表 17.1 中的其他生态类群会在各种类型的代表性海洋保护区内得到保护。生态区域内的鱼类和无脊椎动物类群它们成体是底栖生活的，但是它们生活史中有半浮游扩散阶段（幼体或其他繁殖体），这些类群将在本章的其余部分中重点讨论。

虽然我们对几种生命史类型采取的策略认识越来越清晰（Roff，1992），但这种理论还没有严谨地应用于海洋保护规划过程。生活史模式、补充机制、迁徙种类和幼体扩散阶段的环境利用等作为海洋保护区选择过程的一部分都需要进行评估。移徙物种是指那些脊椎动物（爬行动物、鸟类、哺乳动物和鱼类）和无脊椎动物，其生命周期的某些关键阶段，或者在一个以上的地理区域内利用海洋资源，或生命周期中部分阶段使用其他环境（淡水，陆地），并进行（有目的的）从一个地区到另一个地区的定向运动。其他一些生物体其生命周期的某一阶段（幼体阶段或其他类型的繁殖体阶段）在浮游生境内或通过海流定向平流输送（漂移）或非定向扩散进行被动散播。

17.2.1 幼虫阶段持续时间和扩散距离

海洋鱼类和无脊椎动物具有高度变异的繁殖策略，并且几乎没有进行概括。海洋无脊椎动物的早期发育模式和幼虫形态尤其变化多端（Levin and Bridges，1995；McEdward，1995）。然而，随着深度增加和纬度梯度的增加存在一种趋势，即物种绕过浮游阶段而采取某种形式的底层生活或直接发育（图 17.1）。在极地海域和较深海域，幼虫通常发育不全，更倾向于某种形式的直接发育。然而，在温带近岸水域和热带浅水区，大多数物种具有某种形式的繁殖体（主要是半浮游幼体）在水柱内扩散。据估计，大陆架上有 70%或更多的底栖物种有某种类型的半浮游生物幼虫阶段。

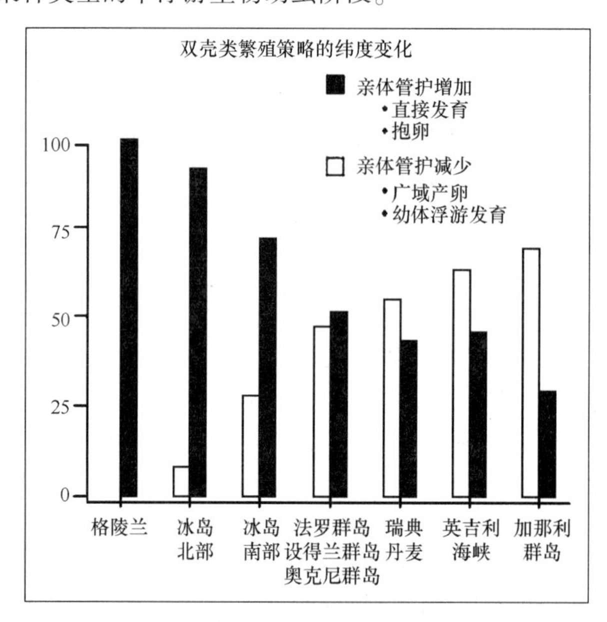

图 17.1 双壳软体动物繁殖策略的纬度变化

注：低纬度海域广域产卵和浮游发育增加

资料来源：Thorson（1950）

幼虫形成时间由一系列因素决定。与陆地相应生物一样，海洋生物通常根据各种环境因素变化（包括季节、月球动态和潮汐变化等因素）（Morgan，1995）来确定其繁殖周期。光暗循环和海水压力的诱因，加上内源性节律因素，使动物同步繁殖和释放配子和幼虫。释放的时间节律似乎也包括对较高级浮游生物资源的周期、捕食者减少或有利于补充模式的海流体制等因素的潜在适应。定居行为的复杂性（包括合适基底的可用性、基底类型的选择、与捕食者和竞争者的生物相互作用等）（图 17.2）对已经非常复杂的生命周期进一步带来了一系列的附加影响因素（McEdwards，1995）。

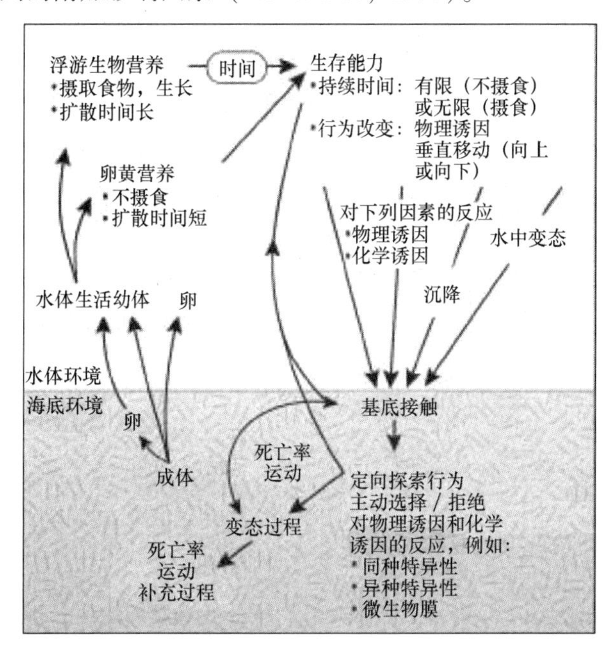

图 17.2　具有浮游幼虫期的海洋无脊椎动物的一般生活史

资料来源：After Pawlik（1992）

浮游阶段的持续时间是高度可变的（Strathmann，1987；Morgan，1995），在分类学体系中没有明显的模式。一些物种（例如，在藻类和软体动物中）仅具有数小时的幼虫持续时间，而其他一些物种（例如，在一些其他软体动物和甲壳类动物中）其幼虫阶段具有非常长的持续时间，长达一年或更长。

底层鱼类幼体形态变化也较大，但其变异程度比无脊椎动物少得多，这种现象在一个特征明显的分类群组中可能更为明显。鱼类幼体发育时间仍然变化很大，基本上是卵子的大小（决定了孵化时间和开口摄食时间）和温度的函数，这可以反过来用以确定作为浮游幼体的时间（www. larvalbase. org /）。

正如所预料的那样，繁殖体（幼虫）持续时间和平均扩散距离之间存在显著相关关系。Shanks 等（2003）发现，所选数据之间存在显著相关关系（$r=0.78$，$P<0.001$），这表明浮游阶段时间越长，扩散距离越大。然而，如果集合数据显示显著的双峰形，这表明物种选择的是扩散距离小于 1 km 或者大于 20 km 这样的扩散策略。基于这种情况，Shanks 等建议，一系列直径 4~6 km、间隔 10~20 km 的保护区应足以构成体现保护区之间繁殖体扩散规律的一个保护区网络。

有越来越多的研究讨论海洋生物种群的扩散、连通性和遗传分化。Bradbury 等（2008）进行文献分析后发现，人们对低扩散率/低纬度物种长期关注，但这样的物种不太可能代表全球模式。海洋鱼类的扩散（换句话说浮游幼体的持续时间和遗传分化）随纬度、成体尺寸和水深的增加而增加。这些全球模式是理解和预测扩散过程中生物类群特异性和区域特异性的第一步，它们是海洋保护区网络规划的重要信息。

然而许多其他关联问题具有一般性概括价值，或许在开始规划时就可以考虑，这些关联问题在进行区域保护区网络整体设计时需要加以考虑。例如，Bay 等（2006）的研究表明，尽管有严格的估计，10 种热带珊瑚礁鱼类（Pomacentridae 科和 Gobiidae 科的鱼类）的浮游幼体持续时间随着采样时间、采样地点的不同以及在不同区域之间变化显著，并存在着显著的种间差异。这表明，浮游幼体的持续时间是一个比以前认为的更具可塑性的性状，可能更适应于区域扩散和补充战略。

17.2.2 驻留机制

因为许多海洋底栖生物具有长达几个月的浮游幼虫阶段，所以通常认为它们必须漂移很长距离才能广泛散布。该假设认为，即大多数沿海底栖生物种群之间通过幼体通畅输送相互连通，在种群补充方面是开放式的。最近的研究（集中于海洋学、遗传学和其他生物学/生态学技术的组合）表明，底栖生物物种可以通过各种与生物学行为相适应的物理循环机制驻留在相对狭小的局部海域的群体中（表 17.2）。这种有关连通性的定量研究理论对于一系列学科有重要作用，包括海洋保护区设计和定位、种群动力学、灭绝的局部过程、再定居和及源-汇动力学以及入侵物种的扩散。

表 17.2 海洋浮游动物中的一些聚集和保留机制，特别适用于底栖动物和鱼类的半浮游幼体

聚集机制
在各种空间尺度上的海洋会聚，其中水团相聚并下沉
与内波相关的表面滑动和会聚
温跃层内波断裂产生的斑块
与风成垂直涡漩相关的朗缪尔会聚循环
分层和未分层水体之间的锋面区域
与潮汐循环相关的锋面
沿海边界层或与分层相关的沿海锋面带
风生埃克曼流
驻留机制
水团连接处或地形特征在各种尺度上的海洋学涡漩
与海山相关的泰勒水柱产生地形涡流
与盛行流的岛屿下降流相关的涡流
分层和未分层水体间的锋面区域
与海湾和海岬相关沿海水域的涡流
潮流、余流和潮涌
河口循环流-表面外向流和深层向岸流
陆地微风和海洋微风体制中的沿海变化
大叶植物遮蔽

注：这些机制可以包括两种效应类别中的一种或两种，聚集=物种个体累积密度高于平均背景密度的过程，驻留=保留物种的个体在局部区域内，即防止分散的过程，资料来源：Wildish 和 Kristmanson（1997）；Shanks（1995）；Bradbury 和 Snelgrove（2001）。

物种幼体研究的重点一般是物种的扩散能力，尽管海洋看起来是连续的，但海洋也表现出许多形式的障碍，导致繁殖体驻留在限定的地理范围内。实际上，这些驻留机制（retention mechanisms）正是那些特色生态区和其他生物地理区存在的原因。目前对这些机制仍然缺乏充分的研究，但在每个生态区域内这些机制仍然会造就出独有的特征。

海洋生态系统中幼体扩散和驻留是一个高度复杂的课题，具有区域特异性、局部特异性和栖息地特异性。Wildish 和 Kristmanson（1997），Shanks（1995），Bradbury 和 Snelgrove（2001）总结了有助于繁殖体聚集、驻留或扩散的许多过程（表17.2）。所有的繁殖体都易受到各种地形学、海洋学、气象学和生物学等因素以及它们相互作用的影响，由此导致驻留和补充机制的形成，进一步导致反向迁移过程。幼体对多种环境因素的反应行为在幼体的聚集和驻留过程中起到了重要作用，而这种作用尚未被充分认识（Young，1995）。这些效应的综合结果通常导致扩散效率低于仅基于潮流的预测或建模结果。

在河口区域，许多全浮游生物和广盐性底栖生物幼虫阶段利用河口水流模式驻留在河口水柱中。在大多数河口中，密度较低的表层水的向海流动和来自近海密度较高海水的向陆流动同时发生。河口浮游生物会通过昼夜垂直迁移或个体发育过程中的垂直迁移以充分利用这种不同深度上方向相反的水体流动达到位置保持目的。包括具有重要商业价值的螃蟹等多种甲壳类物种都是采用这种驻留机制。正常条件下，这些物种很少扩散到河口或海湾这些固有生存场所之外的海域。只有在潮汐、风以及它们组合形成的冲刷等这些罕见的极端事件情况下，这些幼虫才可能扩散超出其通常的边界限度。

在近海沿岸水域，幼虫运动状况特别复杂。在这里各种驻留机制可以确保幼体就地补充到当地种群而不是扩散到其他海域。浮游动物受各种积聚和驻留机制影响（表17.2）。例如，朗缪尔会聚循环和内波会聚可以累积幼体达到其平均丰度的数千倍。幼体不能简单地被认为是被动颗粒，因为它们可以随时间变化积极地改变它们的垂直分布空间，因而必须面对不同流速和流向的海流。漂浮生物受气象事件影响特别易于积聚或大于扩散形成的平均密度。或者，向岸风和离岸风模式的昼夜变化也可导致海洋生物在沿海局部海域积聚驻留。由于海湾内产生地形涡流导致的浮游动物积聚现象也经常存在（Archambeault et al.，1998）。沿海循环单元的存在无疑也有助于许多浅水物种的局部驻留（Carter，1988），但对其中所涉及的物理-生物相互作用进行的研究很少。

在近海海域，在较大尺度上的类似驻留机制同样存在，在这里发生的水体运动（例如跨陆架混合、分层和未分层水体间的锋面系统、海洋会聚和海底山顶上面泰勒覆盖）都可以导致繁殖体驻留，产生季节性或半永久性的生物地理边界。因此，仅基于海流和幼体发育时间估算而进行的模型研究很可能导致幼体扩散距离估计存在显著误差，特别是在沿岸水域，因为那里物理复杂性和驻留机制在相关的扩散尺度上可能更重要。因此，即使综合循环模型可能更适合在海洋环境物理复杂性较低的近海海域，在这里这些模型研究可能产生更可靠的扩散估计值。而在复杂的沿海海域，其他技术如遗传学研究应该能够获得有关实际种群扩散和连通性的更准确的信息（见下文）。

17.2.3　补充单元

海洋环境中的连通性和补充过程比仅仅涉及浮游性繁殖体的扩散过程更为复杂。海洋生物的种群补充包括一系列过程，借此系列过程物种将其后代保留在有利于其生存的生态区域内。这一系列过程涉及两个截然相反“必然性”之间的平衡：①为定居到可利用新栖息地进行扩散的有利条件；②将种群维持在支持性栖息地的必然性。这其中 3 个主要策略是显而易见的。

开放式补充单元（recruitment cell）是底栖生物的物种特征，其繁殖体扩散到水体环境，而没有任何明显的机制将繁殖体送回到原始栖息地。据推测，它们主要依赖于在前一部分中描述的在水柱内发生作用的那些机制，以便至少将它们繁殖体的一个可持续比例保持在生态区的适当栖息地范围之内。该研究强调了定居过程，而不是涉及驻留机制的那些过程（McEdward，1995）。

封闭式补充单元包括一个被动性的幼体漂移阶段，其后是亚成体或成体的逆流迁移阶段，这两个过程都是在水体环境中发生的。这显然是一个非常成功的策略，世界上许多主要的海洋渔业属于这一类型。这种补充单元的主要案例是在西向强化海流（例如本格拉海流）中的鳀（*Engraulis* spp.）。然而，即使在这里，逆流迁移也可能受各种复杂因素辅助，包括驻留机制、海流异常以及导航和定向行为（Nelson and Hutchings，1987）。

不同类型的封闭式补充单元也是许多较大型底栖无脊椎动物物种特别是甲壳类动物的特征，但是这时涉及浮游阶段和底栖逆流迁移阶段。海洋环境中的连通性通常被认为仅属于底栖生物的扩散阶段（幼体或繁殖体）和/或在中上层水体环境内的主动迁移。然而，在许多活动性底栖动物物种中也存在通过海底环境中的廊道进行迁移的过程，非常类似于陆地动物的廊道。这种典型的补充单元发生在大龙虾（Palinuridae）的补充过程，其外来的叶形幼体以浮游生物方式漂流。在进入后叶形幼体阶段开始底栖生活，亚成体或成体经常通过明确定义的“廊道”（Booth，1997）主动进行逆流迁移，重新回到幼虫被释放的产卵场。其他龙虾种类（例如，*Homarus* spp.）也进行类似的迁移，尽管它们的连通性模式可能更复杂，并且缺乏详细的记录（Incze et al.，2009）。

观察表明，补充过程和补充机制的模式在世界各地变化很大。即使同一个物种，一些种群进行远距离的迁移，其他种群则没有这种远距离迁移。这是可以预期的，是动物行为（幼体、稚体和成体）和海流区域模式相互作用自然选择的结果。在一个区域内发生的补充机制包括一系列行为，确保了种群在合适的生态区及其栖息地内驻留。因此，现在一个区域内（包括溯河和降河）存在的物种是那些其幼体行为和迁移过程已经很好地适应当地水体运动的物种。

然而，并不是所有的海洋学过程都总是诱发海洋生物幼体的驻留。一些重要过程实际上可能增加了来自正常补充海域的幼体损失。例如，从西向强化洋流中分离出来的核心暖环流（warm core rings）可能携带了大陆架海水，由于水体离岸运输和幼体大规模死亡从而减少了海洋鱼类群体的补充。Myers 和 Drinkwater（1989）使用每周卫星图像来验证这个猜想，以产生从中大西洋湾到大浅滩的核心暖环流位置和数量的时间序列。他们将这些数据与估计产卵时间和幼体阶段持续时间数据相结合，以创建环流活动性和大陆坡锋面变异性的年度群体特异性指数。有证据表明，核心暖环流活动性增加会导致 17 个底层鱼类群体补充数量的减少。尽管对一系列这样的海洋学事件仍然不够了解，但它们似乎影响了世界渔业成功进行群体补充的可变性。因此，任何关于源-汇动力学和种群补充机制的单一年份的研究可能都不足以定义整体连通性模式。

17.3　区域内和局部海域连通性评估

全球连通性模式在第 10 章已经从遗传学角度进行过讨论。从上述可以看出，在区域和局部尺度上进行连通性评估并不像一些总结中所说的那么简单。然而，区域内连通性模式可以通过多种方式进行测度。这些方式包括具有悠久应用历史传统的海流计、风向标和浮标、与繁殖体生物学特性相耦合的海流模型（由潮汐、风、余流等引起）、幼体或成体的遗传相关性研究以及新近的生物个体跟踪技术研究等方法。最后，各种技术的组合为深入研究海洋连通性模式、源-汇动力学和种群补充过程提供了基础。

现在有越来越多的出版物讨论海洋保护区之间的连通性和局部种群的源-汇动力学过程。源和汇的知识对于规划海洋保护区在区域内的适当位置至关重要。例如，将海洋保护区设置在作为补充生物来源的区域中应该比设置在作为补充生物汇的位置更有价值（Crowder et al.，2000）。

17.3.1　海流计、浮标和风向标

历史上，对全球和区域海流模式的科学认识来自海流计现场直接测量，间接来源于基于温度、盐度和深度现场直接测量的密度驱动地转流的计算。表面洋流（深至 600～1 000 m）主要由风驱动并受地球的旋转控制（作为科里奥利参数的函数），而深水中（约 600 m 以下）的海流通常认为是由密度差所驱动。这些传统的海洋学技术为我们描述了广域尺度上（全球到区域）的海洋环流模式，并定义了我们星球的主要表面流和次表层流，包括它们的季节变化。

作为区域研究的一个例子，Klinger 和 Ebbesmeyer（2002）在华盛顿州的圣胡安群岛和西北海峡区域使用漂流卡（drift card）研究了表面流对幼体进行的输送。他们释放了 6 400 张漂流卡，其中近 40%被回收。漂流卡倾向于在有限区域积聚，70%的卡聚集在仅 15%的海岸线内。回收率的空间分布表明，某些站点彼此紧密关联，可能维持了高水平的幼虫输入（即这些站点是幼虫的汇），显示了它们在区域海洋保护区网络设计中的潜在重要性。

因为不是所有的海洋保护管理者都能利用更先进的技术，Delgado 等（2006）认为，技术含量低的方法（在这种情况下是浮标）仍然有使用价值（尽管它们具有明确的缺点），有助于阐明补充个体的来源。在一项为追踪补充到佛罗里达群岛的大凤螺（*Strombus gigas*）幼虫起源的研究中，他们在有大凤螺聚集的墨西哥海域 4 个地点和在佛罗里达海峡的 3 个地点释放了漂流瓶（drift vial）。他们得出结论，佛罗里达群岛中发现的大多数幼体源自该群岛，并且该系统依赖于当地补充，因此恢复措施应当针对当地产卵种群。

在区域到局部尺度上，这些传统技术可以在余流、潮汐和风等特定条件下在任何给定时刻及时阐明循环模式。但区域和局部海流也极为不稳定，并受到潮汐、盆地地形和邻近陆地的极大影响。在这些尺度上，海流计和浮标（drogue）研究成为识别局部实际海流的主要工具。这些方法可以用来估计在不同离散深度处的实际流速和流向。然而，风向标研究（即使大量释放时）只能说明在特定研究时间连通性模式，并且不能外推到其他时间。能够将连通性模式外推以涵盖所有条件是模型研究的主要优点。

17.3.2 连通性、源和汇的模型研究

为了评估保护效果，利用和保护资源，模型研究正在越来越多地被应用于各种环境状况，使用的模型也在变得更复杂。渔业研究文献中存在大量早期生活史模型研究（主要是单一物种），用以模拟幼体扩散和死亡率模式（例如 Brickman and Frank，2000）。然而，我们这里强调的是源-汇动力学和连通性研究。

我们需要了解源-汇动力学以有效确定海洋保护区位置（Crowder et al.，2000）。源（来源区）可以定义为生物出生率超过死亡率和迁出率超过迁入率的海域；相反，在汇集区，死亡率超过了出生率，迁入率超过迁出率。在存在汇集效应的栖息地设置保护区有可能危害鱼类种群，如果作为来源区的栖息地不足，确定和保护来源区对渔业保护至关重要（Crowder et al.，2000）。

因此，定义海洋生物种群间幼体扩散和连通性尺度对于资源保护以及理解种群动力学、遗传结构和生物地理学等问题至关重要。现在已经为几个生态区建立了生物物理模型（结合了生物学和物理学参数）（例如 Cowen et al.，2006）。然而，有关扩散距离（例如，岩礁鱼类扩散距离在 10~100 km 的数量级）以及补充群体主要是来自当地区域还是来自外部海域（即驻留度）这样的结论不应不加鉴别地推广到其他海域或其他分类群组。在不同的分类群之间，甚至同一物种在不同位置，扩散距离和驻留的变化都很大。例如，古巴鲷种群自我补充能力在 37%~80%，但在不同海域之间存在显著差异（Paris et al.，2005）。

模型能够可靠地再现海流、潮汐、风和生物发育时间各方面的所有组合。因此，它们具有在各种海洋学和气象条件下预测扩散模式的潜力。然而，使用过于简单的模型（例如忽略平流、扩散与生物因素之间的相互作用，即非生物物理模型）（Largier，2003；Cowen et al.，2006）可能导致幼虫密度估计不准确，误差高达 9 个数量级（Cowen et al.，2000）。

在评估源-汇动态和扩散时仍然存在一些其他复杂问题。海洋保护区组最优设计需要注意如图 17.3 所示的在幼虫扩散、保护区位置和保护区大小等方面的相互影响（Planes et al.，2000；Stockhausen et al.，2000）。此外，幼体连通性在年度时间尺度上是一个间歇性和异质性过程（Siegel et al.，2008），这源于众多的混沌事件，包括由于西向强化环流造成的平流以及由此引发的大规模死亡（Myers and Drinkwater，1989）。

在近海（非沿岸海域）海域中，地形效应和驻留机制通常更简单，模型预测可以对连通性模式产生可靠的结果。在近岸沿海水域，连通性空间模式更复杂，而且扩散原则（幼虫定居的概率分布）由于地形、海流和风（以及其他影响因素）等的综合影响而变得多变和扭曲（Aiken et al.，2007）。因此，在沿海海域，遗传学手段便被经常采用。

大多数现有模型都是针对特定的位置和物种。也许，未来最重要的模型将分为两类：评估整个海洋保护区网络成员之间的连通性的模型（见下文）；能够定义海洋生物多样性保护区保护潜力如何与被开发鱼类群体可持续保护的现有专业知识相结合的模型（Gerber et al，2003）。

17.3.3 遗传学研究

如第 10 章所述，遗传学研究现在已成为海洋保护工作不可或缺的工具。遗传学提供

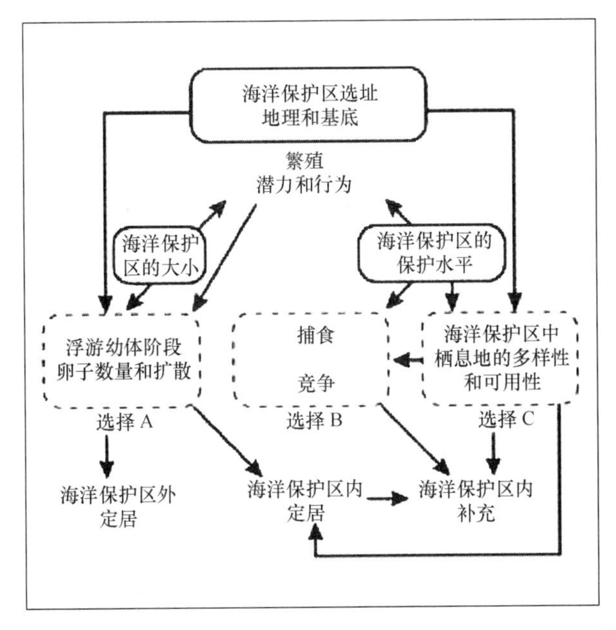

图 17.3 海洋保护区组最优设计需要注意幼虫扩散、保护区位置和规模的相互影响

资料来源：据 Planes 等（2000）重新绘制

的各种工具有广阔的应用前景，但是这些工具通常仅应用于特定的位置和一些选定物种。本章这一节中，我们只能总结一些遗传学中有助于连通性研究的概念（通常是试验性的）。

遗传研究本身并不告诉我们水体运动本身的事情；它们只允许我们推断什么可能已经发生或（在给定的条件下）肯定已经发生，但不是告诉我们这些如何发生。遗传信息因此允许我们重建过去的连通性、发生时间或周期性等事件。这样的信息是重建的且不可预测的，被用于了解水体运动、生物体的生物学性质和生活史等方面的最佳条件。一般来说(并且可以预期)，在扩散潜力高的物种中基因流动也多，而扩散潜力低的物种中基因流动也少（Palumbi，1995），但是也有许多例外。下面列举一些示例进行说明。

在 Bell 和 Okamura（2005）的研究中例证了遗传学对于海洋保护区地点之间连通性研究是多么重要。他们研究了在海涅湾海洋自然保护区（爱尔兰南部的一个孤立的海湾）犬峨螺（*Nucella lapillus*）种群的遗传分化、遗传分离、近交和基因多样性减少等内容，并将研究结果与当地临近的开放式沿岸种群以及英格兰、威尔士和法国的种群进行了对比。这项研究清楚地表明，隔离和降低保护会对选择的保护区产生长期不利的遗传后果。

然而，在一些预期可能会出现生物学隔离和遗传分化的海域中却没有发现这些情况存在。使用线粒体标记物 COI 进行种内遗传结构分析揭示，在西南太平洋的诺福克海山之间和海山与岛坡之间的铠甲虾科 Galatheidae 两个物种（*Munida thoe* 和 *Munida zebra*）的种群对于该标记物的多态性在遗传上是非结构化的（Samadi et al.，2006）。其他一些甲壳类动物和一种浮游生物营养的腹足类动物的遗传结构也揭示了类似的模式。种群结构只在 *Nassaria problematica* 这个非浮游生物营养且扩散能力有限的腹足类动物中观察到。因此，海山之间基因流动的限制似乎仅在扩散能力有限的物种中观察到。

相反，即使在相对均匀的区域内，仍可观察到遗传分化。例如，Ruzzante 等（1998）在浅滩产卵场尺度上提供了鳕（*Gadus morhua*）的遗传结构的证据。这与海洋学特征和产卵活动的时空分布等两方面的变化相一致，这两方面可能都代表栖息在高度平流环境中的地理上邻近种群之间基因流动的障碍。所描述的差异与经过扩散过程后回到产卵场的比例情况是一致的，这是一种通过地形诱导形成的涡旋样环流（可以作为驻留机制）促进的行为。Knutsen 等（2003）的研究结果支持了这一结论，他们也发现，大西洋鳕在更小的地理学尺度上沿着沿岸海域 300 km 区域内，不存在任何明显的物理障碍，该范围也完全在该物种的扩散能力之内，却被亚结构化为遗传分化种群。他们发现不存在导致遗传分化的地理模式，也不存在沿海岸线的明显的距离相关性。这些研究发现支持低水平的遗传分化是由于卵子或幼体通过海流的被动输送而不是成体扩散的设想。

即使在那些幼虫具有明显类似扩散潜力的物种中，mtDNA 分析可以显示非常不同的模式。例如，温带大陆性物种紫球海胆（*Strongylocentrotus purpuratus*）显示大尺度的遗传同质性，而热带岛屿性 *Echinometra* 属的物种显示具有大量遗传分化（Uehara et al.，1986）。许多其他同工酶和 DNA 研究（包括上述研究）在扩散潜力高的物种中显示出具有强烈的遗传分化；而有一些个别物种在某些时候和在某些区域则表现为扩散潜力高和遗传分化低，但在其他时间和地点表现为扩散潜力低和遗传分化度高。这些例外和明显的矛盾来自许多分类群和许多地理区域（Palumbi，1995），推测是由于补充过程中在生物学和海洋学影响下局部变异性的结果。这些明显的矛盾需要对其进行更加密切的遗传学和海洋学的联合研究（见下文）。

在珊瑚礁鱼类中，幼虫水体生活持续时间和跨越障碍的遗传连通性之间一般缺乏相关性，这表明生活史和生态学可以像海洋学和地理一样影响海洋盆地内的进化分区（Rocha et al.，2007）。保护策略（以及基于生物地理学的更传统的方法）要求识别生态热点海域，那里栖息地异质性可能促进物种形成。

因此，重要的是详细了解生物的生命史、生物地理边界动力学和其物理海洋学特征，以及详细了解沿海区域（很大程度上被忽略）沿海环流单元的流动过程（cell circulations）（见第 11 章；Carter，1988）。越来越多的研究表明，种群的地理分离至少与幼虫扩散、海流和补充过程（涉及生物学和海洋学因素）的机制有关，而不仅仅取决于成体种群的地理位置（Zhan et al.，2009）。

分类学和遗传学信息告诉我们，生物地理边界在生态区内是真实存在的（即使在亚种或种群水平）。这些边界一定是繁殖体扩散过程中受地形学、海流模式和生物学过程相互作用的综合结果。它们可以通过仔细的海洋学和遗传学研究来区分，并且这些生物地理边界可能是具有区域特异性的。

而在沿海地带的环流单元内，由于沿海区域存在地形复杂性和环流复杂性，这里的物理环流模式通常不具有很好的规律性，因此基因技术在这些区域是最有用的。这里，幼虫可以通过一系列“跳板”（其假定种群仅与相邻种群交换繁殖体）周期性地与底栖生活的成体种群相联系，随后通过一系列极端事件或可变事件（包括洪水、潮汐和风）增强分散能力。Sotka 和 Palumbi（2006）主张，遗传稳定的生态渐变群的地理宽度是由扩散的均匀化效应和选择的多样化效应之间的平衡决定的。因此，如果选择和生态渐变群宽度被量化，则可以推断幼虫移动的平均地理距离（它们的连通性）。他们的生态渐变群遗传学理论表明，幼虫的平均扩散距离小于生态渐变群宽度（通常在其宽度的35%以内），并且这样推断出的扩散距离应该是准确的。这种对幼虫扩散距离的估计是非常有价值的，因为它们可以为海洋保护提供重要指导。

最后，灭绝的年际变化、种群在有利于存活的时间中繁殖的比例（例如Hedgcock的机会匹配假说。Hedgcock，1994）、幼体的高死亡率、干扰和来自区域外个体的再定居等都是海洋生态系统的特征，它们都会影响种群内的补充和自然选择，也会影响当地生物群落的演变（Lessios et al.，1994）。在连通性遗传学方面，显然仍有许多“规则”需要认识。

17.3.4　追踪研究

为与扩散过程严格对照，对单个生物体（鱼类、海洋哺乳动物、海龟等）的追踪研究使我们能够定义某个物种迁移的路线和时间。通过使用各种标记可以收集较大动物有关动物生理学和生物海洋学方面有价值的辅助信息，提供详细环境数据和其生物反应的详细数据。这样的数据目前仅限于选择那些个体较大的物种，但是这些数据对于水体环境中可移动海洋保护区的设置和在迁徙期间的动物保护是无价的。

海洋追踪领域的国际领导者是全球合作倡议的海洋追踪网络（OTN）（http：//oceantrackingnetwork.org/）。通过海洋追踪网络，将标记成千上万的具商业开发价值物种和濒危海洋物种，以帮助改进渔捞活动，更好地了解海洋。动物被标记以遥测它们的去向，它们经历了什么条件，它们如何相互作用以及个体行为在与气候变化相关的时间尺度上如何改变。这是科学家和管理者为了保护和恢复海洋生产力所需要的信息。了解海洋动物实际活动位置意味着更容易设定新的海洋保护区、设置航线、批准资源勘探，并提供世界海洋中生物学和物理学因素复杂相互作用的真实画面。

海洋追踪网络是在全球性尺度上的，但是该技术也可以在区域和局部尺度使用。例如，Jones等（2005）通过将幼体浸泡在四环素溶液中对群体幼体进行大规模标记，同时通过对新补充群体进行DNA基因型分析确定新补充群体中标记个体的比例，解开了小丑鱼（*Amphiprion polymnus*）幼鱼出生地的谜团（详见下文）。Becker等（2007）成功地通过幼体现场培养研发微量元素化学指纹识别技术作为跟踪工具来确认定居无脊椎动物的来源。元素指纹识别技术利用了海洋生物硬质部分在形成期间记录下来的具有位置特异性的化学信号，该信号可以用来作为地理“标记”，例如，Co/Ca、Pb/Ca、Cu/Ca和Mn/Ca等元素比例。Becker等（2007）的研究表明，以前被认为是具有高扩散能力的沿海贻贝幼体可以保留在其出生地的20~30 km范围内。此外，他们还发现，两个密切相关和同时发生的物种（加州贻贝*Mytilus californianus*和紫贻贝*Mytilus galloprovincialis*）在不同地点之间表现出完全不同的连通性模式。

类似的化学追踪技术也已应用于其他底栖无脊椎动物（包括龙虾），以确定它们的海底迁移路径和通道。例如，Chou等（2002）测量了5种金属的含量（Ag、Cd、Cu、Mn和Zn），以便了解龙虾在加拿大Fundy湾北部区域内的活动过程。

17.3.5　各种技术的组合

当与其他数据和方法结合时，特别是当存在的遗传信号相对较弱时（如在许多海洋物种中发生的），分子生物学工具可能最能发挥其作用（Selkoe et al.，2008）。最近的研究结合了遗传学、海洋学、行为生态和建模方法，使我们更能深入认识海洋生物种群的空间分布生态学，特别是关于幼体迁移、扩散障碍和源-汇种群动态等。Galindo 等（2006）应用组合技术通过海洋学模型来研究估计连通性，以预测在加勒比海珊瑚中由幼虫扩散引起的遗传模式。他们运用海洋学和遗传学耦合模型成功地预测了许多观察到的模式，包括巴哈马隔离和波多黎各附近的东西歧化。

作为技术组合的具体实例，Jones 等（2005）通过将幼体浸泡在四环素溶液中大规模标记种群中的幼体解开了小丑鱼（*Amphiprion polymnus*）幼鱼的出生地起源谜团。同时，通过 DNA 基因型分析，确定了所有潜在成体中新到达补充群体所有新成员的比例。他们确认，虽然小丑鱼没有像它们的父母一样定居在同一个海葵上生活，但许多小丑鱼会定居在离它们出生地非常近的地方。即使该物种的幼体发育持续时间为 912 d，但是有高达 1/3 的定居幼鱼已经返回到它们那个 2 hm^2 左右的出生地，许多幼鱼定居处距离它们的出生地点小于 100 m。这代表对于具有幼体水体环境生活阶段的任何海洋鱼类物种而言是已知最小的扩散距离。

17.4 评估海洋保护区组之间的连通性

17.4.1 多物种保护区网络

虽然已经有许多关于局部区域源-汇动力学的研究，并且已经阐述了设计海洋保护区网络的一般原理（Gerber et al.，2003；Hastings and Botsford，2003），但是却很少研究种群动态特征和支持潜在保护区网络所必需的区域水文学特征。这也许是由于真正的保护区网络非常少所致。现在有数个基于单个物种补充模式的海洋保护区网络模型的例子，但是这种保护区网络通常缺乏多物种组合的共同考虑（Grantham et al.，2003）。

不幸的是，即使计划或声称“网络”已经建立，它们可能也远远达不到预期的目的。在最近一项有趣的研究中，Johnson 等（2008）对北大西洋葡萄牙和丹麦之间的海洋保护区网络“Natura 2000”（$n=298$）进行了分析。网络成员的中值大小为 7.6 km^2，相邻保护区的中值距离为 21 km（范围 2~138 km）。虽然没有讨论栖息地特异性问题，Johnson 等（2008）基于扩散能力和局部物种驻留的假设，他们提出拟设置保护区成员中至少一半太小和太孤立，不能支持它们所组成的保护区网络内的区域种群。

Robinson 等（2005）在加拿大北太平洋海岸进行了相似目标的研究。主要目的是使用三维海洋学模拟模型来了解拟议的 Gwaii Haanas 国家海洋保护区（GHNMCA）和其他 10 个拟议或现存海洋保护区之间的连通性。为了使该颗粒模拟实验更加符合实际，模拟时间段、幼体持续时间和深度等的选择根据拟议的 Gwaii Haanas 国家海洋保护区中存在的 44 种鱼类和 22 种无脊椎动物相关的文献确定。由于 2—4 月鱼类和无脊椎动物幼体丰富度高，被确定为一个重要的补充期。模拟实验使用置于 3 个不同深度的被动颗粒，在晚冬时使用垂直迁移颗粒实验 30 d 或 90 d。结果发现，模拟的表面颗粒扩散情况与通过分析卫星图像、海流锚测和浮标资料等进行的冬季海流观测情况相一致。Gwaii Haanas 国家海洋保护区将有助于海洋保护区网络，因为它提供和接收来自不列颠哥伦比亚省北部其他海洋保护区的模拟颗粒。模型模拟实验还表明，Gwaii Haanas 国家海洋保护区模拟颗粒的最大来源源于30 m水深处的海流而不是2 m水深处的海流。最后，模拟的平均日扩散率为2.0 km/d，这将允许鱼类和无脊椎动物在冬季定居于 Gwaii Haanas 国家海洋保护区的北部海域。总之，Gwaii Haanas 国家海洋保护区和其他海洋保护区似乎贡献了高百分比的模拟颗粒到赫卡特水道北部的非海洋保护区区域，因此赫卡特水道北部这里被认为可能是冬季的颗粒汇集区。

17.4.2　一个有效的多物种保护区网络

理想状况下，在一个计划包含几个海洋保护区（即假定形成保护区网络的一组保护区）的区域中，扩散过程中的繁殖体大部分补充到产生繁殖体的保护区中（自我补充），或者大部分补充到具有类似地球物理性质的另一个保护区中（异源补充）。但是，这个大部分是由什么成分构成的？Johnson 等（2008）的计算结果只代表了与海洋保护区大小和间距相关的平均条件和一般规律。我们需要的是一个关于实际存在或拟设保护区网络的敏感模型，该模型要考虑区域性生命周期、水文学和气象学的各个方面，实际计算在保护区网络内繁殖体补充的概率。我们显然需要一些方法来估计各保护区之间存在交换的这些繁殖体进行补充的概率，而这些保护区都是（或可以成为）海洋保护区网络的成员。简而言之，我们需要将该保护区网络作为一个整体来衡量其总“效率”（即不管整个保护区网络的每个海洋保护区成员是作为一个区域的源还是汇）以及衡量整个保护区网络保留足够新成员的能力，以确保其多变的种群和群落实现可持续发展。

这可能是一个较大的建模挑战。这里存在几个潜在的问题，包括：成体受精的概率、繁殖体释放后的死亡率、浮游阶段的扩散模式、定居和底栖生物补充成功率等（McEdward，1995）。然而，假设这些潜在问题和与补充过程相关的大多数其他生物学事件随机分布在一个区域内，则需要对扩散模式进行评估，实际上，这正是大多数研究（为了保护目的）致力要做的工作。现在提出一个简单的工作原理和零假设，即保护区网络的百分比效率（percentage efficiency）（如模型评估）应不小于由一组普通海洋保护区所覆盖区域的百分比（图17.4）。

效率被简单地定义为繁殖体保留在其来源保护区内比例的总和加上补充到具有类似栖息地特征的另一个海洋保护区的比例。为了说明如何计算，我们总结了 Roff、Toews 和 Bryan 等使用 Webdrogue 模型获得的未发表的研究成果（www2.mar.dfo-mpo.gc.ca/science/ocean/coastal_hydrodynamics/WebDrogue/webdrogue.html），该模型性能类似于 Robinson 等（2005）使用的模型。

Webdrogue 模型是漂移轨迹程序的图形用户界面。它可以用于获得模型域中任意点的漂移预测。漂移轨迹可以使用从潮汐、季节平均环流、风生环流和表面风漂流导出的环流参数来计算。在 Hannah 等（2000）的研究中，描述了用于计算风驱环流和合成所有环流成分的技术。速度场为下列5个成分的总和：长期季节平均值、对沿大陆架风应力反应、垂直陆架风应力反应、面对上游边界处的海平面以及 M_2 潮流。

该速度场真实代表了斯科舍大陆架西部和中部三维季节循环，是基于历史观测数据以及诊断和预测数值模型结合进行的预测，并通过潮汐、风应力、气压梯度和正压力梯度等校正。主要的海流特征（西南新斯科舍和陆架边缘流，布朗斯和 Sable 岛浅滩周围的部分环流；

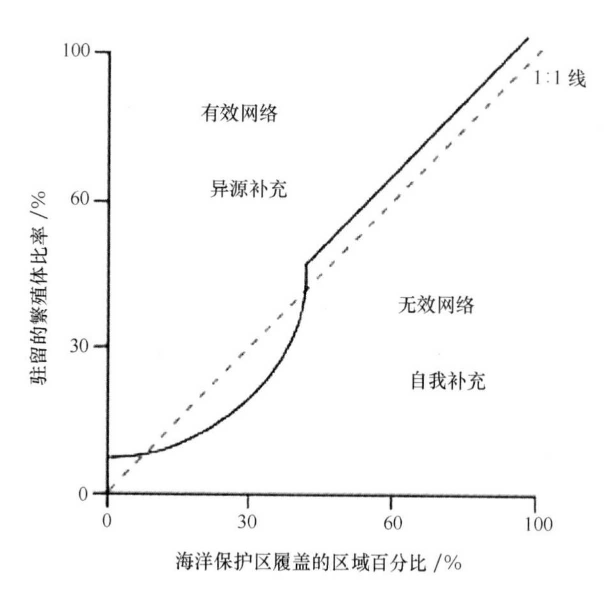

图 17.4　海洋保护区组对于保留幼体和其他类型繁殖体的假设效能，或是作为自我补充（在原起源海洋保护区内补充）或作为异源补充（从一个海洋保护区到另一个补充）

注：海洋保护区网络有效和无效位于所示的 1：1 线之上和之下

图 16.1b）全年持续并具有显著的季节变化，流场性质在该区域也各不相同。如 Hannah 等（2001）所述，与海流计观测结果相比较，对于布朗斯浅滩、西南新斯科舍和内陆架区域等的模拟研究结果显示出了良好的一致性，对乔治浅滩的观察同样也具有良好的一致性。风生海流具有两个部分：即对风的局部响应和对由大规模风场建立的海面压力场的响应。

Webdrogue 程序已被用于加拿大东部海域的各种生物学研究，包括预测露脊鲸索饵场的分布和范围以及扇贝种群的遗传分化。Kenchington 等（2006）的研究表明，基于 Webdrogue 技术进行的海域扇贝种群分化分离研究结果和由独立遗传分析显示的分化存在良好的一致性。所有这些结果都导致了对模型预测的信心。

Webdrogue 模型也被 CLF/WWF（2006）应用于缅因湾和斯科舍大陆架海洋保护区组的研究（第 16 章和图 16.6）。该研究确定了一组潜在优先保护海域，包括具有代表性和特色性的海域。CLF/WWF 报告相当主观地设定了整个研究区域 20%保护特征的目标。但这是该区域的足够比例吗？候选海洋保护区实际上是否构成如专栏 16.1 中所定义的真正的保护区网络或有效保护区网络？真正困难的问题不是“保持 20%的特征就够了吗”？而是“保护 20%足够吗”？我们只能通过广泛的遗传调查或应用该地区的模型来确定这些问题。虽然海洋保护区组在 CLF/WWF 报告中被归为保护区网络，但实际上其连接模式未被评估。现在来讨论 CLF/WWF（2006）报告中描述的海洋保护区组之间连通性这一问题。

CLF/WWF 报告中对海洋保护区组测试的零假设（null hypothesis）是，在幼体起源的候选海洋保护区内补充或从一个候选海洋保护区补充到另一个候选保护区的那些补充成功幼体的比例将不小于由候选海洋保护区组占据的区域面积比例。如果区域受保护的部分比例太小，或者单个海洋保护区太小或相距太远，以致不能相互支持自然补充过程，则由各海洋保护区“捕获”的繁殖体的比例将小于由海洋保护区覆盖的面积比例，Johnson 等（2008）的分析中发现的结果也是这样。如果各海洋保护区构成一个充分或有效的保护区网络，那么，它们共同捕获的繁殖体的比例应该高于或至少等于它们覆盖区域面积的比例（图 17.4）。

在 CLF/WWF 报告指定的 30 个海洋保护区中，有 26 个（有 4 个处于极端状况被舍弃）覆盖了研究区域约 19%。这些保护区在 Webdrogue 模型的修改中进行了多次重复模拟；这允许多种粒子（繁殖体）依次从每个候选海洋保护区中释放，并且跟踪它们随时间在区域内的运动轨迹。其中繁殖体的死亡率被忽略，如果一个粒子被保留在起源的海洋保护区内或者如果它到达另一个指定的海洋保护区，则认为该粒子“存活”。因此，定居行为也没有进行评估。选择 3 个深度间隔用于追踪模拟颗粒：2.5 m 代表许多甲壳纲物种幼体漂浮活动层；25 m 代表上混合水层；100 m 水层。选择 2006 年期间的条件用于研究，研究期间应用了模拟的水文流动模式，并应用该年天气状况的实际记录。

每个海洋保护区进行了代表春季和夏季两个季节的模拟，当大部分底栖动物的幼体被释放时，每个模拟实验连续运行 15 d。更长的模拟时期当然更适合于较长寿的幼体，例如较大的底栖甲壳类动物。春季模拟实验于 2006 年 4 月 15 日释放模拟颗粒，并于 2006 年 4 月 29 日结束；而夏季模拟实验于 2006 年 8 月 15 日释放模拟颗粒，于 2006 年 8 月 29 日结束。因此，每个海洋保护区有 6 个相应的情景，结果共包括 156 个模拟实验，代表了数以万计的繁殖体个体。

为了进行数据分析，“驻留”（retention）定义为在整个模拟实验过程中释放的繁殖体保留在释放海洋保护区内。根据观察，在所有场景下驻留百分比作为时间的函数不断降低（图 17.5）。这是预期的结果，可以归因于风和海流随时间推移将释放颗粒移出起始海洋

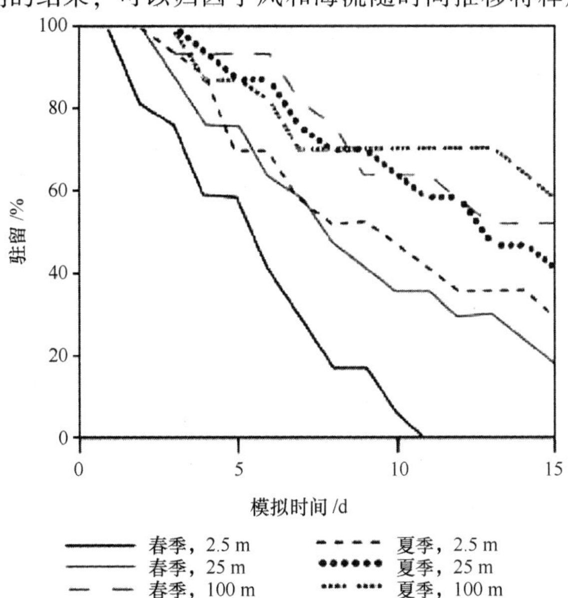

图 17.5　幼虫扩散和捕获的模拟结果，表明在春季和夏季不同释放时间和扩散深度的幼虫驻留效率（驻留在释放海洋保护区或网络的另一个海洋保护区中）

资料来源：Roff 等未发表的数据

保护区的能力。此外，驻留减少率与释放深度一致（图 17.5）。越接近海表面释放的繁殖体漂流到释放海洋保护区之外的速度越快于在较深处释放的繁殖体。这个结果可归因于繁殖体对风力和海流力量增加的敏感性，因为越接近海面这种力量越大。在总共 26 个海洋保护区中，有 14 个保护区至少保留了一部分所释放的模拟颗粒，并且作为一般趋势，越大的海洋保护区保留的总数量越多。

术语“定居”（settlement）用于识别在某个特定时间内所有由 26 个海洋保护区组成的网络内的任何海域含有的繁殖体的比例。在模拟的持续时间内，定居百分比总体上存在净减少的趋势。该研究还观察到，在较浅深度处活动的繁殖体比在较深处模拟释放的繁殖体能够更快地从网络中丢失。来自两个季节 100 m 深度的模拟实验表明，该深度定居率大约是在其他深度观察到的定居率的两倍。并且春季模拟比夏季模拟显示出具有更大的总定居损失。这可能是由于春天期间具有更恶劣的天气条件，包括较高的风速和由于更大的淡水影响而增加的海流速度。

总的来说，繁殖体的定居比例在春季模拟中为 25.6%，在夏季为 29.1%，两者都超过 26 个海洋保护区所覆盖的研究区域比例（约 19%）。因此，本研究的结论是，在测试条件下，由 CLF/WWF（2006）提出的海洋保护区组实际上确实形成了一个有效的保护区网络。这些分析可以进一步扩展，以包括更长持续时间的繁殖体扩散，并且还可以包括更详细的研究源-汇动态以及单个海洋保护区对整个保护区网络的贡献。例如，新斯科舍省西南海岸的一个海洋保护区似乎是一个很强的汇集区（图 17.6），这里的驻留能力远远超过保护区网络整体的保留能力。这种持续的分析可以进一步优化保护区设计和单个海洋保护区的位置与大小。

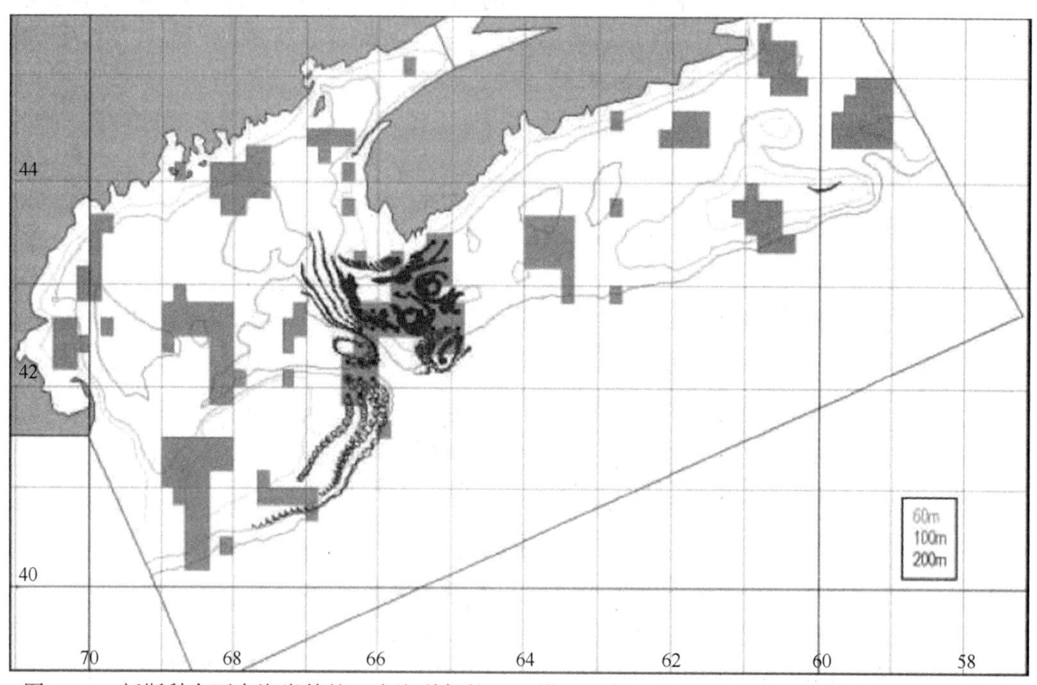

图 17.6 新斯科舍西南海岸外的一个海洋保护区的模拟示例，这里似乎是一个强大的汇集区和自我补充区，并且其驻留能力可能远超整个网络的保留能力

17.5　保护区面积和保护比例

在本章中我们回到第 16 章提出的问题，即保护区总面积要求多大或一个区域需要保护的比例是多少。重要的是，我们注意到即使通过上述 Webdrogue 模型这样的分析，仍然不能客观地测量一个区域内应该由海洋保护区保护的面积有多大。

在理论进一步发展之前（专栏 16.4），我们对总面积要求的最佳估计只来自于被开发利用物种的模型研究（Guenette et al.，1998；Beattie et al.，2002）。这些模型研究结果表明，我们需要保护整个区域的 25%~40%，并实施捕捞配额，以确保渔业可持续发展。然而，由于那些具有重要商业价值的底层鱼类似乎主要由深度和水团所确定（第 6 章），故一个区域中被设定为海洋保护区的 25%~40%这部分海域的分布在很大程度上是在基质类型之间随意选定的。

估计区域内应该接受保护海域的总比例的第二种方法来自对有效海洋保护区网络的搜索计算。为了设计一个有效的海洋保护区网络，需要集中考虑一系列因素，包括：

- 确定特色海洋保护区及其大小（第 7 章和第 14 章）。
- 确定代表性海洋保护区及其大小（第 5 章、第 6 章和第 14 章）。
- 指定要保护的总面积——来自渔业研究模型（第 13 章）。
- 确定相关的海洋保护区组（第 16 章）。
- 确定保护区网络特性和效率（本章）等（专栏 16.5）。

计算一个区域中通过海洋保护区保护面积的比例和设计保护区网络事实上需要多次反复计算（图 17.7），以将所有期望的生物多样性组分纳入有效保护区网络中。

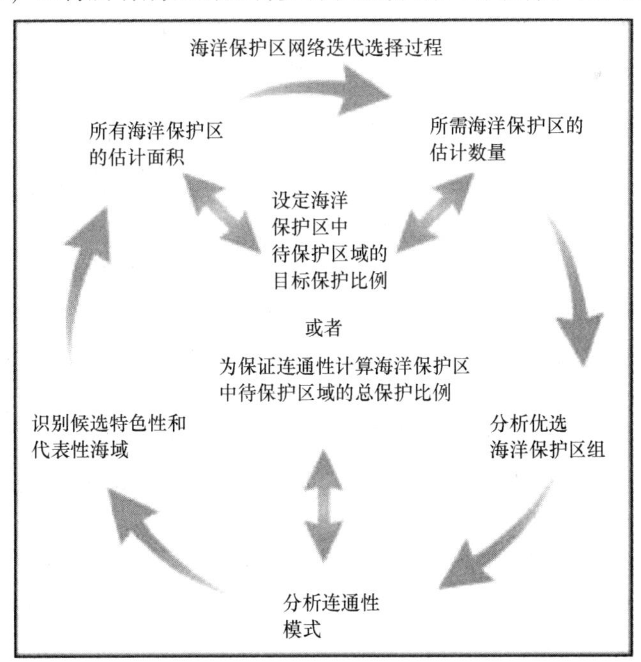

图 17.7　指示海洋保护区网络中各保护区成员的位置选择过程的迭代性质和步骤

目前，正在进行更加复杂的海洋保护区网络分析，例如 Lockwood 等（2002），他们研究了从高狭峰分布到平顶峰分布的一系列幼体扩散分布模式。他们对不接受外部幼体补充且大小不一的单个保护区和具有不同程度连通性的多重保护区进行了不同扩散模式的影响分析。分离保护区的持久性要求其大小大约是平均扩散距离的 2 倍。无论属于哪一种扩散模式，如果保护区的大小减小到仅仅为平均分散距离，那么，斑块中的种群都不会持续发展。对于一个理想化的海岸线，设置有众多等间距的保护区，保护区之间由不存在繁殖活动的海岸线区域分隔，则多种扩散模式的相对定居率都是保护区大小占海岸线分数的函数。通过复杂的建模研究和遗传信息的结合应该能够清楚地了解沿海区域连接模式的复杂性。

最后，我们注意到，生态区中海洋保护区网络之间的连通性问题（换句话说，连通性中的连通模式）尚未得到解决。这意味着另一个水平的空间整合，以确保区域保护区建设和国家保护区建设得到全球协调一致。

17.6 结论和管理启示

海洋保护区网络的真正意义在于它们是迄今为止构想的唯一保护体系，在面对人类的持续开发利用和海洋环境退化时可以切实保护海洋生物多样性各组成部分（即海洋生态完整性的持续性——它们的可持续性）。适当的设计海洋保护区网络与污染控制相配合，是保证海洋生物多样性（包括其渔业）持续发展不可或缺的条件。

尽管有各相关国家的承诺和海洋保护区网络的国际协议以及总共覆盖了大约总共 4 000 万 km^2 海洋面积的成千上万单个的海洋保护区（www.wdpa.org/），但是公开宣布的海洋保护区网络却很少。即使有些被宣布为海洋保护区网络，但它们的连通性也存在着严重缺陷。即使是设置了几个海洋保护区组的大堡礁海洋公园，也被认为并没有构成真正的海洋保护区网络。

令人鼓舞的是，有关海洋种群的扩散、连通性和遗传分化等方面的研究越来越多，有了这些研究成果的支撑，建立海洋保护区网络就更有信心。然而，Bradbury 等（2008）对文献的分析研究表明，历史上众多的研究都关注了低扩散/低纬度物种，而这些物种并不能代表全球模式。不过这些了解和预测扩散过程中类群特异性和区域差别的步骤是规划海洋保护区网络的重要信息。

阐明源-汇模式和动态过程，不仅对海洋保护区网络的设计至关重要，而且对渔业资源的适当管理同样至关重要。在不同的位置，幼体的源-汇问题和全部物种的补充问题（Roberts，1997）的重要性变化范围可达数个数量级。在幼体供应充足的上游海域，很可能对于过度捕捞后的恢复力更大，对物种丧失的敏感性较小，对局部管理的依赖程度低于其他海域。连通性模式图示方法将有助于相关国家建立有利于管理的伙伴关系，有助于设计相互依赖的海洋保护区网络。

由于海洋水体环境（具有开放的“廊道”）的高度连通性，海洋环境可能比陆地环境更不容易于发生栖息地破碎。然而，海底廊道（类似陆地上的廊道）对于诸如螃蟹和龙虾等逆流迁移的底栖生物物种至关重要，但海底廊道连通性问题受到的关注远远小于海洋水体环境的连通性。

对于近海海域，尽管遗传学研究也总是提供一些辅助信息，所需的连通性模式可能是通过良好的局部海流和风力的海洋学模式以及一系列优势物种的发育时间和行为知识所获得。对于近岸海域，特别是在地形复杂和沿海海流循环研究不足的局部海域，这里水体运动的海洋学研究是复杂的，而遗传学研究可能会产生该海域连通性的最佳信息。

无论是单个物种、栖息地还是生态系统，除非它们真正被认为是独一无二的，否则，我们都应该谨慎地定义它们的“特殊地位”。然而，当涉及定义海洋保护区网络时，绝对有必要针对特定海域进行研究，因为海洋学模式是根据地形、潮汐和其他海流模式的区域特征而变化。

最后，虽然我们现在已经审查了从全球到局部水平的海洋保护规划过程，但剩下的挑战是将贯穿空间层次结构和生态层次结构的规划整合在一起。遗憾的是，跨区域和跨生态区的海洋保护区网络的空间整合还没有得到研究。

参考文献

Aiken, C. M., Navarrete, S. A. Castillo, M. I. and Castilla, J. C. (2007) 'Along-shore larval dispersal kernels in a numerical ocean model of the central Chilean coast', *Marine Ecology Progress Series*, vol 339, pp13-24

Archambault, P., Roff, J. C. and Bourget, E. (1998) 'Nearshore abundance of zooplankton in relation to coastal topographic heterogeneity, and the mechanisms involved', *Journal of Plankton Research*, vol 20, pp671-690

Bay, L. K., Buechler, K., Gagliano, M. and Caley, M. J. (2006) 'Intraspecific variation in the pelagic larval duration of tropical reef fishes', *Journal of Fish Biology*, vol 68, pp1206-1214

Beattie, A. Sumaila, U. R., Christensen, V. and Pauly, D. (2002) 'A model for the bioeconomic evaluation of marine protected area size and placement in the North Sea', *Natural Resources Modelling*, vol 15, pp413-437

Becker, B. J., Levin, L. A., Fodrie, F. J. and McMillan, P. A. (2007) 'Complex larval connectivity patterns among marine invertebrate populations', *Proceedings of the National Academy of Sciences*, vol 104, no 9, pp3267-3272

Bell, J. J. and Okamura, B. (2005) 'Low genetic diversity in a marine nature reserve: Reevaluating diversity criteria in reserve design', *Proceeding of the Royal Society*, vol 272, pp1067-1074

Booth, J. D. (1997) 'Long distance movements in *Jasus* spp. and their role in larval recruitment', *Bulletin of Marine Science*, vol 61, pp111-128

Bradbury, I. R., and Snelgrove, P. V. R. (2001) 'Contrasting larval transport in demersal fish and benthic invertebrates: The roles of behaviour and advective processes in determining spatial pattern', *Canadian Journal of Fisheries and Aquatic Sciences*, vol 58, pp811-823

Bradbury, I. R., Laurel, B., Snelgrove, P. V. R., Bentzen, P. and Campana, S. E. (2008) 'Global patterns in marine dispersal estimates: The influence of geography, taxonomic category and life history', *Proceeding of the Royal Society B*, vol 275, pp1803-1809

Brickman, D. and Frank, K. T. (2000) 'Modelling the dispersal and mortality of Browns Bank egg and larval haddock (*Melanogrammus aeglefinus*)', *Canadian Journal of Fisheries and Aquatic Sciences*, vol 57, pp2519-2535

Carter, R. W. G. (1988) *Coastal Environments. An Introduction to the Physical, Ecological and Cultural Systems of Coastlines*, Academic Press, London

Chou, C. L., Paon, L. A. and Moffatt, J. D. (2002) 'Metal contaminants for modelling lobster (*Homarus americanus*) migration patterns in the Inner Bay of Fundy, Atlantic Canada', *Marine Pollution Bulletin*, vol 44, no 2, pp134-141

CLF/WWF (2006) 'Marine ecosystem conservation for New England and maritime Canada: A science-based approach to identifying priority areas for conservation', Conservation Law Foundation and World Wildlife Fund Canada, T oronto, Canada

Cowen, R. K., Lwiza, K. M. M., Kamazimz, M. M., Sponaugle, S., Paris, C. B. and Olson, D. B. (2000) 'Connectivity of marine populations: open or closed?', *Science*, vol 287, pp857-859

Cowen, R. K., Paris, C. D. and Srinivasan, H. (2006) 'Scaling of connectivity in marine populations', *Science*, vol 311, pp522-527

Crowder, L. B., Lyman, S. J., Figueira, W. F. and Priddy, J. (2000) 'Source-sink population dynamics and the problem of siting marine reserves', *Bulletin of Marine Science*, vol 66, pp799-820

Delgado, G. A., Glazer, R. A., Hawtof, D., Aranda, D. A., Rodríguez-Gil, L. A. and de Jesús-Navarrete, A. (2006) 'Do Queen Conch (*Strombus gigas*) Larvae Recruiting to the Florida

Keys Originate from Upstream Sources? Evidence from plankton and drifter studies', in R. Grober-Dunsmore and B. D. Keller (eds) *Caribbean Connectivity: Implications for Marine Protected Area Management*, National Oceanic and Atmospheric Administration, Office of National Marine Sanctuaries, Silver Spring, MD

Galindo, H., Olson, D. and Palumbi, S. (2006) 'Seascape genetics: A coupled oceanographicgenetic model predicts population structure of Caribbean corals', *Current Biology*, vol 16, no 16, pp1622-1626

Gerber, L. R., Botsford, L. W. Hastings, A., Possingham, H. R., Gaines, S. D., Palumbi, R. and Andelman, S. (2003) 'Population models for marine reserve design: A retrospective and prospective synthesis', *Ecological Applications*, vol 1, pp47-64

Grantham, B. A., Eckert, G. L. and Shanks, A. L. (2003) 'Dispersal potential of marine invertebrates in diverse habitats', *Ecological Applications*, vol 13, pp108-116

Guenette, S., Lauck, T. and Clark, C. (1998) 'Marine reserves: From Beverton and Holt to the present', *Reviews in Fish Biology and Fisheries*, vol 8, pp251-272

Hannah, C. G., Shore, J. A. and Loder, J. W. (2000) 'The retention-drift dichotomy on Browns Bank: A model study of interannual variability', *Canadian Journal of Fisheries and Aquatic Sciences*, vol 57, pp2506-2518

Hannah, C. G., Shore, J., Loder, J. W. and Naimie, C. E. (2001) 'Seasonal circulation on the western and central Scotian Shelf', *Journal of Physical Oceanography*, vol 31, pp591-615

Hastings, A. and Botsford, L. W. (2003) 'Comparing designs of marine reserves for fisheries and for biodiversity', *Ecological Applications*, vol 13, ppS65-S70

Hedgecock, D. (1994) 'Does Variance in Reproductive Success Limit Effective Population Sizes of Marine Organisms?', in A. R. Beaumont (ed) *Genetics and Evolution of Aquatic Organisms*, Chapman & Hall, London

Incze, L. Xue, H. Wolff, N., Xu, D., Wilson, C., Steneck, R., Wahle, R., Lawton, P., Pettigrew, N. and Chen, Y. (2009) 'Connectivity of lobster (*Homarus americanus*) populations in the coastal Gulf of Maine: Part II. Coupled biophysical dynamics', *Fisheries Oceanography*, vol 19, pp1-20

Johnson, M. P., Crowe, T. P., Mcallen, R. and Alcock, A. L. (2008) 'Characterizing the marine NAT URA 2000 network for the Atlantic region', *Aquatic Conservation: Marine and Freshwater Ecosystems*, vol 18, pp86-97

Jones, G. P., Planes, S. and Thorrold, S. R. (2005) 'Coral reef fish larvae settle close to home', *Current Biology*, *vol* 15, no 14, pp1314–1318

Kenchington, E. L., Patwary, M. U., Zouros, E. and Bird, C. J. (2006) 'Genetic differentiation in relation to marine landscape in a broadcast-spawning bivalve mollusc (*Placopecten magellanicus*) ', *Molecular Ecology*, vol 15, pp1781–1796

Klinger, T. and Ebbesmeyer, C. (2002) 'Using Oceanographic Linkages to Guide Marine Protected Area Network Design', in T. Droscher (ed) *Proceedings of the* 2001 *Puget Sound Research Conference*, Puget Sound Action T eam, Olympia, WA

Knutsen, H. P., Jorde, P. E., Andr, C. and Stenseth, N. C. (2003) 'Fine-scaled geographical population structuring in a highly mobile marine species: The Atlantic cod', *Molecular Ecology*, vol 12, pp385–394

Largier, J. L. (2003) 'Considerations in estimating larval dispersal distances from oceanographic data', *Ecological Applications*, vol 13, pp71 – 89, www.esajournals.org/doi/abs/10.1890/1051 – 0761 (2003) 013 per cent5B0071: CIELDD per cent5D2.0.CO per cent3B2 – aff01#aff01

Lessios, H. A., Weinberg, J. R. and Starczak, V. R. (1994) 'Temporal variation in populations of the marine isopod *Excirolana*: How stable are gene frequencies and morphology?', *Evolution*, vol 48, pp549–563

Levin, L. A. and Bridges, T. (1995) 'Pattern and Diversity in Reproduction and Development', in L. McEdward (ed) *Ecology of Marine Invertebrate Larvae*, CRC Press. Boca Raton, FL

Lockwood, D. R., Hastings, A. and Botsford, L. W. (2002) 'The effects of dispersal patterns on marine reserves: Does the tail wag the dog?', *Theoretical Population Biology*, vol 61, pp 297–309

McEdward, L. R. (1995) *Ecology of Marine Invertebrate Larvae*, CRC Press, Boca Raton, FL Morgan, S. (1995) 'The Timing of Larval Release', in L. McEdward (ed) *Ecology of Marine Invertebrate Larvae*, CRC Press. Boca Raton, FL

Myers, R. A. and Drinkwater, K. (1989) 'The influence of Gulf Stream warm core rings on recruitment of fish in the northwest Atlantic', *Journal of Marine Research*, vol 47, pp635–656

Nelson, G. and Hutchings, L. (1987) 'Passive Transport of Pelagic System Components in the Southern Benguela Area', in A. I. L. Payne, J. A. Gulland and K. H. Brink (eds) *The Benguela and Comparable Ecosystems*, South African Journal of Marine Science 5, Sea Fisheries Research Institute, Cape T own, South Africa

Palumbi, S. R. (1995) 'Using Genetics as an Indirect Estimator of Larval Dispersal', in L. McEdward (ed) *Ecology of Marine Invertebrate Larvae*, CRC Press, Boca Raton, FL

Paris, C. B., Cowen, R. K., Claro, R. and Lindeman, K. C. (2005) 'Larval transport pathways from Cuban snapper (*Lutjanidae*) spawning aggregations based on biophysical modeling', *Marine Ecology Progress Series*, vol 296, pp93–106

Pawlik, J. R. (1992) 'Chemical ecology of the settlement of benthic marine invertebrates', *Oceanography and Marine Biology Review*, vol 30, pp273–335

Planes, S., Galzin, R., Garcia Rubies, A., Goni, R., Harmelin, J. G., Le Direach, L., Lenfant, P. and Quetglas, A. (2000) 'Effects of marine protected areas on recruitment processes with special reference to Mediterranean littoral ecosystems', *Environmental Conservation*, vol 27, pp126–143

Roberts, C. M. (1997) 'Connectivity and management of Caribbean coral reefs', *Science*, vol 278, pp1454–1457

Robinson, C. L. K., Morrison, M. and Foreman, M. G. G. (2005) 'Oceanographic connectivity among marine protected areas on the north coast of British Columbia, Canada', *Canadian Journal of Fisheries and Aquatic Sciences*, vol 62, pp1350–1362

Rocha, L. A. , Craig, M. T. and Bowen, B. W. (2007) 'Phylogeography and the conservation of coral reef fishes', *Coral Reefs*, vol 26, pp501-512

Roff, D. A. (1992) *The Evolution of Life Histories: Theory and Analysis*, Chapman and Hall, New York

Roff, J. C. (2005) 'Conservation of marine biodiversity: too much diversity, too little cooperation', *Aquatic Conservation: Marine and Freshwater Ecosystems*, vol 15, pp1-5

Ruzzante, D. E. , Taggart, C. T. and Cook, D. (1998) 'A nuclear DNA basis for shelf- and bankscale population structure in northwest Atlantic cod (*Gadus morhua*): Labrador to Georges Bank', *Molecular Ecology*, vol 7, pp1663-1680

Samadi, S. , Bottan, L. , Macpherson, E. , De Forges, B. R. and Boisselier, M. C. (2006) 'Seamount endemism questioned by the geographic distribution and population genetic structure of marine invertebrates', *Marine Biology*, vol 149, pp1463-1475

Selkoe, K. A. Henzler, C. M. and Gaines, S. D. (2008) 'Seascape genetics and the spatial ecology of marine populations', *Fish and Fisheries*, vol 9, no 4, pp363-377

Shanks, A. L. (1995) 'Mechanisms of Cross-shelf Dispersal of Larval Invertebrates and Fish', in L. Mc-', in L. Mc-Edward (ed) *Ecology of Marine Invertebrate Larvae*, CRC Press, Boca Raton, FL

Shanks, A. L. , Grantham, B. A. and Carr, M. H. (2003) 'Propagule dispersal distance and the sizing and spacing of marine reserves', *Ecological Applications*, vol 13, pp159-169

Siegel, D. A. , Mitarai, S. , Costello, C. J. , Gaines, S. D. , Kendall, B. E. , Warner, R. R. and Winters, K. B. (2008) 'The stochastic nature of larval connectivity among nearshore marine populations', *Proceedings of the National Academy of Sciences*, vol 105, pp8974-8979

Sotka, E. E. and Palumbi, S. R. (2006) 'The use of genetic clines to estimate dispersal distances of marine larvae', *Ecology*, vol 87, pp1094-1103

Stockhausen, W. T. , Lipcius, R. N. and Hickey, B. M. (2000) 'Joint effects of larval dispersal, population regulation, marine reserve design, and exploitation of production and recruitment in the Caribbean spiny lobster', *Bulletin of Marine Science*, vol 66, pp957-990

Strathmann, M. F. (1987) *Reproduction and Development of Marine Invertebrates of the Northern Pacific Coast: Data and methods for the study of eggs, embryos, and larvae*, University of Washington Press, Seattle, WA

Thorson, G. (1950) 'Reproductive and larval ecology of marine bottom invertebrates', *Biological Review*, vol 25, pp1-45

Uehara, T. , Shingaki, M. and Taira, K. (1986) 'Taxonomic studies in the sea urchin, genus Echinometra, from Okinawa and Hawaii', *Zoological Science*, vol 3, no 1114

Wildish, D. , and Kristmanson, D. (1997) *Benthic Suspension Feeders and Flow*, Cambridge University Press, New York

Young, C. M. (1995) 'Behaviour and Locomotion During the Dispersal Phase of Larval Life', in L. McEdward (ed) *Ecology of Marine Invertebrate Larvae*, CRC Press, Boca Raton, FL

Zhan, A. , Hu, J. , Hu, X. , Zhou, Z. , Hui, M. , Wang, S. , Peng, W. , Wang, M. and Bao, Z. (2009) 'Fine-scale population genetic structure of Zhikong scallop (*Chlamys farreri*): Do local marine currents drive geographical differentiation?', *Marine Biotechnology*, vol 11, pp223-235

第 18 章　海洋监测方案的建立

稳定基线的方法

用严格的规则来保护健康是令人担忧的弊病。

Francois de La Rochefoucauld（1613—1680）

18.1　引言

在过去 20 年中，缔结了一系列新的国家、国际法规和协议，要求制定监测方案，以支持第 4 章和第 13 章讨论的生态系统管理方法。例如，在国际级别上，《联合国海洋法公约》（第十二部分第 4 节 a 项 204）要求签署国承诺监测污染的风险或影响，公布这些监测结果，并评估在其管辖海域进行规划活动的潜在影响。此外，联合国环境规划署（UNEP），作为世界保护监测中心在过去 20 多年来一直在根据这些协定的各项公约和决议，制定陆地和海洋监测方案。

在区域水平上，要求利用各种类型的海洋指示物来评估欧盟（EU）水框架指令和欧盟海洋战略框架指令所规定的问题取得的进展。《奥斯陆巴黎保护东北大西洋海洋环境公约》（OSPAR）由欧洲西海岸 15 个国家组成，要求签署国承诺保护海洋环境义务，并形成了东北大西洋（Rogers et al.，2007）生态质量目标框架体系（EcoQQ）。在国家水平上，美国联邦水污染控制法案、英国海洋监测和评估战略（UKMMAS）以及一些其他国家的相关法令都要求进行海洋监测。

在这些重要的法律和政策指令中，关于监测生态系统健康和人类福祉的概念经常含糊不清，因此无论初衷多好，它们对于具体需要监测的内容、如何进行监测以及监测多长时间等内容几乎没有任何指导意义。而在这些协定之后建立的科学工作组一直在努力制定方法来评估这些指令的进展情况。然而，可能需要被监测对象的广度和范围都包括太多，跨越从用于天气预报、导航和大气科学的全球海洋传感器网络，到确定污染物在单个生物体组织中的局部效应等。因此，海洋监测是一个集成性跨学科的工作，涉及的学科多种多样，诸如分子生物学、海洋学和经济学等，以确定与生态和经济相关的保护目标和指标。

联合国环境保护署将监测定义为：使用可以比较的标准化方法，在一定的时间和空间尺度上，为了预定目的，遵循预定程序，对一种或多种化学要素或生物要素进行的重复性观察（van der Oost et al.，2003）。虽然这个定义是全面的，但它没有考虑到人类活动的影响，例如船只航行（导致噪声、船只撞击）、单位捕捞努力量（CUPE）或海岸线发展程度。因此，为评估和了解海洋保护管理活动效果而进行的海洋监测比大多数监测方案广泛得多。遗憾的是，很少有人系统地尝试并充分考虑各种非生物、生物和人类利用特征和条件，而对这些特征和条件的了解将有助于评估确定海洋系统的生态和经济状况。

长期海洋监测方案已经实行了几十年，许多司法管辖区遵守国际和国家立法以及各项公约，已经制定了或正在制定各种海洋生物监测方案，以监测各海洋保护区是否实现其目标，以及监测各种渔业管理决策是否使捕捞的各个鱼类种群取得了显著改善（NRC，1990；Schiff et al.，2002；Bernstein and Weisberg，2003）。此外，最近还制定了其他监测方案，旨在确定环境基线以协助完成各种任务，这些监测方案包括：预测某一年内渔业种群补充过程成功与否；监测全球变暖造成的海平面上升情况；监测沿岸水域的放射性核素。

总的来说，所有监测方案都可以概括为以下3种类型之一：执行情况监测，以评估保护战略执行情况，例如，监测在保护一定比例的海洋区域方面取得的进展；承诺监测，以确定是否遵循战略，例如，监测副渔获物捕捞情况；有效性监测，监测评估战略是否达到目标。

本章的目的是侧重于有效性监测，概述了成熟海洋监测方案的一些特征，提出了可在海洋环境中监测的一些特性、特征或条件类型。根据Zacharias和Roff（2000）使用的等级体系保护方法，本章分析了在基因、种群、群落和生态系统各组织层次进行监测的各种选项。本章不打算提供各种监测（例如污染监测、渔获物监测）的监测方案，而是力图为读者提供各种监测选项，并供读者从中选择以做进一步探讨。监测的困难之一是，可以采用许多方法来解决某一个监测问题，而很少有人能对所有方法进行比较并指出其优势和弱点。建议对更全面的海洋监测方案感兴趣的同行去阅读Davies等（2001）的研究。

18.2　海洋监测的各种观点

尽管建立海洋监测方案目的多样，但一般基于以下4个方面（修改自Davies et al.，2001）：①测量人类活动对环境的影响；②对出现问题给予早期预警；③出于科学兴趣去理解生态系统的行为和功能；④为决策提供建议并跟踪管理行动的成功过程。

测量人类活动的环境影响包括监测消费性活动的影响（例如渔业捕捞）和非消费性活动的影响（例如观鲸活动），以及监测各种海洋系统中污染物的水平。早期预警监测或对存在的问题监测通常包括对水质进行环境监测或对鱼类种群进行的环境监测。环境监视不针对任何特定威胁，而是监视那些可以指示威胁的特征。科学监测可用于建立基线和基准（Dayton et al.，1998），了解海洋系统的行为和功能。建立诸如生物群落对海洋振荡的响应关系，可以为渔业管理以及海洋保护区位置选定和管理操作提供有价值的信息。最后，监测可以用于评估管理决策的成败，并且可以用作适应性管理的依据。这些监测方案类型的案例包括评估停止渔业活动对渔业管理目标的影响。

不管对海洋监测持何种观点，在海洋环境中各种监测对象可以大致分为特性、特征和条件。虽然这些定义中存在相当多的重叠，但这里将它们提出来是为确保全部监测对象都被纳入监测范围。特性监测案例包括种群的大小类别和年龄类别以及其形态特征。特征监测案例包括地形学特征，例如珊瑚礁、海山和其他地形学特征。条件监测案例包括水团特性、水质参数或海洋生物的健康状况。

需要设计一个严谨和成熟的监测方案，以回答一个或多个管理问题。在可能的情况下，监测方案应被视为类似于科学调查工作方案，来测试一个提出的假设以确定是否实现监测目标（目的）。监测方案还应将当前情况与既定标准进行比较，以确定特征所处状况。最后，有效的监测要求目标明确界定。

18.3　监测方案

海洋监测是一个包括各种明显不同监测目标的广泛领域。然而，所有监测方案都是相互关联的，因为它们都试图在某个时间段内监控变量的变化。虽然存在许多可以监测的海洋环境特征，但是监测方案通常可以分为以下类型。

18.3.1　环境监测方案

环境监测方案不针对任何具体的威胁或具体的目标，而只是寻找背景/基线条件所发生的变化。环境监测方案通常在较长的时间段（在许多海洋浮标测量系统的情况下可实施几十年）和在较大的地理区域上实施，并且通常不预设任意区域中的任何特定威胁。监测方案通过直接观察、自动采集或遥感非生物或生物信息，以确定大尺度上的生态特性。环境监测站的设置可以基于系统或随机方案，或者可以使用调查船进行监测。非生物环境方案包括灯站和海洋浮标，它们可以收集多个变量的信息，包括盐度、温度、风速和风向以及太阳辐射。

最有代表性的环境生物监测方案案例包括以下几个。“贻贝观察”（Mussel Watch）计划是在一些国家通过监测牡蛎和贻贝的生活状况来监测海洋中各种污染物的污染情况（Goldberg and Bertine，2000）。大堡礁海洋公园管理局的珊瑚礁计划海洋监测方案是一个用于评估珊瑚礁计划长期有效性的环境监测方案，力图停止和扭转流域中劣质水体输入大堡礁海域；该方案由以下 5 个部分组成：河口水质监测、近海海水水质监测、海洋生物监测、生物累积监测和社会经济因素监测等。普吉特海湾环境监测计划（PSAMP）是美国华盛顿州的一个多机构参与的监测工作，旨在监测普吉特湾的健康状况，普吉特湾是一个受控水道，具有多种用途，数百万人居住在相邻的流域范围内；自 1989 年以来，普吉特海湾环境监测计划通过监测以下 5 个指标的状态和趋势来评估普吉特湾鱼类和大型无脊椎动物的健康状况：组织和胆液中的污染物水平、成体英国鳎肝脏病变、雄鱼内分泌干扰、产卵成功率和鱼类丰度（Newton et al.，2000）。环境监测的挑战是区分“信号”和“噪声”，其中当空间和时间尺度改变时，信号变成噪声，或者噪声变成信号（Osenberg et al.，1994）。

18.3.2　目标监测方案

目标监测方案针对具体的特点或目标，往往与管理目标或评估恢复努力相联系。目标监测方案是最常见的监测类型，常用来评估管理决策的有效性。常见的目标监测方案包括在开发项目前后对生物群落和生境进行的监测比较，用以评估开发的影响。目标监测方案的近岸实例包括在建立工业项目场所之前和之后监测海洋生物群落。近海实例包括监测附近的油气平台和监测鱼类种群，以确保渔业管理决策实现其管理目标。更高级的目标监测方案根据全球或区域公约和协定进行运作，可以同时处理多个问题。

经常使用的目标监测方法是压力-状态-响应（PSR）方法，该方法试图将人类对环境的压力与环境状态（条件）变化相联系，这些环境变化又通过影响立法或政策（OECD，1993）使之得到关注。海洋环境中的压力-状态-响应方法包括确定关键的强迫变量（例如，海洋学指数、捕捞死亡率），从而测量生态系统和各个组成部分（例如目标物种的群体状况）

的系统状态（条件），指示系统对确定的压力的反应，并管理针对这些压力的行动。

18.3.3 综合监测方案

综合监测方案旨在报告环境状况和趋势，并依靠若干措施的组合，报告各种空间和时间尺度上期望和不期望的各种发展趋势。在功能上，综合监测方案在生态层级系统的多个层次上结合环境监测方案和目标监测方案，但还没有提出一个大家都接受的定义。综合监测方法主要用于了解生态系统功能，以便为渔业管理提供信息。美国环境保护署（EPA）和欧盟有一些综合监测方案正在实施，以解决多种人类活动及其对海洋环境的影响，并整合污染物、生物标志物、指示生态系统健康的种群和生物群落指标等方面的监测。

美国环保署开发了一种3层结构监测方法，为美国环保署提供被称之为综合评估的监测信息（Messer et al.，1991）。美国环保署打算通过监测活动来进行：表征问题、原因诊断、设置管理动作、评估行动效果、重新评估原因、继续确保行动的有效性。其3层结构如下：

表征问题（第一层结构）检查由调查、自动收集和/或遥感等途径确定的大尺度生态响应特性。根据研究的目的，这种监测可以是环境监测的或目标监测。

原因诊断（第二层结构）检查专注于因果相互作用的问题或资源特定调查和观察的问题。该监测也可以是环境监测，但主要是目标监测。

相互作用和预测诊断（第三层结构）由具有较高的空间和时间分辨率的密集监测和研究指标站点组成，以确定建立因果模型所需的相互作用具体机制（NSTC，1997）。每一层结构生成的信息被用于协助指导和解释其他层所获得结果的指导和解释。

18.3.4 监视方案中的阶段

监测方案一般包括4个阶段。第一阶段是确定要监视的对象，这通常是针对一些问题或目标而设置的。预期随时间变化而改变的任何变量都可以监测，然而所监视的对象应该是我们感兴趣的特征或者是这个令我们感兴趣的特征以某种可预测的方式发生变化。最常见的监测目标涉及近岸水质，近岸海域存在许多指示水质的监测项目（例如叶绿素 a、浊度、溶解氧、粪大肠菌等）。

第二阶段是确定最合适的监测技术。这也是通过评估监测目标来确定的。在基因、种群、群落和生态系统水平上有数百种不同类型的监测技术（表18.1），其中每种技术都有自己的优势和弱点。在确定适当的监测技术时应该提出的问题包括（修改自 Davies et al.，2001）：

- 该技术会损害物种或环境吗？
- 该技术能否提供与设定目标一致的测度？
- 该技术能否在适当的条件范围内测量那些属性？
- 该技术能否提供足够精确的观察结果来监测适当的变化尺度？
- 该技术预算经费能否支持？

第三阶段是组织现场部署这些技术，最后一步是评估感兴趣特征的状况。

表 18.1　在种群、群落和生态系统水平进行监测的生物物理和人类利用特性、特征和条件类型

种群水平	群落水平	生态系统水平	人类利用
密度	物种丰度，均匀度	生产率	坡地利用
面积	丰富度	水体运动	人口
种群大小	演替	周期变化	人口密度
存在	干扰	水体特性	分区密度
范围	交替的稳定状态	光合作用活性	土地利用
分布	捕食	辐射（PAR）	土地覆盖
年龄结构	竞争	浊度	不透水覆盖
遗传多样性	寄生	叶绿素	暴雨降水条件
基因频率	互利	温度	排水与非排水区域
等位基因数	疾病	盐度	禁捕鱼和贝类
结合度	偏害共栖	溶解氧	污染物
近亲繁殖或杂交	过渡区	总有机碳	排放报告和污染
抑制	功能组	总固体物	许可证
遗传漂移	复合种群	总挥发性固体	栖息地改变
瓶颈	异质性	总硫化物	湿地损失
基因流	地方性	驻留	城市溪流减少
迁移	多样性	照度	海洋利用
补充	代表性和特色性	分层	禁捕鱼和贝类
驻留	面积	斑块	污染物
进化	生物量	溶解气体	单位捕捞努力渔获量（CUPE）
分子标记		分界线	船舶数量
扩散		水透明度	船航行数量
生存能力		营养状态	停留时间（TIA）
病原体		氮化合物	日访问人次
死亡率/发病率		硝酸盐、亚硝酸盐、铵	潜水员人数
困境		磷	潜水次数
基因流		沉积物特性	收入再分配（例如渔民和旅游业经营者）
污染/漏油等级		沉积物类型	财富流
疾病		测深	邻近游客和旅游
畸形		地形	运输类型（动力，非动力）
个体大小和条件		颗粒大小	
指数		补充	
生长率		种群生存能力	
收获率		遗传多样性	
污染物		水底覆盖	
人工放射性核素		繁殖场面积	
石油烃		活动场所可用性	
氯化碳氢化合物		索饵场面积	
金属离子		海平面上升	
有机锡		污染物	
致癌物		金属（Cd，Zn，Pb，Hg，Cu，Fe，Mn，Co）	
诱变剂			
农药			
内分泌干扰物			
物理碎片			

18.3.5　监测指标的作用

受能力或成本的限制而不能直接测定目标变量时，就用指标作为其替代物来评估某种趋势或条件。指标的典型定义是，……指标是用于估计环境在物理、化学、生物学或社会经济条件学条件下当前状态和未来趋势的一种测度、指数或模型，以及达到生态系统期望目标所采取管理行动的阈值（Fisher，2001）。指标与其他类型的统计数据（例如，生成原始数据的事件或现象的测量）不同，因为指标是与某个特定的管理问题相关联的。指数（例如，水质量指数、生物完整性指数）是根据某个公式对指标进行的聚合，以产生用于交流和概括目的的单个度量值。

例如，温度可以用作某些物种繁殖成功和存活的替代指标，溶解氧水平可以指示海洋生态系统中人类干扰的水平。随着时间的推移进行的趋势监测通常利用条件指标（Zacharias and Roff，2001；第9章），条件指标会随着对生态系统的生态状态、健康状况或完整性的反应而变化。水质指标或替代物常常使用叶绿素、沉积物、溶解氧和总悬浮固体的浓度表示。基因水平的指标包括某些等位基因的存在与否或其频率。在物种/种群水平，指标可以包括条件指标和关键物种。在生物群落水平，可以监测的指标包括某些物种以及同资源种团或功能群之间的丰度相关性。在生态系统水平上，指标通常是水体质量的测度，如叶绿素、浊度和溶解固体。

作为一个良好指标应该具有的特性，它应该是科学合理、易于理解、对变化敏感、测量精度高、能够定期更新。选择指标时应考虑的其他问题包括（改编自 http：//cleanwater. gov/coastalre-search/report. html，Rees et al.，2008）：

- 建议的指标可以用简单的方式量化吗？
- 指标是否对广泛的条件做出反应？
- 指标是否对预期不确定条件或疑虑敏感？
- 指标能否在这种环境条件下分辨有意义的差异？
- 指标测量能否提供对各种时间、尺度和环境条件变化影响的综合判断？
- 指标测量结果是否可重复和可传输？
- 是否具有参考信息来判断获得的结果？
- 指标测量结果可以进行时间和空间差异比较吗？
- 指标测量过程会不会造成生态系统破坏？
- 指标是否易于为非专家和决策者所理解交流？
- 指标是否具有科学和法律依据？
- 指标在制定和使用中是否涉及利益相关者？

还有许多对海洋指标进行分类的研究工作。联合国教育，联合国教科文组织（UNESCO，2006）确定了以下3类生态系统指标（略加修改）：

- 生态指标，用于表征和监测环境各种物理、化学和生物学各方面的状态相对于具有管理行动阈值的给定水质目标的变化。
- 社会经济指标，用于测量环境质量是否足以维护人类健康、人类资源利用和有利的公众反应。
- 管理指标，用于监测管理活动和实施过程满足环境政策目标方面的进展和有效性。

最终的考虑是如何选择指标，因为可能有数百种不同的特性、特征和条件可用于监测并作为监测指标（表 18.1）。最后，指标必须经受同行全面评审并符合法律法规，并且必须对利益相关者有信心，因为它们是客观选定的并且用于特定目的。Rice 和 Rochet（2005）提出了一个选择和使用指标的 8 个步骤，概述如下：

（1）确定用户、用户需求以及他们为所有潜在受影响的利益相关者制定的目标。

（2）将利益相关者目标转化为考虑生态和经济各个方面的候选指标。

（3）为以下 3 种类型的 9 个筛选标准分配权重：

-解释（具体性，公众意识，理论基础）；

-实施（历史数据的可用性，成本，可测量性）；

-应用（敏感性，特异性，响应性）。

（4）评估每个指标相对于每个标准的信息内容或质量以及判断信息内容或质量的证据强度，根据筛选标准对指标进行评分。

（5）通过定量方法总结得分的结果。

（6）确定需要多少指标。

（7）最终选择一套指标以供使用。

（8）使用指标报告生态经济状况，并在必要时改变管理方向。

总之，指标是以简单和可理解的方式呈现和概括复杂信息的方法，它也可以用于衡量系统的一般状态。虽然在各种生态水平上可以应用于海洋监测方案的指标有很多种，但“好的”指标符合 SMART（specific，measurable，achievable，relevant and timely）哲学理念（具体、可测量、可实现、相关和及时）。指标也可以按顺序使用，可以通过间接测量生物系统变化来测量可能影响海洋环境的人类活动变化来建立初级指标，来满足对监测指标的迫切需求。这个临时步骤为监测生态系统状态赢得了时间，以能够建立更复杂的指标去监测生态系统的稳定性、多样性和“生态系统健康”。

在应用海洋指标方面还存在挑战。虽然全面讨论所使用海洋指标的优缺点超出了本书的范围，但这里提出一些有关海洋指标较为严重的问题：由于政治原因和资金限制导致的监测时间序列中断；与当前状态相比较的历史数据不足；缺乏海洋指标使用的系统标准；缺乏合格的工作人员处理指标；指标术语在学科和国家之间往往不一致；缺乏足够灵敏度的适用指标。

18.4　海洋监测方法与可监测的特性、特征和条件类型

在海洋环境中可被监测的两类基本特征或条件包括：生物物理特性、特征和条件；人类利用的特性、特征和条件。生物物理特性、特征和条件可以在以下水平进行监测（根据 Zacharias and Roff，2000）：

- 基因
- 种群/物种
- 生物群落
- 栖息地/生态系统
- 水平的组合（例如群落生境）

为了海洋监测的目的，基因水平通常被纳入物种/种群水平，因为遗传监测主要涉及遗传多样性和种群间的特异性程度（正如通过隔离和连通性表达）。此外，可以在生态层级体系的多个级别上监测某些特性、特征和条件（例如海域）。

18.4.1 种群/物种水平上的监测

传统上种群/物种水平上的监测活动是关注于监测种群丰度和结构的变化，或者监测种群有机体水平上的污染物水平。监测种群特性变化是群体评估的一个重要方面，它也可以反映污染物或栖息地丧失给非开发利用种群带来的不利影响。然而，在潮间带环境（这里易于观察）之外，群体结构的变化难以观测。通常仅能检测到大量死亡和病态状况，以及某些底栖无脊椎动物中的重要性征（性畸变）的变化。

本节的目的不是详细讨论在种群/物种水平上的各种监测方法，而是提供可以在该水平上监测的各种特性、特征和条件以及一些受欢迎的技术和最近在种群水平进行监测的进展。在种群/物种水平，可以监测的特性、特征和条件见表 18.1。

一个经常使用于种群水平上的监测方法被称为“生物监测”，该方法着重使用单个生活状态的生物体去监测或表现由于物理环境的变化而导致在种群水平和群落水平上发生级联影响或变化的能力。生物监测是基于以下假设：在群落和生态系统水平上应避免压力引起的变化，因为这些变化的指标往往缺乏早期检测的优势。因此，在分子和细胞水平检测到的变化可以在种群和生态系统水平提供初始变化的早期警告（Moore et al.，2004）。

生物监测不同于化学监测、人类利用监测或生态系统（海洋学）监测，它被认为是预测真实生态风险较为准确的因子，因为生物监测方法是将污染物和环境胁迫之间的直接原因和效应联系起来。虽然生物监测可以应用于许多类型的环境胁迫（例如：噪声、捕捞、外来物种）监测，但该方法主要用于确定污染物（外源化合物）对生物体的影响及其后续对生态层级结构中上级层次的影响。因此，生物监测方法被认为充当了早期预警系统，其中的“生物标志物”在生物体水平上对某些外源化合物发出不利生物反应的信号。生物标志物可以测度体液、细胞或组织因不同数量外源化合物的存在而发生的变化（NRC，1989）。世界卫生组织定义了生物标志物，认为它几乎可以测度包括生物系统与潜在危害（可能是化学、物理或生物学危害）之间的所有相互作用。最后，美国国家科学院将生物标志物定义为“……在细胞或生物化学物质或过程、结构或功能中外源物质诱导的变化，而这些变化在生物系统或样品中都是可测度的”（NRC，1989）。

生物标志物在生态层次结构中的每个层次上按照预期用途被进一步细分。Van Gastel 和 Van Brummelen（1994）提出在 4 个不同生物监测水平上使用生物标记物、生物鉴定、生物指标和生态指标，定义如下：

- 生物标志物：测量生物化学和生理过程，测量在亚有机体水平上偏离正常状态（健康）的情况。
- 生物鉴定：使用经典的生态毒理学方法在种群水平测量个体面对污染物时的存活、生长和繁殖状况。
- 生物指标：测量遗传结构、年龄结构或种群丰度的变化。
- 生态指标：测量物种组成、丰度和多样性方面的变化，这些变化可能指示污染物对群落的影响。

迄今为止，大多数生物监测工作都是检测微量金属元素和有机污染物的影响结果，这些有机污染物包括多氯联苯（PCBs）、有机氯杀虫剂（OCPs）、多环芳烃（PAHs）、多氯二苯并呋喃（PCDFs）和多氯代二苯并二噁英（PCDDs）。

也许最早和最著名的生物监测计划是贻贝监测计划（Mussel Watch Programme），该监测计划既监测环境条件，也监测特定污染物的污染范围和影响。1975年开始监测放射性核素、石油烃、氯化烃和重金属等，牡蛎和贻贝之所以被选作为指标物种，是因为它们能够随时间推移不断将毒素进行生物累积，可以达到使用检测设备进行测量的水平（Goldberg，1975）。该计划作为国内和国际监测近海沿岸水域污染的解决方案进行推广普及。1988年Goldberg（1988）审查了该方案并指出（其他人也有类似观点），检测生物体中污染物数量虽然有用，但不能评估这些污染物对指标物种及其环境的影响。此外，新的有毒化学物质不断地被排放到海洋环境中，但是没有足够的预算来分析这些化学物质（Goldberg and Bertine，2000）。贻贝监测计划已被数十个国家采用。

1986年美国贻贝监测计划开始监测145个地点的一系列痕量金属和有机污染物，现在已经增加到近300个地点大约140种不同的化合物。早在20世纪60年代和70年代就开始对这些地点的一部分进行监测，污染物监测记录持续了40多年。对其中20年的监测数据进行研究发现，自1986年以来，各个站点金属污染稍有下降，且在全国范围内有机污染显著下降（Kimbrough et al.，2008）。对于大多数有机污染物，下降趋势是由于执行州和联邦法规的结果。金属和有机污染物的最高浓度出现在城市和工业区附近。

种群水平上的监测最近也取得了众多进展，预计这些发展将降低成本并改进监测结果。读者要全面了解生物监测领域的最新进展，可以查阅van der Oost等（2003）的研究结果。现在使用的各种生物标记的部分名单罗列如下：生物转化酶（Ⅰ期和Ⅱ期），氧化胁迫参数，生物转化产物，应激蛋白，金属硫蛋白（MT），MXR蛋白，血液学参数，免疫学参数，繁殖和内分泌参数，基因毒性参数，神经肌肉参数，生理学、组织学和形态学参数（van der Oost et al.，2003）。

更有趣的发展是，可以测定某些解毒酶和激素活性物质，而无须测定分析海洋环境（例如水、沉积物）或生物体（例如贻贝）中的大量污染物。通过这种方式，可以低成本地评估各种污染物在种群和生物群落水平上的总体影响。这种方式普遍被认为是对污染物的集成式评估。当生物体暴露于许多化合物（包括PAHs，PCBs，二噁英类和呋喃类）时就会产生解毒酶（例如金属硫蛋白和细胞色素P450）（Roesijadi et al.，1991；Anderson et al.，1995）。细胞色素P450的测量单位以苯并［a］芘等价物为单位给出，其中这些酶的升高水平表示生物体对毒性、致癌或致突变反应的可能性。由于测定成本低，细胞色素P450已经广泛用于监测研究。然而，需要进行更多的工作以建立细胞色素P450水平与全部物种和群落健康或完整性的相关关系（Goldberg and Bertine，2000）。激素活性物质可以在细胞水平调节金属和解毒过程，并通常由铜和镉诱导。

另一个最近的研究领域是确定由具有雌激素性质的化合物引起的内分泌干扰物对海洋种群的影响。雌激素类似物可以是天然的也可以是人工合成的，它们被认为会损害某些生物的繁殖。已证明对海洋生物有影响的天然来源的雌激素类似物包括雌酮和17β-雌二醇。人类已经引入了大量功能上具有雌激素类似物作用的化学物质。其中，雌激素乙炔雌二醇

（主要在口服避孕药中发现）具有最大的潜在影响（Matthiessen and Law，2002）。虽然缺乏这些化合物和有机体繁殖成功率之间明确联系的证据，但传说有证据表明这些类似物可能对某些海洋生物具有重大影响。有许多不同的技术可以用来评估各种类似物对激素活性的影响。

最后，毒性鉴定评价（TIE，toxicity identification and evaluation）方法和生长净能（SFG，scope-for-growth）方法是检验污染物对生物体影响的新方法。毒性鉴定评价方法由美国环境保护署开发，旨在通过分离每种化合物以确定单个化学物质对单个生物体或小群生物体的影响。生长净能方法是生物体用于躯体生长能量的量度。在受污染的生物体中，不得不将能量用于解毒和组织修复，导致生长净能下降。如果生长净能为零，则生物体将不能生长。如果生长净能为负，则生物体将失去体重并可能死亡。最常影响生长净能的污染物是多环芳烃、极性有机物和二丁基锡（Kroger et al.，2002）。

种群水平的海洋监测正在继续发展。虽然用于温度、电导率、深度和浊度等测量低成本、准确且可靠的传感器已经开发并在世界范围内部署，但是最近仍在进行生物传感器（biosensor）领域的研究以监测其他化学和生物学参数。生物传感器更有趣的进展之一是将该技术应用于分子分类学领域，其中对物种类型和丰度（通常基于特征性核酸序列的浮游生物）的测量可以指示系统中的人为干扰（Kroger et al.，2000）。另一个研究领域是分子印迹技术（molecular imprinting，MIP），它将识别技术引入了聚合物合成，可用于识别离子、肽和蛋白质、类固醇和完整细胞。该方法开发了聚合物合成模板，该模板通过在合适的溶剂中将目标化合物（模板）与合适的单体（通常是甲基丙烯酸）和交联剂（例如乙二醇二甲基丙烯酸酯）混合在一起而产生。然后使用 UV 或化学引发使该混合物聚合。与许多天生不稳定的生物化合物（如抗体和酶）不同，分子印迹技术耐受 pH、压力和温度的变化，通常较便宜，并且与现有的微机械技术（micromachine technology）（Kroger et al.，2002）兼容。

18.4.2 生物群落水平上的监测

海洋生物群落复杂、隐蔽、难以观察和统计调查，因此它们也难以监视。最常见的生物群落水平上的监测是第 8 章所讨论的物种组成和多样性监测，如物种丰度、均匀度和丰富度（表 18.1）。因为生物群落水平上的监测工作十分复杂，所以，通常通过在种群和生态系统水平上进行监测，来评估海洋生物群落的“健康”或“完整性”；然而，在生物群落水平上进行监测也存在有利之处。Samhouri 等（2009）在营养联系清晰的 7 个温带海洋生态系统中，模拟测试了渔业捕捞强度增加后，生物群落水平上 22 个可用指标的优势和用途。结果表明，6 个指标（有机碎屑、鲽形目鱼类、浮游植物、水母、底栖无脊椎动物的生物量以及商业和非商业物种的比例）表现出与 22 种生态系统属性中至少一半属性具有相对较强的相关关系（Samhouri et al.，2009）。

一项群落水平上使用的监测技术在评估污染物影响方面具有应用前景，它就是 van Gastel 和 van Brummelen（1994）研究中使用的“生态系统指标”技术，该技术使用不同物种集合的存在、缺失、丰度或组成等情况来评估人类活动。海洋生态系统指标可以是固着生活的物种或活动性物种以及微生物。这种方法不同于第 8 章讨论过的传统上使用的群落多样性测度方法，因为其目的是利用群落结构的变化来表示特定压力的存在，或至少存在某种压力。生态系统指标是将数据转化为信息的一种手段，是将生态系统复杂性降低到一种对管理活动所需信息量最高和有用的方式。这里提出用于群落水平上监测活动所采用的生态系统指标，举例如下（修改自 FAO，2009）：

- 胶质浮游动物、头足类动物、小型中上层鱼类、食腐动物、底层鱼类、食鱼动物、顶极捕食者（第四营养级以上）的相对生物量和生物必需的栖息地（物种形成之处）。
- 下列生物的生物量比。食鱼动物：食浮游生物动物（PS：ZP），中上层鱼类：底层鱼类（P：D），底内生物：底表生物。其中 PS：ZP 和 P：D 的值已经发表，可供参考。
- 体长组成结构。可以表示系统结构中的扰动（使用曲线斜率），但也可以突出显示系统生产力的变化（通过截距）。
- 最大（或平均）长度。如果考虑渔获物大小偏好，可以使用。
- 总渔业移除量（渔获量+兼捕量+丢弃量）。该数量考虑系统中总移除生物量与系统中剩余的生物量之比。
- 多样性（物种数），如第 8 章所述。
- 成熟期尺寸（重量和长度）。这可以指示系统和群体结构的变化。

18.4.3　生态系统（栖息地）水平上的监测

考虑到收集生态系统水平上的数据相对容易，生态系统或栖息地水平上的监测可能是层次结构中监测难度最低的（表 18.1）。除了数据易于收集之外，生态系统水平上的监测数据对海洋监测方案具有重要价值。①有关海洋生物群落的信息很稀少，而且往往很难进行统计调查。然而，使用许多原位调查技术和遥感技术（表 18.2 至表 18.4）可以很容易地获得生态系统数据，并且根据特定生态系统中上行或下行的驱动因素，这些生态系统数据可以与生物群落紧密耦合，因此用作生物学信息的替代（Denman and Powell，1984）。生态系统水平上的监测技术相对发达［例如 CTD（电导率，温度，深度）传感器］，并且各生态系统变量（例如温度和生长率）引起的许多生物反应已经被定量研究。②生物学数据经常受到人类活动的影响，根据监测目标，人类活动可能降低其对监测活动的价值。例如，从渔获物统计数据中获得了大量的海洋数据，而数据收集过程本身却会改变群落组成和生物量。③海洋系统中最持久和经常发生的特征实际上都是非生物性的（Roff and Taylor，2000），这意味着相对于在生物体、种群和群落等水平上生物学属性的波动，具有中长期持久性状况的偏离可能更容易被检测到。

最近，国际上在建立海底观测站方面做出了重大努力，这些观测站一般被定义为通过光纤网络连接到海岸固定站点的那些仪器、传感器和程控模块进行的无人数据采集。例如，美国海洋观测计划（US Ocean Observatories Initiative，OOI）由以下 3 个要素组成：海底互连站点的区域电缆网络，能够观测数个海洋学特征和过程，例如，东北太平洋时间序列海底网络实验（NEPTUNE）；可重新定位的深海浮标，可部署在恶劣的环境中；现有设施的增强升级。

为建立主要海洋观测系统，其他国际上进行的工作还有全球综合观测战略（Integrated Global Observing Strategy，IGOS，2003），该战略计划由 3 部分组成：全球气候观测系统、全球海洋观测系统（GOOS）和全球陆地观测系统。全球海洋观测系统（GOOS）是联合国教科文组织政府间海洋学委员会（IOC）、世界气象组织（WMO）和联合国环境署

(UNEP) 的三方合作计划，目的是：建立一个“全球互联”系统，用于获取、储存和分发海洋资料；研发和实施利用这些数据的技术；提高发展中国家建设获取和利用海洋数据的能力。

表 18.2 海底环境和监测技术比较

海底采样法	描述	覆盖度 / ($km^2 \cdot h^{-1}$)	特征空间分辨率/m	备注
卫星遥感	多光谱系统（可见光和红外线）包括 IKONOS，GOES，SeaWIFs，Landsat，SPOT，Quickbird	>100	1~1 000	仅适用于浅水环境，时间分辨率受天气和轨道重复时间的影响
机载遥感	可以是被动的（例如多光谱，胶片记录）或主动的（例如 LIDAR）	>10	0.1~10	仅适应于浅水环境，光谱信号解释难
侧扫声呐	提供沉积物纹理、地形、海床和目标检测的信息	10	1	通常不产生测深数据，图像条纹可以镶嵌，以产生照片逼真的图像
多光束测深	生成阴影浮雕地形图，可用于解释海床地质学、浮雕和过程	5	1	反向散射可用于表征下层，对目标检测比侧扫声呐更有用
声学地面辨识系统（AGDS）	产生海底粗糙度图，因此产生海底特征	1.5	1	解释前需要进行大量处理，现有系统有 QTC-View，RoxAnn 和 EchoPlus
亚底部剖面仪	提供海床到海底以下 50 m 沉积物的高分辨率定义	0.8	1	可用于绘制沉积厚度和底内生物群落
摄像机	可用于识别生物群落以及其他现场记录方法	0.2	0.1	可以由潜水员、潜水器、ROV 或远程方法操作，很难建立确切的位置，因为视频通常是倾斜拍摄
底拖网	各种方法移除底部上和/或底部附近的目标	0.2	多变的	破坏性，不适用于某些底部类型
照片拍摄	可用于识别生物群落以及其他现场记录方法	0.1	0.01	可用于识别生物群落以及其他现场记录方法，难以建立确切的位置，因为照片往往被倾斜拍摄
底质抓取/柱心采样	潜水员或远程操作设备从海底采集固定体积样品	0.003	0.01	需要在实验室进行额外的分析
电缆海底观测台	通过光纤电缆相互连接的海底科学仪器的节点阵列，连接到岸站	>1 000	1~1 000	目前在加拿大和美国以及欧盟成立于东北太平洋

资料来源：改编自 Kenny 等，2000。

表 18.3　海水环境和监测技术比较

海水环境采样法	描述	覆盖度 /($km^2 \cdot h^{-1}$)	特征空间分辨率/m	备注
光学卫星遥感	多光谱系统（可见光和红外线）包括 IKONOS、GOES、SeaWIFs、Landsat、SPOT、Quickbird	>100	1~1 000	图像只体现水柱前几米，时间分辨率受天气和轨道重复时间的影响，提供海面温度和水色
雷达卫星遥感	雷达系统包括 Radarsat、JRS-1、SIR	>100	10~100	图像体现可用于推断水体结构（锋面、内波等）的表层水条件
机载遥感	可以是多光谱或胶片记录	>10	0.1~10	用于计算叶绿素和悬浮固体物以及普查海洋动物，光谱特征难以解释
调查船	在巡航期间可以部署许多仪器	>1	可变的	取样率取决于船舶速度和仪器取样率
被动声学监测	主要是海洋哺乳动物和鱼类的声学监测	>1	可变的	可能包括单个探测器或大型、区域阵列，如美国海军的声学监视系统(SOSUS)
浮标	提供洋流信息，也可以提供表面温度、风、水色、压力或盐度	N/A	100	空间分辨率取决于部署在一个海域浮标的数量，目前用于补充模型
声呐	提供有关密度、分布和丰度的信息	<2	0.1	基于声呐数据和物种栖息地需求知识的物种区分，尺寸的测量可用于较大物种
潜水器/ROVs/AUVs	提供收集样品和拍摄视频和照片的能力	1	可变的	
潜水员	知识渊博的潜水员可原位识别生物群落和栖息地	0.2	0.1	适用于浅水小区域详细研究
海底电缆观测台	通过光纤电缆相互连接的海底科学仪器的节点阵列，连接到岸站	>1 000	1~1 000	由加拿大、美国和欧盟建在东北太平洋海域

表 18.4　潮间带/河口环境和监测技术比较

潮间带采样法	描述	覆盖度 /($km^2 \cdot h^{-1}$)	特征空间分辨率/m	备注
卫星遥感	多光谱系统（可见光和红外线）包括 IKONOS、GOES、SeaWIFs、Landsat、SPOT、Quickbird	>100	1~1 000	仅适用于较广阔的潮间带和河口，时间分辨率受天气和轨道重复时间的影响
机载遥感	可以是被动的（例如多光谱或胶片记录）或主动的（例如 LIDAR）	>10	0.1~10	仅适用于较广阔的潮间带和河口，是非常有效的盘点/监控工具
样方采样	估计较大海域上的丰度、密度	0.1	0.1	非常适用于较广阔的潮间环境和河口
断面观测	估计较大面积上的丰度、密度	0.1	0.1	适用于狭窄的潮间带
照片拍摄	可用于识别生物群落以及其他现场记录方法	0.1	0.01	很难建立确切的位置，因为照片往往被倾斜拍摄

18.4.4 人类利用监测

由于保护和管理战略旨在评估和减轻人类活动对海洋环境的影响，因此，必须能够记录和评估这些活动随时间变化的水平，以确定与海洋生物群落和栖息地结构变化的相关关系（表 18.5）。由于人类是陆地生活的，海洋环境在生物地球化学上是处于陆地环境的下游，因此监测方案必须评估海洋环境以及已知对海洋环境产生影响的陆地活动和用途。人类利用监测可分为监测陆地和高地特性、特征和条件的监测方案以及监测海洋特性、特征和条件的监测方案（表 18.1 和表 18.2）。

表 18.5 一部分人类利用信息的一般类型

结构	消费活动	非消费活动	环境质量	分区
码头/浮动系泊	商业渔业	海洋露营地	饮用水	水执照地点/数量
工业设施	休闲渔业	划船区	有化粪池的住宅	废物许可证位置/数量
储木场/存储区	本土渔业	其他娱乐场所	海洋倾废区	高地土地利用分区
管线（水下）	海洋植被收获区	巡航路线	点源和非点源污染	土地利用能力
	水产收获区		压载水交换区	
现有的土地/水利用		自然欣赏区		沿海地带
排水口（许可/未许可）	综合提取区域			
风暴水道	烃提取区	鱼类/贝类海水养殖场		海洋保护区
		野生动物观景站		
施工现场	其他矿物提取地区	娱乐能力调查		海洋土地使用权
进水口				商业运营
机场/着陆带				
紧急反应				
仓库和分段运输区				
堤防/防洪堤				

监测人类活动的主要困难是，除了对海洋资源直接可量化的影响外（例如，渔业捕捞），将人类活动（例如，潜水员数量、乘船旅行、陆地土地利用/覆盖率变化）与环境变化联系起来是非常困难的。

18.5 海洋监测面临的挑战

与大多数陆地监测方案相比，海洋系统除了往往难以观察和统计调查之外，众多的海洋环境特性也使海洋监测变得非常困难。虽然第 3 章深入讨论了陆地系统和海洋系统之间存在的差别，但海洋监测方案需要考虑和解释海洋系统具有的以下独特方面。

确定基准/背景状况：在人类影响历史悠久的系统中建立了许多海洋监测方案，因此可能不存在真正的基线或“自然状态”用于比较监测结果（Dayton et al.，1998）。

非顶极群落的监测：在许多温带和北极海洋群落中，不清楚这些群落是否达到顶极群落状态，或者是否持续处于早期到中期的演替阶段。因此，监测工作（特别是在种群和群落水平上）可以监测自然演替而不是人类活动影响造成的变化。这种影响的最极端例子是海洋结构转换和稳定状态的改变，这可能改变群落在几十年时间尺度上的演替路径。

陆地贡献：监测所获得的数据可能是陆地贡献的结果（通常通过营养盐和能量输入），这种贡献可以独立于海洋过程之外运行。因此，在沿岸浅海海域的监测工作必须考虑陆地环境的输入。

海岸空间和时间稳定性的降低：空间和时间稳定性随着离岸距离的增加而增加，因此，近岸监测信息往往比同一变量的离岸结果更具时间和空间的可变性。这对于设计取样方案非常重要，因为监测方案应该注意靠近海岸位置其变异性的增加。

18.6　结论和管理启示

海洋监测对探测海洋环境的自然变化和人类活动引起的变化、评估管理战略是否成功、实现国家和国际保护承诺以及协助进行环境影响评估等方面都具有重要意义。虽然大多数海洋监测工作都是收集海洋学基准数据、监测具体污染物和制定可持续渔业配额，但该领域正在开始探索海洋监测如何支持更多跨学科的问题，例如生态系统管理方法、气候变化和累积影响。然而迄今为止，将海洋监测用于可持续海洋管理方面取得的进展不能令人满意，因为受到了下述因素的阻碍：缺乏一致的指标评价体系；没有机构负责定期收集和评估海洋数据；并没有定期收集和评估与人类福祉有关的那些依赖海洋环境的生物群落和管辖区海域的社会经济数据（Cicin-Sain，2007）。

迄今为止，海洋监测方案运行经验告诉我们，有必要在生态层次结构中的多个层次上建立成套监测指标，以适当检测、解释以及在某些情况下预测海洋生态系统变化。目前对监测技术和监测指标的研究大部分被分为几个小组：专注于在有机体水平上进行生物监测，应用监测技术以改进渔业管理，或监测非生物特性以为海洋学和大气研究提供信息。这些小组最近开始对于某些生态系统（例如东北太平洋、北欧）进行合作研发纳入多种监测类型的综合监测计划。

海洋监测计划将继续面临挑战，确定那些可以可靠地用于调查统计并能够解释的指标，并建立这些指标对应的因果关系。制定可以指示和预测生态层级结构的其他层次所发生变化的指标体系还需要长期努力。所有海洋监测方案的最终挑战是确保将监测结果有效地传达给利益攸关方、决策者和公众，并且将修正的管理方向反过来又用于减轻威胁、减少人类活动对海洋环境造成的风险。资助机构必须确信需要不间断的时间序列来识别变化和评估管理战略。

参考文献

Anderson, J. W., Jones, J. M., Steinert, S., Sanders, B., Means, J., McMillin, D., Vue, T. and Tukeye, R. (1995) 'Correlation of CYP1A1 induction, as measured by the P450 RGS biomarker assay, with high molecular weight PAHs in mussels deployed at various sites in San Diego Bay in 1993 and 1995', *Marine Environmental Research*, vol 48, nos 4-5, pp389-405

Bernstein, B. and Weisberg, S. B. (2003) 'Southern California's marine monitoring system ten years after the National Research Council evaluation', *Environmental Monitoring and Assessment*, vol 81, pp3-14

Cicin-Sain, B. (2007) 'Johannesburg five years on: Marine policy and the world summit on sustainable development; How well are we doing?', *RGS-IBG Conference People and the Sea*, 25 October 2007, UK National Maritime Museum, Greenwich

Davies, J., Baxter, J., Bradley, M., Connor, D., Khan, J., Murray, E., Sanderson, W., Turnbull, C. and Vincent, M. (2001) *Marine Monitoring Handbook*, Joint Nature Conservation Committee, Peterborough

Dayton, P. K., Tegner, M. J., Edwards, P. B. and Riser, K. L. (1998) 'Sliding baselines, ghosts, and reduced expectations in kelp forest communities', *Ecological Applications*, vol 8, pp309-322

Denman, K. L. and Powell, T. M. (1984) 'Effects of physical processes on planktonic ecosystems in the coastal ocean', *Oceanography and Marine Biology: An Annual Review*, vol 22, pp125-168

FAO (2009) *State of the World Fisheries and Aquaculture*, Food and Agriculture Organization, Rome

Fisher, W. S. (2001) 'Indicators for human and ecological risk assessment: A US EPA perspective', *Human and Ecological Risk Assessment*, vol 7, pp961-970

Goldberg, E. D. (1975) 'The Mussel Watch: A first step in global marine monitoring', *Marine Pollution Bulletin*, vol 6, pp111-114

Goldberg, E. D. (1988) 'Information needs for marine pollution studies', *Environmental Monitoring and Assessment*, vol 11, no 3, pp293-298

Goldberg, E. D. and Bertine, K. K. (2000) 'Beyond the Mussel Watch: New directions for monitoring marine pollution', *The Science of the Total Environment*, vol 247, pp165-174

Integrated Global Observing Strategy (2003) www.fao.org/gtos/igos/docs/Igos_ brochure_ Jul03v07.pdf, accessed 23 December 2010

Kenny, A. J., Andrulewicz, E., Bokuniewicz, H., Boyd, S. E., Breslin, J., Brown, C., Cato, I., Costelloe, J., Desprez, M., Dijkshoorn, C., Fader, G., Courtney, R., Freeman, S., de. Groot, B., Galtier, L., Helmig, S., Hillewaert, H., Krause, J. C., Lauwaert, B., Leuchs, H., Markwell, G., Mastowske, M., Murray, A. J., Nielsen, P. E., Ottesen, D., Pearson, R., Rendas, M. J., Rogers, S., Schuttenhelm, R., Stolk, A., Side, J., Simpson, T., Uscinowicz, S. and Zeiler, M. (2000) 'An overview of seabed mapping technologies in the context of marine habitat classification', ICES Annual Science Conference, Bruges, Belgium

Kimbrough, K. L., Johnson, W. E., Lauenstein, G. G., Christensen, J. D. and Apeti, D. A. (2008) 'An assessment of two decades of contaminant monitoring in the nation's coastal zone', *NOAA Technical Memorandum* NOS NCCOS 74, Silver Spring, MD

Kroger, S., James, D. W. and Malcolm, S. J. (2000) 'Bio-Probe—towards a sensor-based "Taxono-mist on a SmartBuoy"', The World Congress of Biosensors, 24-26 May 2000, San Diego, CA

Kroger, S., Piletsky, S. and Turner, A. P. F. (2002) 'Bio-sensors for marine pollution, research, monitoring and control', *Marine Pollution Bulletin*, vol 45, pp24-34

Matthiessen, P. and Law, R. J. (2002) 'Contaminants and their effects on estuarine and coastal organisms in the United Kingdom in the late twentieth century', *Environmental Pollution*, vol 120, pp739-757

Messer, J. J., Linthurst, R. A. and Overton, W. S. (1991) 'An EPA programme for monitoring ecological status and trends', *Environmental Monitoring and Assessment*, vol 17, no 1, pp67-78

Moore, M. N., Depledge, M. H., Readman, J. W. and Paul Leonard, D. R. (2004) 'An integrated biomarker-based strategy for ecotoxicological evaluation of risk in environmental management', *Mutation Research — Fundamental and Molecular Mechanisms of Mutagenesis*, vol 552, nos 1-2, pp247-268

NRC (National Research Council) (1989) *Biological Markers in Reproductive Toxicology*, National Academy

Press, Washington, DC

NRC (1990) *Managing Troubled Waters*: *The* National Academy Press, Washington, DC

Newton, J., Mumford, T., Hohrmann, J., West, J., Llanso, R., Berry, H. and Redman, S. (2000) 'A conceptual model for environmental monitoring of a marine system', Puget Sound Ambient Monitoring Programme, Olympia, WA

National Science and Technology Council (1997) *Our Changing Planet*: *The FY* 1998 *U. S. Global Change Research Programme*, Global Change Research Information Office, Washington, DC

OECD (1993) *OECD Core Set of Indicators for Environmental Performance Reviews. A Synthesis Report by the Group on the State of the Environment*, OECD, Paris

Osenberg, C. W., Schmitt, R. J., Holbrook, S. J., Abu-Saba, K. E. and Flegal, A. R. (1994) 'Detection of environmental impacts: Natural variability, effect size, and power analysis', *Ecological Applications*, vol 4, pp16-30

Rees, H. L., Hyland, J. L., Hylland, K., Mercer Clarke, C. S. L., Roff, J. C. and Ware, S. (2008) 'Environmental indicators: Utility in meeting regulatory needs. An overview', *ICES Journal of Marine Science*, vol 65, pp1381-1386

Rice, J. C. and Rochet, M. J. (2005) 'A framework for selecting a suite of indicators for fisheries management', *ICES Journal of Marine Science*, vol 62, pp516-527

Roff, J. C. and Taylor, M. (2000) 'A geophysical classification system for marine conservation', *Journal of Aquatic Conservation*: *Marine and Freshwater Ecosystems*, vol 10, pp209-223

Rogers, S. I., Tasker, M. L., Earll, R. and Gubbay, S. (2007) 'Ecosystem objectives to support the UK vision for the marine environment', *Marine Pollution Bulletin*, vol 54, pp128-144

Roesijadi, G., Vestling, M. M., Murphy, C. M., Klerks, P. L. and Fenselau, C. (1991) 'Structure and time-dependent behavior of acetylated and nonacetylated forms of a molluscan metallothionein', *Biochimica et Biophysica Acta*, vol 1074, pp230-236

Samhouri, J. F., Steele, M. A. and Forrester, G. E. (2009) 'Intercohort competition drives density dependence and selective mortality in a marine fish', *Ecology*, vol 90, pp1009-1020

Schiff, K. C., Weisberg, S. B. and Raco-Rands, V. (2002) 'Inventory of ocean monitoring in the Southern California Bight', *Environmental Management*, vol 29, pp871-876

UNESCO (2006) *A Handbook for Measuring the Progress and Outcomes of Integrated Coastal and Ocean Management*, UNESCO, Paris

van der Oost, R., Beyer, J. and Vermeulen, N. P E. (2003) 'Fish bioaccumulation and biomarkers in environmental risk assessment: A review', *Environmental Toxicology and Pharmacology*, vol 13, pp57-149

van Gastel, C. A. and Van Brummelen, T. C. (1994) 'Incorporation of the biomarker concept in ecotoxicology calls for a redefinition of terms', *Ecotoxicology*, vol 5, pp217-225

Zacharias, M. A. and Roff, J. C. (2000) 'An ecological framework for the conservation of marine biodiversity', *Conservation Biology*, vol 14, no 5, pp1327-1334

Zacharias, M. A. and Roff, J. C. (2001) 'Use of focal species in marine conservation and management: A review and critique', *Aquatic Conservation*: *Marine and Freshwater Ecoystems*, vol 11, pp59-76

第 19 章　尚未解决的海洋保护问题

现存问题及未来解决方案

我们所面临的重大问题在我们创造的同一层次思维中是无法解决的。

Albert Einstein（1879—1955）

19.1　引言

本书是介绍海洋生物多样性和海洋保护的科学，首先讨论了海洋保护的需要，然后从生态学原理视角探讨海洋保护的理论和实践。因为本书中我们的重点是海洋保护的生态基础和原理，因而我们较少关注海洋保护的其他方面，如国际公约、海洋管理、政策、立法、执法、社会经济学和人类活动影响。我们承认，一些其他主题（包括种群生物学、生态学和渔业生物学）在一般教科书中也都会讨论。

我们的重点主要在于：海洋生物多样性的一致性和组成成分；保护海洋生物多样性的潜在办法；海洋生物多样性与环境结构和异质性的关系；在区域和国家尺度上实施海洋保护战略规划。这种方法的基本原理是，虽然对保护海洋生物多样性真正关切的是全球性和超越国界的，但是大多数海洋生物多样性保护的规划和实际方案都是在国家和区域水平上开展的。科学史（不管是什么学科）展示了"……只有在初步分类完成后，似乎才有可能发展综合理论体系"（Nagel，1961）。其用意不是企图忽视或掩盖海洋保护的其他方面或其他学科，而是强调生态知识和规划工作的根本重要性。

海洋保护区（MPAs）是该部分的主要讨论重点，这不是因为海洋保护区的建立是我们唯一应该做的，而是因为已经反复表明，海洋保护区能够有效地保护每一寸海洋环境及其生物种类组成。此外，许多司法管辖区建立海洋保护区已经得到了社会和政治许可，并且在世界各地已经建立了许多海洋保护区。因此，本章的大部分内容只是倡导使用现有的法律和政策工具来管理和保护海洋环境。我们对建立海洋保护区的观点是，虽然不足以保护海洋环境，但海洋保护区是一个开始的地方，也许只是"购买时间"，以使其他管理办法（例如渔业保护、管制陆地来源污染）得到实施。

我们本书基本上是讨论如何解决人类活动对海洋生态系统的各种影响（气候变化、栖息地丧失、外来物种、过度捕捞、污染等）。本书的作用不是详细阐述这些影响的生态、社会或地理范围（因为其他书籍已经讨论了这些方面），而是在基因、种群、栖息地/群落和生态系统各水平上提出一些方法/技术，以理解、量化和减轻这些影响。本书只粗略概述了全球海洋生态系统（例如气候变化、污染）所面临的威胁，因为对这些威胁的了解和理解日益增加，而且有关这些威胁的详细总结可能会在本书出版之前就已陈旧。

在这本书中，我们不希望解决海洋保护的所有问题。迄今为止，除了在某些局部海域取得成功之外，传统的海洋保护（渔业管理、海岸带管理、生态系统管理方法和海洋保护区）方法并没有减缓、制止或扭转海洋环境的退化过程。大多数保护工作最多实现了“可控性降低”，而不是生态组成成分的维持或恢复。

然而，通过审视生态学原理和研究海洋环境的性质，我们可以提出需要系统解决的问题。然后我们尝试去做的是对海洋保护工作的“编纂整理”。我们的意思是，我们审查了在试图系统地处理海洋保护的实用性时出现的各种问题，以展示这些问题是什么，如何根据现有或可获得的数据资料去解决这些问题。因此，本书的主要目标是介绍海洋保护的主要生态概念和方法，重点强调海洋保护区。

还有很多我们本来希望写出的章节，但这将需要等待第二版了。我们在同行之间进行了一次民意调查，提出的问题是：“海洋保护中尚未解决的问题是什么”？这里列出的尚未解决的问题不是详尽的列表，也不是相互排斥的，而是撰写本书过程中我们体会到这些问题是推动海洋保护学科进步有必要讨论的问题。这些“尚未解决的问题”还假定，深入了解海洋生态系统的结构和功能（知识差距）的基础研究是一个首要问题，是进一步改善海洋环境管理和保护的先决条件。此外，本章还明确提出，改进和扩大从基因到生态系统水平上的保护清单也是改进保护和管理成果的必要条件。因此，我们在本章的剩余部分集中讨论我们所谓的“生态管理问题”，以便与本书之外的其他类型的“尚未解决的问题”相区分（例如共同管辖权，缺乏清单）。

19.2 各种生态层次上尚未解决的问题

海洋保护中存在成百上千的“尚未解决的问题”，这些问题的重要性在很大程度上取决于你所询问的对象和这些问题存在于何处。在基因水平上，分子生物学数据仍然很少直接应用于自然资源保护（Latch and Ivy，2009）。分子生态学仍然是一个相对新的学科，其技术持续改进以便能够估计有效种群的大小，确定种群结构，检测杂交和“瓶颈”问题，解决分类学不确定性（例如隐蔽物种），鉴定扩散模式，并鉴定分子标记以用于指示环境变化并了解物种如何响应环境变化（Primmer，2009）。事实上，《保护遗传学》杂志直到2000年才创立，并且该领域的第一本教科书（《保护遗传学导论》）在2002年才出版（Frankham et al.，2002）。

在物种/种群水平上，许多具有保护意义的基本生态问题尚未得到回答。虽然诸如微量元素、同位素和卫星追踪等新工具正在改善和充实物种/种群水平上的知识，但在这一层次上“尚未解决的问题”根本上是下面两个问题的结果：①了解生物多样性知识和丰度所需要的采样数量在世界大多数海洋都达不到要求；②大多数物种只在其生命周期的一部分时间段内得到研究（Burton，2009）。虽然详细列出在物种/种群水平上存在的所有尚未解决的问题超出了本书的范围，但与保护工作相关的一些问题包括：单个种群的地理范围，动物行为在管理战略制定中的作用，水产养殖/海水养殖是海洋管理和养护中的一个问题还是其解决方案，种群增加/提升在海洋保护的作用，确定何种类型的渔业可以从崩溃中恢复及其原因。

在群落水平上，“尚未解决的问题”主要是缺乏对物种和种群之间相互作用的了解以及人类活动如何影响这些相互作用等方面了解不够。诸如竞争作用塑造海洋生物群落结构的程度、经典食物网和微生物食物网之间的关系、顶级捕食者在构建海洋食物网中的作用等基本问题都尚未得到回答。许多群落水平上尚未解决的问题具有重要的现实意义，迫切需要得到解决，例如，是否应该控制鲸鱼种群数量来帮助恢复/管理那些商业捕捞的鱼类群体（Gerber et al.，2009）。

在栖息地/生态系统水平上，“尚未解决的问题”主要是对海洋中生物物理过程和水圈-大气、水圈-岩石圈之间更广泛的相关关系缺乏了解。从保护角度来看，栖息地/生态系统水平上更直接的问题与以下方面有关：近海水体和海底环境中更细致的生物地理特征（Agardy，2010），海洋环境中污染物归宿和持久性模拟研究（陆基和海洋），气候变化对海洋生境组成和质量的影响，全球范围内优先保护的地理区域或栖息地。

19.3 跨越各种生态层级的“尚未解决的问题”需要一个整合方法

虽然上一节概述了很多问题，它们会给我们进行的海洋环境保护努力造成混乱。但这些“尚未解决的问题”主要与我们对海洋系统的组成、结构和功能缺乏了解有关。然而，还有一些尚未解决的问题，它们跨越了生态层次结构，虽然与缺乏对海洋系统的了解有关，但也突出了与海洋保护理论相关的问题以及这些理论如何应用于海洋决策。

19.3.1 海洋保护的目标是什么?

当前多数海洋环境的生态状态毫无疑问地需要进行海洋保护。许多脊椎动物物种（鱼类、鲸类）由于过度捕捞，即使没有发生生态灭绝，其资源也已经到了崩溃的边缘。由于温室气体浓度增加，大面积的海洋区域（例如极地区域）预期已被显著改变。由于人类活动的影响，许多重要的栖息地（例如珊瑚礁、红树林、海草场）已经丧失或退化。虽然世界各地的组织和司法管辖区目前正在忙于应对对海洋环境造成的影响，但人们还是在不停地提出一个根本问题：“海洋保护的目标是什么?”这远不是一个夸张的疑问或密切的关注，如果没有一个明确的目标，保护工作就不会有明确的结果，稀缺的资源就会被稀释，以适应越来越多的半永久性保护方案。此外，如果没有海洋保护的总体目标，无论是在全球尺度、区域尺度还是亚区域尺度，增量收益（例如单一物种的恢复）都不能在看似成功的较大背景下进行评估。并且，在缺乏一个总体保护目标的情况下，迥然不同的类群可能在发生相互作用。其中最著名的反面案例是讨论是否通过减少海洋哺乳动物种群数量来帮助恢复鱼类群体（Gerber et al.，2009）。

大多数对“海洋保护的目标是什么”这一问题的回答涉及以下一个或多个方面：通过重申保护海洋生物多样性的理由来回避这个问题（第1章；Thorne-Miller and Catena，1991）；将保护努力集中在某些地理区域或功能组（Kelleher et al.，2004）；申明人类在海洋系统的价值（第15章）；呼吁需要在基因、物种/种群、群落和生态系统水平上维持结构和过程（第4章；Convention on Biological Diversity，2010）。本书没有解决这些问题，不是因为我们缺乏讨论这个话题的勇气，而是因为这方面的资料缺乏，很少有人讨论我们保护工作的目的究竟是什么，也少有人讨论人类正在努力实现什么。

对“海洋保护的目标是什么”这一问题有许多范围广泛的潜在答案：有非常具体的答案（例如，保护海洋生物种群中的稀有等位基因），有覆盖面广的答案（例如，保护生态系统的结构和功能)，有近乎类语叠用的答案（例如，海洋保护的目标是基于生态系统的管理)，有功利主义的答案（例如，保持向人类持续提供生态商品和服务)，有重点关注生态过程的答案（例如，建立海洋保护区）等。除了像大堡礁这样的例外，大家对大多数栖息地和生态系统的保护努力目标都缺乏一致的共识，这可能潜在地导致不同类群之间发生相互作用，或者将进行的活动与取得的成果混淆。

虽然许多海洋“行动计划”和“蓝图”已经制定和正在制定，但与海洋保护总体目标有关的更广泛的问题仍然没有得到回答。因为海洋环境由于气候变化而面临重大影响(见下文)，所以这些问题变得特别重要。

19.3.2 优先保护行动

海洋保护必须适当考虑各种优先排序选项以及如何将这些选项纳入保护工作中去。广义上讲，优先顺序确定就是建立优先权顺序，包括诸如制定规章或建立保护区等行动的顺序和时间安排。优先排序确定所涉及的范围广泛，可涵盖：在各区域之间分配保护资源(资金、工作人员、保护区预算)；设计海洋保护区；运行物种保护方案；设计生物多样性调查和监测方案；管理受威胁、移徙性或入侵物种；投资温室气体减缓计划（McCarthy et al.，2010)。

在海洋保护词典中的“优先化”主要被解释为从周围海域中选择待保护或待管理海域(例如，海洋保护区，优先保护区)，或者选择哪些种群或物种应当受到优先管理关切的海域（例如，基于群体状态的优先化)。海洋系统中优先化问题的案例包括确认建立海洋保护区是否是比关闭渔业活动更为有效的管理工具，或保护投资应该是前瞻性的（例如，阻止损害性影响）还是反应性的（例如，减缓损害性影响）等相关的问题。

在种群/物种水平上，海洋优先化工作主要是由于缺乏有关种群/物种保护状况的信息而显得不足，而保护状态对于具有重要社会经济价值的那些物种的保护（Brehm et al.，2010）特别重要。鉴于在观察和调查海洋环境方面存在的困难，世界自然保护联盟红色名录上海洋物种只有不到5%，因此这不足为奇。在种群/物种水平上，需要有更好的方法来评价并优先考虑各分类群和功能群所受到的保护威胁（IUCN，2010)。为了保护陆地系统的种群/物种，各种不同的陆地优先保护系统已经建立，而海洋优先保护工作在这方面继续落后于陆地保护。

海洋保护需要审视应用在陆地环境中基于规则的评分和排序系统，探讨它们在海洋系统中的适用性（Brehm et al.，2010)。特别是，许多陆地优先排序系统使用“传统”的排序标准（例如，威胁、地域性、稀有性、种群衰退、栖息地质量、内在生物学脆弱性、人类影响、与地理范围大小相关的物种丰度、恢复潜力和估算保护预算、分类唯一性、系统发育标准、文化价值、经济标准、物种知识水平、当前研究状态)，其中有些进行了修改，例如分类群存在国家的数量以及“应用”类别（例如，粮食作物、工业、观赏植物、文化价值)（Ford-Lloyd et al.，2008)。

在群落水平上，需要开展额外工作，以确定群落水平上进行保护的优先次序。目前，正在开展一些群落水平上保护优先性问题的研究，包括：制定评估对海洋生物群落累积影响的方法（Halpern et al.，2008；Ban et al.，2010)；识别和应用海洋养护和管理的焦点物种（Caro，2010)；继续努力模拟研究能量如何通过海洋食物网传递（Christensen et al.，

2009)。无论如何已经认识到了建立平衡相关保护目标的方法是必要的，例如将物种多样性、丰富度、丰度与诸如特有性、演替、体制转换等其他关切相关联，但尚未集成到连贯的方法中去。

在生态系统/全球水平上，目前有9个不同的陆地保护优先排序系统，这些系统基于各种不同的标准，以建议应到哪里开展保护工作（Brooks et al.，2006)。虽然这些各不相同的系统基于不同的标准（例如“热点”，完整的森林，特有性分布中心），并且常常推荐相对应的区域（例如，完整的北方森林不是特有性分布的中心），但这些研究几乎都没有推论到海洋保护工作中。也许只有Halpern等（2008）将这种研究工作推向海洋保护工作，他们集成了17个人类活动驱动因素的全球数据集，以制定人类活动对海洋生态系统影响的全球分布图。虽然这是一项重要的工作，但随后的任务是确定是对人为干扰相对较低的地区（如极地区域）进行投资，还是对那些遭受重大人类影响而退化的地区（如大部分热带沿海区域）进行投资。

最后，海洋保护需要建立一些方法来将生态考量与投资回报（ROI）方法联系起来，这些方法将为一系列潜在项目和行动提供资金优化分配的方向（Murdoch et al.，2007)。投资回报方法不同于保护计划者（例如，MARXAN，SITES）现在使用的基于成本的方法，因为与现有方法不同，投资回报输出会推荐保护工具（例如保护区）以及最佳空间配置以最大化保护目标（Murdoch et al.，2007)。

19.3.3 “阈值”和“基线”及其在海洋养护和管理中的效力

直到最近，基于生态系统过去的组成、结构和功能的历史知识去制定保护目标是既定的做法（第13章，Christensen et al.，2009)。现在通过建模、分子生物学技术和历史信息重建受到破坏的食物网非常普遍，大多数有重要商业价值渔场分布的海域都以这种方式进行描述。这些信息被用于制定达到历史状态的保护目标（例如，将顶部捕食者种群恢复到历史水平的一定百分比，维持某些功能群组的生态功能），试图将生态系统或系统组成恢复到某些历史阶段的状态。

然而，在发生着气候变化和存在其他人类活动影响的时代，我们需要承认过去对未来的预测越来越不可靠。在某些情况下，我们过去的知识和预测未来的固有愿望阻碍了决策制定，虽然存在一些不明确的标准，我们坚持模拟研究可以预测从系统中的种群移除多少个体数量还能够同时保证系统仍然保持“自然”状态。考虑到人类活动数百年以来的影响以及温室效应迅速发生导致的生态变化，即使我们完全承认受到管理的系统与过去的历史状态相比其相似性逐渐降低，这种重建方法仍在继续使用。

因此，海洋保护需要重新审视这个问题：可接受的、能够恢复到过去状态的生态系统变化限度是什么？虽然许多管理者和科学家正在努力解决这个问题，但是新兴的“阈值动力学”学科可能有最好的机会来确定沙滩中（或水体中）公认的生态学基线实际上存在于何处。

生态阈值可以被定义为存在的某种状态或条件，一旦超过该状态或条件就会发生状态或体制的迅速改变。阈值动力学是对这些临界点的研究，并广泛涵盖了恢复力、体制转移、营养转变、稳态改变和在较小范围上的生态完整性等概念（Osman et al.，2010)，直到最近几十年才成为具有多个研究内容的独立学科。虽然这些概念以各种形式出现在本书中，最近才将这些以前关联性不高的概念整合在“阈值动力学”的理论体系中，这是海洋保护和管理的重要进步，因此值得在此讨论。

如果生态“阈值”是不可超越但可接受变化的上限（通常一旦超越就会发生生态级联反应后果），则“基线”是管理工作要达到的工业化之前的那种初始生态状况。基线可以被定义为人类发生影响之前的种群、栖息地或生态系统所存在的那种条件或状态。基线可以通过多种方式进行设置或识别，包括：生态系统各方面（例如，过去平均捕捞量或某些物种的存在）直接或间接的传统知识（例如，历年历代传承下来的）；过去文字或视频图像记录（例如，到岸渔获物，各种详细目录）；使用分子生物学技术来确定过去的种群估计数据。对于使用基线作为保护构想方面的非常明显的问题是，由于数千年以来前西方社会和后西方社会对海洋环境长期和大量使用，可能早已不存在“真正”的基线。

应用生态系统的传统知识可能导致“不稳定基线”情况的发生，这是由于保护和管理成果是基于对原初生态系统特征的错误理解（Dayton et al.，1998）。不稳定基线不可避免地导致保护目标减弱，这反过来可能导致系统的进一步退化。不稳定基线问题的进一步扭曲是在某些海洋系统中存在“交替稳定状态”，其中的生物群落长期来看似乎是稳定的、通常是不受人类活动影响的健康顶极群落，但实际上是已经被极大改变的群落，以致其中的优势生物类群已从一个顶极群落（例如，无脊椎动物）完全变成另一个顶极群落（例如，大型藻类）。

如上所述，面对人类活动引起的气候变化，制定保护目标变得愈加困难。人类活动引起温室气体浓度快速增加，目前由此直接导致的物理和海洋学后果已被认识：全球海洋温度上升；海洋酸化；海平面上升；海洋环流改变；气候模式改变等（Brierley and Kingsford，2009）。但温室气体浓度增加引起的海洋生物反应仍然没有充分理解，目前已经知道的生物反应包括：海洋生产力下降；食物网动力学改变；栖息地物种丰度降低；物种分布区改变；疾病发生率升高（Hoegh-Guldberg and Bruno，2010）。目前普遍认为，温室效应气体浓度的变化率在地球历史上是前所未有的；然而，直到最近其对人类和生物群落的影响才刚刚开始被认识。与气候变化相关的更广泛的问题是，气候变化影响尚未知晓，目前对这种变化也无法可靠地进行预测保护目标在生态系统中是否具有任何意义。

因此，如果过去的基线未知，并且由于气候发生了变化，要使系统恢复到先前的状态可能也是不可行的，那么应该如何确定保护成果？应该如何设定保护目标？本书的基本前提是，识别和保护代表性和特色性海域是所有保护工作的基础，这有别于侧重于单一物种恢复的陆地物种/种群管理模式（单物种管理，往往通过立法要求驱动）。

我们曾经提出的保持生态系统结构、功能和过程的方法可能不会达到预期的结果（例如已鉴定物种的丰度及其生态作用），但在缺少过去基线或阈值的情况下，该方法将继续允许进化过程进行。如果适当地管理人类影响，这种方法可能会带来生态系统长期稳定状态的出现，但可能不同于过去的历史状态，因此可以用于对生态系统服务和商品生产进行长期管理。

19.3.4　将人类活动和生态因素纳入海洋决策

这本书大部分都有意没有考虑人类活动的影响，因为这方面的内容在其他文献里面都已经被讨论过，并且将人类活动及其生态影响整合考虑在海洋保护工作中也仅是最近才得到发展。在陆地生态系统保护中，人类活动、选择和行为如何被输入到预测生态系统状态的模型等这样的研究案例比比皆是。例如，可以模拟研究雪地车对野生动物的影响（通过触发回避或由于减少了积雪区需提供捕食者运动的走廊）以及模拟研究不同时间、不同海拔高度和地理位置雪地车活动水平的生态影响（Seip et al.，2007）。

海洋生态学缺乏将人类活动纳入决策过程的正式框架体系。某些保护区至多设计算法和方法（第16章和第17章），允许在空间上体现人类活动，用于修改特定地理位置的保护得分数或期望值。某些保护方案开始使用人类活动信息，例如，商业远洋航线、渔业捕捞区、海洋基础设施（例如，石油钻机）和娱乐用途作为保护决策的依据。然而，这些应用大多涉及保护区设计和累积影响（Ban et al.，2010；Halpern et al.，2008）。

海洋保护工作仍然缺少的是人类行为的模拟研究。例如，公海渔业捕捞和燃料价格之间存在相关关系；然而这不仅仅是一个基于生产成本和到岸渔获价值的关系，也是一个涉及人类认知和情感的更为复杂的演算，这可以进行模拟并用作海洋保护决策依据。随着对燃料价格如何改变人类行为认识的加深，可以去探讨燃料税对海洋生物多样性保护目标的影响。

19.3.5 了解做出合理管理决策所需的最少信息量

保护生物学学科具有区别于生态学或其他生物科学的几个特征。然而最重要的是，保护生物学作为一门学科如何去处理风险。保护生物学已经被表述为“危机学科”，其中传统的、对抗性的、耗时的抽象生态模型的开发和测试被尽早采取预防性行动的学说所代替，即使决策没有得到最佳可用信息的充分支持（Frankel and Soule，1981）。因此，海洋保护必须平衡利用可用的最佳科学信息，这是做出客观决策的需要和面对威胁根据生物学价值及时做出决策的需要。人口增长、灭绝风险和保护区设计是保护决策中使用的模型输出的例子，由于输入数据的细小变化或不确定性，这些模型输出可能变化很大（McDonald-Madden et al.，2008）。考虑到许多海洋环境缺乏物种、群落和栖息地的完整名录，加上缺乏时间序列监测资料，提出需要多少数据才能做出保护决策的问题是合理的。阻止或延迟保护决策的最有效的途径之一是对决策过程所依据的科学信息提出质疑。

相反，即使信息可用，它也可能不被用于支持决策过程。Cook 等（2010）研究了用于管理澳大利亚1 000多个保护区的信息，发现大约60%的保护管理决策依赖于基于经验的信息，而不是基于证据的信息。这项研究表明，不管可用的信息量如何，决策仍将基于个人经验、“直觉”和政治考量做出。这项工作支持 Gerber 和 DeMaster（1999）以及 Norris（2002）的结论，尽管数据可能以线性方式累积，但是解决政策问题的数据的力量没有。

对决策科学依据的关注通常分为以下几类：

- 生物学名录不足以准确估计种群状况。
- 模型不够准确/详细/有力，不能提供可信的结果。
- 现有的管理措施没有给予足够的时间，考查他们是否会发挥效力。
- 气候变化的影响使任何预测未来状况或管理成效的努力无效。

因为缺乏真实或感知信息，特别是缺乏有关渔业捕捞种类群体状态，加上公众难以认知的隐秘未知种类，这些情况会造成决策延迟，从而直接影响到海洋保护。然而，除了讨论确定濒危物种清单所需信息之外（Gerber and Hatch，2002），在开始进行一个特定保护行动之前，几乎没有必要讨论什么是“举证责任”。联合国粮食及农业组织（FAO）指出：“渔业的养护和管理决策应以现有的最佳科学证据为基础，同时考虑到资源及其栖息地的传统知识，以及相关的环境、经济和社会因素”（Cochrane，2002）。联合国粮农组织准则还进一步指出，这一要求涉及 3 个步骤：①收集关于渔业的适当数据和信息，包括有关资源和环境、经济和社会因素等方面的信息；②对这些数据和信息进行适当分析，以便利用它们来处理渔业管理者需要做出的决定；③在实际决策制定过程中，考虑并应用这些数据和信息的分析结果（Cochrane，2002）。

在收集到进一步的信息之前，这种指导大多是模糊的，可以很容易地被用来作为一个借口来推迟有潜在争议的决定。这种现象已经在陆地保护生物学中观察到，这种情况起初在理论上是共知的，并且受用于保护区设计的岛屿生物地理学理论和遗传学指导（Linquist，2008）。这种方法，由于受到了看似简单化的生态系统功能观点的挑战，转向更严格的个体生态学（逐案审查）方法，希望为本学科带来更多的可信性。个体生态学方法的巨多要求经常超出负责决策组织的财政能力，导致基于最小海域内实现最大保护目标理论的保护区选择算法的发展（如 MARXAN）。这些算法已经受到批评，因为它们明显缺乏对某些遗传（例如，小种群的遗传结果）、种群（例如最小可持续种群）、生物群落（例如物种—面积关系）和生态系统（例如，驻留机制）过程的考虑。

海洋保护工作中一个有趣的例外案例是目前全球暂停大型鲸鱼的捕获。在这种情况下，一个非常谨慎预警性的捕捞制度（修订管理规程，RMP）处于空闲状态，而根据修订管理规程（RMP）不允许捕捞的物种和群体目前却在以科学研究的名义进行捕捞（Zacharias et al.，2006）。在这种情况下，制定了一个考虑输入信息质量和数量的严格的决策框架体系，但目前由于缺乏社会许可证还没有得到应用。

仍然需要解决这个问题：海洋生态系统中有多少信息是足够的？尽管诸如信息缺失决策理论（Ben-Haim，2006）等技术在评估不完全信息对模型准确性的影响方面显示出了希望，但是许多重要的保护决策仍然被搁置以等待更准确的信息，并且需要进一步讨论如何在没有完整信息的情况下做出决策。

19.4　结论

前面所讨论的这些尚未解决的问题只是作为需要完成工作的一个样本，以实现对陆地和海洋的共同保护，推动该学科发展，不再仅仅将“可控的衰退”作为取得的最好成果。

参考文献

Agardy, T. (2010) *Ocean Zoning: Making Marine Management More Effective*, Earthscan, London

Ban, N. C., Alidina, H. M and Ardron, J. A. (2010) ‘Cumulative impact mapping: Advances, relevance and limitations to marine management and conservation, using Canada’s Pacific waters as a case study’, *Marine Policy*, vol 34, pp876-886

Ben-Haim, Y. (2006) *Info-gap Decision Theory: Decisions under Severe Uncertainty*, Academic Press,

Sydney, Australia

Brehm, J. M., Maxted, N., Martins-Loução, M. A. and Ford-Lloyd, B. V. (2010) 'New approaches for establishing conservation priorities for socio-economically important plant species', *Biodiversity Conservation*, vol 19, pp2715-2740

Brierley, A. S. and Kingsford, M. J. (2009) 'Impacts of climate change on marine organisms and ecosystems', *Current Biology*, vol 19, pp602-614

Brooks. T. M., Mittermeier, R. A., da Fonseca, G. A. B., Gerlach, J., Hoffmann, M. Lamoreux, J. F., Mittermeier, C. G., Pilgrim, J. D. and Rodrigues, A. S. L. (2006) 'Global biodiversity conservation priorities', *Science*, vol 313, pp58-61

Burton, R. S. (2009) 'Molecular markers, natural history, and conservation of marine animals', *Bio-Science*, vol 59, no 10, pp831-840

Caro, T. (2010) *Conservation by Proxy: Indicator, Umbrella, Keystone, Flagship, and Other Surrogate Species*, Island Press, Washington, DC

Christensen, V., Walters, C. J., Ahrens, R., Alder, J., Buszowski, J., Christensen, L. B., Cheung, W. W. L., Dunne, J., Froese, R., Karpouzi, V., Kastner, K., Kearney, K., Lai, S., Lam, V., Palomares, M. L. D., Peters-Mason, A., Piroddi, C., Sarmiento, J. L., Steenbeek, J., Sumaila, R., Watson, R., Zeller, D. and Pauly, D. (2009) 'Database-driven models of the world's large marine ecosystems', *Ecological Modelling*, vol 220, pp1984-1996

Cochrane, K. L. (2002) *A Fishery Manager's Guidebook: Management measures and their application*, FAO Fisheries T echnical Paper, No. 424, FAO, Rome

Convention of Biological Diversity (2010) 'A new era of living in harmony with Nature is born at the Nagoya Biodiversity Summit', www. cbd. int/doc/press/2010/pr-2010-10-29-cop-10-en. pdf, accessed 3 November 2010

Cook, C. N., Hockings, M. and Carter, R. W. (2010) 'Conservation in the dark? The information used to support management decisions', *Frontiers in Ecology and the Environment*, vol 8, pp181-186

Dayton, P. K., Tegner, M. J., Edwards, P. B. and Riser, K. L. (1998) 'Sliding baselines, ghosts and reduced expectations in kelp forest communities', *Ecological Applications*, vol 8, pp309-322

Ford-Lloyd, B. V., Brar, D., Khush, G. S., Jackson, M. T. and Virk, P. S. (2008) 'Genetic erosion over time of rice landrace agrobiodiversity', *Plant Genetic Resources*, vol 7, no 2, pp163-168

Frankel, O. H. and Soulé, M. E. (1981) *Conservation and Evolution*, Cambridge University Press, Cambridge

Frankham, R., Ballou, J. D. and Briscoe, D. A. (2002) *Introduction to Conservation Genetics*, Cambridge University Press, Cambridge

Gerber, L. R., and Hatch, L. T. (2002) 'Are we recovering? An evaluation of recovery criteria under the U. S. Endangered Species Act', *Ecological Applications*, vol 12, pp668-673

Gerber, L. R., and DeMaster, D. P. (1999) 'A quantitative approach to Endangered Species Act classification of long-lived vertebrates: Application to the North Pacific humpback whale', *Conservation Biology*, vol 13, no 5, pp1203-1214

Gerber, L. R., Morissette, L., Kaschner, K. and Pauly, D. (2009) 'Should whales be culled to increase fishery yield?', *Science*, vol 323, pp880-881

Halpern, B. S., Walbridge, S., Selkoe, K. A., Kappel, C. V., Micheli, F., D'Agrosa, C., Bruno, J. F., Casey, K. S., Ebert, C., Fox, H. E., Fujita, R., Heinemann, D., Lenihan, H. S., Madin, E. M., Perry, M. T., Selig, E. R., Spalding, M., Steneck, R. and Watson, R. (2008) 'A global map of human impact on marine ecosystems', *Science*, vol 319, pp948-952

Hoegh-Guldberg, O. and Bruno, J. F. (2010) 'The impact of climate change on the world's marine ecosystems', *Science*, vol 328, pp1523-1528

IUCN (2010) 'Assessment process', www. iucnredlist. org/technical-documents/assessment-process, accessed 05 November 2010

Kelleher, G., Glover, L. and Earle, S. (2004) *Defying Ocean's End: An Agenda for Action*, Island Press, Washington, DC

Latch, E. K. and Ivy, J. A. (2009) 'Meshing molecules and management: A new era for natural resource conservation', *Biology Letters*, vol 5, pp3-4

Linquist, S. (2008) 'But is it progress? On the alleged advances of conservation biology over ecology', *Biology and Philosophy*, vol 23, pp529-544

McCarthy, M. A., Thompson, C. J., Hauser, C., Burgman, M. A., Possingham, H. P., Moir, M. L., Tiensin, T. and Gilbert, M. (2010) 'Resource allocation for efficient environmental management', *Ecology Letters*, vol 13, pp1280-1289

McDonald-Madden, E., Baxter, P. W. and Possingham, H. P. (2008) 'Making robust decisions for conservation with restricted money and knowledge', *Journal of Applied Ecology*, vol 45, pp1630-1638

Murdoch, W. Polasky, S., Wilson, K. A., Possingham, H. P., Kareiva, P. and Shaw, R. (2007) 'Maximizing return on investment in conservation', *Biological Conservation*, vol 139, pp375-388

Nagel, E. (1961) *The Structure of Science*, Hackett, Cambridge

Norris, S. (2002) 'How much data is enough? Lessons on quantifying risk and measuring recovery from the California Gray Whale', *Conservation Magazine*, vol 3, no 1 Osman, R. W., Munguia, P. and Zajac, R. N. (2010) 'Ecological thresholds in marine communities: Theory, experiments and management', *Marine Ecology Progress Series*, vol 413, pp185-187

Primmer, C. R. (2009) 'From conservation genetics to conservation genomics', *The Year in Ecology and Conservation Biology*, vol 1162, pp357-368

Seip, D. R., Johnson, C. J. and Watts, G. S. (2007) 'Displacement of mountain caribou from winter habitat by snowmobiles', *Journal of Wildlife Management*, vol 71, no 5, pp539-544

Thorne-Miller, B. and Catena, J. (1991) *The Living Ocean: Understanding and Protecting Marine Biodiversity*, Island Press, Washington, DC

Zacharias, M. A., Gerber, L. R. Hyrenbach, K. D. (2006) 'Review of the Southern Ocean Sanctuary: Marine Protected Areas in the context of the International Whaling Commission Sanctuary Programme', *Journal of Cetacean Resource Management*, vol 8, no 1, pp1-12

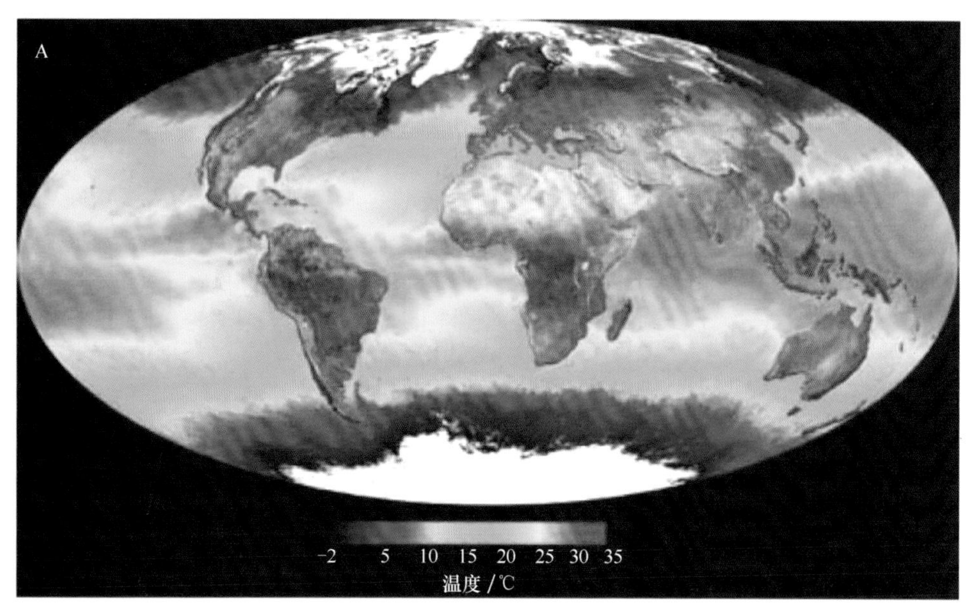

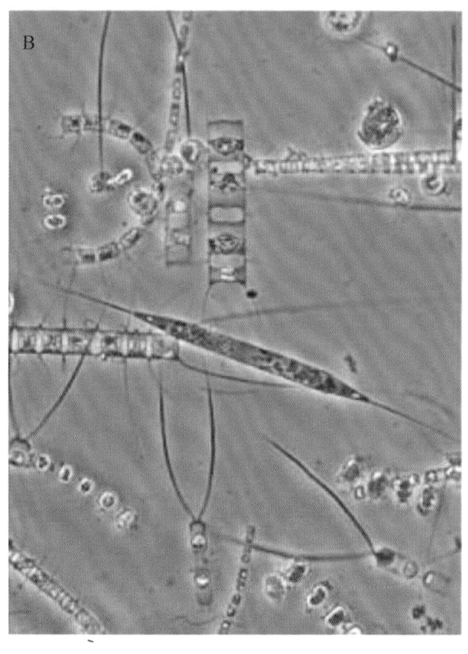

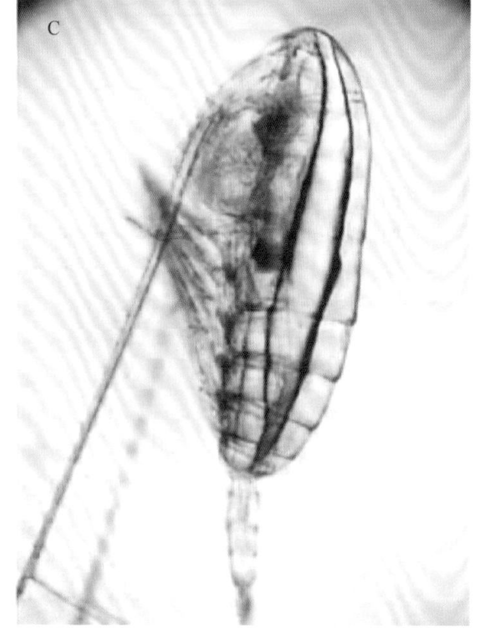

图版 1A　地球表面水的复合视图（Mollweide 等面积投影），显示表面温度的分布，海洋覆盖了地球表面的 70.6%（资料来源：NASA）

图版 1B　世界上最丰富的植物，网采海洋浮游植物样本，显示细胞形态的多样性，细胞大小为 5~30 μm（资料来源：Karl Bruun）

图版 1C　世界上最丰富的动物，海洋桡足类的 *Calanus finmarchicus*（长约 3 mm）（资料来源：Michael Bok）

图版 2　海岸带边缘群落的一些大型初级生产者，它们的大部分生产量进入碎屑食物网

A. 加拿大新不伦瑞克省的盐沼（资料来源：M. Buzeta-Innes and M. Strong）

B. 加拿大新不伦瑞克省潮汐带的大型藻类（资料来源：M. Buzeta-Innes and M. Strong）

C. 牙买加红树林（资料来源：本书作者）

图版 3　加拿大大西洋多种底表无脊椎动物物种多样性的水下图像

资料来源：M. Buzeta-Innes and M. Strong

A

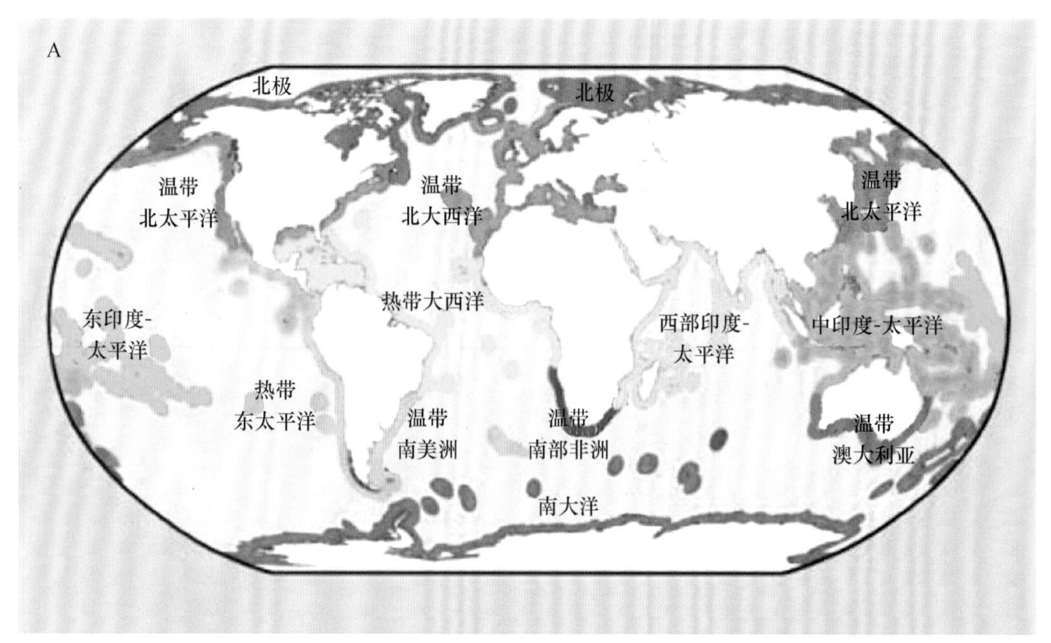

B

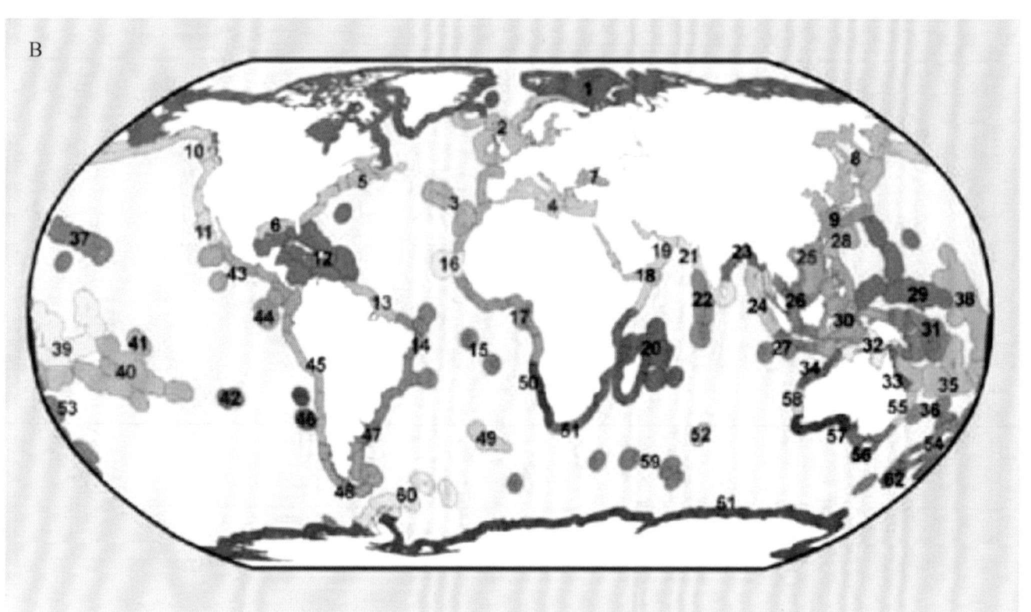

图版 4　Spalding 等（2007）提出的最终生物地理学框架体系，显示了界和分区

A. 具有生态区边界的生物地理界；B. 具有生态区边界的分区。

有关进一步说明请参阅资料来源：Spalding 等（2007）

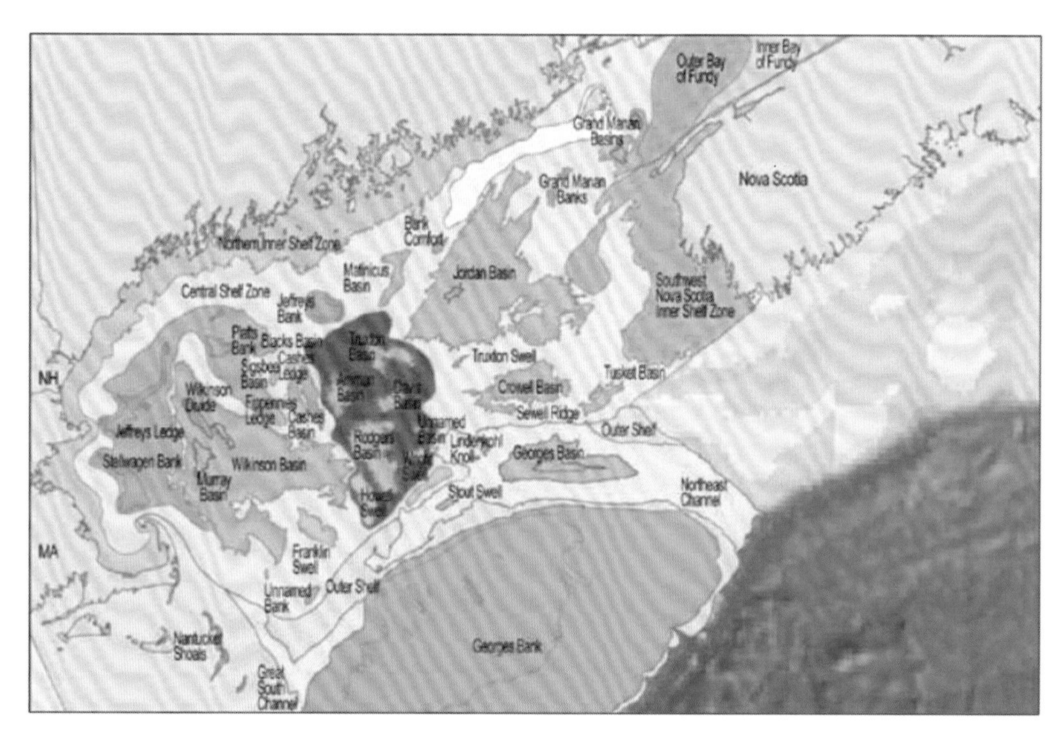

图版 5　海洋区域地貌特征实例，缅因湾

资料来源：G. Fader

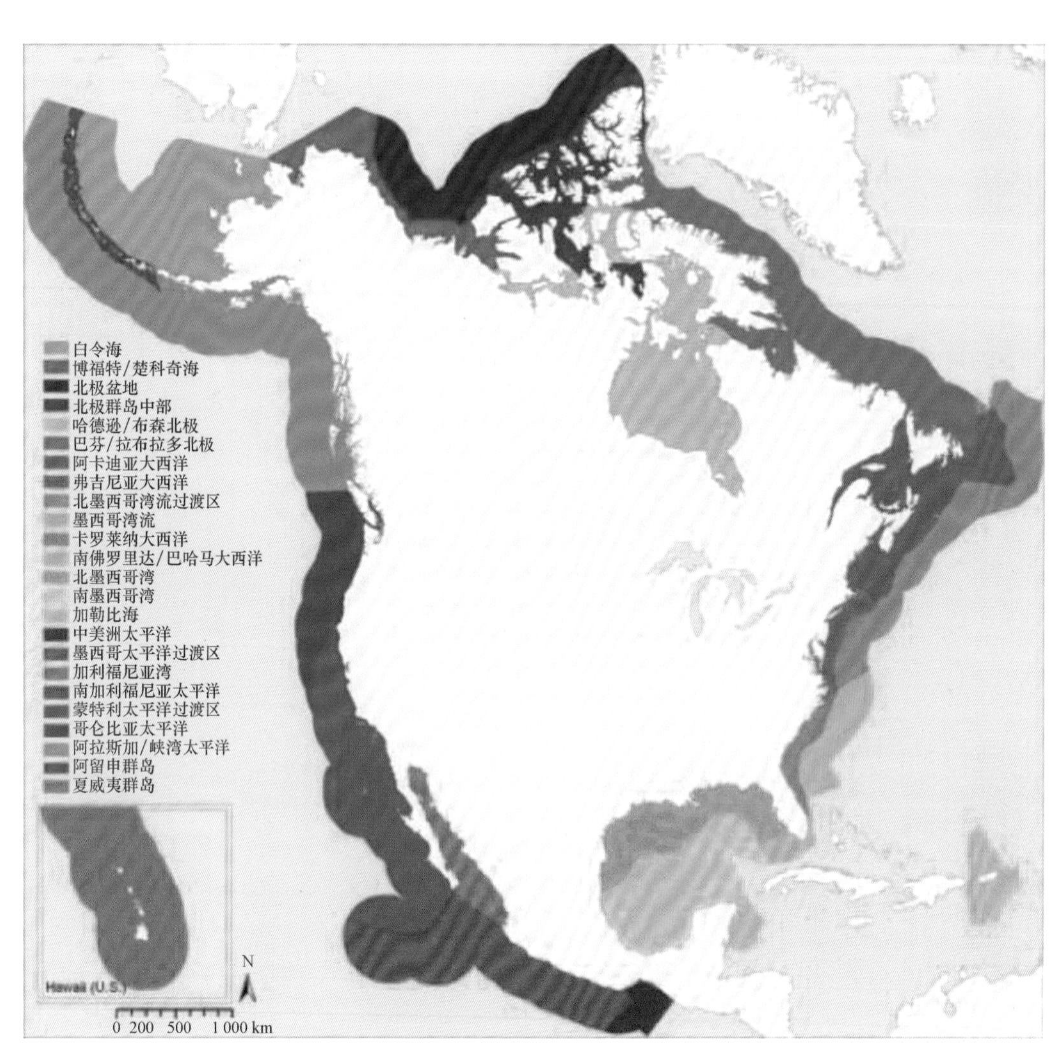

图版6　北美环境地图集——一级海洋生态区

根据生物学、地形学和海洋学特征的相似性，划定了24个一级生态区域（Wilkinson et al.，2009）。

资料来源：环境合作委员会

图版 7　北美环境地图集——二级海洋生态区

86 个二级生态区记录了近岸和大洋区域之间的不连续性，边界由大陆架、大陆坡、主要海沟和其他特征等大尺度特征决定。二级生态区反映了深度以及主要地形特征在确定当前海流流量和上升流中的重要性，并根据生物学、地形学和海洋学特征的相似性进行了界定（Wilkinson et al.，2009）。

资料来源：环境合作委员会

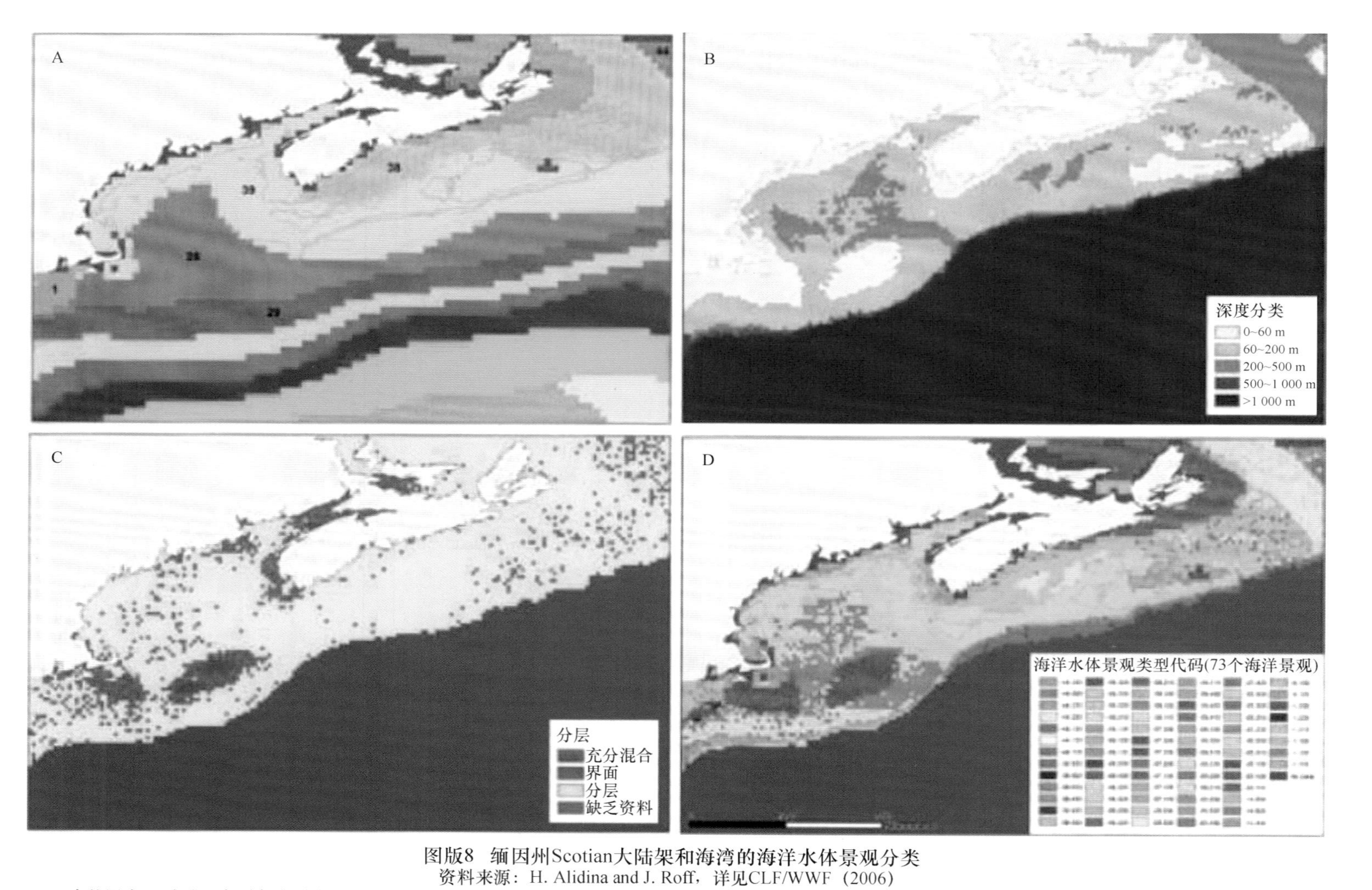

图版8 缅因州Scotian大陆架和海湾的海洋水体景观分类

资料来源：H. Alidina and J. Roff，详见CLF/WWF（2006）

A.水体温度-盐度带；每种颜色对应于通过聚类分析识别的一个簇或相似温度和盐度特征（水团）带；B.用于定义水体海洋景观类型的水深带；C.用于定义水体海洋景观分层类别（由$\Delta\sigma_t/\Delta z$垂直密度异常计算）的分布；D.由水体温度-盐度带、深度和分层类型定义的水体海洋景观类别分布

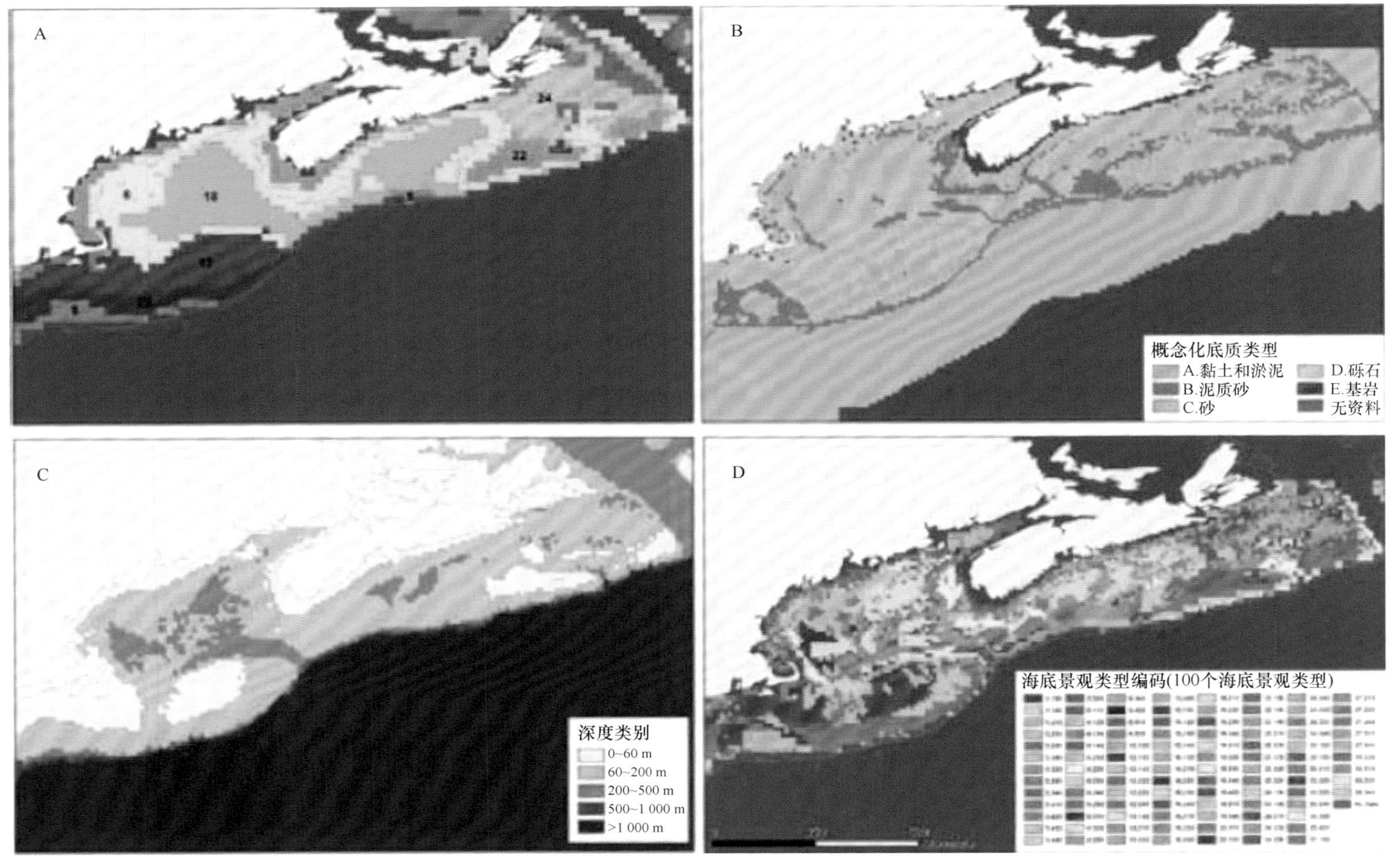

图版9 缅因州Scotian大陆架和海湾的海底环境景观分类

资料来源：H. Alidina and J. Roff详见CLF/WWF（2006）

A. 海底环境温度-盐度带，每个颜色对应于通过聚类分析识别的一个簇或相似温度和盐度特征（水团）的区域；B. 用于定义海洋景观类型的底质分类，以5分正方格的网格示出；C. 用于定义水体海洋景观类别水体深度带（重复图板8B）；D. 由海底温度-盐度带、海底类型和水深定义的海底环境景观类型分布

图版10　生源（或基础或工程）物种实例，为其他物种多样性构筑空间复杂多样化的栖息地

A. 澳大利亚的大堡礁（资料来源：大堡礁海洋公园管理局）；

B. 巴哈马的安德罗斯（资料来源：M. Buzeta-Innes and M. Strong）

图版 11　一个栖息地类型（温带岩礁潮下带）中的群落演替实例

A. 基底由大型海带主导；B. 基底由海带和绿海胆共同主导；C. 基底由绿海胆主导

资料来源：R. Scheibling

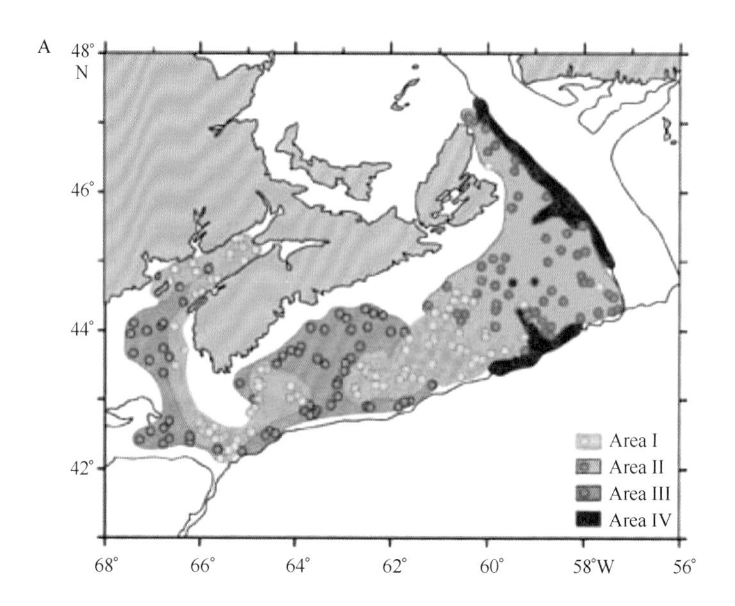

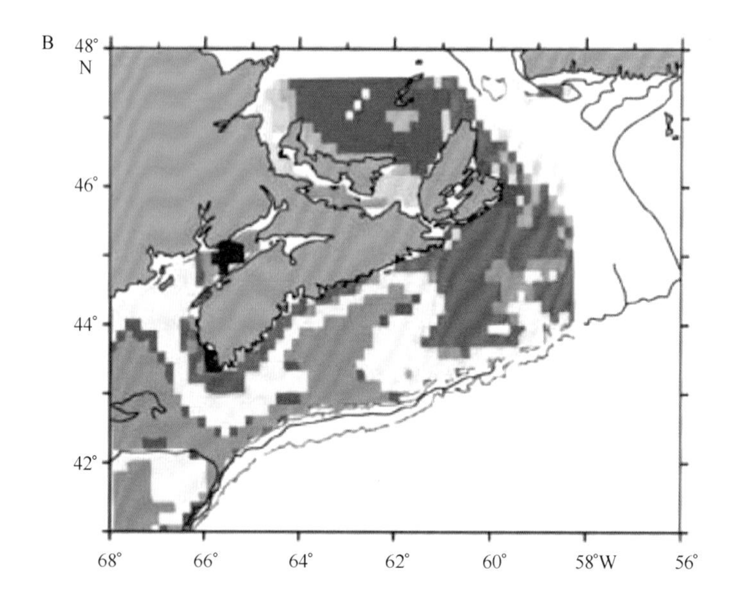

图版 12　加拿大 Scotian 大陆架海底鱼类群体分布和海底水团之间关系（由 Bray-Curtis 相似性矩阵和降趋势标准对应分析）

A. 4 个海底鱼类群体分布（资料来源：K. Zwanenburg and A. Jaureguizar）；

B. 海底水团分布（注意与鱼类群体分布的对应关系）（资料来源：H. Alidina and J. Roff）

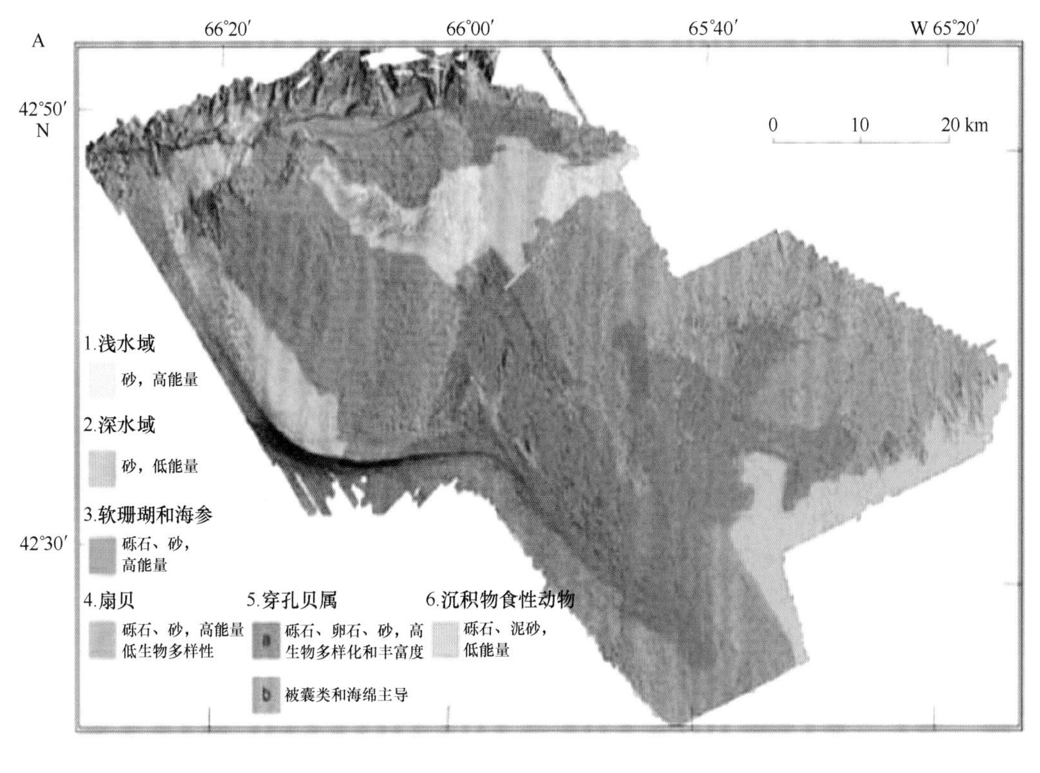

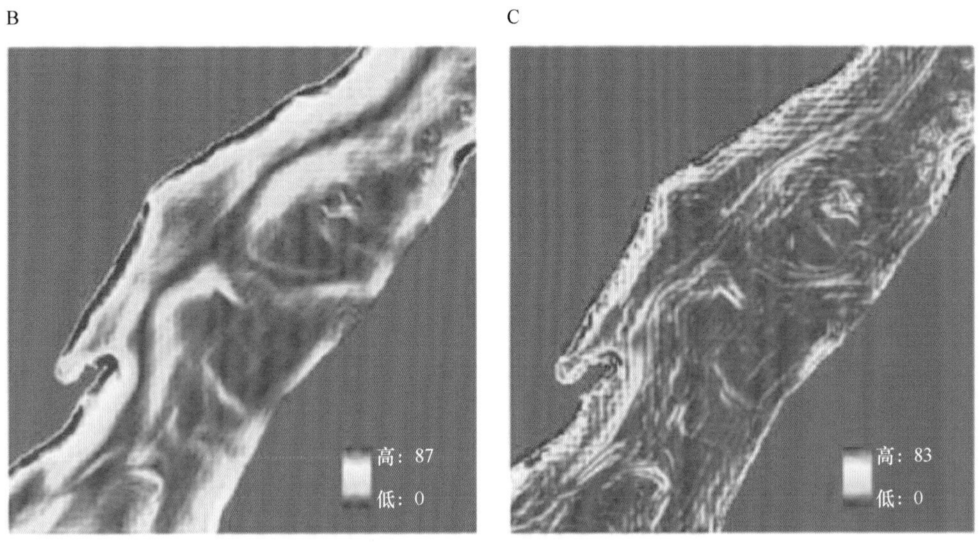

图版 13　A. 布朗浅滩栖息地的地貌和底表生态解释图，定义并区分了 6 种颜色代码的海底栖息地类型，基于基底类型、底栖生物群、栖息地复杂度、海流相对强度和深度进行区分（资料来源：V. Kostylev）；B. 海底斜坡表面比较和 C. 表面复杂性比较，表面复杂性挑选了海底一小块复杂区域（改编自 Ardron and Sointula（2002），M. Greenlaw and J. Roff）

图版14　焦点物种的案例

A. 灰海豹(本书作者)；B. 港海豚(M. Buzeta-Innes and M. Strong)；C. 鳞龟(M. Buzeta-Innes and M. Strong)；D.座头鲸(A. Crisp)

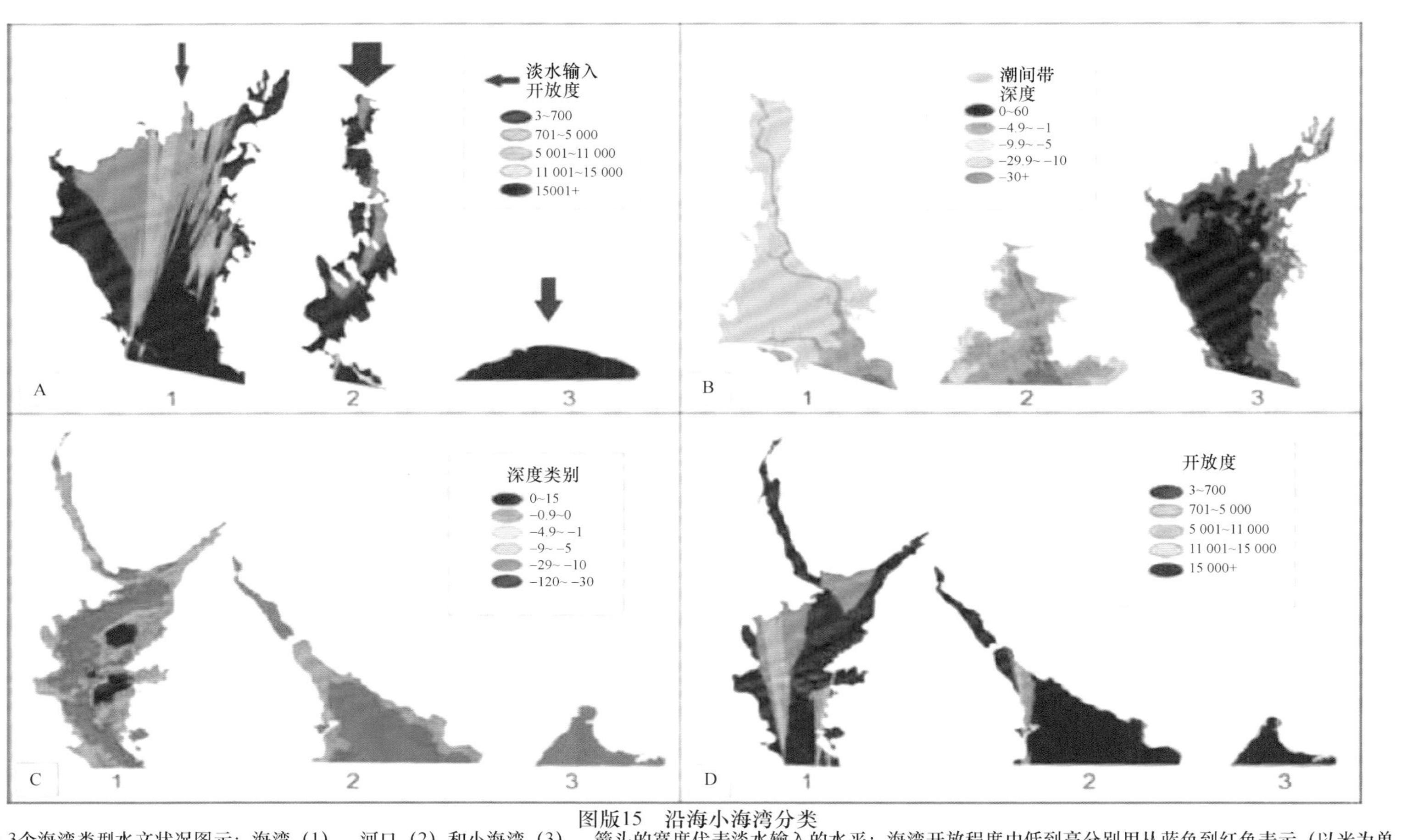

图版15　沿海小海湾分类

A.3个海湾类型水文状况图示：海湾（1），河口（2）和小海湾（3）。箭头的宽度代表淡水输入的水平；海湾开放程度由低到高分别用从蓝色到红色表示（以米为单位）。海湾的特点是淡水输入量低于其潮水水量，开放程度中等；河口开放程度低，淡水输入量高；而小海湾的特点是中等水平的淡水输入，开放程度高。

B.3个生产力结构类型图示：海底结构（1），混合结构（2）和水体结构（3）。海底生产力结构类型潮间带面积占比大，平均深度浅（m）；水体生产力结构类型潮间带面积占比较低，平均深度较大；混合生产力结构类型各因素居于前两个类型的中间水平。棕色=潮间带，红色=潮上带，黄色=1~5 m，浅蓝色=5~10 m，蓝色=10~30 m，深蓝色=大于30 m。

C.3个海湾类型深度类别变化图示（1,2,3）。深度类别以米为单位。

D.3种海湾类型开放度类别变化图示（1,2,3）。开放度类别以米为单位。使用6个变量来分类总体复杂性，包括深度、开放度、均匀度、地形复杂性和海岸线复杂性。

资料来源：M. Greenlaw and J. Roff

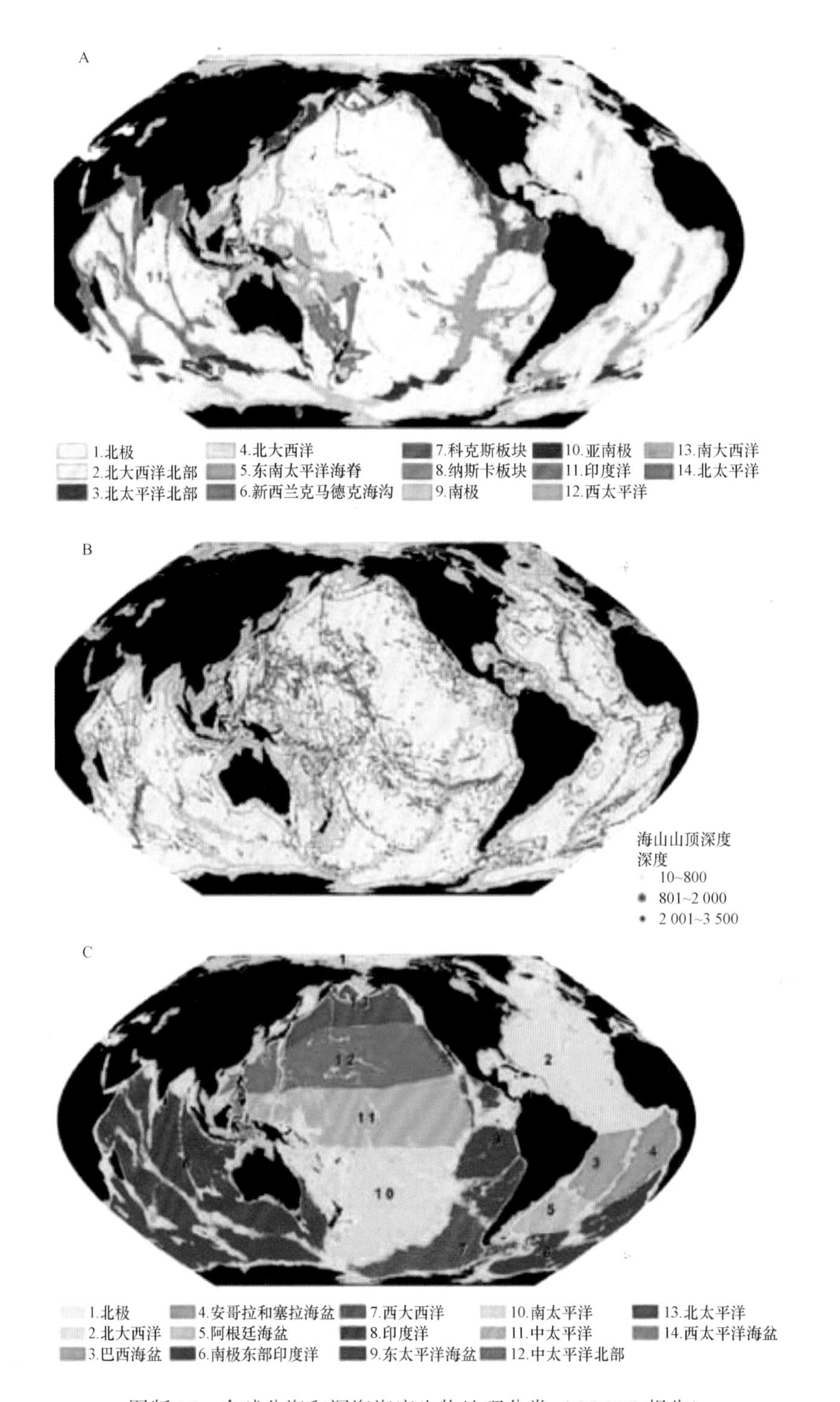

图版 16　全球公海和深海海底生物地理分类（GOODS 报告）

A. 下半深海分区，范围 800~3 000 m；B. 山顶深度小于 3 500 m 的海山，海底深度 2 000~3 500 m 以浅蓝色表示，海底位置根据 Kitchingman 和 Lai（2004），水深根据 ETOPO2；C. 深渊分区，深度范围从 3 500~6 500 m

资料来源：UNESCO，2009